전기설비자동화 Ⅱ

현근호 · 이주환 · 유장환 지음

본 교재는 교육부 주관 2019년도
사회맞춤형사업(LINC+)의 지원으로 제작되었습니다.

KM 경문사

머리말

본 교재는 PLC제어와 피드백(feedback)제어로 크게 구분되며 PLC제어는 앞서 개발된 "전기설비자동화 I" 교재의 뒷부분에서 다룬 PLC제어의 확장 편으로써 국내 PLC 생산업체인 LS산전(주)의 최신 기종인 XGT(XGK 및 XGI)를 소개하고 있다. 기존 PLC기종인 Master-K 및 GLOFA-GM은 현재 산업 및 교육현장에 많이 사용되고 있으나 최신 기종인 XGT 시리즈가 점점 더 많이 대체 보급될 예정이므로 본 교재 개발의 가장 큰 이유이다. XGK 분야는 활용 소프트웨어인 XG5000 소개를 포함하여 기초 부분에 많은 분량을 배정한 반면, XGI 분야는 응용 부분을 주로 다루었다. 그 이유는 XGK의 경우 Master-K 계열로서 처음 소개된 반면 XGI는 기존 전기설비자동화 I 에서 다룬 GLOFA-GM 계열이기 때문이다. 따라서 XGI 부분에서는 응용 및 확장펑션뿐만 아니라 사용자정의 펑션 및 펑션블록, 태스크 프로그램, 변수 응용, 아날로그 입출력 모듈 등 XGK에서 다루지 않은 분야를 많이 소개하고 있다.

한편, 피드백제어는 정량(quantitative) 혹은 아날로그(analog)제어로써 대부분의 자동화시스템에 적용되는 PID제어기를 다루고 있다. 제어기 설계를 위한 수학적 모델링(라플라스 변환, 전달함수 및 블록선도 등)과 제어기 성능평가 지표(과도 및 정상상태 응답, 안정도 및 주파수영역 해석 등) 등을 학습하고 보상기와 PID제어기를 설계하는 과정을 적절한 예를 들어서 설명하였다. 제어기 설계에 필요한 수학 전용 소프트웨어는 국내에서 개발된 CEMTool을 사용하였으며 제어시스템의 시뮬레이션은 자매 소프트웨어인 SIMTool을 사용하였다. 본 교재에서 사용한 CEMTool/SIMTool 프로그램은 현재 세계적으로 널리 활용되고 있는 수학패키지인 MATLAB과도 상호 호환이 가능하다.

본 교재는 1년 과정으로 편성하여 XGK/XGI PLC 부분은 1학기에, 피드백제어는 2학기에 학습하는 것이 가장 적절하지만 모듈 개념으로 학년 구분 없이 사용하여도 무방하다. 또한 본 교재는 현재 교육부에서 지원하는 정부재정지원사업 중에서 사회맞춤형사업의 재원으로 개발되었으므로 타 교재보다는 상대적으로 관련 현장직무에 가깝도록 집필되었다. 교재 개발과정에서 오류 및 수정해야 할 부분이 있을 수 있으니 독자 여러분의 많은 지적과 충고를 부탁드리며 본 교재 개발을 위하여 많은 노고를 해 주신 경문사

관계자 여러분과 신성대학교 사회맞춤형사업단의 교직원 및 전기과 동료 교수님들께 깊이 감사드리며 앞날에 무궁한 발전을 기원드립니다. 감사합니다.

충남 당진에서 저자 올림

차례

3부 피드백 제어편

· 1부
XGK PLC 기초편

본 편에서는 국내 최신 PLC기종인 XGT 중에서 Master-K계열인 XGK PLC의 기초와 활용 소프트웨어인 XG5000을 사용하여 다양한 명령어의 응용 방법을 다루었다. 시퀀스 연산자는 물론이고 각종 연산 명령어와 펑션 및 펑션블록을 적절한 예제를 이용하여 학습토록 하였다.

제1장 XGK 개요

1.1 시스템 구성

PLC 단위시스템은 베이스(Base), 전원부(SMPS), CPU부, Digital 입출력부(Di, Do)를 포함한 기본 구성에 특수, 통신모듈 등을 추가한 시스템으로 구분할 수 있다. 위 구성을 하나의 제품에 포함한 TYPE을 블록형이라 한다. 이에 속하는 기종으로 XGB시리즈가 있다. 이 밖에 각각의 구성품으로 이루어진 TYPE을 모듈형이라고 하며 위의기종을 제외한 전 제품이 포함된다.

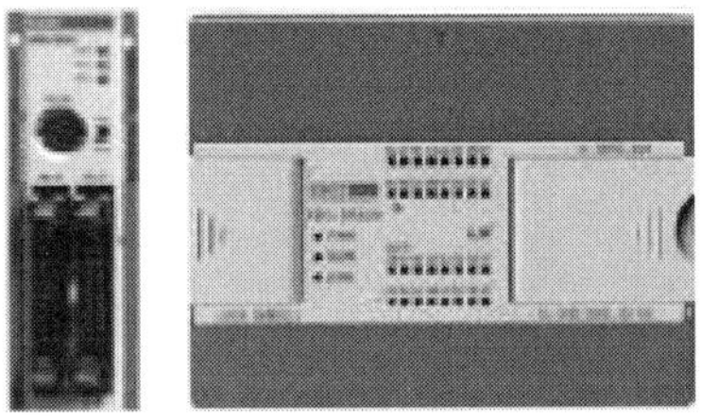

블록형(XGB시리즈)

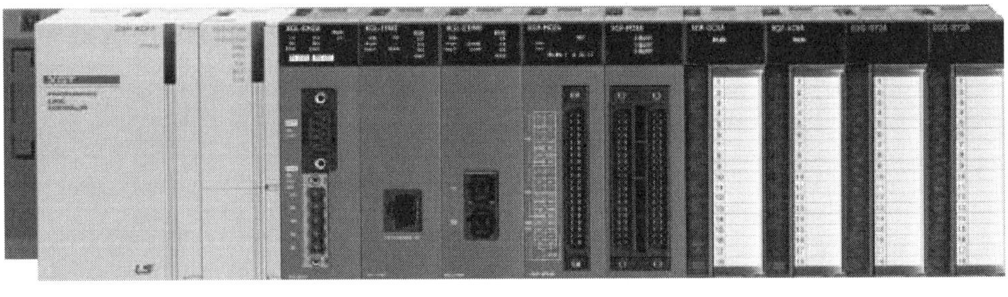

모듈형(XGK, XGI시리즈)

모듈형의 구성

위 그림과 같이 기본 시스템은 전원부가 가장 좌측에 위치하며, 다음에 CPU부, 이후에 입출력부가 위치하게 된다. 각각의 구성품은 베이스 위에 장착되며 베이스의 슬롯수는 전원부와 CPU를 제외한 슬롯수로 표시한다.

PLC 증설시스템

XGK-CPUE의 경우에 최대 1,536점까지 제어가 가능하다. 베이스당 최대 12슬롯이 장착 가능하므로 12슬롯 베이스에 64점 모듈(XGK 1모듈당 최대점수)을 모두 장착하였을 경우 총 768점(12X64)으로 최대 제어점수 1,536점의 1/2 밖에 안 된다. 1,536점을 모두 하나의 베이스에서 제어할 경우 24슬롯의 베이스가 필요하며, 이런 베이스를 사용할 경우에 전원부의 용량, 외형의 크기가 커져서 사실상 사용이 불가능해진다. 증설시스템이란 위와 같은 문제에 대한 해결책으로 24슬롯의 베이스를 12슬롯 단위로 나눈 후 각 베이스 간을 증설케이블로 연결하여 마치 하나의 베이스 위에서 모든 입출력을 제어하는 효과를 나타낸다. 이와 같은 경우 CPU가 장착된 베이스를 기본베이스라고 하며 전원, CPU, 입출력이 장착되고 증설케이블 취부용Connector 1개를 포함한다. 증설베이스에는 CPU 없이 전원, 입출력으로만 구성되고 증설케이블 취부용Connector 2개를 포함한다.

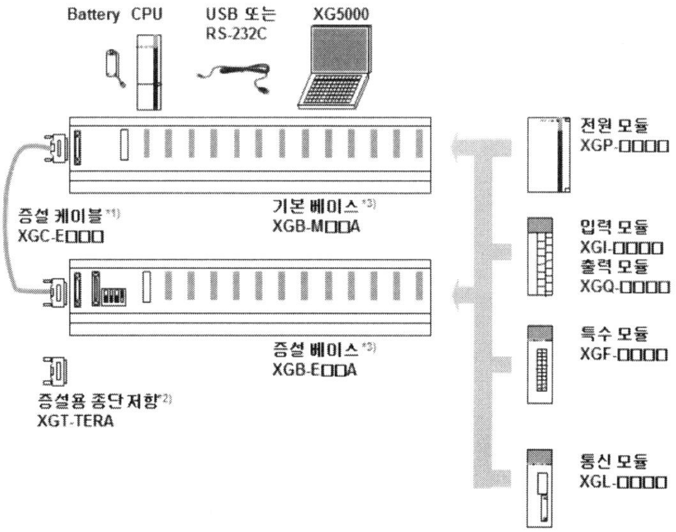

XGK PLC 시스템 구성시 아래 사항을 주의해야 한다.

1) 증설케이블 길이의 총합은 15m 이하로 제한된다.
2) 증설베이스를 연결할 경우 증설길이에 관계없이 마지막 베이스에 종단저항을 반드시 설치해야 한다.
3) 베이스에 모듈을 장착하지 않을 경우 더미모듈(XGT-DMMA)를 장착하여 슬롯커넥터를 보호해야 한다.

1.2 XGK PLC 사양

XGK PLC의 특징

1) 업계 최고수준의 CPU 처리속도(8.5ns/step)와 향상된 Backplane Interface를 통해 초고속 연산속도를 보장하며 USB를 통한 고속 업/다운로드는 유지/보수의 편리성을 극대화한다.
2) 동급 최소사이즈의 모듈크기(27*98*90)로 각 구성품은 Compact한 Panel 제작을 통해 원가 절감 및 다양한 Application 분야에의 적용을 가능하게 한다.
3) Fast Ethernet 및 Open Fieldbus에 기반한 System은 고신뢰도의 고속전송을 가능하게 하고 다양한 Field Device interface를 통해 System 구성상의 한계를 극복한다.
4) Fast Ethernet 기술 기반의 전기/광링 네트워크 구축으로 네트워크의 신뢰도를 대폭 향상시킬 수 있다.
5) Ethernet 기반으로 산업계표준 Field Network로 자리매김하고 있는 EtherNet/IP, Modbus TCP/IP를 지원함으로써 Ethernet 기반으로 타사 장비와 손쉬운 접속이 가능하다.
6) XG5000 Package는 향상된 사용자 Interface와 편리한 조작성을 바탕으로 Multi PLC Multi Programming을 지원하고 다양한 모니터링 및 강력한 진단기능을 제공한다.
7) 프로그램의 작성 없이 파라미터 설정으로 특수/통신모듈의 운전설정이 가능하다.
8) 1대의 PLC에 최대 256개의 프로그램을 작성하고, 각 프로그램을 Export/

Import할 수 있어 프로그램의 모듈화가 가능하다.

9) Dtag& Drop, Auto Fill, 특수모듈 변수, 설명문 자동등록기능 등 다양한 기능으로 프로그램의 편의성을 증대시켰다.

10) XG5000의 모든 데이터는 Microsoft EXCEL과 호환이 가능하다.

일반 사양

XGK를 포함한 XGT시리즈에 공통적으로 적용되는 일반사양은 다음과 같다.

<table>
<tr><th colspan="2">항목</th><th colspan="4">일반사양</th></tr>
<tr><td>사용/보관 온도</td><td></td><td colspan="4">0 ~ 55℃/ −25 ~ 70℃</td></tr>
<tr><td>사용/보관 습도</td><td></td><td colspan="4">5 ~ 95%RH, 이슬이 맺히지 않을 것</td></tr>
<tr><td rowspan="5">내진동</td><td>구분</td><td>주파수</td><td>가속도</td><td>진폭</td><td>횟수</td></tr>
<tr><td rowspan="2">단속적 진동</td><td>10 ≤ f < 57Hz</td><td>−</td><td>0.075mm</td><td rowspan="4">X, Y, Z 각 방향 10회</td></tr>
<tr><td>57 ≤ f ≤ 150Hz</td><td>9.8m/s²{1G}</td><td>−</td></tr>
<tr><td rowspan="2">연속적 진동</td><td>10 ≤ f < 57Hz</td><td>−</td><td>0.035mm</td></tr>
<tr><td>57 ≤ f ≤ 150Hz</td><td>4.9m/s²{0.5G}</td><td>−</td></tr>
<tr><td colspan="2">내충격</td><td colspan="4">• 최대 충격 가속도: 147m/s²{15G}
• 인가 시간: 11ms
• 펄스 파형: 정현 반파 펄스 (X, Y, Z 각 방향 3회)</td></tr>
<tr><td colspan="2" rowspan="5">내노이즈</td><td>방형파 임펄스 노이즈</td><td colspan="3">±1,500V</td></tr>
<tr><td>정전기 방전</td><td colspan="3">전압: 4kV (접촉 방전)</td></tr>
<tr><td>방사 전자계 노이즈</td><td colspan="3">27 ~ 500MHz, 10V/m</td></tr>
<tr><td rowspan="2">패스트 트랜지언트 &
버스트 노이즈</td><td>구분</td><td>전원</td><td>모듈</td></tr>
<tr><td>전압</td><td>2kV</td><td>1kV</td></tr>
<tr><td colspan="2">주위 환경</td><td colspan="4">부식성 가스가 없을 것</td></tr>
<tr><td colspan="2">사용 고도</td><td colspan="4">2,000m</td></tr>
<tr><td colspan="2">오염도</td><td colspan="4">2 이하</td></tr>
<tr><td colspan="2">냉각 방식</td><td colspan="4">자연 공랭식</td></tr>
</table>

XGK 사양

표준형 CPU모듈(XGK-CPUE/S)과 고급형 CPU모듈(XGK-CPUA/H/U)의 기능 사양은 다음과 같다.

<table>
<tr><th colspan="2" rowspan="2">항목</th><th colspan="8">XGK 기능사양</th></tr>
<tr><th>XGK-CPUE</th><th>XGK-CPUS</th><th>XGK-CPUA</th><th>XCK-CPUH</th><th>XCK-CPUU</th><th>XCK-CPUSN</th><th>XCK-CPUHN</th><th>XCK-CPUUN</th></tr>
<tr><td colspan="2">연산 방식</td><td colspan="8">반복 연산, 정주기 연산, 고정주기 스캔</td></tr>
<tr><td colspan="2">입출력 제어 방식</td><td colspan="8">스캔동기 일괄처리 방식(리프레시 방식), 명령어에 의한 다이렉트 방식</td></tr>
<tr><td colspan="2">프로그램 언어</td><td colspan="8">래더 다이어그램(Ladder Diagram), 명령 리스트(Instruction List)
SFC(Sequential Function Chart), ST(Structured Text)</td></tr>
<tr><td rowspan="2">명령어 수</td><td>기본</td><td colspan="8">40개</td></tr>
<tr><td>응용</td><td colspan="8">232종 717개</td></tr>
<tr><td rowspan="3">연산처리 속도 (기본명령)</td><td>LD</td><td>0.084μs/Step</td><td colspan="4">0.028μs/Step</td><td colspan="3">0.085μs/Step</td></tr>
<tr><td>MOV</td><td>0.252μs/Step</td><td colspan="4">0.084μs/Step</td><td colspan="3">0.0225μs/Step</td></tr>
<tr><td>실수 연산</td><td>±: 1.44μs(S),
2.87μs(D)
×: 1.94μs(S),
4.186μs(D)
÷: 1.97μs(S),
4.2μs(D)</td><td colspan="4">±: 0.602μs(S),
1.078μs(D)
×: 1.106μs(S),
2.394μs(D)
÷: 1.134μs(S),
2.66μs(D)</td><td colspan="3">±: 182.2ns(S),
327.3ns(D)
×: 336ns(S),
427ns(D)
÷: 345ns(S),
808ns(D)</td></tr>
<tr><td colspan="2">프로그램 메모리</td><td>16kstep</td><td>32kstep</td><td>32kstep</td><td>64kstep</td><td>128kstep</td><td>64kstep</td><td>128kstep</td><td>256kstep</td></tr>
<tr><td colspan="2">입출력점수</td><td>1,536점</td><td>3,072점</td><td>3,072점</td><td colspan="2">6,144점</td><td>3,072점</td><td colspan="2">6,144점</td></tr>
<tr><td rowspan="7">데이터 영역</td><td>P</td><td colspan="4">P00000 ~ P2047F (32,768점)</td><td colspan="4">P00000 ~ P4095F (65,536점)</td></tr>
<tr><td>M</td><td colspan="4">M00000 ~ M2047F (32,768점)</td><td colspan="4">M00000 ~ M4095F (65,536점)</td></tr>
<tr><td>K</td><td colspan="4">K00000 ~ K2047F (32,768점)</td><td colspan="4">K00000 ~ K2047F (65,536점)</td></tr>
<tr><td>L</td><td colspan="4">L00000 ~ L11263F (180,224점)</td><td colspan="4">L00000 ~ L11263F (180,224점)</td></tr>
<tr><td>F</td><td colspan="4">F00000 ~ F2047F (32,768점)</td><td colspan="4">F00000 ~ F4095F (65,536점)</td></tr>
<tr><td>T</td><td colspan="4">100ms: T0000 - T0999
10ms: T1000 - T1499
1ms: T1500 - T1999
0.1ms: T2000 - T2047</td><td colspan="4">100ms: T0000 - T2999
10ms: T3000 - T5499
1ms: T6000 - T7999
0.1ms: T8000 - T8191</td></tr>
<tr><td>C</td><td colspan="4">C0000 ~ C2047</td><td colspan="4">C0000 ~ C4095</td></tr>
</table>

<table>
<tr><td rowspan="6">데이터 영역</td><td>S</td><td colspan="4">S00.00 ~ S127.99</td><td colspan="4">S00.00 ~ S255.99</td></tr>
<tr><td>D</td><td colspan="2">D0000 ~ D19,999</td><td colspan="2">D0000 ~ D32,767</td><td colspan="2">D0000 ~ D262,143</td><td colspan="2">D0000 ~ D524,287</td></tr>
<tr><td>U</td><td>U0.0~
U1F.31</td><td>U0.0~
U3F.31</td><td>U0.0~
U3F.31</td><td colspan="2">U0.0~
U7F.31</td><td>U0.0~
U3F.31</td><td colspan="2">U0.0~
U7F.31</td></tr>
<tr><td>Z</td><td colspan="4">128점</td><td colspan="4">256점</td></tr>
<tr><td>N</td><td colspan="8">N00000 ~ N21,503</td></tr>
<tr><td>R</td><td colspan="2">1블록(F0~R32767)</td><td colspan="4">2블록(R0~R32767, 2개)</td><td>8블록</td><td>16블록</td></tr>
<tr><td colspan="2">플래시 영역</td><td colspan="8">2Mbyte, 32블록</td></tr>
</table>

메모리 사용 시 주의사항은 다음과 같다.

1) CPU에서 PID연산기능을 사용할 때 K1000워드부터 PID연산 파라미터 설정 및 PID운전 결과가 저장되는 영역이므로 CPU에서 PID연산기능을 사용할 경우 K영역 사용에 제한이 있다.
2) R영역과 ZR영역은 동일한 데이터 메모리 영역이며, R은 1개 블록 내의 주소, ZR은 전체 블록 내의 주소다. R을 사용할 경우 블록 번호는 RSET 명령어를 이용하여 지정한다.
3) N영역은 XG-PD에서 설정하는 P2P 통신 파라미터 저장영역으로 P2P 통신 관련 명령어(P2PSN, P2PWRD, P2PWWR, P2PBRD, P2PBWR) 이외의 명령어를 이용하여 접근할 수 없다.

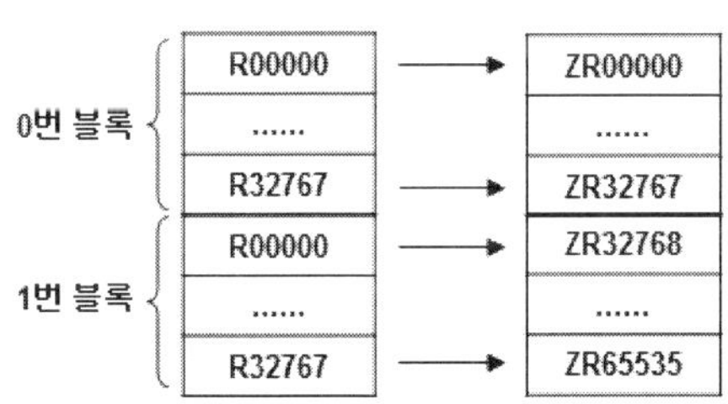

1.3 XGK PLC 시스템 구성

XGK시리즈는 기본시스템, 컴퓨터링크 및 네트워크시스템 구성에 적합한 각종 제품을 구비하고 있다. 본 장은 각 시스템의 구성방법 및 특징에 대해 설명한다.

CPU 표시 사양

XGK시리즈의 CPU전면부 LED 표시 내용은 다음과 같다.

RS-232C 커넥터: XG5000 접속용으로 사용되며, XG5000 접속포트 외에 Modbus 서버기능을 지원하는 포트가 내장되어 있으며 통신 파라미터는 XG5000의 기본파라미터에서 설정한다.

- XG5000 접속용 포트: 2(Rx), 3(Tx), 5(SG)
- Modbus 통신용 포트: 8(Rx), 7(Tx), 5(SG)

XGK-CPUSN, XGK-CPUHN, XGK-CPUUN은 RS-232C 대신 이더넷포트가 내장되어 있다. XG5000 접속 및 XGT서버, 모드버스 TCP 서버기능을 수행할 수 있다. 클라이언트 기능은 내장되어 있지 않다.

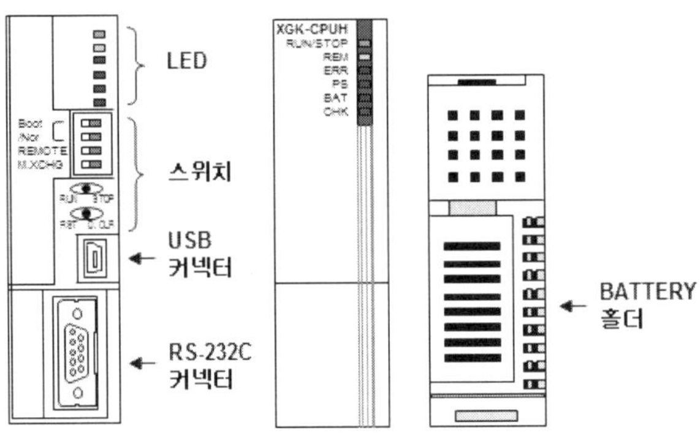

No.	명칭	용 도
①-a	RUN/STOP LED	CPU모듈의 동작 상태를 나타냅니다. • 녹색 점등: 'RUN' 모드 상태로 운전 중을 표시 ▸ RUN/STOP 모드 스위치에 의해 'RUN' 운전 중 ▸ RUN/STOP 모드 스위치가 'STOP'인 상태에서 '리모트 RUN' 운전 중 • 녹색 점멸: RUN 운전 중에 경고 또는 에러 표시 • 적색 점등: 'STOP' 모드 상태로 운전 중을 표시 ▸ RUN/STOP 모드 스위치에 의해 'STOP' 운전 중 ▸ 모드 스위치가 'STOP'인 상태에서 리모트 'STOP' 운전 중 • 적색 점멸: 'STOP' 운전 중에 경고 또는 에러 표시 ▸ 운전을 정지하는 에러를 검출한 경우
①-b	REM LED	• 점등(확생): 리모트 허용 상태임을 표시 ▸ 'REMOTE' 스위차가 'On'인 경우 • 소등: 리모트 금지 상태임을 표시 ▸ 'REMOTE' 스위치가 'Off'인 경우
①-c	ERR LED	• 점등(적색): 운전이 불가한 에러가 발생한 경우를 표시 • 소등: 이상 없음을 표시
①-d	PS LED (Programmable Status)	• 점등(적색): ▸ '사용자 지정 플래그'가 'On'인 경우 ▸ '에러시 운전 속행' 설정으로 에러 상태에서 운전 중인 경우 ▸ 'M.XCHG' 스위치가 'On'인 상태에서 모듈을 빼거나 다른 모듈을 장착한 경우 • 소등: 이상 없음을 표시
①-e	BAT LED	• 점등(적색): 배터리 전압이 저하된 경우 • 소등: 배터리 이상 없음
①-f	CHK LED	• 점등(적색) 표준설정과 다른 내용이 설정되어 있는 경우에 표시(파라미터로 추가/삭제[해제]가 가능함) ▸ '모듈교체' 스위치가 '모듈교체'로 설정된 경우 ▸ '디버그 모드'에서 운전 중인 경우 ▸ '강제 ON' 설정 상태 ▸ '고장마스크', 'SKIP' 플래그가 설정된 경우 ▸ 운전 중 경고장(Warning)이 발생한 경우 ▸ 증설베이스 전원 이상 • 점멸: 연산에러시 운전속행 설정이 되어 있는 상태에서 에러가 발생한 경우 • 소등: 표준설정으로 운전 중에 표시

CPU 전면부 기능

XGK시리즈의 CPU 전면부 스위치 및 부속내용은 다음과 같다.

No.	명칭	용 도
②-a	Boot/Nor 스위치	출하 전 O/S를 다운로드하는 경우 사용합니다. • On(우측): 정상운전 모드에서 제어동작을 수행 • Off(좌측): 제조 시 사용하는 모드로 사용자 조작 금지 (O/S/의 다운로드 모드) • 주의: Boot/Nor 스위치는 항상 On(우측) 상태로 유지해야 합니다. Off(좌측) 상태로 설정하게 되면 모듈 소손의 원인이 됩니다.
②-b	REMOTE 허용 스위치	리모트 접속을 통한 PLC의 동작을 제한합니다. • On(우측): 모든 기능 허용(REMOTE 모드) • Off(좌측): 리모트 기능 제한 ▸ 프로그램의 D/L, 운전모드 조작 제한 ▸ 모니터, 데이터 변경 등은 조작 허용
②-c	M.XCHG (모듈교체 스위치)	운전 중 모듈교체를 실시하는 경우 사용합니다. • On(우측): 모듈교체 실시 ▸ 키스위치의 조작만으로 모듈교체가 가능 • Off(좌측): 모듈교체 완료
③	RUN/STOP 모드 스위치	CPU모듈의 운전모드를 설정합니다. • STOP → RUN: 프로그램의 연산 실행 • RUN → STOP: 프로그램의 연산 정지 REMOTE 스위치에 우선하여 동작합니다.
④	리셋/D.Clear 스위치	스위치를 좌측으로 옮기면 리셋 동작을 수행합니다. • 좌측이동 → 중앙복귀: RESET 동작 수행 • 좌측이동 → 3초 이상 유지 → 중앙복귀: Overall RESET 동작 수행 스위치를 우측으로 눌렀다 놓으면 데이터 클리어 동작을 수행합니다. • 우측으로 누름 → 중앙복귀: 래치 1 영역 데이터와 일반 데이터영역 지움 • 우측으로 누름 → 3초 이상 유지 → 중앙복귀: 래치 2 영역 데이터와 일반 데이터영역 지움 • 주의: 데이터 클리어 동작은 'STOP' 운전모드 안에서 동작합니다.
⑤	USB 커넥터	주변기기(XG5000 등)와 접속하기 위한 커넥터(USB 1.1 지원)

⑥	RS-232C 커넥터	주변기기와 접속하기 위한 커넥터 • XG5000 접속: 기본적으로 지원 • Modbus 기기 접속: Modbus 프로토콜 지원 Tx: 7번 Pin, Rx: 8번 Pin, GND: 5번 Pin
⑦	배터리 장착 커버	백업 배터리 장착용 커버

1.4 XGK PLC 증설 시스템

입출력 증설시스템

XGT PLC에 사용하는 베이스는 기본베이스(XGB-M□□A)와 증설베이스(XGB-E□□A)로 구분된다. 1개의 베이스는 전원 및 CPU를 제외하고 4/6/8/12개의 모듈을 장착할 수 있다. 기본 베이스는 전원 모듈이 취부되는 슬롯의 왼쪽에 증설커넥터가 1개 있으며, 증설베이스는 두 개의 증설커넥터가 있으므로 외형으로도 구분이 된다. 증설베이스를 사용할 때 증설단자 보호커버를 열면 베이스번호 설정용 딥스위치가 4개 있는데, 이 스위치를 이용하여 베이스 번호를 설정해야 하며 최대 증설거리(증설케이블 길이의 합)는 15m이다.

증설케이블의 연결은 기본 베이스에서 시작하여 증설베이스의 안쪽 커넥터에 연결한다. 2개 이상의 증설 베이스를 설치할 경우 증설 베이스의 안쪽 커넥터는 CPU 방향으로 연결하고, 바깥쪽 커넥터는 하부 증설 베이스에 연결한다. 증설베이스의 증설커넥터를 열면 베이스번호 설정 스위치가 있다. 이 스위치를 이용하여 베이스번호를 설정해 주어야 한다. 증설베이스를 설치할 경우 마지막 베이스의 바깥쪽 증설커넥터에 종단저항(XGT-TERA)을 반드시 설치해야 한다.

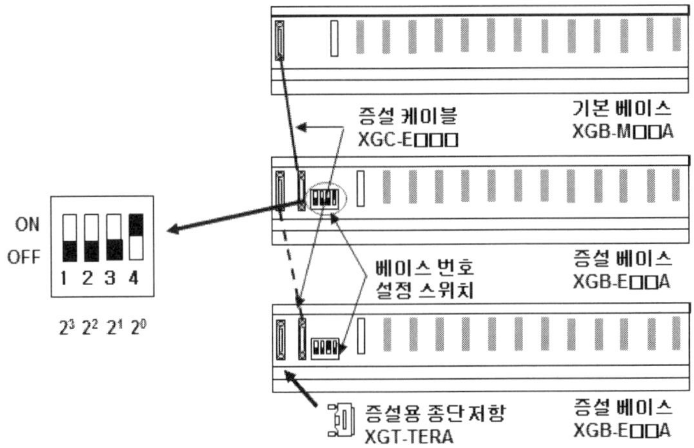

입출력 증설용 베이스

XGT PLC에 사용하는 기본 및 증설베이스는 베이스에 장착되는 입출력 모듈 수에 따라서 4, 6, 8, 12슬롯의 4종류가 있다. 사용자의 시스템 규모 또는 현장 판넬의 공간에 따라서 선택하여 적절히 사용할 수 있다.

다음은 기본 및 증설베이스에 대한 형명을 표기하는 방식을 나타내고 있다. 사용하고자 하는 슬롯에 맞는 베이스 또는 증설용 케이블 등을 형명에 맞게 선택 사용해야 한다. M은 기본베이스 즉 메인(Main)의 M을 의미하고 E는 증설(Extention)의 E를 의미한다.

베이스

• XGB - □ □□ A

베이스 종류
- M: 기본 베이스
- E: 증설 베이스

장착 모듈 수
- 04: 4모듈 장착
- 06: 6모듈 장착
- 08: 8모듈 장착
- 12: 12 모듈 장착

증설 케이블

• XGC - E □□□

길이
- 041: 0.4m
- 061: 0.6m
- 121: 1.2m
- 301: 3m
- 501: 5m
- 102: 10m
- 152: 15m

증설케이블은 베이스와 베이스 간을 연결하여 CPU와 입출력 모듈 간의 데이터를 연결해 주는 중요한 역할을 한다. 따라서 가급적이면 짧게 배선하여 외부의 노이즈에 영향을 적게 받도록 해야 한다.

1.5 XGK PLC 입출력 모듈

디지털 입력모듈 종류

XGT PLC에 사용하는 입력모듈의 종류는 DC24V 입력과 AC110, 220V용 입력과 특수모듈용 입력으로 나뉜다. 입력모듈 종류에 대한 형명을 지정하는 기준은 다음과 같다.

* XGI - □□□□

전원 종류	접점 수(바이트)	옵션
D2: DC24V	1: 8점 (1 바이트)	A: +/- 공통(DC 입력)
A1: AC110V	2: 16점 (2 바이트)	B: + 공통(DC 입력)
A2: AC220V	4: 32점 (4바이트)	
	8: 64점 (8바이트)	

예) XGI-A12A: AC110V 16점 입력 모듈
XGI-D24A: DC24V 32점 입력 모듈
XGI-D28B: DC24V 64점 입력 모듈, + 공통

출력모듈 종류

출력모듈은 릴레이 출력, 트랜지스터 출력, SSR출력 등 출력모듈에 사용되는 접점의 형태에 따라서 구분된다. 출력모듈에 따라서 사용되는 전류의 용량과 사용전압이 결정되므로 사용시 주의가 요구된다. 출력모듈 종류에 대한 형명을 지정하는 기준은 다음과 같다.

* XGQ - □□□□

출력 소자	접점 수(바이트)	옵션
RY: Relay	1: 8점 (1 바이트)	A: - 공통(TR 출력)
TR: Transistor	2: 16점 (2 바이트)	B: + 공통(TR 출력)
SS: SSR	4: 32점 (4바이트)	서지킬러(RY 출력)
	8: 64점 (8바이트)	

예) XGQ-RY2B: 릴레이 출력 16점, 서지 킬러내장
XGQ-TR4A: Transistor 출력 32점, - 공통
XGQ-TR8B: Transistor 출력 64점, + 공통

특수모듈 종류

특수모듈은 디지털 입출력 모듈과는 다르게 각 모듈마다 마이크로프로세서를 내장하여 CPU모듈과는 별도로 각 모듈에 맞는 특수기능을 독자적으로 수행한다. 특수모듈의 종류로는 A/D, D/A, 고속카운터, 위치결정모듈, 통신모듈 등 여러 종류가 있다. 현장의 특수 상황에 따라서 특수모듈을 선택하여 사용할 수 있다. 단, XGK시리즈는 별도의 PID 특수모듈 없이 CPU에 PID기능이 내장되어 있다.

1.6 입출력 메모리 할당

PLC 프로그램 작성, 외부 입출력 결선 및 유지보수에 있어서 PLC 외부단자대와 PLC 메모리와의 대응관계를 정확히 이해해야 한다. 예를 들어, 아래와 같은 경우 PLC 외부접점과 메모리와의 정확한 대응관계를 이해하지 못하면 프로그램의 작성 및 이해가 불가능해지기 때문이다.

PLC 외부 입출력(P)

외부 입출력번호의 할당은 첨자(Device 이름) P로 표현하며 형식은 아래와 같다.

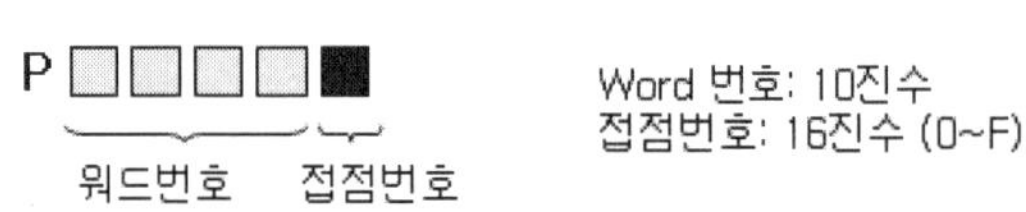

입출력 메모리 할당: 고정식/가변식 메모리 할당 방식에 따라 입출력 메모리 할당은 달라진다. 가변식의 경우 각 입출력 모듈의 점수에 따라 메모리 할당이 달라진다. 예를 들어 32점 모듈의 경우 16점 모듈 2개에 해당하는 접점이 한 슬롯에 설치된 것으로 보면 된다. 다음 그림은 가변식 할당방법에 따른 입출력 메모리 할당의 예이다.

슬롯번호:		0	1	2	3	4	5	6	7
전원	CPU	P0000 ~ P000F	P0010 ~ P002F	P0030 ~ P003F	P0040 ~ P004F	P0050 ~ P005F	P0060 ~ P007F	P0080 ~ P008F	P0090 ~ P009F
		입력	입력	출력	통신	출력	출력	A/D	XPM

가변식 입출력 메모리 할당

- 입출력 메모리 할당에서 고정식으로 할당하는 경우는 각 슬롯에 64점씩 할당이 된다.
- 가변식 메모리 할당에서는 모듈에 따라 할당되는 P영역이 다르다.
  1) **입출력 모듈**: 실제 입출력 모듈 접점만큼 할당이 된다.
  2) **특수 모듈**: 아날로그 입출력, 고속카운터, 위치결정, 모션제어 모듈은 16점이 할당된다.
  3) **통신 모듈**: Cnet, Dnet, Enet(오픈형, 전용), Rnet, Pnet은 16점이 할당된다.

슬롯번호:		0	1	2	3	4	5	6	7
전원	CPU	P0000 ~ P003F	P0040 ~ P007F	P0080 ~ P011F	P0120 ~ P015F	P0160 ~ P019F	P0200 ~ P023F	P0240 ~ P027F	P0280 ~ P031F
		입력	입력	출력	통신	출력	출력	A/D	XPM
메모리 할당(점)		64	64	64	64	64	64	64	

고정식 입출력 메모리 할당

입출력 영역 (P)

입출력 P는 외부기기와 대응되는 영역으로서 입력기기로 사용되는 푸시버튼, 전환스위치, 리미트스위치 등의 신호를 받아들이는 입력부와 출력기기로 사용되는 솔레노이드, 모터, 램프 등에 연산결과를 전달하는 출력부로 이루어진 영역이다. 입력부P에 대해서는 PLC 내부의 메모리에 입력상태가 보존되므로 a, b접점 사용이 가능하고 출력부P 역시 a, b접점의 출력 모두 가능하다. P영역 중 입출력으로 사용되지 않는 부분은 보조릴레이 M과 동일하게 사용할 수 있다. 명령어에 따라 워드단위로 사용이 가능하다. 다음 그림은 입출력회로 구성 예를 보여준다.

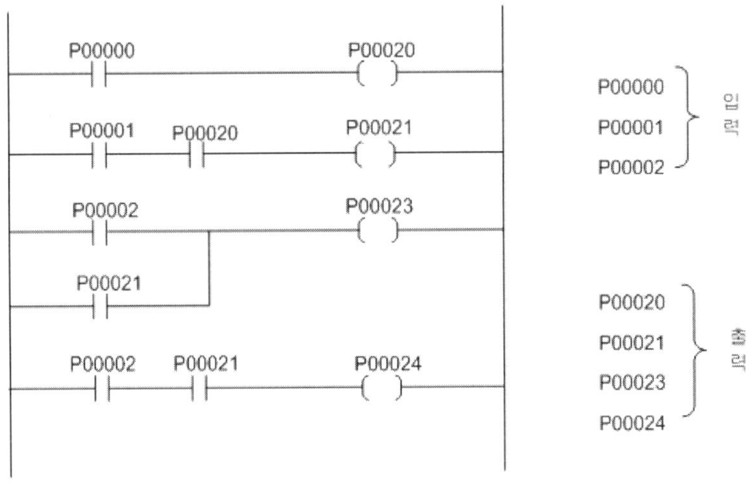

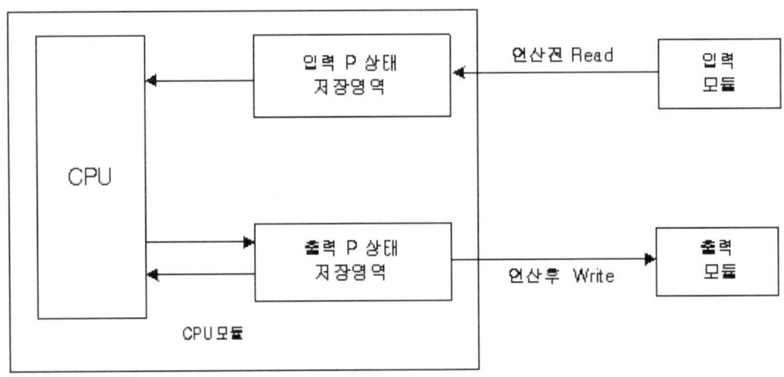

위 그림과 같이 P영역은 입출력 모듈의 각 접점 하나하나에 대해서 1:1로 대응되는 영역을 가지고 있어서, PLC가 스캔중(연산중)일때는 입출력 모듈의 접점상태와는 관계없이 CPU내부의 메모리(P영역) 상태를 가지고 연산을 하고, 연산이 끝난 후 출력접점에 대응되는 내부메모리 P영역의 내용을 출력모듈에 일괄 출력하고, 다음번 연산을 위하여 입력모듈의 접점상태를 입력접점에 대응되는 내부메모리 P영역에 저장한다. 입력, 출력의 접점상태는 구분 없이 모두 P영역에 할당되므로 프로그래밍시 입력 P영역과 출력 P영역의 혼동에 따른 오류가 없도록 주의바란다.

I/O 슬롯점수 할당

1개의 슬롯마다 16, 32, 64단위로 입출력의 예약점수를 지정할 수 있으며 특수/통신모듈의 경우에는 해당하는 특수/통신모듈을 지정한다. 빈 슬롯은 고정식인 경우는 64점, 가변식인 경우는 16점을 점유한다. 입출력번호의 할당방식은 기본파라미터의 설정에 따라서 고정식과 가변식(XGB는 지원 안함)의 선택이 가능하다.

1.7 내부메모리 할당

PLC 외부 입출력에 관계되지 않는, 즉 P영역을 제외한 모든 메모리 영역을 내부 메모리라고 한다. ON/OFF, Data 등이 외부 입력이나 출력에 직접적으로 의존하지 않고, 오로지 PLC 기동시 내부에서만 연산이 이루어지는 메모리를 통칭한다. 특히, 접점(Bit)영역으로 사용될 때 릴레이 시퀀스의 보조릴레이와 동작이 유사하여 보조접점 혹은 보조릴레이라고 한다.

내부메모리의 종류

1) 보조릴레이 M: PLC 내부릴레이로서 외부로 직접 출력은 불가능하지만 입출력 릴레이와 연결하면 외부 출력이 가능하다. 프로그램 연산중 내부정보를 가공할 때 정보를 전달해주는 용도로 사용된다. a, b접점의 사용이 가능하며, 식별자로서 M의 기호를 사용한다.

2) 정전유지릴레이 K(불휘발성영역): 보조릴레이와 사용 용도는 동일하나 PLC 정전시 정전 이전의 Data를 보존하여 정전복구시 Data가 복구된다. (파라미터 설정에 관계없이 배터리백업)

3) 특수릴레이 F: PLC의 내부시스템 상태, 펄스 등을 제공하는 내부접점으로 PLC 이상체크 및 특수한 기능을 제공한다.

4) Data Register D: 수치연산을 위해 내부 데이터를 저장하는 영역으로 기본

16Bit(1Word) 또는 32Bit(2Word) 단위로 데이터의 쓰고 읽기가 가능하다. 파라미터 사용에 의해 일부 영역을 불휘발성 영역으로 사용할 수 있다.

5) **타이머 T:** 시간을 제어하는 용도로 사용되며 타이머 일치접점과 설정시간, 경과된 시간을 저장하는 별도의 영역으로 구성된다.

6) **카운터 C:** 수를 세는 용도로 사용되며 카운터 일치접점과 설정값, 현재값을 저장하는 별도의 영역으로 구성된다.

7) **기타:** 링크릴레이 L, 간접지정 Register : #D

디바이스의 구분

디바이스는 표현방법 및 오퍼랜드 처리방법에 따라 비트디바이스와 워드디바이스로 나뉜다.

1) 비트(BIT) 디바이스

- LOAD나 OUT과 같은 기본명령어에 사용할 때, .(점)없이 비트 표현이 가능한 디바이스
- P, M, K, F, T(비트접점), C(비트접점), L, S
- **인덱스기능 사용시:** 비트디바이스에 인덱스 기능을 사용하면 비트의 위치에 인덱스 레지스터의 값을 더한 비트를 가리키게 된다. 단, 비트디바이스를 응용명령에서 사용했고, 그 명령어의 오퍼랜드가 워드데이터인 경우에는 워드로 계산된다.

  예) LOAD P00001[Z1] → Z1=8이면, LOAD P(1+8) = LOAD P00009

  MOV P00001[Z1] D10 → Z1=8이면, MOV P00009 D00010

2) 워드(WORD) 디바이스

- 디바이스의 기본 표현이 워드단위로 되는 디바이스이다.
- 디바이스번호의 원하는 비트 위치를 지정하고자 할 경우 .(점)을 사용한다.

  예) D10의 BIT4의 표현은 D10.4가 된다.
- **해당 디바이스:** D, R, U, T(현재값 영역), C(현재값 영역), Z
- **인덱스기능 사용시:** 워드단위의 인덱싱을 한다. 또한, 워드디바이스의 비트표현을

한 오퍼랜드에 인덱스를 사용했을 경우 역시 워드단위로 인덱싱을 한다. 예를 들어, D10.4인 오퍼랜드에 Z10을 사용하고자 할 경우, 표기는 D10[Z10].4와 같이 하고 의미는 D(10+Z10의값).4와 같다.

내부메모리의 구조

Bit(접점)영역 (P, M, L, K, F 영역)

워드	비트															
M00	M0F	M0E	M0D	M0C	M0B	M0A	M09	M08	M07	M06	M05	M04	M03	M02	M01	M00
M01	M1F	M1E	M1D	M1C	M1B	M1A	M19	M18	M17	M16	M15	M14	M13	M12	M11	M10
......	......															
M09	M9F	M9E	M9D	M9C	M9B	M9A	M99	M98	M97	M96	M95	M94	M93	M92	M91	M90
M10	M10F	M10E	M10D	M10C	M10B	M10A	M109	M108	M107	M106	M105	M104	M103	M102	M101	M100
......	......															

Word영역

워드메모리는 수치데이터, 문자열데이터 등을 저장하는 용도로 사용된다. XGK PLC에서 워드메모리는 D영역, R영역, U영역, Z영역이 있으며, 타이머(T영역)와 카운터(C영역)의 현재값 저장영역도 워드메모리에 해당된다. 그리고 F영역 중 시스템데이터를 저장하는 영역은 워드단위를 사용한다.

워드	비트															
D00	F	E	D	C	B	A	9	8	7	6	5	4	3	2	1	0
D01	F	E	D	C	B	A	9	8	7	6	5	4	3	2	1	0
......	......															
D09	F	E	D	C	B	A	9	8	7	6	5	4	3	2	1	0
D10	F	E	D	C	B	A	9	8	7	6	5	4	3	2	1	0
......	......															

1) 보조릴레이 M

PLC 내의 내부릴레이로서 외부로 직접 출력이 불가능하나 입출력 P와 연결하여 외부출력이 가능하다. 전원 On시와 RUN시에 파라미터 설정에 의해 래치영역으로 지정되지 않은 영역은 전부 0으로 지워집니다. a, b접점의 사용이 가능하다.

2) 킵릴레이 K

보조릴레이 M과 사용 용도는 동일하나 전원 On시나 RUN시에는 그전의 데이터를 보존하는 래치영역으로 기본파라미터의 래치영역 1로 설정한 영역과 같은 동작을 한다. a, b접점의 사용이 가능하며 아래와 같은 3가지의 경우에만 데이터가 0으로 지워진다. (래치영역 1의 동작특성과 동일)

- 프로그램을 작성하여 실행
- XG5000의 PLC 지우기 메뉴 중 메모리 지우기 기능 실행
- CPU모듈의 리셋키 조작 또는 XG5000을 통한 Overall 리셋

3) 링크릴레이 L

통신모듈 장착시 해당 통신모듈의 정보(OS정보, 서비스정보, 플래그정보)를 제공하는 영역으로 통신모듈 전용 플래그영역이다. 래치영역 1의 동작특성과 동일하게 데이터를 유지하며 통신모듈을 사용하지 않는 경우에는 보조릴레이 M과 동일하게 사용할 수 있다.

4) 타이머 T

기본주기 0.1ms(XGB는 지원 안함), 1ms, 10ms, 100ms의 4종류가 있으며 5종의 명령어(TON, TOFF, TMR, TMON, TRTG)에 따라 계수방법이 각각 다르게 된다.

5) 카운터 C

입력조건의 Rising Edge (Off→On)에서 카운트하며 Reset입력에서 카운터의 동작을 중지하고 현재치를 0으로 소거하거나 설정치로 대치한다. 4종의 명령어(CTU, CTD, CTUD, CTR)에 따라 각 계수방법이 다르고 최대 설정치는 hFFFF까지 가능하다.

6) 데이터 레지스터 D

내부데이터를 보관하는 곳으로 16비트, 32비트로 읽고 쓰기가 가능할 뿐만 아니라, 비트표현을 이용하여 한 비트씩 읽고 쓰기도 가능하다. 32비트 경우에는 (지정된 번호)가 하위 16비트, (지정한 번호+1)이 상위 16비트 처리된다. 데이터 레지스터의 비트 표현방법은 "지정된 번호 . 지정된 비트"의 형식으로 사용한다. 이때 지정된 비트의 표현은 16진수로 한다. 전원 On시와 RUN 시작 시에는 파라미터로 지정한 불휘발성 영역을 제외한 부분을 0으로 소거하고 불휘발성 영역은 이전 상태를 그대로 유지한다. 불휘발성 영역 설정은 파라미터 설정을 참조하면 된다.

예) 32비트 명령 사용시 D10을 지정한 경우

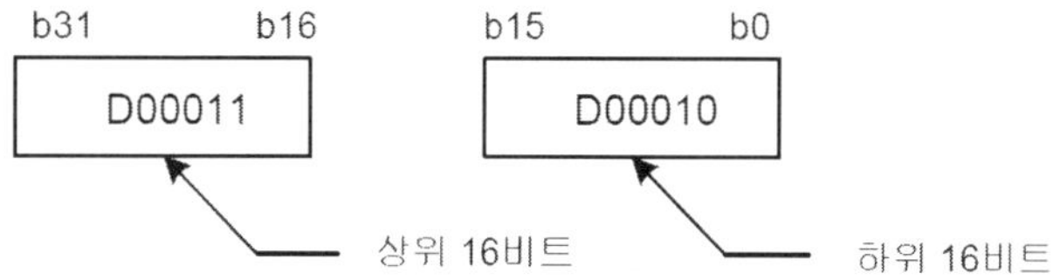

예) 데이터 레지스터 D의 비트 표현

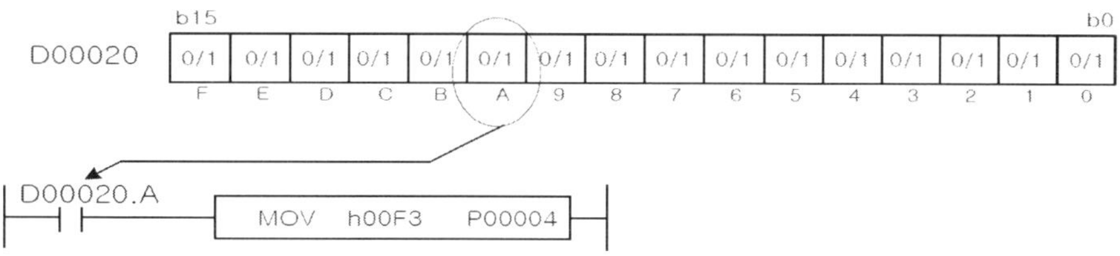

설명: D00020의 A번째 비트의 값에 따라 MOV 명령의 실행 여부가 결정된다.

7) 스텝 제어 릴레이 S

스텝제어용 릴레이로 명령어(OUT, SET) 사용에 따라서 후입우선, 순차제어로 구분된다. 전원 On시와 RUN 시작시에 파라미터로 지정한 영역 이외는 첫 단계인 0으로 소거된다.

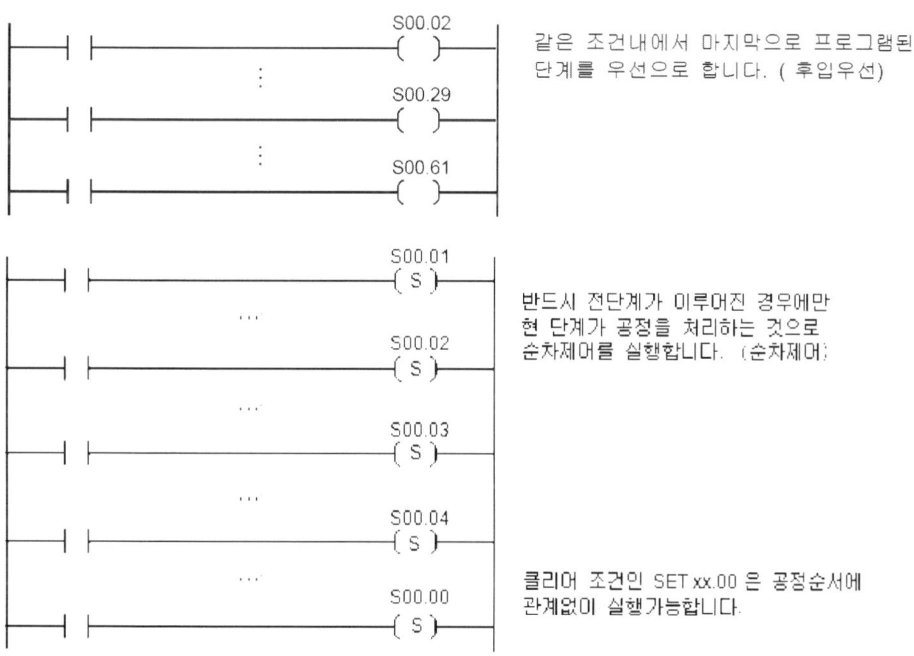

8) 특수 릴레이 F

시스템 관련 정보를 제공하는 영역으로 F0000~F1023(XGB의 경우 F200)워드까지는 읽기만 가능한 영역이다. PLC의 현재상태, O/S정보, RTC 데이터, 시스템클록 등 PLC 운영에 필요한 전반적인 정보가 제공된다. F1024(XGB의 경우 F199)워드 이후 영역의 경우 전용 명령을 이용하여 제한적으로 쓰기가 가능한 영역이다. 이 영역은 외부기기 경고장 및 중고장 검출에 사용될 수 있다.

1.8 데이터 래치

데이터 래치영역 설정: 운전에 필요한 데이터 또는 운전 중 발생한 데이터를 PLC가 정지 후 재 기동하였을 때도 계속 유지시켜서 사용하고자 할 경우에 데이터 래치를 사용하며, 일부 데이터 디바이스의 일정 영역을 파라미터 설정에 의해서 래치영역으로 사용할 수 있다. 아래는 래치 가능 디바이스에 대한 특성표이다.

- K, L, N, R 디바이스들은 기본적으로 래치된다.
- K, L, R 디바이스는 1차 래치와 같이 동작한다. 즉, Overall 리셋 또는 CPU모듈 D.CLR 스위치 조작으로 지워진다.
- N디바이스는 XG5000 온라인메뉴 PLC 지우기의 메모리 지우기 창에서 지울 수 있다.

디바이스	1차 래치	2차 래치	특성
P	X	X	입출력 접점의 상태를 저장하는 이미지영역
M	O	O	내부 접점 영역
K	X	X	정전 시 접점 상태가 유지되는 접점
F	X	X	시스템 플래그 영역
T	O	O	타이머 관련 영역(비트/워드 모두 해당)
C	O	O	카운터 관련 영역(비트/워드 모두 해당)
S	O	O	스텝 제어용 릴레이
D	O	O	일반 워드 데이터 저장 영역

U	X	X	아날로그 데이터 레지스터(래치 안 됨)
L	X	X	통신 모듈의 고속링크/P2P 서비스 상태 접점(래치 됨)
N	X	X	통신 모듈의 P2P 서비스 주소 영역(래치 됨)
Z	X	X	인덱스 전용 레지스터(래치 안 됨)
R	X	X	플래시메모리 전용 영역(래치 됨)

1.9 운전 모드

CPU모듈의 동작 상태에는 RUN모드, STOP모드, DEBUG모드 등 3종류가 있다.

RUN 모드: 프로그램 연산을 정상적으로 수행하는 모드입니다.

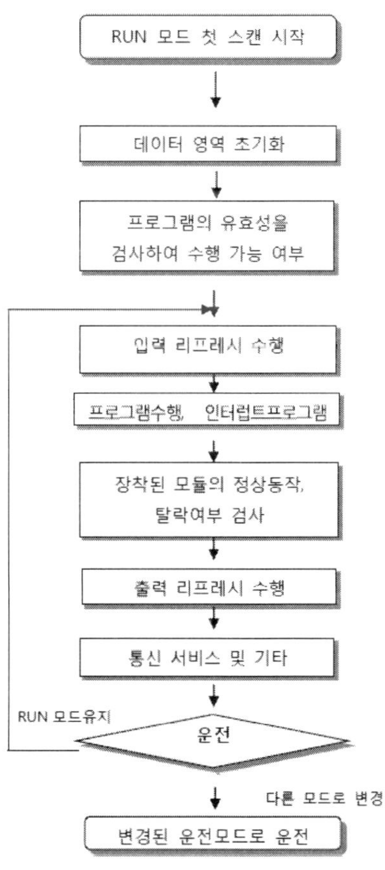

1) 모드 변경 시 처리

시작 시에 데이터 영역의 초기화가 수행되며, 프로그램의 유효성을 검사하여 수행 가능 여부를 판단한다.

2) 연산 처리 내용

- 입출력 리프레시와 프로그램의 연산을 수행한다.
- 인터럽트 프로그램의 기동 조건을 감지하여 인터럽트 프로그램을 수행한다.
- 장착된 모듈의 정상 동작, 탈락 여부를 검사한다. 통신 서비스 및 기타 내부 처리를 한다.

STOP 모드: 프로그램 연산을 하지 않고 정지 상태인 모드이다. 리모트 STOP모드에서만 XG5000을 통한 프로그램의 전송이 가능하다.

(1) 모드 변경시의 처리

- 출력 이미지 영역을 소거하고 출력 리프레시를 수행한다.

(2) 연산처리 내용

- 입출력 리프레시를 수행한다.
- 장착된 모듈의 정상 동작, 탈락 여부를 검사한다.
- 통신 서비스 및 기타 내부 처리를 한다.

디버그(DEBUG) 모드: 프로그램의 오류를 찾거나, 연산 과정을 추적하기 위한 모드로 이 모드로의 전환은 STOP모드에서만 가능하다. 프로그램의 수행상태와 각 데이터의 내용을 확인해 보며 프로그램을 검증할 수 있는 모드이다.

(1) 모드 변경시의 처리

- 모드 변경 초기에 데이터 영역을 초기화한다.
- 출력 이미지 영역을 소거하고, 입력 리프레시를 수행한다.

(2) 연산처리 내용

- 입출력 리프레시를 수행한다.
- 설정 상태에 따른 디버그 운전을 한다.
- 프로그램의 마지막까지 디버그 운전을 한 후, 출력 리프레시를 수행한다.

- 장착된 모듈의 정상 동작, 탈락 여부를 검사한다.
- 통신 등 기타 서비스를 수행한다.

(3) 디버그 운전 조건

- 디버그 운전조건은 아래 4가지가 있고 브레이크 포인터에 도달한 경우 다른 종류의 브레이크 포인터의 설정이 가능하다.

운전 조건	동작 설명
한 연산 단위씩 실행(스텝 오버)	운전 지령을 하면 하나의 연산 단위를 실행 후 정지합니다.
브레이크 포인트 (Break Point) 지정에 따라 실행	프로그램에 브레이크 포인트를 지정하면 지정한 포인트에서 정지합니다.
접점의 상태에 따라 실행	감시하고자 하는 접점 영역과 정지하고자 하는 상태지정(Read, Write, Value)을 하면 설정한 접점에서 지정한 동작이 발생할 때 정지합니다.
스캔 횟수의 지정에 따라 실행	운전할 스캔 횟수를 지정하면 지정한 스캔 수만큼 운전하고 정지합니다.

(4) 조작방법

- XG5000에서 디버그 운전 조건을 설정한 후 운전을 실행한다.
- 인터럽트 프로그램은 각 인터럽트 단위로 운전여부(Enable/Disable)를 설정할 수 있다.

운전 모드 변경

1) 운전 모드의 변경 방법

- CPU모듈의 모드 키에 의한 모드 변경
- 프로그래밍 툴(XG5000)을 CPU의 통신 포트에 접속하여 변경
- CPU의 통신포트에 접속된 XG5000으로 네트워크에 연결된 다른 CPU모듈의 운전 모드 변경
- 네트워크에 연결된 XG5000, HMI, 컴퓨터 링크 모듈 등을 이용하여 운전 모드 변경
- 프로그램 수행 중 STOP 명령에 의한 변경

2) 운전 모드의 종류

운전모드 스위치	XG5000 지령	XGK		XGB
		리모트 허용 스위치	운전모드	운전모드
RUN	X	X	RUN	로컬 런(RUN)
STOP	RUN	On	리모트 RUN	리모트 런(RUN)
	STOP		리모트 STOP	리모트 스톱(STOP)
	Debug		Debug RUN	디버그(Debug)
	모드 변경 수행	Off	이전 운전 모드	변경된 운전 모드
RUN → STOP	-	X	STOP	리모트 스톱(STOP)

- **리모트 모드 변환은 'XGK는 리모트 허용**: On', '모드 스위치: STOP' 인 상태에서 가능하며, XGB는 키 스위치가 스톱일 때 가능하다.
- 리모트 'RUN' 상태에서 스위치에 의해 'STOP'으로 변경하고자 할 경우는 스위치를 (STOP) → RUN → STOP으로 조작한다.
- 리모트 RUN 모드에서 스위치에 의해 RUN 모드로 변경되는 경우 PLC 동작은 중단 없이 연속 운전을 하며, 스위치에 의한 RUN 모드에서 런중수정은 가능하지만 XG5000을 통한 모드 변경 동작은 제한된다. 원격지에서 모드 변경을 허용하지 않을 경우에만 설정한다.

제2장 데이터와 프로그램

2.1 PLC 데이터

PLC에서 다루는 데이터는 수치데이터와 문자데이터가 있다. 수치데이터는 다시 정수형 수치데이터와 실수형 수치데이터가 있으며, 문자데이터는 8bit 문자데이터와 16비트 문자데이터가 있다. 여기에서는 각 데이터의 표현 및 해석방법을 설명한다.

1) 수치데이터의 종류 및 범위

수치데이터란 숫자로 표시되는 데이터를 의미하며, 진법에 따라 2진수, 8진수, 10진수, 16진수의 형태로 PLC에서 사용된다. 또, PLC에서 사용하는 수치데이터는 정수형 수치데이터와 실수형 수치데이터로 구분될 수 있으며, 정수형 수치데이터는 한 개의 데이터가 점유하는 비트의 수에 따라 니블(Nibble, 4bit), 바이트(Byte, 8bit), 워드(Word, 16bit), 더블워드(Double Word, 32bit) 크기가 있으며, 실수형 수치데이터는 플롯(Float, 32bit)과 롱(Long, 64bit)의 크기가 있다.

<table>
<tr><th rowspan="2">종류</th><th rowspan="2">크기</th><th colspan="3">데이터 범위</th></tr>
<tr><th>16진수</th><th>부호 없는 십진수</th><th>부호 있는 십진수</th></tr>
<tr><td rowspan="4">정수형</td><td>니블(4bit)</td><td>h0~hF</td><td>0~15(0~(2^4−1))</td><td>−8~7(−2^3~(2^3−1))</td></tr>
<tr><td>바이트(8bit)</td><td>h00~hFF</td><td>0~127(0~(2^8−1))</td><td>−64~63(−2^7~(2^2−1))</td></tr>
<tr><td>워드(16bit)</td><td>h0000~hFFFF</td><td>0~65,535
(0~(2^{16}−1))</td><td>−32,768~32,767
(−2^{15}~(2^{15}−1))</td></tr>
<tr><td>더블워드
(32bit)</td><td>h00000000~
hFFFFFFFF</td><td>0~4,294,967,795
(0~(2^{32}−1)</td><td>−2,147,483,648~
2,147,483,647
(−2^{31}−(2^{31}−1))</td></tr>
<tr><td rowspan="2">실수형</td><td>Float(32bit)</td><td colspan="3">−3.402823466e+038~−1.175494351e−0.38, 0,
1.175494351e−038~3.402823466e+038</td></tr>
<tr><td>Long(64bit)</td><td colspan="3">−1.7976931348623157e+308~−2.2250738585072014e−308.0,
2.2250738585072014e−308~1.7976931348623157e+308</td></tr>
</table>

2) 수치데이터의 표현 및 해석

수치데이터를 PLC에 저장할 때 지정된 메모리주소에서 0번 비트부터 아래와 같은 방식으로 데이터를 메모리에 저장하며, 메모리에 저장되어 있는 데이터를 읽어올 경우도 동일한 방법으로 해석하여 읽어온다.

16진수(Hexa-Decimal)의 표현: 16진수 1자리가 가질 수 있는 데이터는 0~9, A~F까지 16개 데이터를 가질 수 있으며, 16개 데이터를 표시하기 위해서는 4개의 비트가 필요하다. (24=16) 따라서 1개의 워드에 저장할 수 있는 16진수 최대 데이터는 hFFFF가 된다. 아래의 표는 16진수를 메모리에 저장할 때 각 비트별 가수가 된다. 여기서 가수란 해당 비트가 ON되었을 때 해석되는 수치이다.

2^3	2^2	2^1	2^0	2^3	2^2	2^1	2^0	2^3	2^2	2^1	2^0	2^3	2^2	2^1	2^0
8	4	2	1	8	4	2	1	8	4	2	1	8	4	2	1
		X 1000(h)				X 100(h)				X 10(h)					X 1(h)

예를 들어 16진수 h129E를 1워드 메모리에 저장하면 다음과 같이 해석되어 각 비트별로 저장된다. : h129E = 1X1000(h) + 2X100(h) +(8+1)X10(h) + (8+4+2)X1(h)

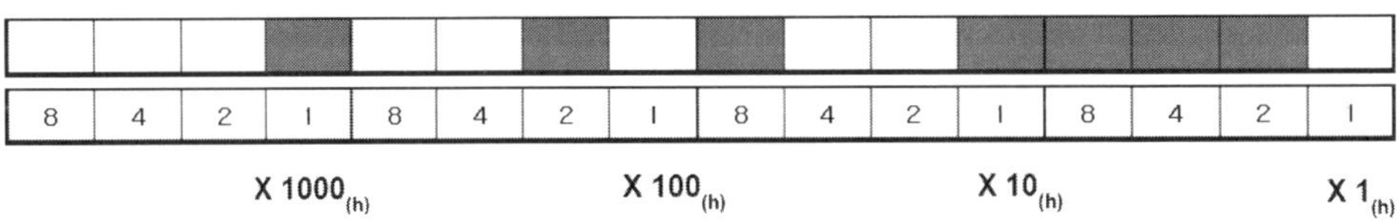

반대로 1워드 크기의 메모리에 다음과 같이 bit가 ON 되어 있고 16진수 수치로 해석한다면 아래의 설명과 같이 해석된다.

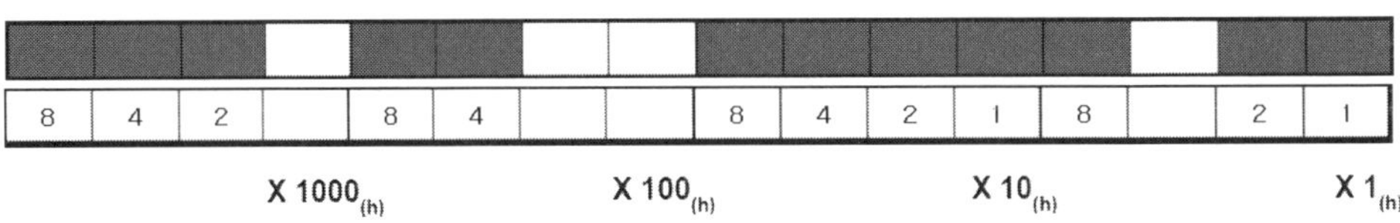

hECFB = (8+4+2)X1000(h) + (8+4)X100(h) + (8+4+2+1)X10(h) + (8+2+1)X1(h)

부호 없는 십진수(Unsigned Integer)의 표현: 비트 배열을 부호 없는 십진수로 해석하는 방법은 각 자리수별 가수를 사용하는 16진수와 달리 메모리의 0번 비트부터 2n가수를 사용한다. 예를 들어, 16비트 크기의 메모리를 사용하는 워드의 경우 각 비트별로 20부터 215까지 가수를 가지며, 수치의 계산은 ON비트 가수의 합으로 계산된다. 만일, 0번 비트와 15번 비트가 ON 되어 있다면 20 = 1로 해석되고, 215 = 32,768로 해석되어 전체 수치는 1+32,768 = 32,769로 해석된다.

2^{15}	2^{14}	2^{13}	2^{12}	2^{11}	2^{10}	2^{9}	2^{8}	2^{7}	2^{6}	2^{5}	2^{4}	2^{3}	2^{2}	2^{1}	2^{0}

예를 들어, 1234를 1워드 메모리에 부호 없는 십진수로 저장할 때 다음과 같이 해석되어 각 비트별로 저장된다. 1234 = 1024 + 128 + 64 + 16 + 2 = 210 + 27 + 26 + 24 + 21

2^{15}	2^{14}	2^{13}	2^{12}	2^{11}	2^{10}	2^{9}	2^{8}	2^{7}	2^{6}	2^{5}	2^{4}	2^{3}	2^{2}	2^{1}	2^{0}

또, 1워드 크기의 메모리에 다음과 같이 bit가 ON되어 있을 때 부호 없는 십진수로 해석하면 아래의 설명과 같이 해석된다.

$$2^{15}+2^{14}+2^{13}+2^{11}+2^{10}+2^{7}+2^{6}+2^{5}+2^{4}+2^{3}+2^{1}+2^{0}$$

$$= 32,768+16,384+8,192+2,048+1,024+128+64+32+16+8+2+1 = 60,667$$

부호 있는 십진수(Signed Integer)의 표현: 비트 배열을 부호 있는 십진수로 해석하는 방법은 최상위 비트는 부호비트가 되며 0번 비트부터 최상위-1번 비트까지가 가수가 된다. 부호비트가 OFF 상태(0)일 때 전체 수치는 0 또는 양수임을 의미하고, 수치는 부호 없는 정수와 마찬가지로 ON 비트 가수의 합으로 계산되며, 부호 비트가 ON 상태(1)일 때 전체 수치는 음수임을 의미하고, 수치는 OFF 비트 가수의 합 + 1(2의 보수)이 된다.

부호	2^{14}	2^{13}	2^{12}	2^{11}	2^{10}	2^{9}	2^{8}	2^{7}	2^{6}	2^{5}	2^{4}	2^{3}	2^{2}	2^{1}	2^{0}

예를 들어 -1234를 부호 있는 십진수로 메모리에 저장할 때 다음과 같이 해석되어 각 비트별로 저장된다. -1234 = -(1233+1) = -(1024+128+64+16+1+1) = -(210 +27+26+24+20+1)

부호	2^{14}	2^{13}	2^{12}	2^{11}	2^{10}	2^{9}	2^{8}	2^{7}	2^{6}	2^{5}	2^{4}	2^{3}	2^{2}	2^{1}	2^{0}

또, 1워드 크기의 메모리에 다음과 같이 bit가 ON되어 있을 때 부호 있는 십진수로 해석하면 아래의 설명과 같이 해석된다.

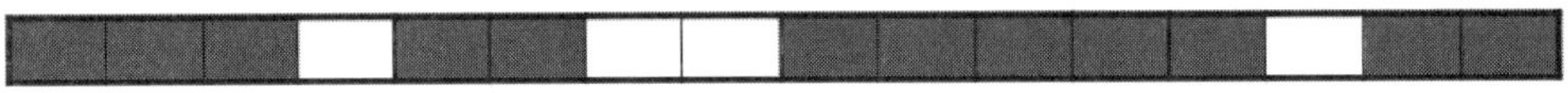

(212+29+28+22+1)= -(4,096+512+256+4+1) = -4,869

실수형 데이터: XGK PLC에서 사용할 수 있는 실수형 데이터는 32비트 실수형(REAL)과 64비트 실수형(LREAL)이 있다. 32비트 실수형은 최상위 비트(31번 비트)가 부호비트이며, 30~23번 비트가 지수부, 22~0번 비트가 소수부가 되고, 64비트 실수형은 최상위 비트(63번 비트)가 부호비트이며, 62~52번 비트가 지수부, 51~0번 비트가 소수부가 된다.

- 32비트 실수 표현의 예
  2.5 = 2×1.25 = +1×2(128-127)×(1+0.25) = +1×2(128-127)×(1+2-2)
  128을 8비트로 표시하면 10,000,000, 2-2을 비트로 표시하면 0.010이므로 따라서 2.5를 32비트 실수로 표현하면 0 10000000 01000000000000000000000 이 되며 16진수로 표현하면 h40200000이 된다.
- 32비트 실수 해석의 예
  0 10000001 10100000000000000000000
  +1×2(129-127)×{1+(2-1+2-2)} = 1×4×1.625 = 6.5

3) 문자열 데이터

XGK PLC에서 처리할 수 있는 문자열 데이터는 영문자, 숫자, 특수문자 외에 윈도우에서 지원하는 언어이다. 즉 한글윈도우를 사용할 경우 한글이 사용 가능하며, 한글윈도우에서 지원하는 한자도 사용 가능하다. 키보드에서 기본적으로 지원하는 영문자, 숫자 또는 특수문자의 경우 1개의 글자는 1Byte를 점유하며, 한글, 한자의 경우 1개 글자가 2Byte를 점유한다. XGK에서 문자열 처리명령어는 최대 32Byte의 문자열 데이터를 처리할 수 있으므로, 영문자, 숫자, 특수문자로 구성된 문자열의 경우 최대 32개의 문자를 처리할 수 있으며, 한글, 한자의 경우 16개의 문자까지 처리할 수 있다.

PLC에 문자데이터를 저장할 경우 영문자, 숫자, 특수문자의 경우 아스키코드로 변환되어 저장영역의 선두바이트부터 저장되며, 다른 언어문자의 경우 해당언어 윈도우에서 표준으로 사용하는 코드로 변환되어 1개의 문자가 2Byte에 저장된다. 예를 들어 영문 대문자 'A'를 XGK 데이터 메모리 D00000에 저장하면 영문 대문자 'A'에 대한 아스키코드(h41)을 저장데이터메모리의 선두바이트에 해당하는 D00000워드의 하위바이트(0~7번 비트)에 저장하고, 한글 '가'를 D00000에 저장하면 '가'에 대한 KSC5601코드(hA1B0)를 D0000 1개 워드에 저장한다. 여기서 주의할 점은 1개의 문자를 PLC에 저장하더라도 32Byte 메모리를 사용한다. 즉, 영문 대문자 'A'를 D00000에 저장할 경우 'A'는 D00000의 하위바이트에 저장되고, D00000의 상위바이트(8~F번 비트)부터 D00015의 상위바이트까지 31개의 바이트는 모두 NULL(h00)로 채워진다. XGK PLC에서 문자열 데이터를 처리할 경우 연산의 접두어로 '$'를 사용하며 문자열 상수는 작은 따옴표(' ')로 표시한다. 아래의 프로그램 예는 각 비트가 ON되면 영문자 'ABCD', 한글 '가나다라' 한자 '日就月將'을 D00000부터 저장한다. 특히, P00000을 ON시킨 D00000부터 16워드 이상의 데이터 메모리를 모니터하면서 문자열 데이터를 저장하는 조건을 ON시키면 데이터가 저장되지 않는 영역은 0으로 클리어되는 것을 확인할 수 있다.

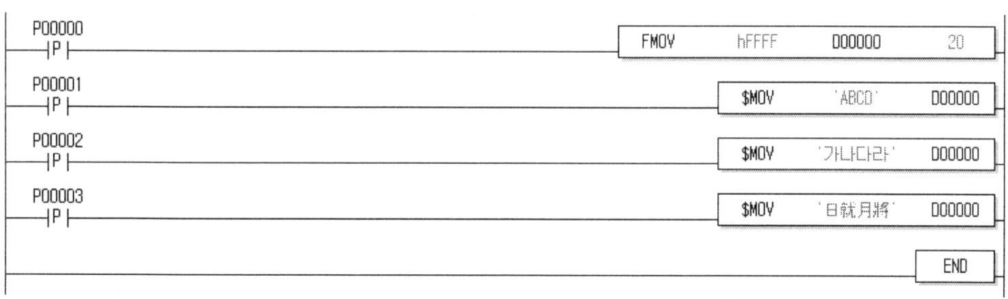

제3장 XG5000

3.1 XG5000 특징

XG5000은 XGT PLC 시리즈에 대해서 프로그램을 작성하고 디버깅하는 소프트웨어 툴이다. XG5000은 다음과 같은 특징과 장점을 가지고 있다.

1) 멀티PLC, 멀티프로그램

한 프로젝트에 여러 개의 PLC를 포함시켜서 서로 연동되는 PLC시스템을 동시에 편집, 모니터, 관리할 수 있다. 또한 프로그램을 스캔프로그램, 다양한 태스크프로그램으로 나누어 작성할 수 있다.

2) 다양한 드래그 & 드롭

프로젝트, 변수/설명, LD 편집, 변수모니터 등 대부분의 편집기에서 드래그 & 드롭 기능을 적용하여 편집을 쉽고 편리하게 할 수 있다.

3) 사용자 단축키 설정

디폴트로 제공되는 단축키 변경이 가능하며 사용자 본인에게 익숙한 단축키를 추가할 수 있다.

4) 다양한 메시지창

프로그램 편집과 검사 등을 쉽게 하기 위하여 다양한 메시지창을 제공한다.

5) 편리한 변수/설명 편집

- 엑셀을 이용하여 편집 가능하다.
- 변수 위주 보기, 디바이스 위주 보기, 플래그 보기 등 다양한 형식으로 편집이 가능

하다.

- 오토필(Auto Fill)을 이용하여 비슷한 용도의 변수를 쉽게 추가할 수 있다.
- 드래그 & 드롭을 이용하여 다른 변수/설명창에서 쉽게 복사할 수 있다.
- 대화상자를 띄우지 않고 엑셀처럼 직접 편집할 수 있다.

6) 편리한 프로그램 편집

- 제한 없는 Undo/Redo 기능을 제공한다.
- 셀 단위 블록편집이 가능하다.
- 화면 분할편집이 가능하다.
- 찾기/바꾸기 기능을 강화하였다.
- 블록마스크 기능을 이용하여 렁 단위로 실행을 금지할 수 있다.
- 북마크 기능을 이용하여 특정 위치에 쉽게 찾아갈 수 있다.
- LD 편집을 할 때 선택된 디바이스에 대해서 메모리참조를 볼 수 있다.

7) 다양한 모니터기능

변수모니터, 디바이스모니터, 시스템모니터, 트렌드모니터, 특수모듈모니터 등 다양한 모니터 기능을 제공한다.

8) 사용자 이벤트

특정 디바이스에 대해서 사용자정의 조건이 만족시 Data를 Logging하고 열람할 수 있다.

9) 모듈교환 마법사

런 중에 PLC를 정지시키지 않고 안전하고 쉽게 모듈을 교환할 수 있다.

3.2 XG5000 개요

XGT PLC를 사용하기 위해 사용자는 프로그램을 작성해야 하며, 이때 사용하는 소프트웨어가 XG5000이다. 즉, XG5000은 XGT PLC에 대해 프로그램을 작성하고 디버깅하는 소프트웨어이다. 여기서는 XG5000을 이용하여 프로젝트를 구성하고, 프로젝트 각 항목에 대해 설명한다. XG5000의 화면은 아래 그림과 같은 구성으로 이루어져 있다.

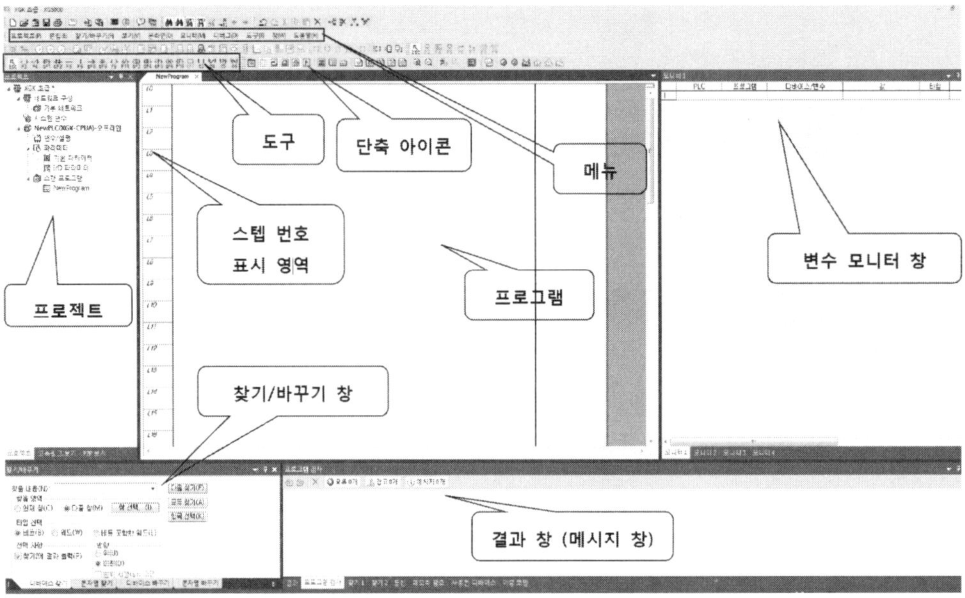

메뉴: 프로그램을 위한 기본 메뉴이다.

도구모음: 메뉴를 간편하게 실행할 수 있다.

프로젝트 창: 현재 열려있는 프로젝트의 구성 요소를 나타낸다.

메시지 창: XG5000 사용 중에 발생하는 각종 메시지가 나타난다.

3.3 XG5000 기본 사용법

XG5000은 XGT시리즈 PLC의 프로젝트를 작성, 전송하고, 엔지니어링하는 소프트웨어이다. 여기서는 XG5000을 이용하여 프로젝트를 구성하고, 간단한 프로그램을 작성하여 PLC로 전송하고 간단한 엔지니어링을 통해 XG5000의 사용 방법을 익힌다.

1) 프로젝트의 구성

XG5000에서 프로젝트를 구성하는 방법은 다음의 3가지가 있다.

- **새 프로젝트**: 새로운 프로젝트를 구성한다.
- **PLC로부터 열기**: PLC에 저장되어 있는 프로젝트를 PC로 읽어 (업로드)프로젝트를 PC에 저장하거나 내용을 수정한다.
- **KGLWIN 파일 열기**: MASTER-K PLC용 프로젝트 파일을 XGK/XBM/XBC PLC용 파일로 변환
- **GMWIN 파일 열기**: GLOFA-GM PLC용 프로젝트 파일을 XGR/XGI/XEC PLC용 파일로 변환

KGLWIN/GMWIN 파일 열기를 할 때 KGLWIN/GMWIN 파일을 선택하고 적용하고자 하는 XGT시리즈의 PLC를 선택하면 XG5000 프로젝트로 변환이 된다. 이때, KGLWIN/GMWIN 파일에 편집되어 있는 변수/설명문도 XG5000 프로젝트로 변환된다. KGLWIN 파일의 경우 주소가 변경된 특수디바이스까지 자동변경된다. 예를 들면 MASTER-K에서 상시ON플래그가 F0010이지만 XGK PLC에서는 F00099로 변경되었다.

그러나 KGLWIN/GMWIN 파일에서 사용된 명령어 중 XGT시리즈에서 지원하지 않는 명령어는 XG5000 프로젝트에 Err.로 표시되므로, 변환 후 프로그램의 수정이 필요할 수 있다. 특히, MASTER-K/GLOFA-GM PLC에서 특수/통신모듈 관련 명령어는 XGT시리즈 PLC에서는 모두 파라미터로 처리되므로 KGLWIN/GMWIN 파일의 특수/통신모듈 관련 명령어를 확인하여 파라미터로 설정해야 한다.

MASTER-K에서 특수모듈의 운전파라미터를 설정하는 PUT(P) 명령어는 XGT시리즈에서도 지원하지만, 특수모듈의 메모리주소 및 데이터가 변경된 것이 있으므로 변환된 XG5000 파일의 PUT(P) 명령어를 삭제하고 특수모듈 파라미터로 변경하는 것이 좋다.
여기서는 새 프로젝트를 구성하는 방법에 대하여 설명한다.

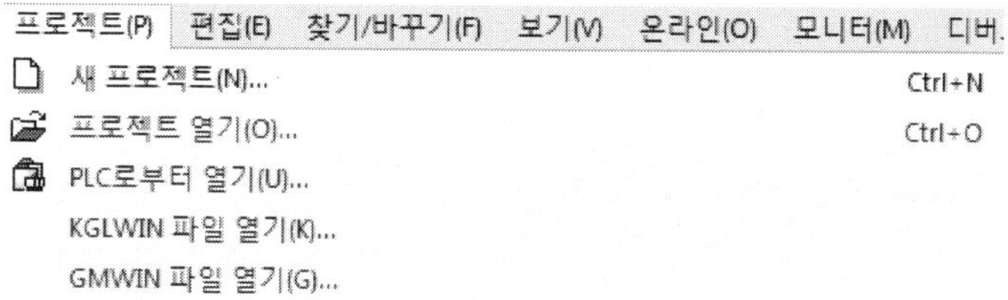

프로젝트메뉴의 '새 프로젝트'를 선택하거나 '새 프로젝트' 아이콘을 눌러 '새 프로젝트 구성 대화상자를 연다.

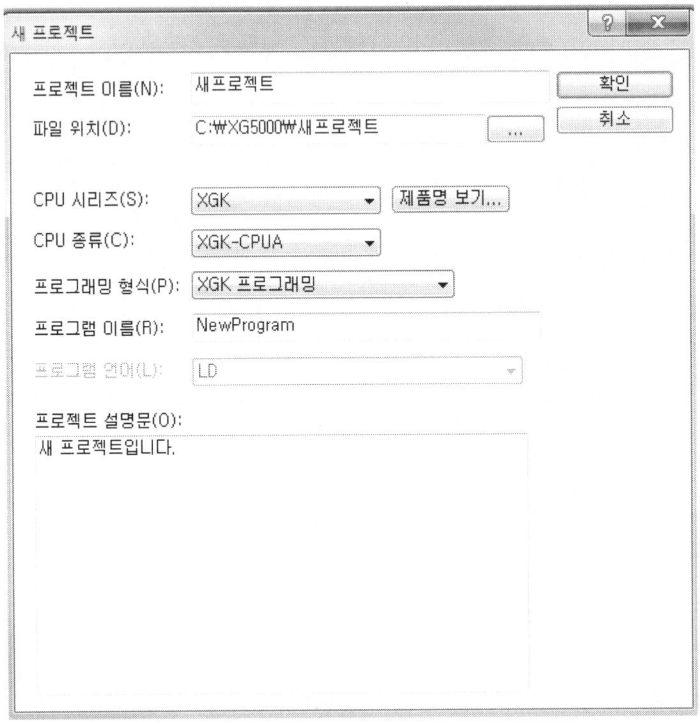

새 프로젝트창에서 각 항목을 입력한다.

- **프로젝트 이름**: 프로젝트 이름을 입력한다.
- **일 위치**: XG5000은 파일 위치로 지정된 폴더하부에 프로젝트이름과 같은 폴더를 만들고 그 폴더에 프로젝트 파일을 저장한다. 파일 위치 폴더는 XG5000의 도구메뉴 옵션 항목에서 변경할 수 있다.
- **PLC시리즈 및 CPU 종류**: PLC기종을 선택한 후 CPU 종류를 선택한다. XGK시리즈와 XGB시리즈 중 XBM/XBC는 서로 기종변환이 가능하며, XGI/XGR시리즈와 XGB시리즈 중 XEC는 서로 기종변환이 가능하다.
- **프로그램 이름**: XGT PLC는 한 대의 PLC가 연산할 프로그램을 여러 개로 나누어서 작성할 수 있다. 그 중 첫 번째 프로그램의 이름을 입력한다.
- **프로젝트 설명문**: 프로젝트에 대한 설명문을 입력한다.
- **프로그래밍 형식**: 기존 XGK 프로그래밍 형식과 자동할당 형식을 선택할 수 있다. 자동할당 형식은 XGI처럼 데이터메모리 중 일부영역을 자동할당메모리영역으로 사

용하는 기능이다. XGI처럼 사용자펑션/펑션블록을 사용할 수 있고, ST나 SFC로 프로그램을 구성할 수 있다. 자동할당할 메모리영역은 '메모리자동할당' 파라미터에서 설정할 수 있다.

2) 프로그램 작성

Ex 3-1) P00000 입력접점에 연결된 스위치가 ON되면 P00020 출력접점에 연결된 LED가 점등되고 스위치가 OFF되면 LED가 소등된다.

- **렁 설명문 편집**: 부분적인 프로그램에 간단한 설명문을 편집한다.
  - 렁 설명문을 편집하고자 하는 행의 스텝번호 표시영역을 더블클릭한다.

  - 설명문/레이블 선택 대화상자에서 설명문을 선택하고 '확인'버튼을 클릭한다.
  - 렁 설명문 대화상자의 설명문 부분에 프로그램에 관한 간단한 설명을 편집한 후 '확인'버튼을 클릭한다.

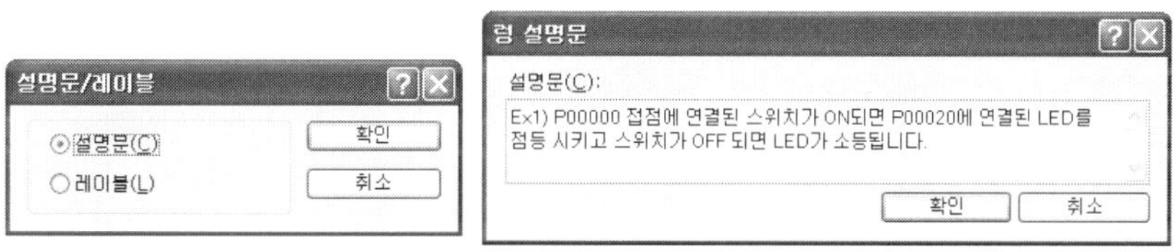

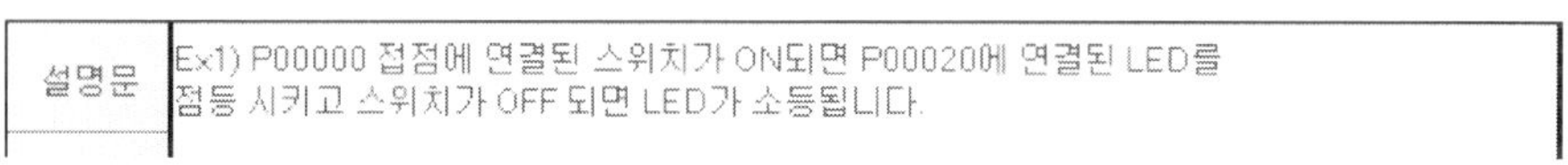

- **접점 편집**: 스위치의 ON/OFF 상태를 읽어오기 위해 접점을 편집한다.
  - 도구상자에서 평상시 열린접점을 클릭한 후 마우스커서를 프로그램창으로 이동하면 커서 하단에 현재 선택된 프로그래밍 기호가 표시된다.

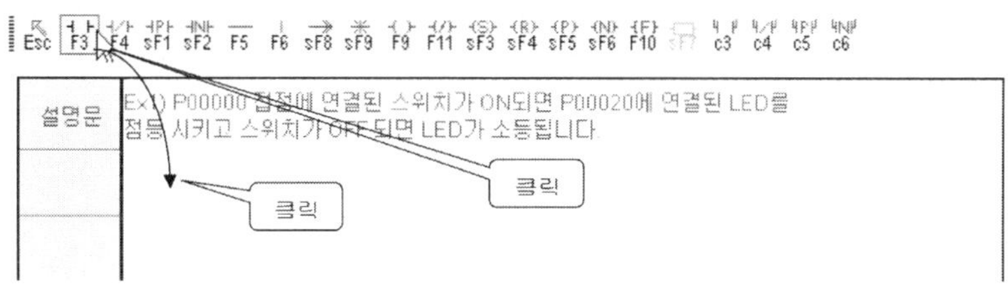

– 프로그램창에서 다시 한번 마우스를 클릭하면 변수/디바이스 입력 대화상자가 나타난다. '변수/디바이스' 항목에 P0를 입력하고, '확인'버튼을 클릭한다. 이때, '변수/설명 자동 추가'가 선택(체크)되어 있으면 변수/설명 추가 대화상자가 나타난다.

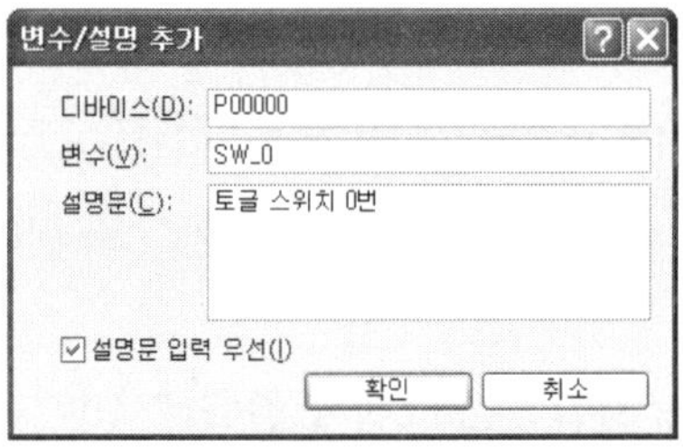

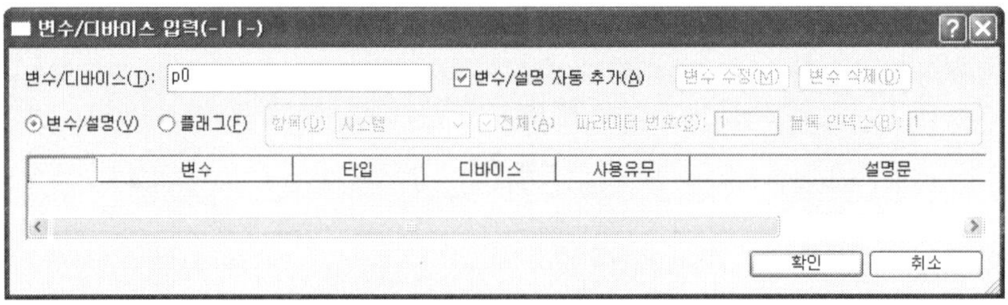

– 변수/설명 추가 대화상자에서 '설명문 입력 우선'이 선택되어 있을 경우 커서가 설명문 입력창에서 활성화되며, 선택되어 있지 않을 경우 변수 입력창에서 활성화된다.
– 변수 등록 후 해당데이터를 호출할 때 디바이스 또는 변수 이름을 이용하여 호출할 수 있으며, 1개의 변수에는 1개의 디바이스가 할당되어야 한다.
– 변수에 사용할 수 있는 기호는 문자, 숫자, 특수문자(_)로 제한이 되며, 변수의 선두에는 숫자를 사용할 수 없다. 이제 아래와 같이 프로그램창에 접점이 등록되었다.

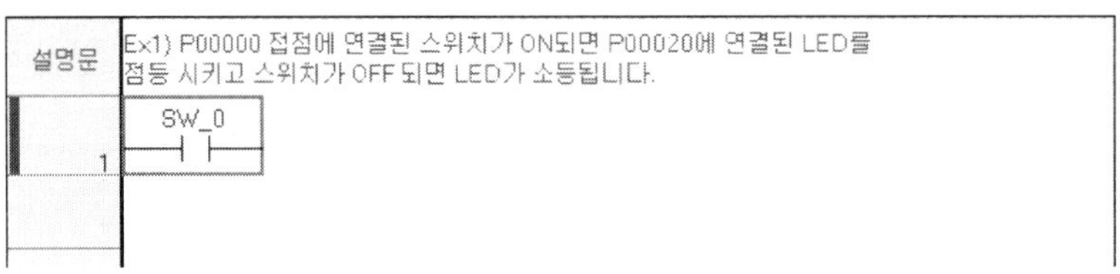

– 좌측의 적색 세로선은 프로그램에 오류가 있다는 의미이다. 또한 좌측의 숫자 '1'은 렁의 시작 스텝번호이다. XG5000에는 몇 가지의 보기 옵션을 선택할 수 있다. 보기 옵션에 따라 변수의 표시형태가 달라진다. 보기 옵션은 보기메뉴에서 선택할 수 있으며, XG5000의 단축 아이콘창에 단축아이콘으로 표시된다.

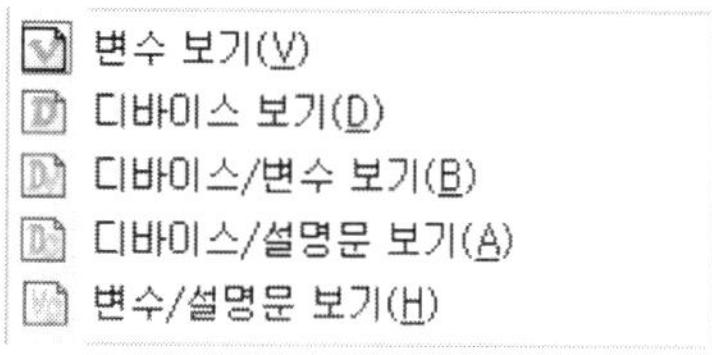

보기 메뉴의 보기 옵션

단축 아이콘 창의 보기 옵션 단축 아이콘

- 변수 보기: 프로그램 작성시 편집한 변수를 표시한다. 변수를 편집하지 않았을 경우 디바이스 보기로 표시된다.
- 디바이스 보기: 프로그램 작성시 사용한 디바이스(PLC 메모리주소)를 표시한다.
- 디바이스/변수 보기: 디바이스와 변수를 동시에 표시한다. 변수를 편집하지 않았을 경우 디바이스만 표시된다.
- 디바이스/설명문 보기 : 디바이스와 설명문을 동시에 표시한다. 설명문이 편집되지 않았을 경우 디바이스만 표시된다.
- 변수/설명문 보기 : 변수와 설명문을 표시한다. 변수가 편집되지 않았을 경우 변수는 디바이스로 표시되며, 설명문이 편집되지 않았을 경우 설명문은 표시되지 않는다.

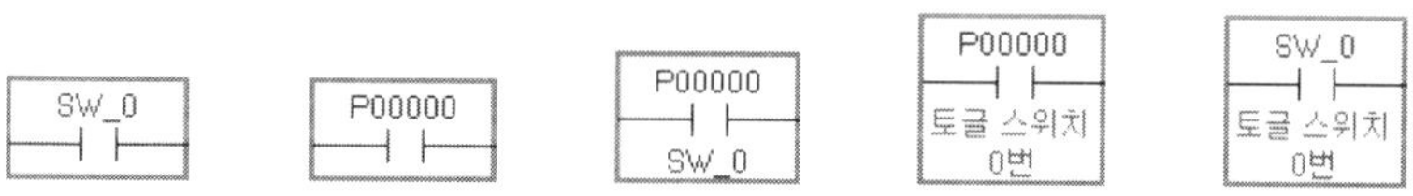

변수 보기 디바이스 보기 디바이스/변수 보기 디바이스/설명문 보기 변수/설명문 보기

- **코일 편집**: 연산결과를 출력하기 위해 코일을 편집한다.
  - 도구상자에서 코일을 선택한 후 프로그램창에서 편집된 접점의 다음 셀에서 다시 한번 클릭한다.

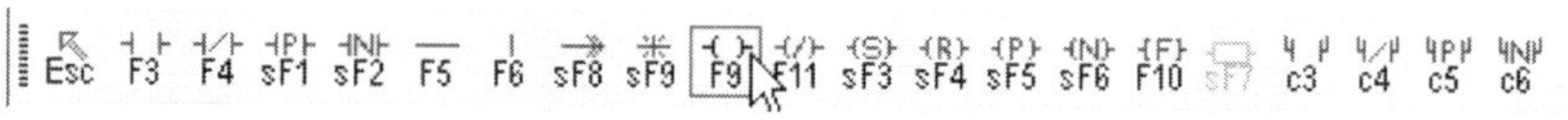

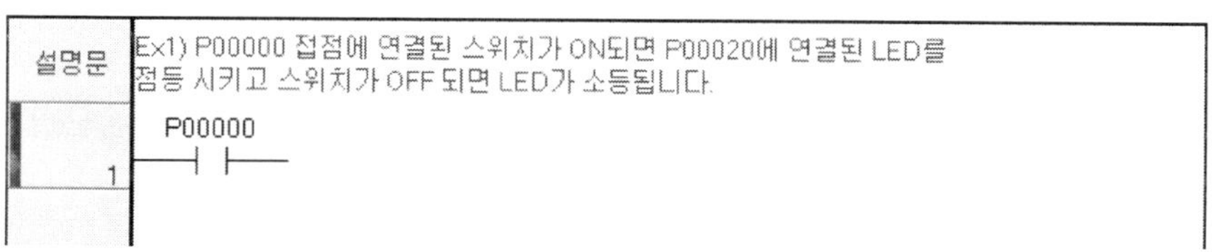

- 변수/디바이스창에 P20을 입력한 후 '확인'버튼을 누른다. 이때 변수/설명 자동

추가가 선택(체크)되어 있으면 변수/설명 추가창이 나타난다. 변수/설명 추가창에서 아래의 그림과 같이 편집한 후 '확인'버튼을 클릭한다.

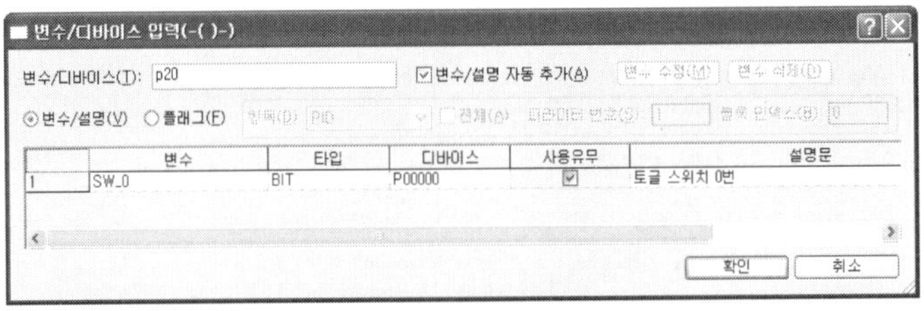

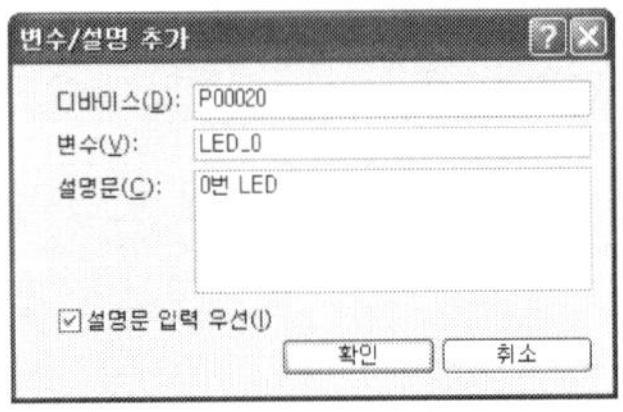

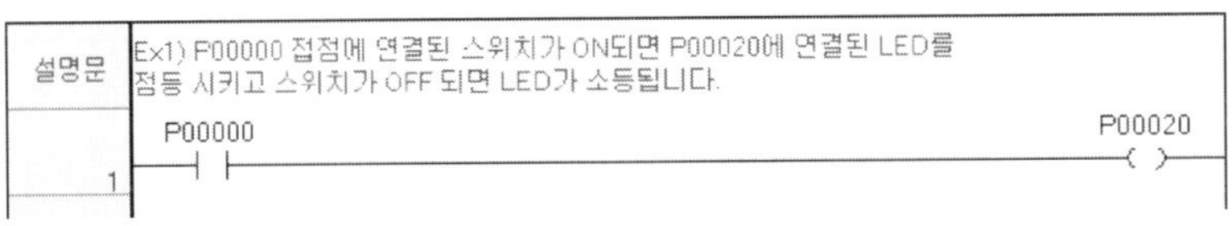

3) 변수/설명문

디바이스 변수 및 설명문은 앞에서 설명한 바와 같이 프로그램에서 디바이스를 최초로 호출할 때 편집할 수도 있지만, 프로그램에서 디바이스를 호출하기 전에 먼저 등록할 수도 있다.

- **XG5000의 기능을 이용한 일괄변수/설명 편집:** XG5000의 변수/설명창에서 디바이스에 대한 변수/설명을 편집할 수 있다. XG5000변수/설명창에 복사, 자동증가 기능을 사용하면 좀더 편리하게 변수 또는 설명을 편집할 수 있다. XG5000 프로젝트 창에서 변수/설명을 더블클릭하여 변수/설명창을 활성화시키고 변수 보기탭을 선택하면 현재 등록되어 있는 변수 또는 설명문이 표시된다.

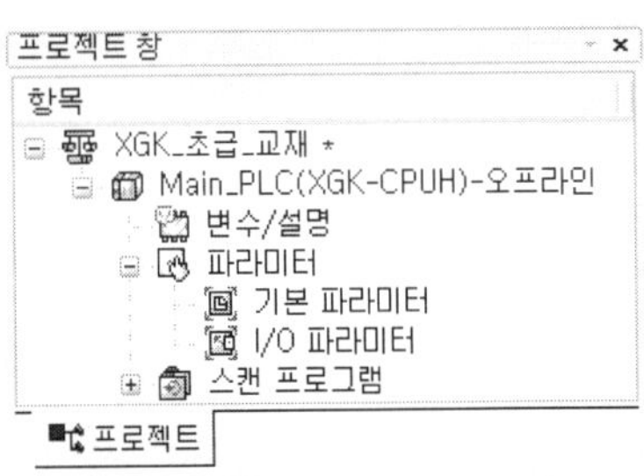

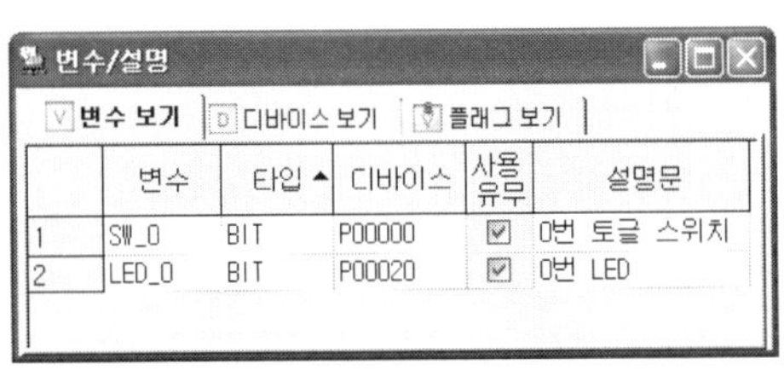

디바이스 보기탭을 선택한 후 디바이스 항목에 표시할 디바이스의 선두주소를 입력하고 타입에 데이터타입(BIT 또는 WORD)을 선택하면 디바이스 항목에 지정된 주소부터 타입에 지정된 크기주소가 순서대로 표시된다. 디바이스에 대해 변수 또는 설명문을 셀을 선택한 후 변수 또는 설명문을 편집하면 된다.

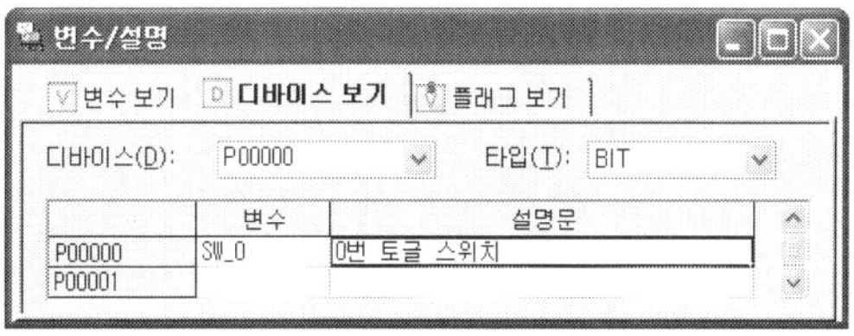

• **디바이스 설명문 복사**: 연속된 주소에 비슷한 내용의 설명문을 편집하고자 할 때 1개 디바이스의 설명문을 편집한 후 마우스를 아래 또는 위로 드래그하면 선택된 설명문이 복사된다. 이렇게 복사 후 수정할 내용을 수정할 수 있다. 각 디바이스에 동일한 설명문이 복사되었다.

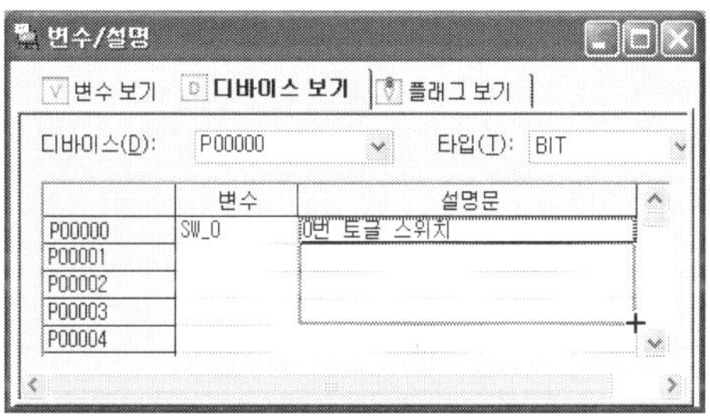

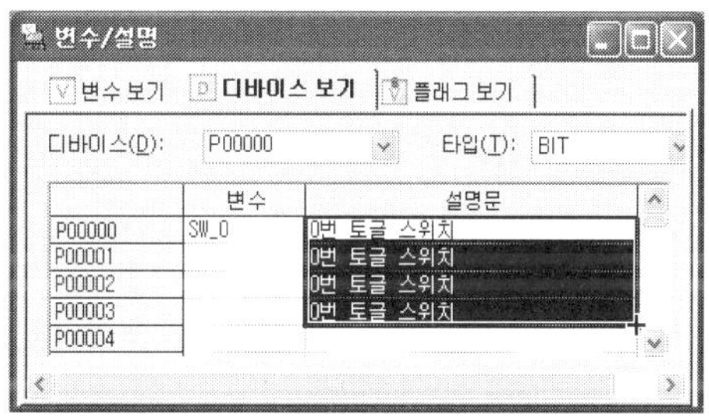

• **디바이스 설명문에 포함된 숫자 자동증가**: 숫자가 포함된 디바이스 설명문을 선택하고 Ctrl 키를 누른 상태에서 마우스를 아래 또는 위로 드래그하면 드래그되는 위치에 표시되는 십자커서 우측 상단에 작은 십자커서가 나타난다.

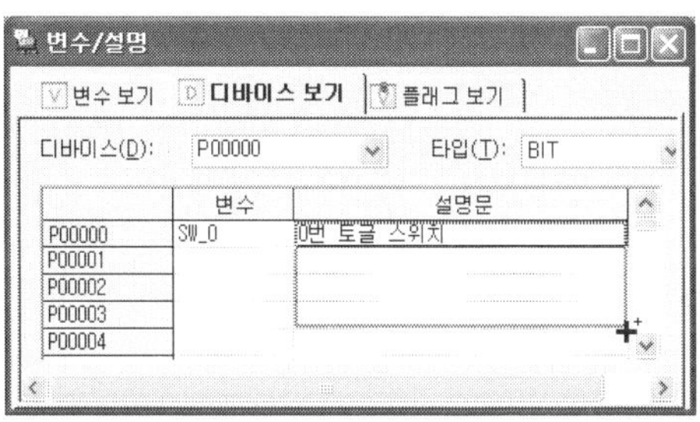

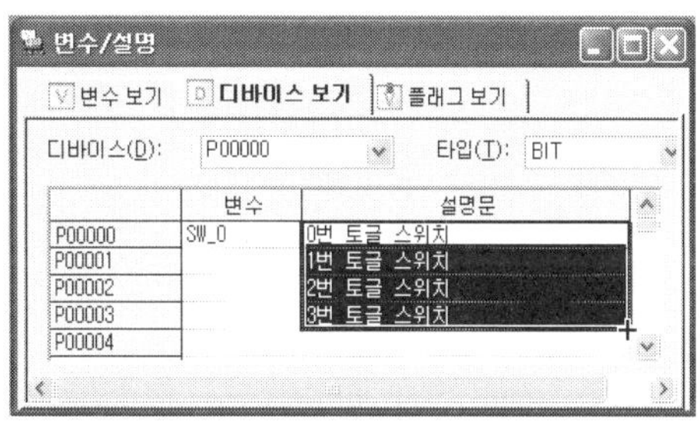

최초 선택된 디바이스의 설명문에 포함된 숫자가 자동으로 증가했다. 만일, 최초 선택된 디바이스 설명문에 두 개 이상의 숫자가 포함된 경우 제일 뒤의 숫자가 자동으로 증가된다.

• **변수에 포함된 숫자 자동증가:** 숫자가 포함된 변수를 선택하여 마우스를 아래 또는 위로 드래그하면 드래그되는 위치에 표시되는 십자커서 우측 상단에 작은 십자커서가 나타난다.

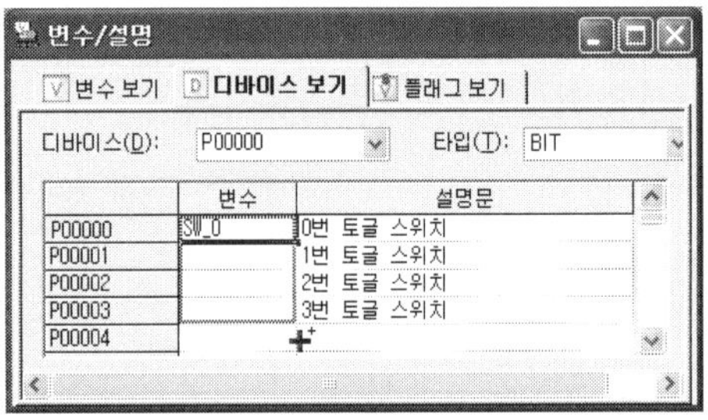

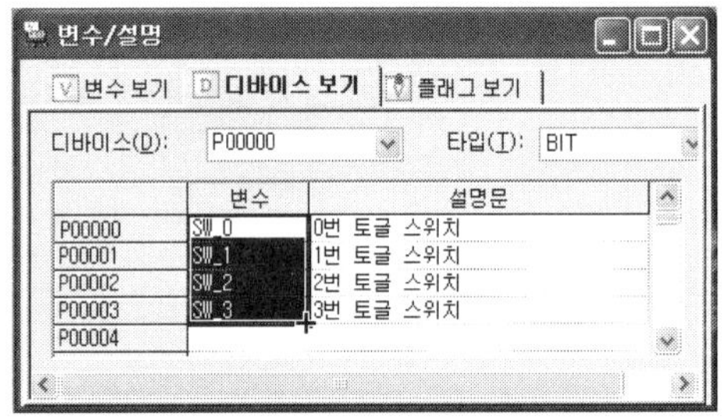

최초 선택된 변수에 포함된 숫자가 자동으로 증가했다. 만일, 최초 선택된 디바이스의 설명문에 두 개 이상의 숫자가 포함된 경우 제일 뒤의 숫자가 자동으로 증가된다.

엑셀 등을 이용하여 디바이스의 사용용도를 정리해 놓은 자료가 있을 경우 별도의 편집 없이 자료의 내용을 복사하여 XG5000에 붙여넣기를 해서 간단히 변수 또는 설명문을 편집할 수 있다. 디바이스 사용용도를 정리한 파일을 열어 복사하고자 하는 부분을 선택하여 복사한다.

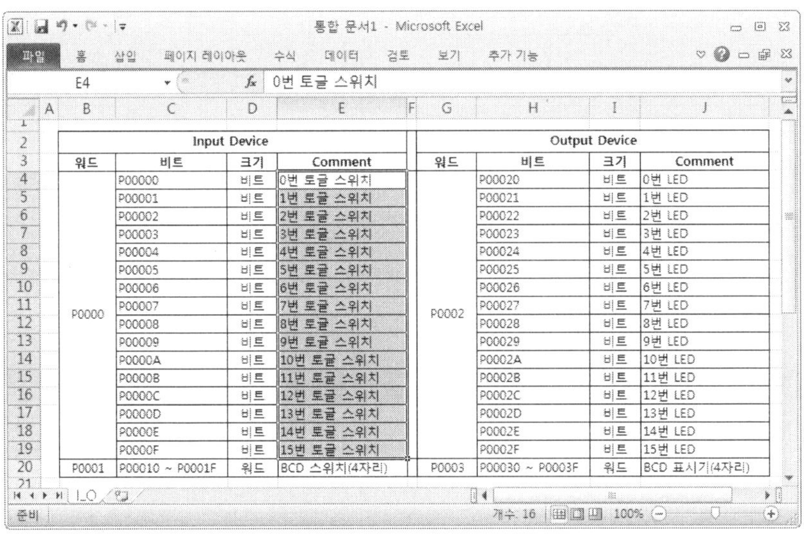

Input Device				Output Device			
워드	비트	크기	Comment	워드	비트	크기	Comment
P0000	P00000	비트	0번 토글 스위치	P0002	P00020	비트	0번 LED
	P00001	비트	1번 토글 스위치		P00021	비트	1번 LED
	P00002	비트	2번 토글 스위치		P00022	비트	2번 LED
	P00003	비트	3번 토글 스위치		P00023	비트	3번 LED
	P00004	비트	4번 토글 스위치		P00024	비트	4번 LED
	P00005	비트	5번 토글 스위치		P00025	비트	5번 LED
	P00006	비트	6번 토글 스위치		P00026	비트	6번 LED
	P00007	비트	7번 토글 스위치		P00027	비트	7번 LED
	P00008	비트	8번 토글 스위치		P00028	비트	8번 LED
	P00009	비트	9번 토글 스위치		P00029	비트	9번 LED
	P0000A	비트	10번 토글 스위치		P0002A	비트	10번 LED
	P0000B	비트	11번 토글 스위치		P0002B	비트	11번 LED
	P0000C	비트	12번 토글 스위치		P0002C	비트	12번 LED
	P0000D	비트	13번 토글 스위치		P0002D	비트	13번 LED
	P0000E	비트	14번 토글 스위치		P0002E	비트	14번 LED
	P0000F	비트	15번 토글 스위치		P0002F	비트	15번 LED
P0001	P00010 ~ P0001F	워드	BCD 스위치(4자리)	P0003	P00030 ~ P0003F	워드	BCD 표시기(4자리)

XG5000 프로젝트창에서 변수/설명을 더블클릭하여 변수/설명창을 활성화시킨다. 변수 보기 탭이 선택되면 현재 변수 또는 설명문이 등록되어 있는 디바이스가 표시된다.

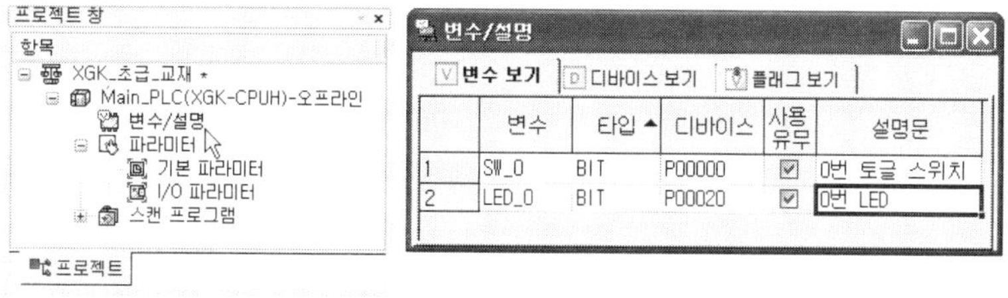

디바이스 보기를 선택한 후 디바이스에 시작주소를 입력하고, 타입을 선택한다. 변수 또는 설명문을 마우스로 선택한 후 마우스 오른쪽버튼을 클릭해서 나타나는 팝-업메뉴에서 붙여넣기(Ctrl + V)를 선택하면 파일에서 복사된 내용이 XG5000의 설명문으로 등록된다.

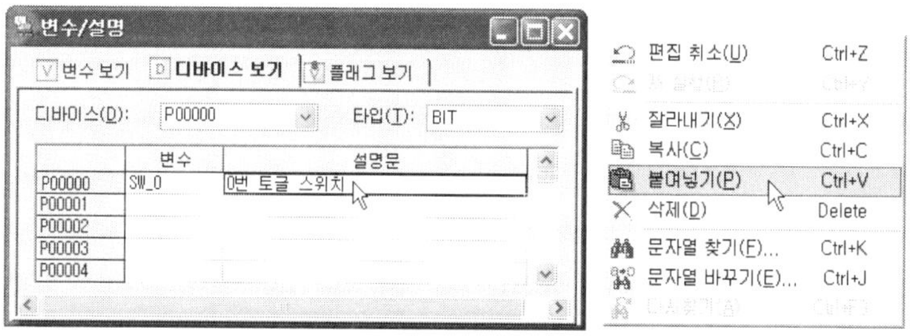

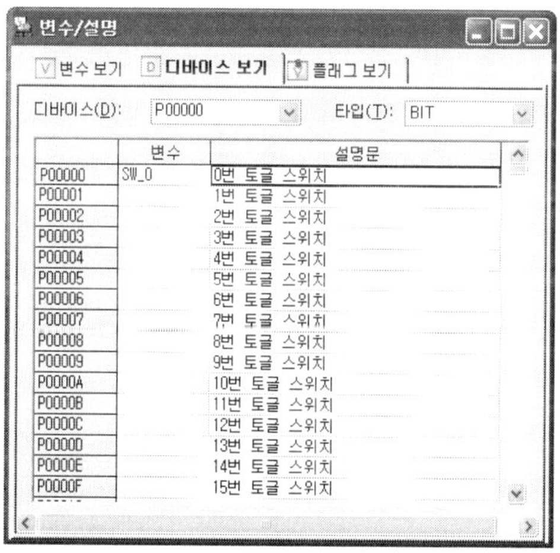

• 위의 과정과 반대로 XG5000의 변수/설명문을 복사하여 엑셀 등에 붙여넣기를 실행할 수 있다. XG5000 프로젝트 메뉴에서 변수/설명 파일로 저장을 선택하면 변수/설명문 파일을 'PLC 이름.csv' 파일로 저장할 수 있다.

4) 접속

프로그램의 작성이 완료되었으면 작성된 프로그램 및 파라미터를 PLC로 전송하고 PLC를 RUN상태로 전환해 주어야 PLC는 동작한다. PC에서 작성한 프로젝트를 PLC로 전송하기 위해서 PC와 PLC간 접속이 이루어져야 하며, XGT는 다음과 같은 방법으로 PC와 접속할 수 있다.

- **접속 설정**: XG5000의 '온라인'메뉴에서 '접속 설정'을 선택하면 접속방법 및 단계를 선택하고, 선택된 통신 방법 및 단계에 따른 통신세부사항을 설정하는 단계로 구성된다. XG5000에서는 접속단계에 따라 5가지 접속방법을 제공한다.

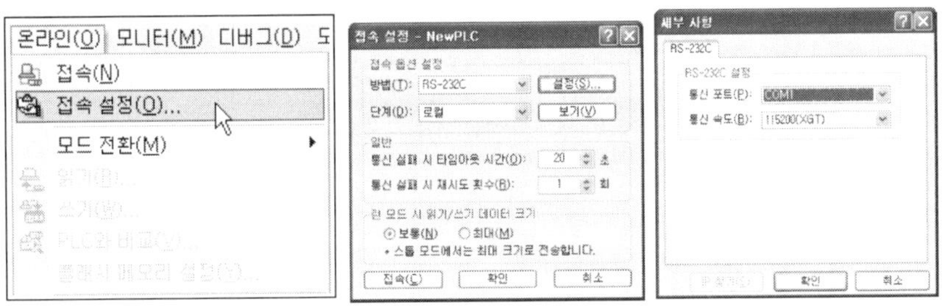

온라인' 메뉴 >> 접속 설정 선택　　접속 방법 및 단계 설정　　통신 세부 사항 설정

로컬 접속 | PC와 PLC CPU간 접속하는 방법이다. XGT CPU에 USB포트 및 RS-232C포트 혹은 이더넷포트가 있으므로 로컬접속은 USB 및 RS-232C 통신을 이용할 수 있다. 로컬접속 시 통신 방법으로 RS-232C 나이더넷을 선택했을 경우 통신세부사항을 설정해야 하며, USB를 선택했을 경우 통신세부사항을 설정하지 않는다.

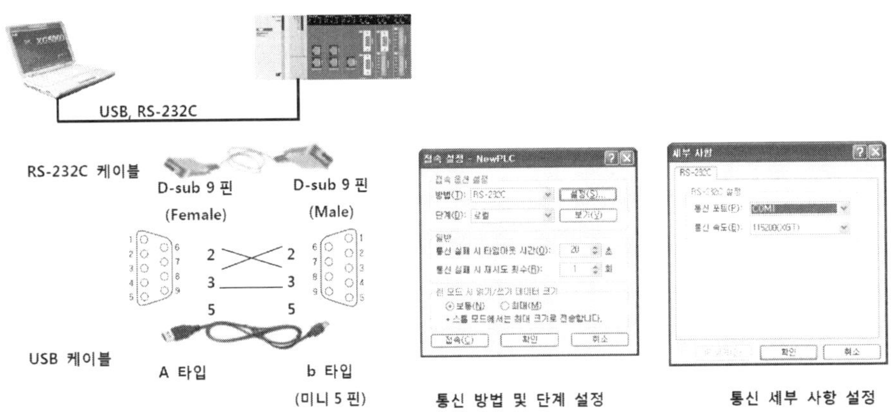

통신 방법 및 단계 설정　　통신 세부 사항 설정

- RS-232C 케이블 형명 ⇒ K1C-050A, USB 케이블 형명 ⇒ USB-301A
- PC 측에 RS-232C포트가 없고 USB포트만 있는데 RS-232C를 사용하고자 할

경우, USB to Serial 컨버터를 이용할 수 있으며, 컨버터의 포트번호는 Windows 제어판에서 확인 및 변경할 수 있다.

- XGT의 USB통신 드라이버는 XG5000 Setup 시 자동으로 인스톨되며, 사용자선택에 의해 인스톨하지 않을 경우 드라이버 파일은 ₩...₩XG5000₩Drivers 폴더에 복사된다.
- XGK-CPUSN, CPUHN, CPUUN은 이더넷이 내장되어 있고 로컬이더넷 파라미터에서 초기 IP주소를 확인할 수 있다. 이 IP주소로 로컬이더넷 접속이 가능하다.

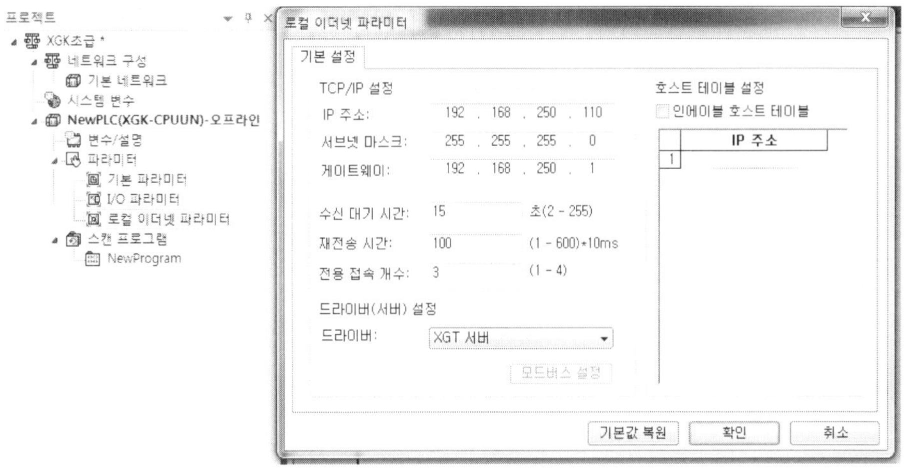

리모트 1단 접속 | PC와 PLC에 장착된 통신모듈을 이용하여 CPU에 접속하는 방법이다. XGT PLC에 Ethernet계열의 통신모듈 또는 Cnet모듈 중 RS-232C 통신모듈이 장착되어 있을 때 이용할 수 있다.

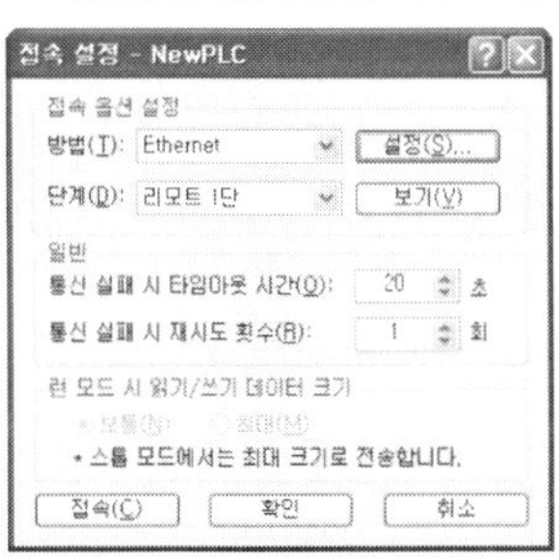

통신 방법 및 단계 설정

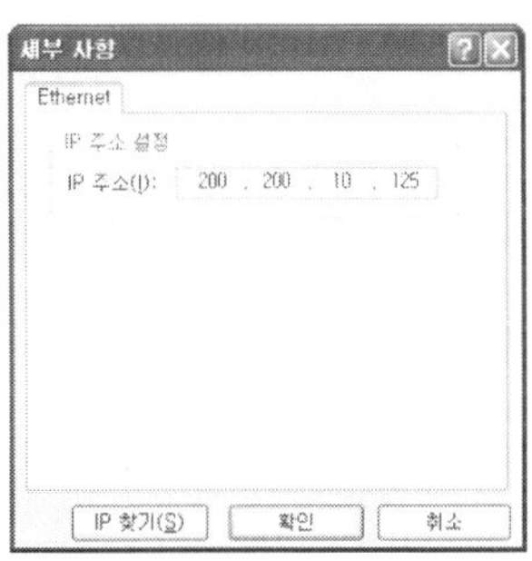

통신 세부 사항 설정

IP 찾기

- FEnet 또는 EtherNet/IP 통신을 이용하여 리모트 1단 접속하고자 하는 경우 접속방법으로 Ethernet을 선택해야 하며, 통신세부사항 설정에서 IP주소는 접속하고자 하는 PLC에 장착된 FEnet 또는 EtherNet/IP모듈에 설정된 IP주소를 입력한다.
- 이 화면에서 'IP찾기'버튼을 선택하면 PC가 포함된 Ethernet 네트워크에 연결된 모든 XGT PLC의 Ethernet모듈에 설정된 IP주소가 표시된다. 접속하고자 하는 PLC에 장착된 Ethernet 모듈의 IP를 선택하고 확인버튼을 클릭하면 선택된 PLC를 접속할 수 있다. 또, RS-232C를 이용한 리모트접속의 경우 로컬접속으로 선택 후 통신세부사항 설정화면에서 PC측 통신포트번호 및 XGT Cnet에 설정된 통신속도를 이용해 접속한다. (115200/38400 bps 중 선택)
- XGT Ethernet 모듈은 IP주소가 설정되지 않은 상태로 출하된다. Ethernet을 이용한 리모트 1단 접속 시 PC의 IP주소를 PLC Ethernet통신모듈의 IP주소와 동일 대역으로 설정해야 한다.

로컬 & 리모트 1단 접속 | 로컬로 접속된 PLC와 통신하고 있는 다른 PLC를 접속할 경우 사용하는 방법이다.

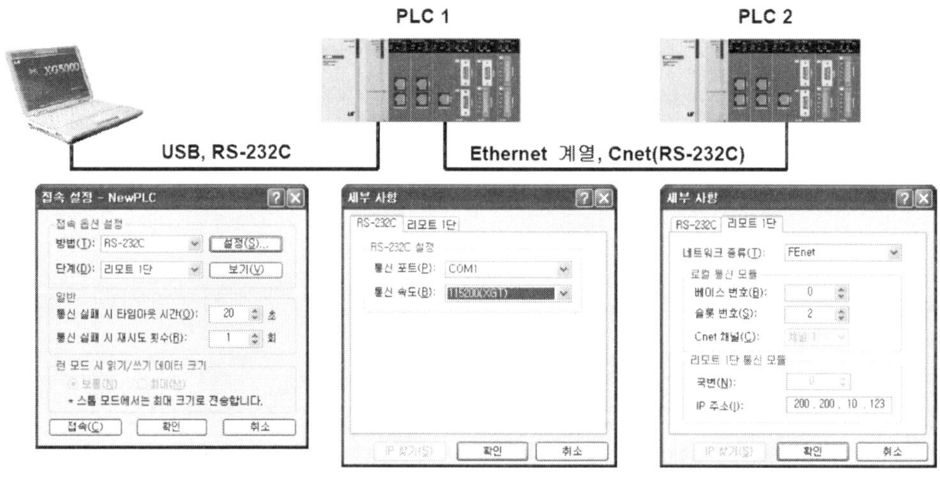

통신 방법 및 단계 설정 RS-232C 통신 세부 사항 설정 리모트 1단 통신 세부 사항 설정

- 접속방법을 RS-232C 또는 USB, 단계를 리모트 1단으로 설정했을 때 세부사항 설정화면에는 로컬과 리모트 1단의 2개의 탭이 생성된다. 로컬탭에서는 로컬접속되는 RS-232C통신을 설정하고, 리모트 1단에서는 리모트통신을 설정한다.
- 리모트접속에 사용될 수 있는 네트워크 종류로는 Cnet, FEnet, FDEnet,

RAPIEnet, EtherNet/IP 등이 있으며, 로컬통신모듈 항목에서 로컬로 접속되는 PLC(PLC 1)에서 리모트 접속에 사용될 통신모듈이 장착된 베이스번호 및 슬롯번호를 설정한다.

- 리모트 1단 통신모듈에서 접속하고자 하는 PLC(PLC 2)에 장착된 통신모듈의 통신 파라미터를 설정한다. RAPIEnet 또는 Cnet 통신모듈이 사용될 경우 국번을, FEnet, FDEnet, EtherNet/IP 통신모듈이 사용될 경우 IP주소를 입력한다. 리모트 1단접속 통신에 사용할 통신모듈로 FEnet, FDEnet, EtherNet/IP를 사용할 경우 PC가 직접 Ethernet통신을 하는 것이 아니므로 PC의 IP는 설정할 필요가 없다.

리모트 2단 접속 | 리모트 1단으로 접속된 PLC(PLC 1)가 리모트 1단 접속하고 있는 통신과 다른 종류의 통신모듈을 이용하여 다른 PLC(PLC 2)와 통신하고 있을때, PLC1과 PLC2간 연결되어 있는 통신을 이용하여 접속하는 방법이다.

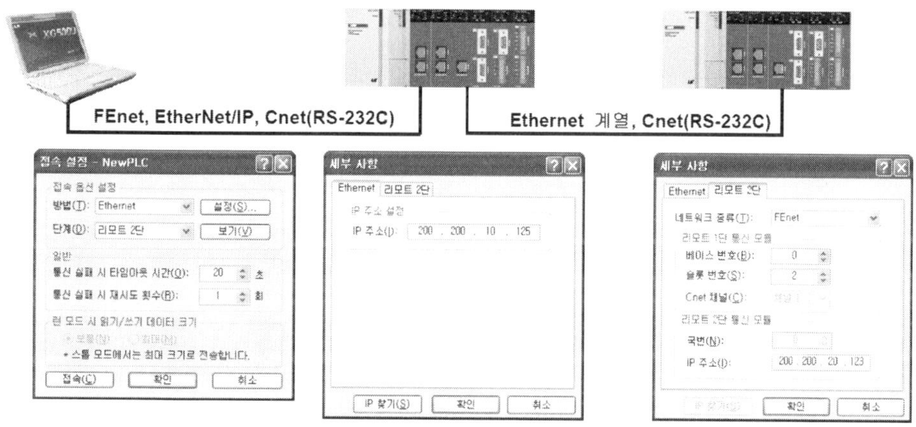

통신 방법 및 단계 설정　　리모트 1단 통신 세부 사항 설정　　리모트 2단 통신 세부 사항 설정

- FEnet 또는 EtherNet/IP통신을 이용하여 리모트 1단 접속하고자 하는 경우, 접속방법으로 Ethernet을 선택해야 하며, 통신세부사항 설정에서 IP주소는 접속하고자 하는 PLC(PLC 1)에 장착된 FEnet 또는 EtherNet/IP 모듈에 설정된 IP주소를 입력한다.
- 이 화면에서 'IP찾기'버튼을 선택하면 PC가 포함된 Ethernet 네트워크에 연결된 모든 XGT PLC의 Ethernet모듈에 설정된 IP주소가 표시된다. 접속하고자 하는 PLC에 장착된 Ethernet 모듈의 IP를 선택하고 확인버튼을 클릭하면 선택된 PLC

를 접속할 수 있다. 또, RS-232C를 이용한 리모트접속의 경우 로컬접속 선택 후 통신세부사항 설정화면에서 PC측의 통신포트 번호 및 XGT Cnet에 설정된 통신속도를 이용하여 접속한다. (115200/38400 bps 중 선택)

로컬 & 리모트 2단 접속 | 로컬 & 리모트 1단으로 접속된 PLC(PLC 2)가 리모트 1단 접속하고 있는 통신과 다른 종류의 통신모듈을 이용하여 다른 PLC(PLC 3)와 통신하고 있을 때, PLC2와 PLC3간 통신하고 있는 모듈을 이용하여 접속하는 방법이다.

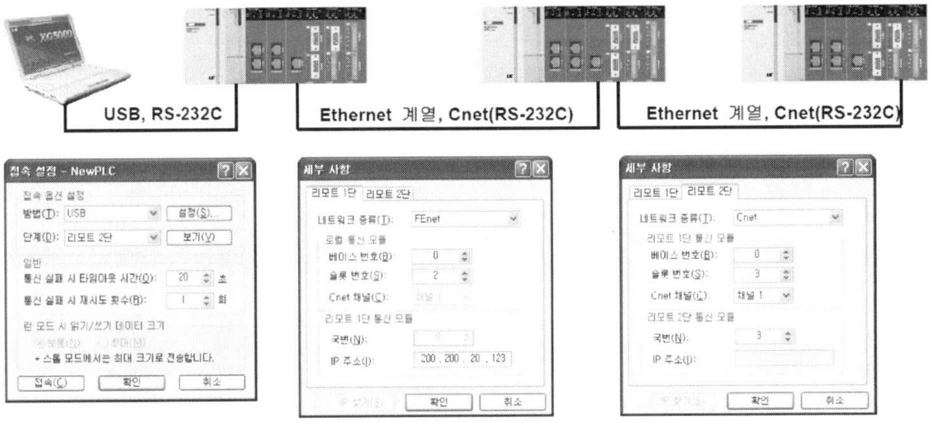

통신 방법 및 단계 설정　　리모트 1단 통신 세부 사항 설정　　리모트 2단 통신 세부 사항 설정

- 통신세부사항 설정에서 입력하는 IP주소는 접속하고자 하는 PLC에 장착된 Ethernet모듈에 설정된 IP주소이다.
- 이 화면에서 'IP찾기'버튼을 선택하면 PC가 포함된 Ethernet 네트워크에 연결된 모든 XGT PLC의 Ethernet모듈에 설정된 IP주소가 표시된다. 접속하고자 하는 PLC에 장착된 Ethernet 모듈의 IP를 선택하고 확인버튼을 클릭하면 선택된 PLC를 접속할 수 있다. 또, RS-232C를 이용한 리모트 1단 또는 2단 접속의 경우 통신세부사항 설정화면에서 로컬(리모트 1단 접속 시) 또는 리모트 1단(리모트 2단 접속시) 통신모듈의 채널번호를 선택하고 리모트 1단 또는 리모트 2단 통신모듈 설정 항목의 국번에 접속할 PLC에 장착된 Cnet모듈의 국번을 입력한다.
- 접속방법이 결정되었으면 통신 방법 및 단계 설정화면에서 '접속'버튼을 선택하거나, '온라인' 메뉴의 '접속'을 선택하면 접속방법이 그림으로 표시된다. 이 화면에서 '확인'버튼을 선택하면 PC와 PLC간 접속이 이루어진다.

• 접속설정 보기화면은 XG5000 '도구' 메뉴의 옵션 선택에 따라 표시되지 않을 수도 있다. 옵션의 '온라인'에서 '접속 시 접속 설정 내용 보기(V)가 선택(체크)되어 있을 때 '접속'하면 접속 설정 내용이 화면에 표시된다.

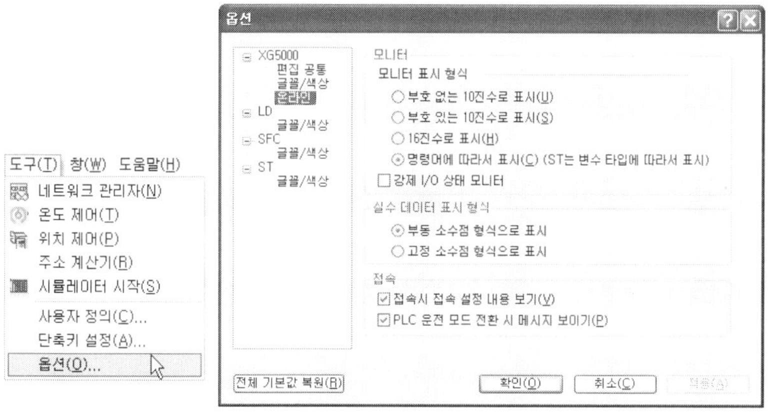

• PC와 PLC와 접속을 했을 때 상황에 따라 몇 가지 메시지가 발생할 수 있다. 각 메시지에 따른 조치를 취한 후 다시 접속해 주어야 한다.

• 접속방법으로 USB를 선택하고 접속을 시도했을 때 USB케이블이 연결되지 않거나 PC에 XGT PLC의 USB드라이브가 설치되지 않았을 때 나타나는 메시지이다. USB케이블의 연결 상태를 점검하고, 만일 PC에 XGT PLC의 USB드라이브가 설치되지 않았을 경우 USB드라이브를 설치해 주어야 한다.

• 접속방법으로 RS-232C를 선택하고, 세부사항 설정에서 지정한 통신포트를 PC에서 사용할 수 없을 경우 나타나는 메시지이다. 세부사항 설정창에서 PC에서 사용가능한 통신포트를 지정해 주어야 한다.

• 접속 설정에서 선택한 통신포트는 사용할 수 있으나 PLC와 통신이 이루어지지 않을 때 발생하는 메시지이다. 로컬접속을 사용할 경우 접속케이블을 점검하고, 리모트연결을 사용할 경우 접속케이블 및 통신파라미터를 점검해 주어야 한다.

- 프로젝트의 PLC에 설정된 CPU타입과 CPU모듈의 타입이 서로 다른 경우 발생하는 메시지이다. PLC의 속성에서 PLC CPU타입을 변경해 주어야 한다.

5) PLC로 전송 및 PLC운전

프로그램의 작성이 완료되고 PC와 PLC간 접속이 완료되면 PC에서 작성한 파라미터, 프로그램, 설명문을 PLC로 전송하고 PLC를 운전시킨다. XG5000의 온라인메뉴에서 '쓰기' 또는 단축아이콘의 '쓰기'아이콘을 선택한다.

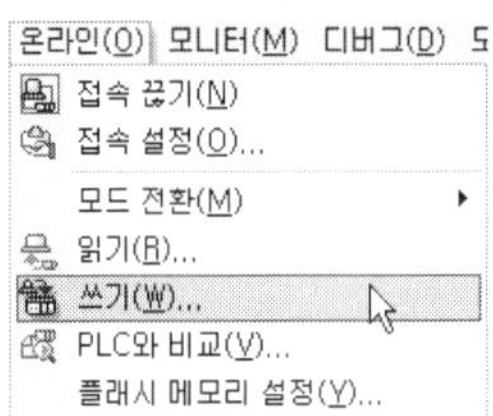

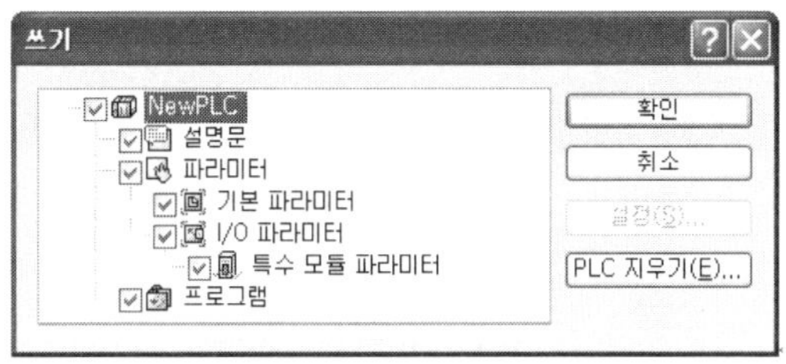

- **PLC로 전송할 항목 선택:** 파라미터 및 프로그램이 PLC로 전송되면 그 이전에 PLC에 저장되어 있던 파라미터 및 프로그램은 모두 삭제되므로 이전의 프로그램 및 파라미터를 보존하고자 할 경우 PLC로 전송하기 전 프로젝트메뉴에서 'PLC로부터 열기' 또는 온라인메뉴의 읽기를 실행하여 PLC에 저장되어 있는 파라미터 및 프로그램을 PC에 저장해야 한다.
- PLC지우기는 PLC가 STOP상태에서 선택이 가능하며, PLC에 새로운 파라미터 및 프로그램이 전송되면 PLC에 저장되어 있던 파라미터와 프로그램은 삭제되고, 래치영역이 아닌 데이터메모리 영역의 데이터는 삭제되지만, 래치영역(K, R영역 포함)에 저장되어 있는 데이터는 지워지지 않는다. 새로운 프로그램을 전송하기 전에 래치영역에 저장된 데이터를 지우고자 할 경우 'PLC 지우기'버튼을 선택하여 래치영역의 데이터를 지울 수 있다.
- PLC STOP: 프로젝트를 전송할 때 PLC는 STOP상태가 되어야 한다. '쓰기'를 실행할 때 PLC가 RUN상태이면 PLC를 STOP모드로 전환할지 여부를 물어본다. 여기서 '예(Y)'를 선택하면 PLC를 STOP시킨 후 프로젝트를 전송하며, '아니오(N)'

를 선택하면 PLC는 RUN상태를 유지하며, 프로젝트를 전송하지 않는다. 단, 전송 목록에서 설명문만 선택되었을 경우 PLC가 RUN상태에서도 설명문을 전송한다.

• **운전모드키 확인**: 프로젝트를 전송할 때 PLC가 RUN상태이면 XG5000에서 PLC의 운전모드를 전환할 수 있어야 한다. 그러나 CPU의 리모트스위치가 OFF로 설정되어 있거나 운전모드스위치가 RUN상태로 설정되어 있을 경우 다음과 같은 메시지가 표시된다. 이 경우 CPU의 REMOTE 스위치 및 RUN/STOP 스위치의 설정을 확인해야 한다.

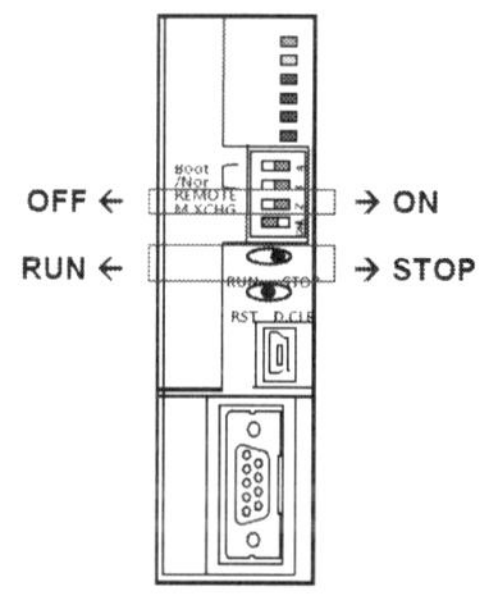

• **전송**: PLC가 STOP모드로 전환되면 PC에서 작성한 파라미터, 프로그램 및 설명문이 PLC로 전송된다. '쓰기'는 기본파라미터, I/O파라미터, 프로그램 및 설명문 순으로 PC에서 PLC로 전송된다.

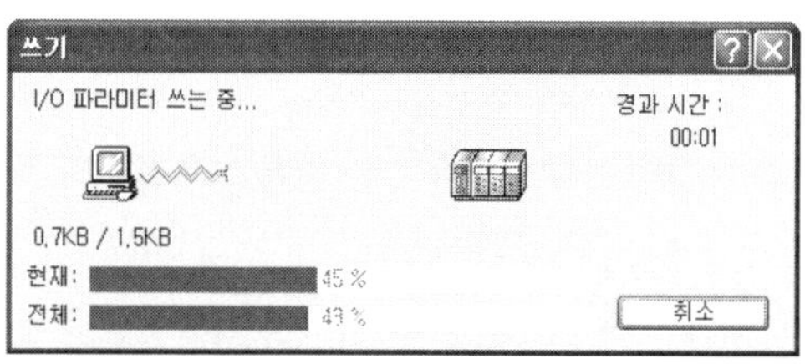

• 전송 도중 통신이 끊어졌을 경우, 다시 PC와 PLC간 접속한 후 '쓰기'를 재실행한다. '쓰기'가 정상적으로 완료되었으면 다음과 같은 메시지가 표시된다.

• '쓰기'를 하는 시점에서 PLC가 RUN상태였다면 전송이 완료된 후 다음과 같은 메시지가 표시된다. 여기서 '예(Y)'버튼을 선택하면 PLC는 RUN모드로 전환되며, 정상적인 프로그램의 연산 및 수행이 시작된다. '아니오(N)'버튼을 선택하면 PLC는 STOP모드를 유지하고, XG5000에서 RUN모드로 전환하거나 CPU의 RUN스위치를 ON하면 RUN모드로 전환된다.

• PLC를 RUN상태로 전환했을 때 PLC에 에러 또는 경고가 발생하면 다음과 같은 에러/경고 화면이 나타난다. 에러/경고 화면에는 현재 발생하는 에러 또는 경고의 내용이 나타난다.

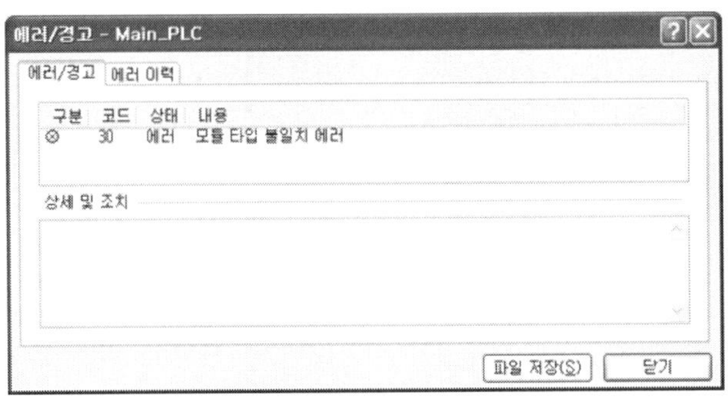

• PLC가 RUN모드로 전환되면 단축아이콘의 PLC모드 전환 아이콘에 RUN상태가 표시되며, XG5000 상태표시창에 PLC 이름, 운전모드, 접속방법 등이 표시된다.

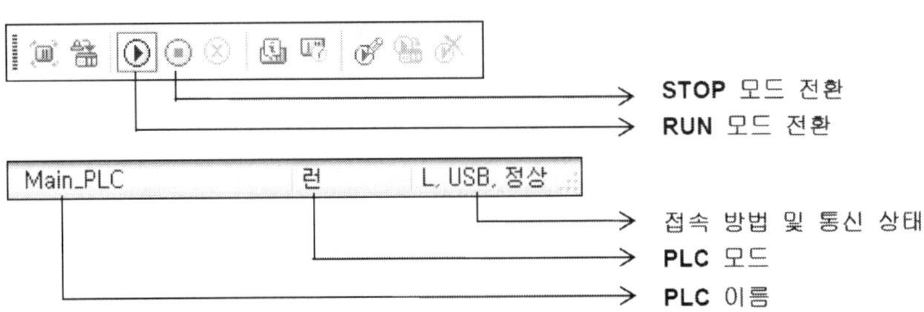

6) 모니터링

PLC가 가지고 있는 데이터를 XG5000 화면에 표시하는 기능을 모니터링이라고 한다. 모니터링은 PLC의 운전상태 및 데이터를 시각적으로 표시해주는 기능이므로 프로그램의 디버깅에 유용하게 사용할 수 있다. XG5000은 운전데이터를 화면에 표시하는 기능 외에 변수모니터, 시스템모니터, 디바이스모니터, 사용자이벤트, 데이터트레이스 등의 다양한 모니터링 기능을 제공함으로써 사용자가 쉽고 편하게 디버깅할 수 있다. 또한, 내부디바이스의 경우 XG5000에서 데이터의 변경도 가능하다.

XG5000과 PLC가 접속된 상태에서 '모니터'메뉴의 '시작'을 선택하거나 단축아이콘의 '모니터시작/끝'버튼을 선택하면 모니터링 기능이 시작된다. 래더모니터링(Ladder Monitoring)은 XG5000에서 래더프로그램이 열려있는 상태에서 모니터가 시작되면 래더프로그램에 PLC의 현재데이터를 표시하는 것을 의미한다. 래더모니터링에서 접점, 코일 등 비트데이터 표시, 디바이스 또는 변수의 표시색과 래더기호의 색을 통해 데이터 및 도통상태를 확인할 수 있다.

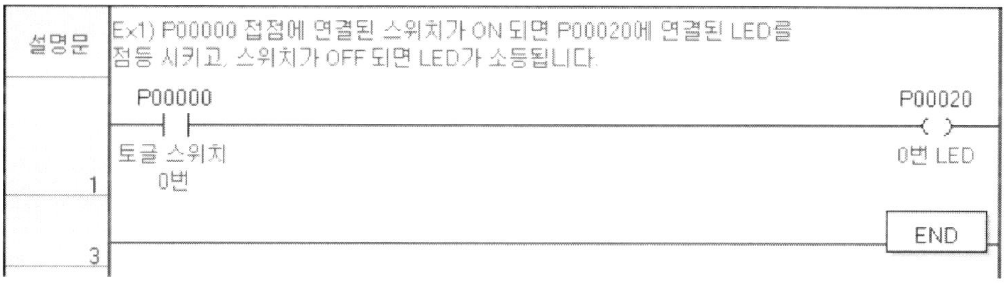

P00000 접점이 OFF되었을 때

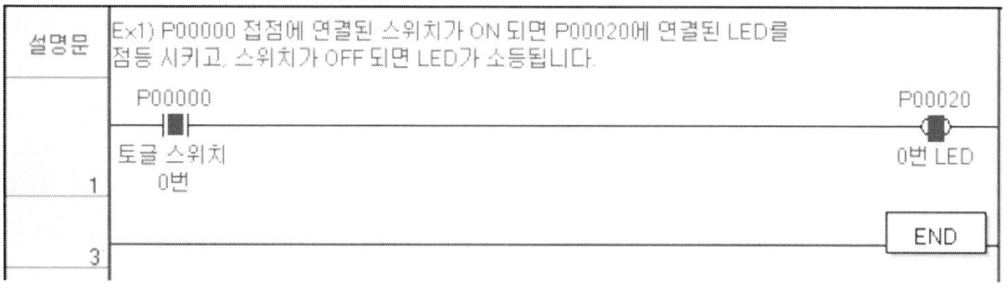

P00000 접점이 ON되었을 때

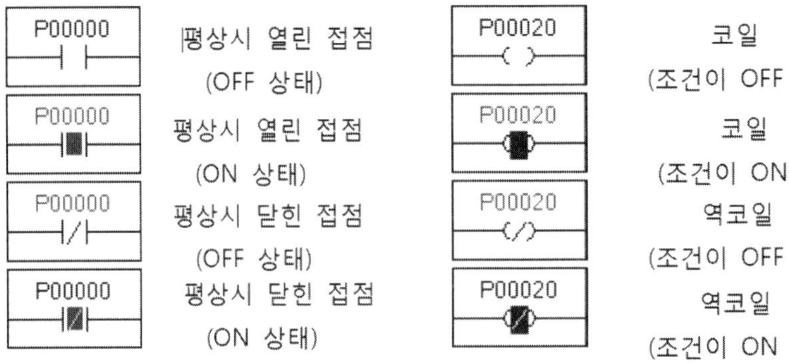

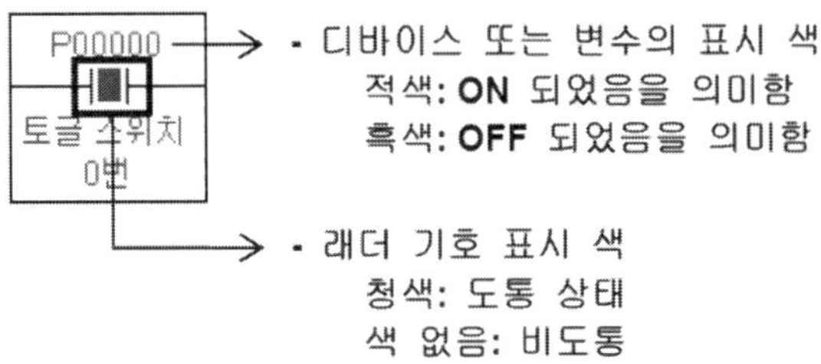

- 래더모니터링에서 데이터 변경: 래더모니터링 중 XG5000에서 PLC의 데이터를 변경할 수 있다. 데이터를 변경하고자 하는 디바이스를 선택한 후 마우스 오른쪽버튼을 누르면 팝-업메뉴가 나타난다. 팝-업메뉴에서 '현재값 변경'을 선택한다.

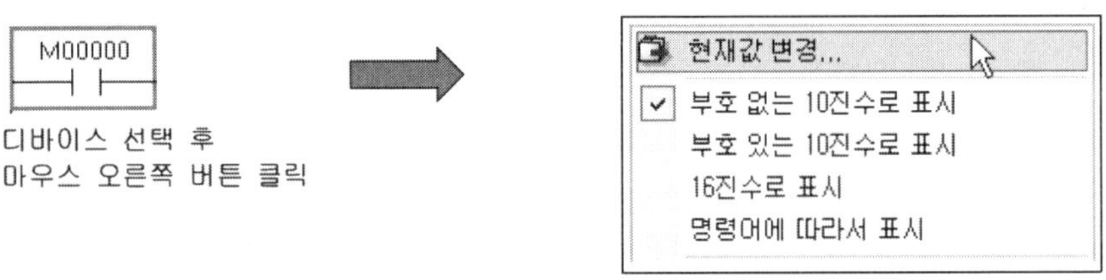

현재값 변경 선택

- 선택된 디바이스가 비트(접점)일 경우 현재값 변경화면에서 '온(N)' 또는 '오프(F)'를 선택할 수 있으며, 현재값 변경화면이 표시될 때 디바이스 현재값이 반전되어 표시되므로 '확인'버튼을 누르면 데이터가 변경된다. 즉, PLC에서 선택된 디바이스의 현재값이 OFF상태이면 현재값 변경화면에 '온(N)'이 선택되므로 확인버튼을 누르면 된다.

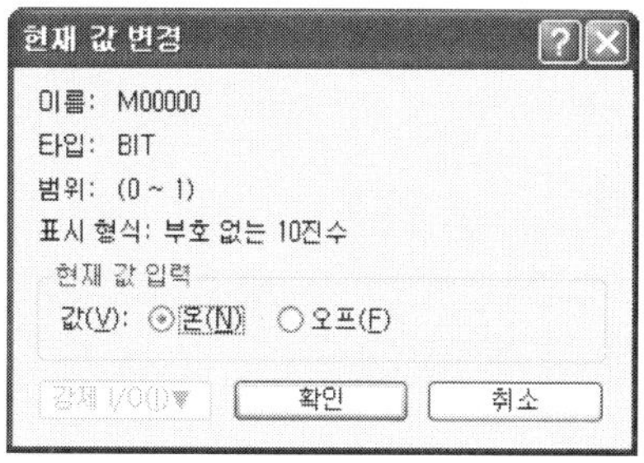

'확인' 버튼 클릭

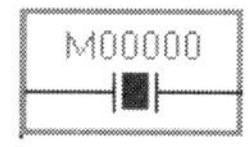

- PLC가 RUN모드일 때 연산결과를 저장하는 영역일 경우 데이터를 변경했을 때 연산조건에 따라 데이터가 변경되지 않을 수 있다. 또한 선택된 디바이스가 디지털 입력모듈의 입력주소일 경우 현재값 변경기능을 사용하여 데이터를 변경하더라도 값이 변경되지 않으며, 실제 입력데이터가 표시된다.
- 워드데이터의 현재값 변경화면에서 표시되는 데이터타입은 XG5000의 모니터링 데이터타입에 영향을 받는다. 예를 들면 모니터링 데이터타입을 부호 있는 십진수로 선택하고 데이터를 50,000으로 입력했을 경우, 래더프로그램에서 -15,536으로 표시된다.
- **변수모니터(Variable Monitoring)**: 래더프로그램에 보여지지 않는 데이터메모리의 데이터를 모니터링할 때 사용하는 기능이다. 변수모니터창에 모니터링하고자 하는 디바이스를 등록하면 등록된 디바이스에 저장되어 있는 현재값이 표시된다.

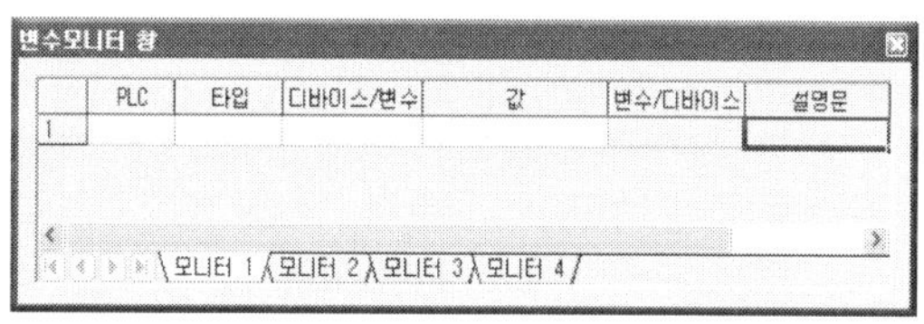

- '디바이스/변수' 열을 선택하여 모니터링하고자 하는 디바이스를 입력하면 '값' 열에 해당 디바이스의 현재값이 표시된다. 셀 선택 후 마우스 오른쪽버튼을 누르면 표시되는 데이터의 타입을 변경할 수 있다. 변수모니터창이 실행되면 모니터링할 변수를 등록해야 한다.

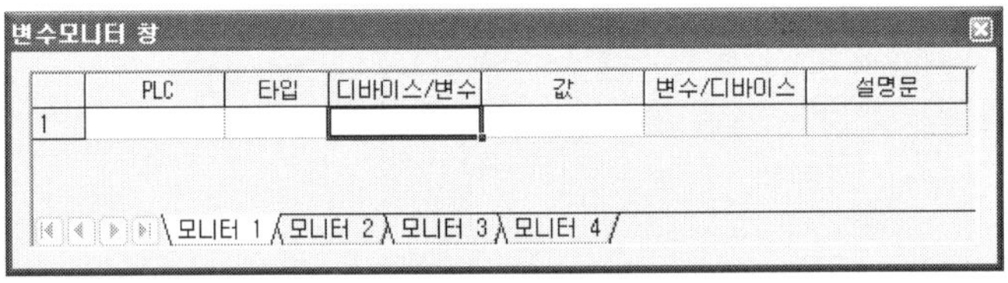

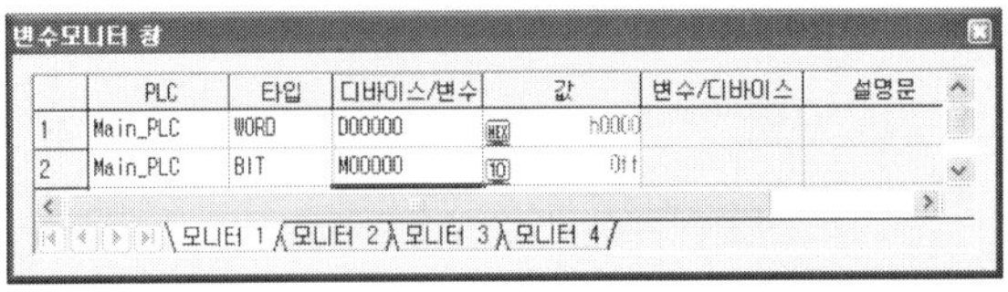

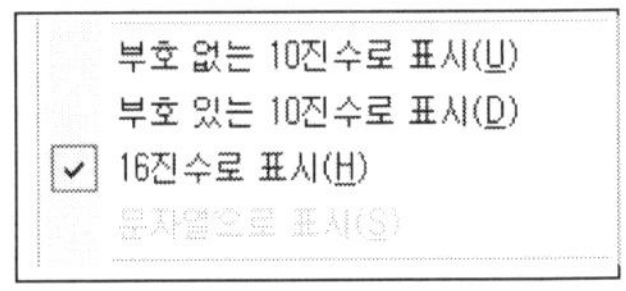

- **일괄 등록:** 모니터링할 변수의 주소가 연속적일 때 '일괄 등록'기능을 사용하면 편리하게 모니터링할 변수를 등록할 수 있다. '디바이스/변수' 열을 선택한 다음 마우스 오른쪽버튼을 눌러 나타나는 팝-업메뉴에서 '일괄 등록(R)'을 선택한다.

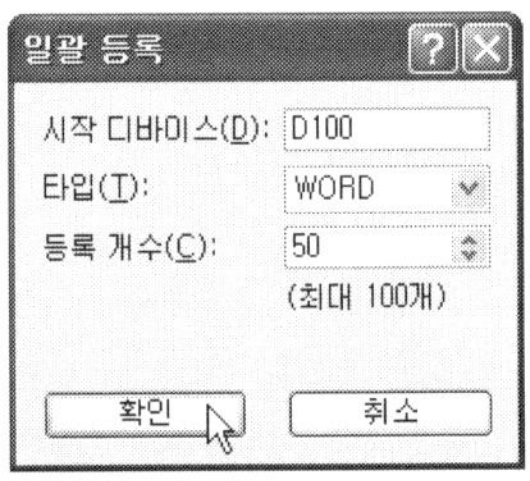

- 시작디바이스, 타입, 등록 개수를 입력한 후 확인버튼을 선택하면 시작디바이스부터 등록 개수만큼 연속된 디바이스로 지정된 타입으로 변수모니터창에 등록되며, 각 디바이스의 현재값이 표시된다. 시작디바이스가 워드디바이스(D, R, ZR 등)일 경우 타입은 WORD로 자동 변경되며, 비트디바이스(P, M, K, L 등)일 경우 워드단위로 모니터링하고자 하면 타입을 워드로 바꾸어주어야 한다.
- 한 번에 등록할 수 있는 디바이스의 최대수는 100개이다. 100개 이상의 연속된 디바이스를 등록하기 위해서는 위의 과정을 여러 번 반복하여 등록할 수 있다. 하나의 모니터창에 등록할 수 있는 데이터의 수는 제한이 없다.

7) 런 중 수정

PC에서 작성한 프로그램을 PLC로 전송하기 위해서는 PLC를 정지시켜야 한다. 그러나 PLC 특성상 PLC를 정지시키지 않은 상태에서 프로그램을 수정 또는 추가해야할 경우가 있다. 이럴 경우 '런중수정'기능을 이용하면 PLC를 정지시키지 않고 프로그램을 수정 또는 추가할 수 있다. XGT PLC에서 PLC를 정지시키지 않은 상태에서 수정할 수 있는 것은 PLC에 저장되어 있는 프로그램의 수정으로 한정되며, 프로그램 블록의 추가 또는 프로그램 블록 전체의 삭제를 할 수 없으며, 파라미터의 수정도 할 수 없다. 기본 파라미터 및 I/O파라미터를 변경하고자 할 경우 PLC를 정지시킨 후 'PLC로 쓰기'를 수행해야 수정된 파라미터가 PLC의 운전에 반영된다.

런중수정 순서 |

- **런중수정 시작:** 단축아이콘을 선택하거나 온라인 ⇒ 런중수정(단축키: Ctrl+Q)을 선택하여 '런중수정'을 시작하며 '런중수정'이 시작되면 XG5000 프로그램창의 바탕색이 변경된다. 런중수정시 프로그램화면의 배경색은 XG5000의 도구 ⇒ 옵션 ⇒ LD ⇒ 글꼴/색상에서 변경할 수 있다.

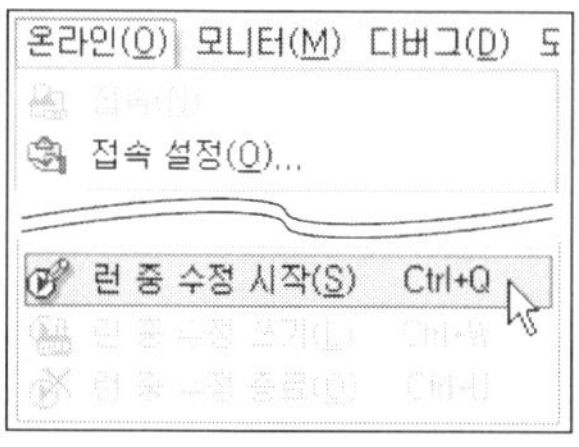

- **런중수정 쓰기:** 프로그램의 수정이 완료되면 수정된 프로그램을 PLC로 전송한다. 단축아이콘을 선택하거나 온라인 ⇒ 런중수정쓰기(단축키: Ctrl+W)를 선택한다.

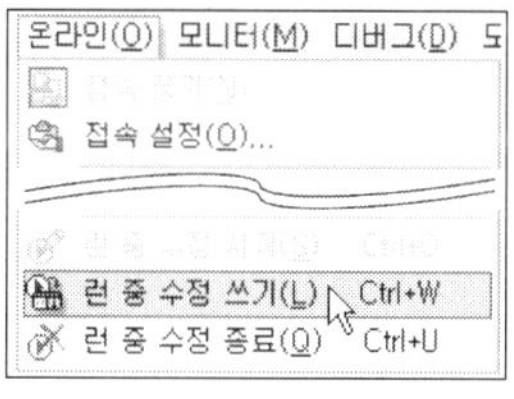

- 런중수정 과정에서 디바이스에 대한 설명문이 추가되거나 등록되어 있던 설명문을 삭제했을 경우 설명문을 PLC에 저장할지 여부를 확인한다. 여기서 '예(Y)'를 선택하면 런중수정된 프로그램을 PLC로 전송할 때 설명문도 전송이 되지만, '아니오(N)'를 선택하면 런중수정 과정에서 변경된 설명문은 PLC로 전송되지 않는다. 여기에서 '아니오(N)'를 선택하여 수정된 설명문을 PLC로 전송하지 않았을 경우 런중수정 완료 후 온라인 ⇒ 쓰기를 선택한 후 '설명문'만 선택하여 '확인'을 선택하면 PLC운전 중 설명문만 PLC로 전송된다.

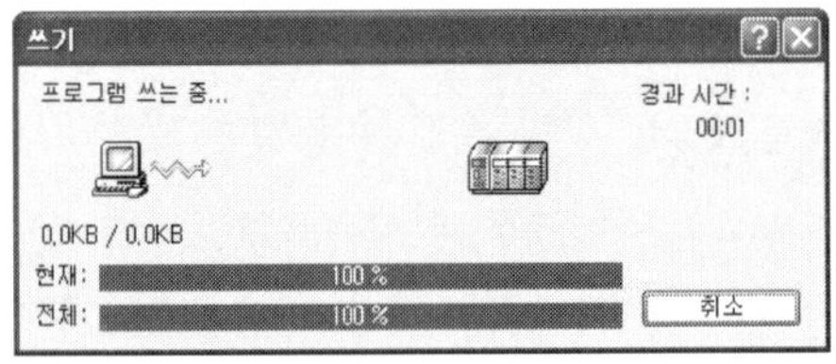

- 런중수정 쓰기가 시작되면 프로그램이 PLC로 전송된다. 이때 런중수정 과정에서 변경된 설명문 쓰기를 선택한 경우 설명문도 PLC로 전송된다.
- 프로그램 쓰기가 완료되면 PLC는 XG5000으로부터 전송된 프로그램을 PLC의 실행코드로 변환한다. 변환이 완료되면 런중수정 완료메시지가 나타나며, 이때부터 수정된 프로그램이 PLC에서 연산된다.

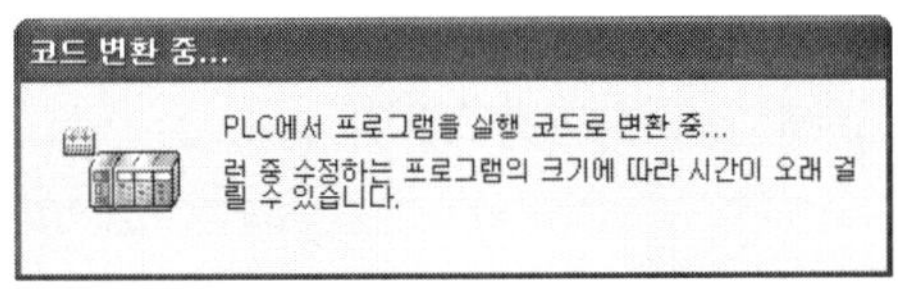

- **런중수정 종료:** 런중수정 쓰기가 완료되면 런중수정 종료아이콘을 선택하거나 온라인 ⇒ 런중수정 종료를 선택하여 런중수정을 종료한다. 런중수정이 종료되면 프로그램창의 바탕색이 흰색으로 바뀐다.

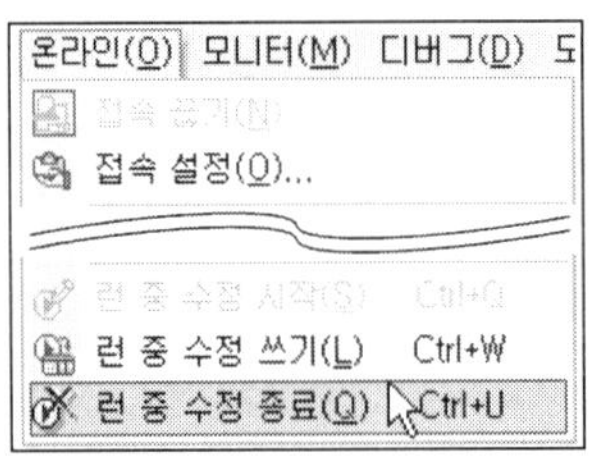

- **런중수정 중 에러사항에 대한 조치:** 런중수정은 PLC가 RUN상태이면서 XG5000과 PLC간 통신이 이루어져야 가능한 작업이다. 여기서 런중수정 중에 발생할 수 있는 에러사항에 대한 조치에 대해서 설명한다. 런중수정 도중 PLC가 STOP모드로 변경되었을 경우 아래와 같은 메시지가 발생하며, 런중수정모드는 자동으로 해제된다. 수정된 내용이 PLC로 전송되지 않았을 경우 전체 쓰기를 실행한다.
- 런중수정 도중 PLC에 에러가 발생했을 경우 아래와 같이 에러메시지가 나타나지만, 런중수정모드는 유지하고 있다. PLC에 에러가 발생했을 때 에러원인을 제거하고 PLC를 리셋해야 에러가 해제되기 때문에 런중수정 도중 PLC에 에러가 발생하면

런중수정하던 프로젝트를 '저장'하고 에러원인을 제거하고 PLC를 리셋한 후 저장 프로그램 전체를 PLC로 전송한다.

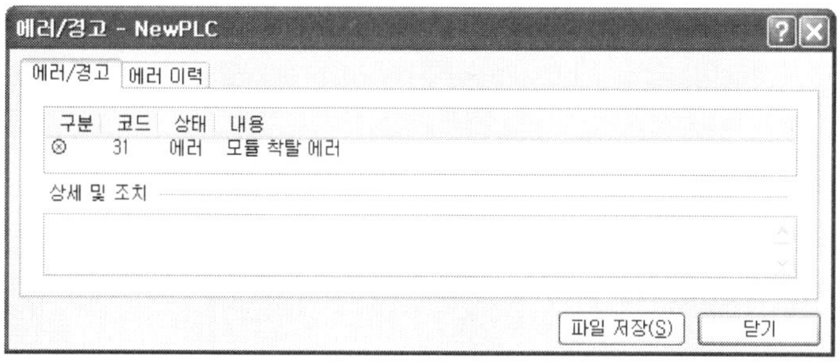

- 런중수정 도중 PLC와 통신이 끊겼을 경우 아래와 같은 메시지가 발생한다. 이때, XG5000을 그대로 놓아둔 상태에서 통신을 복구한 후 '다시시도(R)'버튼을 눌러 정상적으로 통신이 이루어지면 계속 런중수정상태로 유지되므로 계속적인 런중수정 및 런중수정 쓰기를 진행할 수 있다. 만일 이 메시지에서 '취소'를 선택하면 런중수정모드가 해제되며, 통신복구 후 전체 쓰기를 실행한다. 그러나 수정한 내용이 많고 PLC를 정지시킬 수 없는 상황이라면 다음의 과정을 통해 간단히 복구할 수 있다.

① 런중수정하던 파일을 다른 이름으로 저장

② 통신복구 후 PLC로부터 열기 ⇒ 런중수정 시작

③ 새로운 XG5000을 실행시켜 다른 이름으로 저장한 파일 열기

④ 새로운 XG5000(다른 이름으로 저장된 파일)에서 수정된 부분 선택 후 복사 실행

⑤ 런중수정 중인 XG5000에 붙여넣기 실행

⑥ 새로운 XG5000(다른 이름으로 저장된 파일)에서 변수/설명을 열어 전체복사 실행

⑦ 런중수정 중인 XG5000에 변수/설명 전체 선택하여 삭제 후 붙여넣기 실행

- 런중쓰기 도중 PLC와 통신이 끊겼을 경우도 위의 메시지가 발생하며, 통신을 복구한 후 다시시도(R)를 선택하면 수정된 프로그램이 다시 PLC로 전송된다. 전송이 완료되면 실행코드로 변환이 시작되며 런중쓰기 도중 PLC에 에러가 발생했을 경우 아래의 메시지가 발생하며 런중수정한 내용이 실행되지 않으므로 에러 해제한 후 전체쓰기를 해야 한다.

3.4 XG5000 프로젝트 구조

XG5000에서 프로젝트는 PLC로 구성되며, 한 개의 프로젝트에는 한 대 이상의 PLC를 등록할 수 있다. PLC의 하부 구성요소로써 변수/설명, 파라미터, 프로그램, 태스크가 있으며, 프로그램은 스캔프로그램과 태스크프로그램이 있다.

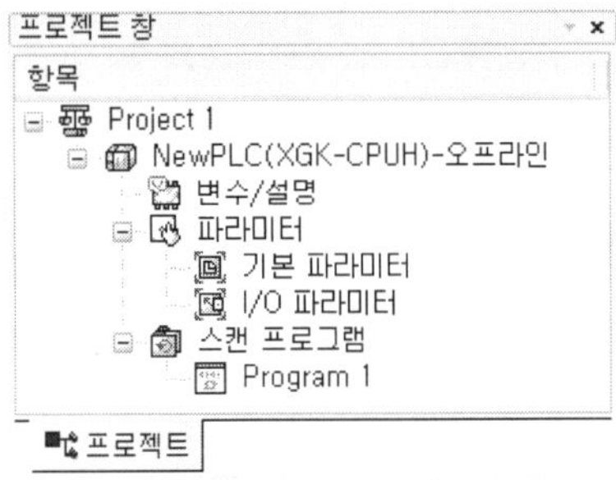

프로젝트

제어의 총괄 개념으로 1대 이상의 PLC로 구성된다. 특히, 멀티 PLC 프로젝트(2대 이상의 PLC가 등록된 프로젝트)는 PLC간 네트워크 연결시 강력한 기능을 발휘할 수 있다. 멀티 PLC 구성시 구성 제품군에 다음과 같은 제약이 있다.

- XGK언어 계열 PLC: XGK시리즈, XGB시리즈 중 XBM, XBC CPU
- XGI언어(IEC언어) 계열 PLC: XGR시리즈, XGI시리즈, XGB시리즈 중 XEC CPU

PLC

실제 제어를 담당하는 단위(CPU)로 1대의 PLC는 각각의 변수/설명, 파라미터, 프로그램으로 구성되며, 프로그램은 스캔프로그램과 태스크(Task)프로그램으로 구분된다.

- **변수/설명**: PLC프로그램에서 사용한 변수 및 각 변수에 대한 설명문을 편집할 수 있다. 또한 PLC프로그램 과정에서 변수 및 설명문을 편집했을 경우 그 내용을 변수/설명문에서 확인 및 수정할 수 있다.
- **파라미터**: PLC기종에 따라 파라미터의 종류가 달라진다. XGK PLC의 경우 기본 파라미터와 I/O파라미터로 구성된다.

- **스캔프로그램**: PLC가 RUN상태면 연산이 수행되는 프로그램이다.
- **태스크프로그램**: PLC가 RUN상태이면서 특정조건(정주기, 내부접점 ON/OFF)이 만족될 때만 수행되는 프로그램이며 이 프로그램 작성을 위해서는 먼저 태스크가 등록되어야 한다.

프로젝트 항목의 편집

XG5000에서 프로젝트는 PLC로 구성되며, 한 개의 프로젝트에는 한 대 이상의 PLC를 등록할 수 있다. PLC의 하부 구성요소로써 변수/설명, 파라미터, 프로그램, 태스크가 있으며, 프로그램은 스캔프로그램과 태스크프로그램이 있다.

- **프로젝트 등록 정보 편집**: 프로젝트 생성시에 지정했던 프로젝트 정보를 편집할 수 있다.
  ① 마우스로 프로젝트를 선택한다. (클릭)
  ② 마우스의 오른쪽버튼을 클릭하여 팝업메뉴창을 호출한다.
  ③ 팝업메뉴창에서 '등록 정보(T)...'를 선택한다.

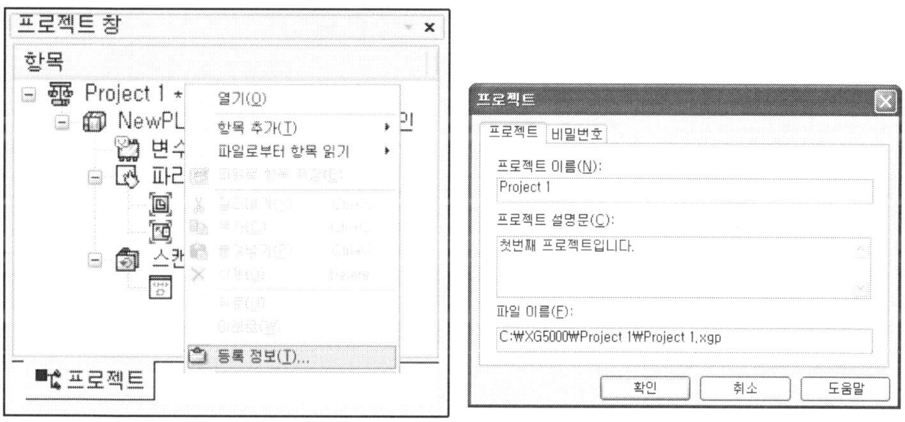

- **프로젝트 이름**: 프로젝트 이름을 변경할 수 있다.
- **프로젝트 설명문**: 프로젝트 설명문을 변경할 수 있다.
- **파일 이름**: 프로젝트 파일의 저장위치와 파일명을 표시한다. 여기서 파일의 저장위치 및 파일 이름을 변경할 수 없다. 따라서 프로젝트 이름을 변경했을 경우 프로젝트 이름과 프로젝트 파일명이 달라질 수 있다. 프로젝트 이름과 프로젝트 파일명을 동일하게 변경하고자 할 경우 XG5000의 프로젝트 메뉴에서 '다른 이름으로 저장'을 실행해야 한다.

• **비밀번호:** 프로젝트에 비밀번호를 설정한다. 여기서 설정된 비밀번호는 XG5000에서 파일을 열 때 적용되는 비밀번호이다. 즉, 여기서 비밀번호를 설정하고 파일을 저장한 뒤 다시 열 때 XG5000에서 비밀번호를 물어본다. 입력한 비밀번호가 여기서 설정한 비밀번호와 일치하지 않을 경우 파일은 열리지 않는다. 여기서 설정한 비밀번호는 PLC로 전송되지 않으므로 여기서 비밀번호를 설정하고 PLC로 전송한 다음 다시 PLC로부터 프로젝트를 읽었을 때는 비밀번호를 묻지 않는다. 'PLC로부터 열기'(업로드)기능에 대한 비밀번호는 온라인메뉴의 PLC 정보항목의 비밀번호에서 설정해야 한다. 비밀번호를 설정했을 경우 반드시 기억해야 하며 비밀번호를 잊어버렸을 경우 프로젝트를 열 수 없고, 비밀번호를 확인할 수 있는 방법도 없다.

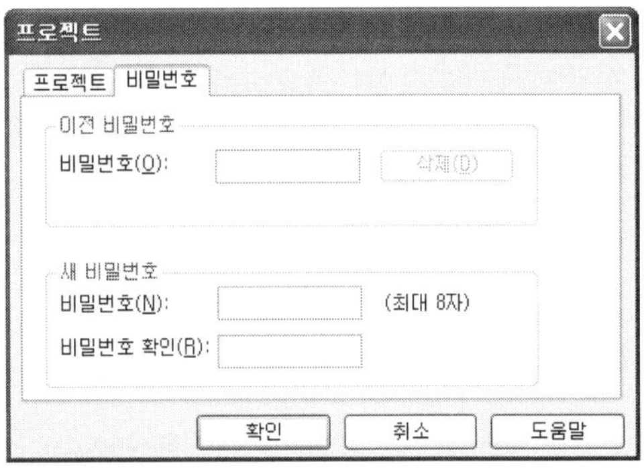

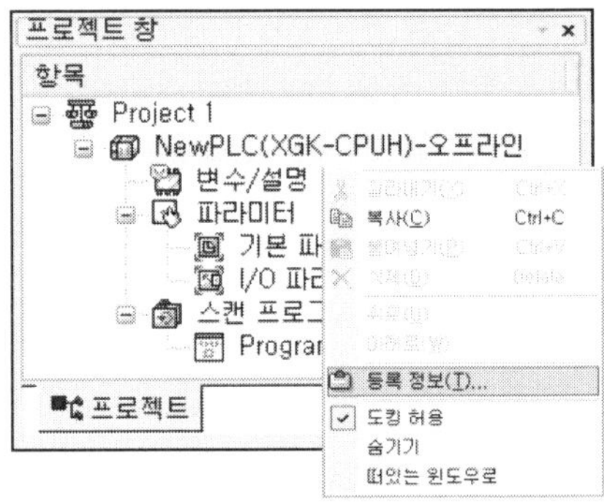

PLC 속성 편집

프로젝트 생성시 PLC 이름은 NewPLC로 주어지며, 프로젝트 생성시 선택했던 PLC CPU기종이 표시된다. 속성 변경을 통해 PLC 이름 및 PLC기종을 변경할 수 있다.

• PLC 이름을 선택한 후 마우스 오른쪽버튼을 클릭한다.

• 팝업메뉴에서 '등록 정보(T)...'를 선택한다.

• PLC 등록 정보 대화상자에서 PLC 이름 및 설명문의 변경이 가능하다.

• PLC 종류에서 다음과 같이 PLC CPU기종 변경이 가능하다.

XGK ⇔ XGB(XBM, XBC) XGR ⇔ XGI ⇔ XGB(XEC)

• **프로그램 속성 편집:** 프로젝트 생성시 지정했던 프로그램 이름 및 프로그램에 대한 설명문을 편집할 수 있다.

① 프로그램 이름을 선택하고 마우스 오른쪽버튼을 클릭한다.

② 팝업메뉴에서 '등록 정보(T)...'를 선택한다.

③ 프로그램 등록 정보 팝업창에서 프로그램 이름 및 설명문을 편집할 수 있다.

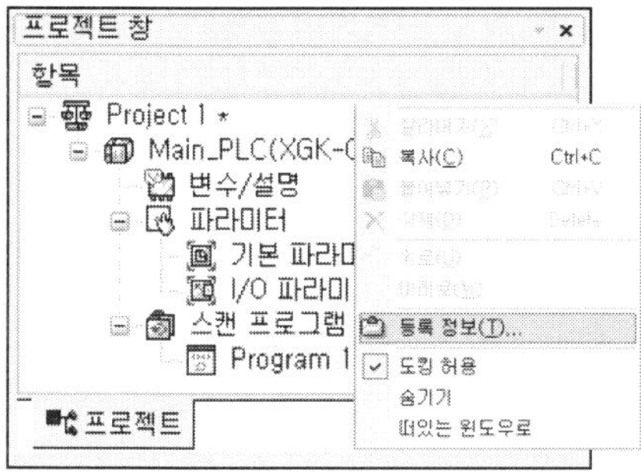

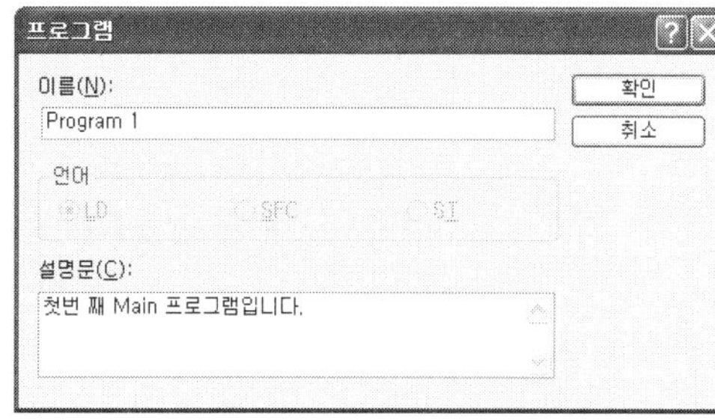

• **프로그램 추가:** XGT PLC는 최대 256개(XBM은 128개)의 프로그램으로 나누어 작성할 수 있다. 각 프로그램의 연산순서는 스캔프로그램에 등록된 순서대로 연산된다.

① 프로젝트창에서 스캔프로그램을 선택하고 마우스 오른쪽버튼을 클릭한다.

② 팝업창에서 '항목 추가'를 선택하고 '프로그램(P)...'를 선택한다.

③ 프로그램 이름 및 설명문을 입력한다.

• **프로그램 등록 순서 변경:** 여러 개의 프로그램이 등록된 경우 등록된 순서에 따라 연산을 수행하기 때문에 경우에 따라서 프로그램의 등록 순서를 변경해 주어야할 수 있다.

① 프로젝트창에서 1개의 프로그램을 선택하고 마우스 오른쪽버튼을 클릭한다.

② 팝업창에서 '위로(U)' 또는 '아래로(W)'를 선택하여 프로그램의 등록위치를 변경한다.

• **프로젝트 항목의 저장:** 프로젝트에 등록된 프로그램, 변수/설명, 파라미터 등은 별도의 파일로 저장하여 다른 프로젝트에서 재사용할 수 있다.

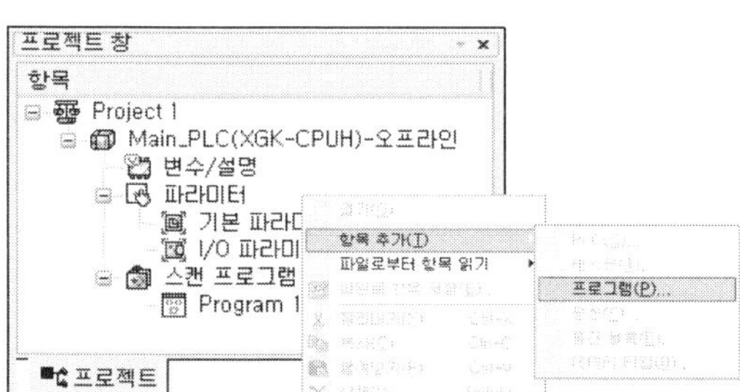

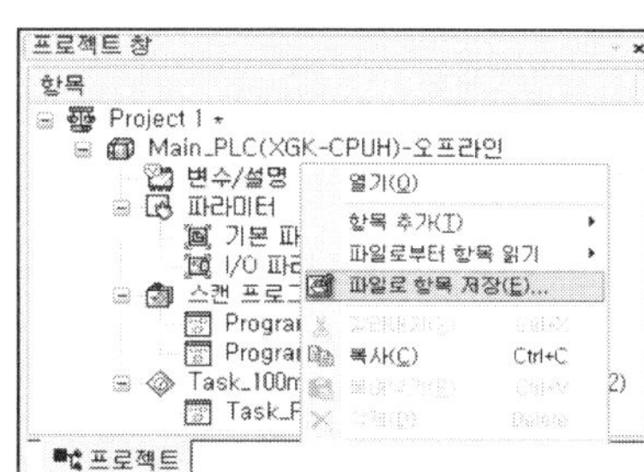

① 프로젝트창에서 저장할 항목을 선택하고 마우스 오른쪽버튼을 클릭한다.

② 저장 대화상자에서 저장할 파일 이름을 선택하고 '저장'버튼을 누르면 선택된 프로젝트 항목이 저장되며 저장하는 항목에 따라 다음과 같이 확장자가 달라진다.

PLC: ****.plc　변수/설명: ****.cmt　기본파라미터: ****.bsp

I/O파라미터: ****.iop　프로그램: ****.prg

• **파일로부터 항목 열기:** 다른 프로젝트에서 작성하여 파일로 저장되어 있는 프로젝트의 항목을 현재의 프로젝트에서 재사용할 수 있다.

① 프로젝트창에서 읽을 항목을 선택하고 마우스 오른쪽버튼을 클릭한다.

② 파일 열기 대화상자에서 저장할 파일을 선택하고 '열기' 버튼을 누르면 선택된 프로젝트 항목이 현재의 프로젝트에 포함된다.

③ 선택하는 항목에 따라 추가할 수 있는 항목이 달라진다.

프로젝트 선택시: PLC 추가 가능

PLC 선택시: 변수/설명, I/O파라미터, 기본파라미터 추가 가능

스캔/태스크프로그램 선택시: 프로그램 추가 가능

④ 읽는 항목에 따라 찾는 파일의 확장자가 달라진다.

PLC: ****.plc　변수/설명: ****.cmt　기본파라미터: ****.bsp

I/O파라미터: ****.iop　프로그램: ****.prg

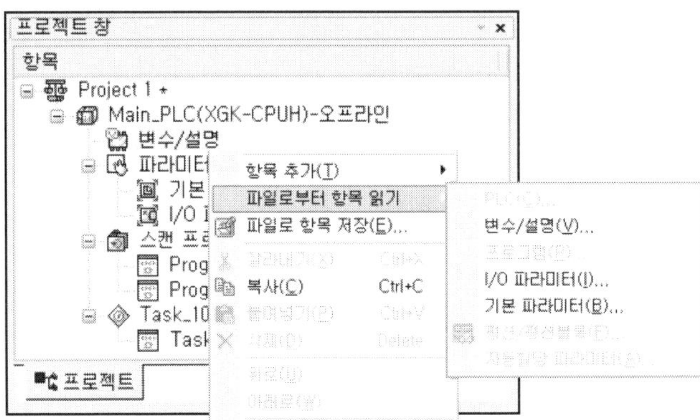

• **PLC 추가:** XG5000 프로젝트는 1대 이상의 PLC로 구성할 수 있다. 네트워크로 연결된 여러 대의 PLC가 1개의 프로젝트에 포함될 경우 여러 PLC를 동시에 접속, 모니터링, 프로그램 수정을 할 수 있다.

① 프로젝트 창에서 프로젝트 이름을 선택하고 마우스 오른쪽버튼을 클릭한다.

② 팝업메뉴에서 '항목 추가'를 선택하고 'PLC(C)...'를 선택한다.

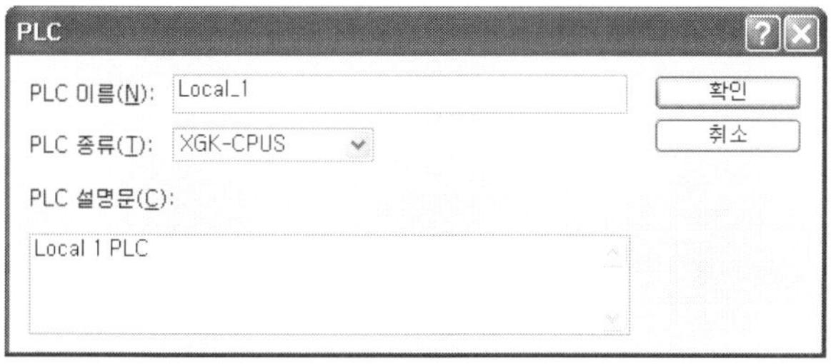

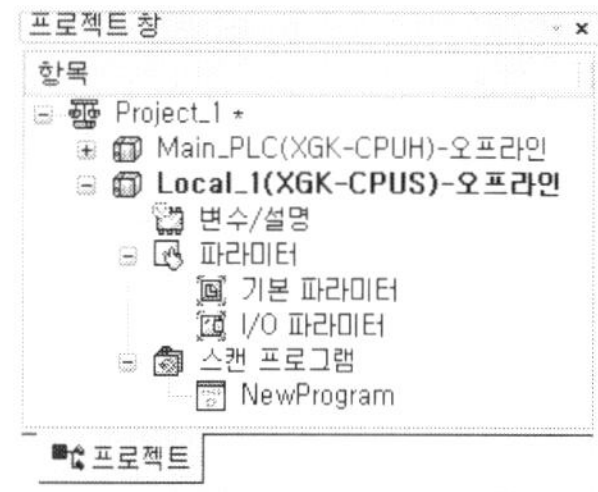

- PLC CPU 종류를 선택하고 PLC 이름 및 설명문을 입력한다.
- 선택할 수 있는 PLC 종류는 프로젝트 구성시 등록된 PLC기종에 따라 XGK, XBM, XBC계열과 XGR, XGI, XEC계열로 구분된다.
- 1개의 프로젝트에 2대의 PLC가 등록되었다. 프로젝트에 등록된 PLC는 별도의 파일로 저장 및 읽기, 복사 및 붙여넣기 등의 기능을 이용하여 다른 프로젝트로 복사가 가능하다. 동일 프로젝트에 등록된 여러 대의 PLC 간에 서로 통신을 할 경우 동시접속, 동시모니터링, 동시 런중수정 등 다양한 편리기능을 사용할 수 있다.

기본파라미터

기본파라미터는 PLC운전의 기본적인 속성을 지정한다. 기본파라미터를 편집하기 위해서 파라미터창에서 기본파라미터를 더블클릭하여 기본파라미터 설정화면을 호출한다.

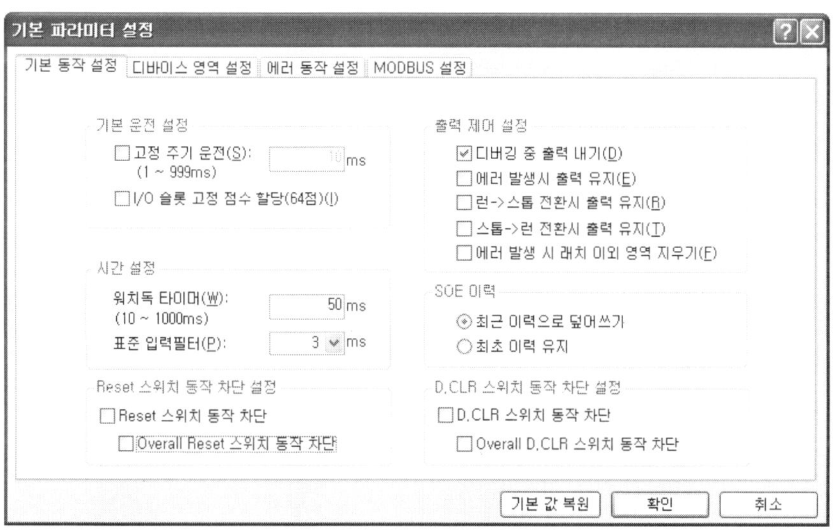

1) 기본 동작 설정

기본운전 설정 |

- **고정주기 운전:** PLC의 스캔시간을 고정시간으로 운전할 때 설정한다. 설정시간은 1~999ms까지 1ms단위로 설정할 수 있으며, 실제 설정할 수 있는 시간은 프로그램 작성후 프로젝트를 PLC로 전송한 후 최대 스캔시간을 확인하고 최대 스캔시간보다 길게 지정해야 한다.
- **I/O슬롯 고정점수 할당 (64점):** I/O주소를 고정식으로 할당할지 가변식으로 할당할지 선택한다. 이 항목이 선택되면 (체크) 고정식 I/O할당방식을 사용한다.

시간 설정 |

- **워치독 타이머:** PLC의 연산폭주, 무한루프 등을 감시하기 위해 설정하는 시간이다. 여기에 지정된 시간 내에 PLC의 1스캔이 완료되어야 하며, 워치독타이머 설정시간 이내에 1스캔의 처리가 완료되지 않으면 PLC는 에러상태가 된다.
- **표준입력 필터:** 디지털 입력모듈에 대해 ON 또는 OFF상태를 유지해 주어야 하는 시간이다. 디지털 입력모듈의 입력상태가 바뀌고 (예: OFF→ON) 표준입력 필터 시간보다 짧은 시간 안에 다시 원래 상태로 복귀하게 되면 (ON→OFF) 입력신호가 바뀌지 않은 것으로 간주한다. 이것은 전기적 노이즈입력에 의한 오동작을 방지하기 위한 기능으로 전기적 노이즈가 많은 현장에서는 표준입력 필터시간을 길게 설정함으로써 전기적 노이즈입력에 의한 오동작을 방지할 수 있다. 여기서 설정한 입력필터시간은 PLC시스템 전체에 적용되는 필터시간이며, I/O파라미터에서 디지털 입력 모듈별로 입력필터시간을 지정할 수도 있다.

출력제어 설정 |

- **디버깅 중 출력내기:** PLC를 디버깅모드로 운전할 때 출력모듈에 출력을 할지 여부를 선택한다.
- **에러발생 시 출력유지:** PLC가 에러상태가 되면 PLC는 연산을 수행할 수 없으므로 안전을 고려하여 디지털출력을 리셋시킨다. 에러발생 시 출력유지를 선택(체크)하면, 디지털 출력모듈의 I/O파라미터에서 비상출력에 홀드로 선택된 채널에 대해 출력을 리셋시키지 않고 유지시킨다.
- **런→스톱 전환 시 출력유지:** 에러상태와 마찬가지로 PLC가 STOP모드가 되었을 때 PLC는 연산을 하지 않으므로 디지털출력을 리셋시킨다. 런→스톱 전환 시 출력유지를 선택(체크)하면, 디지털 출력모듈의 I/O파라미터에서 비상출력에 홀드로

선택된 채널에 대해 출력을 리셋시키지 않고 유지시킨다.

- **스톱 → 런 전환 시 출력유지**: PLC가 STOP모드에서 RUN모드로 변경될 때 래치영역으로 설정된 데이터메모리영역 이외의 데이터를 클리어시킨다. 스톱 → 런 전환 시 출력유지를 선택(체크)하면, 출력데이터 메모리영역을 클리어하지 않고 STOP상태의 데이터를 가지고 RUN모드로 진입한다.
- **에러발생 시 래치 이외 영역 지우기**: PLC가 에러상태가 될 때 모든 데이터를 유지한 상태에서 프로그램의 연산을 실행하지 않는다. 그러나 PLC가 통신기능을 사용하고 있고 통신기능 중 서버기능 및 고속링크 기능을 사용하고 있다면 PLC가 에러상태에서도 통신기능은 계속 수행되어 PLC 데이터메모리에 저장되어 있는 데이터를 송신하게 된다. 에러 발생시 래치 이외 영역 지우기기능을 선택(체크)하면 PLC가 에러상태로 전환될 때 래치영역 이외의 데이터를 클리어한다.
- '에러발생 시 출력유지', '런 → 스톱 전환 시 출력유지'를 선택(체크)하더라도, 출력모듈의 I/O파라미터에서 홀드를 선택하지 않으면 출력은 클리어된다.

※ SOE 이력: SOE(Sequence of Events)모듈은 이벤트가 발생한 순서와 시간을 기록하는 모듈이다. 일반 디지털입력과는 달리 PLC연산 중에 발생한 이벤트도 인식하고 기록할 수 있다. 한 개의 SOE모듈은 최대 300개의 이벤트를 기록할 수 있는데, SOE모듈의 메모리가 소진되었을 경우 SOE모듈의 운전상태를 설정한다.
- 최근 이력으로 덮어쓰기: SOE모듈의 메모리가 소진된 이후 이벤트가 발생했을 때 과거 데이터를 삭제한 후 최근 이벤트를 계속 기록한다.
- 최초이력 유지: SOE모듈의 메모리가 소진된 이후 이벤트가 발생하더라도 더 이상 기록하지 않고 과거의 데이터를 그대로 유지한다.

※ Reset스위치 동작차단 설정: CPU의 Reset스위치의 동작을 설정한다.
- Reset스위치 동작차단이 선택(체크)되어 있으면 CPU의 Reset스위치를 동작시키더라도 CPU가 Reset되지 않는다. Reset스위치를 3초 이상 ON시키더라도 Overall Reset기능을 수행하지 않는다.
- Overall Reset스위치 동작차단: Overall Reset이란 CPU의 Reset스위치를 3초 이상 ON시키면 CPU가 Reset되면서 래치영역의 데이터를 삭제시키는 기능이다. Overall Reset스위치 동작차단이 선택(체크)되어 있으면 CPU의 Reset스위치를 3초 이상 ON시키더라도 래치영역의 데이터가 삭제되지 않는다.

※ D.CLR스위치 동작차단 설정 : CPU가 STOP된 상태에서 CPU의 D.CLR스위치를 ON시키면 래치1 영역(K, R영역 포함)의 데이터가 삭제되며 (Data Clear), D.CLR스위치를 3초 이상 ON시키면 래치2 영역의 데이터까지 삭제된다. (Overall Data Clear)
- D.CLR스위치 동작차단이 선택(체크)되어 있으면 CPU가 STOP상태에서 D.CLR스위치를 ON시켜도 래치1 영역의 데이터를 삭제하지 않으며, D.CLR스위치를 3초 이상 ON시켜도 래치2 영역의 데이터를 삭제하지 않는다.

- Overall D.CLR스위치 동작차단이 선택(체크)되어 있으면 CPU가 STOP되어 있는 상태에서 D.CLR스위치를 3초 이상 ON시켜도 래치2 영역의 데이터를 삭제하지 않는다.
- Reset스위치 또는 D.CLR스위치의 동작을 차단하더라도 XG5000 온라인메뉴의 Reset 및 데이터 클리어기능은 동작한다.

2) 디바이스 영역 설정: 래치영역을 설정한다.

래치영역이란 PLC가 리셋되었을 때 데이터를 클리어하지 않고 유지하는 영역을 말한다. XGK계열 PLC에서 래치영역은 래치 1 영역과 래치 2 영역으로 나누어지며 각 영역은 리셋기능 및 데이터 클리어기능에 따라 데이터를 유지 또는 클리어한다. 그리고 데이터메모리영역 중 K영역과 R영역은 디바이스 영역 설정에서 설정하지 않더라도 래치기능을 수행한다.

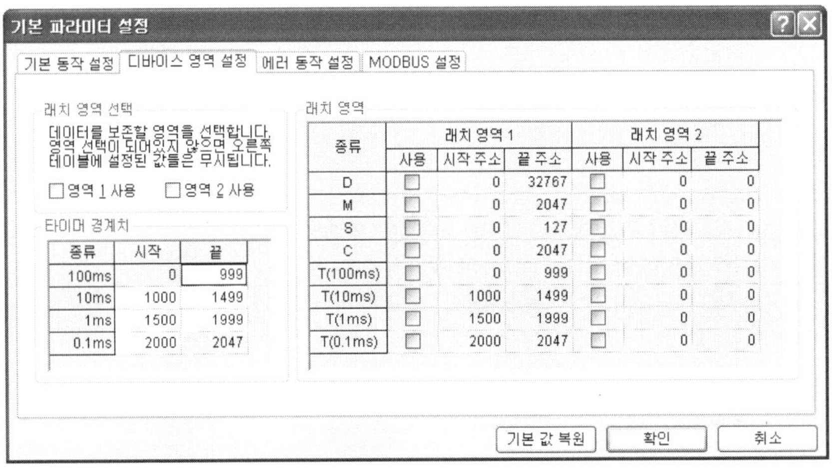

| 래치영역 |

	K, R영역	래치 1	래치 2
CPU STOP/RUN	유지	유지	유지
전원 OFF/ON	유지	유지	유지
Reset	유지	유지	유지
Overall Reset	클리어	클리어	유지
래치 1클리어	클리어	클리어	유지
래치 2클리어	클리어	클리어	클리어
프로그램쓰기	유지	유지	유지

타이머 경계치 | XGK PLC에는 T0000~T2047까지 2,048개의 타이머가 있으며, 타이머 설정 시간으로 100ms, 10ms, 1ms, 0.1ms 단위로 설정할 수 있다. 여기에서 설정시간별 타이머의 수를 조절하여 사용할 수 있다. 래치영역 설정방법은 다음과 같다.

- 래치영역 선택에서 영역1 사용, 영역2 사용을 선택(체크)하면 래치영역에서 각 래치영역별 '사용'선택 행이 활성화된다.
- 래치영역으로 사용하고자 하는 메모리영역의 '사용'을 선택(체크)하면 시작주소와 끝주소를 입력할 수 있다.
- D영역과 M영역에 대해서는 워드단위, S영역(스텝콘트롤러)에 대해서는 조단위, C(카운터) 및 T(타이머)영역에 대해서는 카운터 또는 타이머 번호단위로, 연속적으로 설정할 수 있다.
- 래치영역1과 래치영역2가 정상적으로 동작하기 위해서는 메모리영역이 중복되지 않게 주소를 설정해야 한다.
- 래치영역1과 래치영역2에 중복으로 등록된 메모리영역은 래치영역1로 동작한다.

3) 에러 동작 설정

PLC에 에러가 발생했을 때 운전을 정지할 것인지 에러를 무시하고 계속 운전을 할지 여부를 선택한다. 여기서 운전 속행으로 설정된 에러가 발생했을 때 PLC는 해당하는 에러가 발생했을 때 운전을 계속하고, CPU의 CHK LED가 점멸하게 된다.

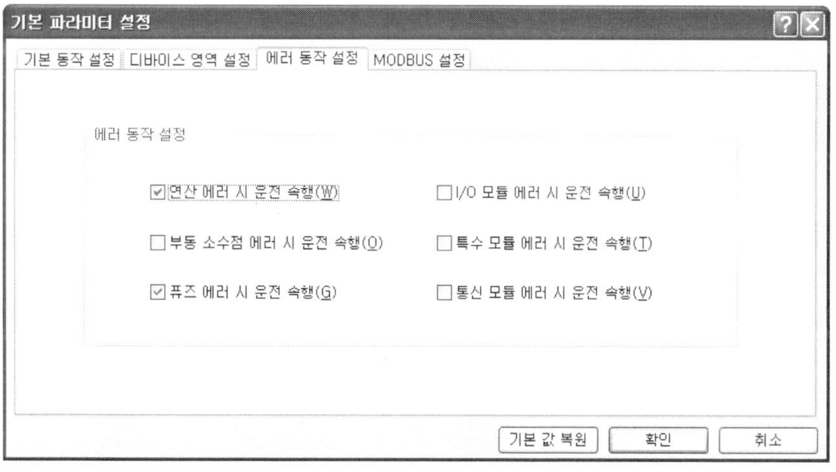

I/O파라미터 | I/O파라미터는 PLC에 장착된 디지털 입력모듈, 디지털 출력모듈, 특수모듈의 운전속성을 지정한다. 단, 특수모듈 중 위치제어모듈(XG-PM)과 온도제어모듈(XG-TCON)은 별도의 소프트웨어툴을 이용하여 파라미터를 설정한다.

디지털 입력모듈의 I/O파라미터 내용은 입력필터시간을 설정하는 것이며, 별도로 I/O파라미터를 설정하지 않을 경우 기본파라미터에서 설정한 표준입력 필터시간으로 동작한다. 또한 디지털 출력모듈의 I/O파라미터 내용은 채널별(8점 단위)로 PLC가 STOP 또는 에러상태로 전환될 때 출력을 제어하는 비상출력에 관한 내용으로 기본설정은 출력을 클리어시키는 것으로 설정되어 있다. 만일 I/O파라미터에서 비상출력을 유지(홀드)로 설정하더라도 기본파라미터에서 '에러발생 시 출력유지' '런→스톱시 출력유지'를 선택하지 않으면 비상시 출력은 유지되지 않는다.

I/O파라미터를 설정하기 위해서는 I/O파라미터에 모듈을 등록해야 한다. 모듈을 등록하는 방법은 PLC를 연결하여 PLC에 장착되어 있는 모듈을 읽어 등록하는 방법(온라인 등록)과 사용자가 모듈을 선택하여 등록하는 방법(사용자 등록)이 있다.

- **사용자 등록:** PLC 각 슬롯별로 장착할 모듈을 사용자가 선택하여 등록한다.
  ① 프로젝트창에서 I/O파라미터를 더블클릭한다.
  ② I/O파라미터 설정창에서 슬롯을 클릭하면 모듈 종류가 표시된다.
  ③ 모듈 종류를 확장시켜 장착할 모듈 종류를 선택하면 선택된 슬롯에 선택한 모듈이 등록된다.

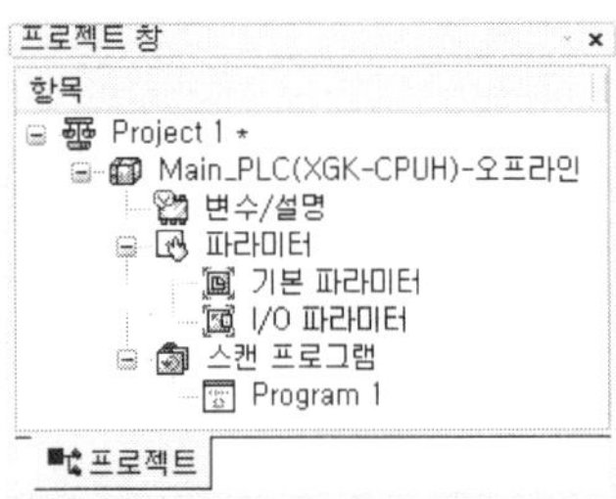

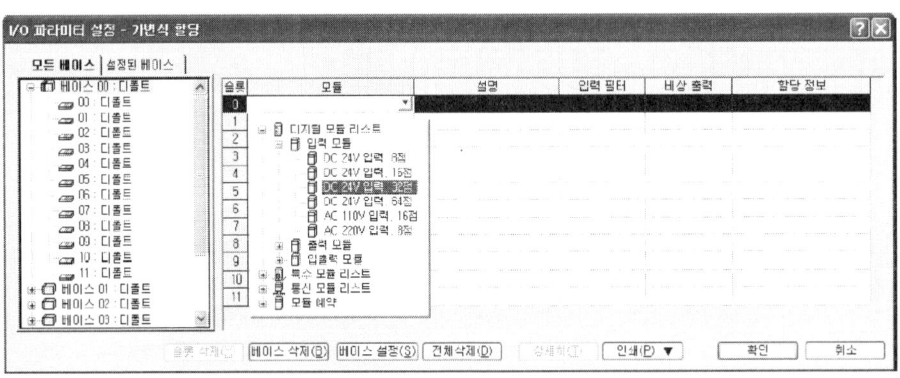

- **온라인 등록**: PLC시스템이 구성되어 있을 때 PLC에 장착된 모듈의 종류를 읽어 I/O파라미터에 등록한다. 온라인 등록은 PLC와 XG5000이 접속되어 있을 때 사용 가능하다.

① **PLC STOP모드 전환**: PLC를 접속한 후 온라인메뉴 ⇒ 모드 전환 ⇒ 스톱을 눌러 PLC를 STOP모드로 전환한다.

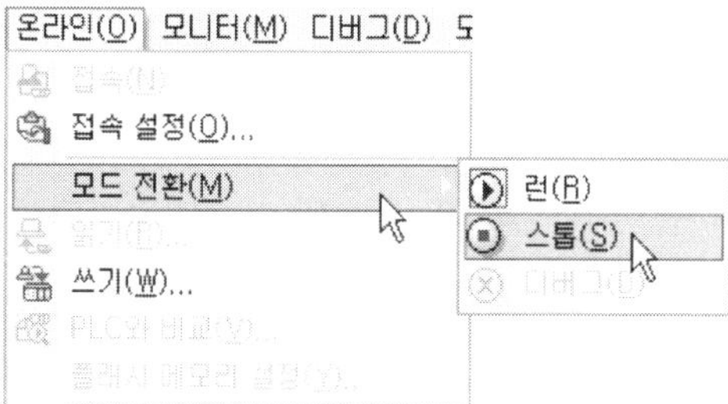

② 온라인메뉴 ⇒ I/O정보(I)를 선택하여 PLC에 장착된 모듈의 I/O정보를 읽어온다. I/O정보창에서 I/O동기화버튼을 클릭하면 PLC에서 읽어온 I/O정보를 I/O파라미터로 저장

③ 모듈 선택 후 I/O정보창에서 상세정보를 선택하면 모듈 상세정보를 확인할 수 있다.

④ PLC가 STOP모드가 아닐 경우 I/O정보를 읽어오지만 'I/O동기화(S)'버튼이 활성화되지 않아 I/O동기화를 할 수 없다.

⑤ I/O동기화를 실행하면 PLC로부터 읽어온 모듈정보를 XG5000 프로젝트와 PLC 내부의 I/O파라미터에 등록한다.

⑥ 만일, I/O파라미터가 설정되어 있을 경우 모든 I/O파라미터가 초기화된다.

⑦ PLC에 저장되어 있는 I/O파라미터를 확인하고자 할 경우 'PLC로부터 열기'를 실행하여 I/O파라미터 읽기를 실행해야 한다.

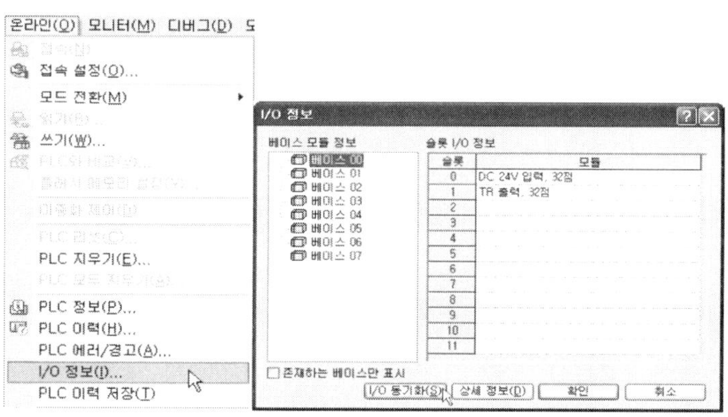

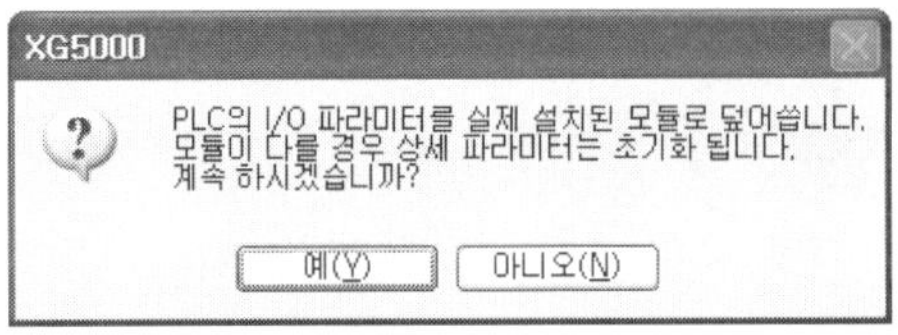

I/O파라미터 설정 |

- I/O파라미터 설정창에서 설정하고자 하는 모듈을 더블클릭한다.
- 디지털 입력모듈의 경우 모듈별로 입력필터시간을 설정할 수 있다. I/O파라미터에서 입력모듈에 대해 입력필터시간을 지정하지 않으면 기본파라미터에서 설정한 '표준입력필터'시간으로 입력필터시간이 설정된다.
- 디지털 출력모듈의 경우 채널별로 비상출력을 홀드(유지) 또는 클리어를 선택할 수 있다.
- 디지털 출력모듈의 I/O파라미터에서 비상출력을 홀드로 선택하더라도 기본파라미터에서 '에 러시 출력유지', '런→스톱시 출력유지'를 선택하지 않으면 비상출력이 유지되지 않는다.

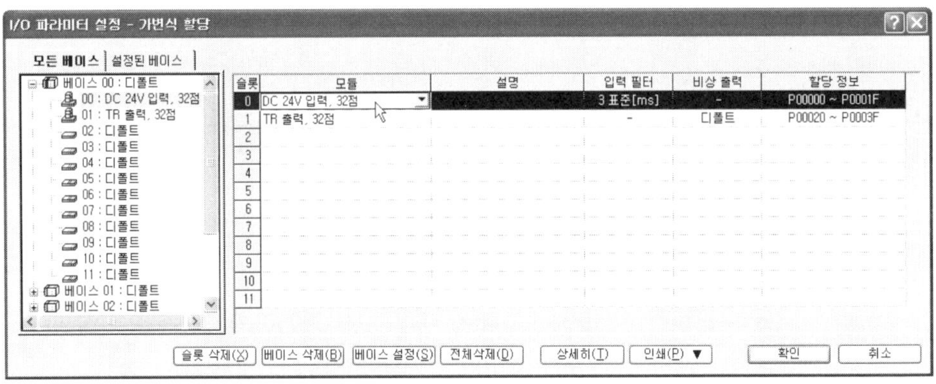

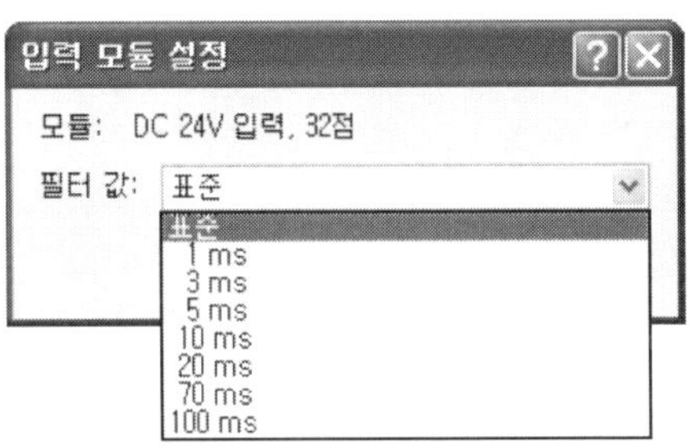

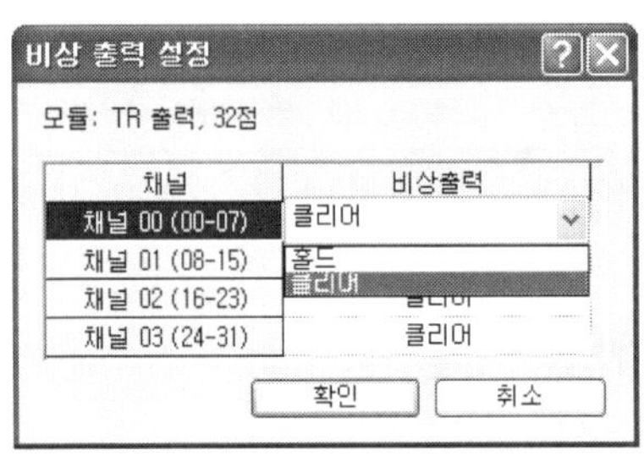

제4장

응용명령어

4.1 응용명령어 구조

XGK PLC에서 접점과 코일을 이용할 경우 비트데이터를 읽거나 쓸 수 있다. 그러나 XGK에서는 비트데이터 이외에 니블(Nibble, 4비트), 바이트(Byte, 8비트), 워드(Word, 16비트), 더블워드(Double Word, 32비트) 롱워드(Long Word, 64비트) 크기의 다양한 데이터를 취급할 수 있으며 이러한 데이터를 이용하여 연산하기 위해서는 응용명령어를 사용해야 한다.

XGK의 응용명령어는 워드(16비트) 데이터를 처리하는 기본명령어에 접두어와 접미어를 추가함으로써 기본명령어의 기능을 추가 또는 제한하는 구조로 구성된다. 접두어와 접미어는 각각 2개까지 조합하여 사용이 가능하다.

접두어	+	기본 명령어	+	접미어

1) 접두어

기본명령어 앞에 추가하여 기본명령어의 기능을 보조하는 문자를 접두어라고 한다. 하나의 기본명령어에 최대 2개의 접두어를 사용할 수 있다.

- D: 더블워드(Double Word, 32비트) 정수데이터 연산 (예: DMOV, D=, DADD 등)
- R: 32비트 실수데이터 연산 (예: RMOV, R=, RDIV 등)
- L: 64비트 실수데이터 연산 (예: LMOV, L=, LADD 등)
- G: 그룹데이터 연산 (예: GMOV, G=, GADD 등)
- B: 16비트 데이터 내에서 비트연산 (예: BMOV)
- $: 문자열데이터 연산 (예: $MOV, $ADD 등)
- 8: 8비트 데이터 연산 (예: 8=, 8〈, 등)
- 4: 4비트 데이터 연산 (예: 4=, 4〈〉 등)

2) 접미어

기본명령어 뒤에 추가하여 기본명령어의 기능을 보조하는 문자를 접미어라고 한다. 하나의 기본명령어에 최대 2개의 접미어를 사용할 수 있다.

- U: 기본명령어가 부호 있는 십진 정수데이터를 연산할 때 부호 없는 십진 정수데이터 연산 (예: ADDU 등)
- P: 레벨연산 응용명령어의 상승에지 연산 (예: MOVP, DIVP 등)
- B: 기본명령어가 십진 정수데이터 연산할 때 BCD데이터 연산 (예: ADDB, MULB 등)
- 8: 8비트 데이터 연산 (예: MOV8, BCD8 등)
- 4: 4비트 데이터 연산 (예: MOV4, BCD4 등)
- 3: 2개의 데이터연산 기본명령어에서 3개의 데이터 처리 (예: =3, 〈〉3 등)

4.2 전송명령

XGK에서 전송명령은 상수데이터를 PLC의 데이터메모리에 저장하거나, 저장되어 있는 데이터를 다른 영역의 데이터메모리로 복사하는 기능을 수행한다. 기본 전송명령어인 MOV는 1워드(16비트) 크기의 데이터를 전송한다. MOV명령어에 접두어와 접미어를 추가함으로써 다양한 형태로 데이터를 전송할 수 있다. 상수데이터를 전송한 후 XG5000을 이용하여 데이터를 모니터할 경우 XG5000의 데이터 표시 형식에 따라 전송된 데이터와 XG5000에 표시되는 데이터가 서로 다를 수 있다.

[MOV S(Source) D(Destination)] (워드(16비트) 전송)

S로 지정된 상수 또는 워드디바이스의 데이터를 D로 지정된 워드디바이스로 전송한다. S를 상수로 지정할 경우 h0000~hFFFF까지 지정할 수 있으며, 십진수를 지정할 경우 부호는 상관하지 않기 때문에 -32,768~+65,535까지 지정할 수 있다.

Ex 3-1 P00000스위치를 ON시키면 16진수 1234를 BCD표시기(P0003워드)에 표시하고, P00001스위치를 ON시키면 BCD스위치(또는 디지털스위치,

P0001워드)의 입력데이터를 BCD표시기(P0003워드)에 표시한다.

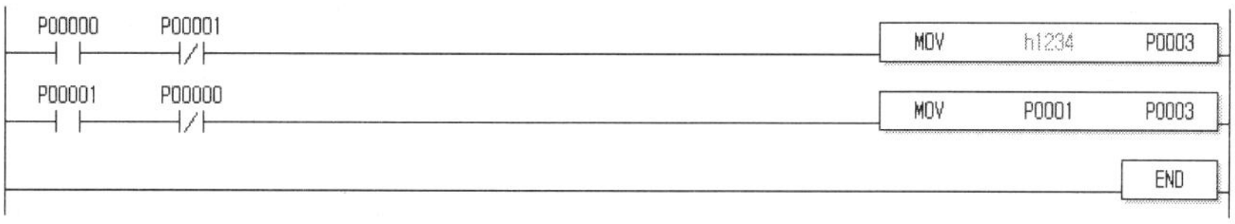

- BCD(Binary Coded Decimal): 각 자리별로 h0~h9까지만 사용하는 16진수로 BCD로 계산할 때 h9 + h1 = h10으로 계산된다.
- BCD스위치 또는 BCD표시기를 디지털입력 및 출력모듈에 연결할 때 BCD 1자리는 4비트의 입력 및 출력접점이 필요하다.

[DMOV S D] (더블워드전송)

S로 지정된 더블워드 크기의 데이터를 D로 지정된 디바이스로 32비트 크기로 전송한다.

- S를 상수로 지정할 경우 h00000000~hFFFFFFFF까지 지정 가능하며, 십진수로 지정할 경우 부호는 상관이 없다.
- S를 디바이스로 지정할 경우 워드디바이스로 지정해야 하며 지정된 워드디바이스와 그다음 워드디바이스의 데이터가 전송된다.
- D는 워드디바이스로 지정이 되어야 하며 전송된 데이터는 D로 지정된 디바이스와 그다음 워드디바이스에 저장된다.

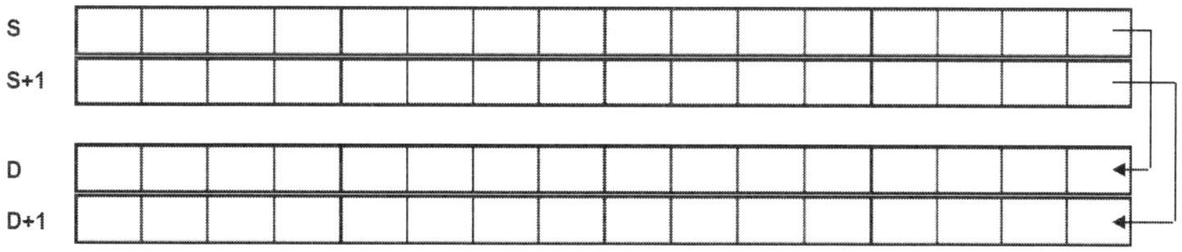

Ex 3-2 P00002스위치가 ON되면 P00000~P0000F에 연결된 토글스위치 16점의 입력상태를 P00020~P0002F에 연결된 LED 16점에 표시하고, P00010~P0001F에 연결된 BCD스위치의 입력데이터를 P00030~P0003F에 연결된 BCD표시기에 표시한다.

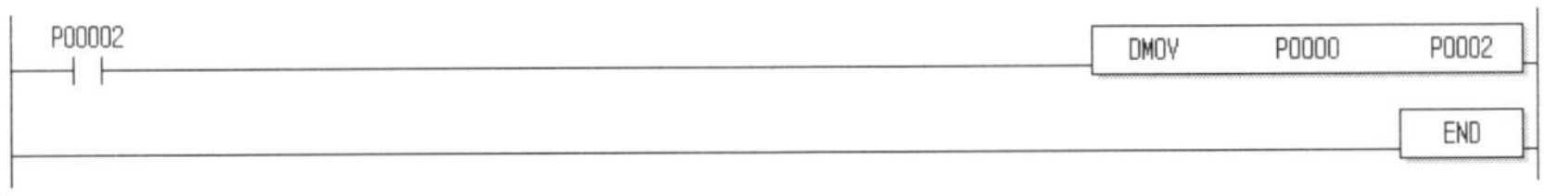

[RMOV S D] / [LMOV S D] (실수전송)

S로 지정된 상수를 각각 32비트 또는 64비트 실수로 변환하여 D로 지정된 워드영역부터 저장한다.

- S는 32/64비트 실수가 처리 가능한 범위의 부호있는 십진수 또는 실수형태로 지정해야 한다.
- S를 디바이스로 지정할 경우 데이터는 변환되지 않고 S로 지정된 워드디바이스영역부터 각각 2워드/4워드의 데이터를 저장영역으로 지정된 워드디바이스부터 2워드/4워드로 전송한다.
- D는 워드디바이스로 지정이 되어야 하며, 전송된 데이터는 D로 지정된 디바이스부터 각각 2워드/4워드의 디바이스에 저장된다.

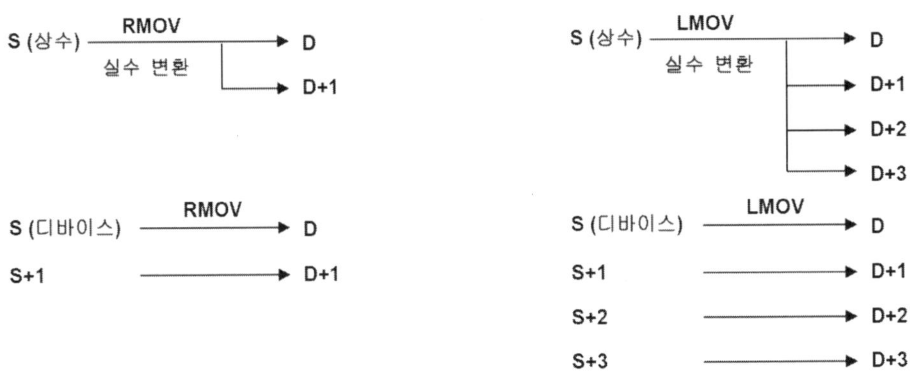

- 디바이스에 저장되어 있는 정수데이터를 실수로 변환할 때에는 형변환명령어(I2R, I2L, D2R, D2L, U2R, U2L, UD2R, UD2L) 등을 사용해야 한다.

Ex 3-3 P00003스위치가 ON되면 3.141592를 32비트 실수형으로 D00000에 저장한다.

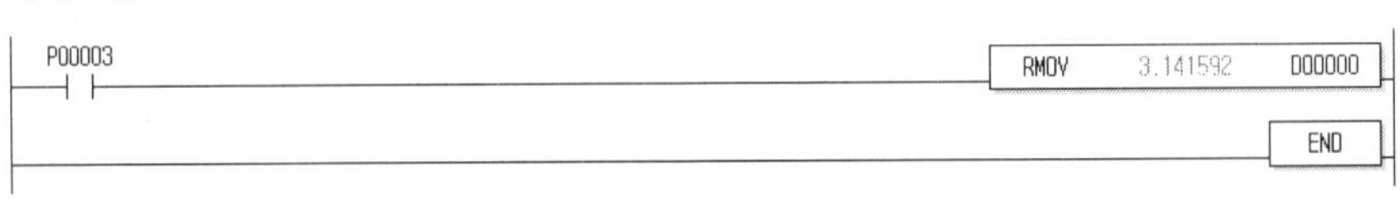

[FMOV S D n] (다중전송)

S로 지정된 상수 또는 워드디바이스의 데이터를 D로 지정된 워드디바이스부터 n개의 워드디바이스로 전송한다.

- S를 상수로 지정할 경우 h0000~hFFFF까지 지정할 수 있으며, 십진수로 지정할 경우 부호 없는 십진수를 사용해야 한다.
- n은 1~65,535까지 지정할 수 있으나, D로 지정되는 디바이스의 영역을 초과하지 않는 범위에서 사용해야 한다. 예를 들어 XGK-CPUH에서 D에 해당하는 디바이스로 R30000을 사용했을 경우 R영역의 마지막 워드주소가 R32767이므로 n은 2,768 이하로 설정해야 한다. (R30000부터 R32767까지는 2,768개의 워드이다.)
- D로 지정되는 디바이스의 영역을 초과하는 경우, S로 지정된 데이터가 사용자가 의도하지 않은 디바이스영역에 저장될 수 있다.

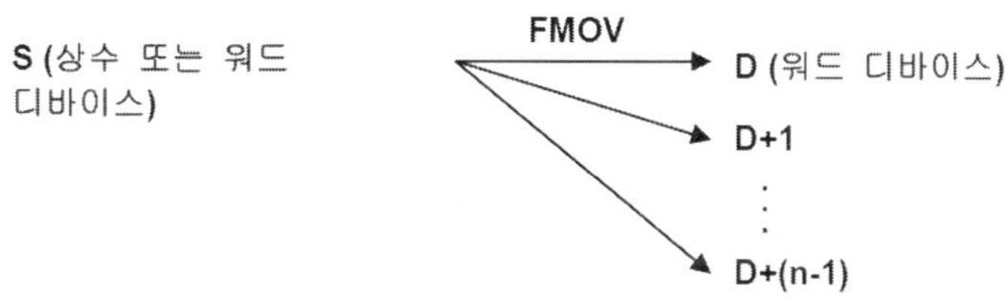

Ex 3-4 P00004스위치가 ON되면 D00010부터 10개의 워드디바이스에 100을 저장하고, P00005스위치가 ON되면 0으로 클리어한다.

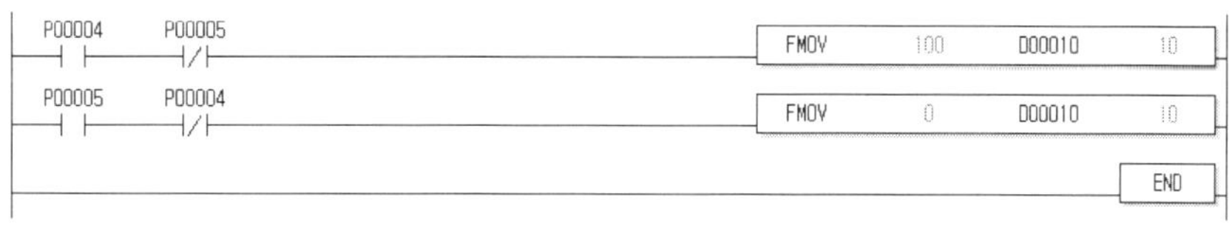

[GMOV S D n] (그룹전송)

S로 지정된 워드디바이스부터 n개의 워드데이터를 D로 지정된 워드디바이스부터 n개의 워드디바이스로 전송한다.

- S를 상수로 지정할 경우 h0000~hFFFF까지 지정할 수 있으며, 십진수로 지정할 경우 부호 없는 십진수를 사용해야 한다.
- S를 상수로 지정할 경우 지정된 상수가 D로 지정된 워드디바이스부터 n개의 워드디

바이스로 전송된다. (FMOV와 동일)

- n은 1~65,535까지 지정할 수 있으나, S 및 D로 지정되는 디바이스의 영역을 초과하지 않는 범위에서 사용해야 한다. 예를 들어 XGK-CPUH에서 S에 해당하는 디바이스로 D32000을 사용하고, D에 해당하는 디바이스로 R30000을 사용했을 경우, D영역의 마지막 워드주소가 D32767이고, R영역의 마지막 워드주소가 R32767이므로 n은 768 이하로 설정해야 한다. (D32000부터 D32767까지는 768개의 워드이다.)
- S 또는 D로 지정되는 디바이스의 영역을 초과하는 경우, 사용자가 의도하지 않은 데이터가 사용자가 의도하지 않은 디바이스영역에 저장될 수 있다.

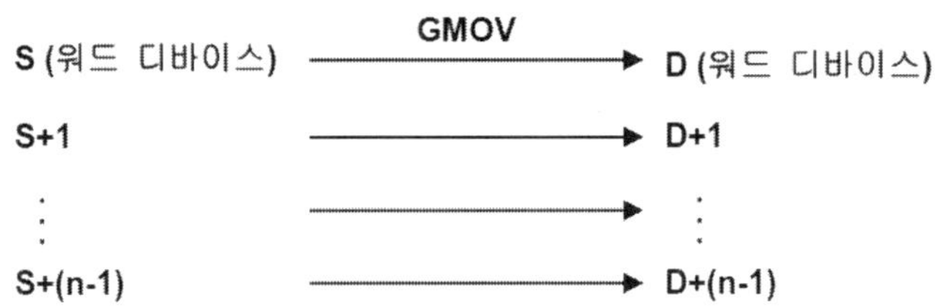

Ex 3-5 P00006스위치가 ON되면 R01000부터 50개의 워드데이터를 D01000부터 50개의 워드에 저장하고, P00007스위치가 ON되면 R01050부터 50개의 워드데이터를 D01000부터 50개의 워드에 저장한다.

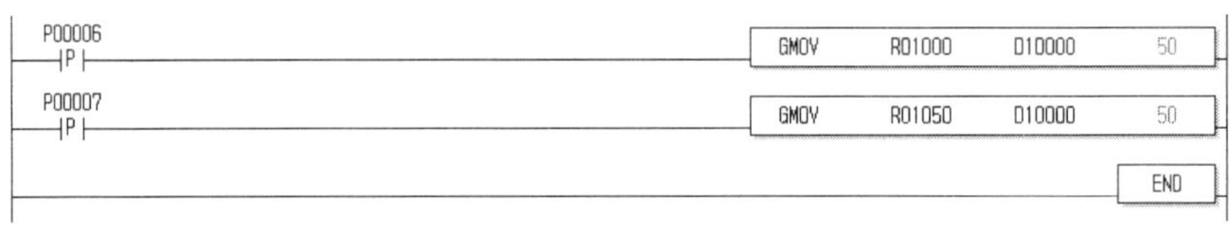

[$MOV S D] (문자열전송)

S로 지정된 문자열을 해당 문자코드로 변환하여 D로 지정된 워드디바이스의 하위바이트부터 31개의 바이트로 전송하고, 32번째 바이트는 h00이 저장된다.

- S를 문자열상수로 지정할 경우 작은 따옴표(‘ ’)를 해주어야 한다.
- S를 문자열상수로 지정했을 경우 1바이트의 문자열상수를 전송하더라도 D로 지정된 워드디바이스 영역의 하위바이트부터 32바이트에 데이터가 저장된다.
- S를 워드디바이스로 지정할 경우 코드는 변환되지 않으며, S로 지정된 워드의 하위바이트부터 최대 31개의 바이트 이내에서 데이터가 h00이 아닌 바이트까지 전송되

고, 그 이후의 D영역에는 h00이 저장된다.

• S를 워드디바이스로 지정할 경우 S로 지정된 워드디바이스의 하위바이트부터 연속적으로 32바이트 이상 연속바이트의 데이터가 h00이 아닐 경우 31개의 바이트만 전송이 되고 D로 지정된 워드디바이스의 하위바이트부터 32번째 바이트에는 h00이 저장된다.

• 디바이스에 저장되어 있는 데이터를 문자열로 바꿀 경우 STR 명령어를 사용해야 한다.

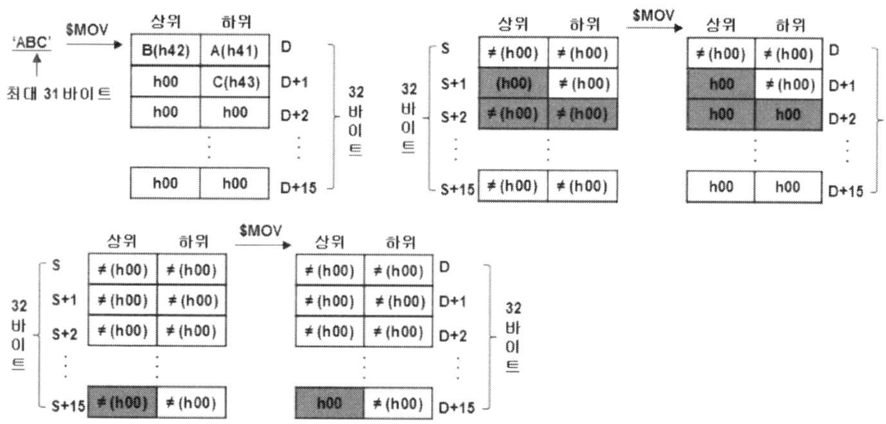

[MOV4 S D] / [MOV8 S D] (4/8 비트전송)

S로 지정된 비트부터 4 또는 8개의 비트 D로 지정되는 비트부터 4 또는 8개의 비트로 전송한다.

• S를 상수로 지정할 경우 4비트 전송의 경우 h0~hF까지 지정 가능하고, 8비트 전송의 경우 h00~hFF까지 지정 가능하다.

• S를 디바이스로 지정할 경우 비트 디바이스로 지정해야 하며, 4비트 전송의 경우 비트번호 0~C까지, 8비트 전송의 경우 0~8까지 사용해야 한다. 그 이상의 비트번호를 지정할 경우 지정된 비트부터 F번 비트까지만 전송된다.

• D는 비트 디바이스로 지정해야 하며, 4비트 전송의 경우 비트번호 0~C까지, 8비트 전송의 경우 0~8까지 사용해야 한다. 그 이상의 비트번호를 지정할 경우 지정된 비트부터 F번 비트까지만 데이터가 저장된다.

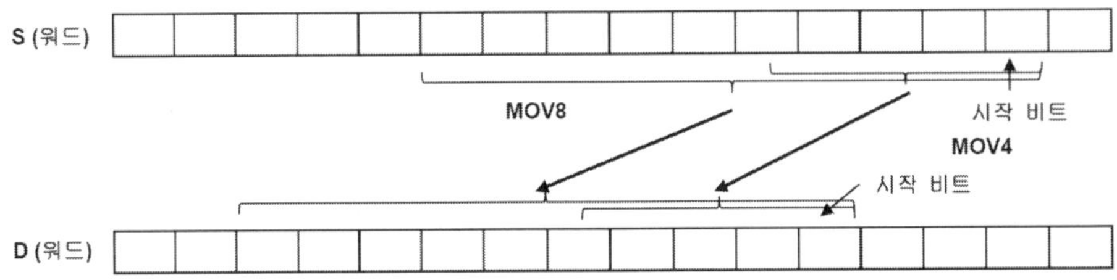

Ex 3-6 P00008스위치를 ON시키면 P00010~P0001F 입력접점에 연결된 BCD스위치의 입력데이터 중 2~3번째 자리를 P00030~P0003F에 연결된 BCD 표시기의 3~4번째 자리에 표시한다.

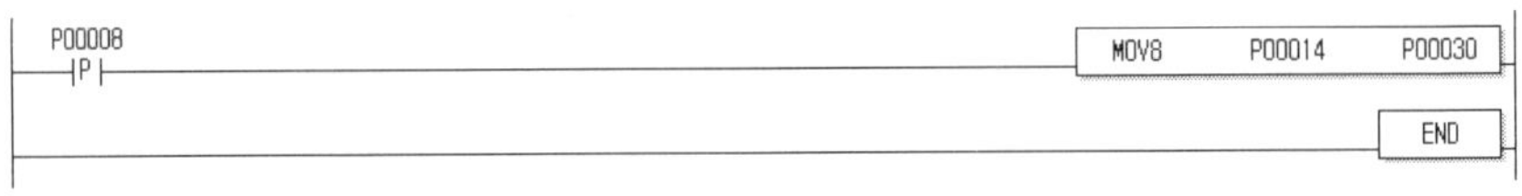

[BMOV S D Z] (비트전송)

S로 지정된 워드 크기의 상수 또는 워드 디바이스에서 Z로 지정된 형식에 따라 지정된 개수의 비트를 D로 지정되는 워드 디바이스로 전송한다.

- Z의 형식은 1워드 크기의 상수 또는 워드디바이스로 지정되며, 지정된 데이터를 16진수로 변환했을 때 1000(h)자리의 수가 S의 시작비트 번호, 100(h)자리의 수가 D의 시작비트 번호 10(h) 및 1(h)자리의 수가 이동할 비트의 수이다. 예를 들어 Z로 지정된 데이터가 h1408일 경우 1000(h)자리에 해당하는 1이 S의 시작비트 번호, 100(h)자리에 해당하는 4가 D의 시작비트 번호, 나머지 두자리수 08이 이동할 비트의 개수를 의미한다. 즉 S의 1번 비트부터 08개의 비트를 D의 4번 비트부터 08개의 비트로 전송한다.
- S를 상수로 지정할 경우 h0000~hFFFF까지 지정할 수 있으며, 십진수를 지정할 경우 부호 없는 십진수 범위(0~65,535)의 상수를 지정할 수 있다.

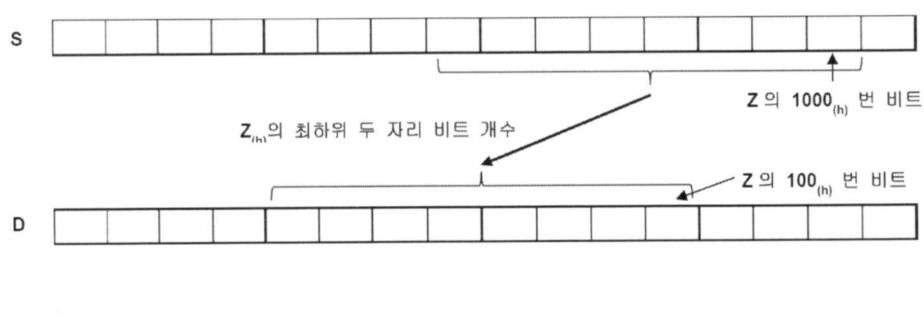

Ex 3-7 P00002스위치를 ON시키면 P00010~P0001F 입력접점에 연결된 BCD스위치의 입력데이터를 두 자리씩 위치를 교환하여 P00030~P0003F에 연결된 BCD표시기에 표시한다.

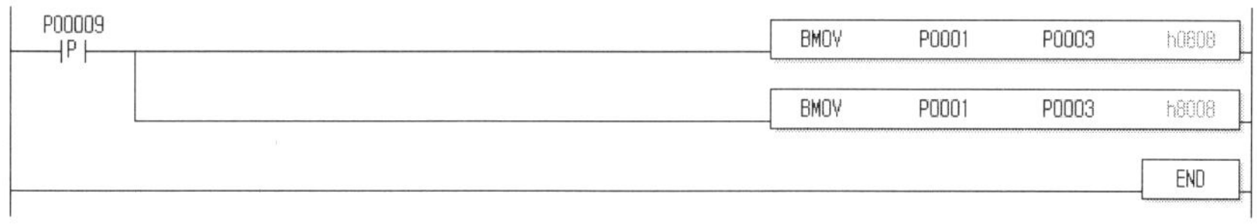

4.3 플래시메모리 데이터 전송명령

XGK PLC에는 RAM 데이터메모리 외에 64KB 플래시메모리 32블록(총 2MB)이 내장되어 있으며, 이 플래시메모리에 데이터를 저장하거나 플래시메모리에 저장되어 있는 데이터를 RAM 영역으로 옮겨 운전데이터로 사용할 수 있다.

앞에서 설명한 전송명령들은 PLC의 데이터메모리(RAM)에 데이터를 저장하거나 데이터메모리에 저장되어 있는 데이터를 다른 데이터메모리 영역으로 이동시킬 때 사용하는 명령어들로 플래시메모리에 데이터를 저장하거나 플래시메모리에 저장되어 있는 데이터를 RAM 데이터메모리영역으로 이동시킬 때는 별도의 명령어를 사용해야 한다.

플래시메모리에 블록데이터 저장: [EBWRITE m n]

RAM 데이터 메모리영역에 저장되어 있는 여러 개의 데이터를 플래시메모리에 저장하기 위해서는 먼저 데이터를 R영역으로 이동시켜야 한다. XGK-CPUE/S는 1블록(블록번호: 0)의 64KB 크기의 R영역이 있으며, XGK-CPUA/H/U는 2블록(블록번호: 0, 1)의 64KB 크기의 R영역이 있다. 플래시메모리에 데이터를 저장할 때 1블록의 R영역 전체데이터가 1블록의 플래시메모리에 저장된다. 플래시메모리에 데이터를 저장하는 것은 PLC의 1스캔시간 이상이 걸리므로 플래시메모리 각 블록별로 제공되는 플래시메모리 쓰기 중 플래그(F1620~F163F)와 플래시메모리 에러플래그(F1640~F165F)를 확인함으로써 동작상태를 확인할 수 있다.

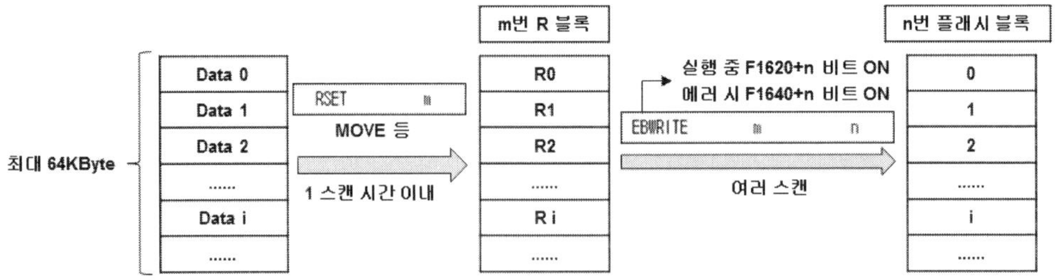

※ m: R 블록번호(XGK-CPUE/S: 0, XGK-CPUA/H/U: 0~1)
n: 플래시메모리 블록번호(0~31)

플래시메모리에 블록데이터 읽기: [EBREAD n m]

플래시메모리에 저장되어 있는 데이터는 XGK PLC에서 사용하는 명령어를 이용하여 접근할 수 없다. 따라서 플래시메모리에 저장되어 있는 데이터를 연산에서 사용하기 위해서는 RAM 데이터메모리로 이동시켜야 한다. 플래시메모리에 저장되어 있는 데이터를 RAM 데이터메모리로 이동시킬 때 1블록의 플래시메모리 전체데이터를 1블록의 R영역으로 이동시켜야 한다. 따라서 R영역을 운전데이터 영역으로 사용할 경우 R영역에서 필요한 데이터를 먼저 다른 영역으로 이동시킨 후 플래시메모리 읽기를 실행해야 운전데이터를 보존할 수 있다. 플래시메모리에서 R영역으로 데이터를 이동시키는 것은 PLC의 1스캔시간 이상이 걸리므로 플래시메모리 각 블록별로 제공되는 플래시메모리 읽기 중 플래그(F1600~F161F)와 플래시메모리 에러플래그(F1640~F165F)를 확인함으로써 동작상태를 확인할 수 있다.

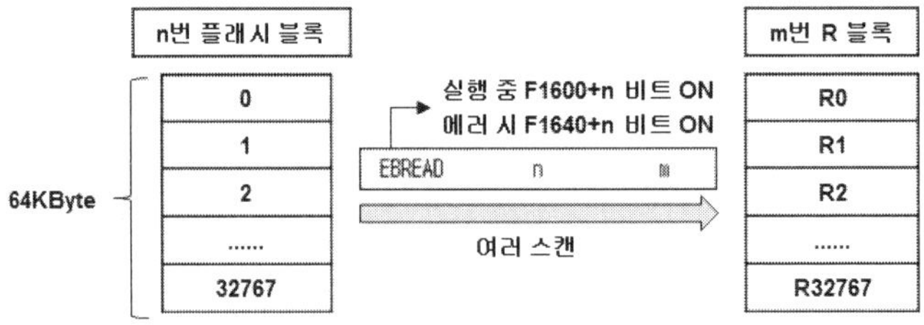

※ m: R 블록번호(XGK-CPUE/S: 0, XGK-CPUA/H/U: 0~1)
n : 플래시메모리 블록번호(0~31)

플래시메모리 개별데이터 읽기: [E(D)MOV n I D]

EMOV 또는 EDMOV 명령어를 사용하면 플래시메모리에 저장되어 있는 데이터를 개별적으로 읽어 내부메모리에 저장할 수 있다. EMOV 명령어를 사용할 경우 1개 워드, EDMOV 명령어를 사용할 경우 1개의 더블워드 데이터를 플래시메모리에서 읽어 내부메모리로 저장한다.

개별데이터 읽기명령어는 1스캔시간 이내에 실행되고 "플래시메모리 읽기 중" 플래그(F1600~F161F)는 동작하지 않으며, 플래시메모리로부터 읽어온 데이터는 내부메모리 영역에 관계없이 저장할 수 있다.

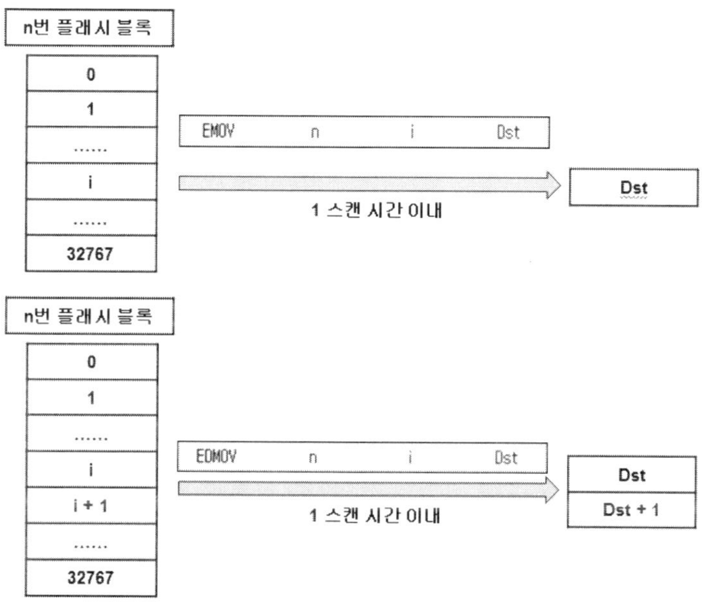

4.4 산술연산 명령

XGK에서 산술연산에 사용되는 기본명령어는 덧셈(ADD), 뺄셈(SUB), 곱셈(MUL), 나눗셈(DIV)이 있으며, 이러한 기본 산술연산명령은 1워드의 데이터를 다루고, 부호 있는 십진연산을 수행한다. 단, 워드곱셈의 경우 그 결과가 더블워드에 저장되며, 나눗셈의 경우 몫과 나머지를 계산하여 몫을 1워드에 저장하고 나머지를 1워드에 저장함으로써

2워드에 결과가 저장된다.

덧셈 등에서 연산결과가 저장영역에서 다룰 수 있는 범위를 초과할 가능성이 있는 경우 연산에 사용되는 데이터의 크기를 조절한 후 연산을 해야 한다. 예를 들어 덧셈연산을 할 때 첫 번째 데이터의 범위가 -8,000~8,000이고 두 번째 데이터의 범위가 -32,000~32,000일 때 연산결과는 -40,000~40,000인데 결과데이터는 1워드의 크기에 저장될 수 있는 범위를 초과하므로 연산에 사용될 데이터를 DINT로 변환한 후 DINT 덧셈연산을 해야 한다.

부호 있는 십진연산 이외에 다른 형태의 연산을 수행하고자 할 때는 D(32비트 정수), R(32비트 실수), L(64비트 실수), B(BCD) 등의 접두어와 U(무부호) 접미어를 사용함으로써 연산 및 결과데이터 형태를 지정할 수 있다. 또, 4비트 또는 8비트 데이터를 이용하여 연산을 할 경우 접미어로 4 또는 8을 사용할 수 있으며, 이 경우 각 연산자는 워드디바이스가 아닌 비트디바이스를 사용해야 한다. 조건의 상승에지가 발생할 때 1번만 연산을 수행하고자 할 때는 접미어로써 P를 사용할 수 있다.

1) 기본 산술연산 명령어

1워드, 부호 있는 십진연산을 수행한다. 연산데이터를 상수로 설정할 경우 -32,768 ~32,767까지 설정할 수 있다.

[ADD(P)S1 S2 D] S1으로 지정되는 1워드의 데이터와 S2로 지정되는 1워드에 저장된 데이터를 부호 있는 십진정수로 환산하여 덧셈연산을 수행한 후 그 결과를 D로 지정되는 1워드 데이터메모리에 저장한다.

[SUB(P)S1 S2 D] S1으로 지정되는 1워드의 데이터와 S2로 지정되는 1워드에 저장된 데이터를 부호 있는 십진정수로 환산하여 뺄셈연산을 수행한 후 그 결과를 D로 지정되는 1워드 데이터메모리에 저장한다.

[MUL(P)S1 S2 D] S1으로 지정되는 1워드의 데이터와 S2로 지정되는 1워드에 저장된 데이터를 부호 있는 십진정수로 환산하여 곱셈연산을 수행한 후 그 결과를 D로 지정되는 2워드 데이터메모리에 저장한다.

[DIV(P)S1 S2 D] S1으로 지정되는 1워드의 데이터와 S2로 지정되는 1워드에 저장된 데이터를 부호 있는 십진정수로 환산하여 나눗셈연산을 수행하여 몫과 나머지를 계산하고 그 결과 중 몫을 D로 지정되는 1워드 데이터메모리에 저장하고 그다음 워드 데이터메모리에 나머지를 저장한다.

Ex 3-8 P0000A스위치를 ON시키면 D00020과 D00021에 저장된 데이터를 부호 있는 십진 사칙연산을 수행하여 그 결과를 저장한다.

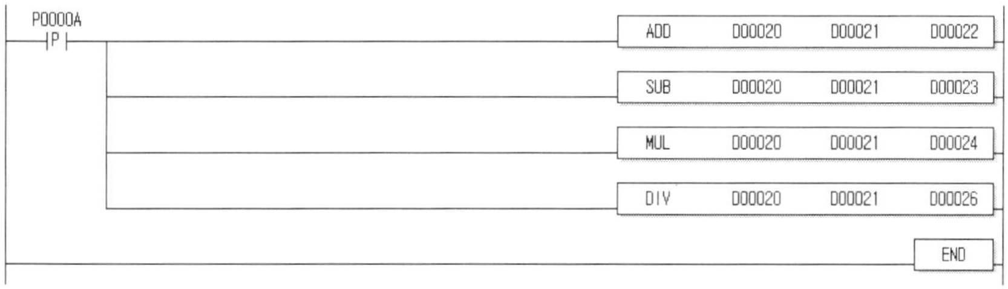

※ 이 프로그램에서 곱셈결과가 저장되는 영역과 나눗셈의 결과가 저장되는 영역이 각각 D00024와 D00026으로 지정되어 있는데, 곱셈과 나눗셈은 그 결과가 2워드에 저장되므로 D00025영역과 D00027영역은 다른 데이터 저장용도로 사용할 수 없다. 다른 데이터가 저장되어 있을 경우 연산이 수행되면 연산의 결과가 저장되어 다른 데이터는 삭제된다.

Ex 3-9 P0000B와 P0000C 스위치가 모두 ON일 때마다 1개 워드의 데이터를 1씩 증가시킵니다.

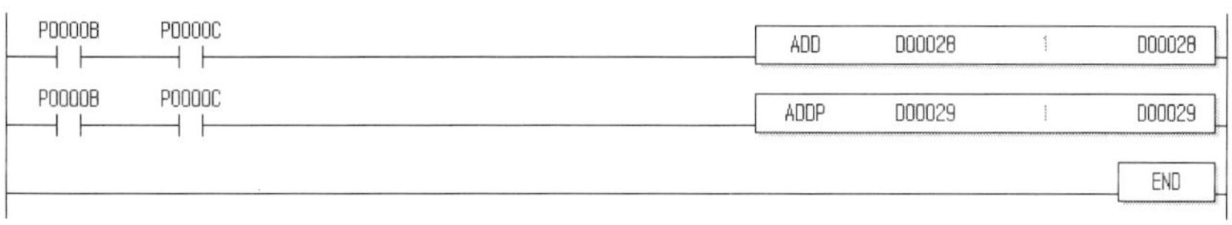

※ 산술연산을 수행할 때, 특히 위의 예제와 같이 1개의 데이터를 증감시키는 경우 위의 프로그램과 같이 일반명령어를 사용하면 조건이 만족되어 있는 동안 매 스캔 연산을 수행하므로 조건이 만족되는 상태가 유지되는 시간에 따라 다른 결과를 나타낸다. 그러나 접미어로 P를 사용하면 연산조건이 만족될 때 1번만 연산을 수행한다.

2) 부호 없는 16비트 십진연산 산술연산 명령어

1워드, 부호 없는 십진연산을 수행한다. 연산데이터를 상수로 지정할 경우 0~65,535까지 설정할 수 있다.

[ADDU(P)S1 S2 D] S1으로 지정되는 1워드의 데이터와 S2로 지정되는 1워드에 저장된 데이터를 부호 없는 십진정수로 환산하여 덧셈연산을 수행한 후 그 결과를 D로 지정되는 1워드 데이터메모리에 저장한다.

[SUBU(P)S1 S2 D] S1으로 지정되는 1워드의 데이터와 S2로 지정되는 1워드에 저장된 데이터를 부호 없는 십진정수로 환산하여 뺄셈연산을 수행한 후 그 결과를 D로 지정

되는 1워드 데이터메모리에 저장한다.

[MULU(P)S1 S2 D] S1으로 지정되는 1워드의 데이터와 S2로 지정되는 1워드에 저장된 데이터를 부호 없는 십진정수로 환산하여 곱셈연산을 수행한 후 그 결과를 D로 지정되는 2워드 데이터메모리에 저장한다.

[DIVU(P)S1 S2 D] S1으로 지정되는 1워드의 데이터와 S2로 지정되는 1워드에 저장된 데이터를 부호 없는 십진정수로 환산하여 나눗셈연산을 수행하여 몫과 나머지를 계산하고 그 결과 중 몫을 D로 지정되는 1워드 데이터메모리에 저장하고 그다음 워드 데이터메모리에 나머지를 저장한다.

Ex 3-10 P0000D스위치를 ON시키면 D00030과 D00031에 저장된 데이터를 부호 없는 사칙연산을 수행하여 그 결과를 저장한다.

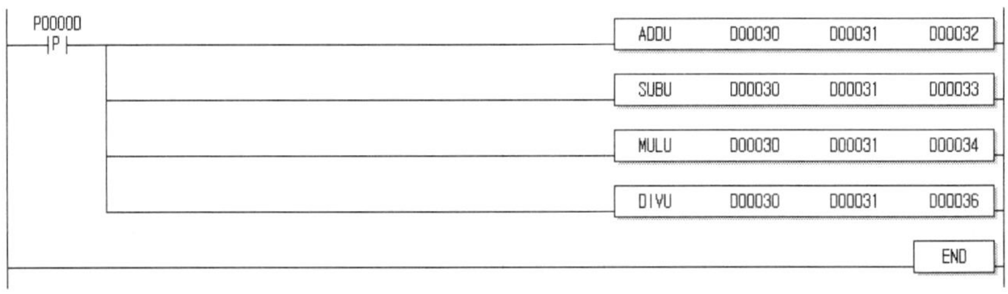

※ 이 프로그램에서 곱셈과 나눗셈의 결과가 저장되는 영역이 각각 D00034와 D00036으로 지정되어 있는데, 결과가 2워드에 저장되므로 D00035영역과 D00037영역은 다른 데이터 저장용도로 사용할 수 없다.

3) 부호 있는 32비트 십진연산 산술연산 명령어

2워드, 부호 있는 십진연산을 수행한다. 연산데이터를 상수로 지정할 경우, −2,147,483,648~+2,147,483,647까지 설정할 수 있다.

[DADD(P) S1 S2 D] S1, S1+1로 지정되는 2워드의 데이터와 S2, S2+1로 지정되는 2워드에 저장된 데이터를 부호 있는 십진정수로 환산하여 덧셈연산을 수행한 후 그 결과를 D, D+1로 지정되는 2워드 데이터메모리에 저장한다.

[DSUB(P) S1 S2 D] S1, S1+1로 지정되는 2워드의 데이터와 S2, S2+1로 지정되는 2워드에 저장된 데이터를 부호 있는 십진정수로 환산하여 뺄셈연산을 수행한 후 그 결과를 D, D+1로 지정되는 2워드 데이터메모리에 저장한다.

[DMUL(P) S1 S2 D] S1, S1+1로 지정되는 2워드의 데이터와 S2, S2+1로 지정되는 2워드에 저장된 데이터를 부호 있는 십진정수로 환산하여 곱셈연산을 수행한 후 그

결과를 D, D+1로 지정되는 2워드 데이터메모리에 저장한다.

[DDIV(P) S1 S2 D] S1, S1+1로 지정되는 2워드의 데이터와 S2, S2+1로 지정되는 2워드에 저장된 데이터를 부호 있는 십진정수로 환산하여 나눗셈연산을 수행하여 몫과 나머지를 계산하고 그 결과 중 몫을 D, D+1로 지정되는 2워드 데이터메모리에 저장하고 D+2, D+3 워드 데이터메모리에 나머지를 저장한다. 즉, 32비트 나눗셈의 경우 그 결과가 4워드에 저장된다.

Ex 3-11 P0000E스위치를 ON시키면 D00040과 D00042에 저장된 데이터를 부호 없는 사칙연산을 수행하여 그 결과를 저장한다.

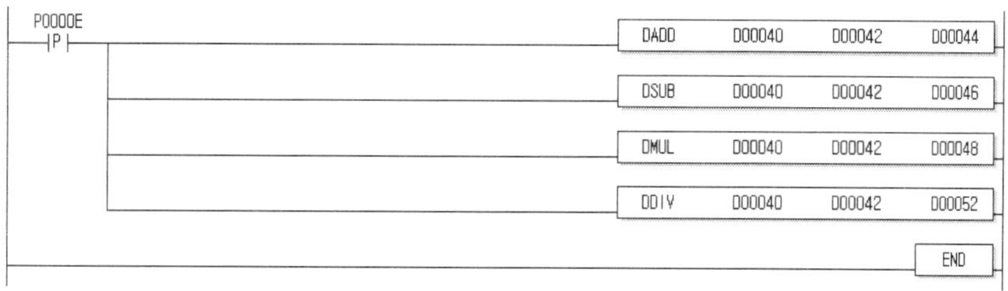

※ 이 프로그램에서 덧셈, 뺄셈의 결과는 모두 2워드에 저장된다. 그러나 곱셈의 결과는 4워드에 저장되므로 D00048~D00051에 저장되고, 나눗셈은 몫이 2워드(D00052~D00053), 나머지가 2워드(D00054~D00055)에 저장된다.

4) 부호 없는 32비트 십진연산 산술연산 명령어

2워드, 부호 없는 십진연산을 수행한다. 연산데이터를 상수로 지정할 경우 0~4,294,967,295 까지 설정할 수 있다.

[DADDU(P) S1 S2 D] S1, S1+1로 지정되는 2워드의 데이터와 S2, S2+1로 지정되는 2워드에 저장된 데이터를 부호 없는 십진정수로 환산하여 덧셈연산을 수행한 후 그 결과를 D, D+1로 지정되는 2워드 데이터메모리에 저장한다.

[DSUBU(P) S1 S2 D] S1, S1+1로 지정되는 2워드의 데이터와 S2, S2+1로 지정되는 2워드에 저장된 데이터를 부호 없는 십진정수로 환산하여 뺄셈연산을 수행한 후 그 결과를 D, D+1로 지정되는 2워드 데이터메모리에 저장한다.

[DMULU(P) S1 S2 D] S1, S1+1로 지정되는 2워드의 데이터와 S2, S2+1로 지정되는 2워드에 저장된 데이터를 부호 없는 십진정수로 환산하여 곱셈연산을 수행한 후 그 결과를 D, D+1로 지정되는 2워드 데이터메모리에 저장한다.

[DDIVU(P) S1 S2 D] S1, S1+1로 지정되는 2워드의 데이터와 S2, S2+1로 지정되

는 2워드에 저장된 데이터를 부호 없는 십진정수로 환산하여 나눗셈연산을 수행하여 몫과 나머지를 계산하고 그 결과 중 몫을 D, D+1로 지정되는 2워드 데이터메모리에 저장하고 D+2, D+3 워드 데이터메모리에 나머지를 저장한다. 즉, 32비트 나눗셈의 경우 그 결과가 4워드에 저장된다.

Ex 3-12 P0000E스위치를 ON시키면 D00040과 D00042에 저장된 데이터를 부호 없는 사칙연산을 수행하여 그 결과를 저장한다.

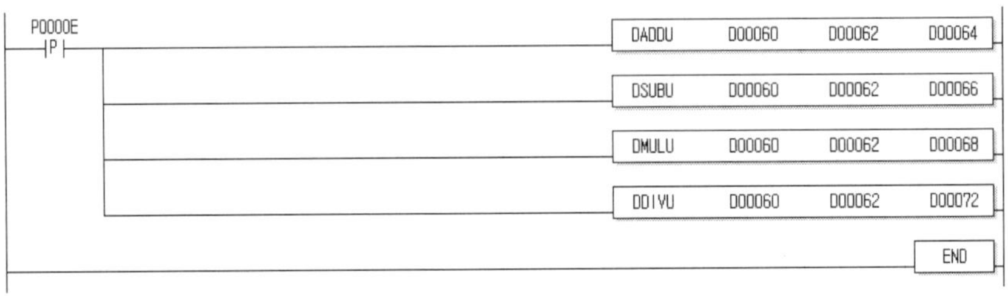

※ 이 프로그램에서 덧셈, 빼셈의 결과는 모두 2워드에 저장된다. 그러나 곱셈의 결과는 4워드에 저장되므로 D00068~D00071에 저장되고, 나눗셈은 몫이 2워드(D00072~D00073), 나머지가 2워드(D00074~D00075)에 저장된다.

5) 실수연산 산술연산 명령어

2워드(R) 또는 4워드(L), 실수연산을 수행한다. 데이터메모리에 정수데이터가 저장되어 있을 때 실수연산을 수행하기 위해서는 D2R, D2L, U2R, U2L 등 정수를 실수형태로 변환하는 명령어를 사용하여 연산에 사용될 데이터를 실수로 변환한 후 실수연산을 수행해야 한다.

[RADDU(P) S1 S2 D] S1, S1+1로 지정되는 2워드의 데이터와 S2, S2+1로 지정되는 2워드에 저장된 데이터를 실수로 환산하여 덧셈연산을 수행한 후 그 결과를 D, D+1로 지정되는 2워드 데이터메모리에 실수로 저장한다.

[RSUB(P) S1 S2 D] S1, S1+1로 지정되는 2워드의 데이터와 S2, S2+1로 지정되는 2워드에 저장된 데이터를 실수로 환산하여 빼셈연산을 수행한 후 그 결과를 D, D+1로 지정되는 2워드 데이터메모리에 실수로 저장한다.

[RMUL(P) S1 S2 D] S1, S1+1로 지정되는 2워드의 데이터와 S2, S2+1로 지정되는 2워드에 저장된 데이터를 실수로 환산하여 곱셈연산을 수행한 후 그 결과를 D, D+1로 지정되는 2워드 데이터메모리에 실수로 저장한다.

[RDIV(P) S1 S2 D] S1, S1+1로 지정되는 2워드의 데이터와 S2, S2+1로 지정되는

2워드에 저장된 데이터를 실수로 환산하여 나눗셈연산을 수행한 후 그 결과를 D, D+1 로 지정되는 2워드 데이터메모리에 실수로 저장한다.

Ex 3-13 P0000F스위치를 ON시키면 D00080과 D00081에 저장된 부호 있는 십진 정수데이터를 실수 사칙연산을 수행한다.

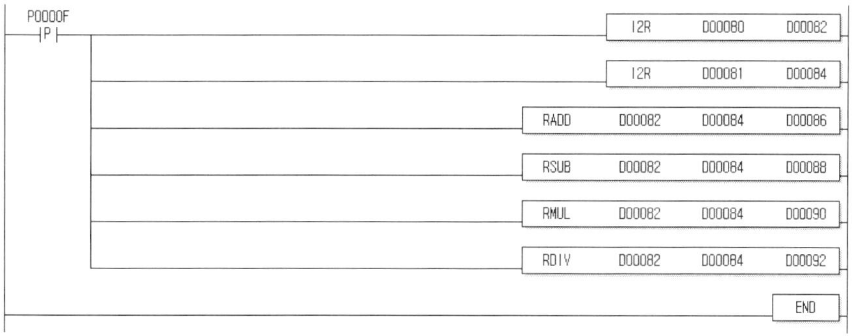

4.5 비교명령

1) CMP

단일 데이터 부호 없는 십진정수 비교명령 (CMP): 부호 없는 십진정수 연산을 수행하고 비교의 결과를 비교결과 플래그영역(F00120~F00125비트)에 저장한다.

첫 번째 데이터가 두 번째 데이터보다 작을 때 (S1 〈 S2) F00120,
작거나 같을 때 (S1 ≤ S2) F00121,
같을 때 (S1 = S2) F00122,
클 때 (S1 〉 S2) F00123,
크거나 같을 때 (S1 ≥ S2) F00124,
같지 않을 때 (S1 ≠ S2) F00125

비트가 ON되므로 사용자가 원하는 결과가 저장되는 접점을 사용하여 프로그램을 작성한다. 프로그램에 1개 이상의 CMP명령이 편집되었을 때 CMP명령이 수행될 때마다 비교결과 플래그영역은 리프레시되므로 연산결과를 프로그램 전역에 사용하고자 할 경우

CMP명령 수행 후 연산결과를 내부디바이스에 저장하고, 내부디바이스에 저장된 연산결과를 연산에 사용해야 한다.

[CMP(P) S1 S2] S1, S2로 지정되는 1워드 데이터를 부호 없는 십진정수로 환산하여 비교연산을 수행하고, 그 결과를 F00120~F00125비트에 저장한다. S1 또는 S2를 상수로 지정할 경우 0~65,535까지 지정할 수 있다.

[DCMP(P) S1 S2] S1, S1+1와 S2, S2+1의 2워드 데이터를 부호 없는 십진정수로 환산하여 비교연산을 수행하고, 그 결과를 F00120~F00125비트에 저장한다. S1 또는 S2를 상수로 지정할 경우 0~4,294,967,295까지 지정할 수 있다.

[CMP4(P) S1 S2] S1, S2로 지정되는 비트부터 각각 4개 비트의 데이터를 부호 없는 십진정수로 환산하여 비교연산을 수행하고, 그 결과를 F00120~F00125비트에 저장한다. S1, S2에 지정되는 비트는 0~C번 비트까지 지정이 가능하며, S1 또는 S2를 상수로 지정할 경우 0~15까지 지정할 수 있다.

[CMP8(P) S1 S2] S1, S2로 지정되는 비트부터 각각 8개 비트의 데이터를 부호 없는 십진정수로 환산하여 비교연산을 수행하고, 그 결과를 F00120~F00125비트에 저장한다. S1, S2에 지정되는 비트는 0~8번 비트까지 지정이 가능하며, S1 또는 S2를 상수로 지정할 경우 0~255까지 지정할 수 있다.

※ CMP 명령을 사용할 경우 데이터를 부호 없는 십진정수로 환산하여 비교연산을 수행하므로 -1 〉 0의 결과를 출력한다. 그 이유는 수치데이터를 메모리에 저장했을 경우 비트 배열상태는 hFFFF = 65,535 = -1이기 때문이다.

2) 입력단 비교명령

등호 및 부등호 기호를 이용하여 두 개 데이터의 크기를 비교하여 비교연산의 결과를 출력한다. 비교연산의 결과는 비교연산 명령어 뒤에 다른 명령어를 편집하여 비교연산의 결과가 만족되면 연결된 명령어가 바로 실행되게 할 수 있고, 코일을 연결하여 사용자가 지정하는 비트에 저장할 수도 있다. 연산에 사용되는 데이터를 상수로 지정할 경우 -32,768~+32,767까지 지정할 수 있다.

[= S1 S2] S1, S2로 지정되는 1워드 데이터를 부호 있는 십진정수로 환산하여 두 데이터의 동일 여부(S1 = S2)를 비교한다. S1 = S2이면 1(ON), S1 ≠ S2이면 0(OFF)을 출력한다.

[〈 S1 S2] S1, S2로 지정되는 1워드 데이터를 부호 있는 십진정수로 환산하여 S1에 저장된 데이터가 S2에 저장된 데이터보다 작은지 여부(S1 〈 S2)를 비교한다. S1 〈 S2

이면 1(ON), S1 = S2 또는 S1 〉 S2이면 0(OFF)을 출력한다.

[〈= S1 S2] S1, S2로 지정되는 1워드 데이터를 부호 있는 십진정수로 환산하여 S1에 저장된 데이터가 S2에 저장된 데이터보다 작거나 같은지 여부(S1 ≤ S2)를 비교한다. S1 〈 S2 또는 S1 = S2이면 1(ON), S1 〉 S2이면 0(OFF)을 출력한다.

[〉 S1 S2] S1, S2로 지정되는 1워드 데이터를 부호 있는 십진정수로 환산하여 S1에 저장된 데이터가 S2에 저장된 데이터보다 큰 지 여부(S1 〉 S2)를 비교한다. S1 〉 S2이면 1(ON), S1 = S2 또는 S1 〈 S2이면 0(OFF)을 출력한다.

[〉= S1 S2] S1, S2로 지정되는 1워드 데이터를 부호 있는 십진정수로 환산하여 S1에 저장된 데이터가 S2에 저장된 데이터보다 크거나 같은지 여부(S1 ≥ S2)를 비교한다. S1 〉 S2 또는 S1 = S2이면 1(ON), S1 〈 S2이면 0(OFF)을 출력한다.

[〈〉 S1 S2] S1, S2로 지정되는 1워드 데이터를 부호 있는 십진정수로 환산하여 S1에 저장된 데이터와 S2에 저장된 데이터가 다른지 여부(S1 ≠ S2)를 비교한다. S1 ≠ S2이면 1(ON), S1 = S2이면 0(OFF)을 출력한다.

※ 두 개 데이터 직접비교 명령어에 사용가능한 접두어 및 그 의미

U: 16비트 부호 없는 십진정수 연산 (U=, U〈, U〈=, U〉, U〉=, U〈〉)
D: 32비트 부호 있는 십진정수 연산 (D=, D〈, D〈=, D〉, D〉=, U〈〉)
UD: 32비트 부호 없는 십진정수 연산 (UD=, UD〈, UD〈=, UD〉, UD〉=, UD〈〉)
R: 32비트 실수연산 (R=, R〈, R〈=, R〉, R〉=, R〈〉)
L: 64비트 실수연산 (L=, L〈, L〈=, L〉, L〉=, L〈〉)
$: 문자열 비교연산 ($=, $〈, $〈=, $〉, $〉=, $〈〉)
4: 4비트 연산. 각각의 연산자는 0~C번 비트까지 비트로 지정하며 상수로 지정할 경우 0~15까지 지정할 수 있다.
8: 8비트 연산. 각각의 연산자는 0~8번 비트까지 비트로 지정하며 상수로 지정할 경우 0~255까지 지정할 수 있다.

Ex 3-14 PLC의 시계데이터를 이용하여 월요일부터 금요일까지 12시 30분이 되면 10초 간 버저가 울린다.

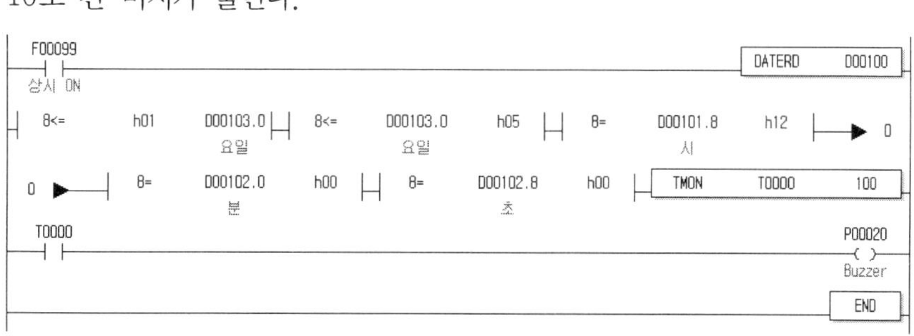

※ XGK PLC의 시계데이터(RTC): XGK PLC의 RTC데이터는 년, 월, 일, 시, 분, 초, 요일, 백년의 8개 데이터를 제공하며, 각 1byte BCD형의 데이터로 제공된다. RTC데이터는 F0053~F0056워드에 저장된다. 그러나 F영역에 대해서는 8비트 연산이 불가능하기 때문에 F영역에 저장되어 있는 RTC데이터를 DATERD 명령어를 이용하여 다른 영역(본 예제에서는 D00100~D00103)으로 이동시킨 후 8비트 비교연산을 실행한다.

영역	상위 바이트(F~8번 비트)	하위 바이트(0~7번 비트)
F0053	월(h00~h12)	년(h00~h99)
F0054	시(h00~h23)	일(h00~h31)
F0055	초(h00~h59)	분(h00~h59)
F0056	백년(h19~h21)	요일(h00(일)~h06(토))

※ 회로의 확장연결(─▶ ○ ○ ▶─): XGK 프로그램 작성시 여러 개의 조건을 AND로 조합할 때 XG5000의 보기 메뉴 〉〉 접점수 변경 항목에서 접점수를 늘리거나 접점수 증가/감소 아이콘을 눌러 접점수를 증가시켜서 프로그램 편집 후 접점수를 축소시키면 확장연결 표시가 자동으로 생성된다.

3) 입력단 3개 정수 비교명령

등호 및 부등호 기호를 이용하여 두 개 데이터의 크기를 비교하여 비교연산의 결과를 출력한다. 연산에 사용되는 데이터를 상수로 지정할 경우 -32,768~+32,767까지 지정할 수 있다.

[=3 S1 S2 S3] S1, S2, S3로 지정되는 1워드 데이터를 부호 있는 십진정수로 환산하여 세 개 데이터의 동일 여부를 확인한다. 세 개의 데이터가 동일할 경우(S1 = S2 = S3) 1(ON), 그 이외의 경우 0(OFF)를 출력한다.

[〈3 S1 S2 S3] S1, S2, S3로 지정되는 1워드 데이터를 부호 있는 십진정수로 환산하여 세 개 데이터의 크기를 비교한다. S1이 S2보다 작고, S2가 S3보다 작을 때(S1 〈 S2 〈 S3) 1(ON)을 출력하고, 그 이외의 경우 0(OFF)을 출력한다.

[〈=3 S1 S2 S3] S1, S2, S3로 지정되는 1워드 데이터를 부호 있는 십진정수로 환산하여 세 개 데이터의 크기를 비교한다. S1이 S2보다 작거나 같고, S2가 S3보다 작거나 같을 때(S1 ≤ S2 ≤ S3) 1(ON)을 출력하고, 그 이외의 경우 0(OFF)을 출력한다.

[〉3 S1 S2 S3] S1, S2, S3로 지정되는 1워드 데이터를 부호 있는 십진정수로 환산하여 세 개 데이터의 크기를 비교한다. S1이 S2보다 크고, S2가 S3보다 클 때(S1 〉 S2 〉 S3) 1(ON)을 출력하고, 그 이외의 경우 0(OFF)을 출력한다.

[〉=3 S1 S2 S3] S1, S2, S3로 지정되는 1워드 데이터를 부호 있는 십진정수로 환

산하여 세 개 데이터의 크기를 비교한다. S1이 S2보다 크거나 같고, S2가 S3보다 크거나 같을 때(S1 ≥ S2 ≥ S3) 1(ON)을 출력하고, 그 이외의 경우 0(OFF)을 출력한다.

[<>3 S1 S2 S3] S1, S2, S3로 지정되는 1워드 데이터를 부호 있는 십진정수로 환산하여 세 개 데이터의 크기를 비교한다. S1이 S2와 다르고, S2가 S3와 다르며, S1과 S3가 다를 때(S1 ≠ S2, S2 ≠ S3, S1 ≠ S3) 1(ON)을 출력하고, 그 이외의 경우 0(OFF)을 출력한다.

※ 세 개 데이터 직접비교 명령어에 사용가능한 접두어는 32비트 연산을 의미하는 D만 사용할 수 있다. 이 경우 연산에 사용되는 데이터를 상수로 지정할 경우 -2,147,483,648~2,147,483,647까지 지정할 수 있다. (D=3, D〈3, D〈=3, D〉3, D〉=3, D〈〉3)

Ex 3-15 두 개의 UP/DOWN 카운터의 현재값이 0~10일 경우 P00020(하한), 11~90일 경우 P00021(정상), 90을 초과할 경우 P00022 LED를 ON시킨다.

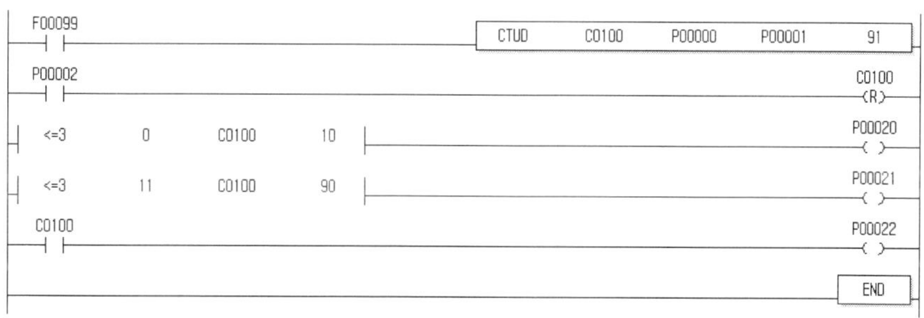

※ 이 프로그램에서 C0100이 가질 수 있는 현재값이 32,767을 초과할 경우 다음과 같이 프로그램을 작성해야 한다.

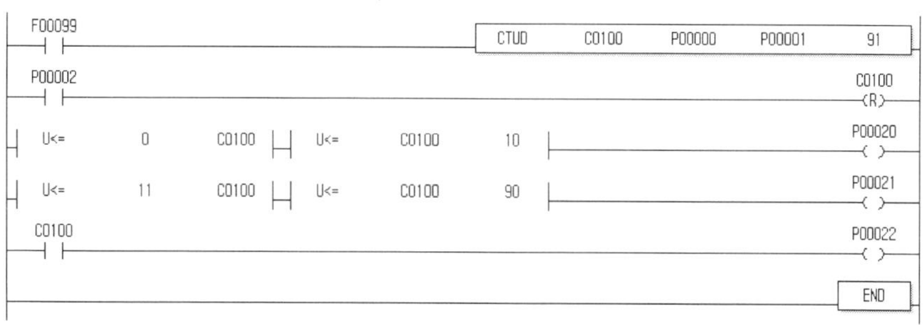

4) 그룹 비교

최대 16개 데이터의 동일 여부를 순차적으로 확인하여 데이터가 동일하면 1, 서로 다르면 0의 결과를 저장영역으로 지정된 워드데이터메모리의 0번 비트부터 순차적으로 저장한다. 예를 들어 S1 = S2이면 저장영역의 0번 비트에 1(ON)을 저장하고, S1+1 ≠ S2+1이면 1번 비트에 0(OFF)을 저장한다. 연산데이터를 워드데이터메모리로 지정할 경우 시작주소+(N-1)이 데이터메모리영역 최대주소를 초과할 수 없으며, 상수로 지정할 경우 S2에만 상수를 지정할 수 있다.

[GEQ(P) S1 S2 D N] S1부터 N개의 워드데이터와 S2부터 N개의 워드데이터를 부호 없는 십진정수로 환산하여 각각의 데이터의 크기를 순차적으로 비교한다. 두 데이터의 크기가 동일하면 1(ON), 동일하지 않으면 0(OFF)을 저장영역(D)로 지정된 워드데이터메모리의 0번 비트부터 저장한다.

[GLT(P) S1 S2 D N] S1부터 N개의 워드데이터와 S2부터 N개의 워드데이터를 부호 없는 십진정수로 환산하여 각각 데이터의 크기를 비교한다. S1+n 〈 S2+n(1 ≤ n ≤ N-1)일 경우 D로 지정된 워드데이터메모리의 n번째 비트에 1(ON), 그 이외의 경우 0(OFF)을 저장한다.

[GLE(P) S1 S2 D N] S1부터 N개의 워드데이터와 S2부터 N개의 워드데이터를 부호 없는 십진정수로 환산하여 각각 데이터의 크기를 비교한다. S1+n ≤ S2+n(1 ≤ n ≤ N-1)일 경우 D로 지정된 워드데이터메모리의 n번째 비트에 1(ON), 그 이외의 경우 0(OFF)을 저장한다.

[GGT(P) S1 S2 D N] S1부터 N개의 워드데이터와 S2부터 N개의 워드데이터를 부호 없는 십진정수로 환산하여 각각 데이터의 크기를 비교한다. S1+n 〉 S2+n(1 ≤ n ≤ N-1)일 경우 D로 지정된 워드데이터메모리의 n번째 비트에 1(ON), 그 이외의 경우 0(OFF)을 저장한다.

[GGE(P) S1 S2 D N] S1부터 N개의 워드데이터와 S2부터 N개의 워드데이터를 부호 없는 십진정수로 환산하여 각각 데이터의 크기를 비교한다. S1+n ≥ S2+n(1 ≤ n ≤ N-1)일 경우 D로 지정된 워드데이터메모리의 n번째 비트에 1(ON), 그 이외의 경우 0(OFF)을 저장한다.

[GNE(P) S1 S2 D N] S1부터 N개의 워드데이터와 S2부터 N개의 워드데이터를 부호 없는 십진정수로 환산하여 각각 데이터의 크기를 비교한다. S1+n ≠ S2+n(1 ≤ n ≤ N-1)일 경우 D로 지정된 워드데이터메모리의 n번째 비트에 1(ON), 그 이외의 경우 0(OFF)을 저장한다.

※ 그룹 직접비교 명령어에 사용가능한 접두어는 32비트 연산을 의미하는 D만 사용할 수 있다. 이 경우 연산에 사용되는 데이터를 상수로 지정할 경우 0~4,294,967,295까지 지정할 수 있다. (GDEQ(P), GDLT(P), GDLE(P), GDGT(P), GDGE(P), GDNE(P))

5) 테이블데이터 비교명령(TCMP)

16개 데이터의 동일 여부를 순차적으로 확인하여 데이터가 동일하면 1, 서로 다르면 0의 결과를 저장영역으로 지정된 워드데이터메모리의 0번 비트부터 순차적으로 저장한다. 예를 들어 S1 = S2이면 저장영역의 0번 비트에 1(ON)을 저장하고 S1+1 ≠ S2+1이면 1번 비트에 0(OFF)을 저장한다. 연산데이터를 상수로 지정할 경우 S1에만 상수를 지정할 수 있다.

[TCMP(P) S1 S2 D] S1, S2로 지정되는 워드데이터메모리부터 각각 16개의 워드데이터의 동일 여부를 순차적으로 확인한 후 데이터가 동일하면 D로 지정되는 워드의 각 비트에 1(ON), 데이터가 서로 다르면 0(OFF)을 저장한다. 비교데이터를 상수로 지정할 경우 S1에 0~65,535 범위의 상수를 지정할 수 있다.

[DTCMP(P) S1 S2] S1, S1+1과 S2, S2+1로 지정되는 더블워드 데이터메모리부터 각각 16개의 더블워드 데이터의 동일 여부를 순차적으로 확인한 후 데이터가 동일하면 D로 지정되는 워드의 각 비트에 1(ON), 데이터가 서로 다르면 0(OFF)을 저장한다. 비교데이터를 상수로 지정할 경우 S1에 0~4,294,967,295 범위의 상수를 지정할 수 있다.

6) 입력단 그룹비교

여러 개의 데이터를 순차적으로 비교하여 모든 데이터가 비교조건에 만족할 때 1(ON), 한 개의 데이터라도 비교조건을 만족하지 않을 경우 0(OFF)을 출력한다. 연산에 사용되는 데이터를 상수로 지정할 경우 -32,768~32,767까지 지정할 수 있으며, N은 최대 65,535까지 지정할 수 있다. 다만, 시작주소+(N-1)이 데이터메모리영역 최대주소를 초과할 수 없다.

[G= S1 S2 N] S1부터 N개의 워드데이터와 S2부터 N개의 워드데이터를 부호 있는 십진정수로 환산하여 각각의 데이터가 서로 동일한지 비교한다. S1 = S2, S1+1 = S2+1, …, S1+(N-1) = S2+(N-1)일 때 1(ON), 그 이외의 경우 0(OFF)를 출력한다.

[G< S1 S2 N] S1부터 N개의 워드데이터와 S2부터 N개의 워드데이터를 부호 있는 십진정수로 환산하여 각각의 데이터의 크기를 비교한다. S1 < S2, S1+1 < S2+1, …, S1+(N-1) < S2+(N-1)일 때 1(ON), 그 이외의 경우 0(OFF)를 출력한다.

[G<= S1 S2 N] S1부터 N개의 워드데이터와 S2부터 N개의 워드데이터를 부호 있는 십진정수로 환산하여 각각의 데이터의 크기를 비교한다. S1 ≤ S2, S1+1 ≤ S2+1, …, S1+(N-1) ≤ S2+(N-1)일 때 1(ON), 그 이외의 경우 0(OFF)를 출력한다.

[G> S1 S2 N] S1부터 N개의 워드데이터와 S2부터 N개의 워드데이터를 부호 있는 십진정수로 환산하여 각각의 데이터의 크기를 비교한다. S1 > S2, S1+1 > S2+1, …, S1+(N−1) > S2+(N−1)일 때 1(ON), 그 이외의 경우 0(OFF)를 출력한다.

[G>= S1 S2 N] S1부터 N개의 워드데이터와 S2부터 N개의 워드데이터를 부호 있는 십진정수로 환산하여 각각의 데이터의 크기를 비교한다. S1 ≥ S2, S1+1 ≥ S2+1, …, S1+(N−1) ≥ S2+(N−1)일 때 1(ON), 그 이외의 경우 0(OFF)를 출력한다.

[G<>3 S1 S2 N] S1부터 N개의 워드데이터와 S2부터 N개의 워드데이터를 부호 있는 십진정수로 환산하여 각각의 데이터의 크기를 비교한다. S1 ≠ S2, S1+1 ≠ S2+1, …, S1+(N−1) ≠ S2+(N−1)일 때 1(ON), 그 이외의 경우 0(OFF)를 출력한다.

※ 그룹 직접비교 명령어에 사용가능한 접두어는 32비트 부호 있는 십진정수 연산을 의미하는 D만 사용할 수 있다. 이 경우 연산에 사용되는 데이터를 상수로 지정할 경우 -2,147,483,648 ~2,147,483,647까지 지정할 수 있다. (DG = 3, DG < 3, DG <= 3, DG > 3, DG >= 3, U <> 3)

4.6 데이터 형변환명령

1) 정수 → 실수데이터 형변환 명령어

[I2R(P) S D] S로 지정되는 1워드 데이터를 부호 있는 십진정수로 환산하여 32비트 실수로 변환하여 D, D+1에 저장한다.

[U2R(P) S D] S로 지정되는 1워드 데이터를 부호 없는 십진정수로 환산하여 32비트 실수로 변환하여 D, D+1에 저장한다.

[D2R(P) S D] S, S+1의 2워드 데이터를 부호 있는 십진정수로 환산하여 32비트 실수로 변환하여 D, D+1에 저장한다.

[UD2R(P) S D] S, S+1의 2워드 데이터를 부호 없는 십진정수로 환산하여 32비트 실수로 변환하여 D, D+1에 저장한다.

[I2L(P) S D] S로 지정되는 1워드 데이터를 부호 있는 십진정수로 환산하여 64비트 실수로 변환하여 D~D+3에 저장한다.

[U2L(P) S D] S로 지정되는 1워드 데이터를 부호 없는 십진정수로 환산하여 64비트 실수로 변환하여 D~D+3에 저장한다.

[D2L(P) S D] S, S+1의 2워드 데이터를 부호 있는 십진정수로 환산하여 64비트 실수로 변환하여 D~D+3에 저장한다.

[UD2L(P) S D] S, S+1의 2워드 데이터를 부호 없는 십진정수로 환산하여 64비트 실수로 변환하여 D~D+3에 저장한다.

Ex 3-16 P00000스위치가 ON되면 BCD스위치를 이용하여 반지름이 주어진 원의 원주길이 및 면적을 구한다.

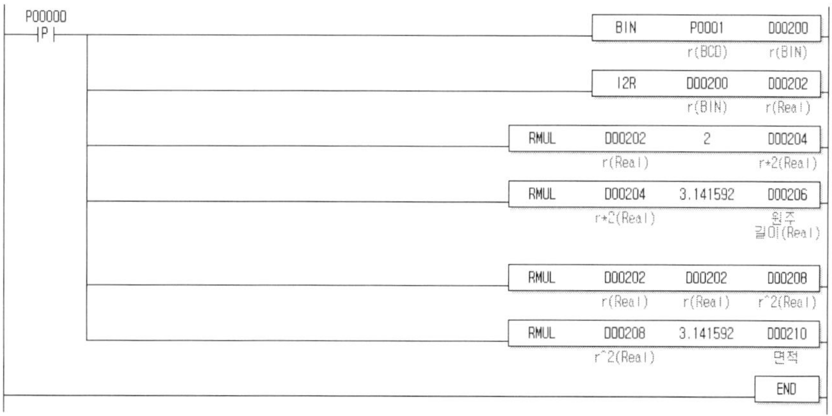

2) 실수 → 정수 형변환 명령어

[R2I(P) S D] S, S+1의 2워드 데이터를 32비트 실수로 환산하여 16비트 부호 있는 정수로 변환하여 D에 저장한다.

[R2U(P) S D] S, S+1의 2워드 데이터를 32비트 실수로 환산하여 16비트 부호 없는 정수로 변환하여 D에 저장한다.

[R2D(P) S D] S, S+1의 2워드 데이터를 32비트 실수로 환산하여 32비트 실수로 변환하여 D, D+1에 저장한다.

[R2UD(P) S D] S, S+1의 2워드 데이터를 부호 없는 십진정수로 환산하여 32비트 실수로 변환하여 D, D+1에 저장한다.

[L2I(P) S D] S~S+3의 4워드 데이터를 64비트 실수로 환산하여 16비트 부호 있는 정수로 변환하여 D에 저장한다.

[L2U(P) S D] S~S+3의 4워드 데이터를 64비트 실수로 환산하여 16비트 부호 없는 정수로 변환하여 D에 저장한다.

[L2D(P) S D] S~S+3의 4워드 데이터를 64비트 실수로 환산하여 32비트 부호 있는

정수로 변환하여 D, D+1에 저장한다.

[L2UD(P) S D] S~S+3의 4워드 데이터를 64비트 실수로 환산하여 32비트 부호 없는 정수로 변환하여 D, D+1에 저장한다.

※ 변환될 실수데이터가 변환 후 데이터 범위를 벗어날 경우 연산에러가 발생하며, 저장영역에는 변환 후 데이터의 최대 또는 최소값이 저장된다. 예를 들어 R2I의 경우 변환될 실수데이터가 32,767보다 클 경우 연산에러가 발생하며 저장영역에는 32,767이 저장되고, -32,768보다 작을 경우 연산에러가 발생하고 저장영역에는 -32,768이 저장된다.

- 연산에러가 발생할 경우 기본파라미터의 에러동작 설정에 따라 CPU는 계속 운전을 하거나 운전을 정지할 수 있다.
- 실수데이터의 소수부분은 0.5를 기준으로 반올림한다.

3) BCD → BIN 형변환 명령어

[BIN(P) S D] S로 지정되는 1워드 데이터를 BCD로 환산하여 16비트 부호 없는 정수로 변환하여 D에 저장한다.

[DBIN(P) S D] S, S+1의 2워드 데이터를 BCD로 환산하여 32비트 부호 없는 정수로 변환하여 D, D+1에 저장한다.

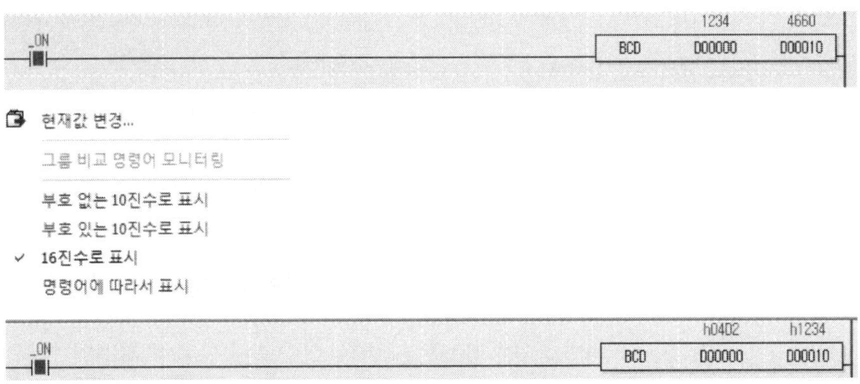

위의 그림과 같이 D00000에 10진수 데이터 1234가 BCD 명령 실행 후 16진수 h1234로 변환되었다.

Ex 3-17 P00001스위치가 ON되면 BCD스위치로 입력되는 데이터가 카운터 10번의 설정값이 된다.

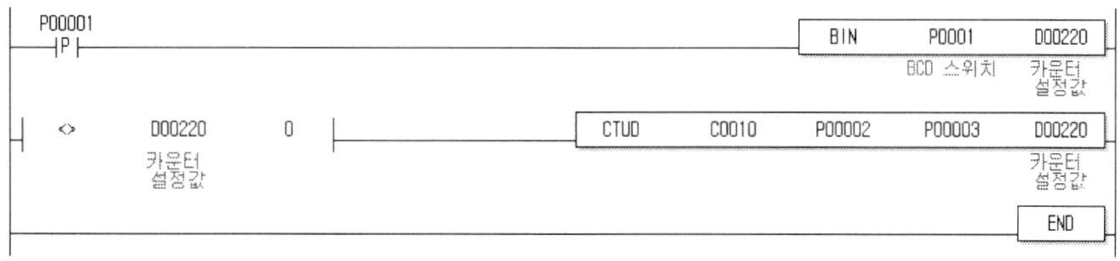

4) BIN → BCD 형변환 명령어

[BCD(P) S D] S로 지정되는 1워드 데이터를 부호 없는 십진수로 환산하여 BCD형으로 변환하여 D에 저장한다. S로 지정되는 영역 데이터가 9,999를 초과할 경우 연산에러가 발생된다.

[DBCD(P) S D] S, S+1의 2워드 데이터를 부호 없는 정수로 환산하여 BCD형으로 변환하여 D, D+1에 저장한다. S, S+1의 2워드 데이터가 99,999,999를 초과할 경우 연산에러가 발생한다.

위의 그림과 같이 D00000에 16진수 데이터 h1234가 BCD 명령 실행 후 10진수 1234로 변환되었다.

Ex 3-18 Ex 3-17의 카운터 현재값을 BCD표시기에 표시한다.

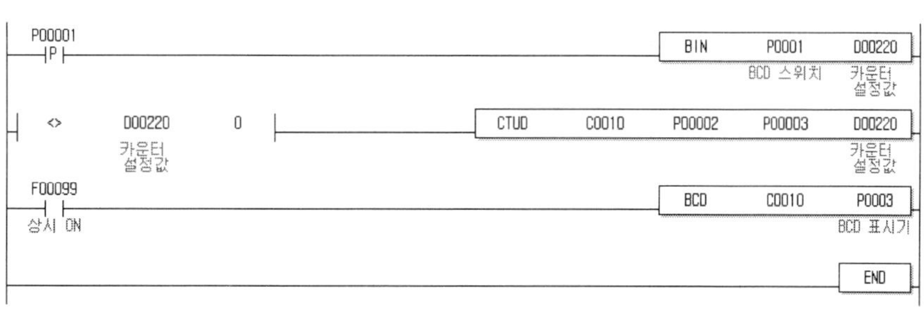

※ BCD란 각 자리가 0~9까지만 사용하는 16진수이다. BCD데이터를 연산에 사용할 경우 BCD 데이터처리 명령어를 사용해야 한다.

ADD h9 + h1 = hA　　　　　　ADDB h9 + h1 = h10

4.7 데이터증가/감소명령

1) 데이터 증가/감소 명령어

[INC(P) S] S로 지정되는 1워드 데이터를 부호 있는 십진수로 환산하여 1을 더한 후 S영역에 저장한다.

[DEC(P) S] S로 지정되는 1워드 데이터를 부호 있는 십진수로 환산하여 1을 뺀 후 S영역에 저장한다.

※ 데이터 증가/감소 명령어에 사용할 수 있는 접두어
D: 32 비트연산

※ 데이터 증가/감소 명령어에 사용할 수 있는 접미어
4: 4비트 처리. 이 경우 S는 워드영역의 0~C번 비트로 지정해야 한다. (예: D00100.0)
8: 8비트 처리. 이 경우 S는 워드영역의 0~8번 비트로 지정해야 한다. (예: D00100.8)
U: 부호 없는 십진정수 연산

Ex 3-19 65,535 이상의 현재값을 가지는 UP/DOWN 카운터이다.

Ex 3-20 각 자리의 데이터를 증가시킨다.

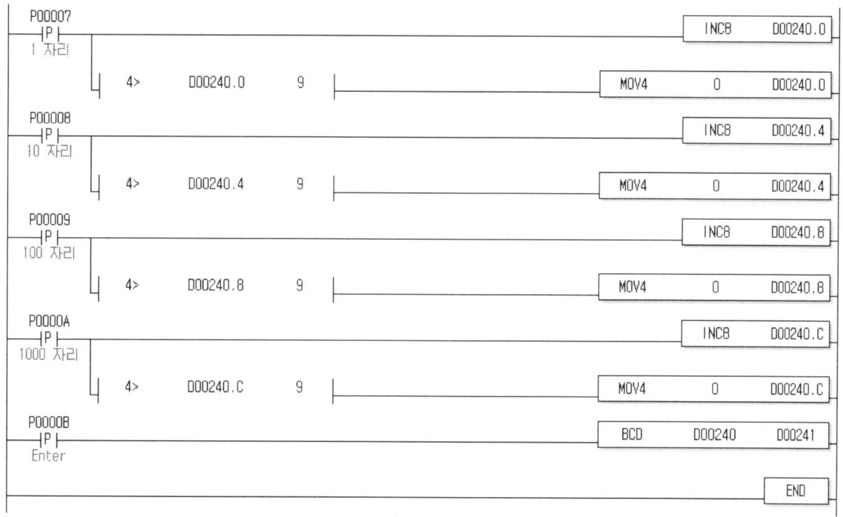

4.8 회전명령

1) 캐리비트를 포함하지 않는 회전명령어

[ROL(P) D n] D로 지정되는 1워드 데이터를 왼쪽(상위비트방향)으로 n비트 회전시켜 다시 D에 저장한다.

[DROL(P) D n] D, D+1의 2워드 데이터를 왼쪽(상위비트방향)으로 n비트 회전시켜 다시 D, D+1에 저장한다.

[ROR(P) D n] D로 지정되는 1워드 데이터를 오른쪽(하위비트방향)으로 n비트 회전시켜 다시 D에 저장한다.

[DROR(P) D n] D, D+1의 2워드 데이터를 오른쪽(하위비트방향)으로 n비트 회전시켜 다시 D, D+1에 저장한다.

※ n=1일 경우 RCL 명령의 동작

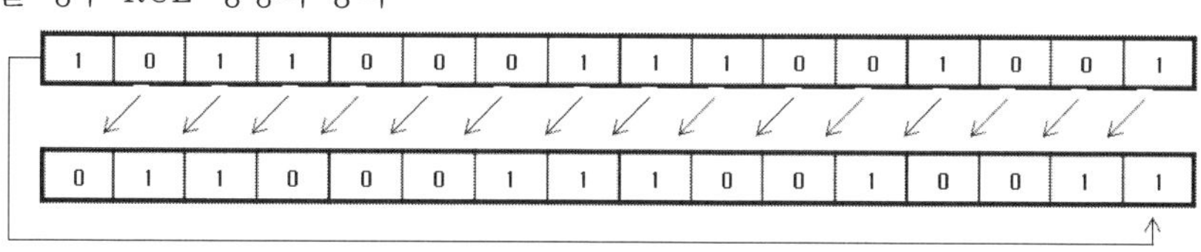

※ n=2일 경우 ROR 명령의 동작

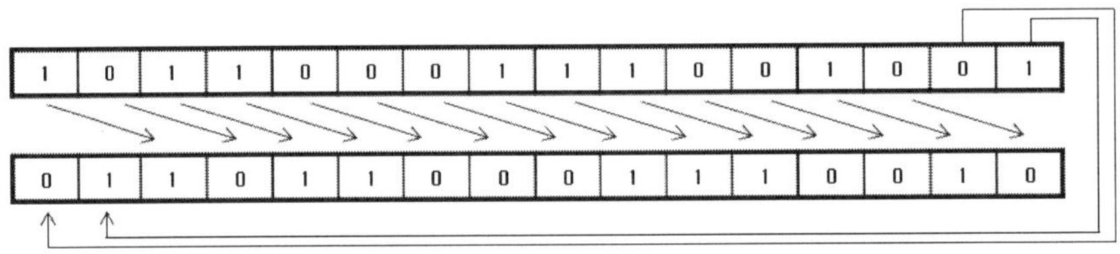

2) 캐리비트를 포함하는 회전명령어

[RCL(P) D n] D로 지정되는 1워드 데이터를 왼쪽(상위비트방향)으로 n비트 회전시켜 다시 D에 저장한다. 이때 최상위비트의 데이터는 캐리비트로 이동되고, 최하위비트는 이전 캐리비트의 데이터로 채워진다.

[DRCL(P) D n] D, D+1의 2워드 데이터를 왼쪽(상위비트방향)으로 n비트 회전시켜 다시 D, D+1에 저장한다. 이때 최상위비트의 데이터는 캐리비트로 이동되고, 최하위비트는 이전 캐리비트의 데이터로 채워진다.

[RCL(P) D n] D로 지정되는 1워드 데이터를 오른쪽(하위비트방향)으로 n비트 회전시켜 다시 D에 저장한다. 이때 최하위비트의 데이터는 캐리비트로 이동되고, 최상위비트는 이전 캐리비트의 데이터로 채워진다.

[DRCR(P) D n] D, D+1의 2워드 데이터를 오른쪽(하위비트방향)으로 n비트 회전시켜 다시 D, D+1에 저장한다. 이때 최하위비트의 데이터는 캐리비트로 이동되고, 최상위비트는 이전 캐리비트의 데이터로 채워진다.

※ n=1일 경우 RCL 명령의 동작: 캐리비트(F00112)

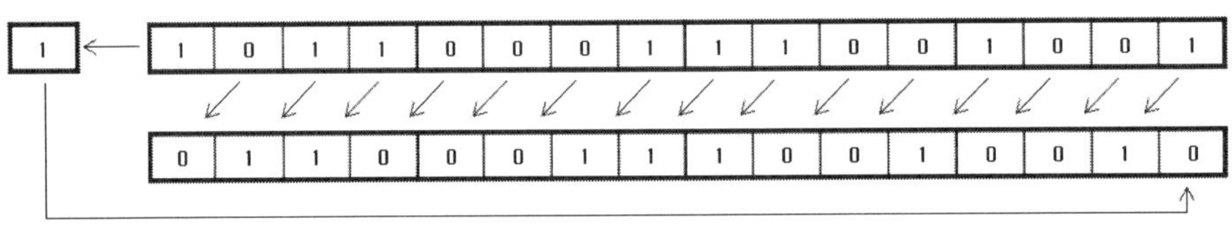

Ex 3-21 16개의 LED 중 1개를 순차적으로 ON시킨다.

4.9 이동명령

1) 비트데이터 이동명령

[BSFT(P) Sb Eb] Sb(시작비트)에서 Eb(끝비트) 방향으로 1비트씩 데이터가 이동한다.

Sb 〈 Eb일 경우 데이터는 왼쪽으로 1비트씩 이동되며, Eb 데이터는 삭제되고 Sb는 0으로 채워진다.

Sb 〉 Eb일 경우 데이터는 오른쪽으로 1비트씩 이동되며, Sb 데이터는 삭제되고 Eb는 0으로 채워진다.

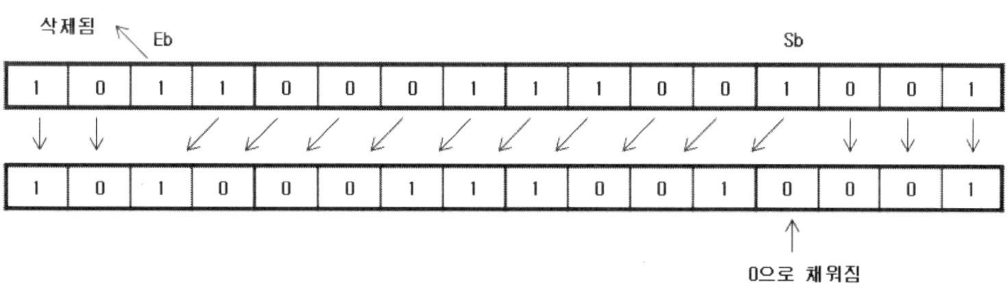

Ex 3-22 ON되어 있는 16개의 LED를 1개씩 순차적으로 OFF시킨다.

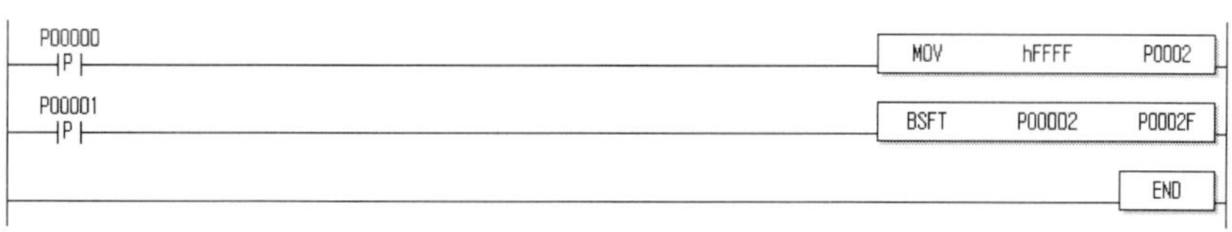

[BSFL(P) D n] D로 지정되는 1워드 데이터에서 n개 비트를 왼쪽으로 이동하여 다시 D에 저장한다. 최상위 n개 비트의 데이터는 삭제되고, 최하위 n개 비트는 0으로 채워진다.

[DBSFL(P) D n] D, D+1의 2워드 데이터에서 n개 비트를 왼쪽으로 이동하여 다시 D, D+1에 저장한다. 최상위 n개 비트의 데이터는 삭제되고, 최하위 n개 비트는 0으로 채워진다.

[BSFR(P) D n] D로 지정되는 1워드 데이터에서 n개 비트를 오른쪽으로 이동하여 다시 D에 저장한다. 최하위 n개 비트의 데이터는 삭제되고, 최상위 n개 비트는 0으로 채워진다.

[DBSFL(P) D n] D, D+1의 2워드 데이터에서 n개 비트를 오른쪽으로 이동하여 다시 D, D+1에 저장한다. 최하위 n개 비트의 데이터는 삭제되고, 최상위 n개 비트는 0으로 채워진다.

※ n=1일 경우 BSFL 명령의 동작

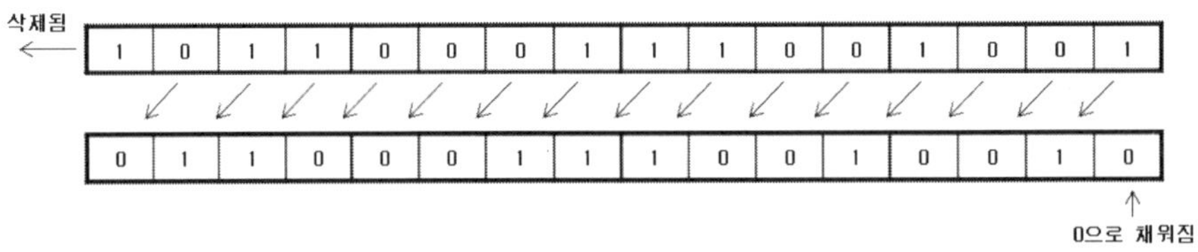

[SR Sb In Dir n]

Sb: 시작비트(Bit)

In: 데이터 이동에 의해 비워진 비트를 채울 데이터(Bit)

Dir: 이동할 방향(Bit).

Dir = 0인 상태에서 실행하면 왼쪽으로 1비트씩 이동하고 이동영역의 최상위비트의 데이터는 삭제된다.

Dir = 1인 상태에서 실행하면 오른쪽으로 1비트씩 이동하고 이동영역의 최하위비트의 데이터는 삭제된다.

n: 이동할 비트의 개수(부호 없는 정수, Word)

※ Dir = 1일 경우 SR 명령의 동작

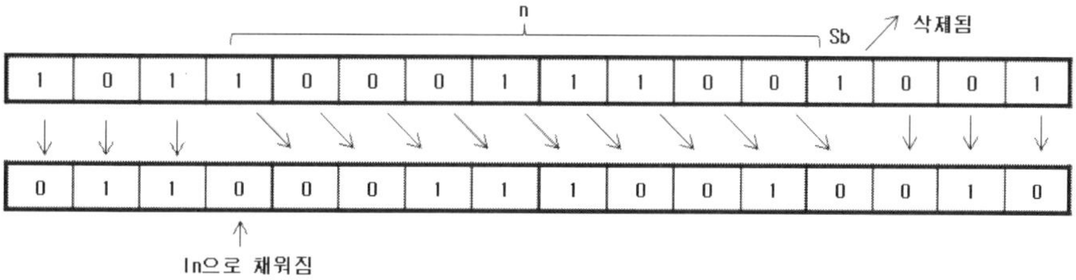

Ex 3-23 ON되는 LED의 숫자를 증가 및 감소시킨다.

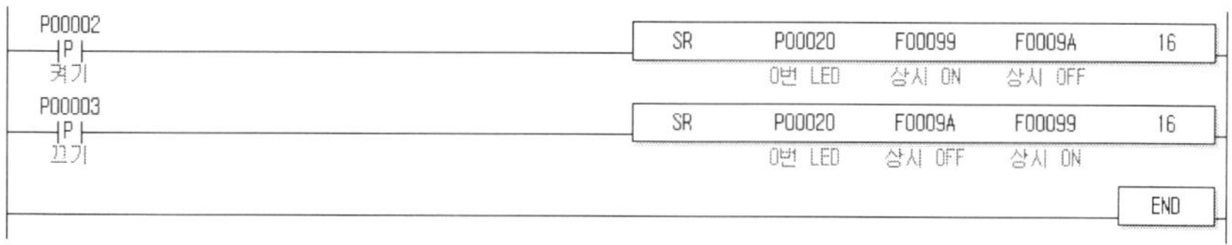

Ex 3-24 컨베이어에서 제품의 이동 중 검사를 해서 그 결과를 저장하고 불량품 제거 구역에서 불량품을 제거한다. 각 팔레트 간격은 일정하다고 가정한다.

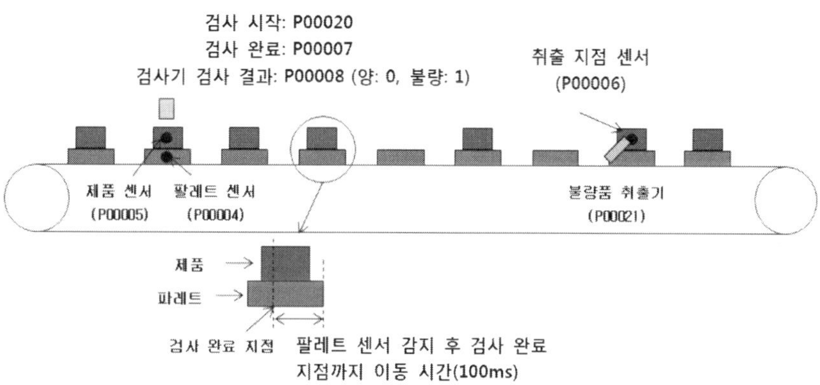

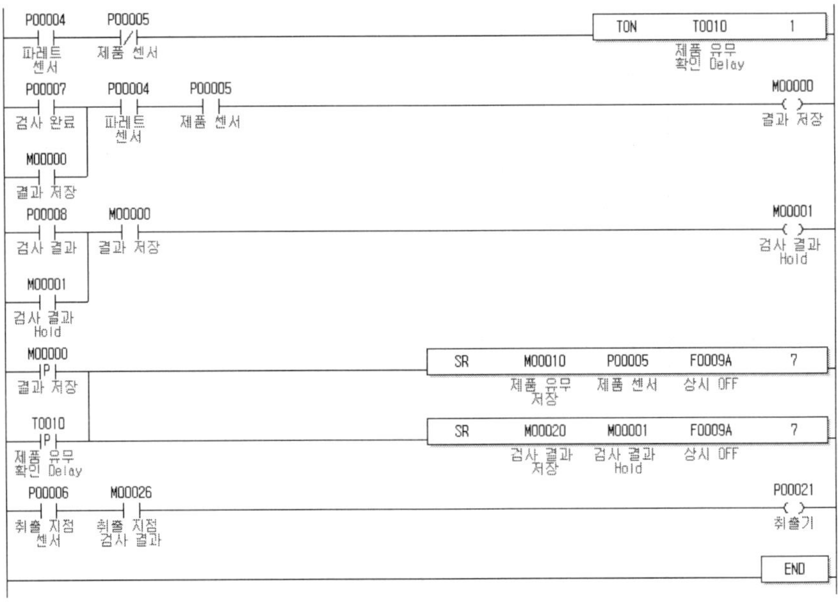

2) 워드데이터 이동명령

[WSFT(P) Sw Ew] Sw(시작워드)에서 Ew(끝워드) 방향으로 1워드씩 데이터가 이동한다.

Sw 〈 Ew일 경우 데이터는 상위워드 방향(주소증가방향)으로 1워드씩 이동되며, Ew 데이터는 삭제되고 Sw는 0으로 채워진다.

Sw 〉 Ew일 경우 데이터는 하위워드 방향(주소감소방향)으로 1워드씩 이동되며, Sw 데이터는 삭제되고 Ew는 0으로 채워진다.

※ Sw〈Ew일 경우 WSFT명령의 동작

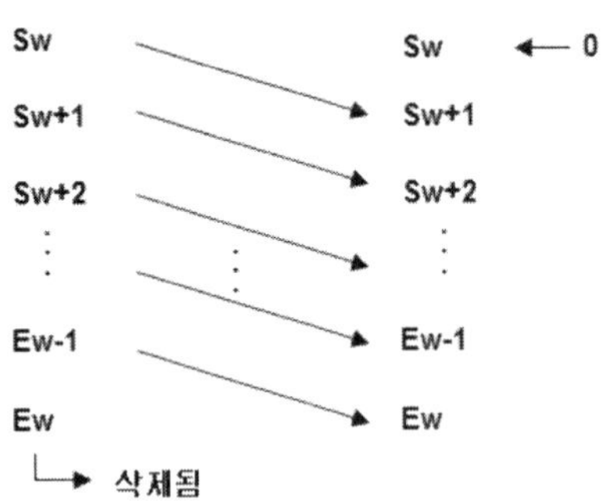

※ Sw〉Ew일 경우 WSFT명령의 동작

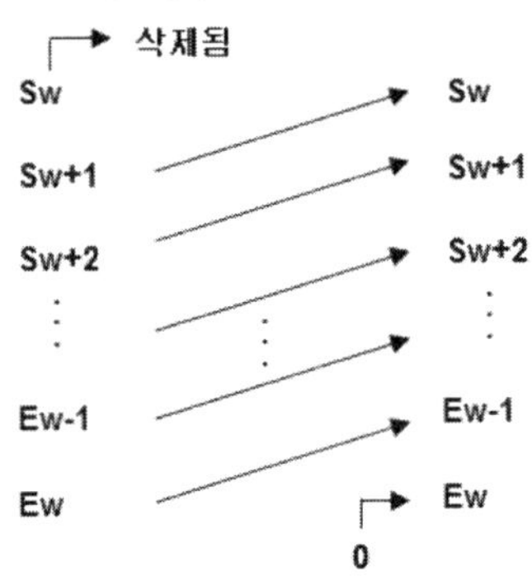

Ex 3-25 제품을 공급할 때 분류기준에 의해 생성된 분류데이터를 저장하여 제품의 이동에 따라 데이터를 이동시키고, 최종 분류지점에서 분류데이터에 의해 제품을 분류한다. (예: 무게를 기준으로 분류하는 과일 선별기)

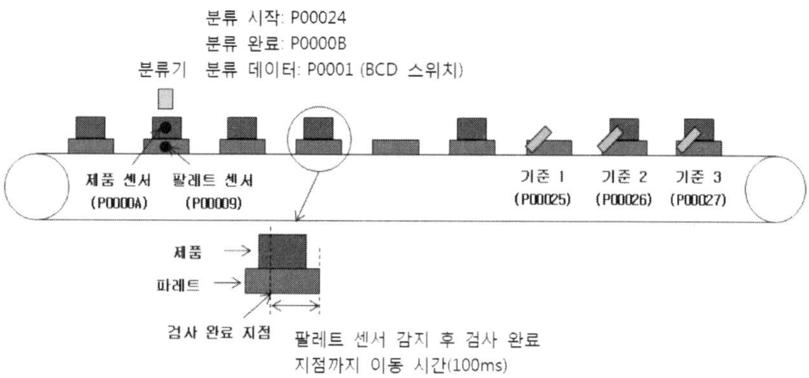

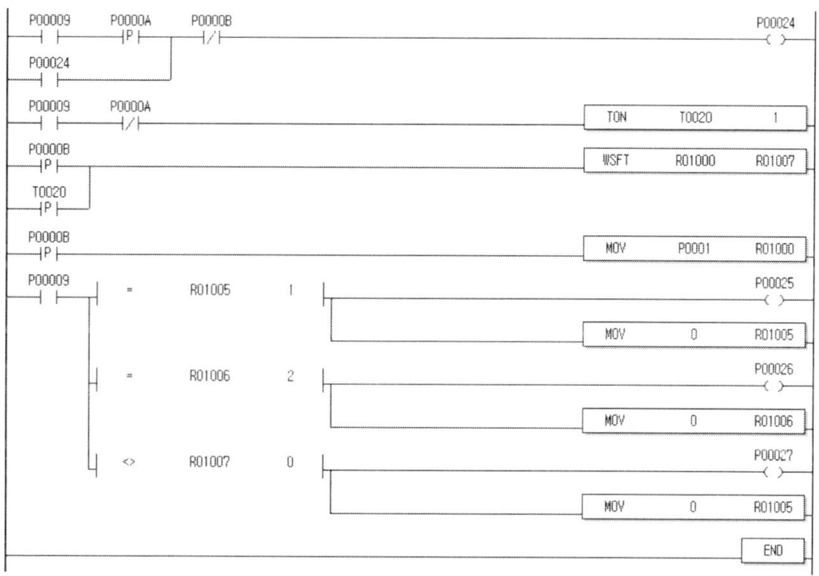

비트	설명문	워드	설명문
P00009	파레트 센서	P0001	BCD 스위치 입력
P0000A	제품 센서	R01000	분류기준 분류 데이터
P0000B	분류 완료	R01005	기준 1 지점 분류 데이터
P00024	분류 시작	R01006	기준 2 지점 분류 데이터
P00025	기준 1 분류기	R01007	기준 3 지점 분류 데이터
P00026	기준 2 분류기	T0020	제품 유무 확인 Delay
P00027	기준 3 분류기	–	–

[WSFL(P) D1 D2 n] D1~D2 범위의 워드영역에서 n워드씩 상위워드방향(주소가 증가되는 방향)으로 데이터가 이동한다. 명령어 실행 후 D1, D2 중 주소가 낮은 영역부터 주소가 증가하는 방향으로 n개의 워드는 0으로 채워지며, 주소가 높은 영역부터 낮아지는 방향으로 n워드의 데이터는 삭제된다.

[WSFR(P) D1 D2 n] D1~D2 범위의 워드영역에서 n워드씩 하위워드방향(주소가 감소되는 방향)으로 데이터가 이동한다. 명령어 실행 후 D1, D2 중 주소가 높은 영역부터 주소가 낮아지는 방향으로 n개의 워드는 0으로 채워지며, 주소가 낮은 영역부터 높아지는 방향으로 n워드의 데이터는 삭제된다.

※ WSFL의 동작(D1의주소 〈 D2의 주소)　※ WSFR의 동작(D1의 주소 〈 D2의 주소)

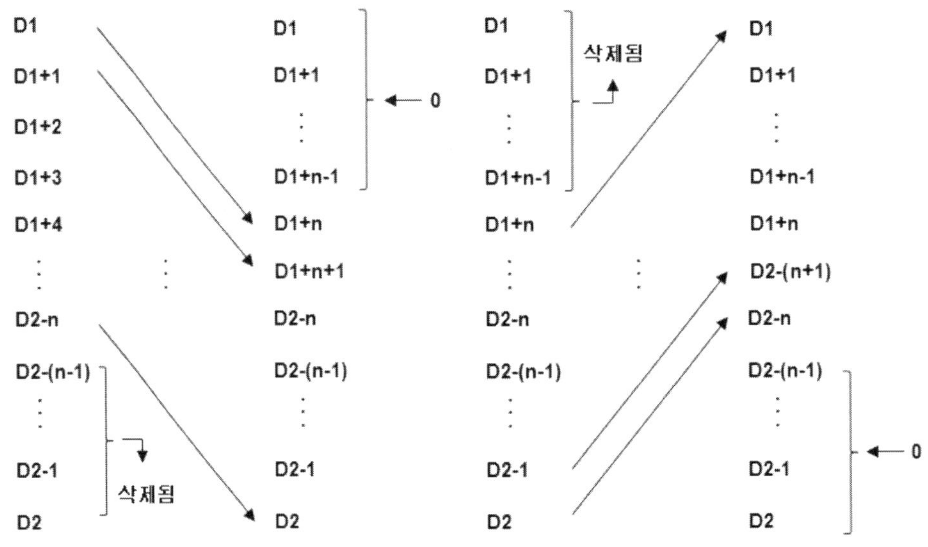

4.10 교환명령

1) 1개 데이터 교환명령

[XCHG(P) D1 D2] D1과 D2로 지정되는 각각 1워드 데이터를 교환한다.

[DXCHG(P) D1 D2] D1, D1+1과 D2, D2 +1로 지정되는 각각 2워드 데이터를 교환한다.

2) 여러 개 데이터 교환명령

[GCHG(P) D1 D2 n] D1부터 n개 워드데이터와 D2부터 n개 워드데이터를 교환한다.

3) 바이트 교환명령

[SWAP D] D로 지정되는 1워드 데이터의 상위바이트(F~8번 비트)와 하위바이트(7~0번 비트)를 교환하여 다시 D에 저장한다.

[SWAP2 D1 D2] D1으로 지정되는 1워드 데이터의 상/하위 바이트를 교환하여 D2에 저장한다.

[GSWAP D n] D로 지정되는 워드주소부터 n개 워드의 데이터를 상/하위 바이트를 교환하여 다시 D부터 n개의 워드에 저장한다.

[GSWAP2 D1 D2 n] D1으로 지정되는 워드주소부터 n개 워드의 데이터를 상/하위 바이트를 교환하여 D2부터 n개의 워드에 저장한다.

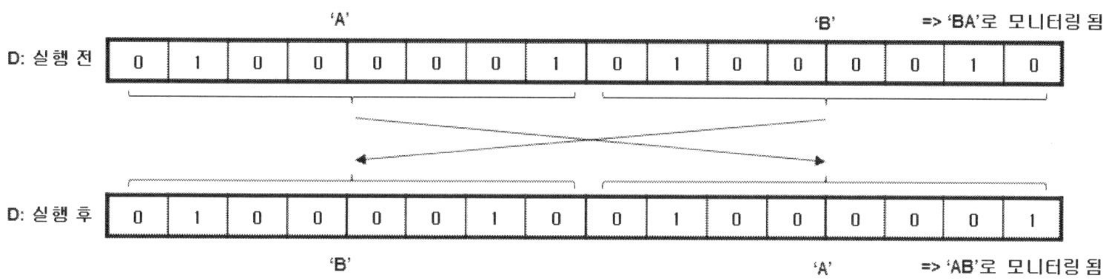

Ex 3-26 통신기능을 이용하여 데이터장비 간 데이터교환을 할 경우 원래 장비의 데이터가 저장장비의 데이터로 저장될 때 상/하위 바이트가 바뀌는 경우가 많다. 이 경우 SWAP명령을 이용하여 원래 데이터를 복원할 수 있다.

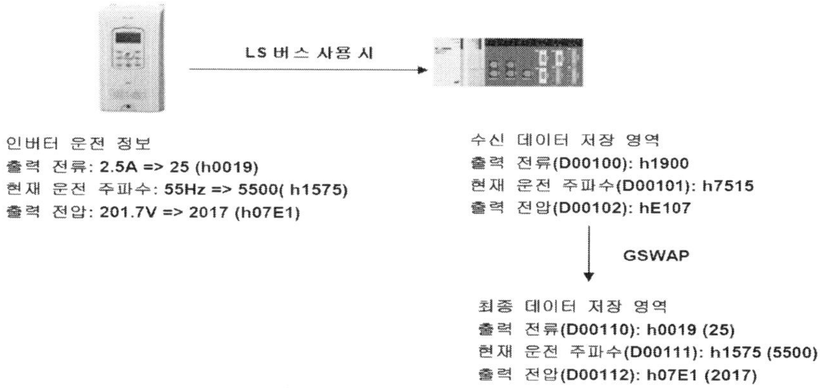

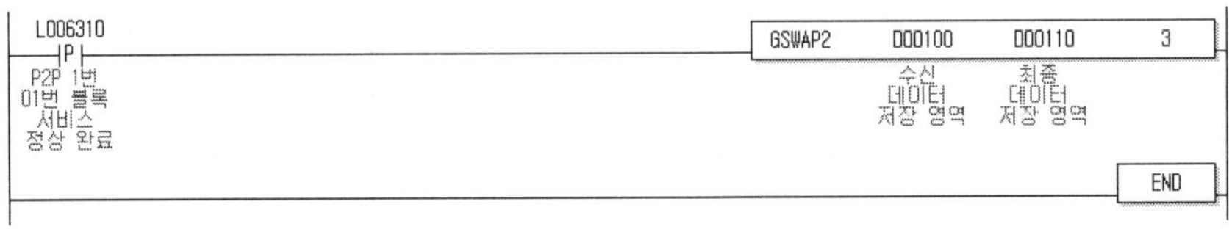

4.11 논리연산명령

[WAND(P) S1 S2 D] S1과 S2로 지정되는 각각 1워드 데이터에서 각 비트별로 AND 연산을 실행하여 그 결과를 D로 지정되는 워드영역에 각 비트별로 저장한다.

[WOR(P) S1 S2 D] S1과 S2로 지정되는 각각 1워드 데이터에서 각 비트별로 OR연산을 실행하여 그 결과를 D로 지정되는 워드영역에 각 비트별로 저장한다.

[WXOR(P) S1 S2 D] S1과 S2로 지정되는 각각 1워드 데이터에서 각 비트별로 XOR 연산을 실행하여 그 결과를 D로 지정되는 워드영역에 각 비트별로 저장한다.

[WXNR(P) S1 S2 D] S1과 S2로 지정되는 각각 1워드 데이터에서 각 비트별로 XNR 연산을 실행하여 그 결과를 D로 지정되는 워드영역에 각 비트별로 저장한다.

데이터		결과			
S1	S2	AND	OR	XOR	XNR
0	0	0	0	0	1
0	1	0	1	1	0
1	0	0	1	1	0
1	1	1	1	0	1

[DWAND(P) S1 S2 D] S1, S1+1과 S2, S2+1로 지정되는 각각 2워드 데이터에서 각 비트별로 AND연산을 실행하여 그 결과를 D, D+1로 지정되는 2개 워드영역에 각 비트별로 저장한다.

[DWOR(P) S1 S2 D] S1, S1+1과 S2, S2+1로 지정되는 각각 2워드 데이터에서 각 비트별로 OR연산을 실행하여 그 결과를 D, D+1로 지정되는 2개 워드영역에 각 비트별로 저장한다.

[DWXOR(P) S1 S2 D] S1, S1+1과 S2, S2+1로 지정되는 각각 2워드 데이터에서 각 비트별로 XOR연산을 실행하여 그 결과를 D, D+1로 지정되는 2개 워드영역에 각

비트별로 저장한다.

[DWXNR(P) S1 S2 D] S1, S1+1과 S2, S2+1로 지정되는 각각 2워드 데이터에서 각 비트별로 XNR연산을 실행하여 그 결과를 D, D+1로 지정되는 2개 워드영역에 각 비트별로 저장한다.

Ex 3-27 Don't Care 처리: BCD스위치로 입력되는 데이터 중 최상위 1자리 데이터를 확인하지 않고 3자리수만 확인하여 데이터 처리한다.

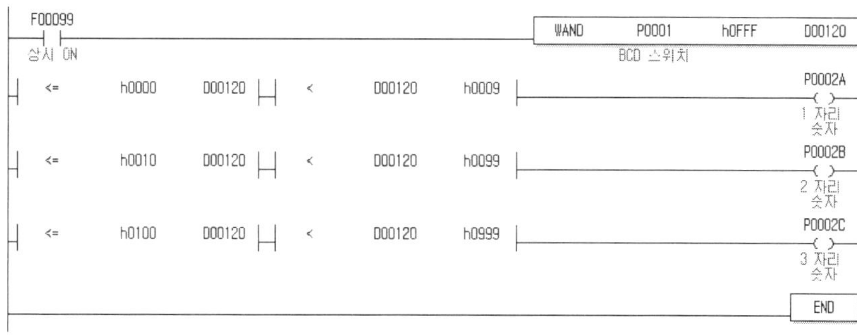

2) 여러 개 데이터 논리연산명령

[GWAND(P) S1 S2 D n] S1으로 지정되는 워드영역부터 n개 영역의 데이터와 S2로 지정되는 워드영역부터 n개 워드의 데이터에서 각 비트별로 AND연산을 실행하고 그 결과를 D로 지정되는 워드영역부터 n개 워드영역에 각각 저장한다.

[GWOR(P) S1 S2 D n] S1으로 지정되는 워드영역부터 n개 영역의 데이터와 S2로 지정되는 워드영역부터 n개 워드의 데이터에서 각 비트별로 OR연산을 실행하고 그 결과를 D로 지정되는 워드영역부터 n개 워드영역에 각각 저장한다.

[GWXOR(P) S1 S2 D n] S1으로 지정되는 워드영역부터 n개 영역의 데이터와 S2로 지정되는 워드영역부터 n개 워드의 데이터에서 각 비트별로 XOR연산을 실행하고 그 결과를 D로 지정되는 워드영역부터 n개 워드영역에 각각 저장한다.

[GWXNR(P) S1 S2 D n] S1으로 지정되는 워드영역부터 n개 영역의 데이터와 S2로 지정되는 워드영역부터 n개 워드의 데이터에서 각 비트별로 XNR연산을 실행하고 그 결과를 D로 지정되는 워드영역부터 n개 워드영역에 각각 저장한다.

[BAND(P) S1 S2 D n] S1으로 지정되는 비트부터 n개의 바이트데이터와 S2로 지정되는 비트부터 n개의 바이트데이터를 AND연산을 실행하여 D로 지정되는 비트부터 n개의 바이트에 저장한다.

[BOR(P) S1 S2 D n] S1으로 지정되는 비트부터 n개의 바이트데이터와 S2로 지정되는 비트부터 n개의 바이트데이터를 OR연산을 실행하여 D로 지정되는 비트부터 n개의 바이트에 저장한다.
[BXOR(P) S1 S2 D n] S1으로 지정되는 비트부터 n개의 바이트데이터와 S2로 지정되는 비트부터 n개의 바이트데이터를 XOR연산을 실행하여 D로 지정되는 비트부터 n개의 바이트에 저장한다.
[BXNR(P) S1 S2 D n] S1으로 지정되는 비트부터 n개의 바이트데이터와 S2로 지정되는 비트부터 n개의 바이트데이터를 XNR연산을 실행하여 D로 지정되는 비트부터 n개의 바이트에 저장한다.

※ BAND, BOR, BXOR, BXNR의 S1, S2, D영역에 메모리주소를 지정할 경우 비트 0번 또는 8번 비트로 지정해야 한다. (예: D00000.0, M00108→가능, D00010.5, M0020A →불가능)

4.12 데이터 처리명령

1) ON비트 계수

[BSUM(P) S D] S로 지정되는 워드영역에서 데이터가 1인 비트의 수를 D로 지정되는 워드영역에 저장한다.
[DBSUM(P) S D] S, S+1로 지정되는 더블워드영역에서 데이터가 1인 비트의 수를 D로 지정되는 워드영역에 저장한다.

※ 1워드 BSUM의 동작

S	0	1	0	1	1	0	0	1	0	1	0	0	1	0	1	0
D	0	0	0	0	0	0	0	0	0	0	0	0	0	1	1	1

S영역에서 데이터가 1인 비트의 수가 7개이므로 D영역에는 7이 저장된다.

Ex 3-28 컨베이어에 있는 제품의 수량을 BCD표시기에 표시한다.

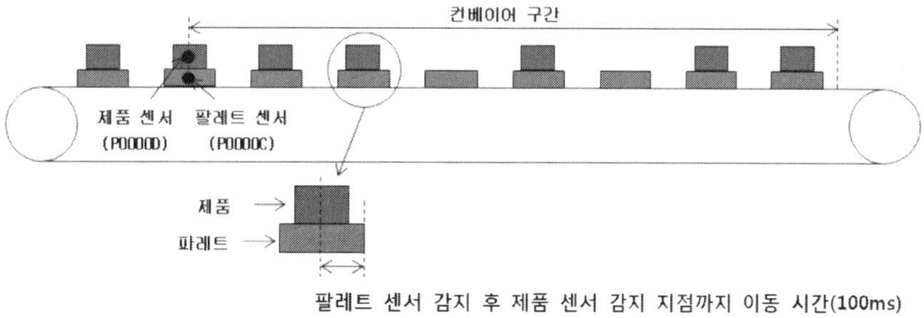

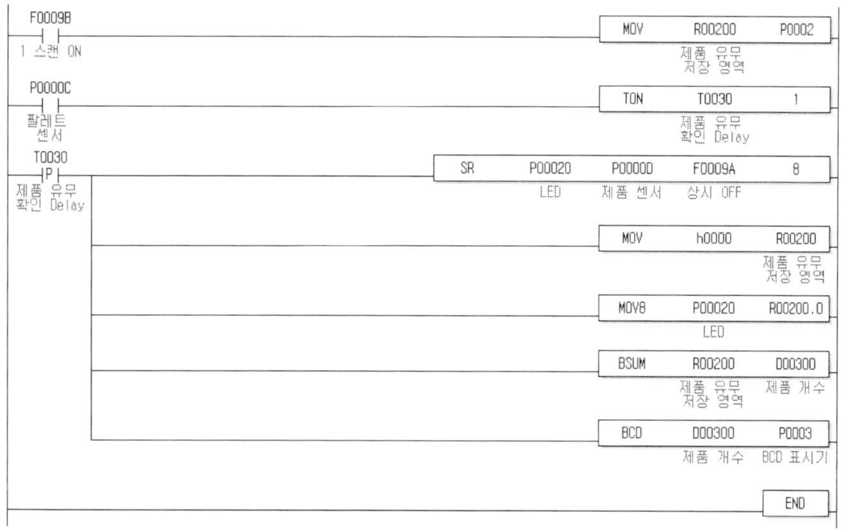

2) 엔코더명령

[ENCO(P) S D n] S로 지정되는 워드영역의 0번 비트부터 2n개 비트영역에서 데이터가 1인 최상의 비트의 번호를 D로 지정되는 워드영역에 저장한다. (단, 1≤ n ≤ 8)

※ n=5일 경우 ENCO의 동작

S	0	1	0	1	1	0	0	1	0	1	0	0	1	0	1	0
S+1	0	0	0	1	1	0	1	0	0	1	0	0	1	1	0	1
D	0	0	0	0	0	0	0	0	0	0	0	1	1	1	0	0

2^5=32이므로 S로 지정되는 영역의 0번 비트부터 32비트(S+1 워드영역의 최상위 비트까지) 이내에서 1이 저장되어 있는 최상위비트는 28번째 비트이므로 D영역에는 28이 저장된다.

3) 디코더명령

[DECO(P) S D n] S로 지정되는 워드영역에서 0번 비트부터 n개 비트영역의 데이터를 디코드하여 결과를 D로 지정된 워드디바이스의 0번 비트부터 2^n개의 비트영역 내에 저장하고, 나머지 비트는 0으로 지운다. (단, $0 \le n \le 8$)

※ n=5일 경우 DECO의 동작

S	0	1	0	1	1	0	0	1	0	1	0	0	1	0	1	0
D	0	0	0	0	0	1	0	0	0	0	0	0	0	0	0	0
D+1	0	0	0	0	0	0	0	0	0	0	0	0	0	0	0	0

S로 지정된 영역의 0번 비트부터 5개의 비트는 25=32이고, 01010(2)=10이므로 D로 지정되는 워드영역의 0번 비트부터 32비트(S+1영역의 최상위 비트까지) 중 10번째 비트만 ON시키고, 나머지 비트는 모두 OFF시킨다.

Ex 3-29 P00020부터 P0002F까지 LED를 순차적으로 1개씩 ON시킨다.

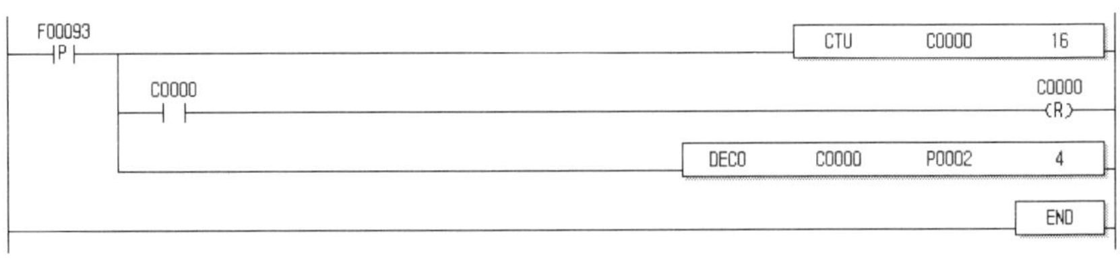

※ P2P통신을 사용할 경우 각 통신블록은 설정된 통신조건이 ON될 때 통신을 수행한다. 1개의 통신모듈을 이용하여 여러 블록의 P2P통신을 수행할 경우 각 통신블록의 조건은 서로 인터록(Interlock)이 걸린 상태에서 상승에지를 발생시켜야 정상적으로 통신을 수행하는데 이 경우 사용할 수 있는 프로그램이다. 즉, 여러 개의 비트를 인터록을 걸 때 사용할 수 있는 프로그램이다.

4) 최대값 검색명령

[MAX(P) S D n] S로 지정되는 워드영역부터 n개 워드영역의 데이터 중 최대값을 검색하여 D로 지정되는 워드영역에 저장한다.

[DMAX(P) S D n] S, S+1로 지정되는 더블워드영역부터 n개 더블워드영역의 데이터 중 최대값을 검색하여 D, D+1의 더블워드에 저장한다.

※ 검색할 데이터는 부호 있는 십진수로 비교하여 최대/최소값을 검색한다.

- 검색된 최대/최소값이 0일 경우 D에는 0이 저장되고, 제로플래그(F00111)가 ON된다.
- n=0일 경우는 명령어의 실행조건이 만족되어도 명령어는 실행되지 않는다.

5) 최소값 검색명령

[MIN(P) S D n] S로 지정되는 워드영역부터 n개 워드영역의 데이터 중 최소값을 검색하여 D로 지정되는 워드영역에 저장한다.

[DMIN(P) S D n] S, S+1로 지정되는 더블워드영역부터 n개 더블워드영역의 데이터 중 최소값을 검색하여 D, D+1의 더블워드에 저장한다.

※ 검색할 데이터는 부호 있는 십진수로 비교하여 최대/최소값을 검색한다.

- 검색된 최대/최소값이 0일 경우 D에는 0이 저장되고, 제로플래그(F00111)가 ON된다.
- n=0일 경우는 명령어의 실행조건이 만족되어도 명령어는 실행되지 않는다.

6) 합산명령

[SUM(P) S D n] S로 지정되는 워드영역부터 n개 워드영역의 데이터를 모두 더하여 D에 저장한다.

[DSUM(P) S D n] S, S+1로 지정되는 더블워드영역부터 n개 더블워드영역의 데이터를 모두 더하여 D, D+1의 더블워드에 저장한다.

※ 덧셈은 부호 있는 십진 정수연산을 수행한다.

- 합산의 결과가 0일 경우 D에는 0이 저장되고, 제로플래그(F00111)가 ON된다.
- 합산의 결과가 16/32비트 부호 있는 십진정수의 범위를 초과할 경우 (오버플로우) 에러플래그(F00110)와 캐리플래그(F00112)가 ON된다.
- n=0일 경우는 명령어의 실행조건이 만족되어도 명령어는 실행되지 않는다.

7) 평균값 계산명령

[AVE(P) S D n] S로 지정되는 워드영역부터 n개 워드영역의 데이터의 평균값을 계산하여 D에 저장한다.

[DAVE(P) S D n] S, S+1로 지정되는 더블워드영역부터 n개 더블워드영역의 데이터의 평균값을 계산하여 D, D+1의 더블워드에 저장한다.

※ 평균값의 계산은 부호 있는 십진 정수연산을 수행한다.

- 평균값의 결과가 0일 경우 D에는 0이 저장되고, 제로플래그(F00111)가 ON된다.
- 평균값 계산에서 소수 이하는 무시된다. (버림)
- n=0일 경우는 명령어의 실행조건이 만족되어도 명령어는 실행되지 않는다.

4.13 문자열 처리 명령어

1) Binary → 십진 아스키 변환

[BINDA(P) S D] S로 지정되는 16비트 Binary 데이터를 부호 있는 십진 정수로 환산하여 각 자리를 아스키 코드로 변환한다.

[DBINDA(P) S D] S로 지정되는 32비트 Binary 데이터를 부호 있는 십진 정수로 환산하여 각 자리를 아스키 코드로 변환한다.

* BINDA의 동작(S ≥ 0)

S (16 비트) (F … 0) →

F … 8	7 … 0	
천 자리	만 자리	D
십 자리	백 자리	D + 1
0	일 자리	D + 2

* BINDA의 동작(S < 0)

S (16 비트) (F … 0) →

F … 8	7 … 0	
만 자리	부호 (-)	D
백 자리	천 자리	D + 1
일 자리	십 자리	D + 2
	0	D + 3

* DBINDA의 동작(S ≥ 0)

S(32 비트) (1F … 0) →

F … 8	7 … 0	
억 자리	십억 자리	D
백만 자리	천만 자리	D + 1
만 자리	십만 자리	D + 2
백 자리	천 자리	D + 3
일 자리	십 자리	D + 4
	0	D + 5

* DBINDA의 동작(S < 0)

S(32 비트) (1F … 0) →

F … 8	7 … 0	
십억 자리	부호 (-)	D
천만 자리	억 자리	D + 1
십만 자리	백만 자리	D + 2
천 자리	만 자리	D + 3
십 자리	백 자리	D + 4
0	일 자리	D + 5

Ex 3-30 다음의 프로그램을 작성하여 BINDA의 결과가 저장되는 영역의 데이터를 확인하시오.

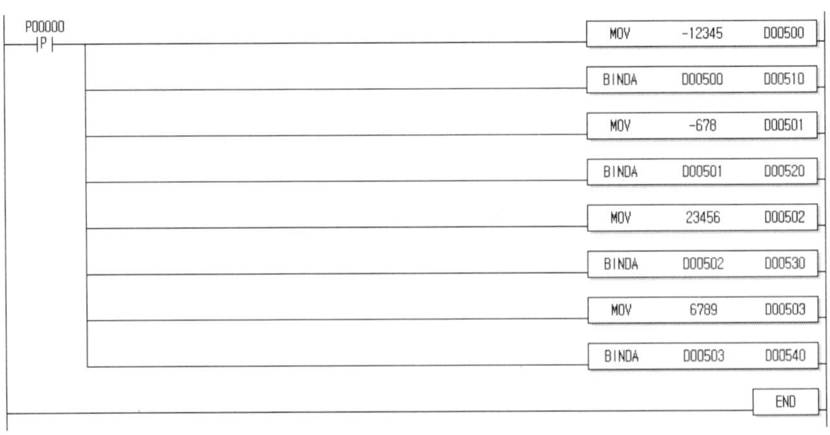

	F 8	7 0
D00510	h31	h2D
D00511	h33	h32
D00512	h35	h34
D00513		h00

	F 8	7 0
D00520	h36	h2D
D00521	h38	h37
D00522		h00
D00523		

	F 8	7 0
D00530	h33	h32
D00531	h35	h34
D00532	h00	h36
D00533		

	F 8	7 0
D00540	h37	h36
D00541	h39	h38
D00542		h00
D00543		

※ 프로그램에 표시되지 않는 디바이스의 데이터는 변수모니터창 또는 디바이스 모니터를 이용하여 모니터링 할 수 있다.

2) Binary → 헥사 아스키 변환

[BINHA(P) S D] S로 지정되는 16비트 Binary 데이터를 16진수로 환산하여 각 자리를 아스키 코드로 변환한다.

[DBINHA(P) S D] S로 지정되는 32비트 Binary 데이터를 16진수로 환산하여 각 자리를 아스키 코드로 변환한다.

※ 상위 자리의 데이터가 0일 경우 0을 아스키 코드로 변환한다.

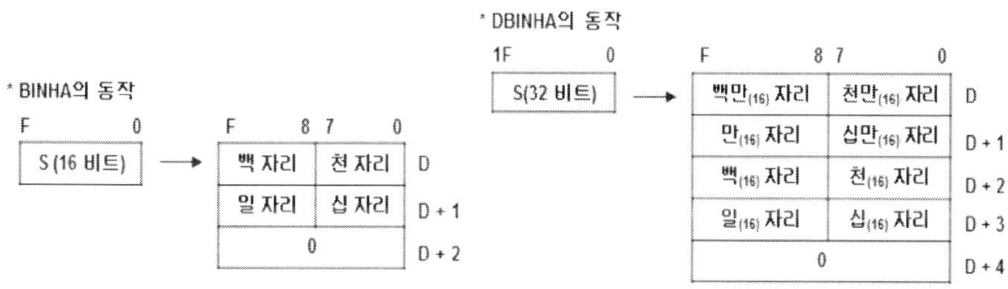

Ex 3-31 다음의 프로그램을 작성하여 BINHA의 결과가 저장되는 영역의 데이터를 확인하시오.

3) BCD → 십진 아스키 변환

[BCDDA(P) S D] S로 지정되는 16비트 BCD데이터의 각 자리를 10진수 아스키코드로 변환한다.

[DBCDDA(P) S D] S로 지정되는 32비트 BCD데이터의 각 자리를 10진수 아스키코드로 변환한다.

※ 상위 자리의 데이터가 0일 경우 0을 아스키 코드로 변환한다.
※ BCD데이터의 각 자리가 h0~h9 이외의 데이터일 경우 에러플래그(F00110)을 ON한다.

* BCDDA의 동작

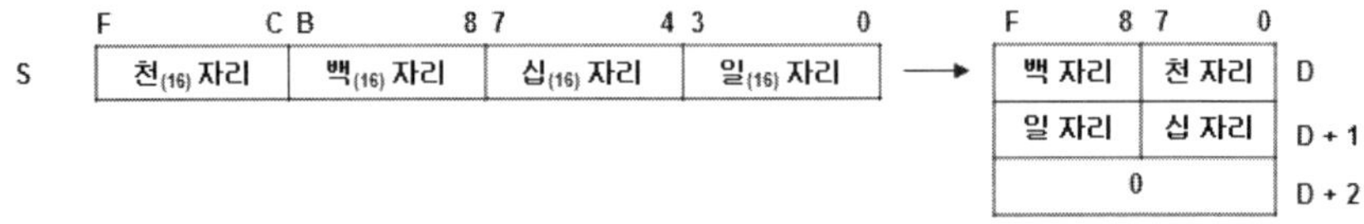

* DBCDDA의 동작

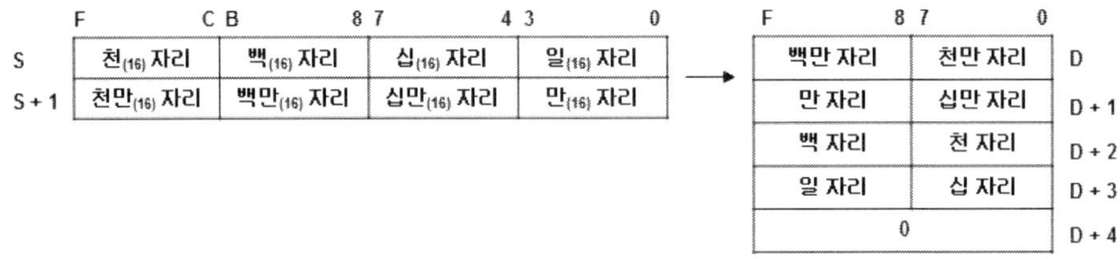

Ex 3-32 다음 프로그램을 작성하여 BCDDA의 결과가 저장되는 영역의 데이터를 확인하시오.

	F 8	7 0
D00610	h32	h31
D00611	h34	h33
D00612	h00	h00

	F 8	7 0
D00615	h30	h30
D00616	h36	h35
D00617	h00	h00

4) 십진 아스키→Binary 변환

[DABIN(P) S D] S~S+2 영역에 저장된 십진 아스키코드를 부호 있는 십진정수로 변환시켜 D로 지정되는 16비트 영역에 저장한다.
[DDABIN(P) S D] S~S+5 영역에 저장된 십진 아스키코드를 부호 있는 십진정수로 변환시켜 D, D+1로 지정되는 32비트 영역에 저장한다.

※ S로 지정되는 영역의 하위 바이트에는 부호(+: h2B, -: h2D)가 저장되어야 하며, 양수의 경우 부호는 생략할 수 있다.

- 아스키 문자열의 끝에는 반드시 NULL(0)이 있어야 한다.
- 변환될 아스키코드는 0~9에 해당하는 아스키코드로 h30~h39이어야 하며, 그 외의 값이 저장되어 있을 경우 에러플래그(F00110)가 ON된다.

* DABIN의 동작

	F 8	7 0
S	만 자리	부호
S+1	백 자리	천 자리
S+2	일 자리	십 자리
S+3		0

→

	F 0
D	

* DDABIN의 동작

	F 8	7 0
S	십억 자리	부호
S+1	천만 자리	억 자리
S+2	십만 자리	백만 자리
S+3	천 자리	만 자리
S+4	십 자리	백 자리
S+5	0	일 자리

→

	F 0
D	
D+1	

5) 헥사 아스키 → Binary 변환

[HABIN(P) S D] S~S+1 영역에 저장된 16진수 아스키코드를 16진수로 변환시켜 D로 지정되는 16비트 영역에 저장한다.

[DHABIN(P) S D] S~S+3 영역에 저장된 16진수 아스키코드를 16진수로 변환시켜 D, D+1로 지정되는 32비트 영역에 저장한다.

※ 아스키 문자열의 끝에는 반드시 NULL(0)이 있어야 한다.

※ 변환될 아스키코드는 0~F에 해당하는 아스키코드로 h30~h39, h41~h46이어야 하며, 그 외의 값이 저장되어 있을 경우 에러플래그(F00110)가 ON된다. 단, S로 지정되는 영역의 하위 바이트에 16진수임을 의미하는 H(h48) 또는 h(h68)는 허용된다.

* HABIN의 동작

	F 8	7 0
S	백(16) 자리	천(16) 자리
S+1	일(16) 자리	십(16) 자리
S+2	0	

→

	F C	B 8	7 4	3 0
D	천(16) 자리	백(16) 자리	십(16) 자리	일(16) 자리

* DHABIN의 동작

	F 8	7 0
S	백만(16) 자리	천만(16) 자리
S+1	만(16) 자리	십만(16) 자리
S+2	백(16) 자리	천(16) 자리
S+3	일(16) 자리	십(16) 자리
S+4	0	

→

	F C	B 8	7 4	3 0
D	천(16) 자리	백(16) 자리	십(16) 자리	일(16) 자리
D+1	천만(16) 자리	백만(16) 자리	십만(16) 자리	만(16) 자리

6) 십진 아스키→BCD 변환

[DABCD(P) S D] S~S+1 영역에 저장된 10진수 아스키코드를 BCD로 변환시켜 D로 지정되는 16비트 영역에 저장한다.

[DDABCD(P) S D] S~S+3 영역에 저장된 10진수 아스키코드를 BCD로 변환시켜 D, D+1로 지정되는 32비트 영역에 저장한다.

※ 아스키 문자열의 끝에는 반드시 NULL(0)이 있어야 한다.

※ 변환될 아스키코드는 0~9에 해당하는 아스키코드로 h30~h39이어야 하며, 그 외의 값이 저장되어 있을 경우 에러플래그(F00110)가 ON된다.

* DABCD의 동작

	F ~ 8	7 ~ 0
S	백$_{(16)}$ 자리	천$_{(16)}$ 자리
S + 1	일$_{(16)}$ 자리	십$_{(16)}$ 자리
S + 2	0	

→

F ~ C	B ~ 8	7 ~ 4	3 ~ 0	
천$_{(16)}$ 자리	백$_{(16)}$ 자리	십$_{(16)}$ 자리	일$_{(16)}$ 자리	D

* DDABCD의 동작

	F ~ 8	7 ~ 0
S	백만$_{(16)}$ 자리	천만$_{(16)}$ 자리
S + 1	만$_{(16)}$ 자리	십만$_{(16)}$ 자리
S + 2	백$_{(16)}$ 자리	천$_{(16)}$ 자리
S + 3	일$_{(16)}$ 자리	십$_{(16)}$ 자리
S + 4	0	

→

F ~ C	B ~ 8	7 ~ 4	3 ~ 0	
천$_{(16)}$ 자리	백$_{(16)}$ 자리	십$_{(16)}$ 자리	일$_{(16)}$ 자리	D
천만$_{(16)}$ 자리	백만$_{(16)}$ 자리	십만$_{(16)}$ 자리	만$_{(16)}$ 자리	D + 1

※ XGK에는 실수 ↔ 아스키 변환명령도 있다. 관련 명령어는 XGK/XGB 명령어집을 참고해 주기 바란다. (STR, VAL 명령어)

7) 문자열 추출

[LEFT(P) S D n] S로 지정되는 워드디바이스부터 저장되어 있는 문자열 중 선두 n개의 문자열을 D로 지정되는 워드영역으로 복사한다.

[RIGHT(P) S D n] S로 지정되는 워드디바이스부터 저장되어 있는 문자열 중 마지막 n개의 문자열을 D로 지정되는 워드영역으로 복사한다.

[MID(P) S1 D S2] S1으로 지정되는 워드디바이스부터 저장되어 있는 문자열 중 S2로 지정되는 워드영역의 데이터에 의해 지정되는 위치부터 S2+1로 지정되는 워드영역의 데이터에 의해 지정되는 개수의 문자열을 D로 복사한다.

※ 아스키 문자열의 끝에는 반드시 NULL(0)이 있어야 한다.

※ D로 지정되는 워드영역의 하위바이트부터 (n+1)번째 바이트는 0이 저장된다.

* LEFT의 동작

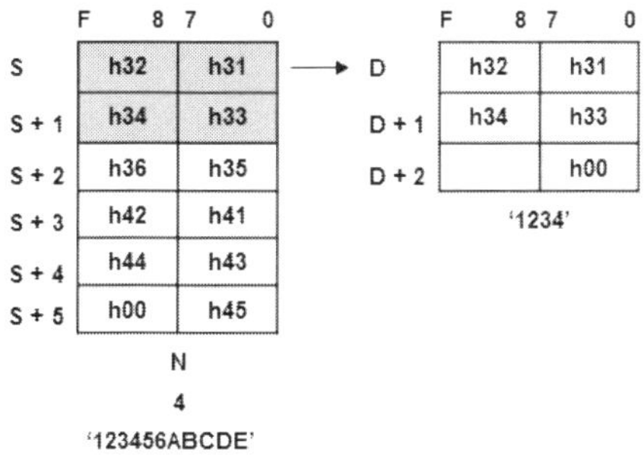

* RIGHT의 동작

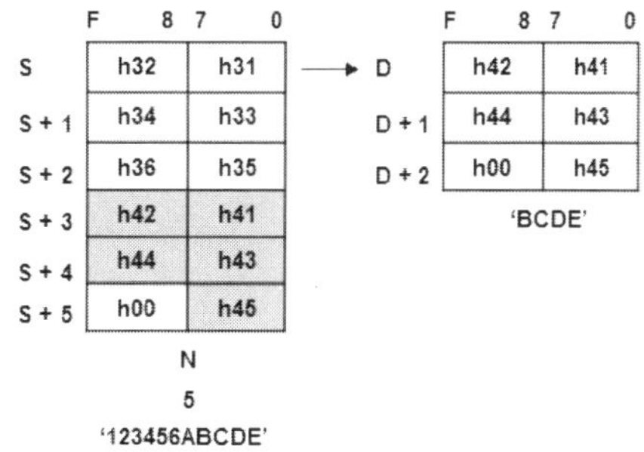

* MID의 동작

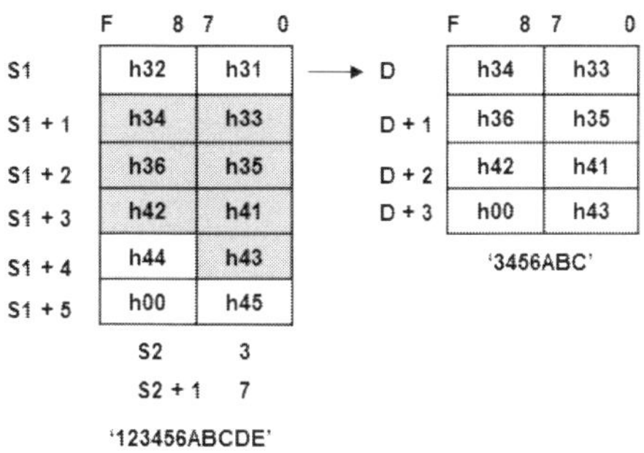

8) 문자열 검색

[FIND(P) S1 S2 D n] S1으로 지정되는 워드디바이스부터 저장되어 있는 문자열 중 n번째 문자부터 S2로 지정되는 워드영역부터 저장되어 있는 문자열을 검색하여 첫 번째로 일치하는 문자열의 시작위치를 D로 지정되는 워드디바이스부터 저장한다.

※ 아스키 문자열의 끝에는 반드시 NULL(0)이 있어야 한다.

* FIND의 동작

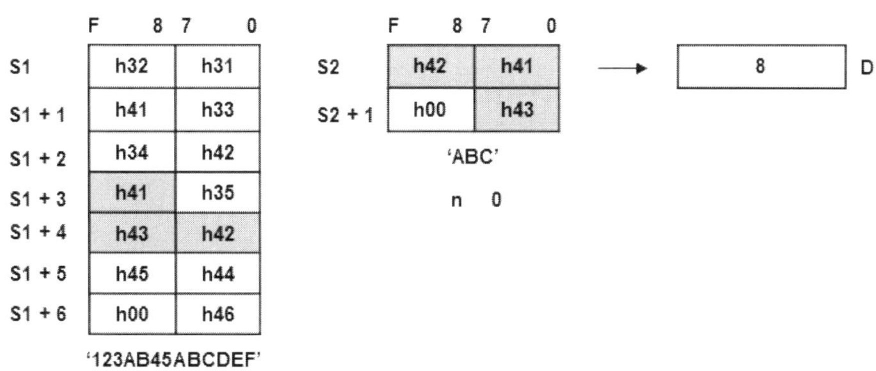

4.14 시계 관련 명령

1) PLC시계 읽기

[DATERD(P) D] PLC의 시계를 읽어 D~D+3 영역으로 다음과 같은 형식으로 저장한다.

※ XGK PLC의 시계데이터(RTC): XGK PLC의 RTC데이터는 년, 월, 일, 시, 분, 초, 요일, 백년의 8개 데이터를 제공하며, 각각 1byte BCD형 데이터로 제공된다.
※ 년도 데이터는 백년 데이터와 년 데이터로 구분된다. 예를 들어 2010년일 경우 백년 데이터는 h20, 년 데이터는 h10으로 제공된다.

영역	상위 바이트(F~8번 비트)	하위 바이트(0~7번 비트)
D	월(h00~h12)	년(h00~h99)
D+1	시(h00~h23)	일(h00~h31)
D+2	초(h00~h59)	분(h00~h59)
D+3	백년(h19~h21)	요일(h00(일)~h06(토))

※ XGK PLC의 시계는 1984년 1월 1일 0시 0분 0초 ~ 2163년 12월 31일 23시 59분 59초까지 지원한다.

2) PLC시계 쓰기

[DATEWR(P) S] S~S+3 영역에 저장된 시계데이터를 PLC의 시계데이터로 저장한다.

※ DATEWR 명령이 실행되기 전 S~S+3 영역의 데이터를 아래와 같이 PLC 시계데이터와 동일한 형태로 변환해 주어야 한다.

영역	상위 바이트(F~8번 비트)	하위 바이트(0~7번 비트)
S	월(h00~h12)	년(h00~h99)
S+1	시(h00~h23)	일(h00~h31)
S+2	초(h00~h59)	분(h00~h59)
S+3	백년(h19~h21)	요일(h00(일)~h06(토))

Ex 3-33 HMI에서 다음과 같이 16비트 십진수로 입력한 시계데이터를 PLC의 시계로 설정한다.

영역	HMI 입력 데이터		HMI 데이터
D00750	2013년	D00754	30분
D00751	3월	D00755	00초
D00752	20일	D00756	3(수요일)
D00753	15시	–	–

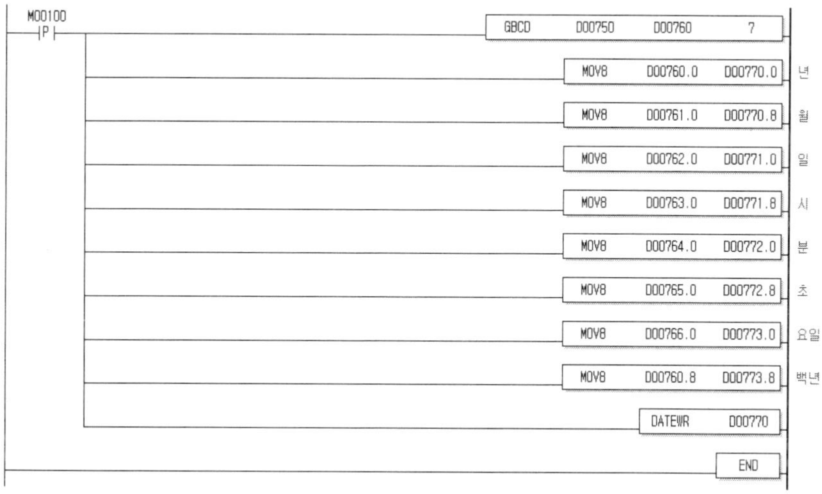

- DATEWR 명령 실행 전 HMI에서 입력받은 데이터가 해당 데이터의 범위에 해당하는지 확인한 후 실행하는 것이 좋다.
- DATEWR 명령 실행 후 DATERD 명령을 이용하여 PLC 시계데이터가 변경된 것을 확인하는 것을 권장한다.
- PLC 시계데이터는 XG5000 온라인메뉴〉〉 PLC 정보〉〉 PLC 시계에서 설정 및 모니터링할 수도 있다.

제5장 확장 명령어

5.1 분기

분기명령어는 생산라인의 선택, 가공옵션 선택 등 조건에 따라 원하는 프로그램으로 점프하거나 불러올 수 있는 명령어다. 스캔프로그램의 양을 줄여 스캔타임을 줄일 수 있고 필요한 조건에만 동작할 수 있도록 응용할 수 있는 편리한 기능의 고급명령어다. PLC는 프로그램의 첫 스텝부터 마지막 스텝까지 순차적으로 프로그램을 연산한다. 분기란 프로그램을 순차적으로 연산하다가 사용자가 원하는 부분의 프로그램을 연산하는 것을 말한다. XGK에서 분기명령은 스캔프로그램 내에서 연산 위치를 변경하는 JMP명령과 별도로 작성한 서브루틴 프로그램을 호출하는 CALL명령이 있다.

1) JUMP/LABEL 명령

[JMP LABEL] JMP명령의 실행조건이 ON되면 LABEL(레이블) 위치로 스캔위치가 이동된다. 이때 JMP~LABLE 사이의 프로그램은 연산이 실행되지 않는다. 레이블(LABEL)의 삽입 순서는 다음과 같다.

① 스텝번호 표시영역을 더블클릭 하면 설명문/레이블 선택창이 나타난다. 설명문/레이블 선택창에서 레이블을 선택하고 확인버튼을 클릭한다.

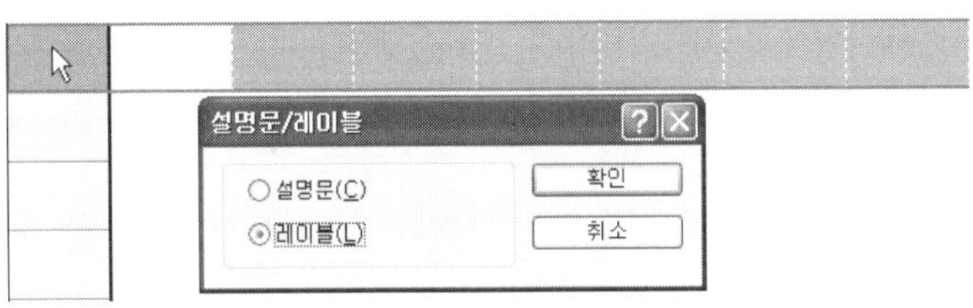

② 레이블 리스트 창의 레이블 항목에 레이블을 입력한다.

※ 레이블을 입력할 때 다음 사항에 주의해야 한다.

- 레이블은 문자, 숫자 및 밑줄(_)로 구성되며 최대 16바이트까지 사용할 수 있다.
- 밑줄(_) 이외의 특수문자는 사용할 수 없으며 레이블의 시작은 문자 또는 밑줄(_)로 시작해야 한다. (숫자로 시작할 수 없다.) 또한 동일한 레이블을 중복하여 사용할 수 없다.

③ 스텝번호 표시영역에 '레이블'로 표시되며, 프로그램 창에는 '입력된 레이블:' 형태로 레이블이 표시된다.

※ JMP명령이 있는 프로그램의 실행 순서

위의 프로그램에서 P00000이 OFF된 경우 프로그램의 1) 부분과 2) 부분은 공통적으로 실행 된다. 따라서 스위치입력 P00001, P00002, P00003 조작에 의해서 P00021, P00022 P00023 LED가 제어된다.

P00000이 ON되어 JMP명령이 동작하게 되면 프로그램의 1) 부분은 실행되지 않고 프로그램 2부분만 실행이 된다. 따라서 스위치입력 P00001, P00002가 ON/OFF 되더라도 P00021, P00022 LED는 ON/OFF 되지 않고 상태를 계속 유지하며, P00003 조작에 의해서 P00023 LED가 제어된다.

만일, P00000이 OFF된 상태에서 P00001이나 P00002가 ON이 되어 P00021이나 P00022가 ON된 상태에서 P00000이 ON 되어 JMP명령이 동작할 경우 P00001이나 P00002를 OFF시켜도 P00021이나 P00022는 OFF되지 않으므로 주의해야 한다.

Ex 4-1 아래의 그림과 같이 안전망으로 보호된 작업공간에서 이동하는 대차가 작업을 하고 있을 때 사람이 작업공간 내에 진입할 때 장비의 운전을 멈춘다.

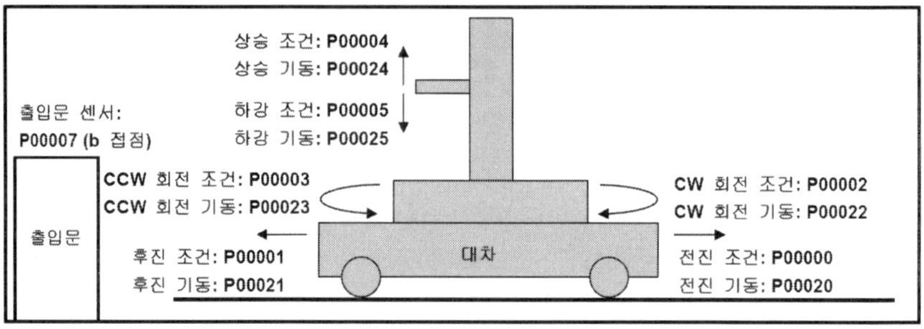

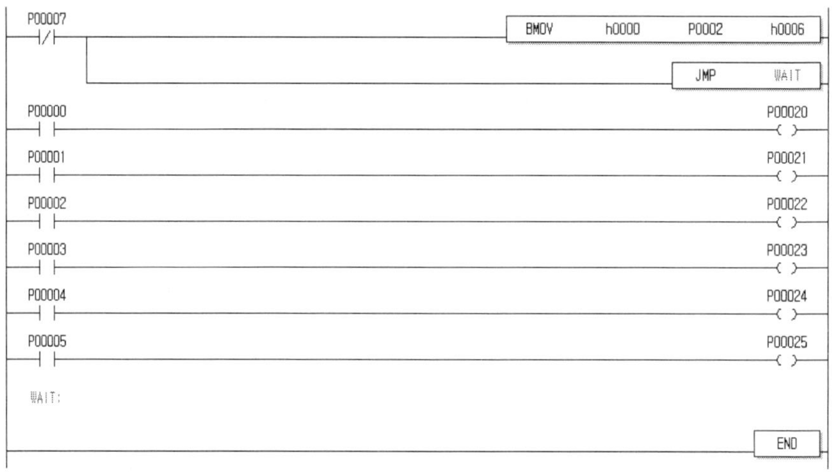

2) CALL/Sub-Routine 명령

[CALL(P) Sub-Routine] 명령의 조건이 ON되면 Sub-Routine을 호출한다. 서브루틴의 삽입 순서는 다음과 같다.

① END명령 위치 이후에 조건 없이 응용명령 대화상자를 호출한다.

② SBRT Sub-Routine 형태로 입력한다.

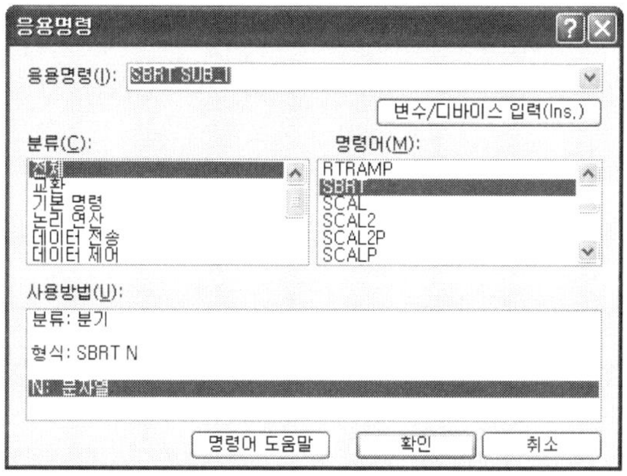

※ 서브루틴 이름을 입력할 때 다음 사항에 주의해야 한다.

• 서브루틴 이름은 문자, 숫자 및 밑줄(_)로 구성되며 밑줄(_) 이외의 특수문자는 사용할 수 없다. 서브루틴 이름의 시작은 문자 또는 밑줄(_)로 시작해야 한다. (숫자로 시작할 수 없다.) 또한 동일한 서브루틴 이름을 중복하여 사용할 수 없다.

③ END명령 위치 이후에 SUB_1이란 이름을 가진 서브루틴이 등록되었다. 서브루틴이 등록된 다음 행부터 서브루틴 프로그램에서 수행할 프로그램을 작성한다.

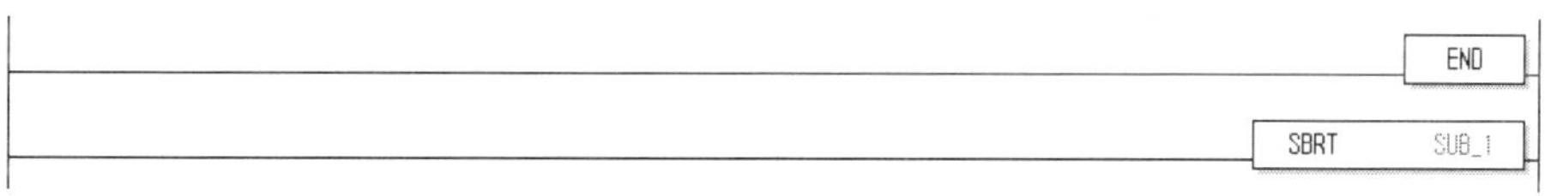

④ 서브루틴 프로그램에서 수행할 프로그램의 작성이 완료되면 다시 조건 없이 응용명령 대화상자를 호출하여 RET(Return 명령)를 편집한다.

1) 주 프로그램의 끝을 의미한다.
2) 서브루틴의 선언을 의미한다.
3) CALL명령에 의해 서브루틴이 호출되었을 때 수행할 프로그램이다.
4) 서브루틴의 끝을 의미한다.

※ CALL명령이 있는 프로그램의 실행 순서

위의 프로그램에서 1) 부분은 스캔프로그램의 일부이므로 P00003의 ON/OFF 여부와 상관없이 P00004 스위치 입력에 의해 P00024 LED는 제어된다.

- P00003 스위치가 OFF 상태일 때 P00000, P00001 스위치를 ON/OFF 시켜도 P00020, P00021 LED의 상태는 변화하지 않는다. 즉, 프로그램의 연산을 실행하지 않는다.
- P00003 스위치가 ON 상태일 때 P00000, P00001 스위치의 ON/OFF에 따라 P00020, P00021 LED의 상태도 변화한다. 즉, 프로그램의 연산을 실행한다.
- P00020 이나 P00021 LED가 ON된 상태에서 P00003 스위치가 OFF되면 P00000, P00001 스위치에 의해 P00020, P00021 LED가 제어가 되지 않으므로 주의해야 한다.

Ex 4-2 초기화버튼(P00008)을 ON시키면 데이터를 초기화시킨다.

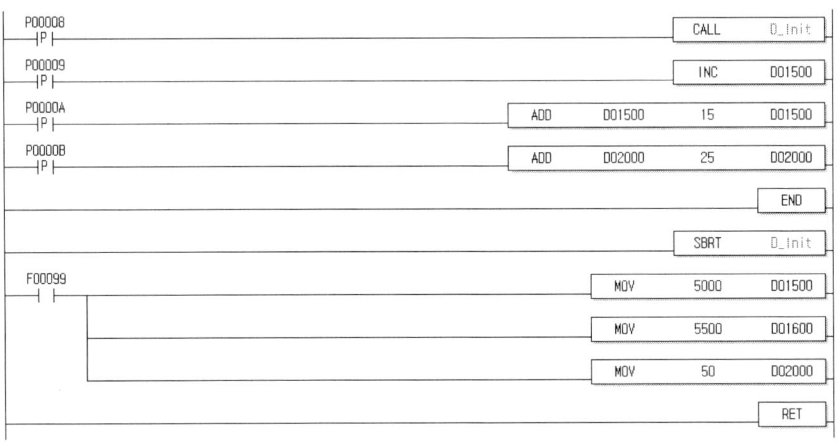

※ CALL명령의 응용1: 프로그램 내에서 자주 사용하는 복잡한 연산식 처리 프로그램을 작성하는데 있어 복잡한 연산식이 반복되어 사용될 경우 연산식을 하나의 서브루틴 프로그램으로 작성하여 결과만 전달 받는다면 프로그램은 간단해질 수 있다. 또, CALL에 의해 호출되는 서브루틴은 동일한 스캔프로그램에 편집할 필요가 없기 때문에 여러 개의 복잡한 연산식(서브루틴)을 사용할 경우 1개의 프로그램 블록에 프로그램 전체에서 필요한 모든 서브루틴만을 편집하고 다른 프로그램블록에서 필요한 서브루틴을 호출해서 사용할 수 있다. 1개의 프로그램 블록에 서브루틴만 편집할 경우 프로그램은 다음과 같이 작성해야 한다.

① 다음의 과정을 거쳐 프로그램 블록을 추가한다.

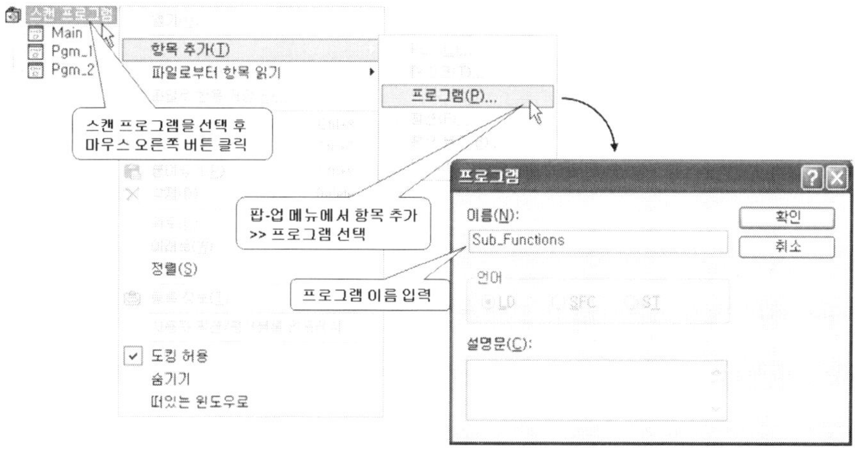

② 프로그램의 첫 부분에 END명령을 입력한 후 SBRT~RET 구조로 서브루틴 프로그램을 작성한다.

③ 다른 프로그램에서 서브루틴을 호출할 때 각 서브루틴에 필요한 데이터를 입력한 후 CALL 명령을 이용하여 서브루틴을 호출하고 서브루틴의 결과를 반환받는 프로그램을 작성한다.

Ex 4-3 CALL명령의 응용 2: 옵션 가공 처리

어떤 제품을 생산하는데 공통 가공부분 및 여러 가지의 가공옵션이 있고 각각의 옵션 가공을 처리하기 위해 상당히 긴 프로그램이 필요하다고 할 때 다음 그림과 같이 공통 가공부분과 옵션 가공부분을 별도의 프로그램으로 작성하고, 공통가공 프로그램에서 필요한 옵션가공 프로그램을 호출하여 선택된 옵션만 처리하도록 할 수 있다. 이 경우 별도로 프로그램 구조를 다음과 같이 작성하고 가공처리 여부를 선택하면 프로그램을 쉽게 작성할 수 있다.

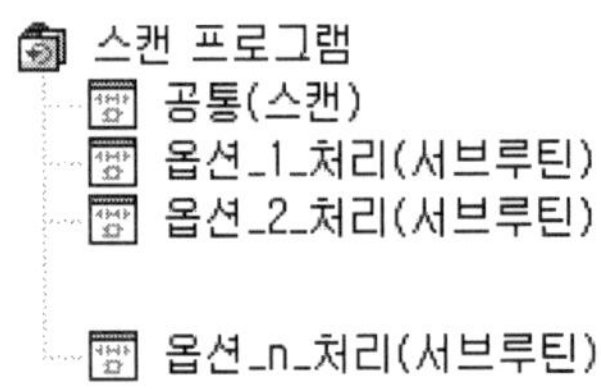

Ex 4-4 아무런 조건 없이 P00000~P00003 스위치가 ON되면 P00020~P00023 LED가 ON된다.

P00004 스위치가 ON되어 있을 경우 P00007~P00009 스위치가 ON되

면 P00027~P00029 LED가 ON된다. P00005 스위치가 ON되어 있을 경우 P0000A~P0000C 스위치가 ON되면 P0002A~P0002C LED가 ON된다.

• 공통 프로그램

• Option1 프로그램

• Option2 프로그램

Ex 4-5 기동스위치(P00000)을 ON시키면 P00020~P00025 LED가 P00020→P00025 방향으로 순차적으로 1개씩 ON된다. 기동스위치가 ON된 상태에서 P00001 스위치가 ON, P00002 스위치가 OFF되어 있을 경우 P00028~P0002F LED가 P00028→P0002F 방향으로 순차적으로 ON되고, P00001 스위치가 OFF, P00002 스위치가 ON되어 있을 경우

P0002F → P00028 방향으로 순차적으로 ON된다.

• 공통 프로그램

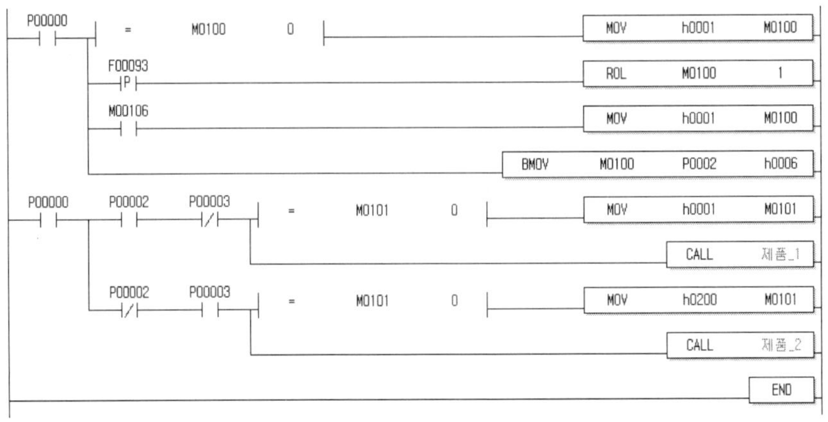

• 제품1 프로그램

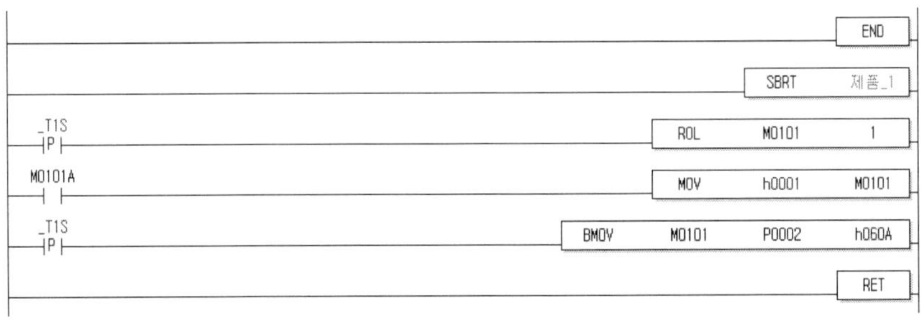

• 제품2 프로그램

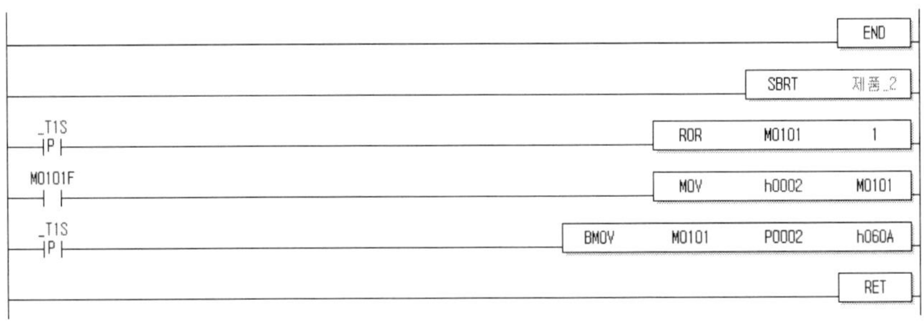

5.2 루프

동일한 작업을 유한회수 반복하는 것을 루프 프로그램이라고 한다. 반복하는 프로그램의 길이가 길고, 반복회수가 많을 경우 PLC의 스캔시간이 증가하게 된다. 만일, PLC의 스캔시간이 기본파라미터의 워치독 타이머에서 설정한 시간보다 길어지게 되면 PLC에는 스캔 워치독 에러상태가 발생한다. 스캔 워치독 에러를 방지하기 위해 기본파라미터의 워치독 타이머를 충분히 길게 설정하거나, 프로그램 연산 중 워치독 타이머 클리어 명령(WDT)을 실행시켜 스캔시간을 클리어 해주어야 한다.

XGK에서 루프 명령은 FOR ~ NEXT 문으로 구성된다. 루프 프로그램의 시작을 선언하는 FOR 명령은 조건 없이 편집되는 명령이므로 FOR ~ NEXT 문이 스캔프로그램에 편집되었을 경우 매 스캔 FOR ~ NEXT 문이 실행된다. 따라서 FOR ~ NEXT 문은 CALL에 의해 호출되는 서브루틴 프로그램에 편집하거나, FOR문 다음에 루프 프로그램의 실행이 필요한지 확인하여 루프 프로그램의 실행이 필요 없을 경우 또는 전체 회수 반복이 완료되기 전 반복문에서 얻고자 하는 결과가 만족되었을 경우 BREAK문을 이용하여 루프 프로그램이 더 이상 실행되지 않도록 하는 것이 좋다.

1) FOR/BREAK/NEXT 문

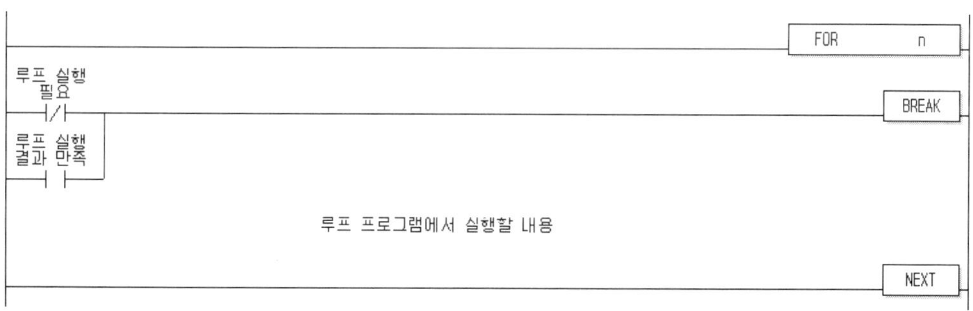

※ n은 0~65,535 사이의 정수 또는 워드 디바이스로 지정할 수 있다.

- 루프 프로그램의 실행이 필요 없을 경우 BREAK 명령이 실행되어 FOR ~ NEXT 사이의 프로그램은 연산이 실행되지 않는다.
- 루프 프로그램의 실행이 필요한 경우 FOR ~ NEXT 사이를 최대 n번 연산 실행한다. 연산 실행 도중 루프 실행 결과가 만족되면 BREAK 명령으로 더 이상 루프 프로그램은 연산이 실행되지 않는다.

Ex 4-6 P00000이 ON되면 1부터 BCD스위치로 입력되는 숫자까지 합을 구한다.

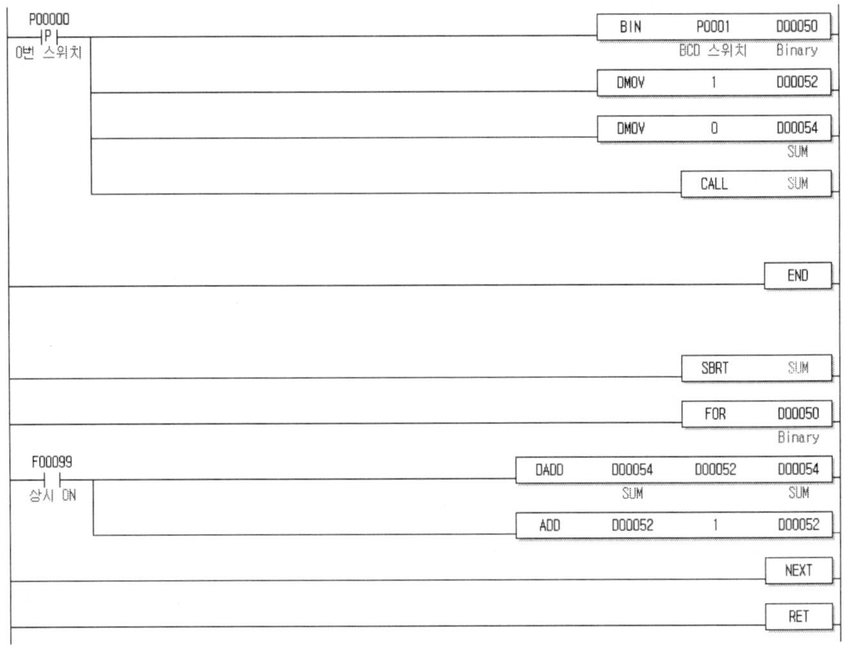

5.3 인덱스

XGK에서 디바이스 주소를 변수로 다루는 것을 인덱스라고 한다. XGK의 디바이스 중 Z영역이 인덱스 디바이스이며 128개의 인덱스(Z000~Z127)를 사용할 수 있다.

인덱스는 기준 디바이스 [인덱스 디바이스] 형태로 사용 되며, 인덱스가 사용되었을 때 지정되는 디바이스는 기준 디바이스 주소 + 인덱스 디바이스의 데이터가 된다. 예를 들어 D00000[Z000]라고 인덱스를 사용했을 경우 D00000을 기준 디바이스라고 하고 Z000이 인덱스 디바이스가 된다. Z000에 저장되어 있는 데이터가 100일 경우 D00000[Z000]가 지정하는 디바이스는 D00100이 된다. 따라서 인덱스 디바이스의 데이터를 변경하면 기준 디바이스[인덱스 디바이스] 전체의 디바이스 주소가 변경된다. 이러한 원리를 이용하여 한 번에 1워드 이상의 테이블 데이터를 처리할 수 있다.

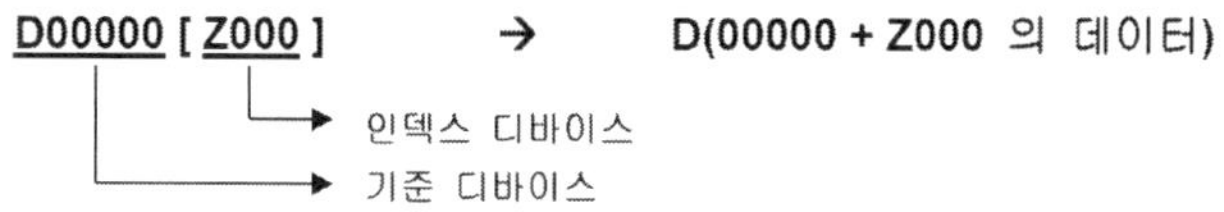

D00000[Z000] → D00100:
M00000[Z000] → M00063
D00000[Z000].5 → D00100.5

인덱스 디바이스의 데이터는 기준 디바이스에 따라 그 의미가 달라진다. 워드 디바이스[인덱스] 형태로 사용되었을 경우 인덱스는 워드 디바이스 인덱스가 되며 비트 디바이스[인덱스] 형태로 사용되었을 경우 인덱스는 비트 인덱스가 된다. 워드 디바이스의 비트 상태를 확인하는 워드 디바이스 . 비트 번호 [인덱스] 형태로 사용 되었을 경우 인덱스는 워드 인덱스가 된다. 예를 들어 Z000에 저장되어 있는 데이터가 100일 경우 D00000[Z000]는 D00100, M00000[Z000]는 M00063, D00000[Z000].5는 D00100.5를 의미한다.

XGK PLC에서 인덱스를 사용할 지정된 기준 디바이스의 영역을 초과할 경우 PLC에 심각한 문제를 초래할 수 있으므로 인덱스의 데이터를 설정할 때 주의해야 한다. 예를 들어 XGK-CPUH를 사용할 때 1워드 크기의 데이터를 처리하는 명령어에서 D30000[Z000]을 사용했을 경우 XGK-CPUH에서 사용 가능한 D영역이 D00000~D32767이므로 Z000에 설정할 수 있는 데이터는 -30,000에서 2,767까지이다.

Ex 4-7 1번(D00100)부터 10번(D00109)까지 차를 주차할 수 있는 자동주차기가 있다. 각 방에 차가 저장되면 차량번호가 저장되며 없으면 0일 때, 한 유저가 자신의 차량번호를 눌렀을 때 주차된 차고지 번호가 출력되어 출차할 수 있게 For~Next를 이용하여 프로그램을 구성하라.

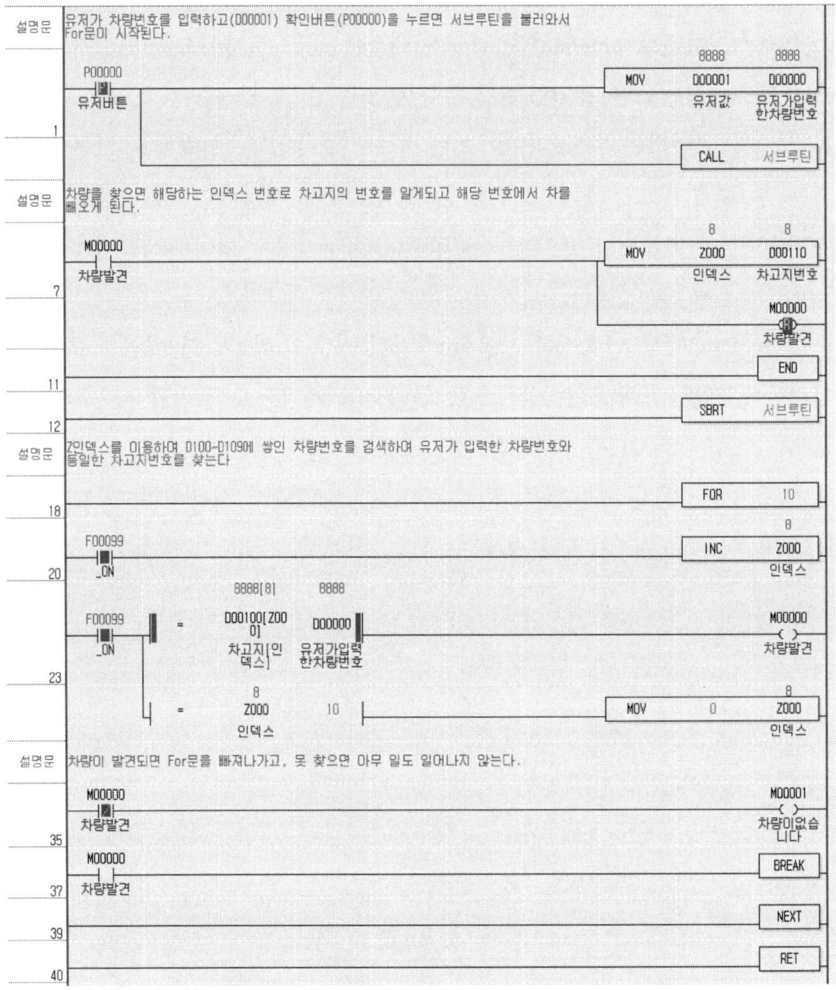

	프로그램	디바이스/변수	값	타입
1	<GLOBAL>	D00100	1111	WORD
2	<GLOBAL>	D00101	2222	WORD
3	<GLOBAL>	D00102	1234	WORD
4	<GLOBAL>	D00103	0	WORD
5	<GLOBAL>	D00104	3333	WORD
6	<GLOBAL>	D00105	4444	WORD
7	<GLOBAL>	D00106	6666	WORD
8	<GLOBAL>	D00107	0	WORD
9	<GLOBAL>	D00108	8888	WORD
10	<GLOBAL>	D00109	9999	WORD

Ex 4-8 12대의 장비와 통신을 하려고 한다. 각 장비당 기동조건을 순차적으로 보낼 수 있게 인덱스 레지스터와 P2P_NDR 플래그를 이용하여 프로그램을 구성하라.

인덱스	채널	설정 드라이버	P2P 기능	기동 조건	방식	데이터 타입	변수 개수	데이터크기	상대국	상대국번	프레임	설정	변수 설정 내용
0	2	모드버스 RTU 클라이언트	READ	M00000	2. 연속	WORD	1	2	☑	1		설정	개수:1 READ1:0x30000,SAVE1:P0010
1	2	모드버스 RTU 클라이언트	WRITE	M00001	2. 연속	WORD	1	2	☑	2		설정	개수:1 READ1:P0012,SAVE1:0x40000
2	2	모드버스 RTU 클라이언트	READ	M00002	2. 연속	WORD	1	2	☑	3		설정	개수:1 READ1:0x30000,SAVE1:P0014
3	2	모드버스 RTU 클라이언트	WRITE	M00003	2. 연속	WORD	1	2	☑	4		설정	개수:1 READ1:P0016,SAVE1:0x40000
4	2	모드버스 RTU 클라이언트	READ	M00004	2. 연속	WORD	1	2	☑	5		설정	개수:1 READ1:0x30000,SAVE1:P0018
5	2	모드버스 RTU 클라이언트	WRITE	M00005	2. 연속	WORD	1	2	☑	6		설정	개수:1 READ1:P0020,SAVE1:0x40000
6	2	모드버스 RTU 클라이언트	READ	M00006	2. 연속	WORD	1	2	☑	7		설정	개수:1 READ1:0x30000,SAVE1:P0022
7	2	모드버스 RTU 클라이언트	WRITE	M00007	2. 연속	WORD	1	2	☑	8		설정	개수:1 READ1:P0024,SAVE1:0x40000
8	2	모드버스 RTU 클라이언트	READ	M00008	2. 연속	WORD	1	2	☑	9		설정	개수:1 READ1:0x30000,SAVE1:P0026
9	2	모드버스 RTU 클라이언트	WRITE	M00009	2. 연속	WORD	1	2	☑	10		설정	개수:1 READ1:P0028,SAVE1:0x40000
10	2	모드버스 RTU 클라이언트	READ	M00010	2. 연속	WORD	1	2	☑	11		설정	개수:1 READ1:0x30000,SAVE1:P0030
11	2	모드버스 RTU 클라이언트	WRITE	M00011	2. 연속	WORD	1	2	☑	12		설정	개수:1 READ1:P0032,SAVE1:0x40000

위의 그림은 P2P 설정에서 국번 1~12까지의 장비에게 데이터 쓰기 또는 읽기를 하는 파라미터이다. 통신은 기동조건이 상승엣지가 발생할 때 송신패킷을 버퍼에 보내게 되고 여러 개의 기동조건이 겹치게 되면 송신버퍼에 먼저 쌓인 패킷을 보내게 된다.

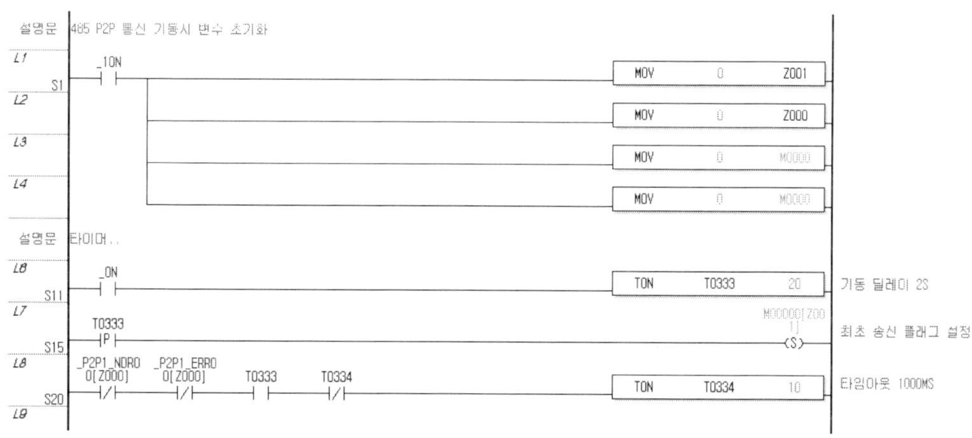

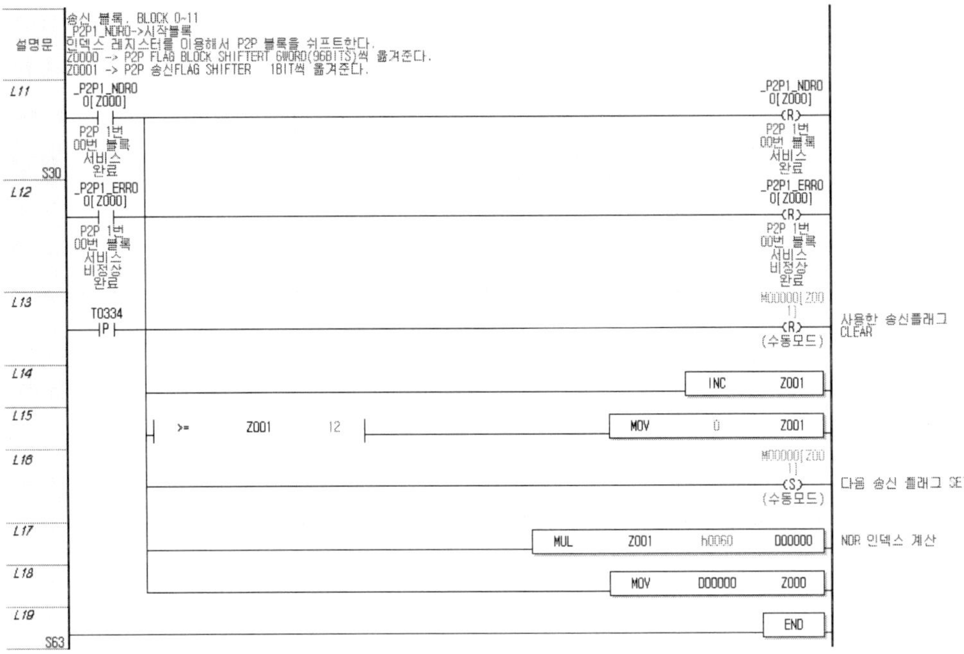
설명문
송신 블록, BLOCK 0~11
_P2P1_NDR0->시작블록
인덱스 레지스터를 이용해서 P2P 블록을 쉬프트한다.
Z0000 -> P2P FLAG BLOCK SHIFTERT 6WORD(96BITS)씩 옮겨준다.
Z0001 -> P2P 송신FLAG SHIFTER 1BIT씩 옮겨준다.
L11
_P2P1_NDR0 0[Z000]
P2P 1번 00번 블록 서비스 완료
S30
L12
_P2P1_ERR0 0[Z000]
P2P 1번 00번 블록 서비스 비정상 완료
L13
T0334
M00000[Z001]
(수동모드)
사용한 송신플래그 CLEAR
L14
INC Z001
L15
>= Z001 12
MOV 0 Z001
L16
다음 송신 플래그 SET
L17
MUL Z001 h0060 D00000
NDR 인덱스 계산
L18
MOV D00000 Z000
L19
END
S63

제6장 사용자정의 펑션 및 펑션블록

6.1 사용자정의 개요

XGK PLC는 사용자가 자주 사용하는 복잡한 로직의 프로그램을 하나의 명령어처럼 편집하여 사용할 수 있으며, 하나의 프로젝트에서 작성한 명령어는 Export/Import 기능을 통해 다른 프로젝트에도 사용할 수 있다. 이처럼 사용자가 자주 사용하는 프로그램을 하나의 명령어처럼 만든 것을 사용자펑션 또는 펑션블록이라 하며, 이 기능을 사용함으로써 복잡한 로직의 프로그램을 여러 번 반복하여 편집하는 불편함을 줄일 수 있고, 프로그래머의 핵심 Know-how를 보호할 수 있다.

사용자가 작성할 수 있는 명령어에는 펑션과 펑션블록이 있으며 이 둘의 차이는 사용자펑션은 펑션에서 사용하는 데이터메모리를 한 번만 할당 받고, 호출에 의해 연산식이 참조된다. 즉, 사용자펑션의 경우 프로그램에서 여러 번 반복해서 사용하더라도 데이터메모리 사용량이 증가하지 않는다. 반면 사용자펑션블록의 경우 프로그램에서 펑션블록을 등록할 때마다 데이터메모리가 할당되므로 프로그램에서 동일한 펑션블록을 여러 번 사용할 경우 데이터메모리의 사용량이 증가하게 된다. 따라서 1스캔시간 이내에 연산이 완료되고, 데이터의 누적이 필요 없을 경우 펑션을 사용하는 것이 유리하고, 여러 스캔에 걸쳐 연산이 이루어지거나 데이터의 누적이 필요한 경우 펑션블록을 사용해야 한다.

아래의 왼쪽 그림과 같이 3개의 데이터를 입력받아(입력1+입력2-입력3)의 결과를 계산하는 프로그램을 래더다이어그램을 이용하여 작성할 때 계산과정에서 생성되는 임시 결과를 저장하는 메모리를 별도로 사용해야 하고, 동일한 연산을 여러 번 반복하여 사용할 경우 동일한 프로그램을 반복하여 작성해야 하고 그때마다 임시 결과를 저장하는 변수를 사용해야 한다. 그러나 오른쪽 그림과 같이 동일한 로직을 하나의 명령어로 만들어 사용한다면 임시 결과를 저장할 메모리를 사용하지 않아도 되고, 여러 번 사용할 경우 명령어만 호출하여 변수만 편집하면 된다.

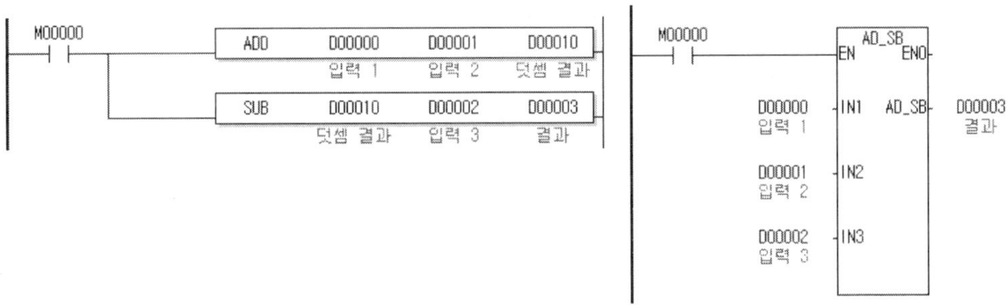

1) 사용자 펑션/펑션블록 작성

XGK PLC에서 사용자 펑션/펑션블록을 사용하기 위해서 앞장의 SFC를 이용하는 프로그램과 같이 디바이스 자동할당을 사용하는 프로젝트를 구성해야 한다.

① 프로젝트 메뉴에서 새 프로젝트(N)를 선택한다.

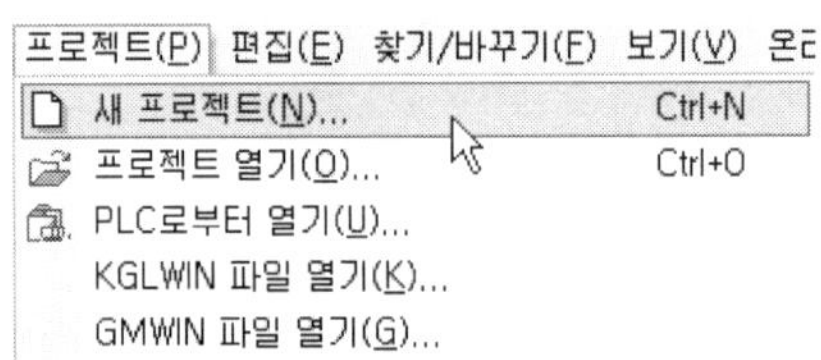

② 새 프로젝트창에서 각 항목을 입력한다. 프로그램 형식에서 XGK 프로그래밍(자동할당)을 선택한다.

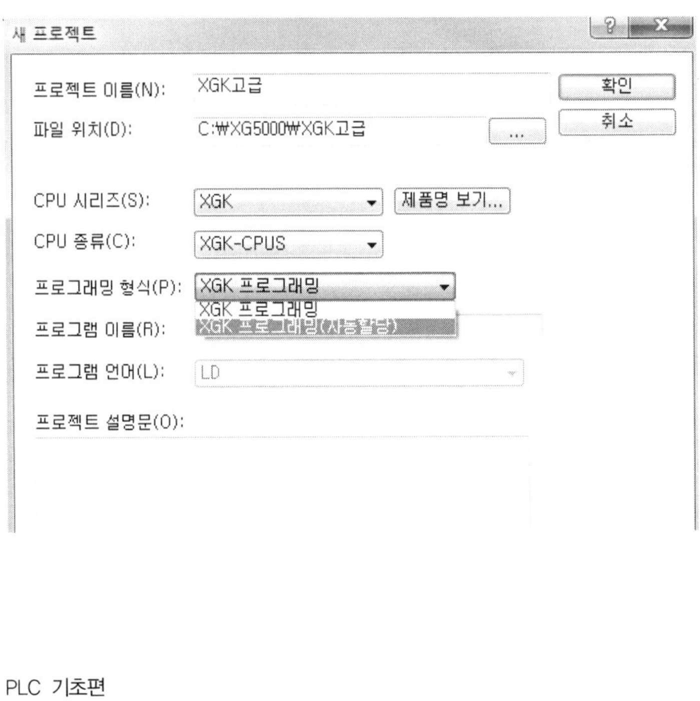

③ 디바이스 자동할당이 선택된 프로젝트가 구성되면 프로젝트창에 글로벌/디바이스 항목이 생성되고, 파라미터에는 디바이스 자동할당 파라미터가 추가된다. 또 각 스캔프로그램은 로컬변수와 프로그램 항목으로 나누어진다. 스캔프로그램의 하단에 사용자 펑션/펑션블록 항목이 표시된다.

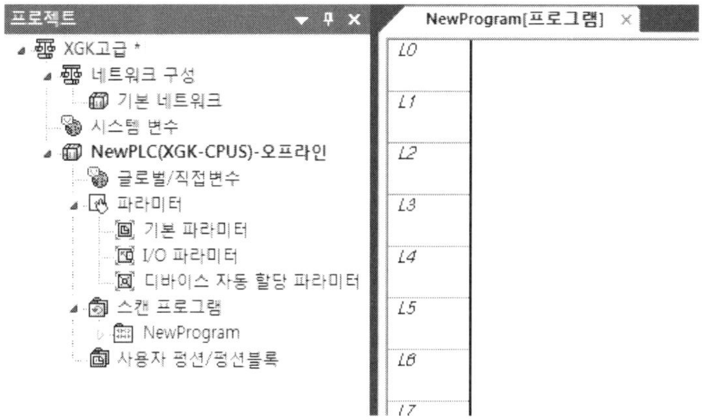

④ XGK PLC에서 디바이스 자동할당이란 내부 데이터메모리영역인 D, M, C, T영역의 일부 영역을 디바이스주소가 아닌 사용자가 편집하는 변수의 데이터를 저장하는 영역으로 사용하는 기능이다. 따라서 D, M, C, T 영역 중 자동할당 영역으로 사용할 메모리영역을 디바이스 자동할당 파라미터에서 설정해야 한다. 자동할당 디바이스로 설정된 영역은 프로그램에서 디바이스주소를 이용하여 접근할 수 없다.

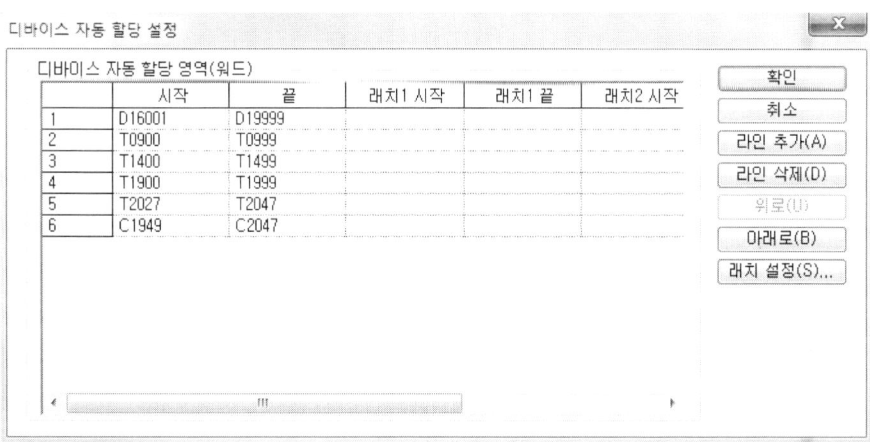

글로벌변수와 로컬변수: XGK PLC는 최대 256개의 프로그램블록으로 나누어서 프로그램을 작성할 수 있다. 여러 개의 프로그램블록이 등록된 프로젝트에서 한 개의 프로그램블록에서만 접근 가능한 변수가 로컬변수이고, 여러 개의 프로그램블

록에서 접근 가능한 변수가 글로벌변수이다. 자동할당변수가 아닌 경우 어떤 프로그램블록에서도 디바이스주소를 이용하여 접근할 수 있기 때문에 글로벌변수로 등록하지 않아도 프로젝트에 등록된 모든 프로그램에서 접근할 수 있다. 글로벌변수를 사용하기 위해서는 로컬변수 등록 시 변수 종류를 VAR_EXTERNAL로 설정하면 자동으로 글로벌변수로 등록된다. (로컬변수→글로벌변수) 또, 글로벌변수를 먼저 등록한 후 로컬변수에서 글로벌변수를 참조하는 방법이 있다. (글로벌변수→로컬변수)

2) 사용자 펑션/펑션블록 등록

① 프로젝트창에서 사용자펑션/펑션블록을 선택(클릭)한 후 마우스 오른쪽버튼을 눌러 팝업메뉴를 표시한다. 팝업메뉴에서 항목 추가를 선택하면 펑션과 펑션블록 중 1개를 선택할 수 있다.

② 커서를 프로그램창으로 옮기면 커서 하부에 스텝마크가 표시된다. 프로그램창에서 마우스를 클릭하면 사용자펑션/펑션블록 설정화면이 표시된다.

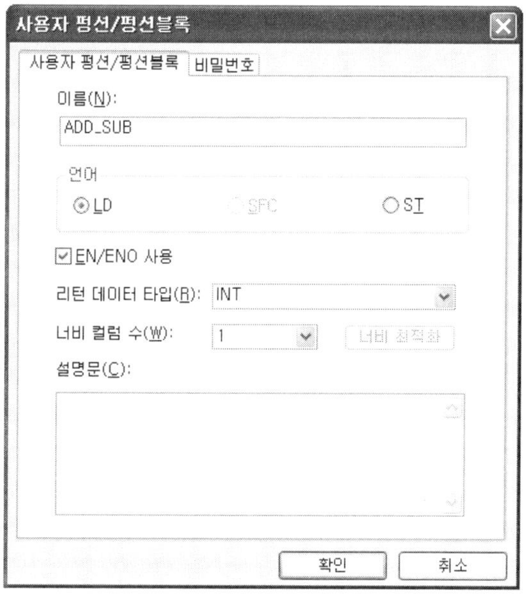

- **이름:** 사용자펑션/펑션블록의 이름을 입력한다. 사용자펑션을 선택했을 경우 여기서 지정된 사용자펑션의 이름은 프로그램 내에서 출력변수로 자동 등록된다.
- **언어:** 사용자펑션은 하나의 프로그램이므로 사용자펑션에서 데이터를 처리할 내용을 작성하는 프로그램에 사용할 언어를 선택한다.
- **EN/ENO 사용:** EN은 펑션의 실행조건이고, ENO는 펑션이 정상적으로 실행되었는지 여부를 출력하는 변수이다. 여기서 EN/ENO 사용을 선택하면 펑션의 첫 입력 항목이 EN이 되고 첫 출력 항목이 ENO가 된다.
- **리턴 데이터 타입:** 사용자펑션을 등록할 경우에만 활성화된다. 사용자펑션 프로그램의 연산결과를 외부 프로그램에 전달할 변수를 리턴변수라고 하고 리턴변수의 데이터타입을 지정한다. 펑션블록의 경우 리턴변수를 선언하지 않고 프로그램에서 편집한 변수를 이용하여 펑션블록의 연산결과를 외부 프로그램으로 전달할 수 있다.
- **너비 컬럼 수:** 사용자펑션을 외부 프로그램에서 호출했을 때 XG5000 화면에 표시될 컬럼의 수를 지정한다. 변수의 길이(문자수)가 길 경우 컬럼수를 증가시켜 주는 것이 좋다.
- **설명문:** 펑션/펑션블록에 대한 설명문을 입력할 수 있다.

④ 사용자 펑션/펑션블록 설정화면의 비밀번호 탭을 선택하면 사용자 펑션/펑션블록에 대해 비밀번호를 설정할 수 있다. 이 비밀번호는 사용자 펑션/펑션블록 프로그

램을 XG5000에서 열 때 적용됨으로써 사용자의 핵심기술을 보호하는데 사용할 수 있다. 또, PLC로부터 소스읽기 불가를 선택하여 PLC로 전송하게 되면 다른 사용자가 프로그램을 PLC로부터 열기를 수행했을 때 사용자 펑션/펑션블록의 소스는 PLC에서 읽혀지지 않는다.

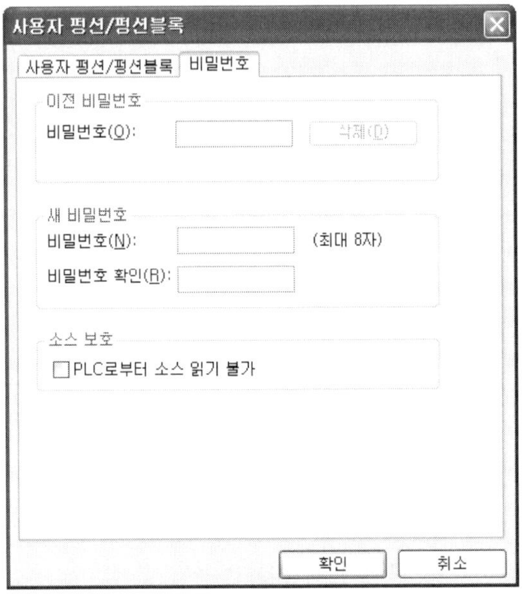

3) 사용자정의 펑션 변수

① 프로젝트창에서 등록된 사용자펑션 또는 펑션블록의 로컬변수를 더블클릭하면 로컬변수창이 표시된다. 펑션/펑션블록 등록단계에서 EN/ENO 사용을 선택했으면 아래의 도형에서 EN과 ENO가 표시된다. 또, 펑션의 경우 펑션 이름과 동일한 변수가 VAR_RETURN으로 등록되어 있다.

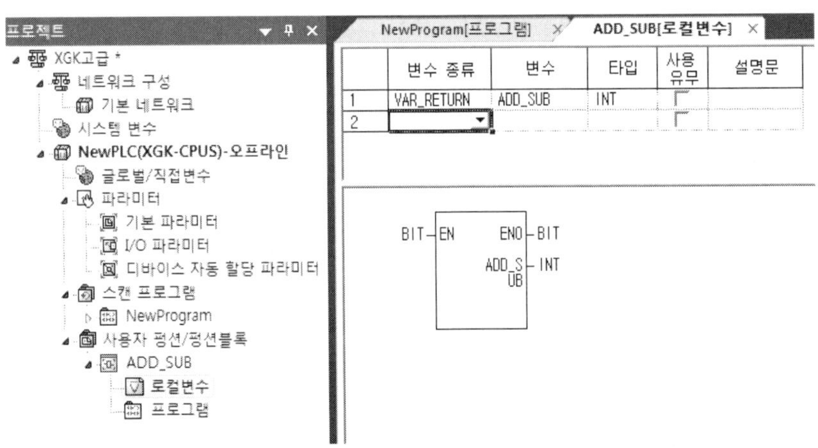

② 로컬변수창에서 변수 종류를 클릭하면 선택할 수 있는 변수의 종류가 나타난다. 사용자펑션 또는 펑션블록에서 사용하는 변수는 모두 자동할당영역에 메모리가 할당되므로 앞의 디바이스 자동할당파라미터에서 자동할당영역을 너무 작게 설정하면 사용할 수 있는 메모리영역에 제한이 있을 수 있다. 특히 사용자펑션블록을 사용할 경우 스캔프로그램에서 펑션블록을 등록할 때마다 메모리가 할당되므로 사용자펑션블록을 사용할 경우 디바이스 자동할당 파라미터에서 자동할당 영역을 충분히 확보해 주어야 한다.

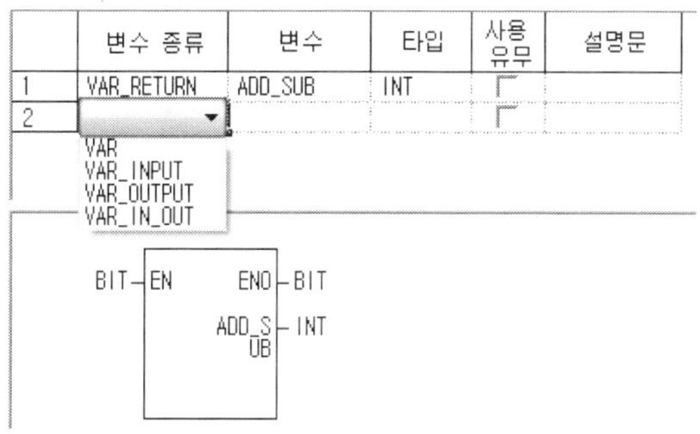

- VAR: 사용자펑션 또는 펑션블록 내부프로그램에서 사용하는 읽고 쓰기가 가능한 변수이다.
- VAR_INPUT: 스캔프로그램에서 사용자펑션 또는 펑션블록으로 데이터를 전달하는 변수이다. 사용자펑션 프로그램 내부에서는 읽기전용 변수로 사용된다. VAR_INPUT변수를 등록하면 아래의 펑션 또는 펑션블록 모양에서 좌측(입력측)에 변수가 표시된다.
- VAR_OUTPUT: 사용자펑션 또는 펑션블록에서 연산한 결과를 스캔프로그램으로 전달하는 변수이다. VAR_OUTPUT변수를 등록하면 아래의 펑션 또는 펑션블록 모양에서 우측(출력측)에 변수가 표시된다.
- 스캔프로그램에서 사용자펑션 또는 펑션블록으로 데이터를 전달하고 사용자펑션 또는 펑션블록에서 연산한 결과를 스캔프로그램으로 전달하는데도 사용되는 변수이다. VAR_IN_OUT변수를 등록하면 아래의 펑션 또는 펑션블록 모양에서 좌측(입력측)과 우측(출력측) 모두에 변수가 표시된다.

③ 아래와 같이 변수를 등록한다.

	변수 종류	변수	타입	사용 유무	설명문
1	VAR_RETURN	ADD_SUB	INT		
2	VAR_INPUT	IN1	INT		
3	VAR_INPUT	IN2	INT		
4	VAR_INPUT	IN3	INT		

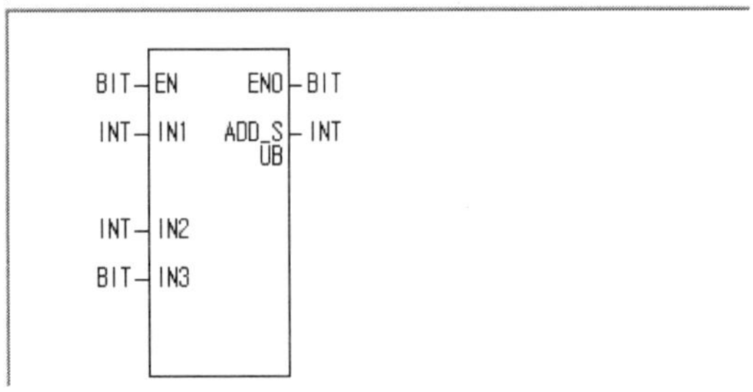

※ 앞의 그림에서 펑션에서 리턴변수 ADD_SUB는 두 줄에 나타난다. 만일 ADD_SUB을 한 줄에 표시하고자 할 경우 프로젝트창에서 펑션 또는 펑션블록을 선택한 후 마우스 오른쪽버튼을 누르고 팝업메뉴에서 등록 정보를 선택한 후 너비컬럼수를 변경하거나 '너비 최적화'버튼을 누르면 펑션 또는 펑션블록의 너비가 넓어지면서 변수 이름이 한 줄에 표시된다.

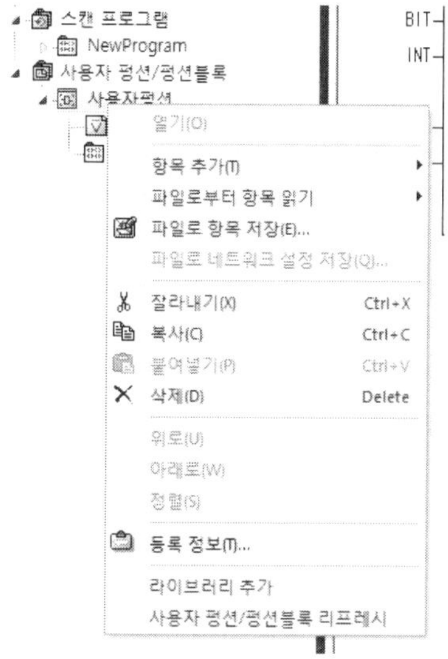

4) 사용자정의 펑션 프로그래밍

다음과 같이 프로그램을 작성한다. 덧셈(ADD)과 뺄셈(SUB)의 조건으로 사용된 상시 ON플래그(_ON)은 스캔프로그램에서 사용하는 상시 ON플래그와 달리 '펑션 또는 펑션 블록의 실행조건이 ON되었을 때'를 의미한다.

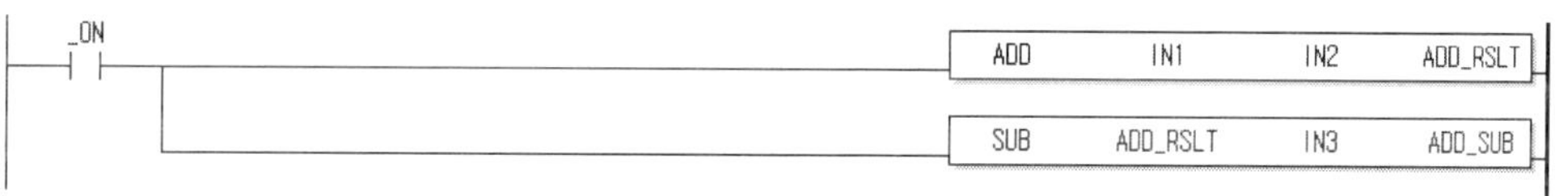

	변수 종류	변수	타입	사용 유무	설명문
1	VAR_INPUT	IN1	INT	☑	
2	VAR_INPUT	IN2	INT	☑	
3	VAR_INPUT	IN3	INT	☑	
4	VAR_RETURN	ADD_SUB	INT	☑	
5	VAR	ADD_RSLT	INT	☑	
6				☐	

5) 사용자 펑션/펑션블록의 사용

① 사용자 펑션 또는 펑션블록을 스캔프로그램에서 사용할 경우 도구바에서 확장펑션을 선택한다.

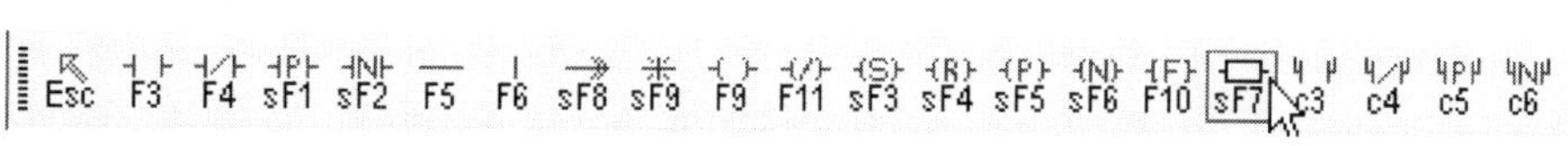

② 프로그램창에서 마우스를 클릭하면 펑션/펑션블록 대화상자가 표시된다. 이때 펑션리스트에는 사용자펑션 또는 펑션블록만 나타난다. 이름 항목에 사용하고자 하는 사용자펑션의 이름을 입력하거나 펑션리스트에서 선택한다.

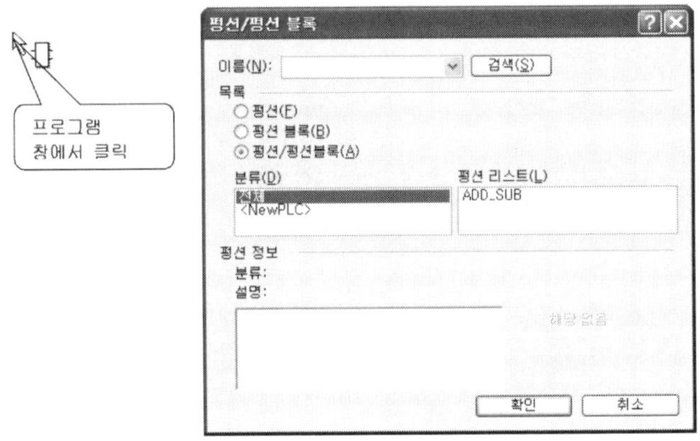

③ 사용자펑션 또는 펑션블록을 프로그램창에 등록한 후 입력변수와 출력변수를 설정한다.

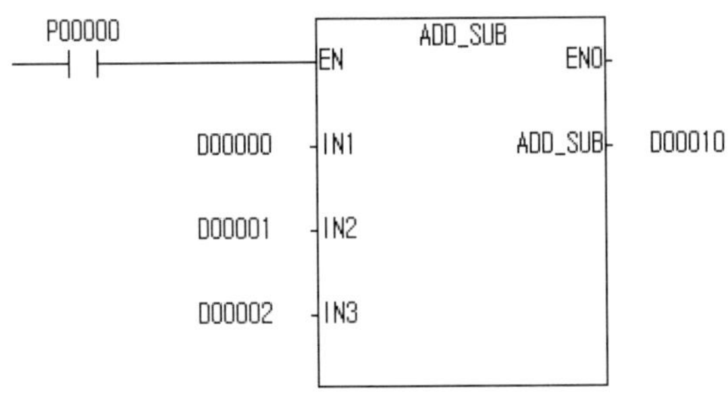

④ 프로그램을 PLC로 전송하고 PLC를 Run시킨 후 입력변수의 데이터를 아래의 그림과 같이 설정하면 결과가 출력변수 ADD_SUB를 통해 출력된다.

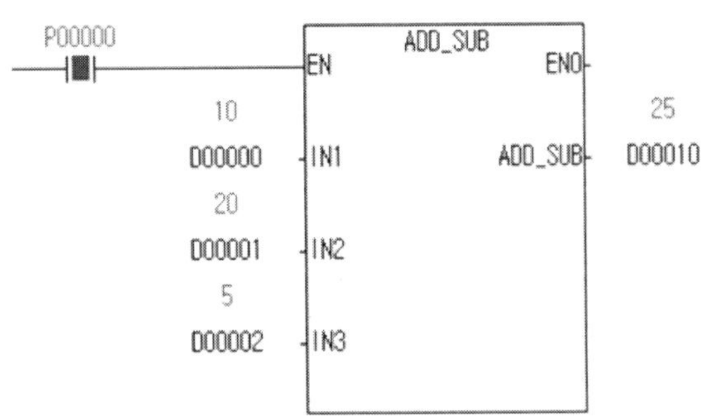

⑤ **사용자 펑션/펑션블록 모니터링:** 사용자펑션 또는 펑션블록을 선택하고 마우스 오른쪽버튼을 누른 뒤 팝업메뉴에서 '사용자 펑션/펑션블록 열기'를 선택하면 사용자 펑션 또는 펑션블록 프로그램이 데이터와 함께 표시된다. 이와 같이 펑션 또는 펑션블록 프로그램의 모니터링이 가능하므로 사용자펑션 또는 펑션블록의 디버깅이 가능하다. 단, 사용자정의 펑션 또는 펑션블록 프로그램은 '런 중 수정'은 지원하지 않는다.

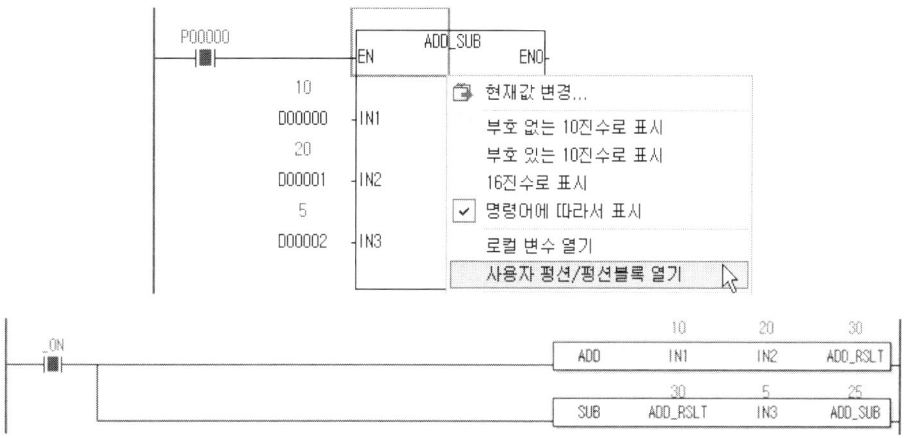

⑥ 사용자 펑션 또는 펑션블록이 스캔프로그램에 등록된 상태에서 사용자펑션 또는 펑션블록 프로그램이 변경되었을 경우 '사용자 펑션/펑션블록 리프레시'를 실행해야 변경된 펑션 또는 펑션블록 프로그램의 내용이 스캔프로그램에 등록된 사용자펑션 또는 펑션블록에 반영된다.

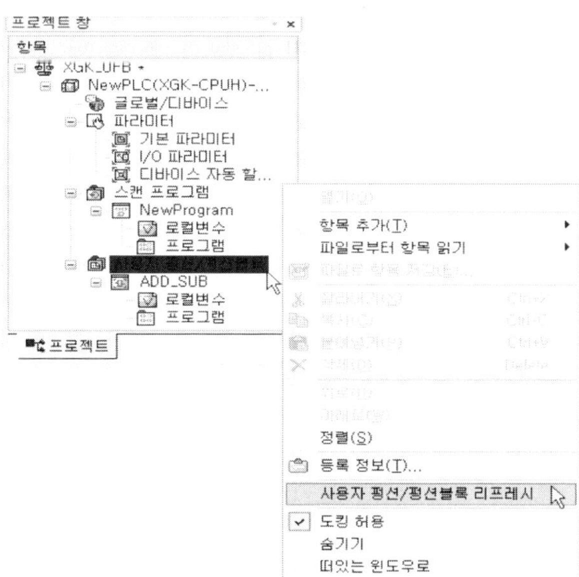

※ 아래의 그림과 같이 스캔프로그램에서 동일한 사용자펑션블록이 두 번 이상 등록되고 두 개 이상의 사용자펑션이 실행되고 있을 경우 '사용자 펑션/펑션블록 열기'를 실행하면 사용자펑션 프로그램에서 모니터링되는 데이터는 현재 입력데이터가 아닐 수 있다. 아래의 경우 선택된 사용자펑션에서 입력되고 있는 데이터는 각각 10, 20, 5이지만 펑션프로그램에서 모니터링되는 데이터는 두 번째 펑션의 입력데이터인 0, 100, 200이 모니터링된다. 그 이유는 사용자펑션은 스캔프로그램에서 등록되는 회수와 관계없이 한 번만 할당받기 때문에 첫 번째 펑션이 실행될 때는 그에 따른 입력데이터를 이용하여 결과를 출력하고 두 번째 펑션이 실행될 때는 두 번째 입력데이터를 이용하여 결과를 출력한다. XG5000에서 모니터링되는 데이터는 SCAN END의 데이터이므로 두 번째 입력데이터 및 그에 따른 연산결과가 모니터링되는 것이다. 그러나 사용자 펑션블록의 경우 펑션블록이 스캔프로그램에 등록될 때마다 메모리를 할당받기 때문에 동일한 사용자펑션블록이 여러 번 사용되더라도 각각의 펑션블록에서 '사용자 펑션/펑션블록 열기'를 실행했을 때 선택된 사용자펑션블록의 입력데이터 및 그에 따른 연산결과가 모니터링된다.

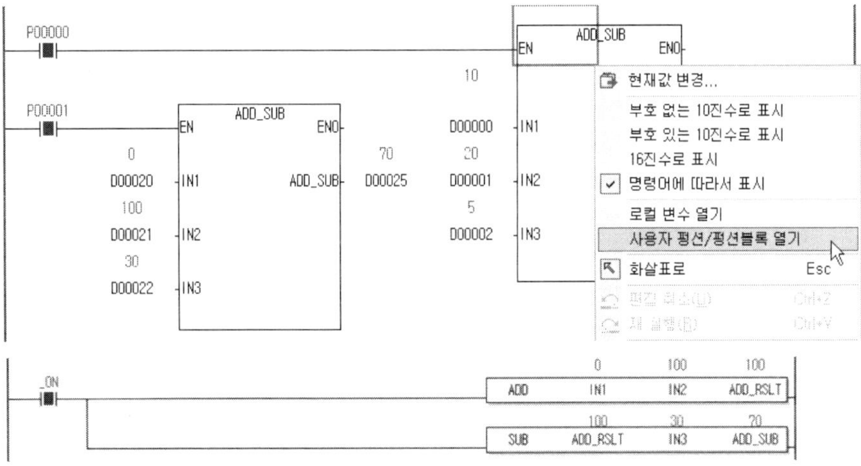

사용자펑션 또는 펑션블록이 스캔프로그램에 등록된 상태에서 사용자펑션 또는 펑션블록 프로그램이 변경되었을 경우 '사용자 펑션/펑션블록 리프레시'를 실행해야 변경된 펑션 또는 펑션블록 프로그램의 내용이 스캔프로그램에 등록된 사용자펑션 또는 펑션블록에 반영된다.

6) 사용자 펑션/펑션블록의 저장

사용자 펑션/펑션블록이 작성된 프로젝트의 프로젝트창에서 사용자펑션 또는 펑션블록을 선택하고 마우스 오른쪽버튼을 눌러 표시되는 팝업메뉴에서 '파일로 항목 저장'을 선택하여 사용자 펑션 또는 펑션블록을 저장한다. (*.fnk)

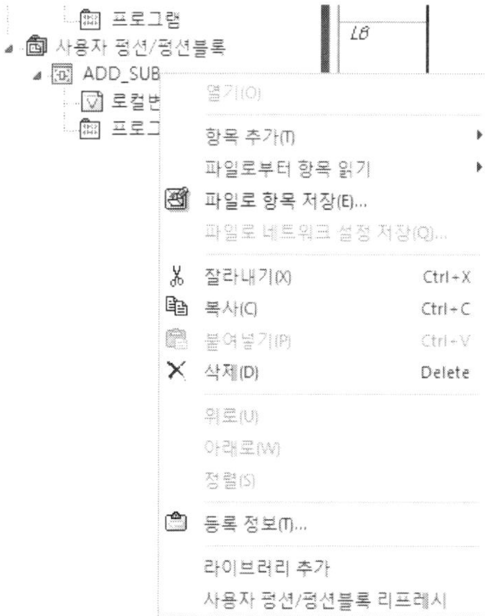

7) 사용자 펑션/펑션블록의 재사용

새 프로젝트를 구성한 후 프로젝트창에서 사용자 펑션/펑션블록을 선택하고 마우스 오른쪽버튼을 눌러 표시되는 팝업메뉴에서 '파일로부터 읽기'를 선택하고 펑션/펑션블록을 선택하면 사용자펑션 또는 펑션 블록파일(*.fnk) 또는 프로그램파일(*.src)을 찾는다.

· 2부
XGI PLC 응용편

본 편에서는 국내 최신 PLC기종인 XGT 중에서 GLOFA계열인 XGI PLC의 고급기술을 XG5000 소프트웨어를 사용하여 다양한 명령어의 응용방법과 함께 다루었다. 기본적인 연산 명령어와 펑션 및 펑션블록은 물론 태스크 프로그램, 아날로그 입출력 모듈 활용 등을 포함하였다.

제1장 XGI PLC 개요

1.1 XGI PLC 특징

(1) **최고 수준의 CPU 처리속도**: 8.5ns/step
(2) 최대 131,072점 I/O제어
(3) 대용량 프로그램 메모리(2MB) 및 데이터메모리
(4) IEC 61131-3 표준 프로그래밍언어 LD, SFC, ST(Structured Text) 지원
(5) 사용자정의 FB(Function Block) 지원
(6) 최대 256루프 PID제어 지원(PID제어 모니터기능 제공)
(7) 이더넷통신(Server)기능 내장(Network타입 모듈)
(8) 강력한 PADT(XG5000) 기능 제공
- 심볼릭 변수에 의한 프로그램 및 GLOFA 프로그램의 자동변환 기능
- 트렌드모니터기능, 디버그모드기능 및 통신진단기능

1.2 XGI CPU 종류

모듈타입

XGI-CPUUN
- 프로그램 용량 : 2MBytes
- 입출력 점수 : 6,144점
- 입출력 디바이스 점수 : 131,072점
- 처리속도 : 8.5ns/step

XGI-CPUU
- 프로그램 용량 : 1MBytes
- 입출력 점수 : 6,144점
- 입출력 디바이스 점수 : 131,072점
- 처리속도 : 28ns/step

XGI-CPUH
- 프로그램 용량 : 512KBytes
- 입출력 점수 : 6,144점
- 입출력 디바이스 점수 : 131,072점
- 처리속도 : 28ns/step

일반 범용 시퀀스 제어 CPU

XGI-CPUS

- 프로그램 용량 : 128KBytes
- 입출력 점수 : 3,072점
- 입출력 디바이스 점수 : 32,768점
- 처리속도 : 28ns/step

XGI-CPUE

- 프로그램 용량 : 64KBytes
- 입출력 점수 : 1,536점
- 입출력 디바이스 점수 : 32,768점
- 처리속도 : 84ns/step

블록타입: XEC(U타입 및 H타입)

제2장 데이터 메모리

2.1 심볼릭/직접변수

직접변수: IEC프로그래밍 규정에 따라 표현되는 메모리영역

심볼릭변수: 사용자에 의해 표현되고 규정되는 메모리영역(자동할당영역)

<table>
<tr><th colspan="3" rowspan="2">항목</th><th rowspan="2">표현</th><th rowspan="2">종류/범위</th><th rowspan="2">크기</th><th colspan="2">Data 공유</th><th rowspan="2">정전 유지</th></tr>
<tr><th>통신</th><th>프로그램간 공유</th></tr>
<tr><td rowspan="7">직접변수</td><td rowspan="2">입력</td><td>CPUU/H</td><td rowspan="2">%I □□.□.□</td><td>%IX0.0.0~127.15.63</td><td>16KB</td><td rowspan="2">○</td><td rowspan="2">○</td><td rowspan="4">–</td></tr>
<tr><td>CPUS</td><td>%IX0.0.0~31.15.63</td><td>4KB</td></tr>
<tr><td rowspan="2">출력</td><td>CPUU/H</td><td rowspan="2">%Q □□.□.□</td><td>%QX0.0.0~127.15.63</td><td>16KB</td><td rowspan="2">○</td><td rowspan="2">○</td></tr>
<tr><td>CPUS</td><td>%QX0.0.0~31.15.63</td><td>4KB</td></tr>
<tr><td rowspan="2">내부</td><td>CPUU/H</td><td rowspan="2">%M □□
or %R □□.□
%W □□
or %W □□.□</td><td>%MW0~131,072</td><td>256KB</td><td rowspan="2">○</td><td rowspan="2">○</td><td>최대 128KB</td></tr>
<tr><td>CPUS</td><td>%MW0~32,767</td><td>64KB</td><td>최대 32KB</td></tr>
<tr><td colspan="2">파일 레지스터</td><td rowspan="3">영문
예) Valve,
Switch
Motor …</td><td>%RW0~32767(Block 0)
%RW0~32767(Block 1)
%WW0~65535(Block 0+1)</td><td>128KB
(2*64KB)</td><td>○</td><td>○</td><td>○</td></tr>
<tr><td rowspan="2">심볼릭 변수</td><td colspan="2">로컬</td><td rowspan="2">BOOL/SINT/USINT/INT/DINT
LINT ….</td><td rowspan="2">CPUU/H:
512KB
CPUS:
128KB</td><td>×</td><td>×</td><td rowspan="2">CPUU/H:
최대 256KB
CPUS:
최대 64KB</td></tr>
<tr><td colspan="2">글로벌</td><td>×</td><td>○</td></tr>
</table>

직접변수

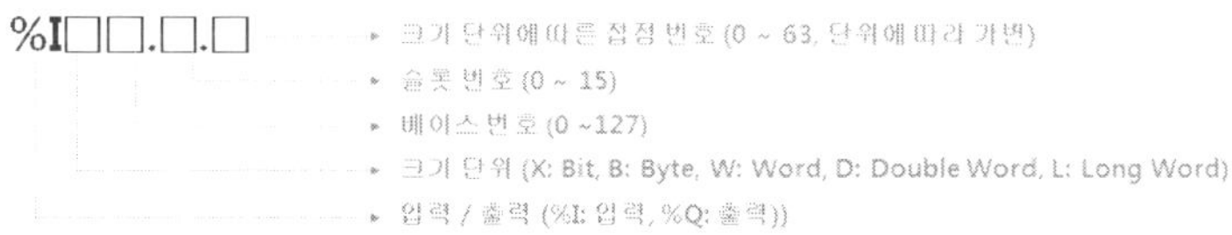

%I□□.□.□
크기 단위에 따른 접점 번호 (0 ~ 63, 단위에 따라 가변)
슬롯 번호 (0 ~ 15)
베이스 번호 (0 ~127)
크기 단위 (X: Bit, B: Byte, W: Word, D: Double Word, L: Long Word)
입력 / 출력 (%I: 입력, %Q: 출력))

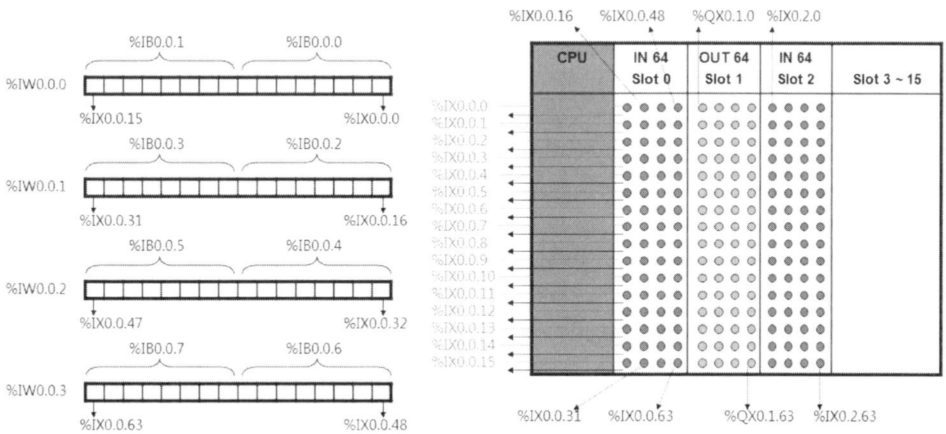

%IB0.0.1
%IB0.0.0
%IW0.0.0
%IX0.0.15
%IX0.0.0
%IB0.0.3
%IB0.0.2
%IW0.0.1
%IX0.0.31
%IX0.0.16
%IB0.0.5
%IB0.0.4
%IW0.0.2
%IX0.0.47
%IX0.0.32
%IB0.0.7
%IB0.0.6
%IW0.0.3
%IX0.0.63
%IX0.0.48
%IX0.0.16
%IX0.0.48
%QX0.1.0
%IX0.2.0
CPU
IN 64 Slot 0
OUT 64 Slot 1
IN 64 Slot 2
Slot 3 ~ 15
%IX0.0.31
%IX0.0.63
%QX0.1.63
%IX0.2.63

내부메모리

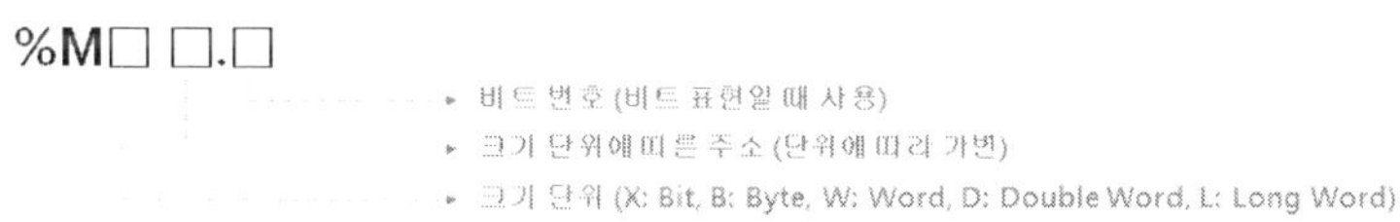

%M□ □.□
비트 번호 (비트 표현일 때 사용)
크기 단위에 따른 주소 (단위에 따라 가변)
크기 단위 (X: Bit, B: Byte, W: Word, D: Double Word, L: Long Word)

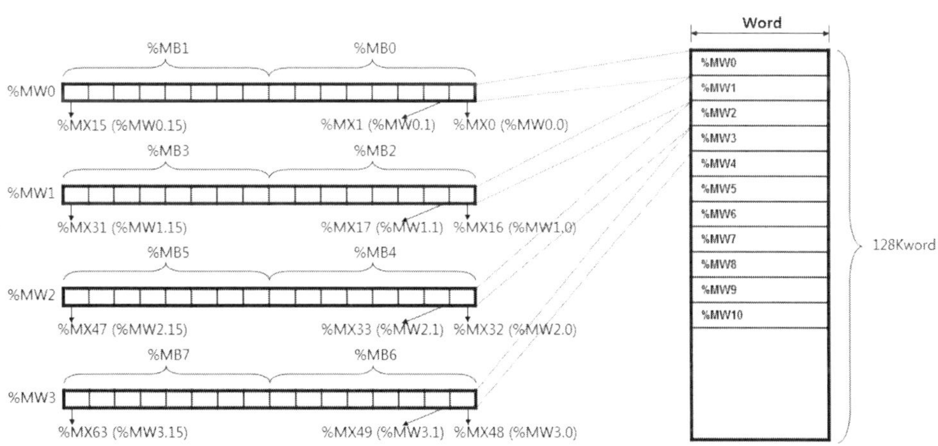

%MB1
%MB0
%MW0
%MX15 (%MW0.15)
%MX1 (%MW0.1)
%MX0 (%MW0.0)
%MB3
%MB2
%MW1
%MX31 (%MW1.15)
%MX17 (%MW1.1)
%MX16 (%MW1.0)
%MB5
%MB4
%MW2
%MX47 (%MW2.15)
%MX33 (%MW2.1)
%MX32 (%MW2.0)
%MB7
%MB6
%MW3
%MX63 (%MW3.15)
%MX49 (%MW3.1)
%MX48 (%MW3.0)
Word
%MW0
%MW1
%MW2
%MW3
%MW4
%MW5
%MW6
%MW7
%MW8
%MW9
%MW10
128Kword

심볼릭변수

1. 프로그램 구성요소(즉 프로그램, 펑션, 펑션블록)는 그 구성요소에서 사용할 변수를 선언할 수 있는 선언부분을 가지고 있다.
2. 프로그램 구성요소에서 변수를 사용하기 위해서는 우선 사용할 변수를 선언해야 한다.
3. 변수의 선언에서 설정해야 할 사항은 다음과 같다.
   1) **변수 종류**: 변수를 어떻게 선언할 것인가를 설정한다

변수 종류	내용
VAR	읽고 쓸 수 있는 일반적인 변수
VAR_RETAIN	정전 유지 변수
VAR_CONSTANT	읽기만 할 수 있는 변수
VAR_EXTERNAL	VAR_GLOBAL로 선언된 변수를 사용하기 위한 선언

   2) **데이터 타입**: 변수의 데이터타입을 지정한다.
   3) **메모리 할당**: 변수가 차지할 메모리를 할당한다.
      - 자동 ➡ 컴파일러가 변수의 위치를 자동으로 지정 (자동배치변수)
      - 사용자정의(AT) ➡ 사용자가 직접표현변수를 사용하여 강제로 위치를 지정(직접변수)

데이터 타입	기호	표현 예	비고
10진수 (Decimal)	None	1, 23, 4852, 9999, 32767	
16진수 (Hexa Decimal)	16#	16#1234, 16#3A0F, 16#FF	
문자열 (Character String)	‘ ’	‘Welcome to LSIS’ ‘MOTOR RUNNING’	
시간 (Duration)	T#	T#10MS	10msec
		T#10S	10sec
		T#10M	10minute
		T#10H	10hours
		T#10D	10days
		T#1D2H34M56S789MS	1day 2hour 34minute 56.789sec

Date (RTC)	D#	D#2008-01-23	FEB 23, 2006
Time of Date (RTC)	TOD#	TOD#15:36:55.120	15시 36분 55.12초
Date & Time (RTC)	DT#	DT#2008-01-23-15:36:55.120	FEB 23, 2008 15시 36분 55.12초

2.2 플래시메모리

프로그램은 특정한 제어를 실행하는데 필요한 모든 기능요소로 구성되며 CPU모듈의 내장 RAM 또는 플래시메모리에 프로그램이 저장된다. 프로그램 램(RAM)에 있는 데이터가 손상되었을 경우에 플래시에 백업(Back-up)되어 있는 프로그램으로 운전하는 것을 말합니다. "플래시메모리 운전모드 설정"을 선택하면 재기동 또는 기타모드에서 운전모드가 RUN으로 바뀔 때 CPU모듈의 프로그램 메모리에 옮겨진 후 운전을 시작한다.

플래시메모리 운전모드 설정

온라인→플래시메모리 설정→플래시메모리 운전모드 설정'을 이용하여 운전모드 설정을 체크한 후 확인을 눌러준다. 확인을 누르면 "플래시메모리 프로그램 저장 중..."이라는 창을 띄우고 프로그램을 사용자 프로그램영역에서 플래시로 복사를 한다.

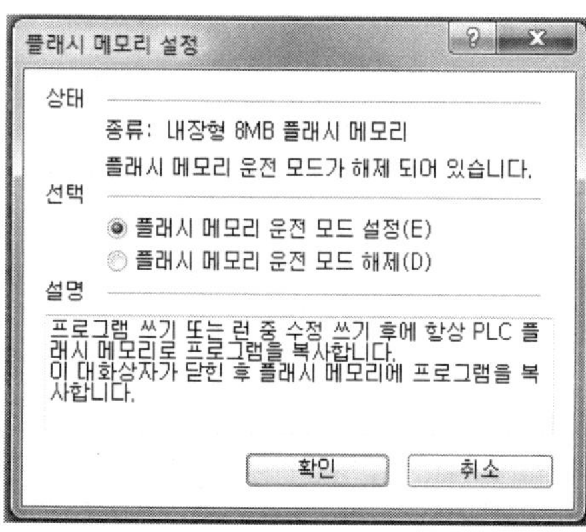

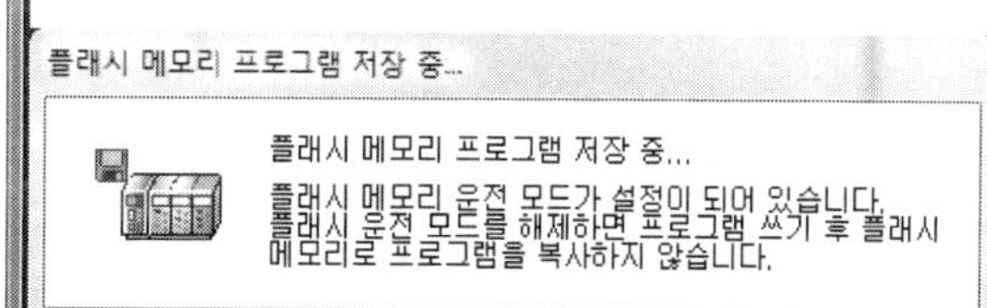

플래시메모리 운전시 주의사항

1) 기본설정은 "플래시메모리 운전모드 해제"로 되어있다.
2) 플래시메모리 운전모드는 XG5000에서 한 번 설정을 하면 XG5000으로 Off하지 않는 한 계속 On으로 유지된다.
3) 플래시메모리 운전모드 변경은 RUN/STOP모드와 관계없이 가능하다.
4) 플래시메모리 운전모드 설정을 Off한 상태에서 프로그램 디버깅을 완료된 후 플래시 '운전모드 설정'을 할 경우에는 XG5000 온라인메뉴에서 플래시메모리 운전모드 설정을 하면 된다.
5) "플래시메모리 운전모드"로 설정된 상태에서 런중수정을 할 경우 프로그램이 플래시메모리에 정상적으로 쓰여진 경우에만 재기동시 변경된 프로그램이 적용된다. 만일 플래시메모리에 프로그램 저장이 완료되기 전 PLC가 재기동하는 경우 변경된 프로그램이 아닌 이전에 플래시메모리에 저장되어 있던 프로그램으로 동작을 하므로 주의해야 한다.
6) 플래시메모리 운전모드 해제에서 설정으로 변경된 경우에 플래시메모리 쓰기가 완료가 되어야 플래시메모리 운전모드가 적용된다. 프로그램쓰기 완료 전에 PLC가 재기동하는 경우에는 "플래시메모리 운전모드"가 해제된다.
7) PLC시스템을 재기동 또는 운전모드를 RUN으로 변경하는 경우 플래시운전모드 설정에 따라 아래와 같이 동작한다.

플래시메모리 운전 모드 설정	동작 내용
ON	플래시메모리와 프로그램 메모리의 내용이 다르거나, 배터리 전압저하 등의 이유로 프로그램 메모리의 내용이 손상된 경우 플래시메모리에 저장되어 있는 프로그램을 프로그램 메모리로 다운로드 후 운전합니다.
OFF	CPU는 플래시메모리에 프로그램이 없는 것으로 인식하여 내장 RAM에 저장되어 있는 프로그램으로 운전합니다.

플래시메모리에 데이터 저장

• 플래시메모리에 데이터를 저장할 때 먼저 저장할 데이터를 R영역 1개 블록에 저장한 후EBWRITE명령어를 이용하여 R영역 1개 블록 전체를 플래시메모리에 저장한다.

• EBWRITE명령어의 실행은 1스캔 이상의 시간이 걸리므로 1개의 EBWRITE명령어 실행 후 다시 플래시메모리 쓰기 또는 읽기를 실행할 때 플래시메모리 각 블록별로 제공되는 "플래시메모리 에러"플래그(_RBLOCK_ER_FLAG)와 "플래시메모리 쓰기중"플래그(_RBLOCK_WR_FLAG)가 OFF상태임을 확인하고 플래시메모리 쓰기 또는 읽기명령을 실행해야 한다.

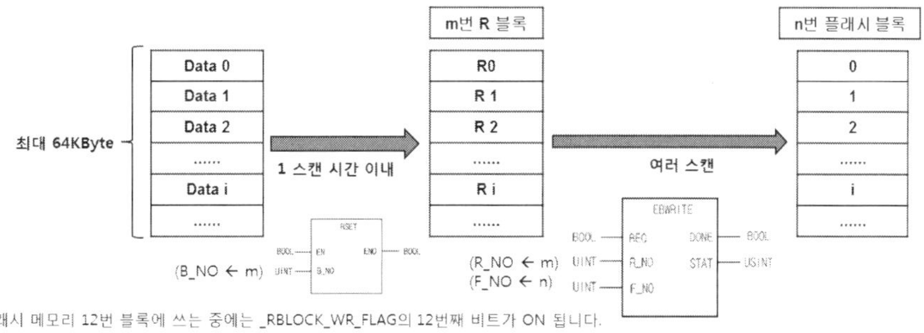

예) 플래시 메모리 12번 블록에 쓰는 중에는 _RBLOCK_WR_FLAG의 12번째 비트가 ON 됩니다.

블록번호	31	30	29	28	27	26	25	24	23	22	21	20	19	18	17	16	15	14	13	12	11	10	9	8	7	6	5	4	3	2	1	0
_RBLOCK_RD_FLAG																																
_RBLOCK_WR_FLAG	0	0	0	0	0	0	0	0	0	0	0	0	0	0	0	0	0	0	0	1	0	0	0	0	0	0	0	0	0	0	0	0
_RBLOCK_ER_FLAG																																

플래시메모리의 데이터 읽기

플래시메모리에 1개 블록에 저장되어 있는 모든 데이터를 내부메모리 중 R영역으로 읽어올 때 EBREAD명령어를 사용한다. EBREAD명령어의 실행은 1스캔시간 이상의 시간이 소요되므로 EBREAD명령어 실행한 후 플래시메모리에서 읽어온 데이터를 연산에 사용하거나 플래시메모리 쓰기 또는 읽기 명령어를 실행할 때 플래시메모리 각 블록별로 제공되는 "플래시메모리 에러"플래그(_RBLOCK_ER_FLAG)와 "플래시메모리 읽기중"플래그(_RBLOCK_RD_FLAG)가 OFF상태임을 확인하고 명령을 실행해야 한다.

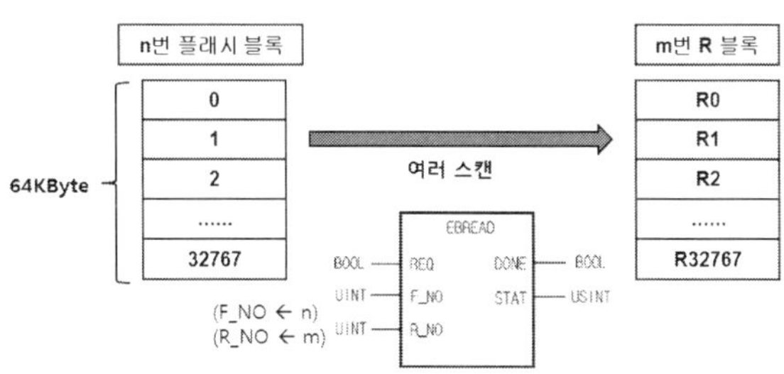

예) 플래시 메모리 17번 블록을 읽는 중에는 _RBLOCK_RD_FLAG의 17번째 비트가 ON 됩니다.

블록번호	31	30	29	28	27	26	25	24	23	22	21	20	19	18	17	16	15	14	13	12	11	10	9	8	7	6	5	4	3	2	1	0
_RBLOCK_RD_FLAG	0	0	0	0	0	0	0	0	0	0	0	0	0	0	1	0	0	0	0	0	0	0	0	0	0	0	0	0	0	0	0	0
_RBLOCK_WR_FLAG																																
_RBLOCK_ER_FLAG																																

플래시메모리 개별데이터 읽기

EMOV명령어를 사용하면 플래시메모리에 저장되어 있는 데이터를 개별적으로 읽어 내부메모리에 저장할 수 있다. 개별데이터 읽기 명령어는 1스캔시간 이내에 실행되고 "플래시메모리 읽기 중"플래그(_RBLOCK_RD_FLAG)는 동작하지 않으며, 플래시메모리로부터 읽어온 데이터는 내부메모리 영역에 관계없이 저장할 수 있다.

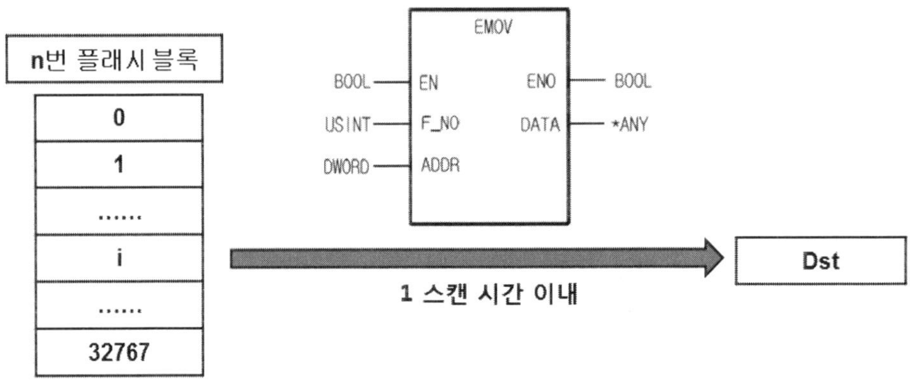

제3장 기본FUNCTION

3.1 전송 펑션

MOVE	적용 기종	발생플래그
데이터 복사	XGI, XGR, XEC	-
펑 션	설 명	
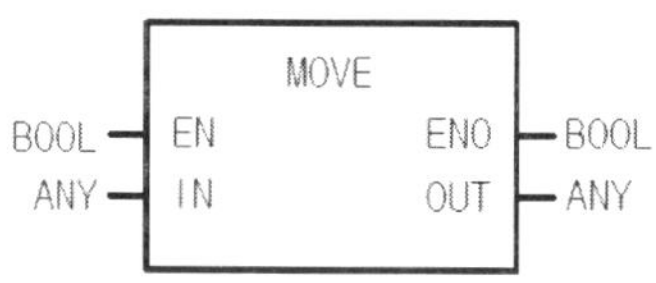	입력 EN : 1일 때 펑션 실행 IN : MOVE할 값 출력 ENO : EN값이 그대로 출력 OUT : MOVE된 값 IN, OUT에 연결되는 변수는 같은 데이터 타입이어야 함	

ANY 타입 변수설명	변수명	BOOL	BYTE	WORD	DWORD	LWORD	SINT	INT	DINT	LINT	USINT	UINT	UDINT	ULINT	REAL	LREAL	TIME	DATE	TOD	DT	STRING
	IN	○	○	○	○	○	○	○	○	○	○	○	○	○	○	○	○	○	○	○	○
	OUT	○	○	○	○	○	○	○	○	○	○	○	○	○	○	○	○	○	○	○	○

- IN의 값을 OUT으로 이동(복사)한다.
- IN과 OUT의 데이터타입(사이즈)은 동일해야 한다.

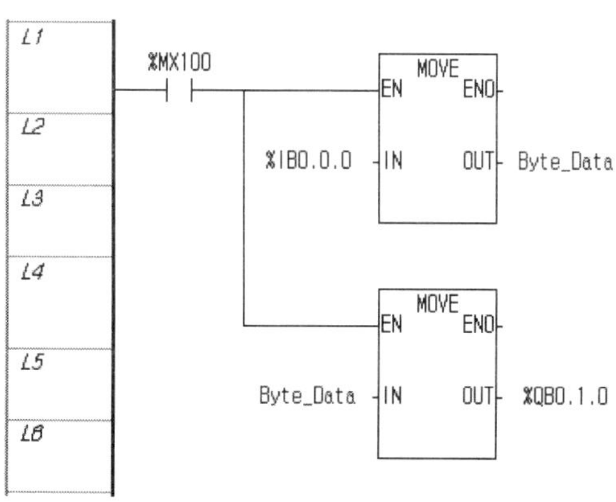

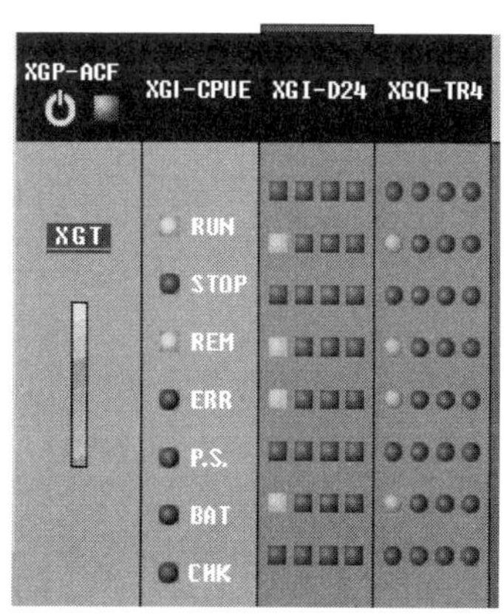

입력조건 %MX100이 ON되면 입력 %IX0.0.0~%IX0.0.7의 8점의 입력상태를 변수 Byte Data로 전송한 후, 전송된 데이터를 출력 %QX0.1.0~%QX0.1.7의 8점으로 출력시키는 프로그램

BMOV	적용기종	발생플래그
비트스트링의일부분을복사,이동	XGI, XGR, XEC	_ERR, _LER
펑션	설명	
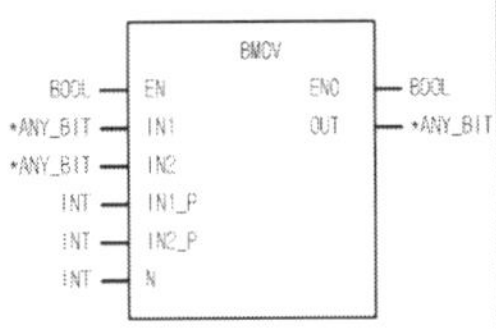	입력 EN : 1일 때 펑션 실행 IN1 : 조합할 비트 데이터를 가진 스트링 데이터 IN2 : 조합할 비트 데이터를 가진 스트링 데이터 IN1_P : IN1지정 데이터상의 시작 비트 위치 IN2_P : IN2지정 데이터상의 시작 비트 위치 N : 조합할 비트의 수 출력 ENO : 에러 없이 실행되면 1을 출력 OUT : 조합된 비트 스트링 데이터 출력	

ANY 타입 변수설명	변수명	BOOL	BYTE	WORD	DWORD	LWORD	SINT	INT	DINT	LINT	USINT	UINT	UDINT	ULINT	REAL	LREAL	TIME	DATE	TOD	DT	STRING
	IN1		○	○	○	○															
	IN2		○	○	○	○															
	OUT		○	○	○	○															

- EN이 1이 되면 IN1의 비트 스트링 중 IN1_P로 지정된 비트위치부터 큰 방향으로 N개의 비트를 취하여, IN2의 비트 스트링에서 IN2_P로 지정된 비트위치부터 큰 방향으로 대치한 후 OUT으로 출력한다.

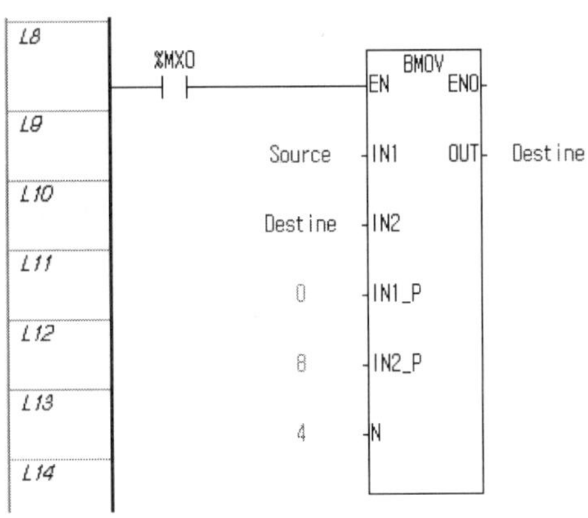

- 실행조건(%MX0)이 On되면 BMOV펑션이 실행된다.
- 입력변수로 선언된 SOURCE=2#0101_1111_0000_1010, DESTINE=2#0000_

0000_0000_0000이고, IN1_P=0, IN2_P=8, N=4 이므로 연산결과는 2#0000_1010_0000_0000이 되고, 출력을 DESTINE으로 지정하였으므로 DESTINE=2#0000_1010_0000_0000으로 바뀌게 된다.

3.2 논리연산 펑션

AND	적용기종	발생플래그
논리곱	XGI, XGR, XEC	-
펑션	설명	
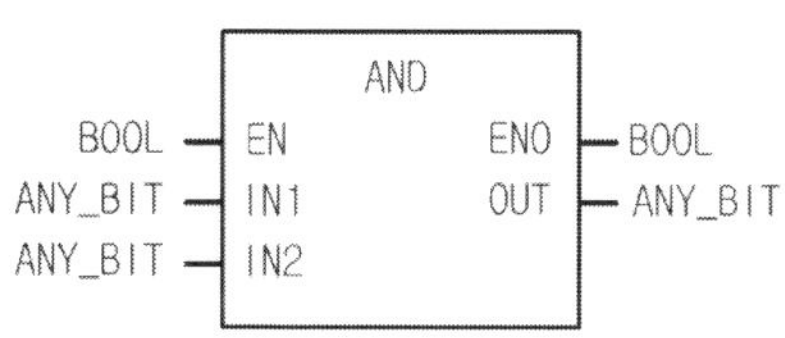	입력 N : 1일 때 펑션 실행 IN1 : AND될 값 IN2 : AND될 값 입력이 8개까지 확장 가능 출력 ENO : EN값이 그대로 출력 OUT : AND된 값 IN1, IN2, OUT은 모두 같은 타입이어야 함.	

ANY 타입 변수설명	변수명	BOOL	BYTE	WORD	DWORD	LWORD	SINT	INT	DINT	LINT	USINT	UINT	UDINT	ULINT	REAL	LREAL	TIME	DATE	TOD	DT	STRING
	IN1	○	○	○	○	○															
	IN2	○	○	○	○	○															
	OUT	○	○	○	○	○															

• IN1을 IN2와 비트별로 AND해서 OUT으로 출력시킨다.

IN1 1111 0000

&

IN2 1010 1010

OUT 1010 0000

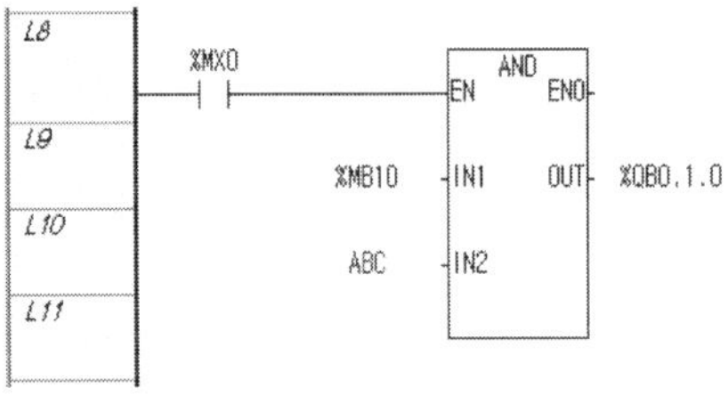

(입력 개수: 2개)

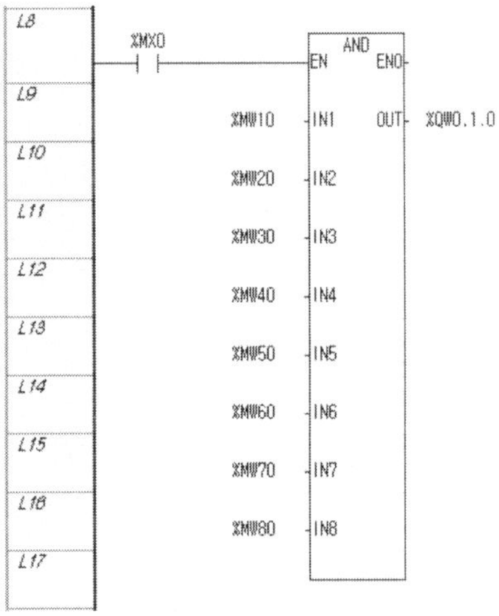

(입력 개수: 8개)

OR	적용 기종	발생플래그
논리합	XGI, XGR, XEC	-
펑 션	설 명	
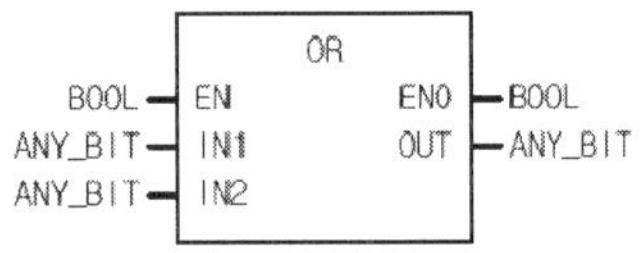	**입력** EN : 1일 때 펑션 실행 IN1 : OR될 값 IN2 : OR될 값 입력 8개까지 확장 가능 **출력** ENO : EN값이 그대로 출력 OUT : OR된 값 IN1, IN2, OUT은 모두 같은 타입이어야 함.	

ANY 타입 변수설명	변수명	BOOL	BYTE	WORD	DWORD	LWORD	SINT	INT	DINT	LINT	USINT	UINT	UDINT	ULINT	REAL	LREAL	TIME	DATE	TOD	DT	STRING
	IN	○	○	○	○	○															
	OUT	○	○	○	○	○															

• IN1을 IN2와 비트별로 OR해서 OUT으로 출력시킨다.

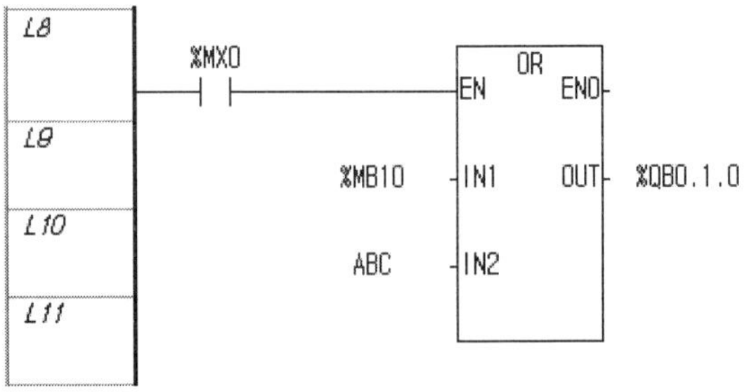

입력(IN1) : %IB0.0.0(BYTE) = 16#CC | 1 | 1 | 0 | 0 | 1 | 1 | 0 | 0 |

& (OR)

(IN2) : ABC(BYTE) = 16#F0 | 1 | 1 | 1 | 1 | 0 | 0 | 0 | 0 |

↓

출력(OUT) : %QB0.0.0(BYTE) = 16#FC | 1 | 1 | 1 | 1 | 1 | 1 | 0 | 0 |

- 실행조건(%MX0)이 On되면 OR펑션이 실행된다.
- %MB10=2#1100_1100을 ABC=2#1111_0000와 OR시킨 결과 %QB0.1.0=2#1111_1100로 출력된다.

XOR	적용 기종	발생플래그
배타적 논리합	XGI, XGR, XEC	-
펑 션	설 명	
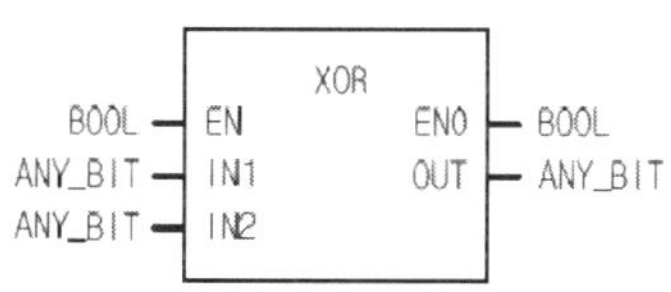	**입력** EN : 1일 때 펑션 실행 IN1 : XOR 될 값 IN2 : XOR 될 값 입력 8개까지 확장 가능 **출력** ENO : EN 값이 그대로 출력 OUT : XOR 된 값 IN1, IN2, OUT은 모두 같은 타입이어야 함.	

ANY 타입 변수설명	변수명	BOOL	BYTE	WORD	DWORD	LWORD	SINT	INT	DINT	LINT	USINT	UINT	UDINT	ULINT	REAL	LREAL	TIME	DATE	TOD	DT	STRING
	IN	○	○	○	○	○															
	OUT	○	○	○	○	○															

- IN1을 IN2와 비트별로 XOR해서 OUT으로 출력시킨다.

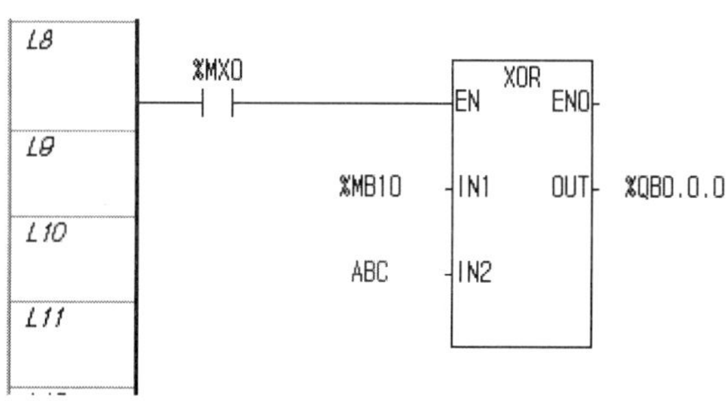

입력(IN1) : %MB10(BYTE) = 16#CC | 1 | 1 | 0 | 0 | 1 | 1 | 0 | 0 |

XOR

(IN2) : ABC(BYTE) = 16#F0 | 1 | 1 | 1 | 1 | 0 | 0 | 0 | 0 |

↓

출력(OUT) : %QB0.0.0(BYTE) - 16#3C | 0 | 0 | 1 | 1 | 1 | 1 | 0 | 0 |

- 실행조건(%MX0)이 On되면 XOR(배타적 논리합)펑션이 실행된다.
- 입력변수 %MB10=1100_1100, ABC=1111_0000이면, 두 값을 XOR시킨 결과가 출력변수 %QB0.0.0=0011_1100로 출력된다.

3.3 사칙연산 펑션

No.	펑션 이름	기능	비고
		입력 개수를 확장할 수 있는 연산 펑션(단, n은 8까지 가능)	
1	ADD	더하기(OUT ⇐ IN1 + IN2 + … + INn)	-
2	MUL	곱하기(OUT ⇐ IN1 * IN2 * … * INn)	-
		입력 개수가 일정한 연산 펑션	
3	SUB	빼기(OUT ⇐ IN1 - IN2)	-
4	DIV	나누기(OUT ⇐ IN1 / IN2)	-

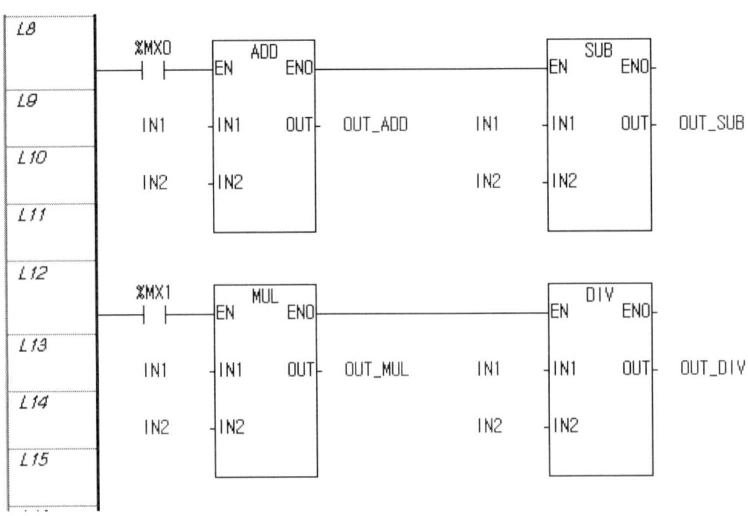

3.4 비교 펑션

No.	펑션 이름	기능(단, n은 8까지 가능)	비고
1	GT	'크다' 비교 OUT ⇐ (IN1 〉 IN2) & (IN2 〉 IN3) & … & (INn−1 〉 INn)	−
2	GE	'크거나 작다' 비교 OUT ⇐ (IN1 〉= IN2) & (IN2 〉= IN3) & … & (INn−1 〉= INn)	−
3	EQ	'같다' 비교 OUT ⇐ (IN1 = IN2) & (IN2 = IN3) & … & (INn−1 = INn)	−
4	LE	'작거나 같다' 비교 OUT ⇐ (IN1 〈= IN2) & (IN2 〈= IN3) & … & (INn−1 〈= INn)	−
5	LT	'작다' 비교 OUT ⇐ (IN1 〈 IN2) & (IN2 〈 IN3) & … & (INn−1 〈 INn)	−
6	NE	'같지 않다' 비교 OUT ⇐ (IN1 〈〉 IN2) & (IN2 〈〉 IN3) & … & (INn−1 〈〉 INn)	−

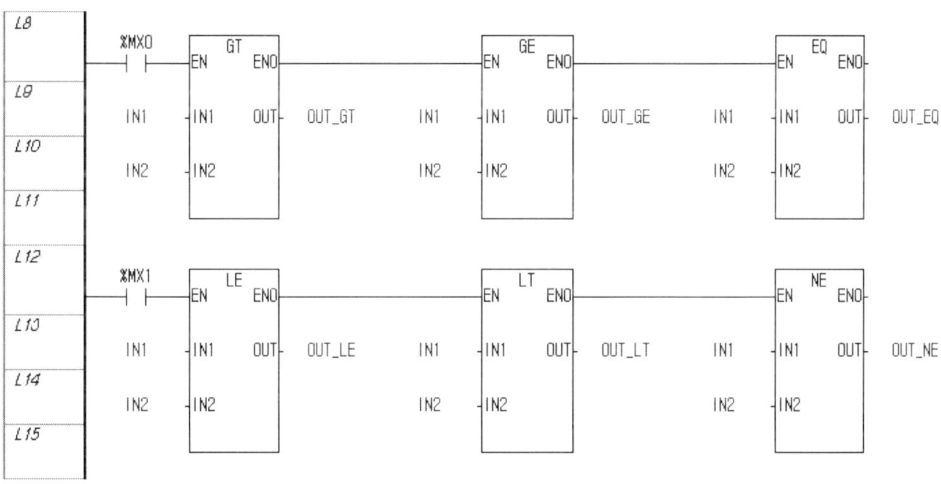

3.5 데이터 변환펑션 (1)

펑션 그룹	펑션 이름	입력 데이터 타입	출력 데이터 타입	비고
BCD_TO_***	BYTE_BCD_TO_SINT	BYTE(BCD)	SINT	−
	WORD_BCD_TO_INT	WORD(BCD)	INT	−
	DWORD_BCD_TO_DINT	DWORD(BCD)	DINT	−
	LWORD_BCD_TO_LINT	LWORD(BCD)	LINT	−
	BYTE_BCD_TO_USINT	BYTE(BCD)	USINT	−
	WORD_BCD_TO_UINT	WORD(BCD)	UINT	−
	DWORD_BCD_TO_UDINT	DWORD(BCD)	UDINT	−
	LWORD_BCD_TO_ULINT	LWORD(BCD)	ULINT	−
***_TO_BCD	SINT_TO_BCD_BYTE	SINT	BYTE(BCD)	−
	INT_TO_BCD_WORD	INT	WORD(BCD)	−
	DINT_TO_BCD_DWORD	DINT	DWORD(BCD)	−
	LINT_TO_BCD_LWORD	LINT	LWORD(BCD)	−
	USINT_TO_BCD_BYTE	USINT	BYTE(BCD)	−
	UINT_TO_BCD_WORD	UINT	WORD(BCD)	−
	UDINT_TO_BCD_DWORD	UDINT	DWORD(BCD)	−
	ULINT_TO_BCD_LWORD	ULINT	LWORD(BCD)	−

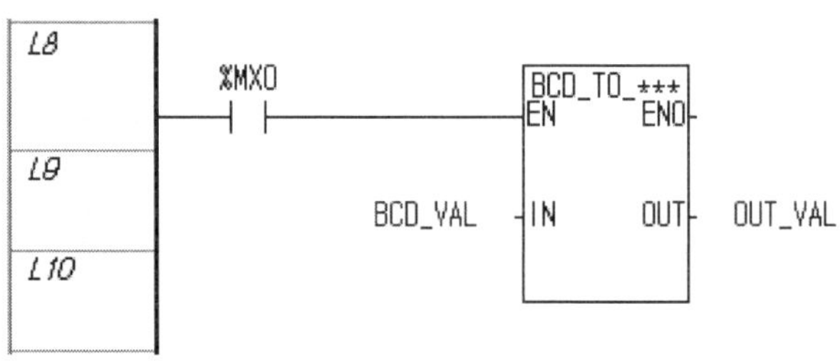

(BCD → SINT로 변환)

- 실행조건(%MX0)이 On되면 펑션 BCD_TO_***이 실행된다.
- BCD_VAL(BYTE 타입)=16#22(2#0010_0010)이면, 펑션의 출력변수로 선언된 OUT_VAL(SINT 타입)=22(2#0001_0110)가 출력된다.

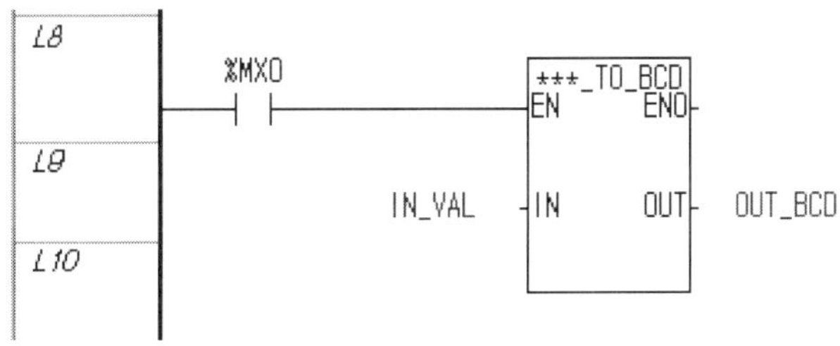

(SINT → BCD로 변환)

- 실행조건(%MX0)이 On되면 SINT_TO_BCD 펑션이 실행된다.
- IN_VAL(SINT 타입)=16#22(2#0001_0110)이면, 펑션의 출력변수로 선언된 BCD_VAL(BYTE 타입)=16#22(2#0010_0010)가 출력된다.

3.6 데이터 변환펑션 (2)

펑션 그룹	펑션 이름	입력 데이터 타입	출력 데이터 타입	비고
INT_TO_***	INT_TO_SINT	INT	SINT	-
	INT_TO_DINT	INT	DINT	-
	INT_TO_LINT	INT	LINT	-
	INT_TO_USINT	INT	USINT	-
	INT_TO_UINT	INT	UINT	-
	INT_TO_UDINT	INT	UDINT	-
	INT_TO_ULINT	INT	ULINT	-
	INT_TO_BOOL	INT	BOOL	-
	INT_TO_BYTE	INT	BYTE	-
	INT_TO_WORD	INT	WORD	-
	INT_TO_DWORD	INT	DWORD	-
	INT_TO_LWORD	INT	LWORD	-
	INT_TO_REAL	INT	REAL	-
	INT_TO_LREAL	INT	LREAL	-
	INT_TO_STRING	INT	STRING	-

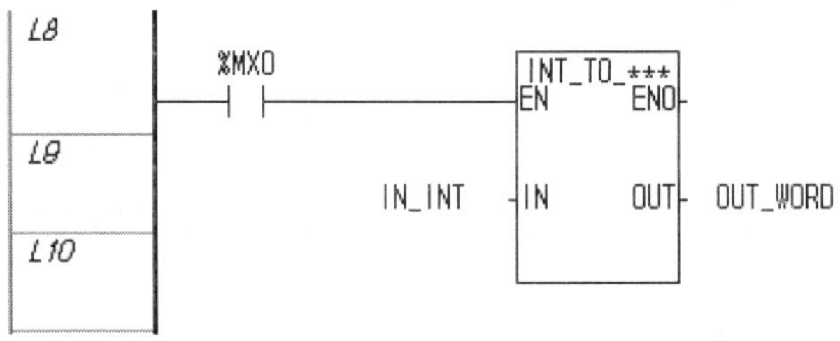

- 입력조건(%MX0)이 On되면 INT_TO_*** 펑션이 실행된다.
- 입력변수 IN_INT(INT 타입)=512(16#200)이면, 출력변수로 선언된 OUT_WORD (WORD 타입)=16#200이 된다.

제4장 확장FUNCTION

4.1 확장명령어 사용 방법

사용자 프로그램 수행 도중 특정한 부분의 프로그램 처리(FOR ~ NEXT, CALL, JUMP 명령등을 사용)를 할 때 사용하며, LD도구모음에서 [sF7]을 선택한 후 사용한다.

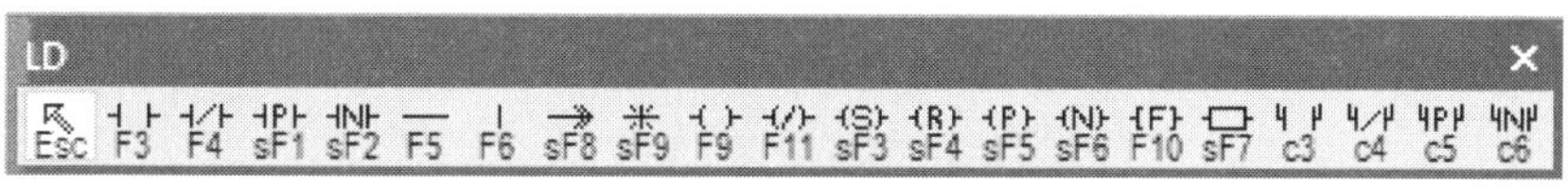

4.2 JMP LABEL

분기명령으로 LABEL 위치로 점프한다.

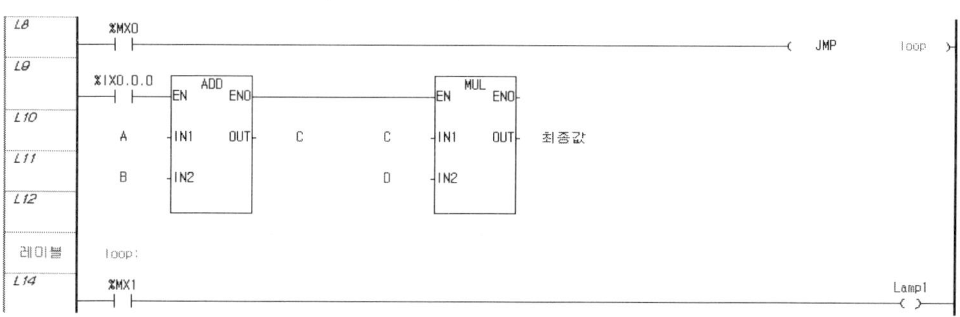

• %MX0가 OFF된 경우 전체 프로그램을 모두 수행한다.
• %MX0가 ON된 경우 JMP명령이 실행되어 ADD와 MUL명령어 실행을 건너뛴다.

4.3 FOR/NEXT/BREAK

• 루프명령으로 FOR~NEXT 구간을 N회 반복 실행한다.
• BREAK명령으로 FOR~NEXT 구간을 빠져 나온다.

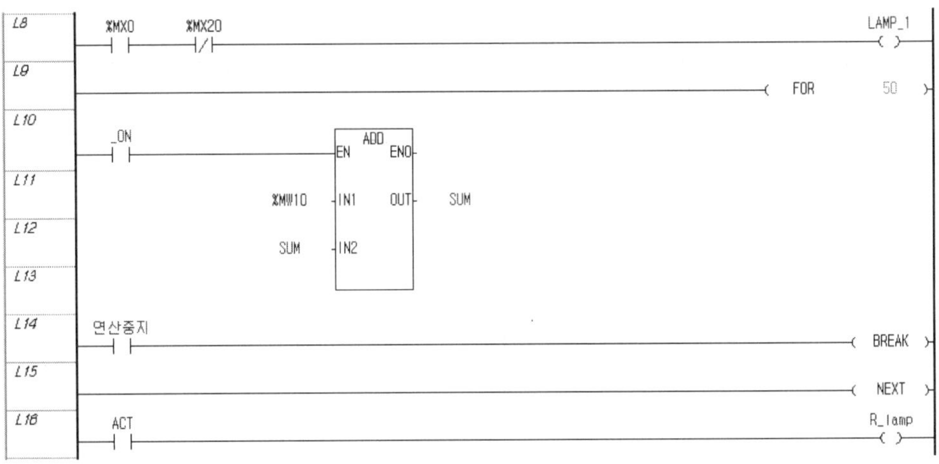

• N은 65,535까지 설정 가능하며, 가능한 NESTING개수는 16개이다.
• FOR~NEXT 구간의 실행시간이 WDT시간을 초과하지 않도록 주의해야 한다.

4.4 CALL/SBRT/RET

호출명령으로 입력조건이 성립하면 해당 서브루틴의 프로그램을 실행한다. 서브루틴 안에서 또 다른 서브루틴을 호출할 수 있고, 서브루틴 프로그램은 END명령 뒤에 위치한다.

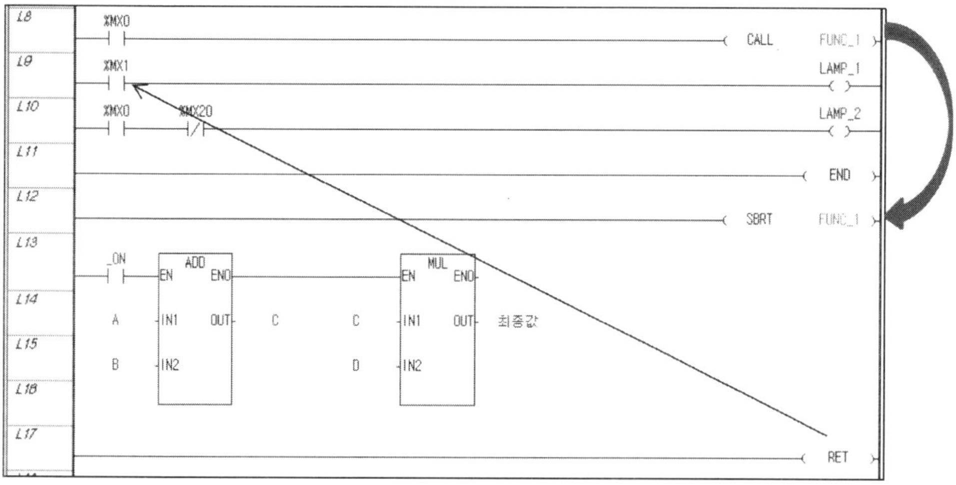

- %MX0가 ON되면 FUNC_1 서브루틴 프로그램을 수행한다.
- RET를 만나면 FUNC_1을 CALL했던 위치 바로 다음으로 되돌아간다.

4.5 INIT_DONE

초기화 태스크 종료명령이며 초기화 태스크 프로그램 작성 시에는 반드시 이 명령어를 사용해서 초기화 태스크 프로그램을 종료시켜야 한다. 그렇지 않을 경우, 초기화 태스크 프로그램을 종료할 수 없게 되고, 스캔프로그램으로 진입할 수 없다.

4.6 END

프로그램 종료를 표시하며, END명령 처리 후 프로그램의 처음으로 돌아가 처리한다.

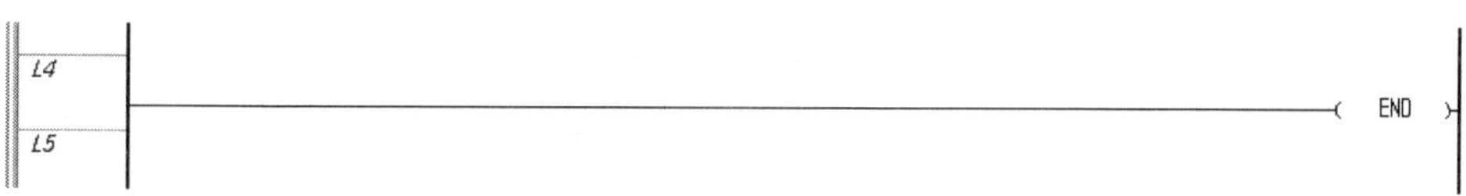

제5장 응용FUNCTION

5.1 ARRAY 연산명령 펑션

ARY_MOVE	적용 기종	발생플래그
Array 복사	XGI, XGR, XEC	_ERR, _LER

펑션	설 명
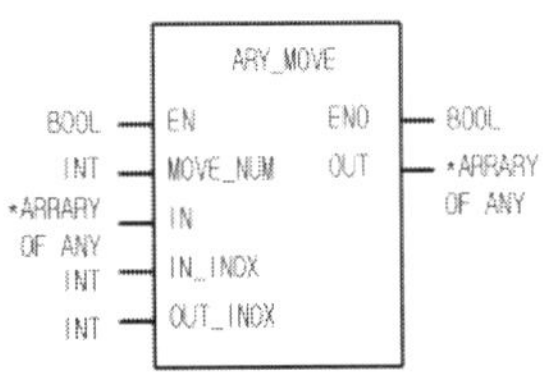	입력 EN : 1일 때 펑션 실행 MOVE_NUM: Move할 어레이 개수 IN : Move할 어레이 변수(STRING Type은 사용불가) N_INDX : 어레이 변수의 Move할 시작 Pointer 위치 OUT_INDX: 어레이 변수의 Move될 시작 Pointer 위치 출력 ENO : 에러 없이 실행되면 1을 출력 OUT : Move될 어레이 변수(STRING Type은 사용불가)

ANY 타입 변수 설명	변수명	BOOL	BYTE	WORD	DWORD	LWORD	SINT	INT	DINT	LINT	USINT	UINT	UDINT	ULINT	REAL	LREAL	TIME	DATE	TOD	DT	STRING
	IN	○	○	○	○	○	○	○	○	○	○	○	○	○	○	○	○	○	○	○	
	OUT	○	○	○	○	○	○	○	○	○	○	○	○	○	○	○	○	○	○	○	

• EN이 1이면, IN Array변수의 데이터를 OUT Array변수에 복사한다. IN의 IN_INDX번째 값부터 MOVE_NUM 개수만큼 데이터를 복사하여, OUT의 OUT_INDX번째 값부터 붙여넣기를 실행한다. MOVE가 가능하기 위해서는 IN과 OUT의 Array데이터타입과 Size가 동일해야 한다. 단, IN과 OUT의 Array개수는 다를 수 있다.

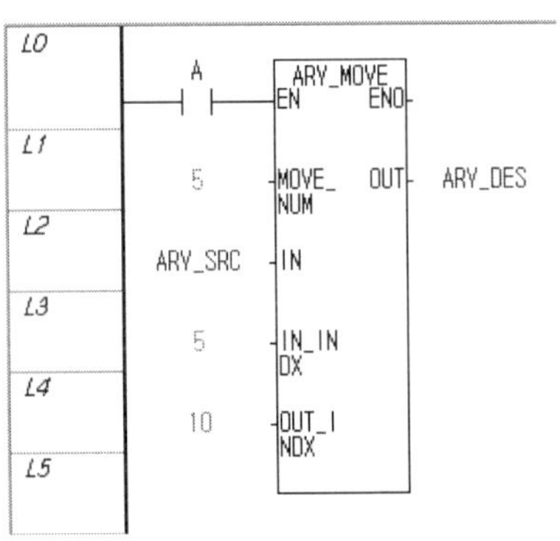

변수명	변수 타입	어레이 개수
ARY_SRC	INT	10
ARY_DES	WORD	15

• 연산결과 아래와 같이 데이터가 복사됩니다.

ARY_SRC[5] → ARY_DES[10]

ARY_SRC[6] → ARY_DES[11]

ARY_SRC[7] → ARY_DES[12]

ARY_SRC[8] → ARY_DES[13]

ARY_SRC[9] → ARY_DES[14]

ARY_CMP	적용 기종	발생플래그
Array 비교	XGI, XGR, XEC	_ERR, _LER

펑션	설명
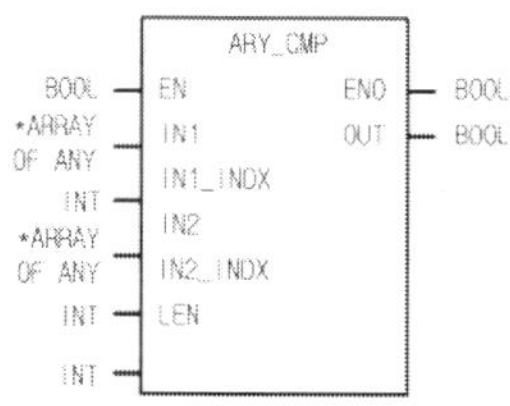	입력 EN : 1일 때 펑션 실행 IN1 : 비교할 첫번째 Array IN1_INDX : 첫번째 Array에서 비교할 시작 위치 IN2 : 비교할 두번째 Array IN2_INDX : 두번째 Array에서 비교할 시작 위치 LEN : 비교할 원소의 개수 출력 ENO : 에러 없이 실행되면 1을 출력 OUT : Array 비교값이 동일하면 1을 출력

ANY 타입 변수 설명	변수명	BOOL	BYTE	WORD	DWORD	LWORD	SINT	INT	DINT	LINT	USINT	UINT	UDINT	ULINT	REAL	LREAL	TIME	DATE	TOD	DT	STRING
	IN1	○	○	○	○	○	○	○	○	○	○	○	○	○	○	○	○	○	○	○	
	IN2	○	○	○	○	○	○	○	○	○	○	○	○	○	○	○	○	○	○	○	

• ARY_CMP 펑션은 2개의 Array를 입력받아 서로 동일한 값을 갖고 있는지를 비교한다.

• LEN이 마이너스일 경우 Array인덱스부터 (Array 인덱스-|LEN|) 사이의 원소들을 비교한다. (ARRAY OF ANY에서 ANY의 STRING타입은 제외)

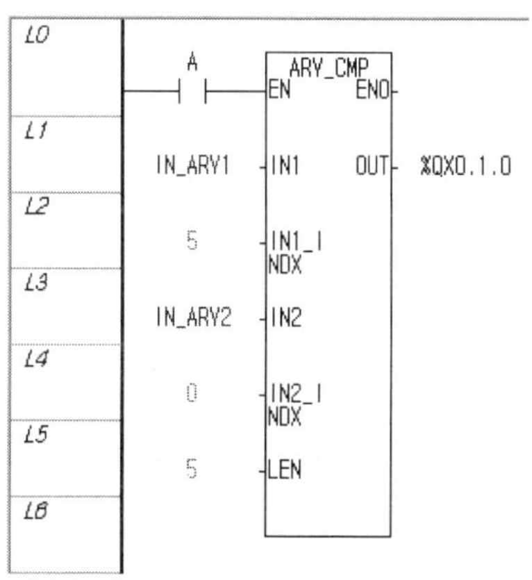

• 아래와 같이 5개의 ARRAY데이터가 같은 경우 출력 %QX0.1.0이 ON된다.

IN_ARY1[5] = IN_ARY2[0]

IN_ARY1[6] = IN_ARY2[1]

IN_ARY1[7] = IN_ARY2[2]

IN_ARY1[8] = IN_ARY2[3]

IN_ARY1[9] = IN_ARY2[4]

ARY_FLL	적용 기종	발생플래그
Array 내부 영역 채우기	XGI, XGR, XEC	_ERR, _LER

펑션	설명
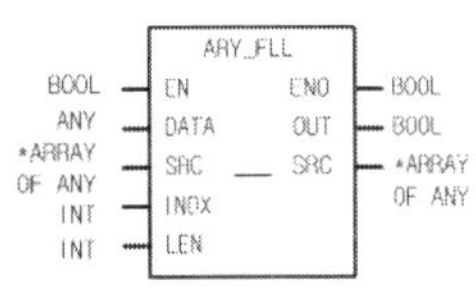	**입력** EN : 1일 때 펑션 실행 DATA : Array 내를 채울 값 INDX : 값을 채울 Array 내의 처음 위치 LEN : 값을 채울 Array 원소의 개수 **출력** ENO : 에러 없이 실행되면 1을 출력 OUT : 동작이 성공적으로 끝나면 1을 출력 **입출력** SRC : 값이 채워질 Array

ANY 타입 변수 설명 변수명	BOOL	BYTE	WORD	DWORD	LWORD	SINT	INT	DINT	LINT	USINT	UINT	UDINT	ULINT	REAL	LREAL	TIME	DATE	TOD	DT	STRING
DATA	○	○	○	○	○	○	○	○	○	○	○	○	○	○	○	○	○	○	○	
SRC	○	○	○	○	○	○	○	○	○	○	○	○	○	○	○	○	○	○	○	

• 입력 DATA값으로 Array내부의 선택영역을 채운다.

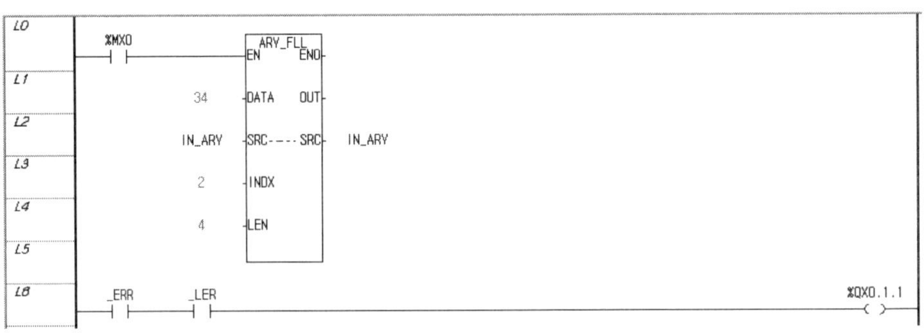

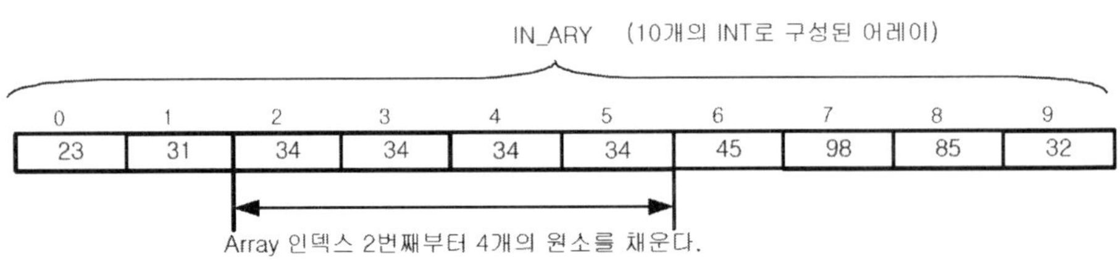

• 입력조건(%MX0)이 On되면, ARY_FLL펑션이 실행된다. Array인덱스 2번째부터 4개의 원소를 지정된 값 34로 채운다. 만약 LEN을 9로 대체하면 Array의 전체 개수를 초과하므로 에러가 발생하여 _ERR과_LER 플래그가 On되므로 출력접점 %QX0.1.1이 On된다.

ARY_AVE	적용 기종	발생플래그
Array 평균값 구하기	XGI, XGR, XEC	_ERR, _LER
펑 션	설 명	
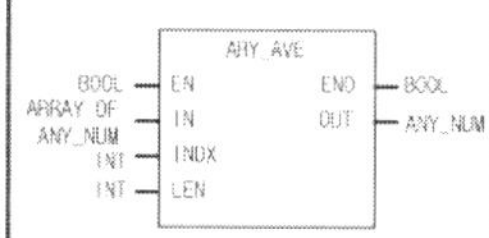	**입력** EN : 1일 때 펑션 실행 IN : 평균을 위한 데이터 Array INDX : Array 내에서 연산을 시작할 위치 LEN : 평균값을 구할 Array 원소의 개수 **출력** ENO : 에러 없이 실행되면 1을 출력 OUT : 연산후의 평균값을 출력	

ANY 타입 변수설명	변수명	BOOL	BYTE	WORD	DWORD	LWORD	SINT	INT	DINT	LINT	USINT	UINT	UDINT	ULINT	REAL	LREAL	TIME	DATE	TOD	DT	STRING
	IN						○	○	○	○	○	○	○	○	○	○					
	OUT						○	○	○	○	○	○	○	○	○	○					

• Array내부의 지정된 영역에 대하여 평균값을 구한다. 출력타입은 입력 Array타입과 동일하게 설정되어 있다.

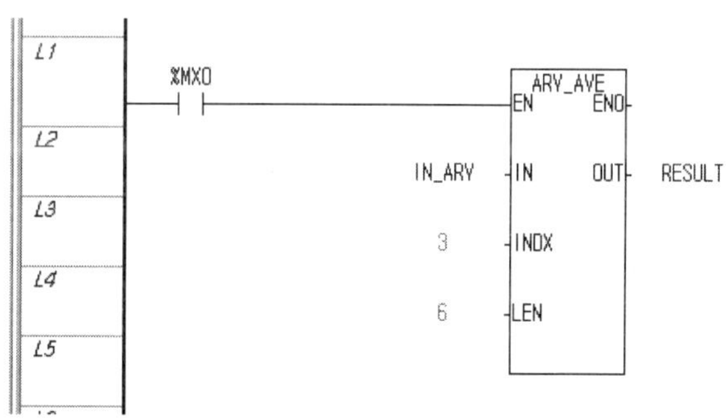

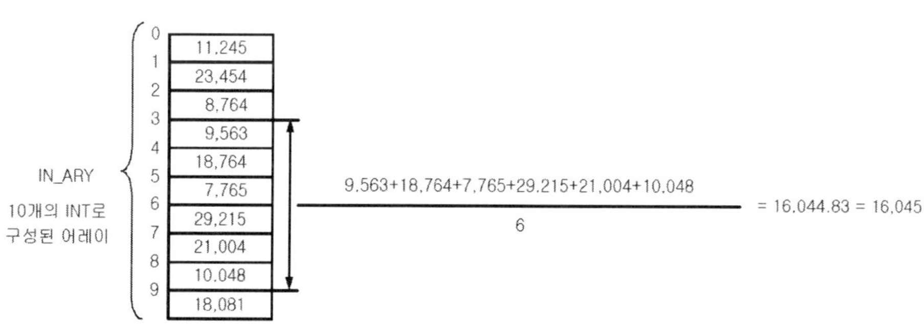

• 입력조건(%MX0)이 On되면, ARY_AVE펑션의 INT타입이 실행된다. ARRAY 내의 값이 위의 그림과 같을 경우 Array인덱스 3번째로부터 6개의 원소에 대한 평균값을 구한다. 평균값이 16,044.8이지만 출력타입이 INT이므로 반올림을 수행하여 16,045를 출력한다.

5.2 MK(Master-K) 펑션

ENCO	적용 기종	발생플래그
On된 비트 위치를 숫자로 출력	XGI, XGR, XEC	_ERR, _LER
펑션	설명	
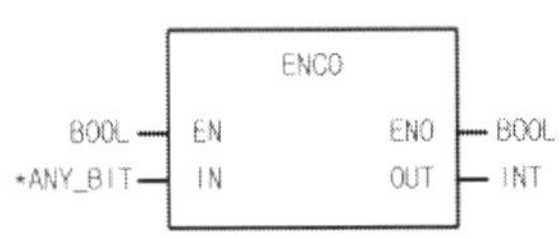	입력 EN : 1일 때 펑션 실행 IN : Encoding할 입력 데이터 출력 ENO : 에러 없이 실행되면 1을 출력 OUT : Encoding한 결과 데이터	

ANY 타입 변수설명	변수명	BOOL	BYTE	WORD	DWORD	LWORD	SINT	INT	DINT	LINT	USINT	UINT	UDINT	ULINT	REAL	LREAL	TIME	DATE	TOD	DT	STRING
	IN		○	○	○	○															
	OUT							○													

• EN이 1이면, IN의 비트 스트링 데이터 중, 1로 되어 있는 비트 중 최상위 비트의 위치를 OUT으로 출력한다. 입력에는 B(BYTE), W(WORD), D(DWORD), L(LWORD) 타입의 데이터가 접속 가능하다.

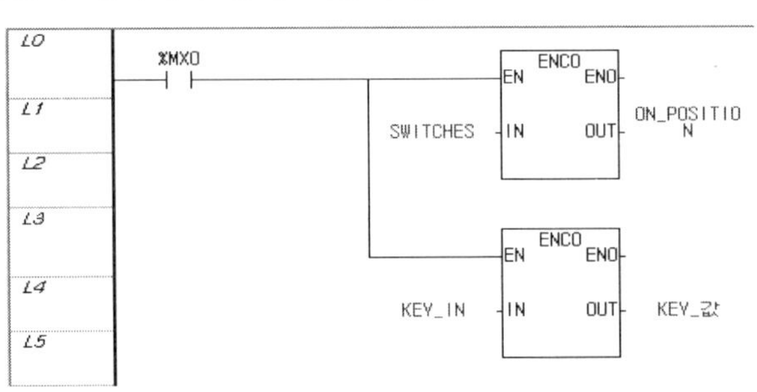

• 실행조건(%MX0)이 On되면 ENCO펑션이 실행된다.

• SWITCHS(WORD타입)=2#0000_1000_0000_0010(16#0801)이라면, On되어 있는 2비트의 위치, 즉 '11'과 '1' 중 상위 위치인 '11'을 출력하여 ON_POSITON(INT타입)에 정수값 '11'이 저장된다.
입력데이터 중 하나의 비트도 1이 되어 있지 않은 경우는 OUT은 -1이 되고, _ERR, _LER플래그가 셋(Set)된다.

DECO	적용기종	발생플래그
지정된 비트 위치를 On	XGI, XGR, XEC	-

펑션	설명
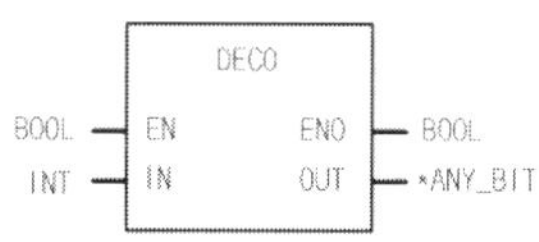	입력 EN : 1일 때 펑션 실행 IN : Decoding할 입력 데이터 출력 ENO : 에러 없이 실행되면 1을 출력 OUT : Decoding한 결과 데이터

ANY 타입 변수설명	변수명	BOOL	BYTE	WORD	DWORD	LWORD	SINT	INT	DINT	LINT	USINT	UINT	UDINT	ULINT	REAL	LREAL	TIME	DATE	TOD	DT	STRING
	IN		○	○	○	○															
	OUT		○	○	○	○															

• EN이 1이면, IN의 값, 즉 비트위치 지정데이터에 따라서 출력의 비트 스트링 데이터 중 지정된 위치의 비트만 1로 하여 출력한다. 출력에는 BYTE, WORD, DWORD, LWORD 타입의 데이터가 접속 가능하다.

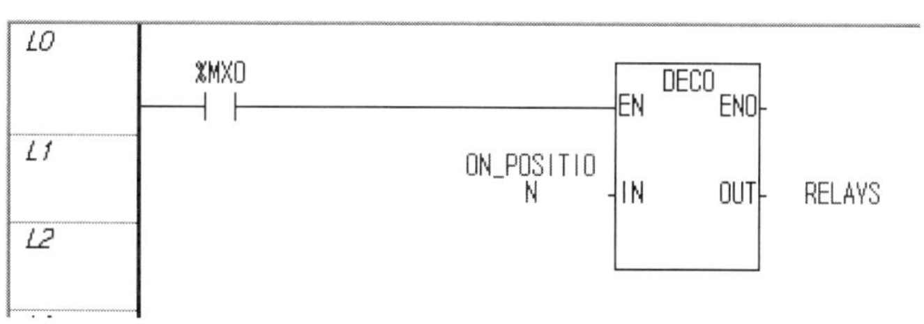

• 실행조건(%MX0)이 On되면 DECO펑션이 실행된다.

• 입력변수로 선언된 ON_POSITON(INT타입)=5라면, 출력의 5번 비트만 On되므로, RELAYS(WORD타입)=2#0000_0000_0010_0000이 된다.

BSUM	적용 기종	발생플래그
On 된 비트 개수를 숫자로 출력	XGI, XGR, XEC	-

펑션	설명
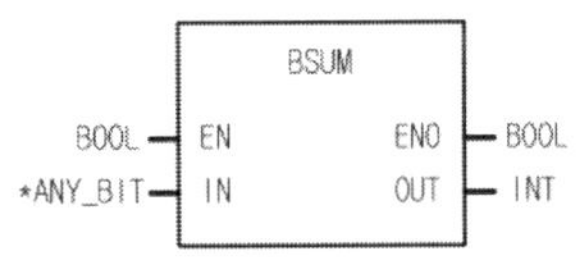	**입력** EN : 1일 때 펑션 실행 IN : On비트를 검색할 입력 데이터 **출력** ENO : EN값이 그대로 출력 OUT : On 된 비트 개수를 합한 결과 데이터

ANY 타입 변수설명	변수명	BOOL	BYTE	WORD	DWORD	LWORD	SINT	INT	DINT	LINT	USINT	UINT	UDINT	ULINT	REAL	LREAL	TIME	DATE	TOD	DT	STRING
	IN		○	○	○	○															

• EN이 1이면, IN의 비트 스트링 데이터 중, 1로 되어 있는 비트의 숫자를 세어서 OUT으로 출력한다. 입력에는 BYTE, WORD, DWORD, LWORD 타입의 데이터가 접속 가능하다.

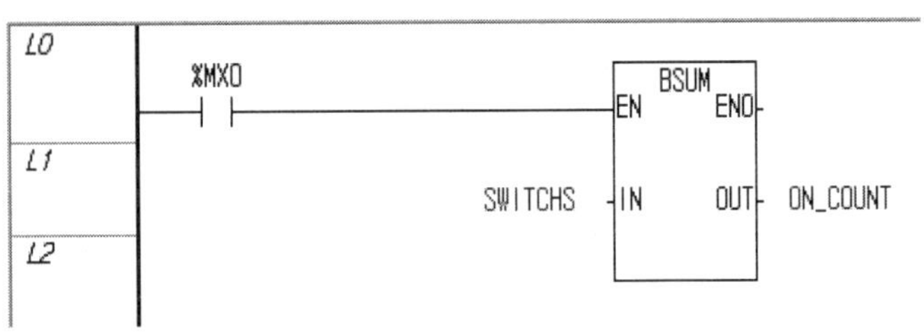

• 실행조건(%MX0)이 On되면 BSUM펑션이 실행된다.

• 입력변수로 선언된 SWITCHS(WORD타입)=2#0000_0100_0010_1000(16#0428)이라면, 출력변수(On_COUNT)는 On되어 있는 비트의 개수를 출력한다. 즉, '3'을 출력하여 ON_COUNT(INT타입)에 정수값 '3'이 저장된다.

BMOV	적용 기종	발생플래그
비트 스트링의 일부분을 복사,이동	XGI, XGR, XEC	_ERR, _LER

펑션	설명
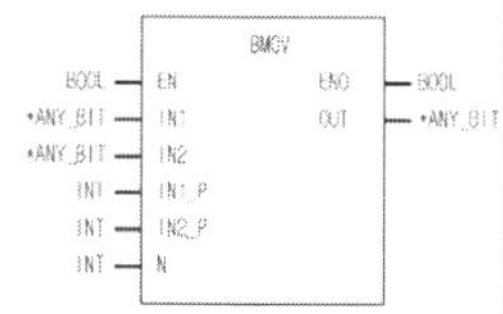 	**입력** EN : 1일 때 펑션 실행 IN1 : 조합할 비트 데이터를 가진 스트링 데이터 IN2 : 조합할 비트 데이터를 가진 스트링 데이터 IN1_P : IN1지정 데이터상의 시작 비트 위치 IN2_P : IN2지정 데이터상의 시작 비트 위치 N : 조합할 비트의 수 **출력** ENO : 에러 없이 실행되면 1을 출력 OUT : 조합된 비트 스트링 데이터 출력

ANY 타입 변수설명	변수명	BOOL	BYTE	WORD	DWORD	LWORD	SINT	INT	DINT	LINT	USINT	UINT	UDINT	ULINT	REAL	LREAL	TIME	DATE	TOD	DT	STRING
	IN1		○	○	○	○															
	IN2		○	○	○	○															
	OUT		○	○	○	○															

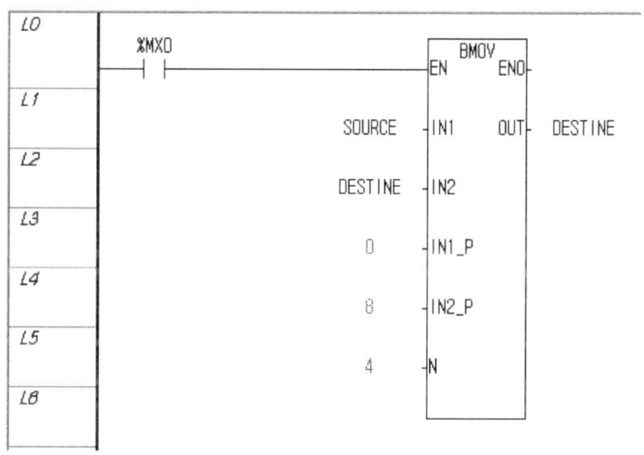

- 실행조건(%MX0)이 On되면 BMOV펑션이 실행된다.
- 입력변수로 선언된 SOURCE=2#0101_1111_0000_1010, DESTINE=2#0000_0000_0000_0000이고, IN1_P=0, IN2_P=8, N=4이므로 연산결과는 2#0000_1010_0000_0000이 되고, 출력을DESTINE으로 지정하였으므로 DESTINE=2#0000_1010_0000_0000으로 바뀌게 된다.

입력(IN1) : SOURCE (WORD) = 16#5F0A
(IN2) : DESTINE(WORD) = 16#0000
(IN1_ P) = 0
(IN2_P) = 8
(N) = 4

0	1	0	1	1	1	1	1	0	0	0	0	1	0	1	0
0	0	0	0	0	0	0	0	0	0	0	0	0	0	0	0

↓ (BMOV)

출력(OUT) : DESTINE(WORD) = 16#0A00

0	0	0	0	1	0	1	0	0	0	0	0	0	0	0	0

5.3 데이터 교환펑션

SWAP	적용 기종	발생플래그
데이터의 상위 하위 바꾸기	XGI, XGR, XEC	-

펑션	설명
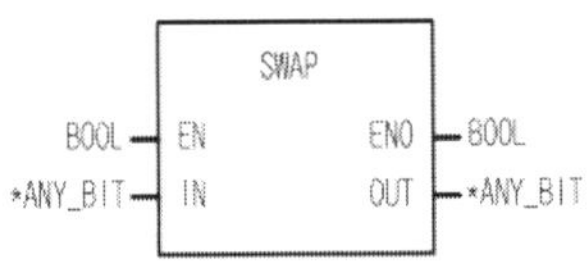 	**입력** EN : 1일 때 펑션 실행 IN : 입력 **출력** ENO : EN값을 그대로 출력 OUT : Swap된 값

ANY 타입 변수설명	변수명	BOOL	BYTE	WORD	DWORD	LWORD	SINT	INT	DINT	LINT	USINT	UINT	UDINT	ULINT	REAL	LREAL	TIME	DATE	TOD	DT	STRING
	IN		○	○	○	○															
	OUT		○	○	○	○															

• 입력된 변수를 2개의 크기로 구분하여 상위와 하위를 서로 교환한다.

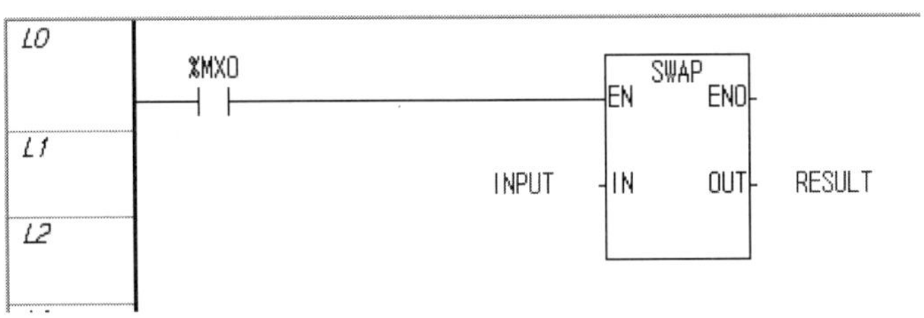

• 실행조건(%MX0)이 On되면, SWAP펑션이 실행된다. 펑션의 입력변수 INPUT (WORD 타입)=16#AA55일 경우, 펑션의 출력변수 RESULT(WORD 타입)= 16#55AA가 된다.

펑션	입력 타입	동작 설명
SWAP	BYTE	BYTE의 상하위 니블(Nibble)을 서로 교환하여 출력합니다.
SWAP	WORD	WORD의 상하위 BYTE를 서로 교환하여 출력합니다.
SWAP	DWORD	DWORD의 상하위 WORD를 서로 교환하여 출력합니다.
SWAP	LWORD	LWORD의 상하위 DWORD를 서로 교환하여 출력합니다.

5.4 비트시프트 펑션

SHL	적용 기종	발생플래그
왼쪽으로 이동 (Shift Left)	XGI, XGR, XEC	-

펑션	설명
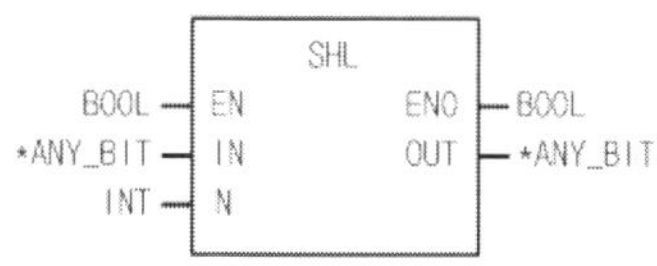 	**입력** EN : 1일 때 펑션 실행 IN : 이동될 비트 열 N : 이동할 비트 수 **출력** ENO : EN값이 그대로 출력 OUT : 이동된 값

ANY 타입 변수설명	변수명	BOOL	BYTE	WORD	DWORD	LWORD	SINT	INT	DINT	LINT	USINT	UINT	UDINT	ULINT	REAL	LREAL	TIME	DATE	TOD	DT	STRING
	IN		○	○	○	○															
	OUT		○	○	○	○															

• 입력 IN을 N비트 수만큼 왼쪽으로 이동시키며, 입력 IN의 맨 오른쪽에 있는 N개 비트는 0으로 채운다.

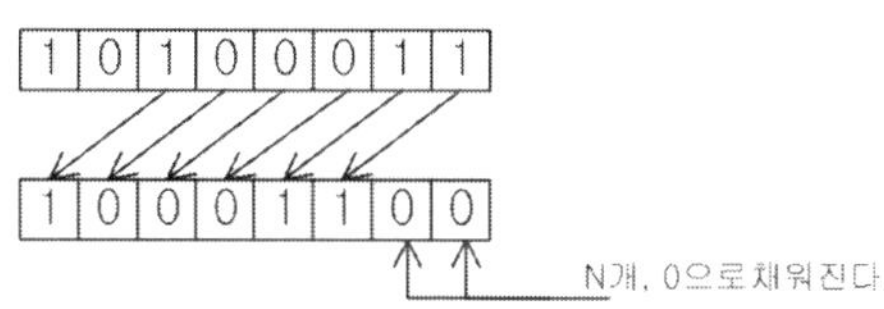

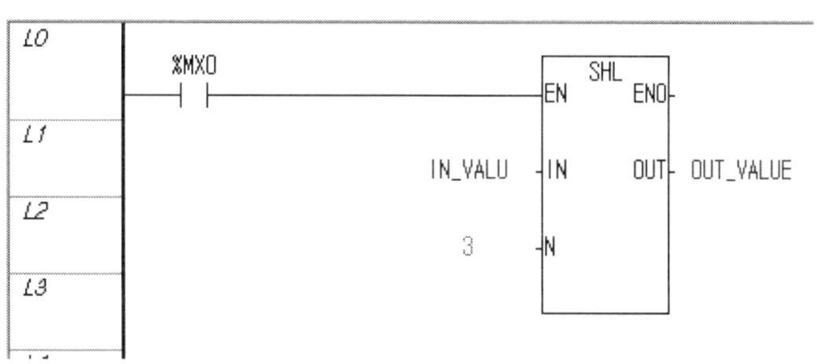

• 이동할 데이터값인 입력변수를 IN_VALUE(2#1100_1100_1100_1100 : 16#CCCC)로 설정한다.

• 좌로 이동한 비트수 3을 지정입력(N)에 쓴다. (변수지정 후 쓰기로 가능)

• 실행조건(%MX0)이 On되면 SHL(왼쪽으로 이동)펑션이 실행되어 입력변수로 설정된 데이터 비트가 좌로 3비트 이동하여, 출력변수로 선언된 OUT_VALUE에 출력된다.

입력(IN) : IN_VALUE(WORD) = 16#CCCC | 1 | 1 | 0 | 0 | 1 | 1 | 0 | 0 | 1 | 1 | 0 | 0 | 1 | 1 | 0 | 0

(N) : 3 ↓ (ROL)

출력(OUT) : OUT_VALUE(WORD) = 16#6660 | 0 | 1 | 1 | 0 | 0 | 1 | 1 | 0 | 0 | 1 | 1 | 0 | 0 | 0 | 0 | 0

ROR	적용기종	발생플래그
오른쪽으로회전 **(Rotate Right)**	XGI, XGR, XEC	-
펑션	설명	
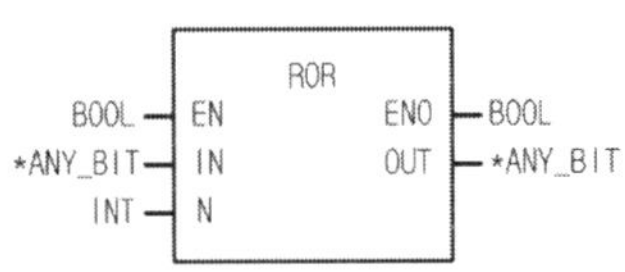	입력 EN : 1일 때 펑션 실행 IN : 회전될 값 N : 회전할 비트 수 출력 ENO : EN값이 그대로 출력 OUT : 회전된 값	

ANY 타입 변수설명	변수명	BOOL	BYTE	WORD	DWORD	LWORD	SINT	INT	DINT	LINT	USINT	UINT	UDINT	ULINT	REAL	LREAL	TIME	DATE	TOD	DT	STRING
	IN		○	○	○	○															
	OUT		○	○	○	○															

• 입력 IN을 N비트 수만큼 오른쪽으로 회전시킨다.

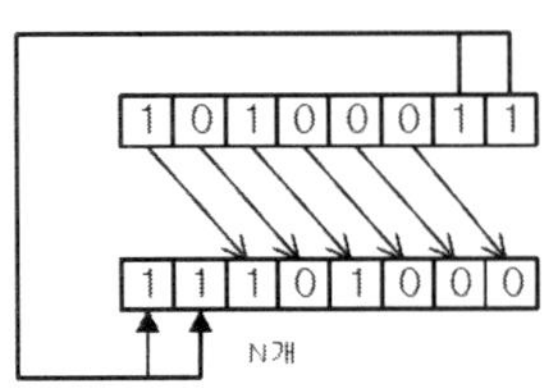

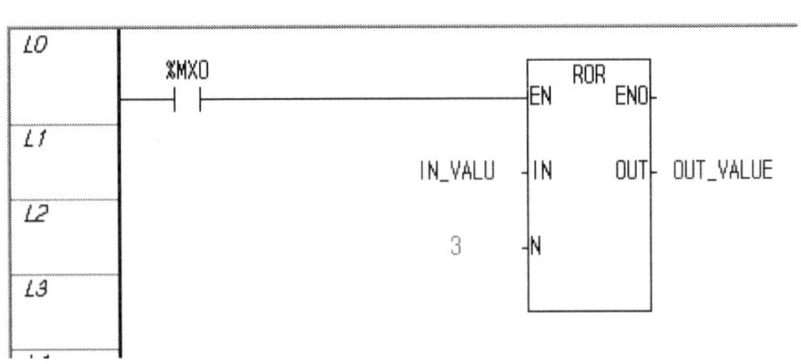

회전 데이터값인 입력변수를 IN_VALUE로 설정하고, 우회전 비트수 3을 회전 비트수 지정입력(N)에 설정한다. 실행조건 %MX0이 On되면 ROR(오른쪽으로회전) 펑션이 실행되어 입력변수로 설정된 데이터비트가 우로 3비트만큼 회전되어 출력변수로 선언된 OUT_VALUE값에 출력된다.

입력(IN): IN_VALUE(WORD) = 16#E331	1	1	1	0	0	0	1	1	0	0	1	1	0	0	0	1
(N) : 3								↓ (ROR)								
출력(OUT): OUT_VALUE(WORD) = 16#3C66	0	0	1	1	1	1	0	0	0	1	1	0	0	1	1	0

제6장 사용자정의 F/FB

6.1 사용자정의 F/FB 개요

사용자가 직접 펑션블록(또는 펑션)을 디자인하여 동일한 로직을 재활용하거나, 노하우를 보호할 수 있으며, 프로그램 메모리를 효과적으로 활용할 수 있다.

구분	펑션	펑션블록
입력 개수	한 개 이상	한 개 이상
출력 개수	한 개	한 개 이상
실행	1스캔	1스캔 이상
명령어 예	MOV/BCD ADD/SUB/MUL/DIV EQ/GT/GE/LT/LE etc...	TON(On-delay Timer) CTU(Counter) etc...

6.2 사용자정의 펑션 예제

PLC의 Real타입 데이터를 HMI로 나타내기 위해 DINT값으로 변환함과 동시에 원하는 자리수만큼의 데이터를 추출하는 사용자정의 펑션이다.

① 사용자정의 펑션/펑션블록을 마우스 오른쪽버튼을 클릭하여 항목 추가→펑션을 선택한다.

② 리턴 데이터타입을 DINT로 설정한다.

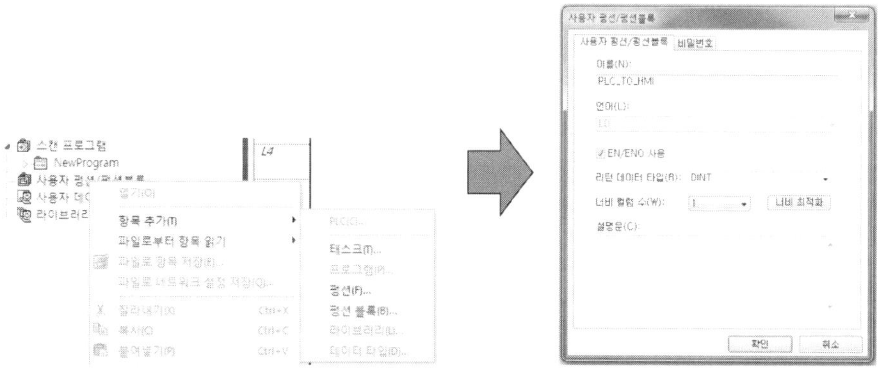

③ 사용자펑션을 아래와 같이 작성하고, 로컬변수를 등록한다. 스캔프로그램에서 입력할 변수인 입력값과 자리수는 아래와 같이 VAR_INPUT로 작성하고, 결과값은 Return값인 PLC_TO_HMI에 등록한다. (입력변수와 출력변수는 각각 반드시 하나 이상이어야 하고 최대 64개를 넘을 수 없다.)

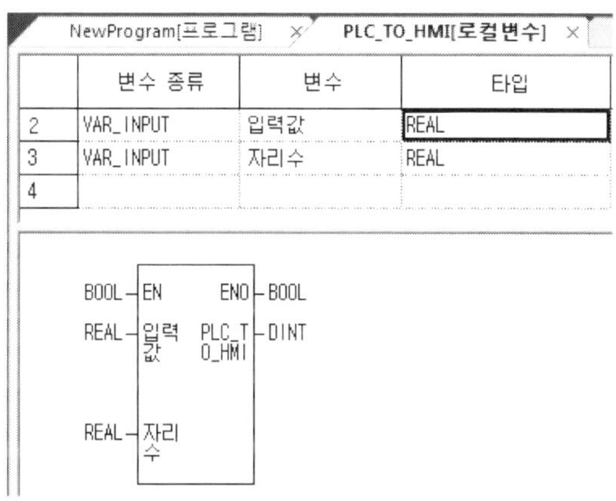

④ 아래와 같이 사용자정의 펑션의 프로그램을 작성한다. EXPT함수를 통해 입력한 자리수만큼 10의 제곱을 한 값(EXPT_OUT)을 MUL함수로 전달한다. MUL함수를 통해 입력된 REAL값에 입력한 자리수만큼 옵셋을 수행한다. 옵셋을 수행한 REAL값을 DINT값으로 변환해준다.

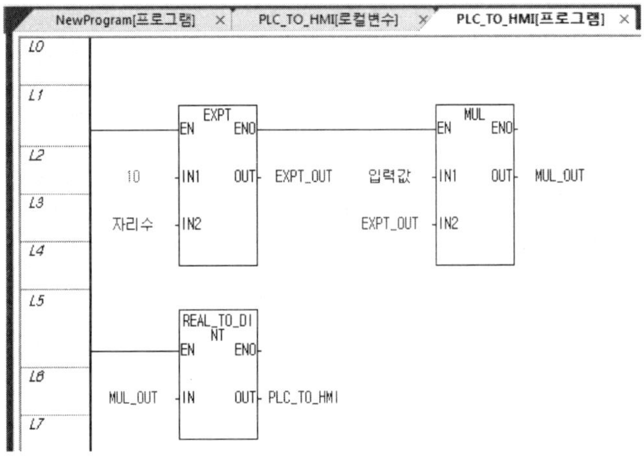

⑤ 스캔프로그램에서 사용자펑션인 "PLC_TO_HMI"를 사용하기 위해 F10을 누르고 현재 PLC 이름인 〈NewPLC〉를 선택하면 펑션리스트가 나온다. 여기서 PLC_TO_HMI를 선택한다.

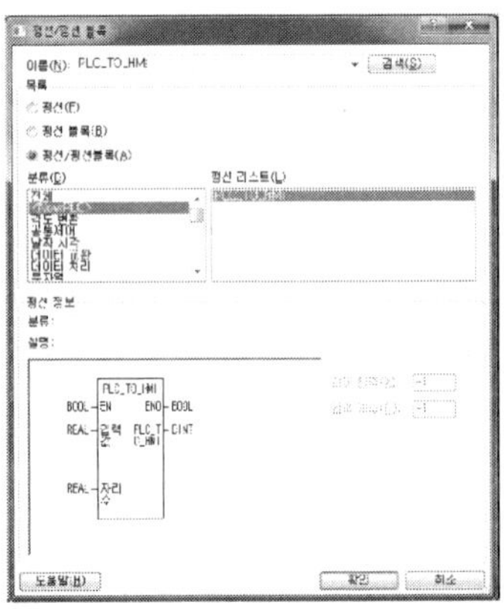

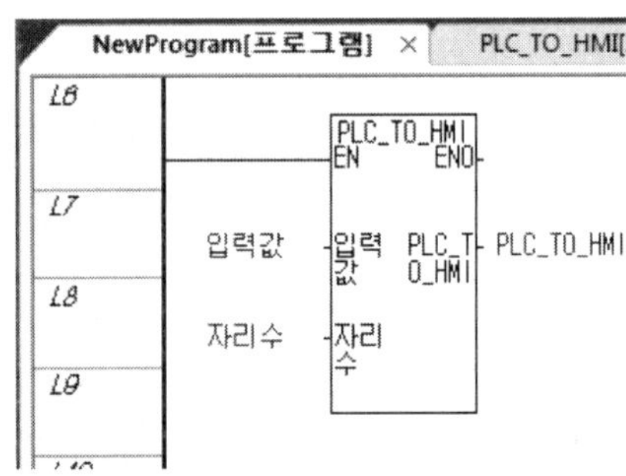

⑥ 입력값에 임의의 Real데이터를 입력하고 자리수에 옵셋할 자리수를 입력한 후 원하는 만큼 옵셋된 DINT데이터가 추출되는지 확인한다.

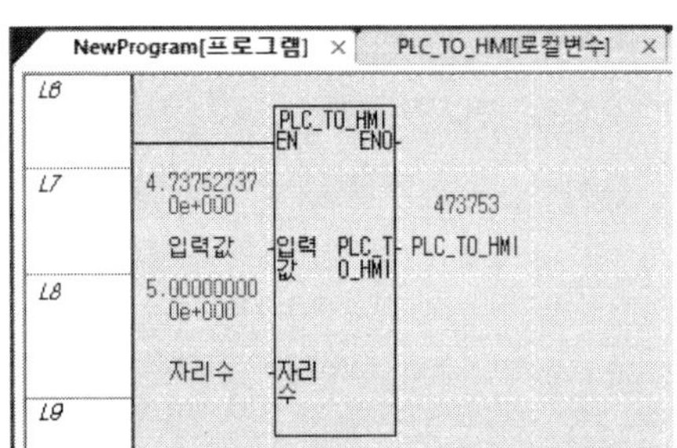

⑦ 기타 기능

사용자 펑션/펑션 블록에 비밀번호 등록

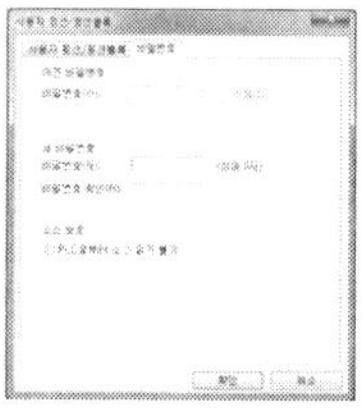

사용자 펑션/펑션을 파일로 저장

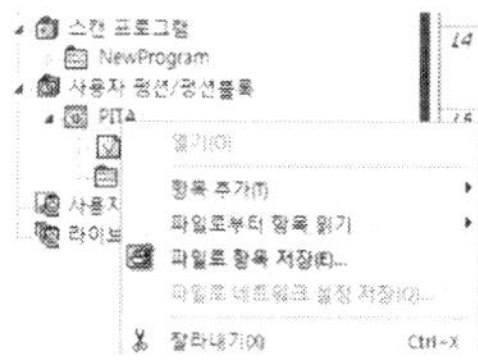

기존에 작성해둔 펑션/펑션 블록을 가져오기

6.3 사용자정의 펑션블록 예제

① A, B 두 값을 입력하면 덧셈값, 뺄셈값, 곱셈값, 나눗셈값 등 4개의 결과물을 반환해주는 펑션블록이다. 이 경우 실행결과물이 2개 이상이므로 펑션블록으로 작성한다.

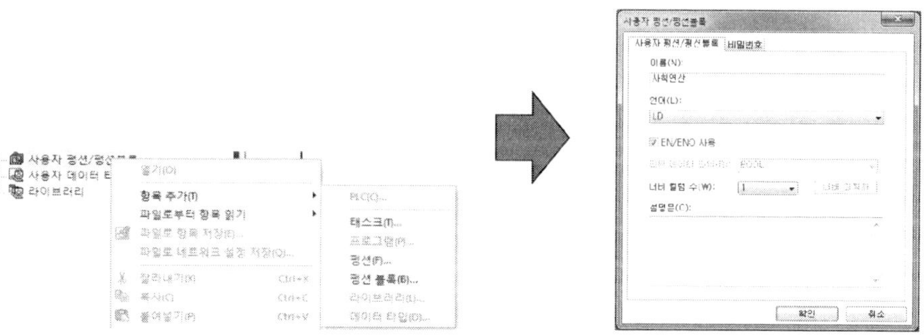

② 펑션블록의 내용 및 변수를 등록하여 펑션블록을 작성한다. 입출력 변수를 등록함과 동시에 작성되는 펑션블록의 모양을 바로 확인할 수 있다.

	변수 종류	변수	타입
1	VAR_INPUT	IN1	REAL
2	VAR_INPUT	IN2	REAL
3	VAR_OUTPUT	ADD_OUT	REAL
4	VAR_OUTPUT	SUB_OUT	REAL
5	VAR_OUTPUT	MUL_OUT	REAL
6	VAR_OUTPUT	DIV_OUT	REAL

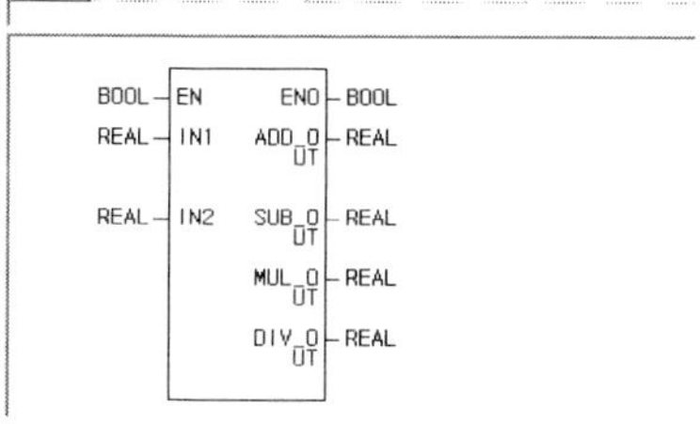

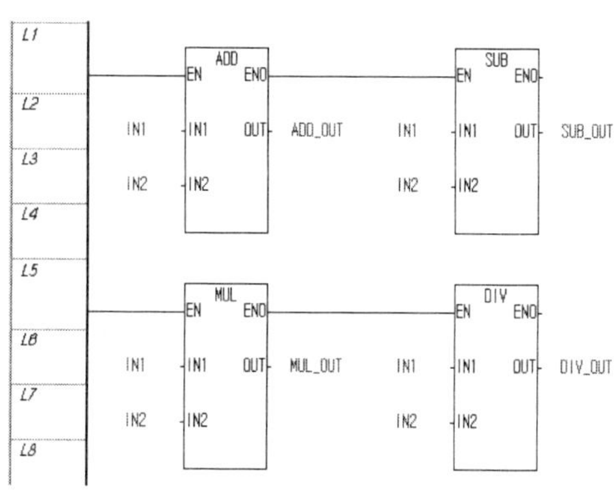

③ 함수를 프로그램에 등록한 뒤 IN1=50, IN2=20을 입력하여 실행결과를 확인한다.

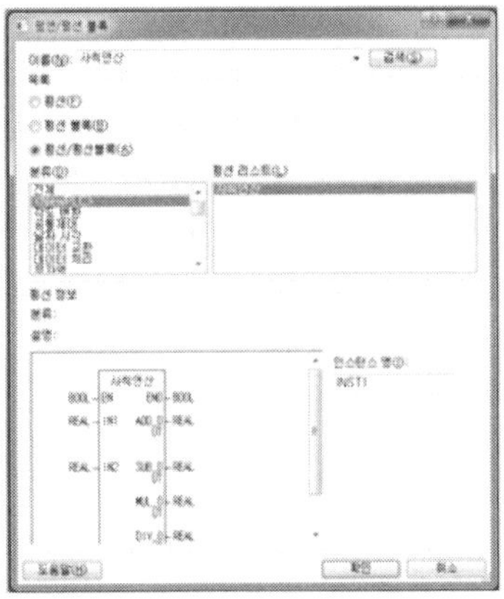

프로그램에 펑션블록 등록

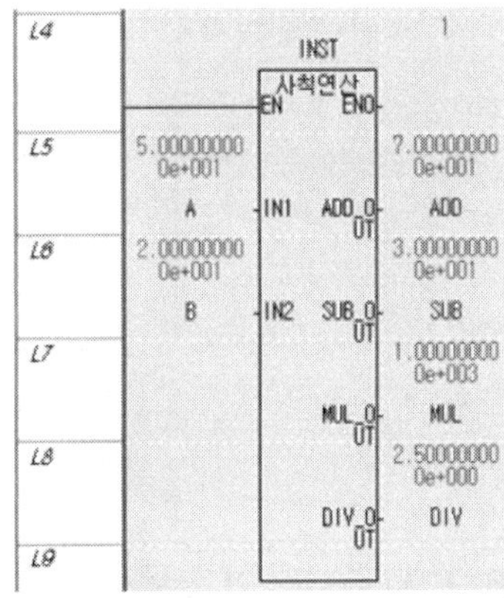

프로그램의 실행 결과 확인

④ 사용자 펑션/펑션블록 파일로 저장하기

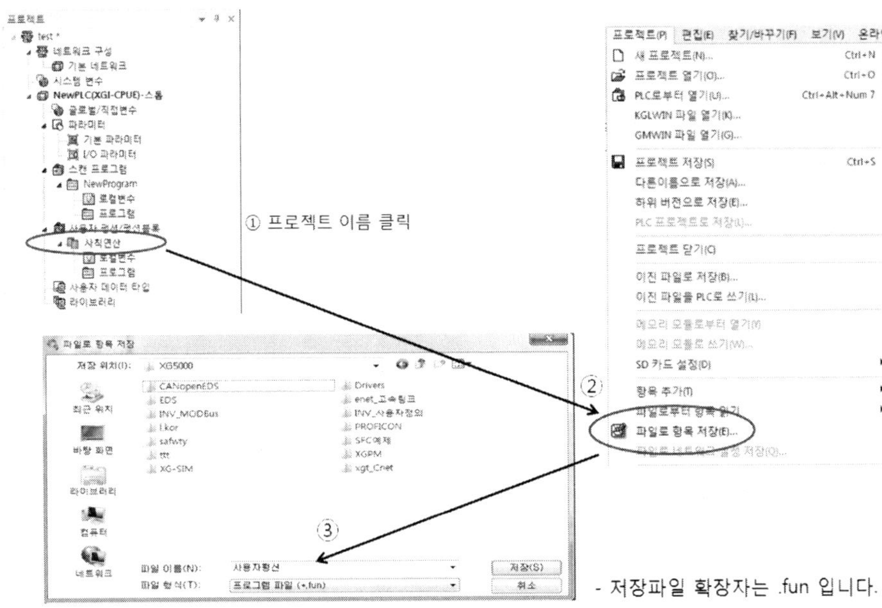

- 저장파일 확장자는 .fun 입니다.

※ 참고(항목별 확장자)

항목	파일 확장자
PLC	plc
글로벌/직접변수	gdv
I/O파라미터	iop
기본파라미터	bsp
프로그램	pri
사용자 펑션/펑션블록	fun
사용자 데이터 타입	udt

제7장 태스크 프로그램

7.1 태스크프로그램의 종류

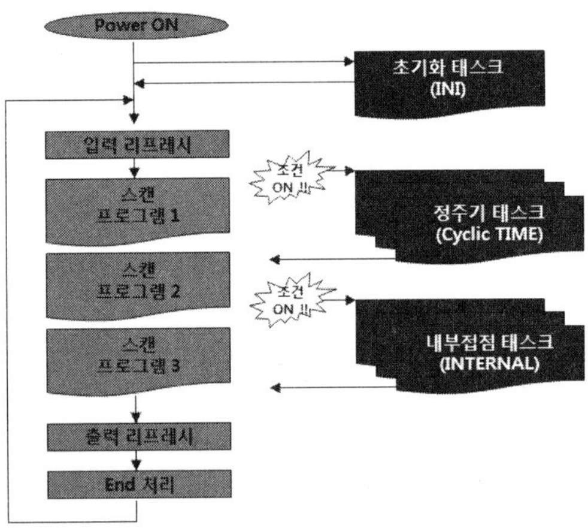

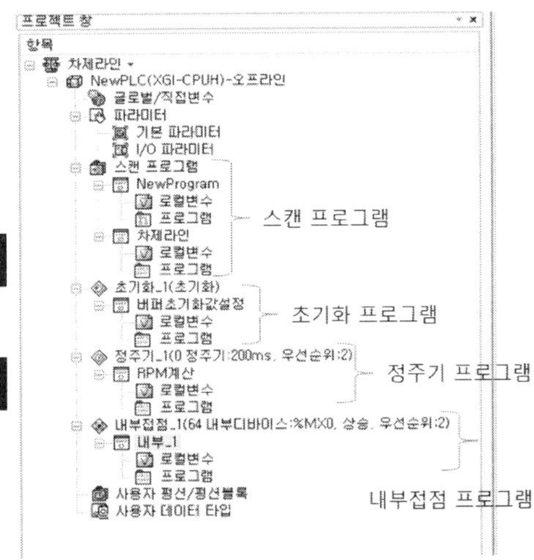

<table>
<tr><th colspan="3">항목</th><th>태스크 수</th><th>실행조건</th><th>비고</th></tr>
<tr><td rowspan="4">프로그램</td><td colspan="2">스캔프로그램</td><td>256
−(태스크 수)</td><td>매 스캔</td><td>Each program is execute in the sequence of registration.</td></tr>
<tr><td rowspan="3">태스크
프로그램</td><td>초기화</td><td>1</td><td>초기화 때</td><td></td></tr>
<tr><td>정주기</td><td>32</td><td>정주기마다</td><td></td></tr>
<tr><td>내부접점</td><td>32</td><td>내부 접점 조건이 만족될 때만</td><td></td></tr>
</table>

7.2 초기화 태스크

1. 항목추가>태스크 선택

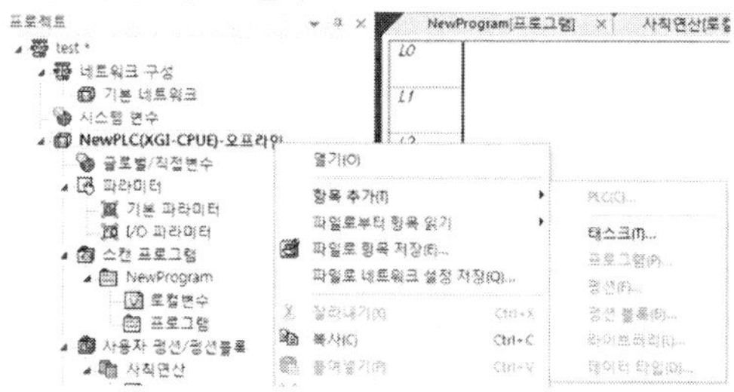

2. 태스크 항목 중 초기화 선택

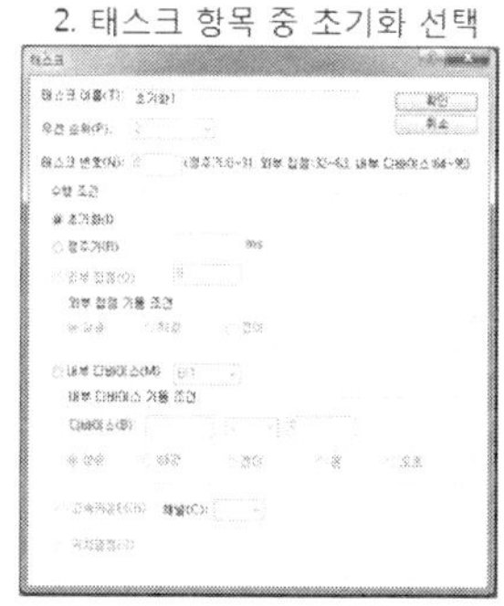

3. 초기화 프로그램에서 항목추가 선택

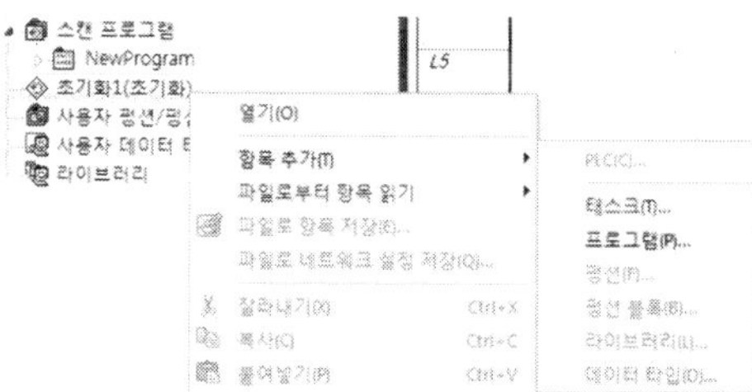

4. 프로그램 이름 '초기화1'로 입력

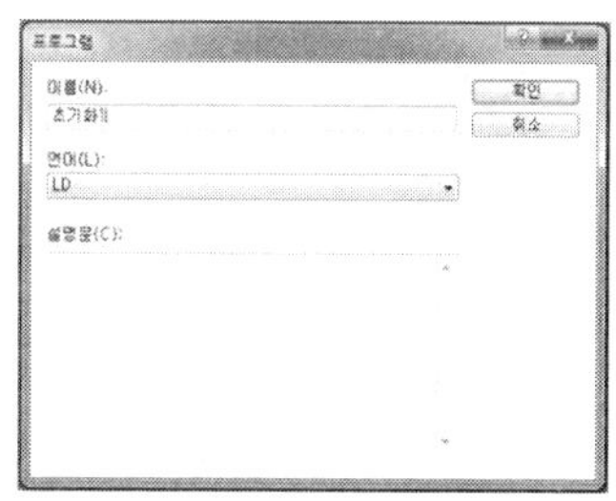

5. 프로그램을 더블 클릭

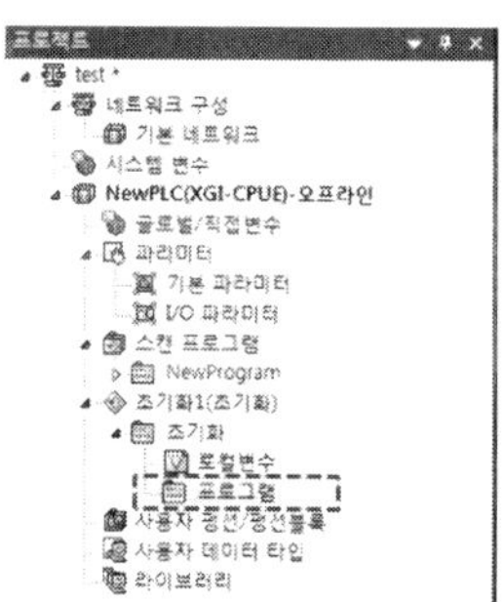

6. 초기화 프로그램을 작성한 후 PLC에 다운로드하여 결과 확인
(초기화 프로그램은 스캔프로그램 보다 우선하며 프로그램 마지막 부분에 확장명령어(INIT_DONE)를 추가하여 함)

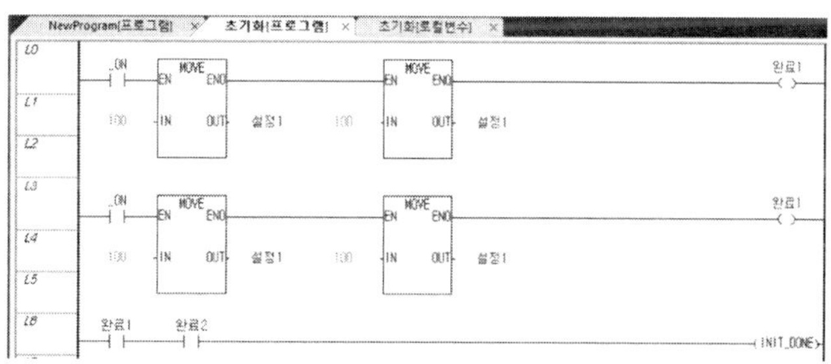

7.3 내부디바이스 태스크프로그램

1. 항목추가>태스크 선택

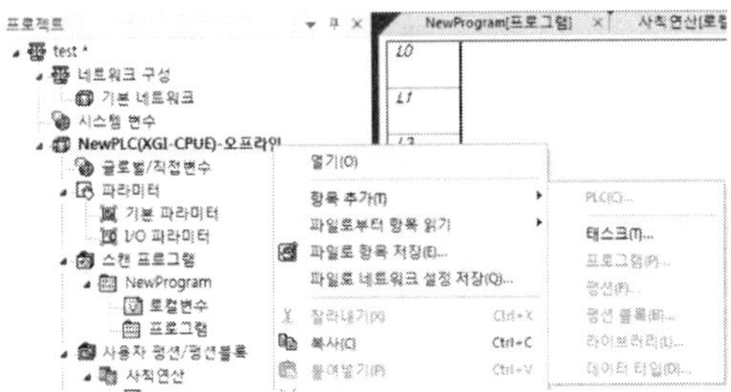

2. 태스크 항목 중 내부디바이스 선택

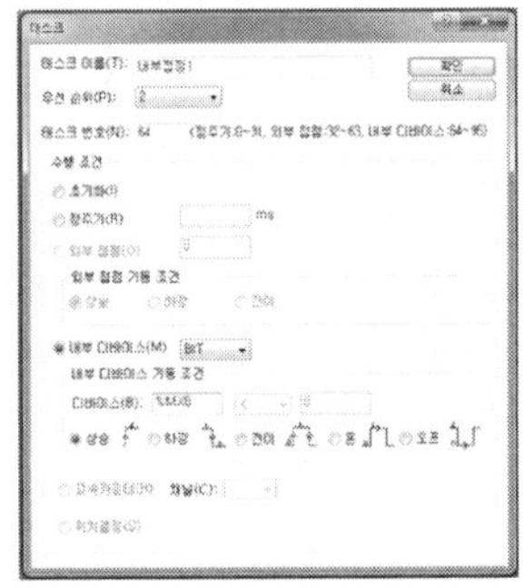

3. 초기화 프로그램에서 항목추가 선택

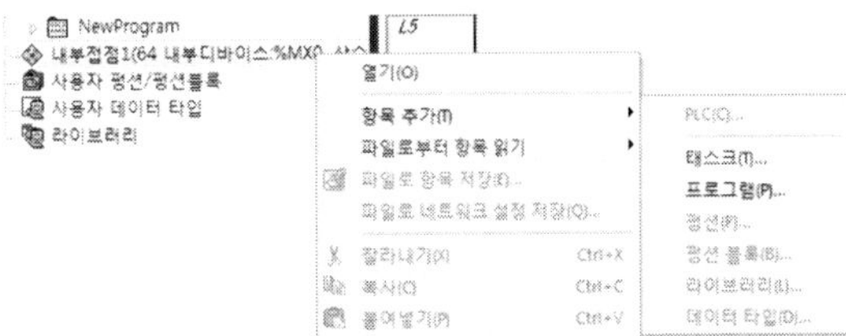

4 프로그램 이름 '내부1'로 입력

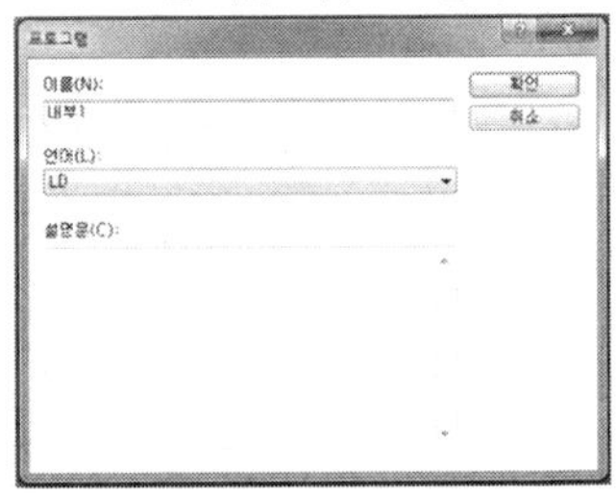

5. 프로그램을 더블 클릭

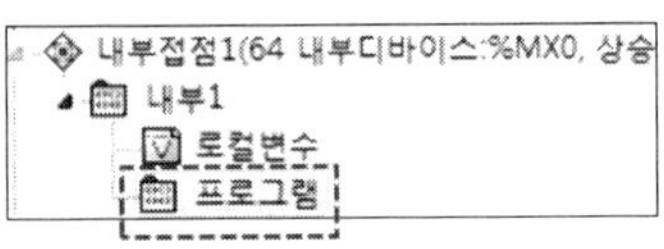

6. 내부 디바이스 태스크 프로그램을 작성한 후 PLC에 다운로드하여 실행한 결과 확인

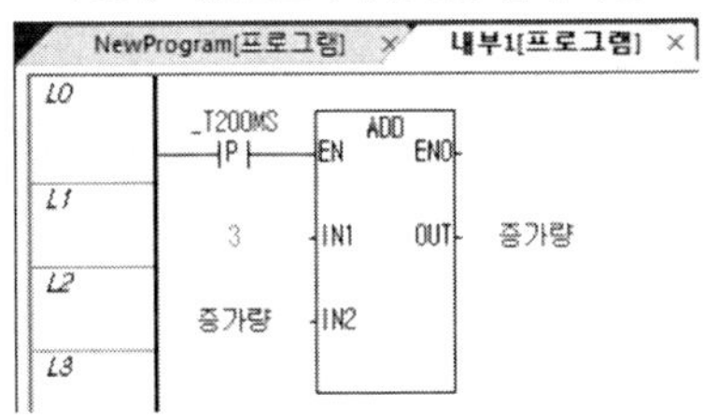

7.4 정주기 태스크프로그램

1. 항목추가>태스크 선택

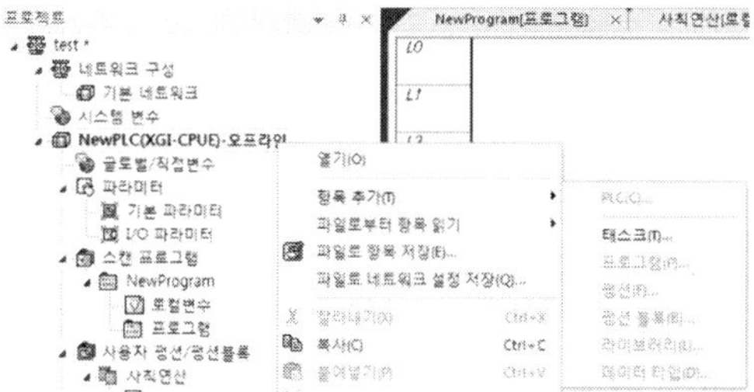

2. 태스크 항목 중 정주기 선택

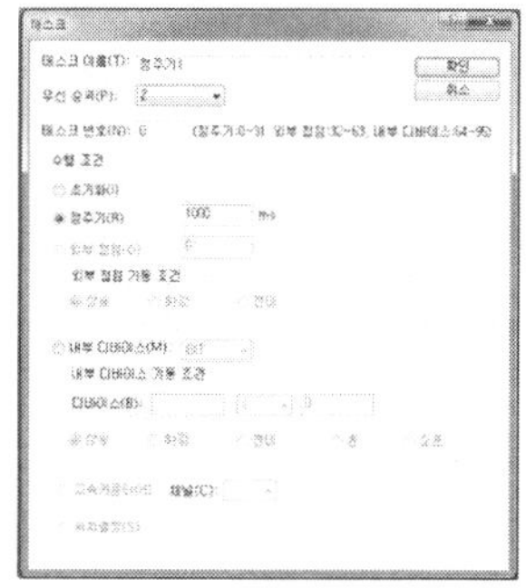

3. 초기화 프로그램에서 항목추가 선택

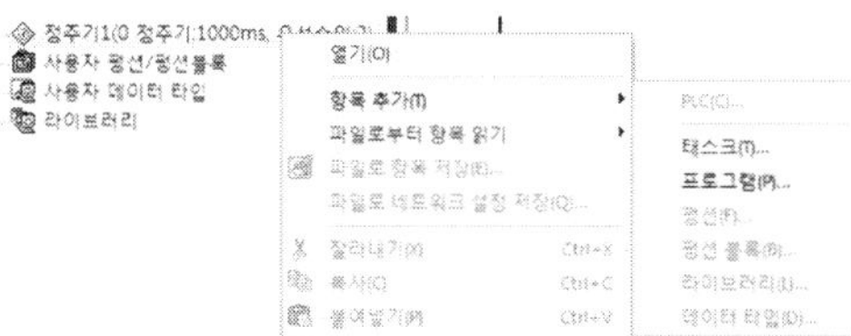

4. 프로그램 이름 '정주기1초'로 입력

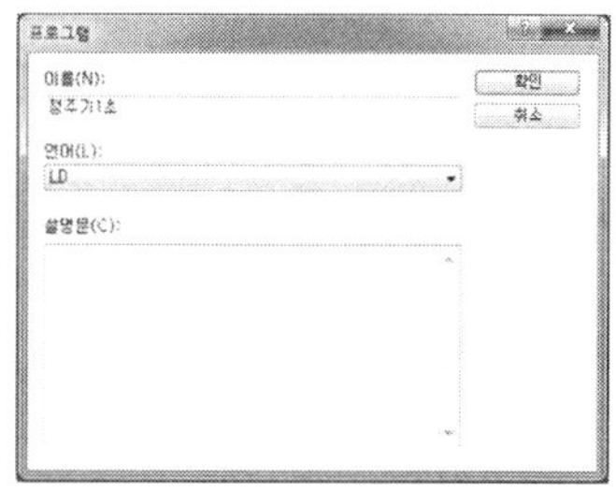

5. 프로그램을 더블 클릭

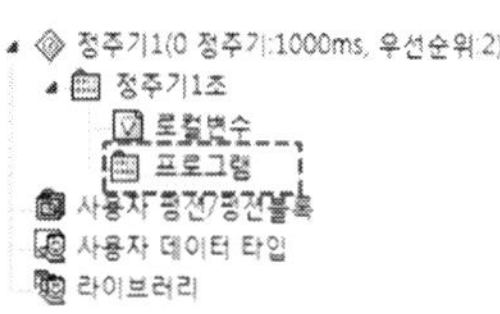

6. 정주기 프로그램을 작성한 후 PLC에 다운로드하여 실행한 결과확인

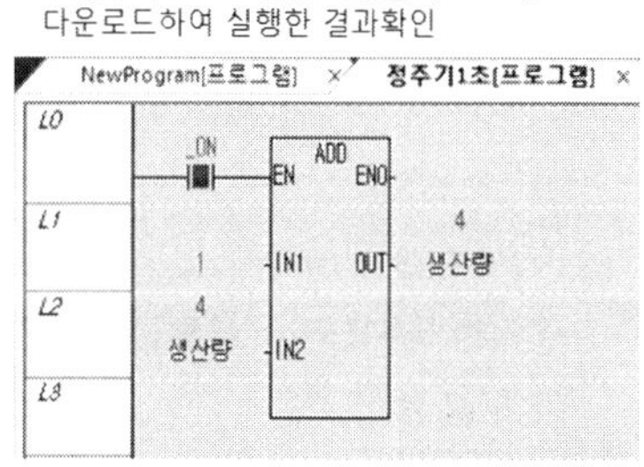

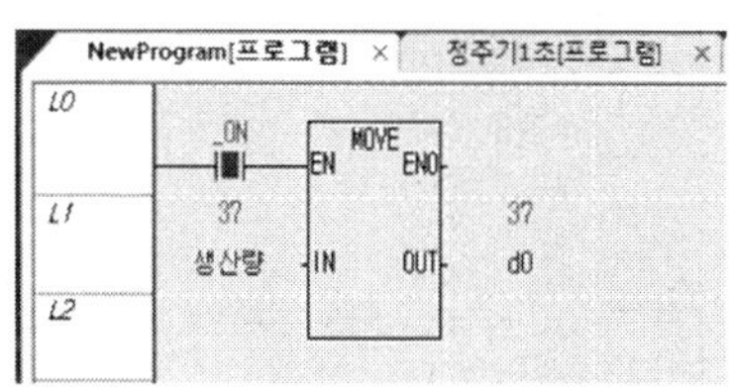

제8장 변수

8.1 글로벌변수

프로젝트에 사용된 전체 프로그램에서 사용할 수 있는 변수를 글로벌변수라고 한다. 글로벌변수로 선언된 변수를 로컬변수로 사용하려면 VAR_EXTERNAL 또는 VAR_EXTERNAL_CONSTANT로 선언한다.

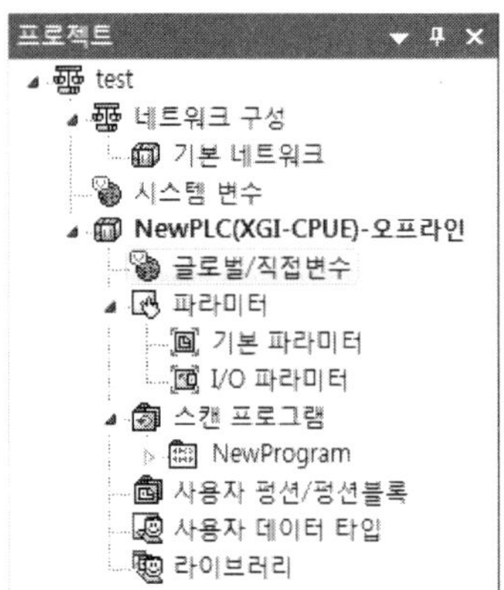

글로벌/직접변수 ×

V 글로벌 변수 | D 직접 변수 설명문 | 플래그

	변수 종류	변수	타입	메모리 할당	초기값	리테인	사용유무	EIP	HMI	설명문
1	VAR_GLOBAL	p0	BOOL	%MX0						A접점
2	VAR_GLOBAL	p1	BOOL	%MX1						A접점
3	VAR_GLOBAL	p2	BOOL	%MX2						A접점
4	VAR_GLOBAL	p3	BOOL	%MX3						A접점
5	VAR_GLOBAL	p4	BOOL	%MX4						A접점
6	VAR_GLOBAL_CONSTANT	p5	BOOL	%MX5	0					B접점
7	VAR_GLOBAL_CONSTANT	p6	BOOL	%MX6	0					B접점
8	VAR_GLOBAL_CONSTANT	p7	BOOL	%MX7	0					B접점
9	VAR_GLOBAL_CONSTANT	p8	BOOL	%MX8	0					B접점
10	VAR_GLOBAL_CONSTANT	p9	BOOL	%MX9	0					B접점

8.2 로컬변수

로컬변수는 프로그램에서 사용될 변수를 선언하거나, 선언된 변수목록 전체를 변수 위주로 보여준다. 글로벌변수에서 선언된 변수를 사용할 경우는 VAR_EXTERNAL, VAR_EXTERNAL_CONSTANT로 선언해야 한다.

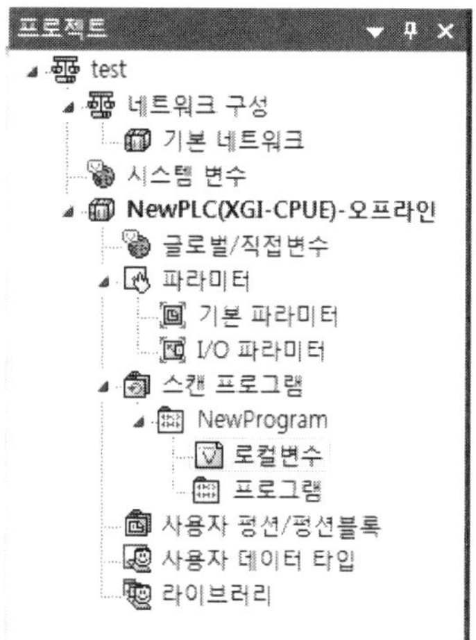

글로벌/직접변수 | NewProgram[로컬변수]

	변수 종류	변수	타입	메모리 할당	초기값	리테인	사용 유무	HMI	설명문
1	VAR_EXTERNAL	p2	BOOL	%MX2		☐	☑	☐	A접점
2	VAR_EXTERNAL	p3	BOOL	%MX3		☐	☐	☐	A접점
3	VAR_EXTERNAL_CONSTANT	p8	BOOL	%MX8	0	☐	☑	☐	B접점
4	VAR_EXTERNAL_CONSTANT	p7	BOOL	%MX7	0	☐	☑	☐	B접점

8.3 Array변수

Array(배열) 변수란 동일한 데이터형(WORD, INT, BOOL 등)으로 된 데이터가 순서대로 나열된 것을 말한다. 이 배열을 사용하면 서로 연관된 많은 정보를 편리하게 저장할 수 있다. 변수를 Array변수로 설정하게 되면 데이터가 저장될 메모리공간에 연속적으로 할당되어 데이터를 처리하는데 있어서 엑세스시간(데이터를 읽거나 쓰는데 걸리는 시간)을 줄일 수 있으므로 고속제어를 실현할 수 있다. Array변수의 데이터를 처리할 때는 Array 변수 이름으로 사용하여 여러 개의 데이터를 동시에 처리할 수 있으므로 경우에 따라서는 원소번호를 지정함으로써 각각의 원소를 처리할 수 있다.

예) 시스템플래그 _RTC_TIME(0..7)의 구조

No	변수	타입	설명문
1	_RTC_TIME[0]	BYTE	현재시각 [년도]
2	_RTC_TIME[1]	BYTE	현재시각 [월]
3	_RTC_TIME[2]	BYTE	현재시각 [일]
4	_RTC_TIME[3]	BYTE	현재시각 [시]
5	_RTC_TIME[4]	BYTE	현재시각 [분]
6	_RTC_TIME[5]	BYTE	현재시각 [초]
7	_RTC_TIME[6]	BYTE	현재시각 [요일]
8	_RTC_TIME[7]	BYTE	현재시각 [년대]

① 변수선언창의 데이터타입에서 ARRAY를 선택한다.

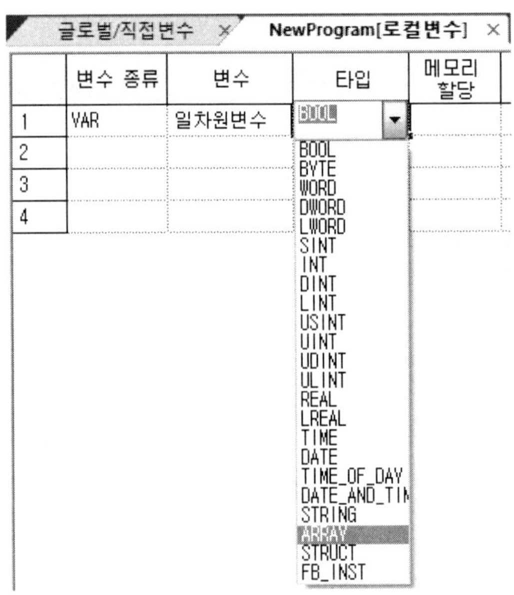

② 배열 선택창에서 배열의 차수 및 멤버 개수 그리고 배열 타입을 설정한다.

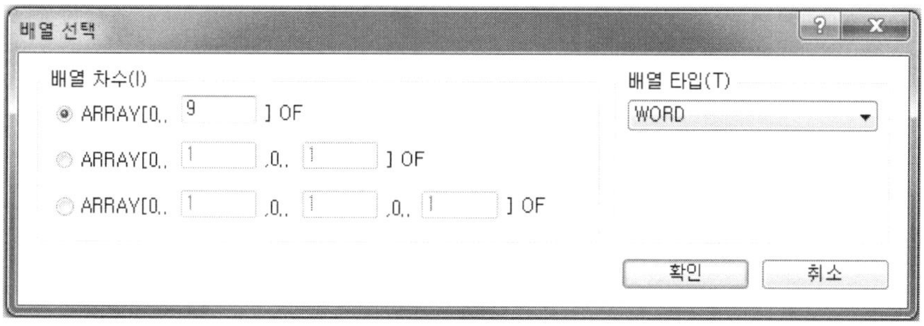

③ 메모리할당과 초기값 설정을 한다. (선택사항)

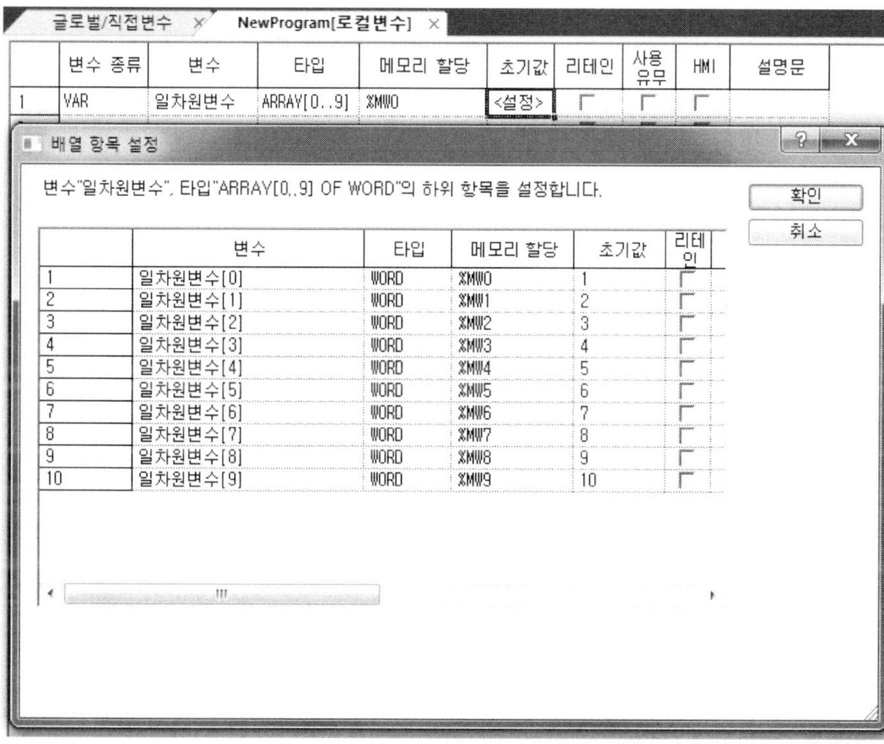

8.4 사용자 데이터타입

C언어에서와 같이 구조화된 사용자 데이터타입을 설정한다. 어레이변수와 달리 여러 가지 데이터타입이 혼성된 구조화 데이터를 설정할 수 있다.

① 프로젝트창에서 사용자 데이터 타입을 선택한다.

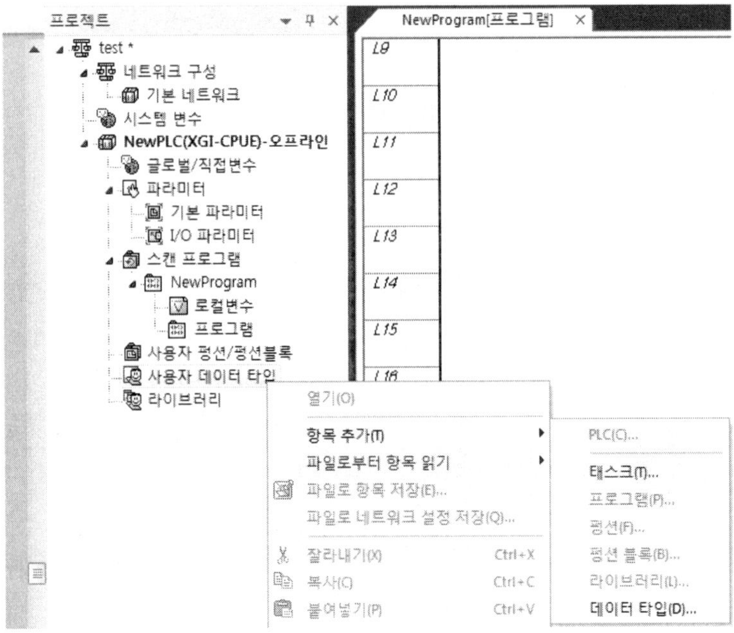

② 데이터타입 이름과 설명문을 작성한다.

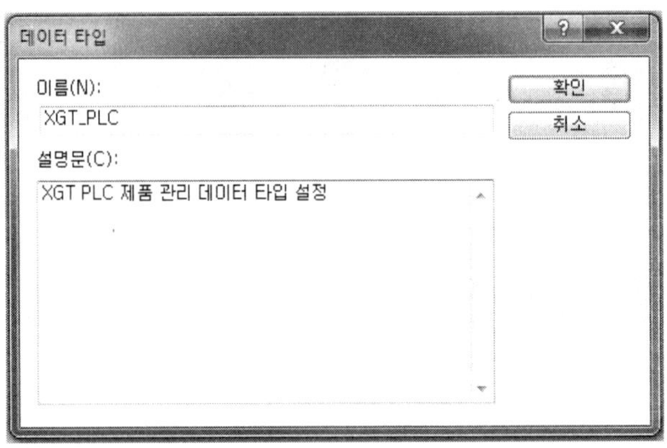

③ 작성된 이름으로 구조화된 데이터변수를 선언한다.

NewProgram[프로그램] × XGT_PLC ×

	변수	타입	메모리 할당	초기값	리테인
1	CPU종류	INT	0.0		┌
2	제조년원일	INT	2.0		┌
3	옵션코드	INT	4.0		┌
4	밧데리	BOOL	6.0		┌
5	버전	INT	8.0		┌
6					┌

④ 변수 설정창에서 변수를 추가하고, 변수타입에서 "STRUCT"를 선택한 후 사용자 데이터타입을 선택한다.

⑤ 메모리할당과 초기화 설정은 사용자 데이터 타입 항목 설정창에서 설정한다.

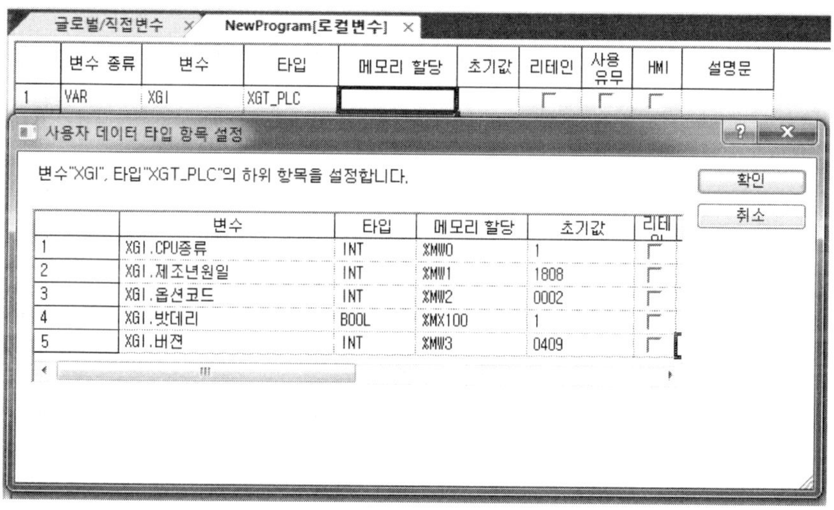

⑥ 사용자정의 데이터타입 표현방법

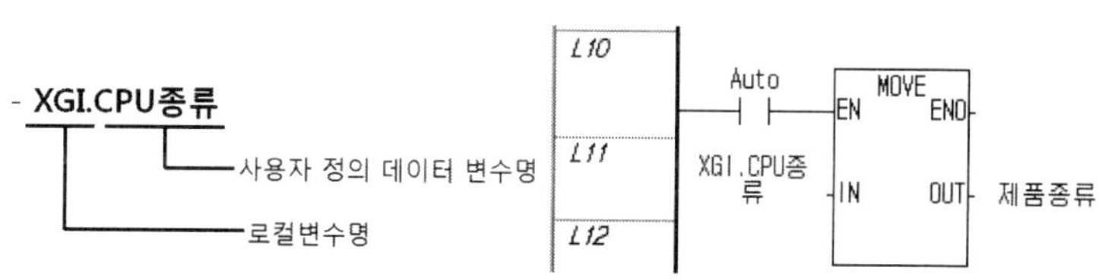

제9장 Analog 입력모듈

9.1 XGT 아날로그입력모듈 종류 및 특성

항목 \ 형명		XGF-AV8A	XGF-AC8A	XGF-AD4S	XGF-AD8A	XGF-AD16A
입력 범위		전압 입력 DC 1~5V DC 0~5V DC 0~10V DC -10~10V	전류 입력 DC 4~20mA DC 0~20mA	전압 DC 1~5V DC 0~5V DC 0~10V DC -10~10V		전류 DC 4~20mA DC 0~20mA
입력 신호 선택		I/O파라미터 설정		딥 스위치 설정 및 I/O파라미터 설정		
입력 저항		1MΩ	250Ω	1MΩ 이상		250Ω
최대 분해능		1/16,000		1/64,000	1/16,000	
출력 데이터	유부호 정수	0~16,000		-	0~16,000	
	무부호 정수	-8,000~8,000		-32,000~32,000	-8,000~8,000	
	정규값	1,000~5,000 0~5,000 0~10,0000 -10,000~10,000	4,000~20,000 0~20,000	1,000~5,000 0~5,000 0~10,000 -10,000~10,000		4,000~20,000 0~20,000
	백분위	0~10,000				
변환 속도		250μS/채널		10μS/4채널	250μS/채널	500μS/채널
절연		채널 간 비절연		채널 간 절연	채널 간 비절연	
부가 기능		필터 처리 평균 처리: 회수, 시간		평균 처리: 회수, 시간, 이동, 가중 경보: 공정, 변화율	평균 처리: 회수, 시간, 가중	

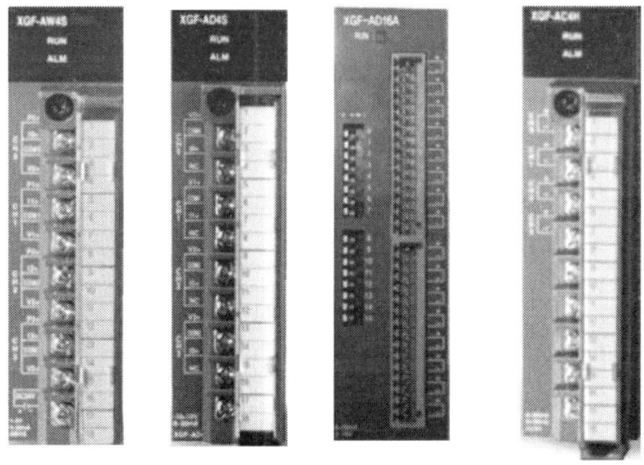

(XGF-AW4S) (XGF-AD4S) (XGF-AD16A) (XGF-AC4H)

9.2 XGT 아날로그입력모듈 배선

① XGF-AV8A

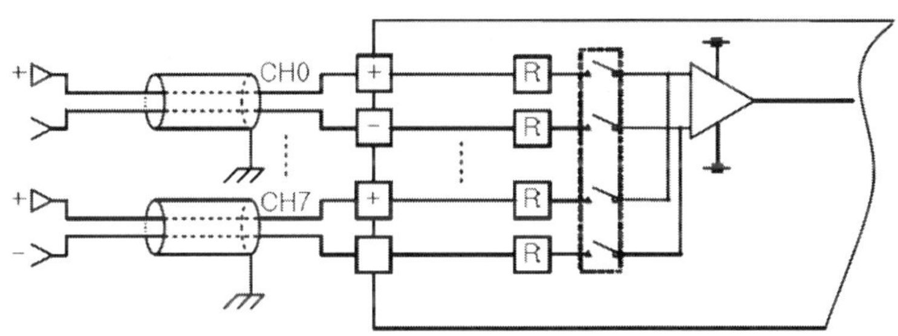

※ XGF-AV8A의 입력저항으로 1MΩ(min)이다.

② XGF-AC8A

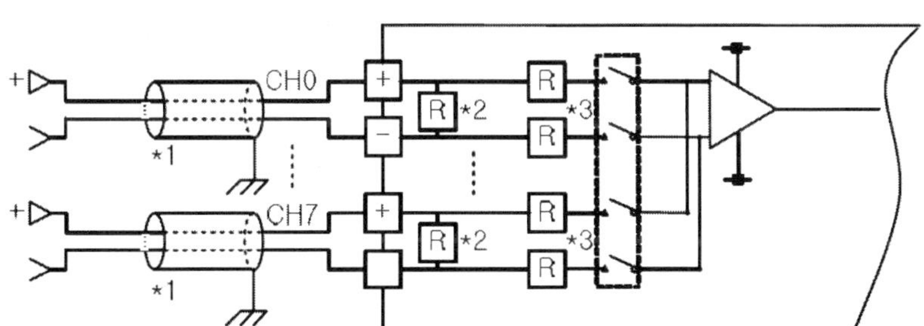

※ XGF-AC8A의 입력저항으로 250Ω(typ)이다.

〈XGF-AC8A를 이용한 2Wire 센서/트랜스미터 배선의 예 (전류)〉

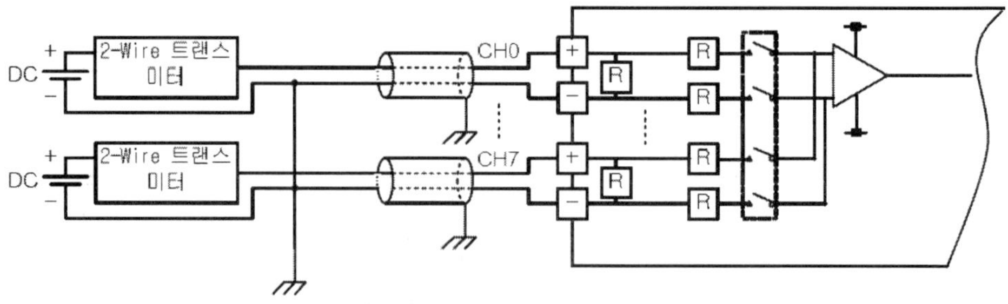

※ 2Wire 센서/트랜스미터를 사용할 경우 XGF-AW4S 사용을 권장한다.

③ XGF-AD4S (채널간 절연타입)

(1) 전압입력

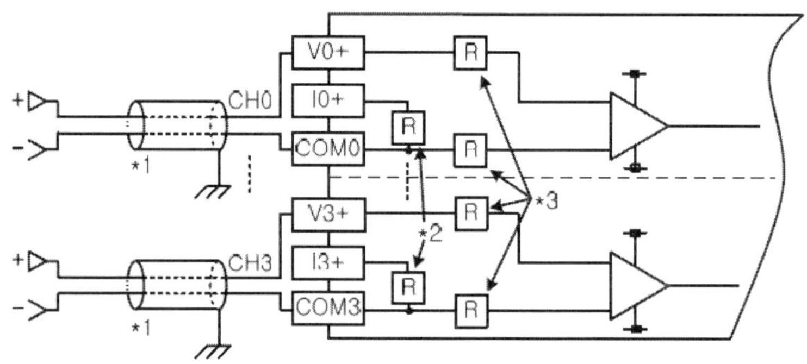

(2) 전류입력

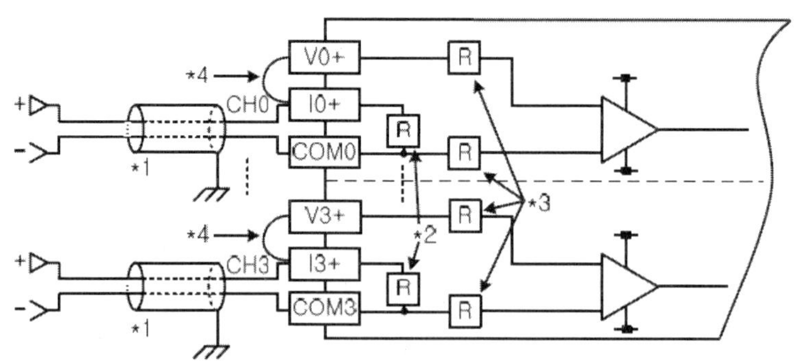

※ 전류입력시 V+ 단자와 I+ 단자를 연결해야 한다.

④ XGF-AW4S

(1) 전압입력

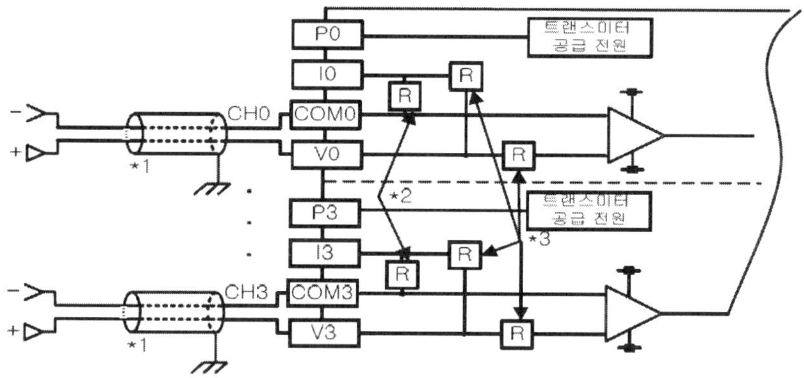

(2) 전류입력

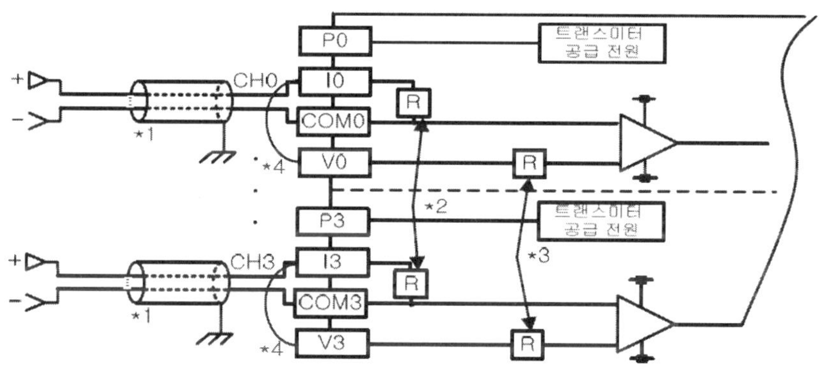

(3) 2-Wire 트랜스미터(전류) 입력

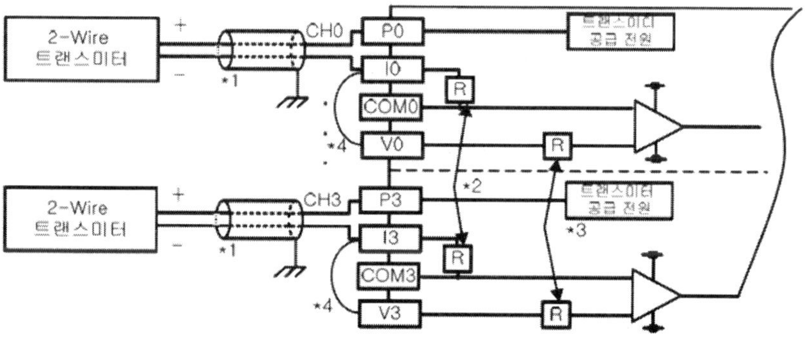

9.3 XGT 아날로그입력모듈 운전설정

▌ 운전설정 순서 ▌

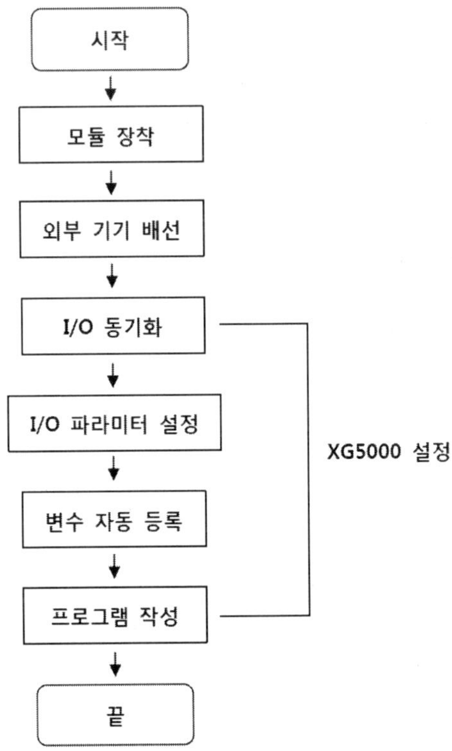

(1) I/O동기화

① XG5000의 온라인메뉴의 모드 전환을 눌러 PLC를 STOP모드로 전환한다.

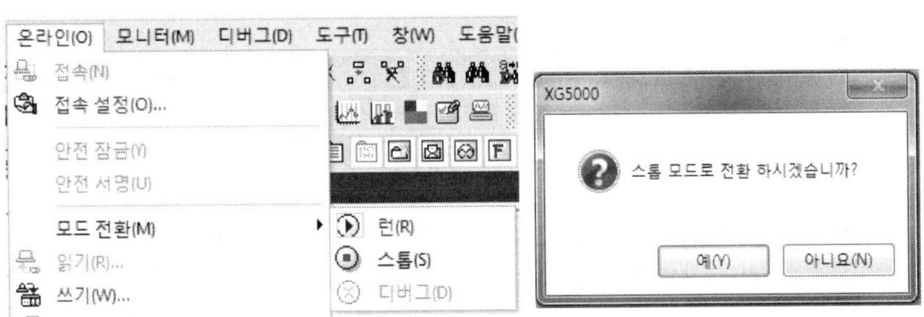

② XG5000 온라인 메뉴에서 I/O정보를 선택한다.

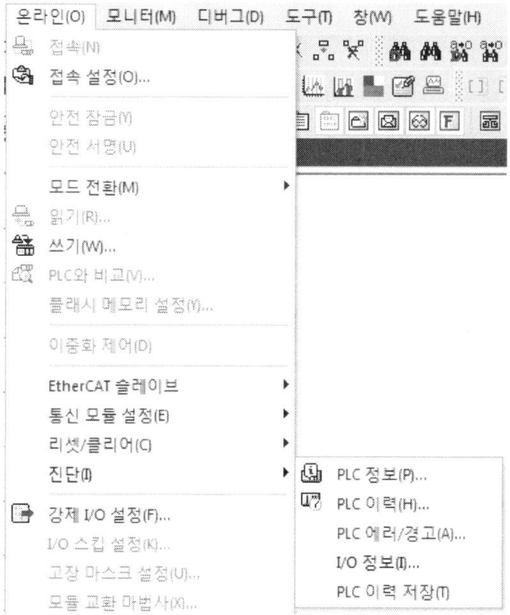

③ I/O정보창에서 I/O동기화버튼을 선택한다. I/O동기화버튼을 선택하면 오른쪽의 메시지가 나타난다. 메시지창에서 '예'를 선택하면 XG5000에서 읽어온 I/O정보를 I/O파라미터에 저장한다.

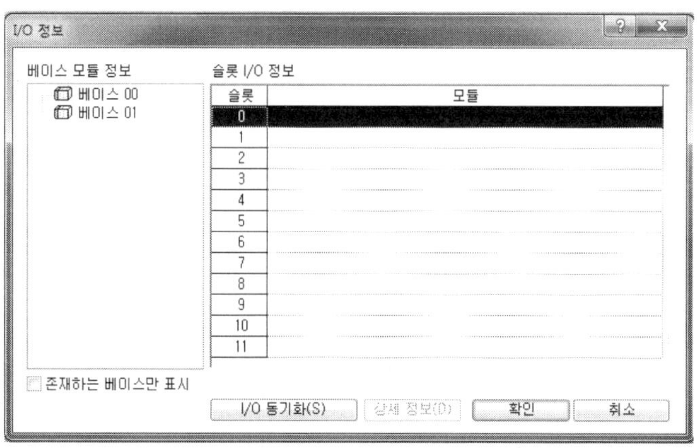

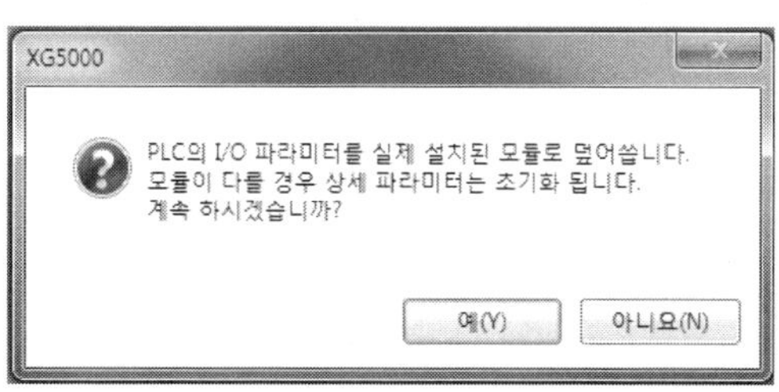

(2) I/O파라미터 설정

① I/O파라미터에서 등록된 모듈을 더블클릭하면 모듈운전 파라미터 설정창이 나타난다.

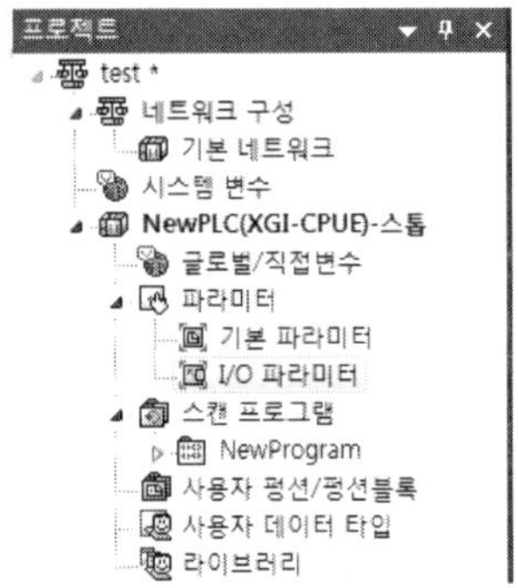

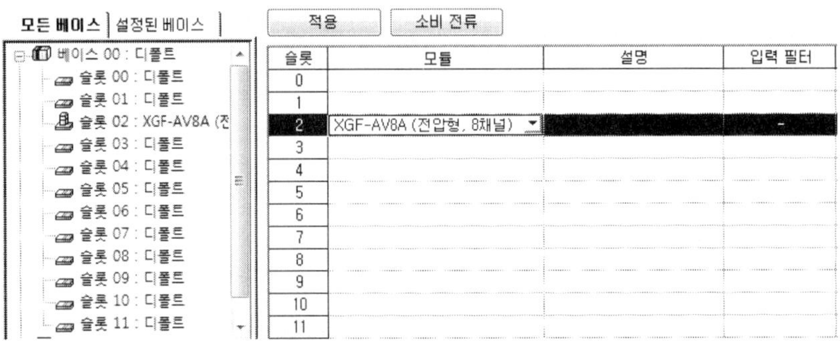

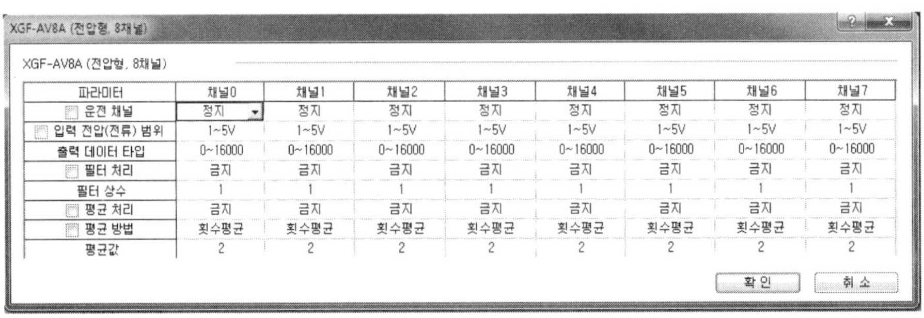

② **운전채널**: 각 채널별로 운전 및 정지를 선택할 수 있다. 빠른 변환을 위해서는 실제 사용하는 채널만 운전으로 선택한다.

③ **입력범위 선택**: 각 채널별로 전압입력의 경우 1~5V, 0~5V, 0~10V, −10~10V를 선택

④ **출력데이터 타입**: 각 채널별로 0~16,000, −8,000~8,000, 정규값, 0~10,000(%)를 선택

- 0~16,000: 입력범위 최소 아날로그신호를 입력받았을 때 0, 입력범위 최대 아날로그신호를 입력받았을 때 16,000을 CPU에 저장한다.

- **-8,000~8,000**: 입력범위 최소 아날로그신호를 입력받았을 때 -8,000, 입력범위 최대 아날로그신호를 입력받았을 때 8,000을 CPU에 저장한다.
- **정규값**: 입력범위 선택에 따라 선택하는 범위가 달라진다. 예를 들어 4.5V의 아날로그 신호가 입력되었을 때 4,500이 CPU에 저장된다.
- **-0~10,000(%)**: 소수점 2자리가 포함된 입력범위의 백분율 데이터가 CPU에 저장된다. 예를 들어 입력범위가 0~10V로 선택될 때 5V가 입력되면 5,000이 CPU에 저장된다.

⑤ **필터 처리**: 필터처리 여부를 선택하며, 필터처리 기능은 노이즈 또는 입력값의 급격한 변동을 필터(지연) 처리함으로써 안정된 디지털 출력값을 얻을 수 있다.

- **필터상수**: 필터처리에 사용될 필터상수를 지정한다. 1~99(%)까지 설정 가능하다.

⑥ **평균 처리**: 평균처리 허용여부를 선택한다. 평균처리를 허용하면 설정횟수 또는 설정시간 동안 A/D변환을 실행하여 누적된 합에 대한 평균값을 CPU에 저장한다.

- **횟수평균**: 평균값에 설정된 횟수 동안 A/D변환을 실행한 후 평균값을 계산하여 저장
- **시간평균**: 평균값에 설정된 시간 동안 A/D변환을 실행한 후 평균값을 계산하여 저장

(3) 변수 자동 등록

① XG5000 편집메뉴에서 특수/통신모듈 변수 자동 등록을 선택하면 오른쪽과 같은 메시지가 나타난다. 메시지창에서 '예'를 선택하면 I/O파라미터에 등록된 특수모듈에 따라 U디바이스에 변수 및 설명문이 자동으로 등록된다.

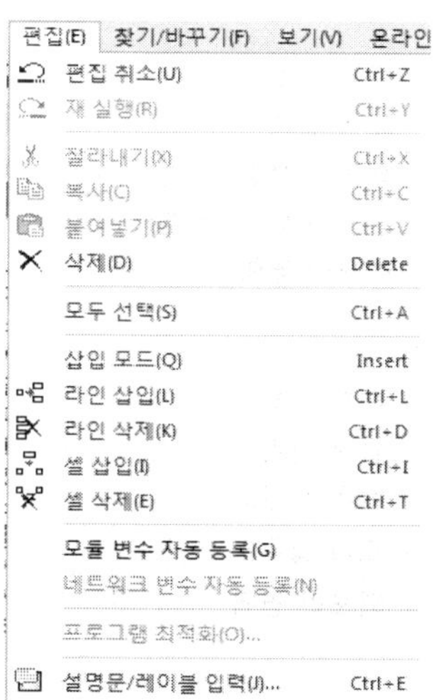

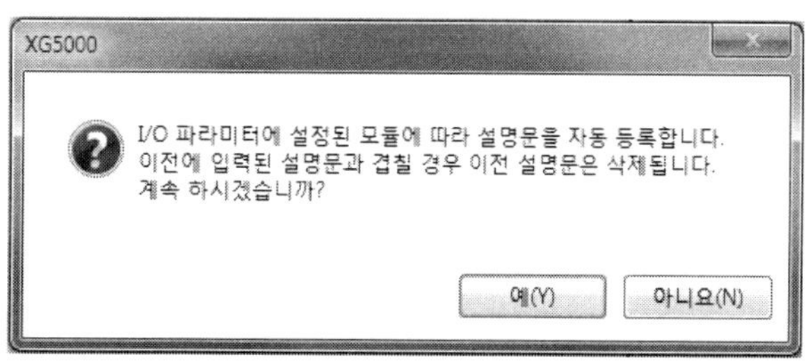

② XGI PLC의 경우 "특수/통신모듈 변수 자동 등록"을 실행한 XG5000 프로젝트창에서 글로벌/직접변수를 선택하고 글로벌/직접변수창에서 글로벌변수를 선택하면 등록된 변수 및 설명문을 확인할 수 있다. 프로그램에서 이 변수를 사용하기 위해서는 로컬변수로 전달한 후 사용해야 한다.

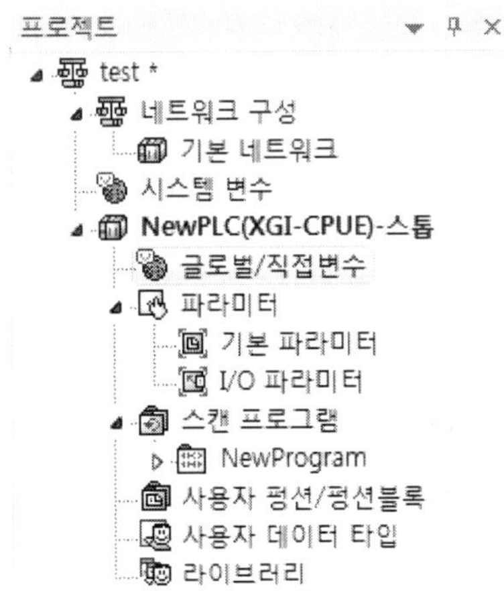

글로벌 변수 | 직접 변수 설명문 | 플래그

	변수 종류	변수	타입	메모리 할당	초기값	리테인	사용유무	EIP	HMI	설명문
39	VAR_GLOBAL	_0002	BOOL	%UX0.2.167						아날로그입력 모듈: 채널7 입력단선검출
40	VAR_GLOBAL	_0002	BOOL	%UX0.2.343						아날로그입력 모듈: 채널7 경보 하한
41	VAR_GLOBAL	_0002	ARRAY[0.	%UX0.2.16						아날로그입력 모듈: 채널별 운전중
42	VAR_GLOBAL	_0002	ARRAY[0.	%UW0.2.2						아날로그입력 모듈: 채널별 변환값
43	VAR_GLOBAL	_0002	ARRAY[0.	%UX0.2.320						아날로그입력 모듈: 채널별 경보 상한
44	VAR_GLOBAL	_0002	ARRAY[0.	%UX0.2.160						아날로그입력 모듈: 채널별 입력단선검출
45	VAR_GLOBAL	_0002	ARRAY[0.	%UX0.2.336						아날로그입력 모듈: 채널별 경보 하한
46	VAR_GLOBAL	_0002	BOOL	%UX0.2.0						아날로그입력 모듈: 모듈 에러
47	VAR_GLOBAL	_0002	BOOL	%UX0.2.176						아날로그입력 모듈: 에러클리어요청
48	VAR_GLOBAL	_0002	BOOL	%UX0.2.15						아날로그입력 모듈: 모듈 Ready

③ XGI PLC에서 U디바이스는 다음과 같이 표기된다.

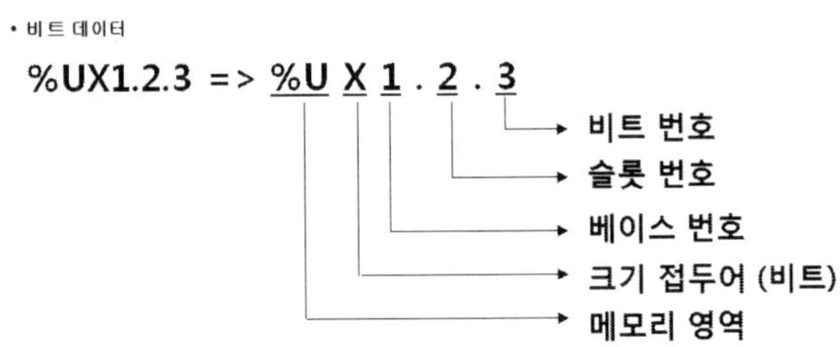

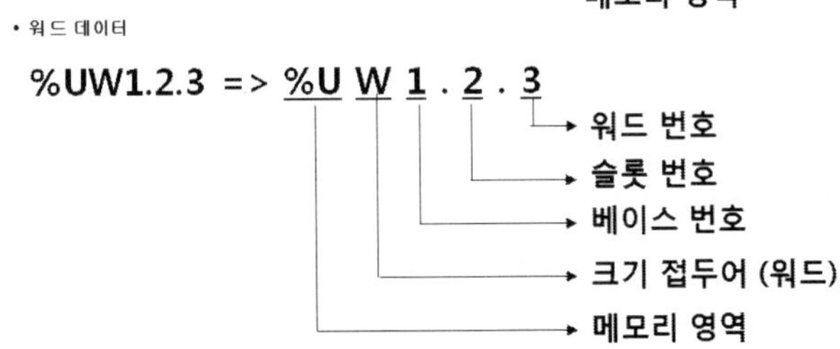

(4) 프로그램 작성

XGF-AV8A (전압형, 8채널)

XGF-AV8A (전압형, 8채널)

파라미터	채널0	채널1	채널2	채널3	채널4	채널5	채널6	채널7
운전 채널	운전	정지	정지	정지	정지	정지	정지	정지
입력 전압(전류) 범위	1~5V	1~5V	1~5V	1~5V	1~5V	1~5V	1~5V	1~5V
출력 데이터 타입	0~16000	0~16000	0~16000	0~16000	0~16000	0~16000	0~16000	0~16000
필터 처리	금지	금지	금지	금지	금지	금지	금지	금지
필터 상수	1	1	1	1	1	1	1	1
평균 처리	금지	금지	금지	금지	금지	금지	금지	금지
평균 방법	횟수평균	횟수평균	횟수평균	횟수평균	횟수평균	횟수평균	횟수평균	횟수평균
평균값	2	2	2	2	2	2	2	2

확 인 취 소

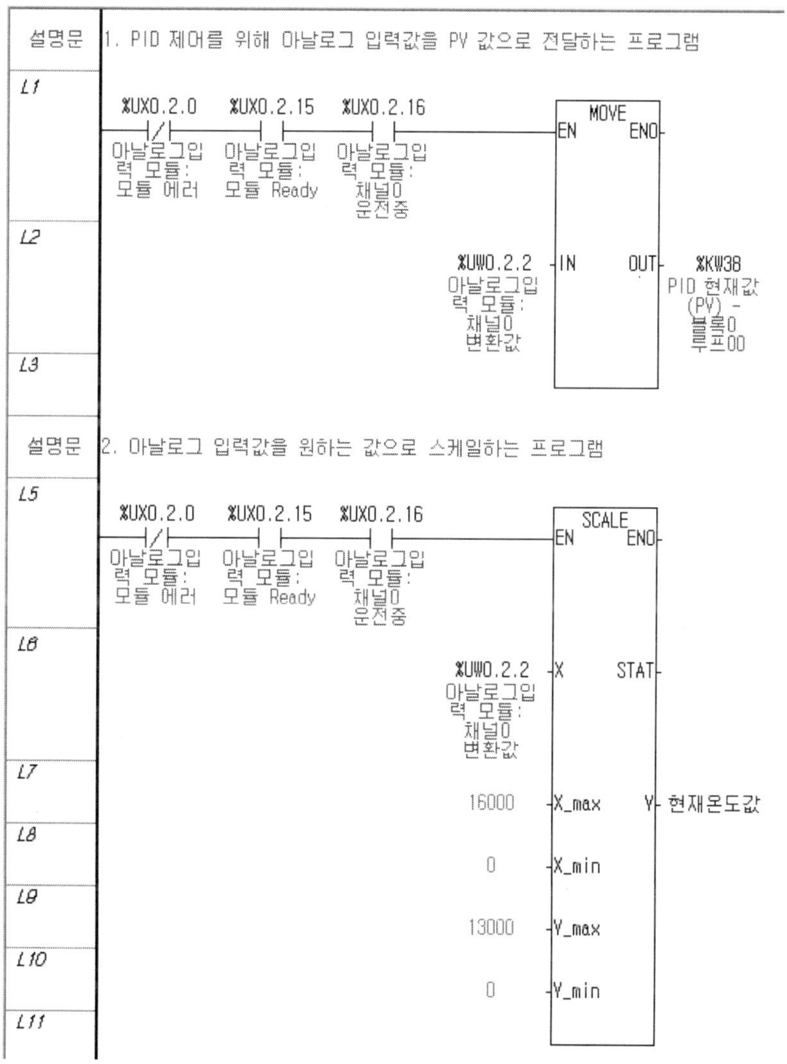

제10장 Analog 출력모듈

10.1 XGT 아날로그출력모듈 종류 및 특성

항목		XGF-DC4A	XGF-DC8A	XGF-DC4S	XGF-DV4A	XGF-DV8A	XGF-DV4S
아날로그 출력 범위		DC 4~20mA DC 0~20mA			DC 1~5V DC 0~5V DC 0~10V DC -10~10V		
부하 저항		600Ω 이하	550Ω 이하	600Ω 이하	1kΩ 이하		
최대 분해능		1/16,000					
디지털 입력	무부호 정수	0~16,000					
	유부호 정수	-8,000~8,000					
	정규값	4,000~20,000 0~20,000			1,000~5,000 0~5,000 0~10,000 -10,000~10,000		
	백분위	0~10,000					
변환 속도		250μs 채널			10μs 4채널		
절연		채널 간 비절연		채널 간 절연	채널 간 비절연		채널 간 절연
부가 기능		비상 출력		비상 출력 변화율 제어 출력 제한	비상 출력		비상 출력 변화율 제어 출력 제한

(XGF-DC8A) (XGF-DV4S) (XGF-AH6A) (XGF-DC4H)

10.2 XGT 아날로그출력모듈 배선

(1) XGF-DV4A

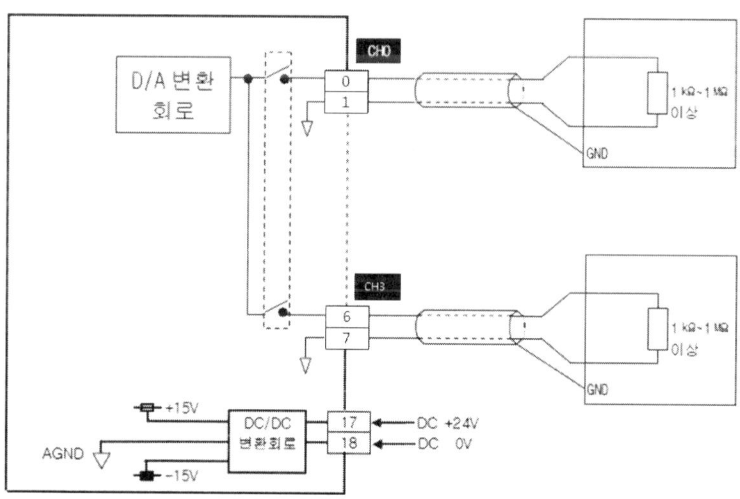

(2) XGF-DC4A

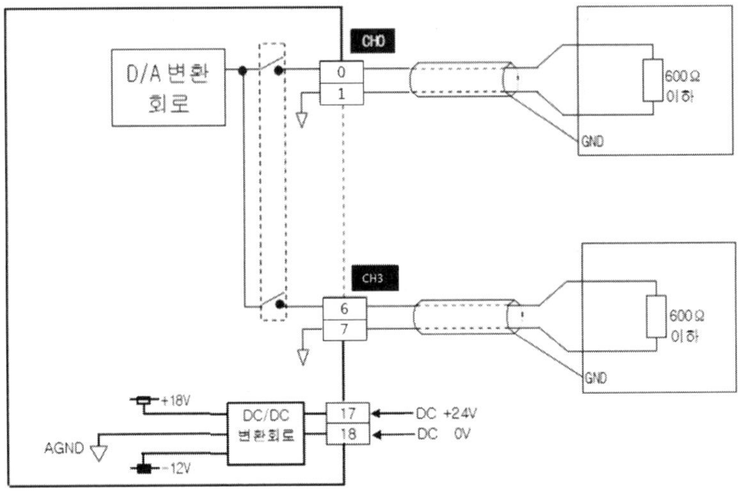

10.3 XGT 아날로그출력모듈 운전설정

운전설정 순서

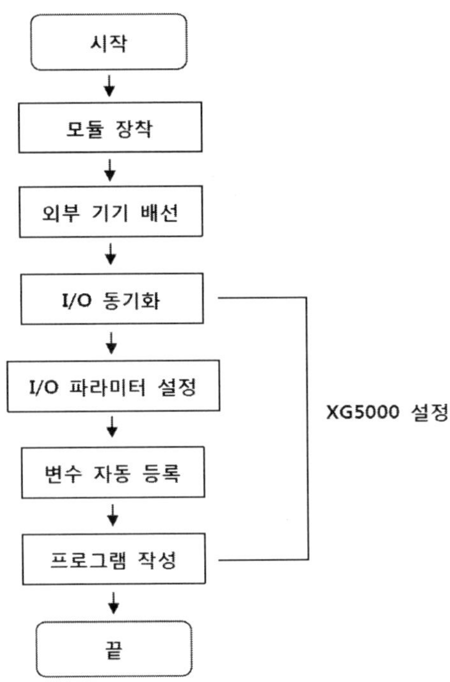

(1) I/O동기화

① XG5000의 온라인메뉴의 모드 전환을 눌러 PLC를 STOP모드로 전환한다.

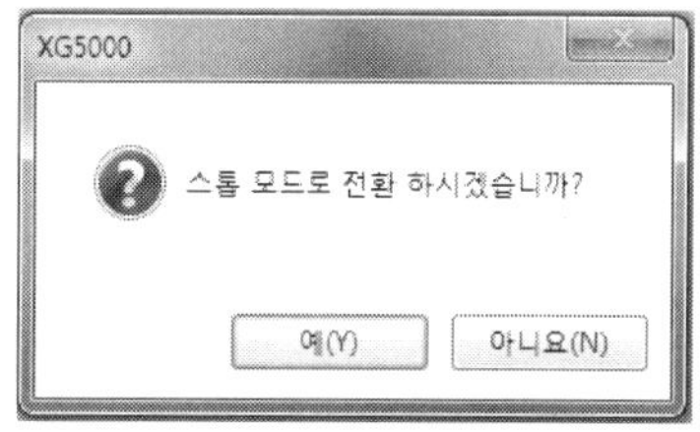

② XG5000 온라인메뉴에서 I/O정보를 선택한다.

③ I/O정보창에서 I/O동기화버튼을 선택하면 오른쪽의 메시지가 나타난다. 메시지창에서 '예'를 선택하면 XG5000에서 읽어온 I/O정보를 I/O파라미터에 저장한다.

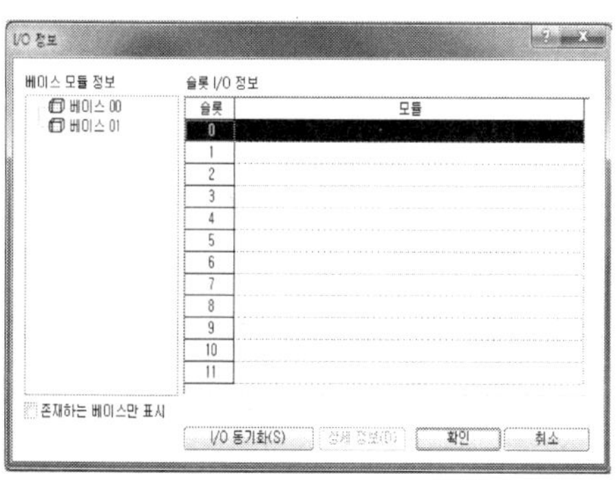

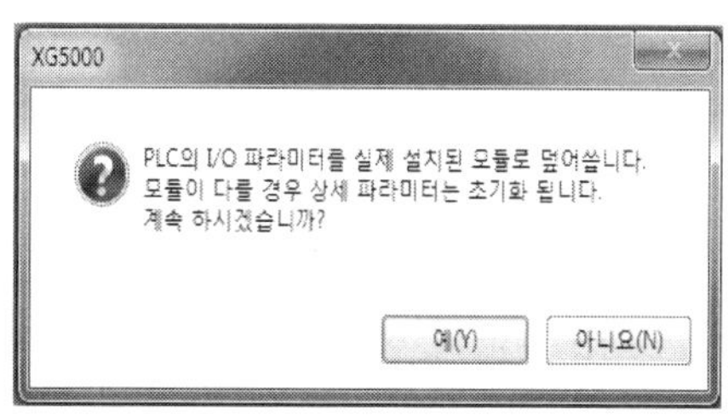

(2) I/O파라미터 설정

① I/O파라미터에서 등록된 모듈을 더블클릭하면 모듈운전 파라미터 설정창이 나타난다.

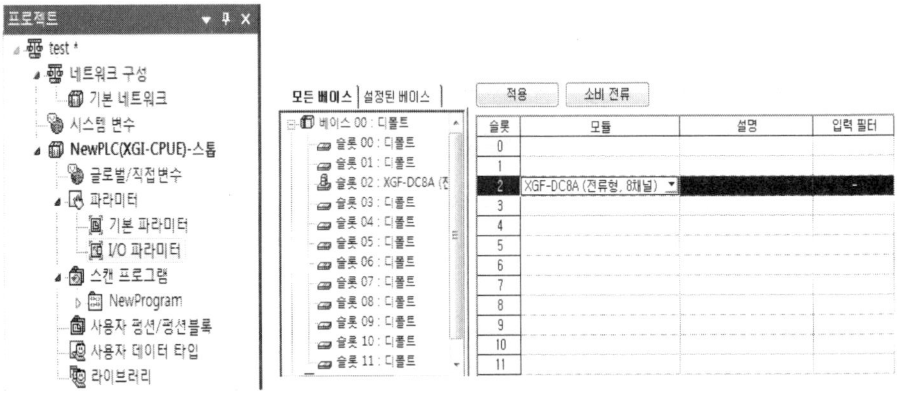

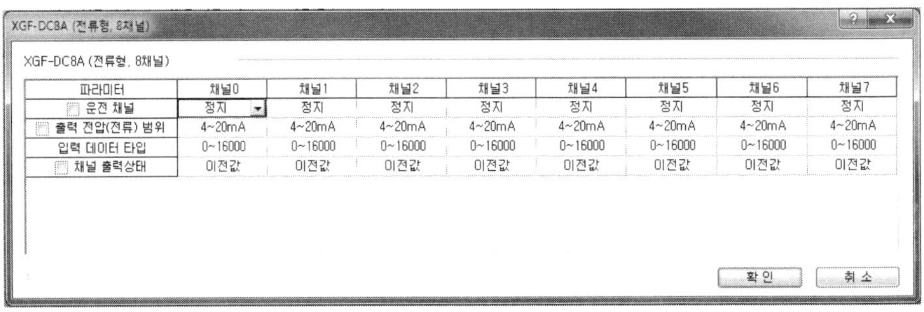

② **운전채널**: 각 채널별로 운전 및 정지를 선택할 수 있다. 빠른 변환을 위해서는 실제 사용하는 채널만 운전으로 선택한다.

③ **출력범위 선택**: 각 채널별로 전류출력의 경우 4~20mA, 0~20mA를 선택

④ **입력데이터 타입**: 각 채널별로 0~16,000, −8,000~8,000, 정규값, 0~10,000(%)를 선택

- **0~16,000**: 출력범위 최소 아날로그신호를 출력하고자 할 때 0, 출력범위 최대 아날로그신호를 출력하고자 할 때 16,000을 CPU에서 모듈로 전송한다.
- **−8,000~8,000**: 출력범위 최소 아날로그신호를 출력하고자할 때 −8,000, 출력범위 최대 아날로그신호를 출력하고자 할 때 8,000을 CPU에서 모듈로 전송한다.
- **정규값**: 출력범위 선택에 따라 선택하는 범위가 달라진다. 예를 들어 출력범위가 0~10V로 선택되었을 때 정규값에서 선택할 수 있는 입력데이터 범위는 0~10,000이 되며, 4.5V를 출력하고자 할 때 CPU에서 4,500을 모듈로 전송한다.

• 0~10,000(%): 소수점 2자리가 포함된 출력범위의 백분율 데이터가 CPU에서 모듈로 전송된다. 예를 들어 출력범위가 0~10V로 선택되었을 때 5V를 출력하고자 한다면 CPU에서 5,000을 모듈로 전송해 주어야 한다.

⑤ **채널 출력상태 설정:** 아날로그출력은 CPU에서 모듈로 출력데이터를 전송한 뒤 출력상태 설정비트를 ON시켜 주어야 아날로그신호를 출력한다. 채널 출력상태는 출력 설정상태 설정비트가 OFF되었을 때 출력데이터를 설정한다.

• **이전값:** 채널 출력상태 설정비트가 ON되었을 때 마지막으로 출력했던 값을 출력한다.

• **최소값, 중간값, 최대값:** 각각 출력범위의 최소값, 중간값, 최대값을 출력한다.

(3) 변수 자동 등록

① XG5000 편집메뉴에서 특수/통신모듈 변수 자동 등록을 선택하면 오른쪽과 같은 메시지가 나타난다. 메시지창에서 '예'를 선택하면 I/O파라미터에 등록된 특수모듈에 따라 U디바이스에 변수 및 설명문이 자동으로 등록된다.

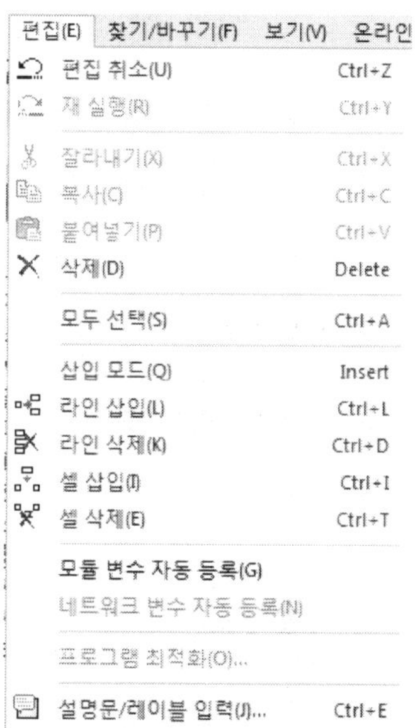

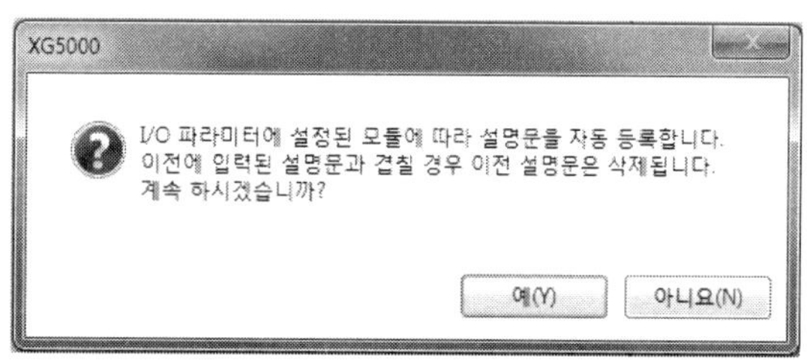

② XGI PLC의 경우 "특수/통신모듈 변수 자동 등록"을 실행한 XG5000 프로젝트창에서 글로벌/직접변수를 선택하고 글로벌/직접변수창에서 글로벌변수를 선택하면 등록된 변수 및 설명문을 확인할 수 있다. 프로그램에서 이 변수를 사용하기 위해서는 로컬변수로 전달한 후 사용해야 한다.

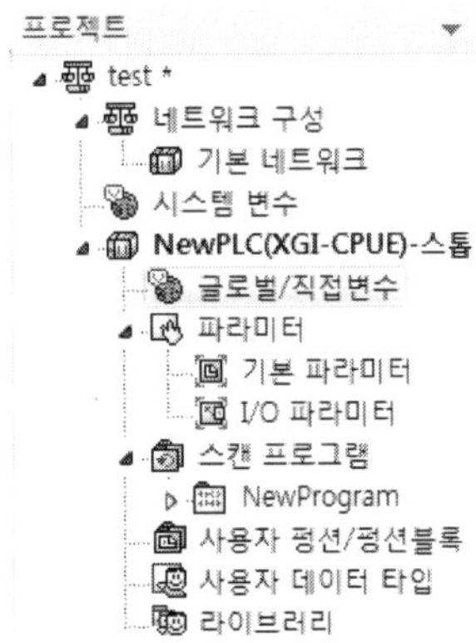

글로벌 변수 | 직접 변수 설명문 | 플래그

	변수 종류	변수	타입	메모리 할당	초기값	리테인	사용유무	EIP	HMI	설명문
16	VAR_GLOBAL	_0002	BOOL	%UX0.2.35						아날로그출력 모듈: 채널3 출력상태설정
17	VAR_GLOBAL	_0002	BOOL	%UX0.2.20						아날로그출력 모듈: 채널4 운전중
18	VAR_GLOBAL	_0002	INT	%UW0.2.7						아날로그출력 모듈: 채널4 입력값
19	VAR_GLOBAL	_0002	BOOL	%UX0.2.4						아날로그출력 모듈: 채널4 에러
20	VAR_GLOBAL	_0002	BOOL	%UX0.2.36						아날로그출력 모듈: 채널4 출력상태설정
21	VAR_GLOBAL	_0002	BOOL	%UX0.2.21						아날로그출력 모듈: 채널5 운전중
22	VAR_GLOBAL	_0002	INT	%UW0.2.8						아날로그출력 모듈: 채널5 입력값
23	VAR_GLOBAL	_0002	BOOL	%UX0.2.5						아날로그출력 모듈: 채널5 에러
24	VAR_GLOBAL	_0002	BOOL	%UX0.2.37						아날로그출력 모듈: 채널5 출력상태설정
25	VAR_GLOBAL	_0002	BOOL	%UX0.2.22						아날로그출력 모듈: 채널6 운전중
26	VAR_GLOBAL	_0002	INT	%UW0.2.9						아날로그출력 모듈: 채널6 입력값
27	VAR_GLOBAL	_0002	BOOL	%UX0.2.6						아날로그출력 모듈: 채널6 에러
28	VAR_GLOBAL	_0002	BOOL	%UX0.2.38						아날로그출력 모듈: 채널6 출력상태설정
29	VAR_GLOBAL	_0002	BOOL	%UX0.2.23						아날로그출력 모듈: 채널7 운전중

③ XGI PLC에서 U디바이스는 다음과 같이 표기된다.

• 비트 데이터

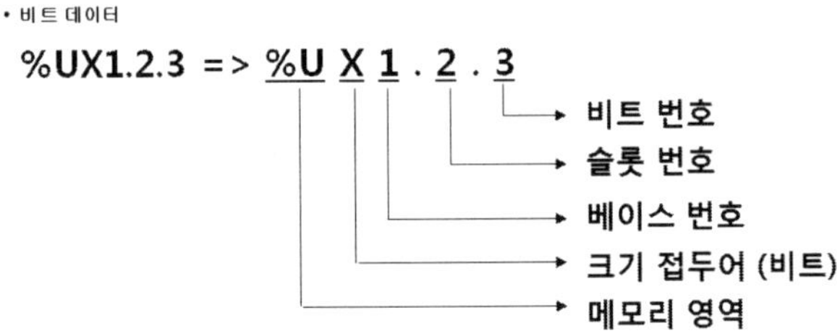

• 워드 데이터

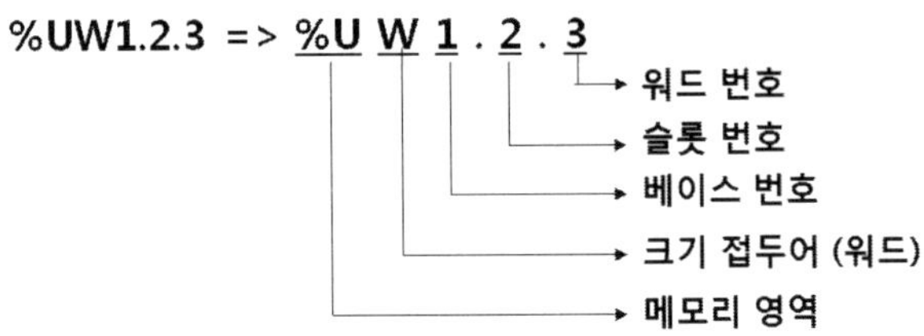

(4) 프로그램 작성

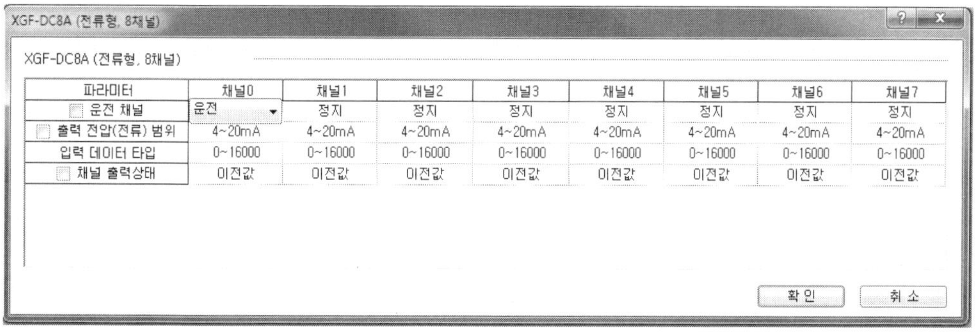
XGF-DC8A (전류형, 8채널)
파라미터 | 채널0 | 채널1 | 채널2 | 채널3 | 채널4 | 채널5 | 채널6 | 채널7
운전 채널 | 운전 | 정지 | 정지 | 정지 | 정지 | 정지 | 정지 | 정지
출력 전압(전류) 범위 | 4~20mA | 4~20mA | 4~20mA | 4~20mA | 4~20mA | 4~20mA | 4~20mA | 4~20mA
입력 데이터 타입 | 0~16000 | 0~16000 | 0~16000 | 0~16000 | 0~16000 | 0~16000 | 0~16000 | 0~16000
채널 출력상태 | 이전값 | 이전값 | 이전값 | 이전값 | 이전값 | 이전값 | 이전값 | 이전값
확 인
취 소

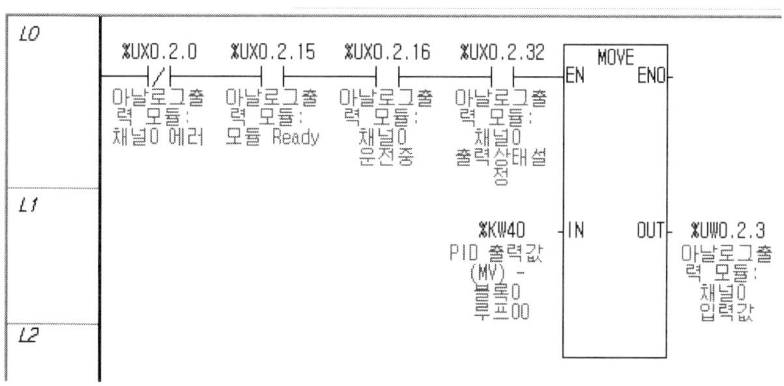
L0
%UX0.2.0
아날로그출력 모듈: 채널0 에러
%UX0.2.15
아날로그출력 모듈: 모듈 Ready
%UX0.2.16
아날로그출력 모듈: 채널0 운전중
%UX0.2.32
아날로그출력 모듈: 채널0 출력상태설정
MOVE
EN
ENO
L1
%KW40
PID 출력값 (MV) - 블록0 루프00
IN
OUT
%UW0.2.3
아날로그출력 모듈: 채널0 입력값
L2

제11장 프로그램 예제

11.1 십진숫자 입력프로그램

10진 Key(Ten Key)의 조작에 의하여 지정한 변수에 원하는 숫자를 써넣는 프로그램이다. 입출력 구성 및 로컬변수는 다음과 같다.

숫자0 : %IX0.0.0
숫자1 : %IX0.0.1
숫자2 : %IX0.0.2
숫자3 : %IX0.0.3
숫자4 : %IX0.0.4
숫자5 : %IX0.0.5
숫자6 : %IX0.0.6
숫자7 : %IX0.0.7
숫자8 : %IX0.0.8
숫자9 : %IX0.0.9
정 정 : %IX0.0.14
확 인 : %IX0.0.15

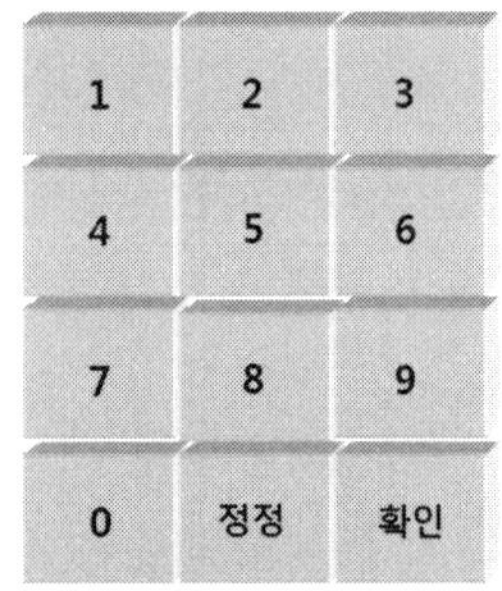

	변수 종류	변수	타입	메모리 할당	초기값	리테인
1	VAR	표시기	WORD	%QW0.1.1		
2	VAR	확인	BOOL	%IX0.0.15		
3	VAR	정정	BOOL	%IX0.0.14		
4	VAR	키열	WORD	%IW0.0.0		
5	VAR	BCD값	WORD			
6	VAR	누름_검출	BOOL			
7	VAR	버퍼	INT			
8	VAR	정수값	INT			
9	VAR	키_정보	WORD			

AND 및 NE 펑션

%IW0.0.0의 16Bit중 상위 6Bit를 마스킹하여 변수 "키_정보"에 쓰고, "키_정보" 중 On Bit가 있으면 변수 누름_검출이 On된다.

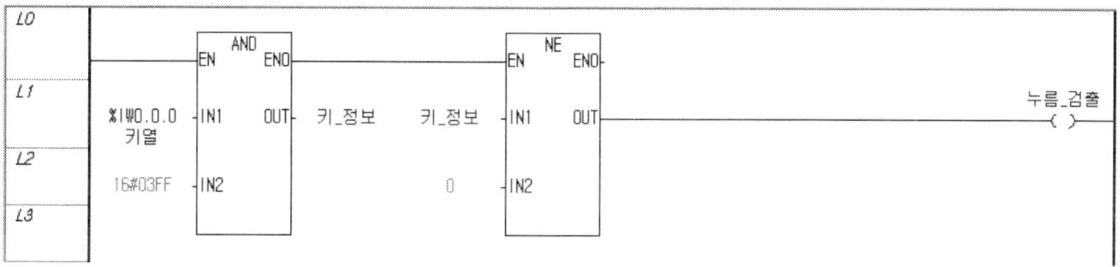

ENCO 및 INT_TO_BCD과 SHL 및 OR 펑션

- "키_정보" 중 On Bit의 수치값를 구하여 변수 "정수값"에 저장하고, 이를 BCD값으로 변환해 변수 "BCD값"에 저장한다.
- "표시기"의 Bit열을 4Bit만큼 왼쪽으로 이동시킨다. "표시기" + "BCD값" = "표시기"

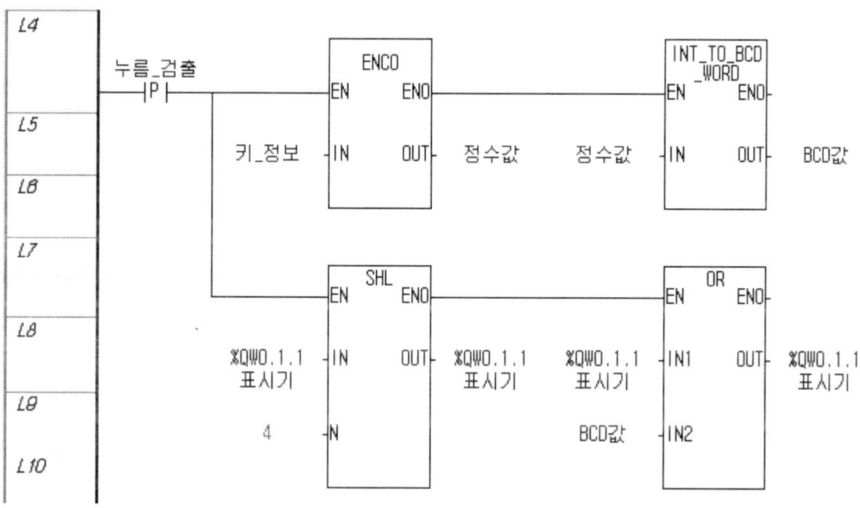

WORD_BCD_TO_INT 및 MOVE 펑션

확인 키로 표시기의 값을 버퍼에 저장하고, 키 입력 오류 시 정정 키로 초기화한다.

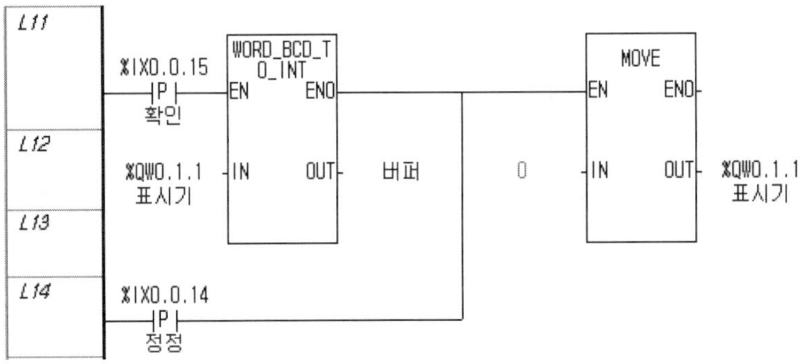

사용자 펑션블록 작성 예

이전에 작성한 '10진 숫자 입력 프로그램(텐키 입력 프로그램)'을 사용자 펑션블록으로 만들어 활용하는 예이다.

(1) 기 작성한 '10진 숫자 입력 프로그램(텐키 프로그램)'을 연다.

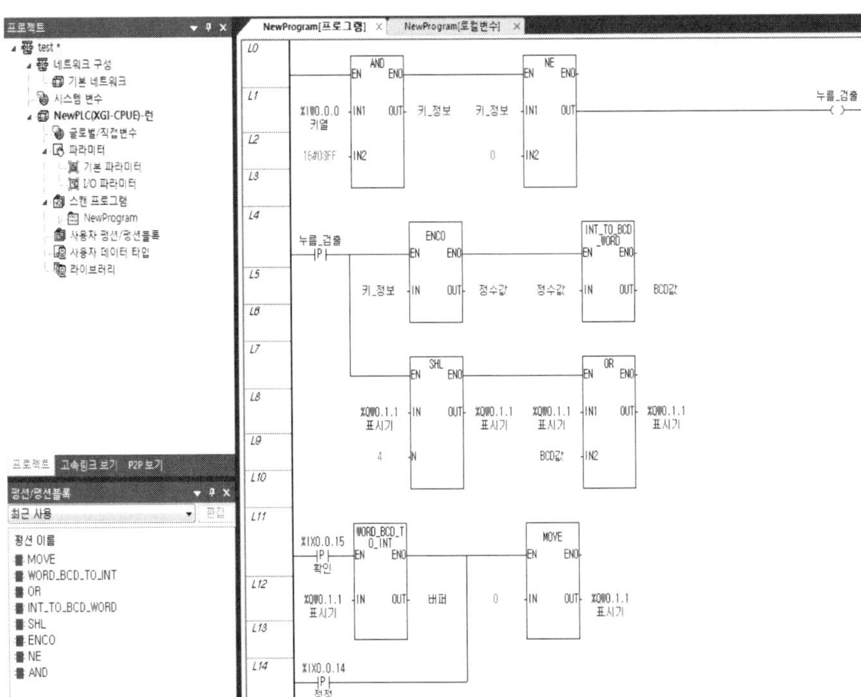

(2) 프로젝트에서 『사용자 펑션/펑션블록』의 마우스 우측버튼을 클릭하여 『항목 추가』 – 『펑션블록』을 선택한다.

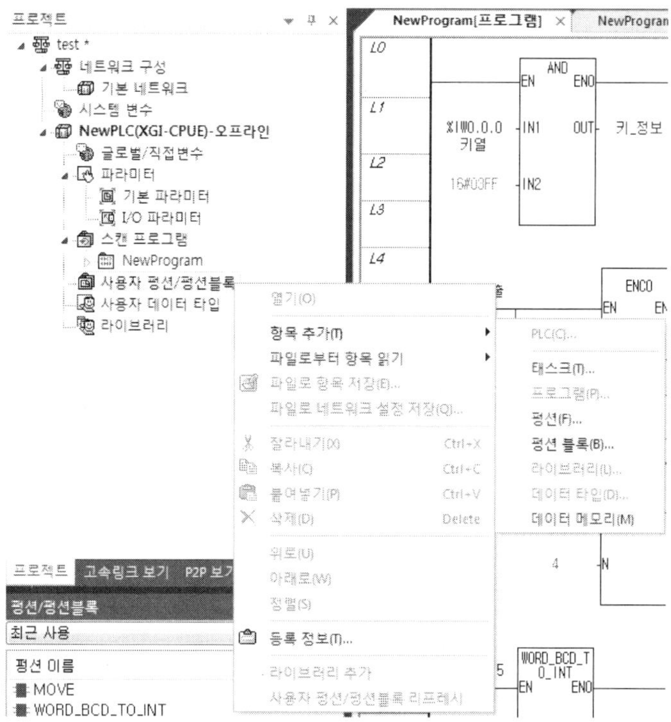

(3) 『사용자 펑션/펑션블록』 대화상자에서 사용자 펑션블록 이름을 입력한다.

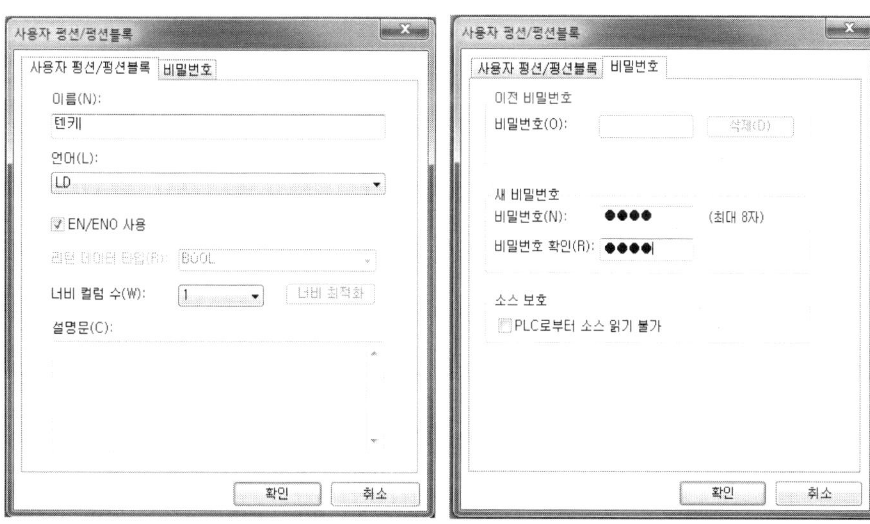

※ 『사용자 펑션/펑션블록』에 비밀번호를 등록할 수 있으며, 비밀번호를 등록하면 제3자는 소스 프로그램을 볼 수 없다.

(4) 『사용자 펑션/펑션블록』 대화상자 하단의 확인버튼을 클릭하면, 『사용자 펑션/펑션블록』 항목 아래에 입력한 이름으로 된 새로운 항목(로컬변수 및 프로그램)이 생성된다.

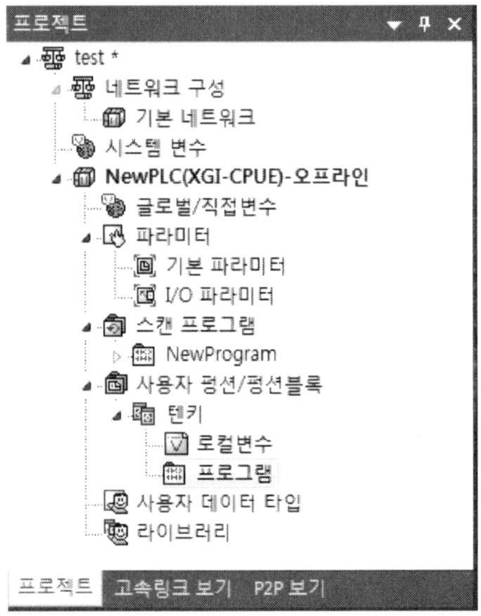

(5) 스캔프로그램의 텐키/프로그램을 복사하여 『사용자 펑션/펑션블록』의 텐키/프로그램에 붙여 넣는다. 스캔프로그램의 텐키/로컬변수들은 『사용자 펑션/펑션블록』의 텐키/로컬변수에 모두 내부데이터(메모리할당 블랭크)로 표시된다. 아울러, 『사용자 펑션/펑션블록』의 텐키/프로그램이 표시된다.

NewProgram[프로그램] | NewProgram[로컬변수] | 텐키[프로그램]

	변수 종류	변수	타입	메모리 할당	초기값	리테인	사용 유무
1	VAR	BCD값	WORD			☐	☑
2	VAR	누름_검출	BOOL			☐	☑
3	VAR	버퍼	INT			☐	☑
4	VAR	정수값	INT			☐	☑
5	VAR	정정	BOOL	%IX0.0.14		☐	☑
6	VAR	키_정보	WORD			☐	☑
7	VAR	키열	WORD	%IW0.0.0		☐	☑
8	VAR	표시기	WORD	%QW0.1.1		☐	☑
9	VAR	확인	BOOL	%IX0.0.15		☐	☑

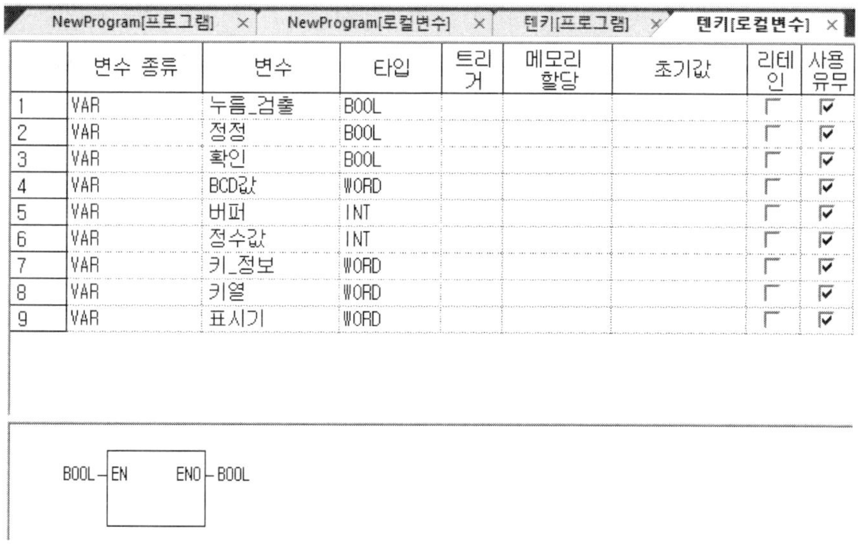

	변수 종류	변수	타입	트리거	메모리 할당	초기값	리테인	사용 유무
1	VAR	누름_검출	BOOL				☐	☑
2	VAR	정정	BOOL				☐	☑
3	VAR	확인	BOOL				☐	☑
4	VAR	BCD값	WORD				☐	☑
5	VAR	버퍼	INT				☐	☑
6	VAR	정수값	INT				☐	☑
7	VAR	키_정보	WORD				☐	☑
8	VAR	키열	WORD				☐	☑
9	VAR	표시기	WORD				☐	☑

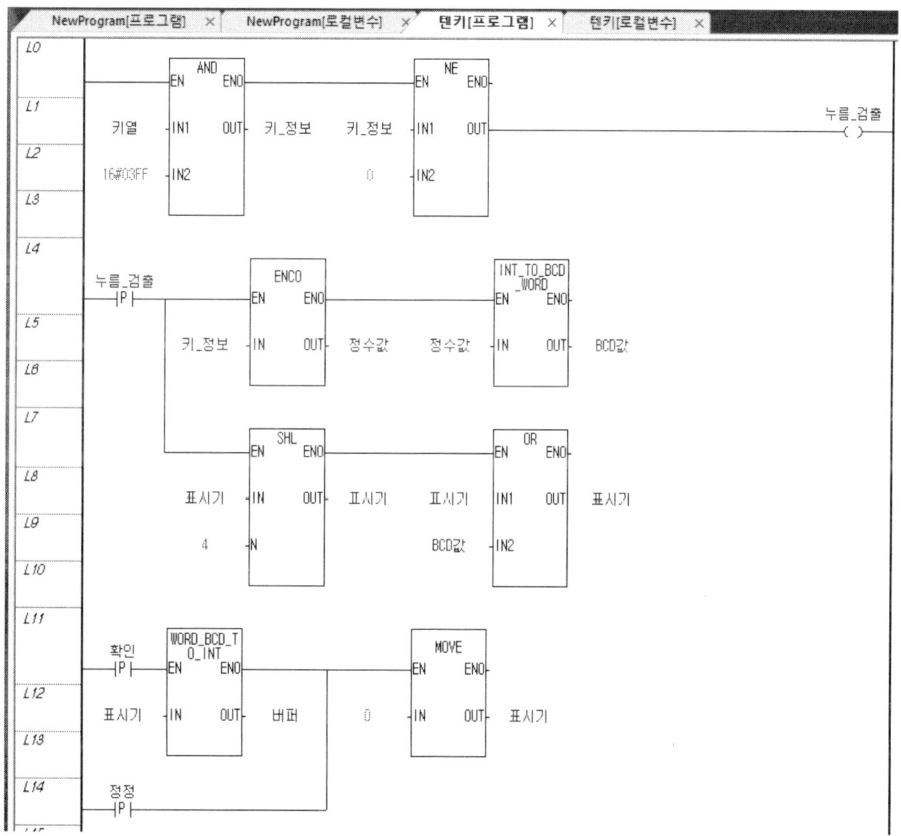

(6) 『사용자 펑션/펑션블록』의 텐키/로컬변수에서 입력변수(VAR_INPUT) 및 출력변수(VAR_OUTPUT)를 등록한다. 입력변수(VAR_INPUT) 및 출력변수(VAR_

OUTPUT)를 등록함과 동시에 작성되는 펑션블록의 모양을 바로 확인할 수 있다.

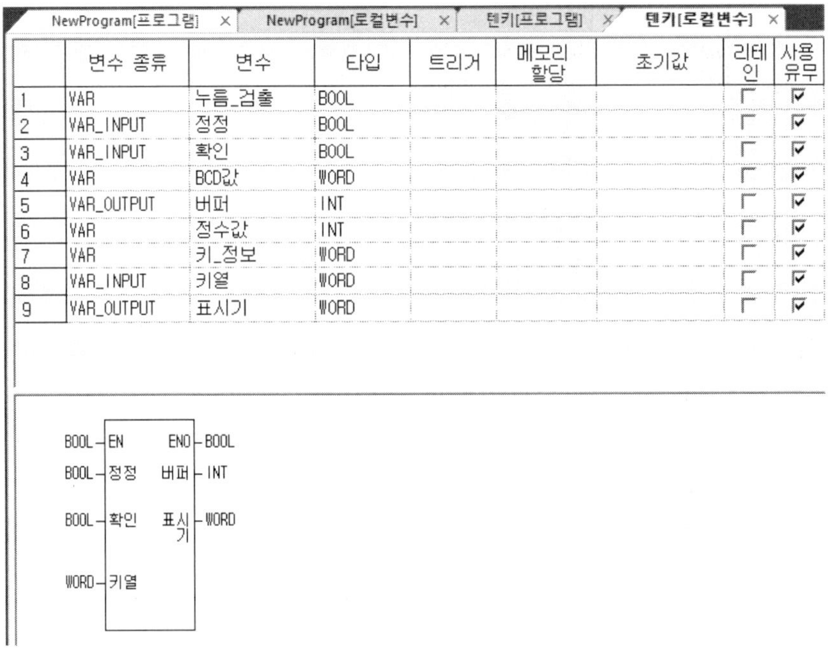

(7) 『사용자 펑션/펑션블록』의 로컬변수 편집과 프로그램 편집이 끝나면, 스캔프로그램에서 펑션/펑션블록 툴바 명령을 선택해서 (단축키 F10) 편집을 끝낸 사용자 펑션/펑션블록이 등록되어 있는지 확인한다.

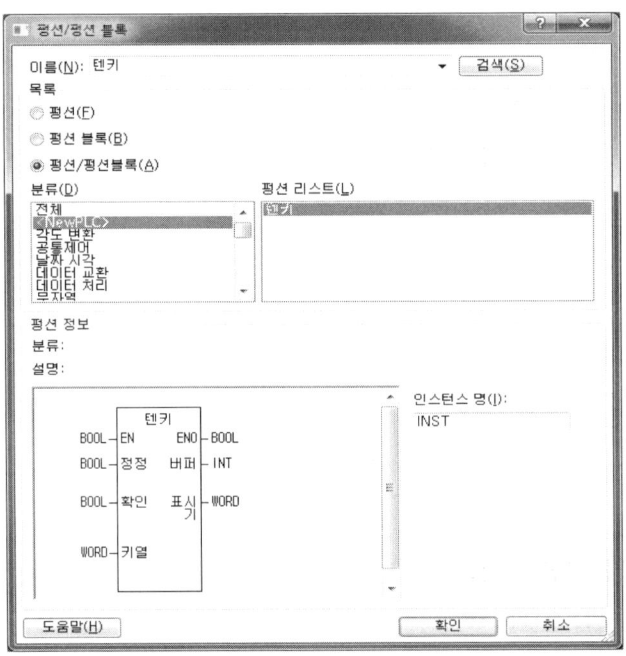

(8) 작성한 '텐키' 사용자 펑션블록을 사용하기 위해 스캔프로그램의 텐키/프로그램에서 이전의 소스프로그램을 비실행문으로 설정하고, '텐키' 사용자 펑션블록을 사용한 프로그램을 편집한다.

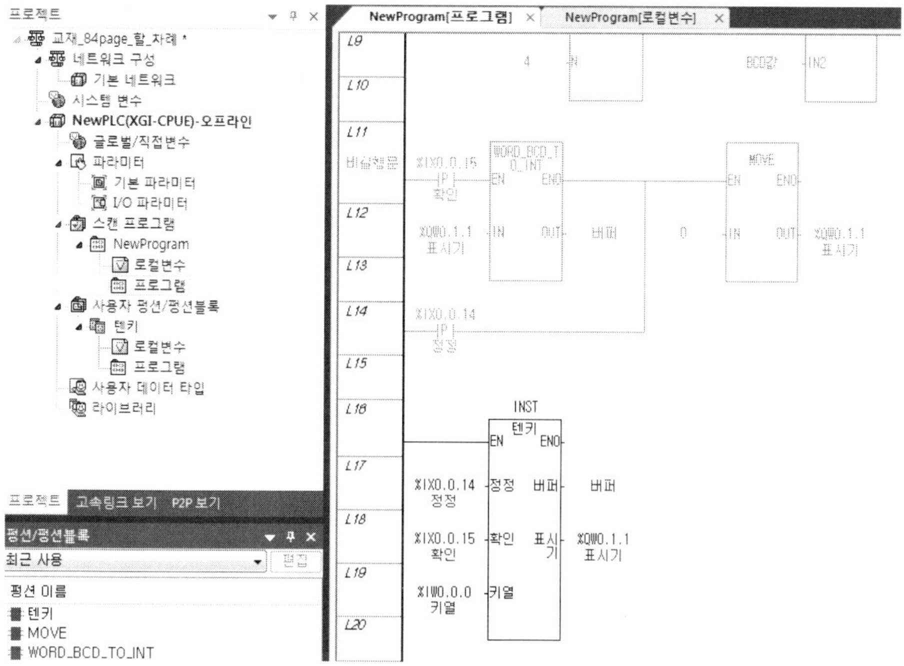

(9) '텐키' 사용자 펑션블록을 사용한 프로그램의 실행 결과를 확인한다.

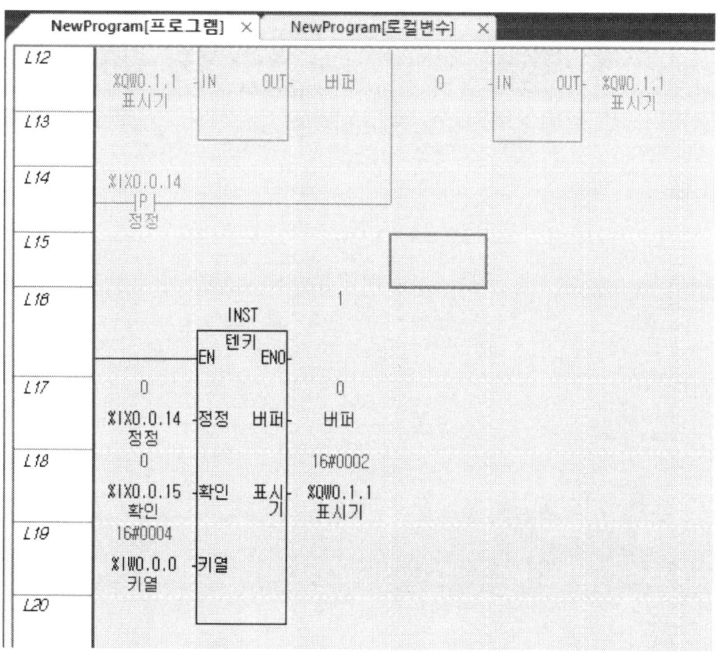

(10) 차후 재사용을 위해 실행결과를 확인한 '텐키' 사용자정의 펑션블록을 파일로 저장한다.

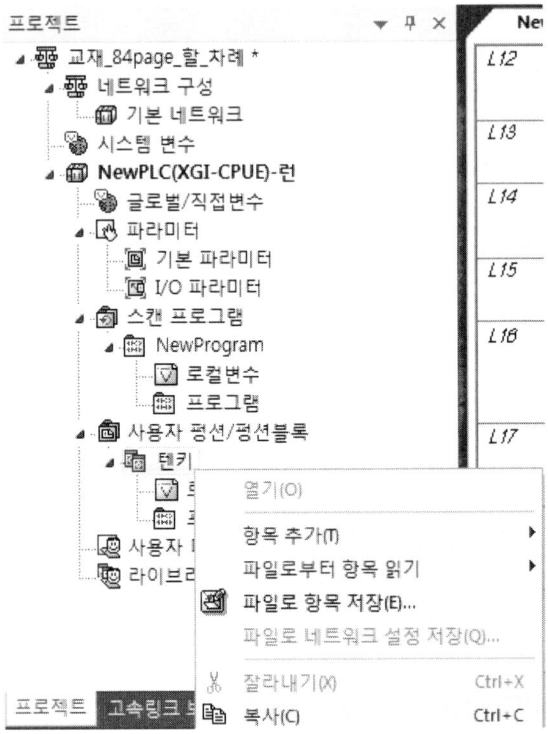

(11) 저장 파일의 확장자는 *.fun이다. (텐키.fun)

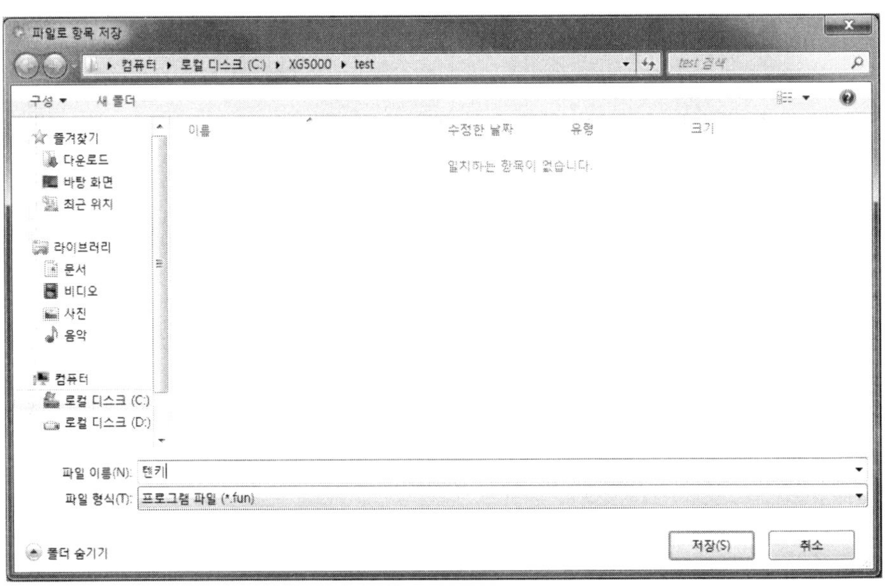

(12) 임의 프로젝트에서 '텐키' 사용자정의 펑션블록을 재사용하기 위해서는 『사용자 펑션/펑션블록』에서 마우스 오른쪽버튼을 클릭하여 『파일로부터 항목 읽기』 - 『펑션/펑션블록』을 클릭한다.

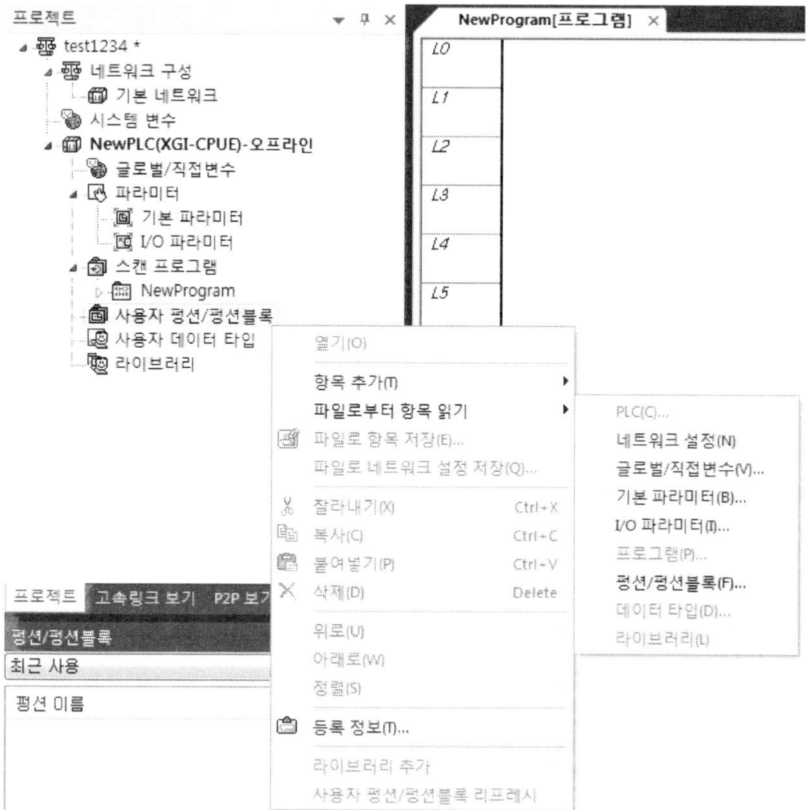

※ 저장된 사용자 펑션블록(텐키.fun) 열기를 하여 재사용하면 된다.

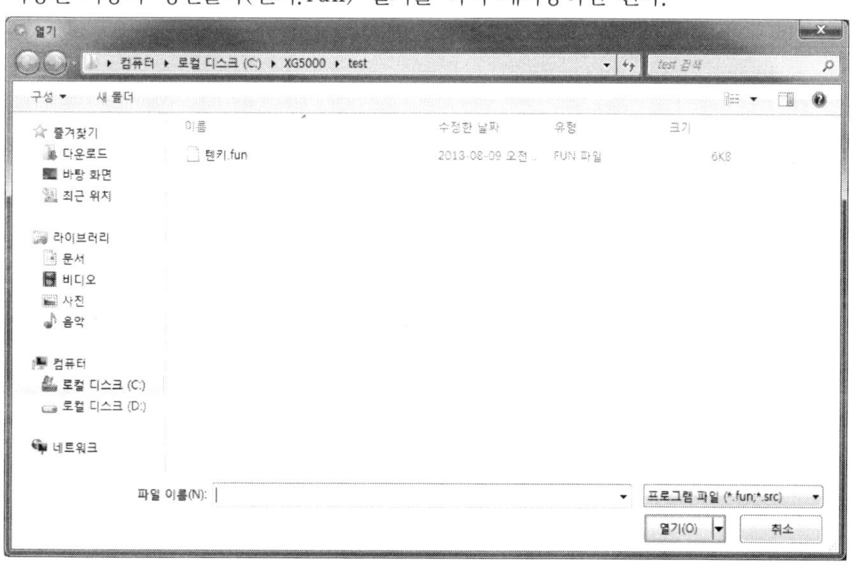

11.2 PLC 운전 중 카운터설정값 변경 프로그램

NewProgram[프로그램] × NewProgram[로컬변수] ×

	변수 종류	변수	타입	메모리 할당	초기값	리테인
1	VAR	디지털스위치	WORD	%IW0.0.1		
2	VAR	디지털표시기	WORD	%QW0.1.1		
3	VAR	리셋신호입력	BOOL	%IX0.0.2		
4	VAR	카운터설정값_변경PB	BOOL	%IX0.0.0		
5	VAR	카운터출력_확인램프	BOOL	%QX0.1.0		
6	VAR	펄스신호입력	BOOL	%IX0.0.1		
7						

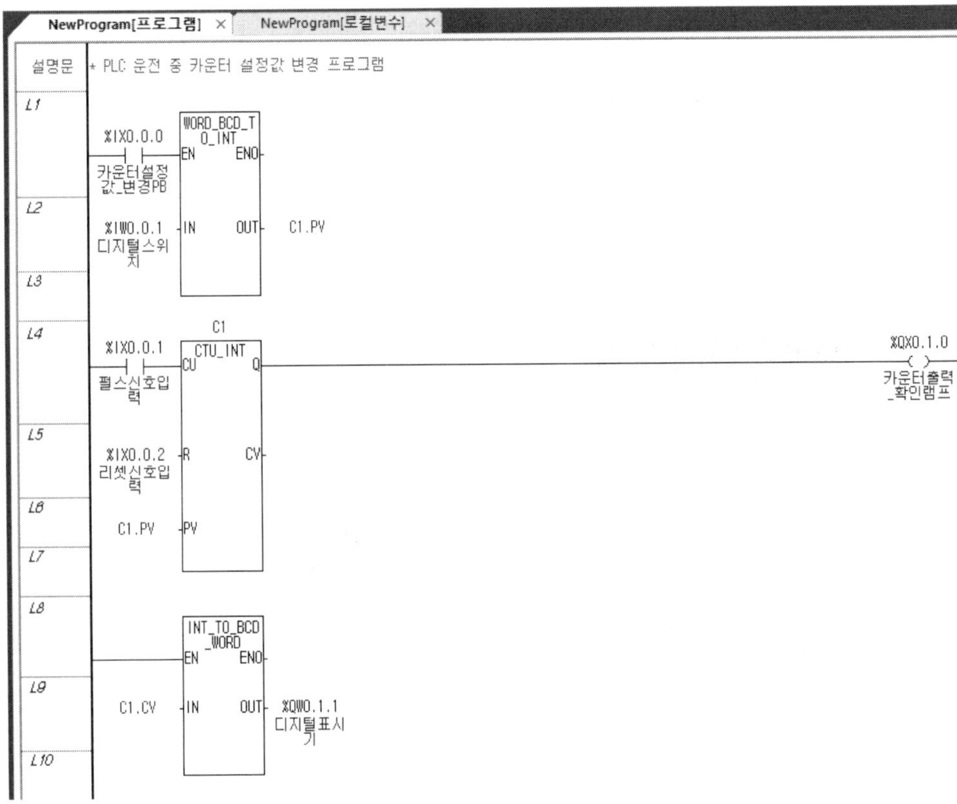

프로그램 실행결과 확인

(1) 디지털스위치로 카운터설정값 100설정 후, 카운터설정값_변경 PB(%IX0.0.0)를 ON → OFF

(2) 카운터 현재값 100 이상이면 카운터출력_확인램프(%QX0.1.0) 점등 확인

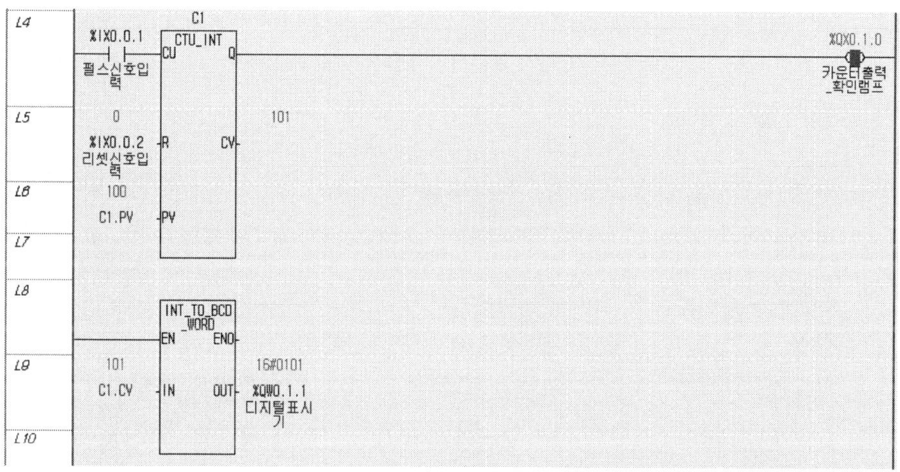

(3) 디지털스위치로 카운터설정값 120으로 재설정 후, 위의 (1),(2) 실습을 반복한다.

11.3 분수대 자동제어 프로그램

‖ 분수대 동작순서 ‖

동작순서	M6	M5	M4	M3	M2	M1	시간
동작1					●	●	10초
동작2			●	●	●	●	10초
동작3	●	●	●	●		●	10초
동작4	●	●	●	●		●	10초
동작5	●	●				●	5초
동작6	●				●	●	5초
동작7	●	●	●	●	●	●	10초

※ M1-캔들, M2-안개, M3-소돔1, M4-소돔2, M5-대돔, M6-센터

(가) 공통사항

① 출력 M1(캔들), M2(안개), M3(소돔1), M4(소돔2), M5(대돔) 및 M6(센터)를 동작시키기 위한 각 개별 입력SW에 대해 %IX0.0.0~%IX0.0.5로 입력을 할당한다.

② 자동/수동 선택SW는 %IX0.0.8로 입력을 할당한다.

③ M1(캔들)~M6(센터)는 %QX0.1.0~%QX0.1.5로 출력을 할당한다.

④ M1(캔들)~M6(센터)의 6개 모터출력에 대한 7단계 동작을 헥사(hex)코드화한다.

(나) 수동동작

① 자동/수동 선택SW(%IX0.0.8)가 OFF시 동작한다.

② 각 개별 입력SW에 의하여 동작한다.

(다) 자동동작

① 자동/수동 선택SW(%IX0.0.8)가 ON시 동작한다.

② 각 개별 입력SW가 ON된 경우에만 동작한다.

③ 모터출력 7단계 동작이 60초 주기로 반복된다.

④ 출력 M1(캔들)~M6(센터)을 전부 동작시킬 경우, 개별 입력SW(%IX0.0.0~

%IX0.0.5)를 모두 ON한다.

※ (1) M1(캔들)~M6(센터)의 6개 모터출력에 대한 7단계 동작을 순서대로 헥사(hex)코드화하면 16#0003, 16#000F, 16#001D, 16#003D, 16#0031, 16#0023 및 16#003F임을 확인한다.

(2) M1(캔들)~M6(센터)을 동작시키기 위해서는 그것에 대응된 각 개별 입력스위치(%IX0.0.0~%IX0.0.5)가 ON되어 있어야 함에 유의한다. (AND 조건)

NewProgram[프로그램] × NewProgram[로컬변수] ×

	변수 종류	변수	타입	메모리 할당	초기값	리테인
1	VAR	_M10	BOOL			
2	VAR	동작상태	ARRAY[0..6] OF BYTE		<설정>	
3	VAR	동작상태_선택	BYTE			
4	VAR	입력SW_정보	BYTE			
5	VAR	자동출력조건만족	BYTE			
6	VAR	입력SW	BYTE	%IB0.0.0		
7	VAR	자동_수동_선택SW	BOOL	%IX0.0.8		
8	VAR	동작1	BOOL	%MB0.0		
9	VAR	동작2	BOOL	%MB0.1		
10	VAR	동작3	BOOL	%MB0.2		
11	VAR	동작4	BOOL	%MB0.3		
12	VAR	동작5	BOOL	%MB0.4		
13	VAR	동작6	BOOL	%MB0.5		
14	VAR	동작7	BOOL	%MB0.6		
15	VAR	동작순서	BYTE	%MB0		
16	VAR	모터_출력	BYTE	%QB0.1.0		

변수 '동작상태' 배열 초기값 설정

배열 항목 설정

변수"동작상태", 타입"ARRAY[0..6] OF BYTE"의 하위 항목을 설정합니다.

확인 취소

	변수	타입	메모리 할당	초기값	리테인
1	동작상태[0]	BYTE		16#03	
2	동작상태[1]	BYTE		16#0F	
3	동작상태[2]	BYTE		16#1D	
4	동작상태[3]	BYTE		16#3D	
5	동작상태[4]	BYTE		16#31	
6	동작상태[5]	BYTE		16#23	
7	동작상태[6]	BYTE		16#3F	

프로그램

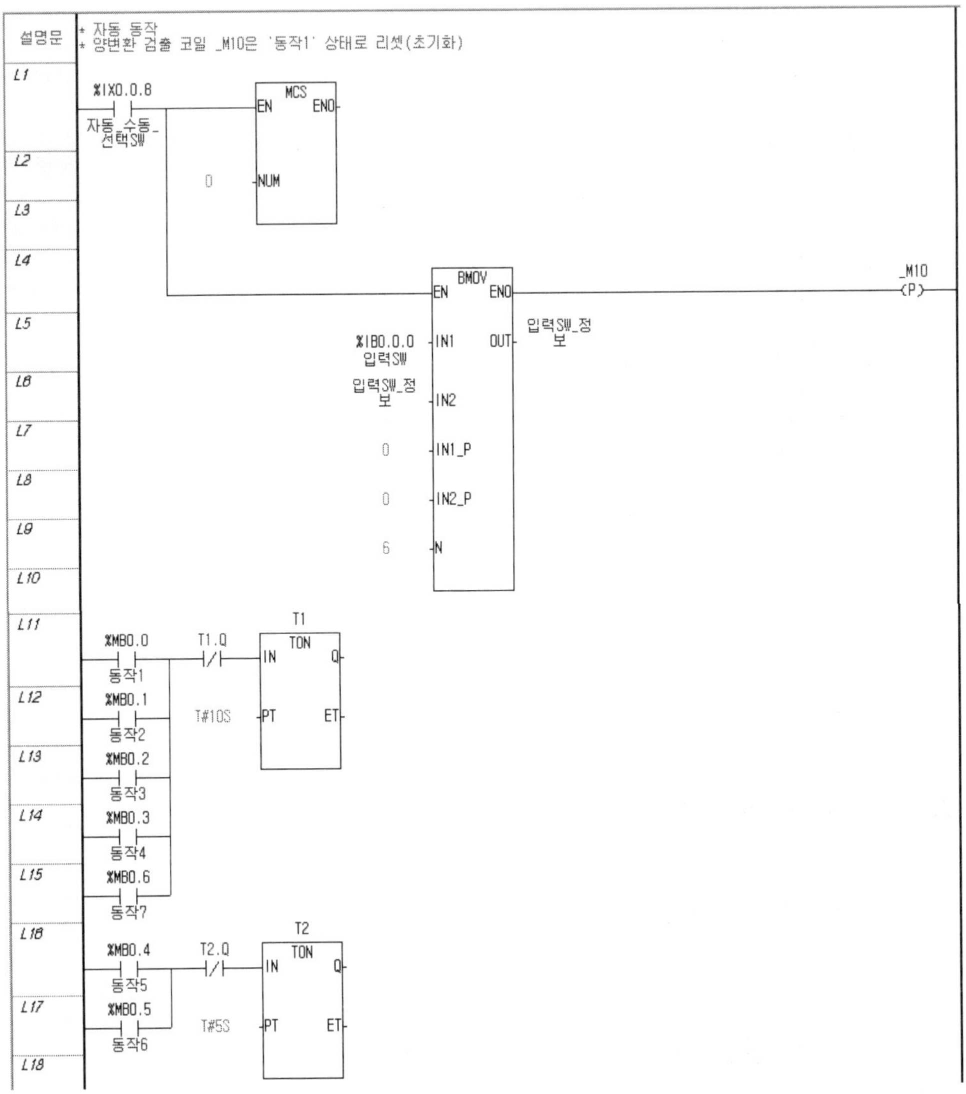
설명문
* 자동 동작
* 양변환 검출 코일 _M10은 '동작1' 상태로 리셋(초기화)
L1
%IX0.0.8
자동_수동_선택SW
MCS
EN ENO
0 NUM
BMOV
EN ENO
_M10
(P)
%IB0.0.0 입력SW
IN1 OUT
입력SW_정보
IN2
0 IN1_P
0 IN2_P
6 N
%MB0.0 동작1
T1.Q
T1
TON
IN Q
%MB0.1 동작2
T#10S PT ET
%MB0.2 동작3
%MB0.3 동작4
%MB0.6 동작7
%MB0.4 동작5
T2.Q
T2
TON
IN Q
%MB0.5 동작6
T#5S PT ET

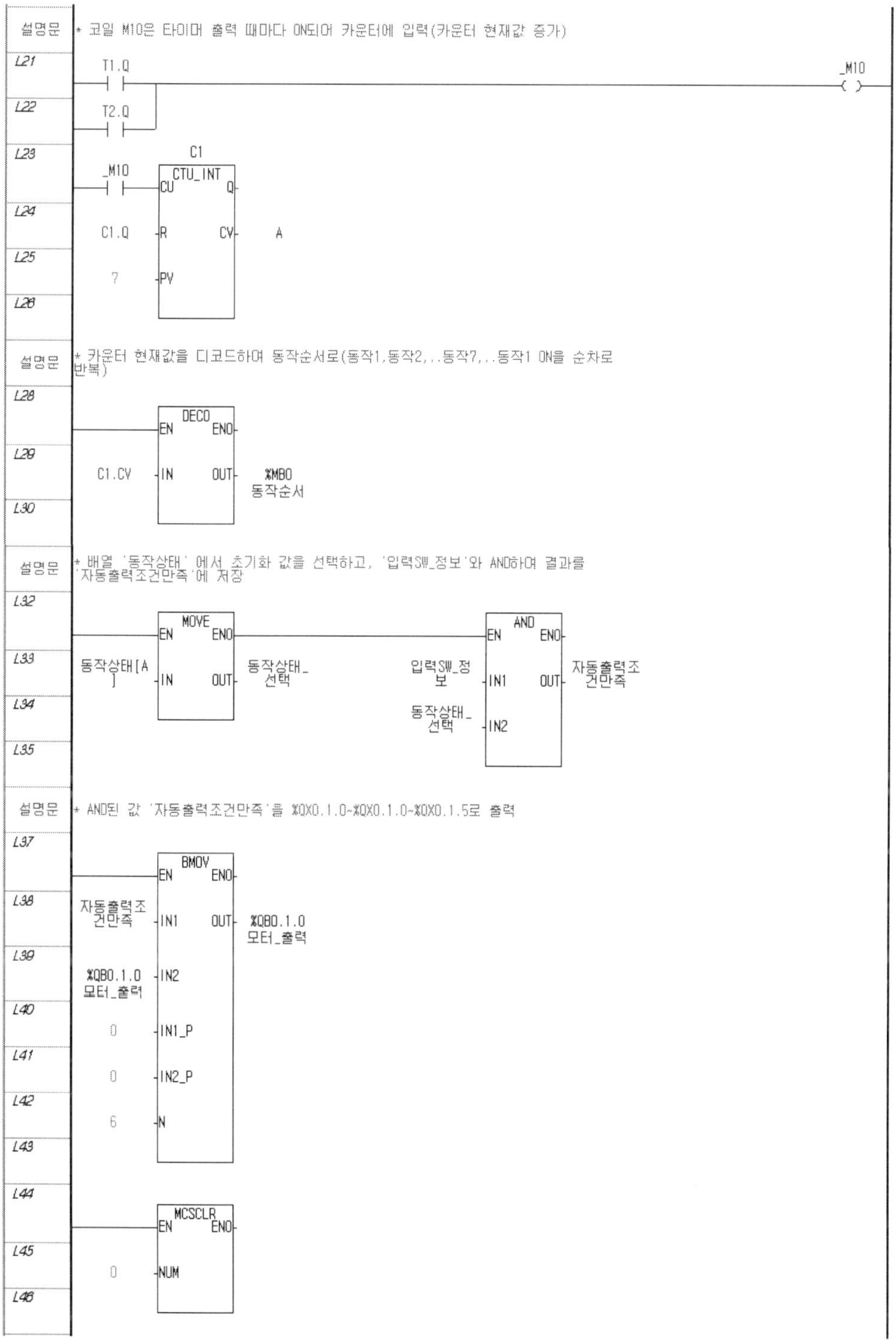
설명문
* 코일 M10은 타이머 출력 때마다 ON되어 카운터에 입력(카운터 현재값 증가)
L21
T1.Q
_M10
L22
T2.Q
L23
C1
_M10
CTU_INT
CU
Q
L24
C1.Q
R
CV
A
L25
7
PV
L26
설명문
* 카운터 현재값을 디코드하여 동작순서로(동작1,동작2,..동작7,..동작1 ON을 순차로 반복)
L28
DECO
EN
ENO
L29
C1.CV
IN
OUT
%MB0
동작순서
L30
설명문
* 배열 '동작상태' 에서 초기화 값을 선택하고, '입력SW_정보'와 AND하여 결과를 '자동출력조건만족'에 저장
L32
MOVE
EN
ENO
AND
EN
ENO
L33
동작상태[A]
IN
OUT
동작상태_선택
입력SW_정보
IN1
OUT
자동출력조건만족
L34
동작상태_선택
IN2
L35
설명문
* AND된 값 '자동출력조건만족'을 %QX0.1.0~%QX0.1.0~%QX0.1.5로 출력
L37
BMOV
EN
ENO
L38
자동출력조건만족
IN1
OUT
%QB0.1.0
모터_출력
L39
%QB0.1.0
모터_출력
IN2
L40
0
IN1_P
L41
0
IN2_P
L42
6
N
L43
L44
MCSCLR
EN
ENO
L45
0
NUM
L46

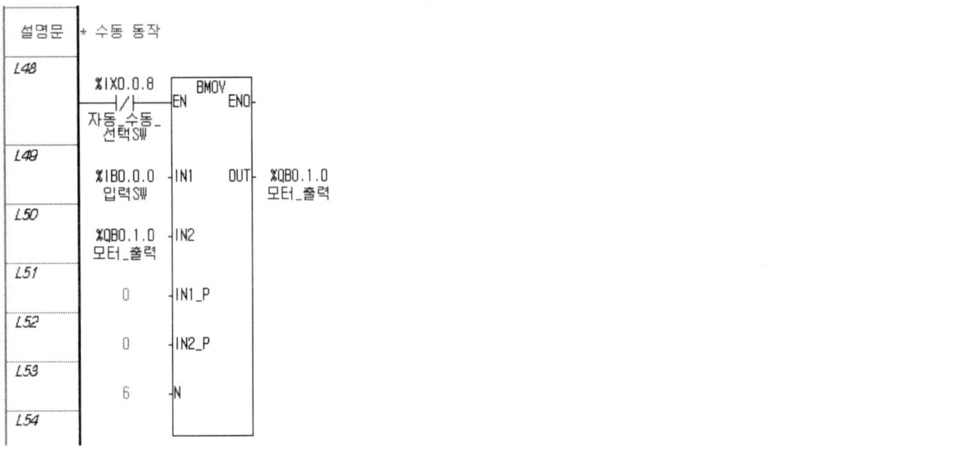

11.4 다수의 조명 ON/OFF제어 프로그램

로컬변수

	변수 종류	변수	타입	메모리 할당	초기값	리테인
1	VAR	A	INT			
2	VAR	코드선택	BYTE	%MB0		
3	VAR	LED출력	WORD	%QW0.1.0		

프로그램

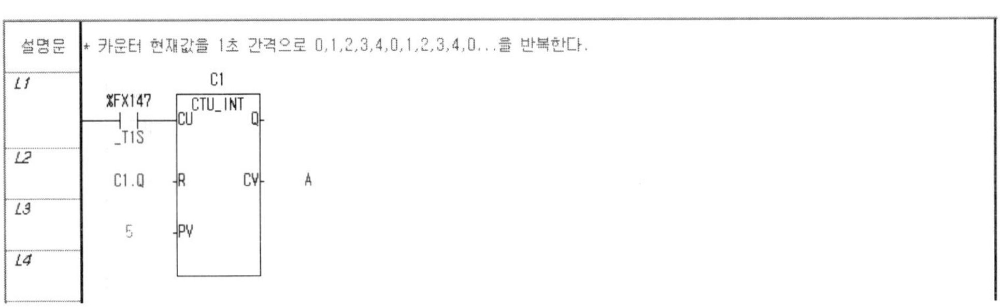

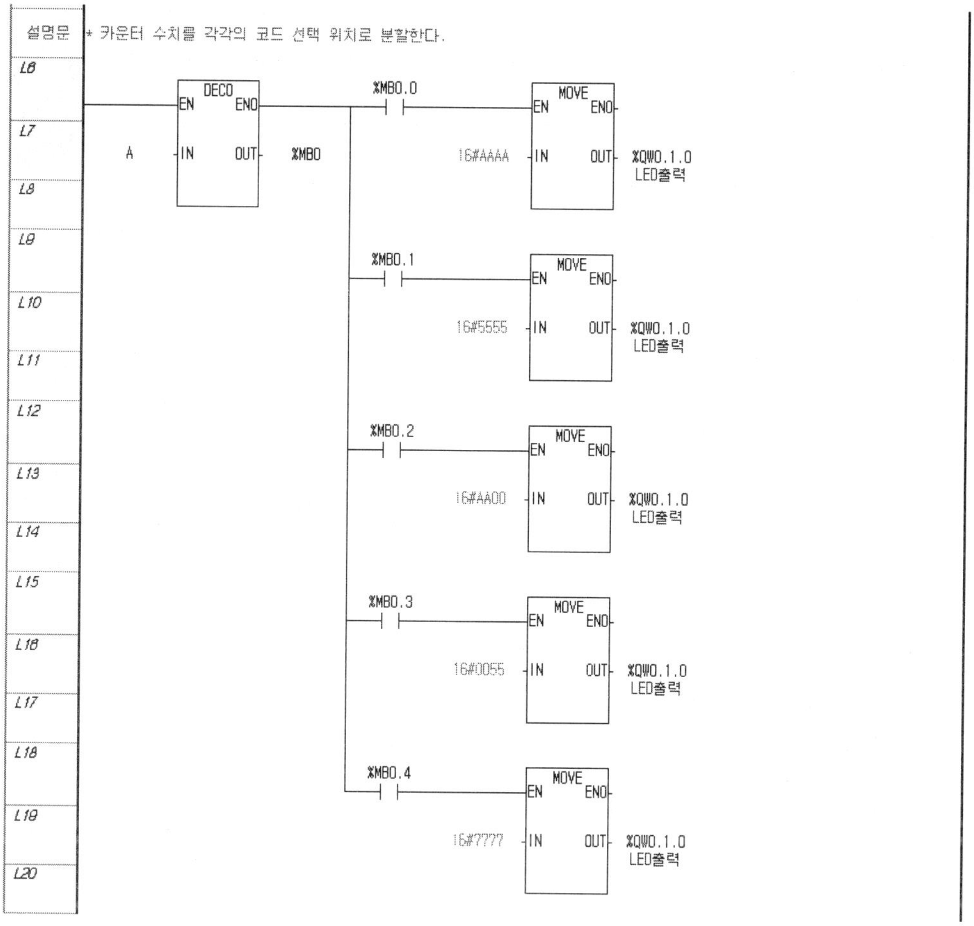
설명문
* 카운터 수치를 각각의 코드 선택 위치로 분할한다.
L6
L7
L8
L9
L10
L11
L12
L13
L14
L15
L16
L17
L18
L19
L20
DECO
EN
ENO
A
IN
OUT
%MB0
%MB0.0
MOVE
16#AAAA
%QW0.1.0
LED출력
%MB0.1
16#5555
%MB0.2
16#AA00
%MB0.3
16#0055
%MB0.4
16#7777

제12장 ST 언어

12.1 개요

1. ST(Structured Text)

- Text언어를 사용하여 PLC의 프로그램을 표현하며 일반범용 Text편집기 활용 가능
- PC의 프로그램언어 방식으로 접근하며 전산프로그래머 접근 용이
- 복잡한 알고리즘 구현 용이
- Data Processing 처리시 유리하며 프로그램이 간단
- 다양한 Open Source (호환성)

```

CLOCK_SOURCE := _T1S;

// LEFT rotate, FIND transition
IF (* _T1S XOR *) 0 = PREV_STATUS THEN
//IF (* _T1S XOR *) 0 = PREV_STATUS AND (PREV_STATUS XOR CLOCK_SOURCE) THEN
    LINT_VAL := LINT_VAL + 1;
    %ML0 := %ML0 + 1;

    FOR IDX := 0 TO MAX_VALUE - 1 DO
        mask := SHL(1, IDX);
            LONG_ARRAY[IDX] := mask = (LINT_VAL AND mask);
        END_FOR;

    LWORD_TMP := 0;
    FOR IDX := 0 TO MAX_VALUE - 1 DO
        //MASK := MASK OR SHL(BOOL_TO_LWORD(LONG_ARRAY[IDX]), IDX);
        mask := SHL(BOOL_TO_LWORD(LONG_ARRAY[IDX]), IDX);
        LWORD_TMP := mask OR LWORD_TMP;
    END_FOR;
```

2. 프로그램 형태 및 구성

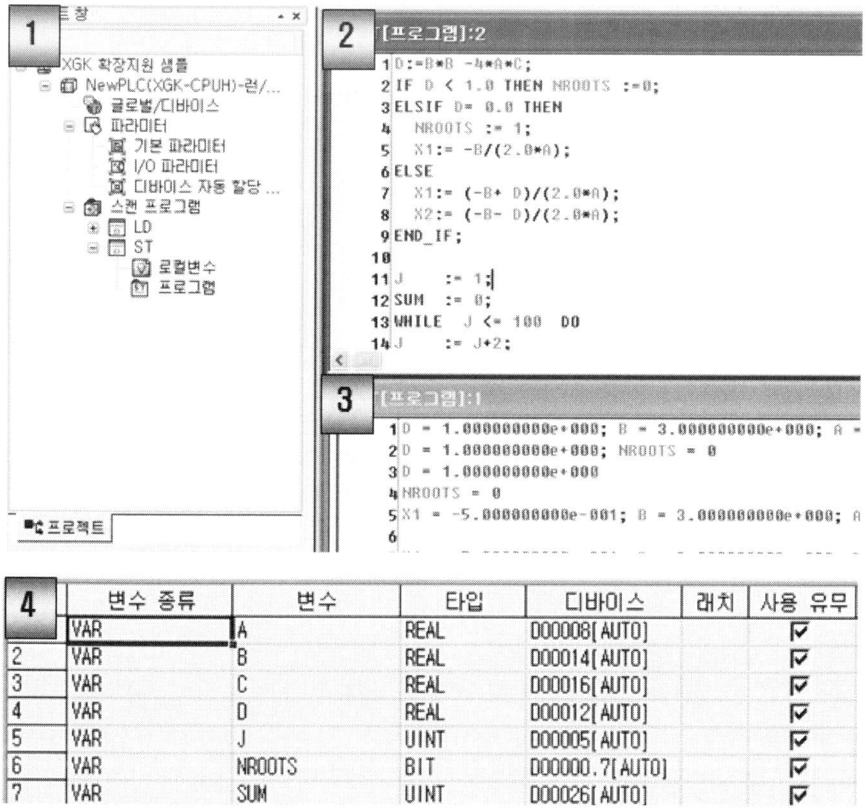

(1) **프로젝트창**: ST프로그램 추가

(2) ST **편집창**: 텍스트언어를 사용

(3) ST **모니터창**: ST에서 사용한 변수를 모니터링 및 현재값 변경

(4) **로컬변수**: ST프로그램과 관련된 모든 변수 관리

3. 연산자 종류 및 주요내용

번호	연 산	기 호	우선순위
1	괄호로 묶음	(표현식)	가장 높음
2	함수 계산	함수 식별자 예) ADD(X, Y)	
3	부정 보수	- NOT	
4	지수	**	
5	곱셈 나눗셈 나머지	* / MOD	
6	더하기 빼기	+ -	
7	비교	<, >, <=, >=	
8	동등 (일치) 부등 (불일치)	= <>	
9	부울 논리곱	&, AND	
10	부울 배타적 논리합	XOR	
11	부울 논리합	OR	가장 낮음

(a) 연산자 우선 순위 순서대로 수행
　예) A+B*C : B와 C를 곱하고 A를 더함.

(b) 동일한 우선순위를 가진 연산자들은 표현식의 왼쪽에서 오른쪽으로 수행
　예) A+B-C : A와 B를 더하고 C를 뺌.

(c) 연산자가 2개의 피 연산자를 가질 때 왼쪽 끝의 피 연산자가 먼저 수행
　예) SIN(A)*COS(B) : SIN(A) 실행하고 COS(B) 실행한 후 곱함.

(d) 잘못된 연산의 경우
1) **0**의 값으로 나눌 경우　예) A/B : B가 0일 경우
2) 피 연산자가 연산을 위한 정확한 **데이터 타입**이 아닌 경우
　예) ADD(1,2,3) : 숫자의 데이터 타입을 결정할 수 없는 경우
3) 연산 결과가 데이터 타입 값의 **범위**를 벋어난 경우
　예) B*C : B, C가 UINT 타입, 결과가 65,535 이상일 경우

```
//ST (Structured Text) - 한라인 주석

(* PADT관련 세미나
   - 여러라인 주석 *)
A := 20;          B := 4;
C := 2#11110000; D := 2#00001111;
E := 10;          F := 3;

DATA := %IW0.0.0;

addition := A + B;          // 더하기
subtraction := A - B;       // 빼기
multiplication := A * B;    // 곱하기
division := A / B;          // 나누기
remainder := A MOD B;       // 나머지
exponent := E ** F;         // 지수

AND_operator1 := C AND D;  // 부울 논리곱(AND)
AND_operator2 := C & D;
OR_operator := C OR D;      // 부울 논리합(OR)
XOR_operator := C XOR D;    // 부울 배타적 논리합(XOR)
reverse := NOT C;           // 보수 NOT
negative := - A;            // 부정 Inverter

equal1 := C = D;            // 동등(=)
equal2 := C = C;
different1 := C <> D;       // 부등(<>)
different2 := C <> C;
compare1 := A > B;          // 비교(>)
compare2 := A < B;          // 비교(<)
compare3 := A >= B;         // 비교(>=)
compare4 := A <= B;         // 비교(<=)
```

비 실행문(설명문)
1) **//** : 1라인 비 실행문, 해당 라인의 끝까지 비 실행
2) **(*** abcd ***)** : 블록 비 실행문, 사이의 내용 비 실행

/ (나눗셈)
1) 변수의 타입이 정수형, 실수형에 따라 다르게 계산
2) 정수형 -> 소수점 이하 부분 버림
　실수형 -> 실수 값 출력

MOD (나머지)
1) 연산자 왼쪽의 값을 연산자 오른쪽의 값으로 나누었을 때의 나머지를 결과로 출력
2) 실수형(ANY_REAL)타입 연산 불가

**** (지수)**
1) 연산자 왼쪽의 값을 연산자 오른쪽의 승수만큼 곱함
2) 실수형(ANY_REAL)타입 연산만 가능

<> (부등)
1) 두 피연산자가 같지 않은지 비교
2) 같지 않으면 출력은 1, 같으면 출력은 0이 됨

4. 명령문 종류 및 주요내용

<table>
<tr><td>(1) 할당문 (:=)
(a) 할당문은 왼쪽에 변수, 그 뒤를 할당문 연산자(:=), 마지막으로 연산할 표현식으로 구성
(b) 펑션 이름을 할당문 연산자 왼쪽에 위치 시킴으로써 펑션의 리턴 값을 대입 가능</td><td>-</td></tr>
<tr><td>(2) 선택문
(a) IF 문
1) 관련 부울 표현식이 1 의 값(참)일 경우에 명령문 그룹 실행
2) 조건이 거짓일 때, ELSE 가 있을 경우 ELSE 를 따르는 명령문 그룹 실행
3) 만약 ELSEIF 조건이 참인 경우 ELSEIF 를 따르는 명령문 그룹 실행</td><td><pre>// IF문 예제
IF D < 0.0 THEN NROOTS := 0 ;
ELSIF D = 0.0 THEN
    NROOTS := 1 ;
    X1 := - B/(2.0*A) ;
ELSE
    NROOTS := 2 ;
    X1 := (- B + SQRT(D))/(2.0*A) ;
    X2 := (- B - SQRT(D))/(2.0*A) ;
END_IF ;</pre></td></tr>
<tr><td>(b) CASE 문
1) INT 형의 변수를 계산하는 표현식과 명령문 그룹 리스트로 구성
2) 선택자의 어떤 값도 해당되지 않으면 ELSE 를 뒤따르는 명령문 그룹이 수행, ELSE 가 없다면 어떠한 명령문도 수행되지 않음</td><td><pre>// CASE문 예제
TW := WORD_BCD_TO_INT(THUMBWHEEL);
TW_ERROR := 0;
CASE TW OF
    1,5: DISPLAY := OVEN_TEMP;
    2: DISPLAY := MOTOR_SPEED;
    3: DISPLAY := GROSS - TARE;
    4, 6..10: DISPLAY := ADD(TW , 4);
ELSE DISPLAY := 0 ;
    TW_ERROR := 1;
END_CASE;</pre></td></tr>
<tr><td>(3) 반복문
- 명령문의 그룹이 반복적으로 수행
(a) FOR 문
1) 반복 횟수가 미리 결정되어 있는 경우 사용
2) 제어변수, 초기값과 최종 값은 같은 정수형(SINT, INT, DINT)으로 나타내며 반복되는 문장에 의해 바뀌지 않음
3) BY 를 사용하여 증가 값을 조절 가능 (생략 시 1 씩 증가)</td><td><pre>// FOR문 예제
FOR I := 1 TO 3 DO
    FOR J := 1 TO 2 DO
        IF FLAG THEN EXIT; END_IF;
        SUM := SUM + J ;
    END_FOR;
    SUM := SUM + I ;
END_FOR;</pre></td></tr>
<tr><td>(b) WHILE, REPEAT 문
1) 관련 부울 표현식이 거짓일 때까지 반복수행
2) REPEAT 문은 UNTIL 까지 최소 한번은 수행</td><td><pre>//WHILE문 예제
INDEX := 1;
WHILE WORDS[INDEX] <> 'KEY' DO
    INDEX := INDEX+2 ;
    IF INDEX > 10 THEN EXIT; END_IF;
END_WHILE ;</pre></td></tr>
</table>

(c) EXIT 문
1) 종료 조건이 만족되기 전에 반복을
중단하는데 사용가능
2) 중첩 반복 구조 내에 사용될 경우 해당
EXIT 는 위치한 가장 안쪽 루프에 적용
	//REPEAT문 예제
	RE1 := 0;
	REPEAT
	RE1 := RE1+2 ;
	UNTIL RE1 > 10
	END_REPEAT ;

12.2 ST 프로그램 작성

1. 프로그램언어 항목에서 ST를 선택하면 우측과 같이 프로그램 작성화면이 나온다.

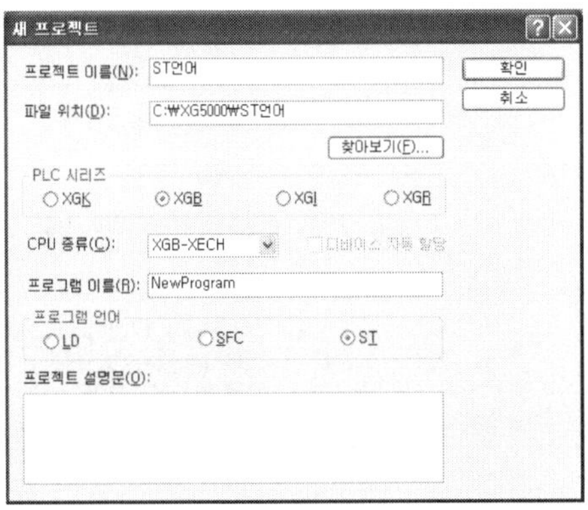

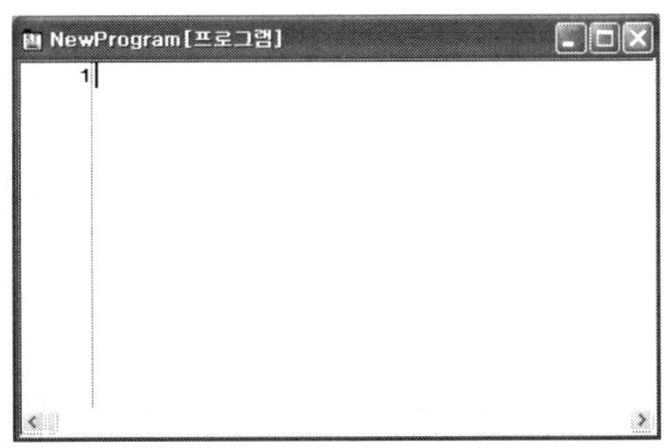

2. 프로그램 작성 후 PLC에 다운로드하여 실행 후 결과를 확인한다.

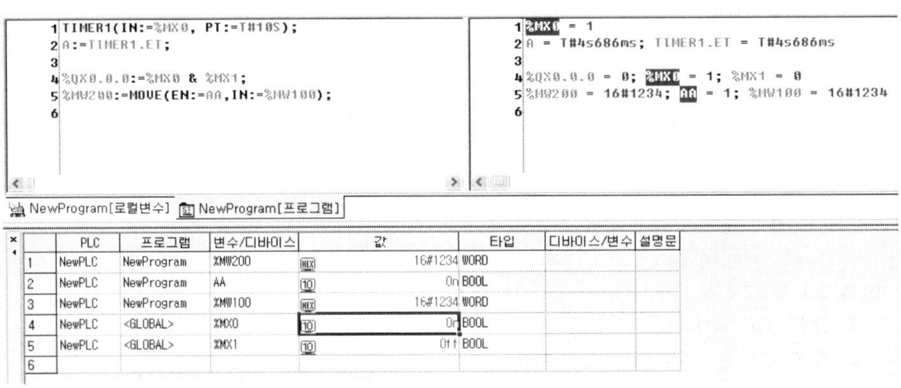

12.3 예제 프로그램

1번 예제

1. 아래와 같이 ST언어를 이용하여 프로그램을 작성한다.

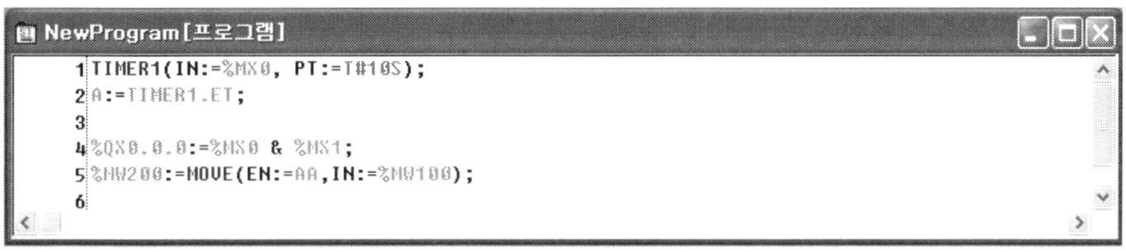

2. 아래와 같이 로컬변수를 작성한다.

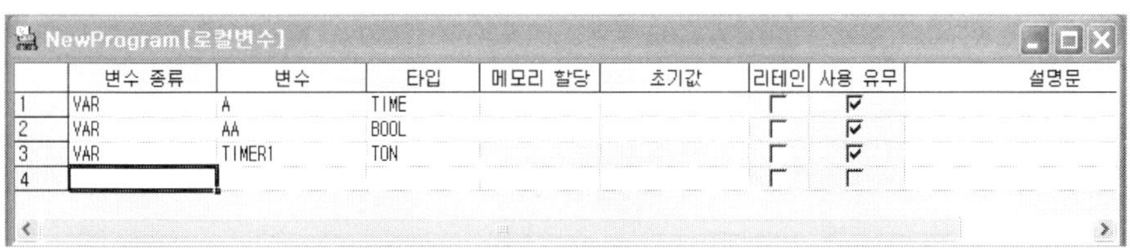

3. PLC에 다운로드한 후 실행한 결과를 확인한다.

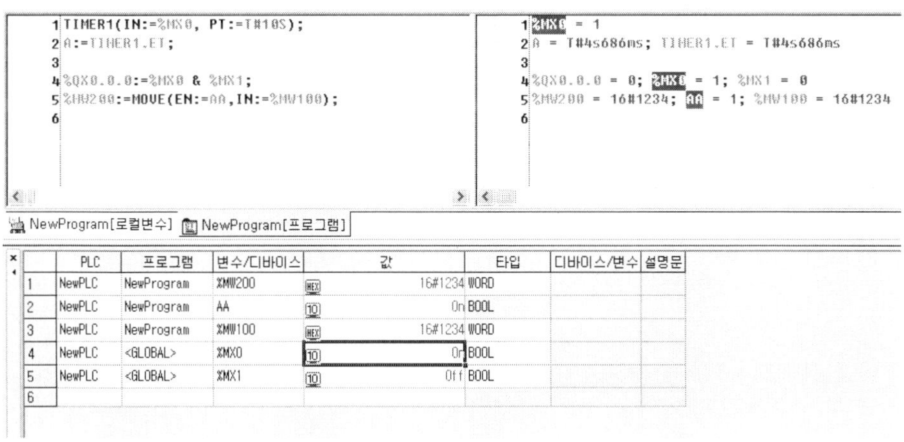

2번 예제

1. 아래와 같이 ST언어를 이용하여 프로그램을 작성한다.

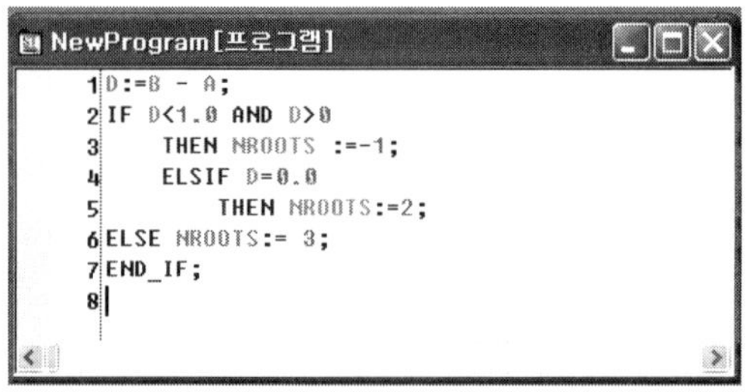

2. 아래와 같이 로컬변수를 작성한다.

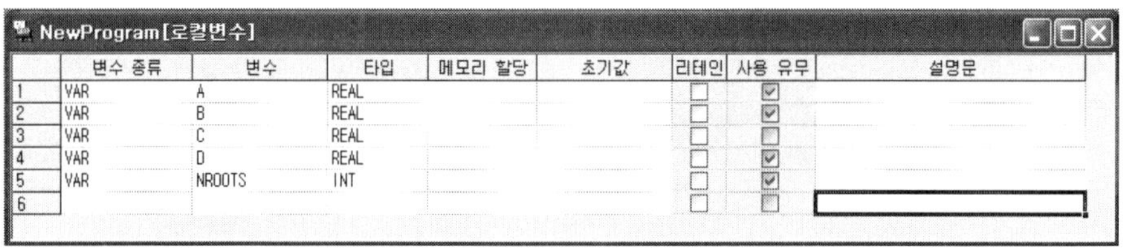

3. PLC에 다운로드한 후 실행한 결과를 확인한다.

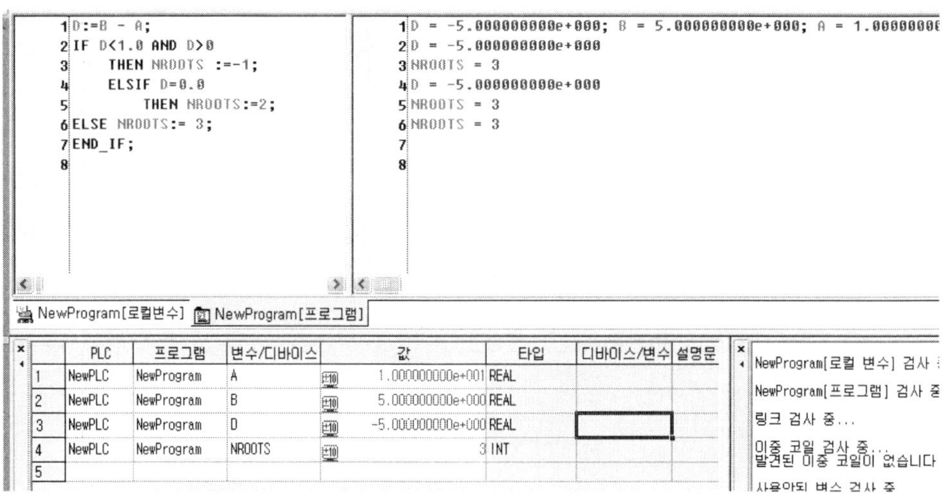

3번 예제

1. 아래와 같이 ST언어를 이용하여 프로그램을 작성한다.

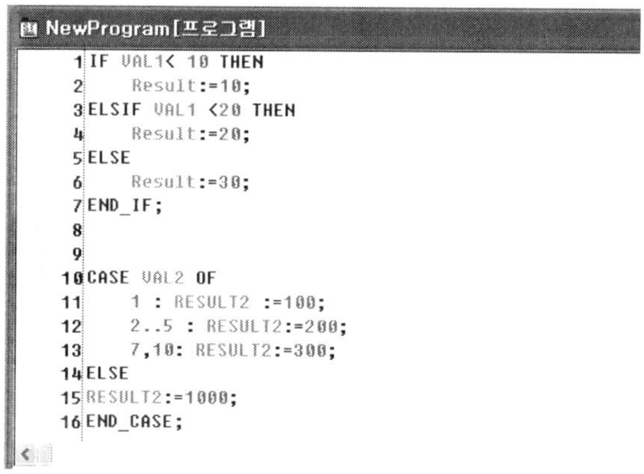

2. 아래와 같이 로컬변수를 작성한다.

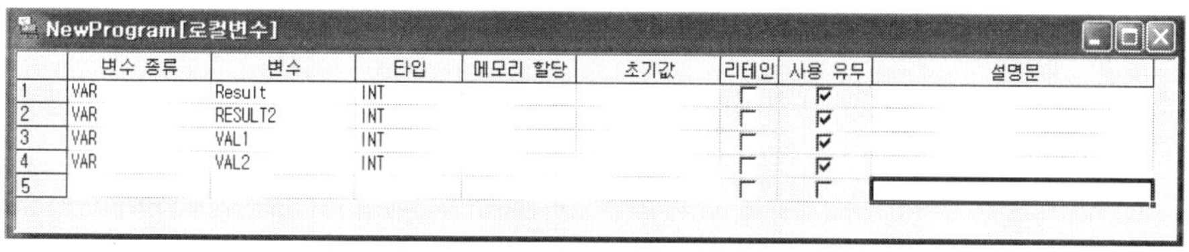

	변수 종류	변수	타입	메모리 할당	초기값	리테인	사용 유무	설명문
1	VAR	Result	INT			☐	☑	
2	VAR	RESULT2	INT			☐	☑	
3	VAR	VAL1	INT			☐	☑	
4	VAR	VAL2	INT			☐	☑	
5						☐	☐	

3. PLC에 다운로드한 후 실행한 결과를 확인한다.

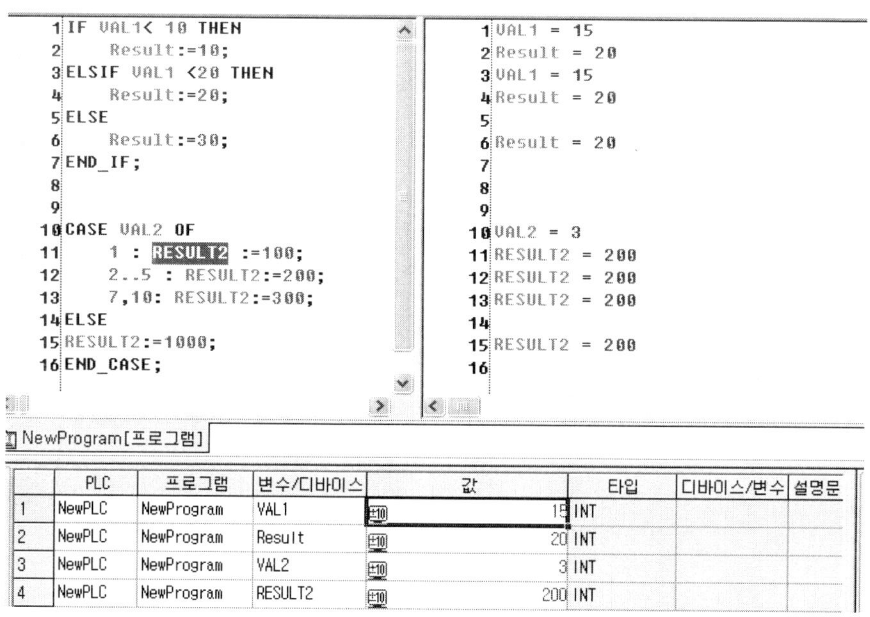

	PLC	프로그램	변수/디바이스	값	타입	디바이스/변수	설명문
1	NewPLC	NewProgram	VAL1	15	INT		
2	NewPLC	NewProgram	Result	20	INT		
3	NewPLC	NewProgram	VAL2	3	INT		
4	NewPLC	NewProgram	RESULT2	200	INT		

4번 예제

1. 아래와 같이 ST언어를 이용하여 프로그램을 작성한다.

NewProgram[프로그램]

```
SUM:=0;
FOR Counter:=0 TO 10 BY 2 DO
    SUM:=SUM+2;
END_FOR;

count :=0;
WHILE count <19 DO
    count:=count+3;
END_WHILE;


count1:=0;
REPEAT
    count1:=count1+1;
UNTIL count1>20
END_REPEAT;
```

2. 아래와 같이 로컬변수를 작성한다.

NewProgram[로컬변수]

	변수 종류	변수	타입	메모리 할당	초기값	리테인	사용 유무	설명문
1	VAR	count	INT			☐	☑	
2	VAR	count1	INT			☐	☑	
3	VAR	Counter	INT			☐	☑	
4	VAR	SUM	INT			☐	☑	
5						☐	☐	

3. PLC에 다운로드한 후 실행한 결과를 확인한다.

```
SUM:=0;                              SUM = 12
FOR Counter:=0 TO 10 BY 2 DO         Counter = 12
    SUM:=SUM+2;                      SUM = 12
END_FOR;

count :=0;                           count = 21
WHILE count <19 DO                   count = 21
    count:=count+3;                  count = 21
END_WHILE;


count1:=0;                           count1 = 21
REPEAT
    count1:=count1+1;                count1 = 21
UNTIL count1>20                      count1 = 21
END_REPEAT;
```

NewProgram[로컬변수] NewProgram[프로그램]

	PLC	프로그램	변수/디바이스	값	타입	디바이스/변수	설명문
1	NewPLC	NewProgram	SUM	12	INT		
2	NewPLC	NewProgram	count	21	INT		
3	NewPLC	NewProgram	count1	21	INT		

NewProgram[프로
링크 검사 중...
이중 코일 검사
발견된 이중 코일

5번 예제

1. 아래와 같이 ST언어를 이용하여 프로그램을 작성한다.

NewProgram[프로그램]

```
COUNT:=0;
SUM:=0;
WHILE COUNT < 20 DO
    COUNT:= COUNT+1;
    SUM:=SUM+3;

    IF COUNT =10 THEN
        EXIT;
    END_IF;

END_WHILE;
```

2. 아래와 같이 로컬변수를 작성한다.

NewProgram[로컬변수]

	변수 종류	변수	타입	메모리 할당	초기값	리테인	사용 유무	설명문
1	VAR	COUNT	INT			☐	☑	
2	VAR	COUNT1	INT			☐	☐	
3	VAR	SUM	INT			☐	☑	
4						☐	☐	

3. PLC에 다운로드한 후 실행한 결과를 확인한다.

```
COUNT:=0;                       COUNT = 10
SUM:=0;                         SUM = 30
WHILE COUNT < 20 DO             COUNT = 10
    COUNT:= COUNT+1;            COUNT = 10
    SUM:=SUM+3;                 SUM = 30

    IF COUNT =10 THEN           COUNT = 10
        EXIT;
    END_IF;

END_WHILE;
```

NewProgram[로컬변수] NewProgram[프로그램]

	PLC	프로그램	변수/디바이스	값	타입	디바이스/변수	설명문
1	NewPLC	NewProgram	COUNT	10	INT		
2	NewPLC	NewProgram	SUM	30	INT		
3							

NewProgr
NewProgr
링크 검

6번 예제

1. 아래와 같이 ST언어를 이용하여 프로그램을 작성한다.

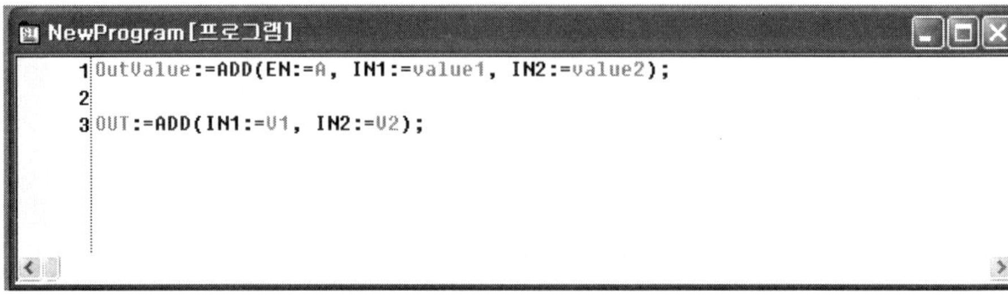

2. 아래와 같이 로컬변수를 작성한다.

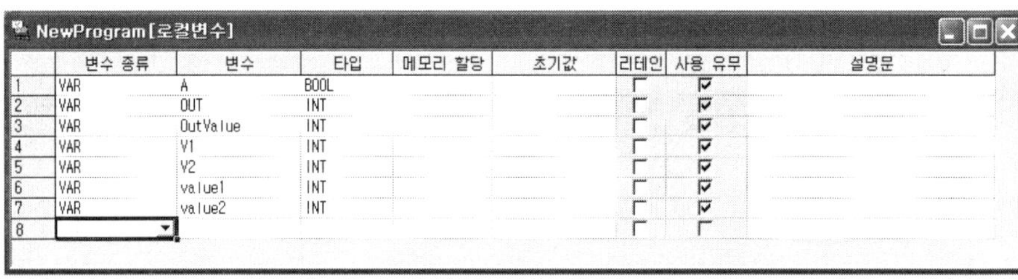

3. PLC에 다운로드한 후 실행한 결과를 확인한다.

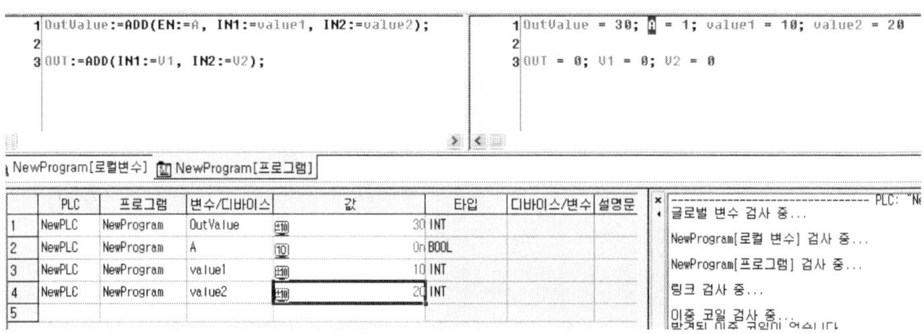

· 3부
피드백 제어편

본 편에서는 정량제어의 대표격인 아날로그 피드백제어를 다루었다. 국산 수학패키지인 CEMTool을 이용하여 응답특성, 안정도 기법 등을 컴퓨터를 사용하여 해석할 수 있도록 하였고, 이를 이용하여 PID제어기를 설계하는 방법과 물탱크시스템 제어문제를 해결토록 하였다.

제1장 시스템의 수학적 모델링

주어진 제어대상 시스템이나 설계될 제어기는 수학적으로 정확하게 묘사되어야 제어의 목적을 달성할 수 있다. 모델링 과정에서의 오차는 제어기를 포함한 전체 시스템의 안정성이나 정밀도를 상당히 떨어뜨릴 수 있기 때문이다. 본 장에서는 제어시스템의 해석이나 설계에 사용하는 수학적 방법의 기초, 특히 라플라스 변환을 집중적으로 다루고, 전달함수와 블록선도, 신호흐름선도의 개념 및 활용방법을 습득하며, 스프링-댐퍼 및 DC 모터 등의 실제 물리적 시스템을 대상으로 수학적 모델링을 수행하고자 한다.

1.1 라플라스 변환

라플라스 변환(Laplace tranformation)은 선형 상미분방정식의 해를 구하거나 시스템의 전달함수를 구하는 데에 쓰이는 수학적 방법이다. 이 방법을 쓰면 미분방정식이 대수방정식으로 바뀌어 쉽게 풀릴 뿐만 아니라, 시스템의 특성을 분수함수(rational function) 형태의 전달함수로 나타낼 수 있어서 수학적으로 처리하기가 쉬워지기 때문에 제어시스템의 해석과 설계에 매우 많이 쓰이는 방법이다.

복소수

복소수(complex number)는 실수부(real part)와 허수부(imaginary part)로 구성되는 숫자이며 허수부는 $j(=\sqrt{-1})$라는 허수단위가 곱해진 형태이다. 다음 그림은 $A=a+jb$라는 복소수를 복소평면상에 나타내고 있다.

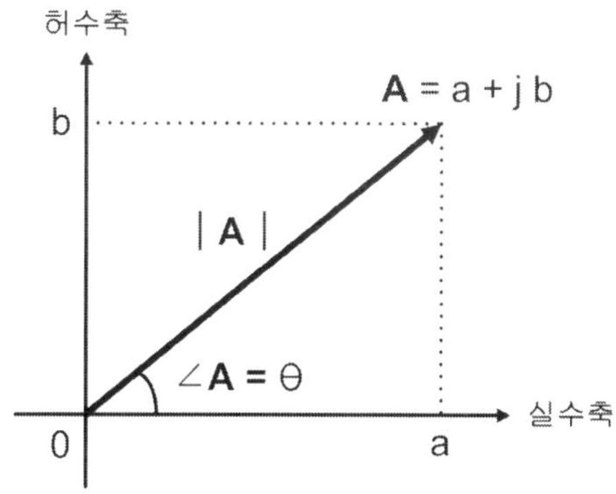

복소수는 편의에 따라 다음과 같이 여러 가지 형태로 표현할 수 있다.

직각좌표 : $A = a + jb$

극좌표 : $A = |A| \angle \theta$

지수함수 : $A = |A| e^{j\theta}$

삼각함수 : $A = |A|(\cos\theta + j\sin\theta)$

여기서, $|A| = \sqrt{a^2 + b^2}$ 이고 $\theta = \tan^{-1}\dfrac{b}{a}$ 이다.

예제 $A = 2 + j3$, $B = 3 - j2$일 경우 $A + B$, $A - B$, $A \cdot B$, A/B를 각각 구하시오.

① $A + B = (2 + j3) + (3 - j2) = 2 + j3 + 3 - j2 = 5 + j = 5.1 \angle 11.3°$

② $A - B = (2 + j3) - (3 - j2) = 2 + j3 - 3 + j2$

$= -1 + j5 = 5.1 \angle -78.7°$

③ $A \cdot B = (2 + j3)(3 - j2) = 6 - j4 + j9 + 6 = 12 + j5$

$$A \cdot B = \left[\sqrt{2^2 + 3^2} \angle \tan^{-1}\frac{3}{2}\right]\left[\sqrt{3^2 + (-2)^2} \angle \tan^{-1}\frac{-2}{3}\right]$$

$$= [\sqrt{13} \angle 56.3°][\sqrt{13} \angle -33.7°] = 13 \angle 22.6°$$

④ $A/B = \dfrac{2 + j3}{3 - j2} = \dfrac{2 + j3}{3 - j2} \cdot \dfrac{3 + j2}{3 + j2} = \dfrac{6 + j4 + j9 - 6}{3^2 + 2^2} = j$

$A/B = [\sqrt{13} \angle 56.3°]/[\sqrt{13} \angle -33.7°] = 1 \angle 90°$

라플라스 변환방법

1) 라플라스 변환의 개념

일반적인 제어시스템은 선형 상미분방정식으로 표현되며 라플라스 변환은 이러한 미분방정식을 복소변수 s로 구성된 대수방정식으로 바꾸어 간단한 대수연산을 적용해서 얻어진 s의 해를 역라플라스 변환하여 원래의 미분방정식에 대한 해를 구하고자 사용한다. 다음 그림은 이러한 개념을 나타낸 것이다.

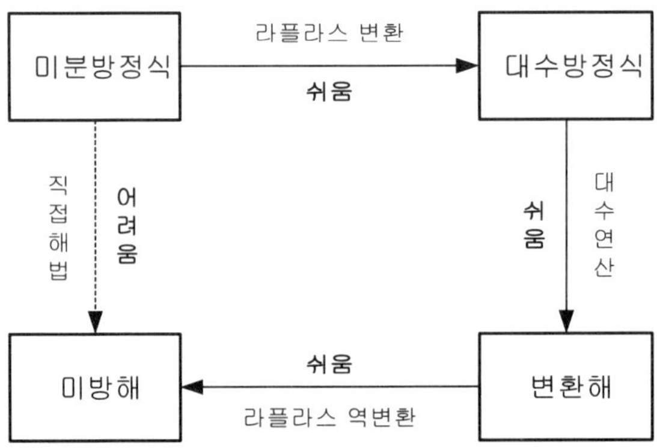

2) 라플라스 변환의 정의

주어진 시간함수 $f(t)$가 $0 \le t < \infty$에서 정의된 함수라고 하면 이 $f(t)$에 e^{-st}를 곱하고 t에 관항 0에서 ∞까지 적분하여 그 적분이 가능하다면 이 s의 함수 $F(s)$는 시간함수 $f(t)$의 라플라스 변환 함수라고 하며 다음과 같이 정의된다.

$$F(s) = \mathcal{L}\,[f(t)] = \int_0^\infty f(t)e^{-st}dt$$

여기서, $s = \sigma + j\omega$는 복소변수로서 라플라스 연산자(Laplace Operator)라고 하며, $F(s)$가 존재하기 위한 조건은 다음과 같다.

$$\int_0^\infty [f(t)]e^{-\sigma t}dt < \infty$$

라플라스 변환된 함수 $F(s)$로부터 원래의 시간함수 $f(t)$를 구하는 연산을 역(逆)라플라스 변환이라고 하며 다음과 같이 정의된다.

$$f(t) = f(t) = \mathcal{L}^{-1}[F(s)] = \frac{1}{2\pi j}\int_{\sigma - j\infty}^{\sigma + j\infty} F(s)e^{st}ds$$

그림과 같이 폭이 ϵ이고 높이가 $\frac{1}{\epsilon}$인 파형에서 ϵ을 무한히 작게 할 경우의 파형을 단위임펄스함수(unit impulse function) $\delta(t)$라고 표시한다.

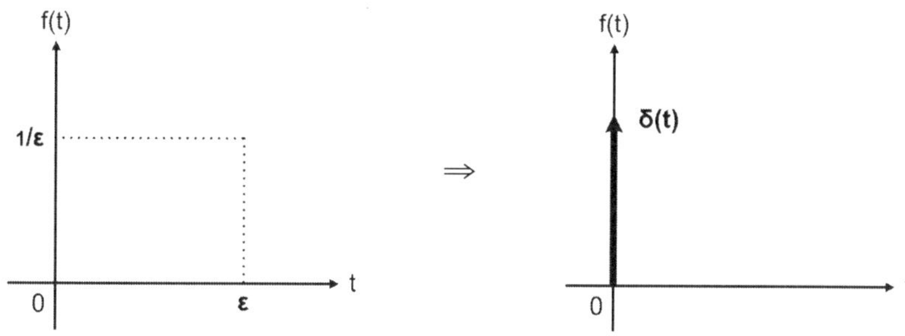

$$\delta(t) = \begin{bmatrix} 0 : t \neq 0 \\ \infty : t = 0 \end{bmatrix}$$

단위임펄스함수를 라플라스 변환하면 다음과 같다.

$$\mathcal{L}\,[\delta(t)] = \int_0^{\infty} \delta(t)e^{-st} = 1$$

그림과 같은 함수를 $u(t)$로 표시하고 단위계단함수(unit step function)라 하며 라플라스 변환하면 다음과 같다.

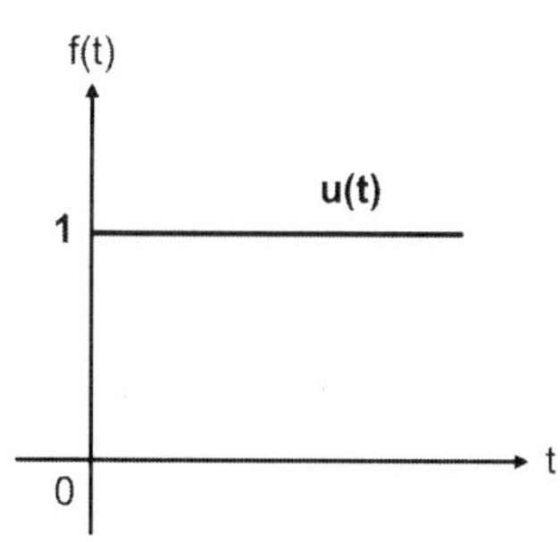

$$f(t) = u(t) = \begin{bmatrix} 0: & t < 0 \\ 1: & t \geq 0 \end{bmatrix}$$

$$\mathcal{L}\,[f(t)] = \int_0^{\infty} 1 \cdot e^{-st}dt = \left[-\frac{1}{s}e^{-st}\right]_0^{\infty} = -\left(0 - \frac{1}{s}\right) = \frac{1}{s}$$

그림과 같은 함수를 단위램프함수(unit ramp function)라고 하며 라플라스 변환하면 다음과 같다.

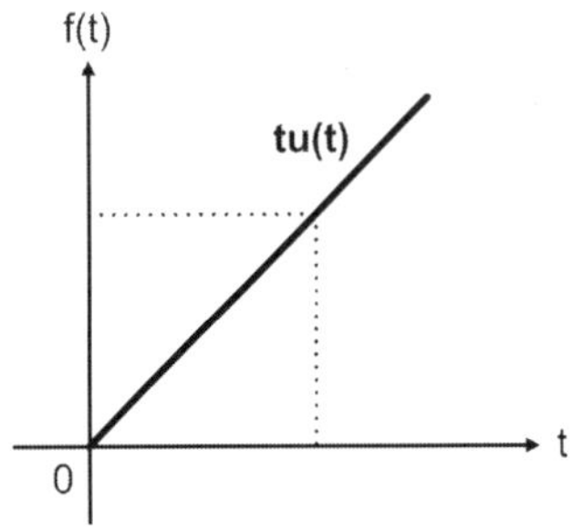

$$f(t) = tu(t),\ t \geqq 0 \qquad \mathcal{L}[f(t)] = \int_0^{\infty} te^{-st}dt$$

라플라스 변환을 위해서는 부분적분 공식($\int udv = uv - \int vdu$)을 적용한다. 여기서 $u = t,\ dv = e^{-st},\ du = dt,\ v = -\frac{1}{s}e^{-st}$로 놓으면,

$$\int_0^{\infty} te^{-st}dt = \left[t \cdot -\frac{e^{-st}}{s}\right]_0^{\infty} - \int_0^{\infty}\left(-\frac{e^{-st}}{s}dt\right) = \left[-\frac{1}{s^2}e^{-st}\right]_0^{\infty} = \frac{1}{s^2}$$

그림과 같은 함수를 단위지수함수(unit exponential function)라 하고 다음과 같이 표현한다.

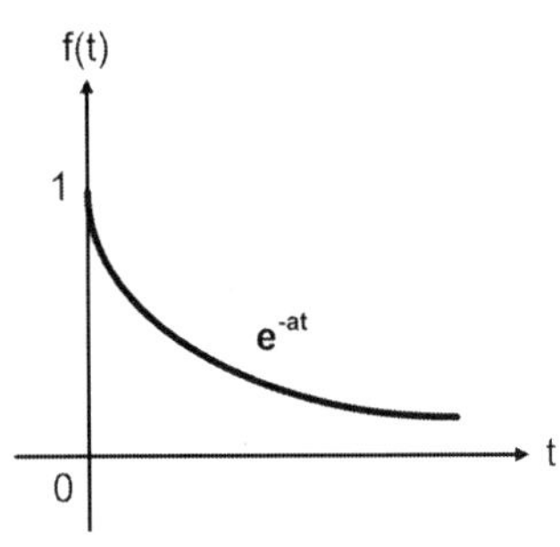

$$f(t) = e^{-at},\ t \geqq 0$$

여기서 a는 상수이고, e^{-at}를 라플라스 변환하면 다음과 같다.

$$\mathcal{L}[f(t)] = \int_0^{\infty} e^{-at}e^{-st}dt = \left[\frac{-1}{a+s}e^{-(a+s)t}\right]_0^{\infty} = \frac{1}{s+a}$$

제어시스템의 해석이나 설계에 자주 사용되는 함수들의 라플라스 변환표를 정리하면 다음과 같다.

$f(t),\ t \geq 0$	$F(s)$	$f(t),\ t \geq 0$	$F(s)$
$\delta(t)$	1	$\sin t$	$\frac{1}{s^2+1^2}$
$u(t)$	$\frac{1}{s}$	$\cos t$	$\frac{s}{s^2+1^2}$
e^{-at}	$\frac{1}{s+a}$	$\sin \omega t$	$\frac{\omega}{s^2+\omega^2}$
t	$\frac{1}{s^2}$	$\cos \omega t$	$\frac{s}{s^2+\omega^2}$
t^2	$\frac{2}{s^3}$	$\sin h\omega t$	$\frac{\omega}{s^2-\omega^2}$
t^n	$\frac{n!}{s^{n+1}}$	$\cos h\omega t$	$\frac{s}{s^2-\omega^2}$

3) 라플라스 변환의 정리

라플라스 변환은 여러 가지 성질을 가지고 있으며, 이로 인해 주어진 함수의 변환을 아주 간단한 방법으로 해결할 수 있다. 다음은 라플라스 변환에 필요한 몇 가지 중요한 정리이다.

정리 1. 상수와의 곱셈

k는 상수이고 $F(s)$는 $f(t)$의 라플라스 변환일 때, 함수$f(t)$의 곱의 라플라스 변환은 다음과 같다.

$$\mathcal{L}[kf(t)] = kF(s)$$

예제 계단함수에 상수 5를 곱해서 라플라스 변환하면 다음과 같다.

$$F(s) = \mathcal{L}[5u(t)] = 5\mathcal{L}[u(t)] = \frac{5}{s}$$

정리 2. 합과 차

두 시간함수의 합과 차의 라플라스 변환은 다음과 같다.

$$\mathcal{L}[f_1(t) \pm f_2(t)] = \mathcal{L}[f_1(t)] \pm \mathcal{L}[f_2(t)] = F_1(s) \pm F_2(s)$$

예제 함수 $u(t) + \delta(t)$의 라플라스 변환은 다음과 같다.

$$\mathcal{L}[u(t) + \delta(t)] = \mathcal{L}[u(t)] + \mathcal{L}[\delta(t)] = \frac{1}{s} + 1$$

정리 3. 미분

함수의 라플라스 변환이 $F(s)$일 때, 그 함수의 미분 $\frac{d}{dt}f(t)$의 라플라스 변환은 다음과 같다.

$$\mathcal{L}[\frac{d}{dt}f(t)] = sF(s) - f(0)$$

일반적으로 n차의 미분방정식에서는 다음과 같은 식으로 표현된다.

$$\mathcal{L}\left[\frac{d^n}{dt^n}f(t)\right] = s^n F(s) - s^{n-1}f(0) - s^{n-2}f^{(1)}(0) - \cdots - f^{(n-1)}(0)$$

여기서, $f^{(i)}(0)$는 $f(t)$의 i번째 도함수의 $t = 0$에서의 값(초기값)이다.

예제 다음의 미분방정식에서 $f(t)$의 초기값은 $f(0) = 1$이고 $f(t)$의 도함수의 초기값은 $f'(0) = 2$일 때, $f(t)$의 라플라스 변환 $F(s)$를 구하자.

$$\frac{d^2}{dt^2}f(t) + 2\frac{d}{dt}f(t) = 1,\quad \mathcal{L}\left[\frac{d^2}{dt^2}f(t) + 2\frac{d}{dt}f(t)\right] = \mathcal{L}[1]$$

$$[s^2F(s) - sf(0) - f'(0)] + 2[sF(s) - f(0)] = \frac{1}{s}$$

위 식을 $F(s)$에 관하여 정리하고 $f(0) = 1$, $f'(0) = 2$의 초기값을 대입하면 다음과 같다.

$$F(s) = \frac{s^2 + 4s + 1}{s^2(s+2)}$$

정리 4. 적분

함수 $f(t)$의 1차 적분의 라플라스 변환은 $f(t)$의 라플라스 변환을 s로 나눈 것과 같다.

$$\mathcal{L}\left[\int f(t)dt\right] = \frac{F(s)}{s}$$

일반적으로 n차의 적분에서는 다음과 같다.

$$\mathcal{L}\left[\int\int\cdots\int f(t)\,dt^n\right] = \frac{F(s)}{s^n}$$

예제 RLC 직렬회로에서 키르히호프의 전압방정식은 다음과 같은 미분방정식으로 표현된다.

$$e(t) = Ri(t) + L\frac{d}{dt}i(t) + \frac{1}{C}\int i(t)dt$$

이때 전류 $i(t)$의 초기값을 $i(0) = 0$으로 하였을 경우에, 전압 $e(t)$의 라플라스 변환을 전류 $i(t)$의 라플라스 변환으로 표현하자. 위 식의 양변을 라플라스 변환하면

$$\mathcal{L}[e(t)] = \mathcal{L}\left[Ri(t) + L(t)\frac{d}{dt}i(t) + \frac{1}{C}\int i(t)dt\right]$$

$$E(s) = RI(s) + LsI(s) + \frac{1}{Cs}I(s),\ \text{따라서}\ E(s) = \left(R + Ls + \frac{1}{Cs}\right)I(s)$$

정리 5. 시간의 추이

함수 $f(t-T)$는 $f(t)$와 같은 파형을 가지며 시간이 T만큼 지연된 함수이다. 함수 $f(t-T)$의 라플라스 변환은 $f(t)$의 라플라스 변환에 e^{-TS}를 곱한 것과 같다. $t<0$에서 $f(t)=0$인 경우 $f(t-T)$함수를 라플라스 변환하면 다음 식이 된다.

$$\mathcal{L}[f(t-T)] = \int_0^\infty f(t-T)e^{-st}dt$$

여기서, $t-T=\tau$라 놓으면 $t=T+\tau$, $dt=d\tau$가 된다. 그러므로

$$\mathcal{L}[f(t-T)] = \int_0^\infty f(\tau)e^{s(T+\tau)}d\tau = \int_0^\infty f(\tau)e^{-st}e^{-Ts}d\tau$$

$$= e^{-Ts}\int_0^\infty f(\tau)e^{-st}d\tau = e^{-Ts}F(s)$$

예제 다음과 같은 함수의 라플라스 변환을 구하자.

$$f(t) = (t-5)^2$$

$$\mathcal{L}[t^2] = \frac{2}{s^2} \text{이므로 } \mathcal{L}[(t-5)^2] = e^{-5s}\cdot\frac{2}{s^3} = 2\frac{e^{-5s}}{s^3}$$

정리 6. 복소추이

a가 상수일 때 함수 $e^{-at}f(t)$를 라플라스 변환하면, $F(s)$에서 s대신 $s\mp a$를 대입한 것과 같다.

$$\mathcal{L}[e^{\pm at}f(t)] = \int_0^\infty f(t)e^{\pm at}e^{-st}dt = \int_0^\infty f(t)a^{-(s\mp a)t}dt = F(s\mp a)$$

예제 지수함수를 복소추이 정리에 의하여 라플라스 변환하시오.

$$f(t) = te^{-3t}$$

$$t\text{의 라플라스 변환은 } \mathcal{L}[t] = \frac{1}{s^2} \text{이므로 } \mathcal{L}[te^{-3t}] = \frac{1}{(s+3)^2}$$

정리 7. 초기값 정리

시간함수 $f(t)$의 라플라스 변환이 $F(s)$이고 $\lim_{s\to\infty} sF(s)$가 존재하면 함수 $f(t)$의 초기값은 다음과 같다.

$$f(0) = \lim_{t\to 0} f(t) = \lim_{s\to\infty} sF(s)$$

예제 다음과 같은 함수의 초기값을 구하시오.

$$F(s) = \frac{s^2+8}{s(s+1)(s+4)} \rightarrow f(0) = \lim_{s\to\infty} sF(s) = \lim_{s\to\infty} \frac{s^2+8}{s^2+5s+4}$$

여기서, 분자와 분모의 각 항을 최고차항 s^2으로 나누면 다음과 같다.

$$f(0) = \lim_{s\to\infty} \frac{1+\frac{8}{s^2}}{1+\frac{5}{s}+\frac{4}{s^2}} = 1$$

따라서, $s\to\infty$를 대입하면 초기값은 1이다.

정리 8. 최종값 정리

시간함수 $f(t)$의 라플라스 변환이 $F(s)$이고, $sF(s)$가 s-평면의 허수축을 포함한 우반면에 있으면, $f(t)$의 최종값은 다음과 같다.

$$f(\infty) = \lim_{t\to\infty} f(t) = \lim_{s\to 0} sF(s)$$

예제 앞의 예제에서 주어진 전달함수의 최종값을 구하자.

$$f(\infty) = \lim_{s\to 0} \frac{s^2+8}{(s+1)(s+4)} = \lim_{s\to 0} \frac{s^2+8}{s^2+5s+4} = \frac{8}{4} = 2$$

따라서, 최종값은 2이다.

정리 11. 주기함수

그림과 같이 $t=0$에서 시작하는 주기 T의 시간함수를 $f(t)$라 하고, $0 \le t \le T$에서 함수를 $f_1(t)$라 하면 주기함수 $f(t)$는 다음과 같다.

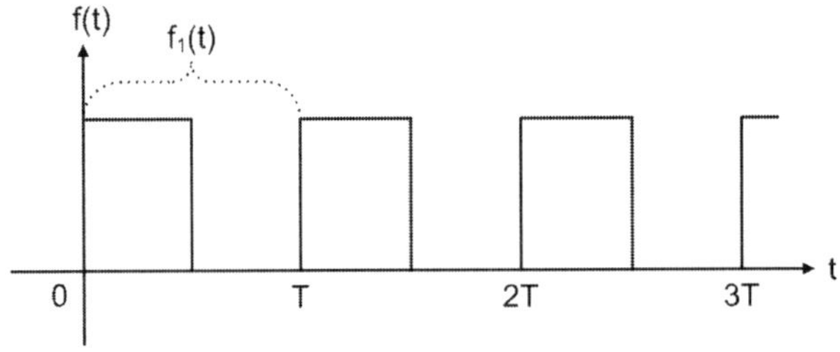

$$f(t) = f_1(s) + f_1(t-T) + f_1(t-2T) + \cdots$$

주기함수 $f(t)$를 라플라스 변환하면 다음과 같다.

$$F(s) = F_1(s)(1 + e^{-Ts} + e^{-2Ts} + \cdots) = F_1(s)\frac{1}{1-e^{-Ts}}$$

예제 다음의 주기함수의 라플라스 변환을 구하시오.

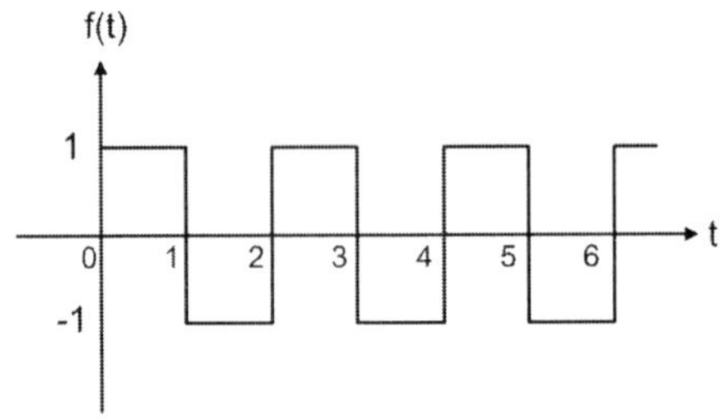

$$f(t) = u(t) - 2u(t-1) + 2u(t-2) - 2u(t-3) + 2u(t-4) - 2u(t-5) + \cdots$$

위 식을 라플라스 변환하면 다음과 같다.

$$F(s) = \int_0^\infty [u(t) - 2u(t-1) + 2u(t-2) - 2u(t-3) + 2u(t-4) - 2u(t-5) + \cdots]e^{-st}dt$$

$$= \frac{1}{s} - \frac{2}{s}e^{-s} + \frac{2}{s}e^{-2s} + \frac{2}{s}e^{-3s} + \frac{2}{s}e^{-4s} + \frac{2}{s}e^{-5s} + \cdots$$

$$= \frac{1}{s} - \frac{2}{s}e^{-2}(1 - e^{-s} + e^{-2s} + e^{-3s} + e^{-4s} - \cdots)$$

$$= \frac{1}{s} - \frac{2}{s}e^{-s}\frac{1}{1+e^{-s}} = \frac{1+e^{-s}-2e^{-s}}{s(1+e^{-s})} = \frac{1-e^{-s}}{s(1+e^{-s})}$$

상수와의 곱	$\mathcal{L}[kf(t)] = kF(s)$
합과 차	$\mathcal{L}[f_1(t) \pm f_2(t)] = [F_1(s) \pm F_2(s)]$
미분	$\mathcal{L}\left[\frac{d}{dt}f(t)\right] = sF(s) - f(0)$ $\mathcal{L}\left[\frac{d^n}{dt^n}f(t)\right] = s^nF(s) - s^{n-1}f(0) - s^{n-2}f^{(1)}(0) - \cdots - f^{(n-1)}(0)$
적분	$\mathcal{L}\left[\int_0^t f(\tau)d\tau\right] = \frac{F(s)}{s}$ $\mathcal{L}\left[\int\int\cdots\int f(t)dt\right] = \frac{F(s)}{s^n}$
시간추이	$\mathcal{L}[f(t-a)] = e^{-as}F(s)$
복소추이	$\mathcal{L}[e^{\mp at}f(t)] = F(s \pm a)$
초기값 정리	$\lim_{t\to\infty} f(t) = \lim_{s\to\infty} sF(s)$
최종값 정리	$\lim_{t\to\infty} f(t) = \lim_{s\to 0} sF(s)$
주기함수	$\mathcal{L}[f_1(t) + f_1(t-T) + f_1(t-2T) + \cdots] = F_1(s)\frac{1}{1-e^{-Ts}}$

4) 역라플라스 변환

대부분의 제어계 문제를 해석하는데 역라플라스 변환의 정의에 의한 적분으로는 해결되지 않는다. 왜냐하면 이 방법이 너무나 복잡하고 수학적으로 어렵기 때문이다. 따라서 유리함수의 역라플라스 변환은 일반적으로 라플라스 변환의 정리와 라플라스 변환표 및 부분분수 전개에 의하여 얻는다. 유리함수 $G(s)$는 다음과 같이 부분분수 전개법을 이용하여 전개할 수 있다.

$$G(s) = \frac{Q(s)}{P(s)} = \frac{b_m s^m + b_{m-1}s^{m-1} + \cdots + b_1 s + b_0}{a_n s^n + a_{n-1}s^{n-1} + \cdots + a_1 s + a_0}$$

여기서, $n > m$인 경우에 있어서는 부분분수 전개를 적용할 수 있으나, $n \le m$일 경우에는 분모, 분자를 나누어 $G(s)$를 부분분수로 만들 수 있다. s_1, s_2, s_3, $\cdots$, s_n을

$G(s)$의 극점이라 하면 $G(s)$의 부분분수는

- 모두 단순근인 경우 $(s_1 \neq s_2 \neq s_3 \neq \cdots \neq s_n)$
- 모두 단순근이지만 공액 복소수근이 포함된 경우
- 중복근이 포함된 경우 $(s_1 \neq s_2 \neq s_3 \neq \cdots \neq s_i, s_{i+1} = s_{i+2} = \cdots = s_n)$

의 세 가지 형태로 구분된다.

(1) $G(s)$가 실수 단순근일 경우

$n > m$이고 $G(s)$의 극점이 모두 실수근일 때, 다음과 같이 표현할 수 있다.

$$G(s) = \frac{Q(s)}{P(s)} = \frac{Q(s)}{(s_+ s_1)(s+s_2)\cdots(s+s_n)}$$

위 식을 부분분수로 전개하면 다음과 같다.

$$G(s) = \frac{Q(s)}{P(s)} = \frac{K_1}{s+s_1} + \frac{K_2}{s+s_2} + \cdots + \frac{K_n}{s+s_n}$$

여기서, 계수 K_1, K_2, $\cdots$, K_n을 결정하는 방법은 다음과 같다.

$$\begin{aligned}
K_1 &= (s+s_1)G(s)|_{s=-s_1} \\
K_2 &= (s+s_2)G(s)|_{s=-s_2} \\
\vdots \quad & \qquad \vdots \qquad\qquad \vdots \\
K_n &= (s+s_n)G(s)|_{s=-s_n}
\end{aligned}$$

예제 함수 $G(s) = \dfrac{s^2+2}{s(s+1)(s+2)}$을 부분분수로 전개하면 다음과 같다.

$$G(s) = \frac{K_1}{s} + \frac{K_2}{s+1} + \frac{K_3}{s+2}$$

여기서 K_1, K_2, K_3을 구하면 다음과 같다.

$$\begin{aligned}
K_1 &= [sG(s)]_{s=-0} = 1 \\
K_2 &= [(s+1)G(s)]_{s=-1} = -3 \\
K_3 &= [(s+2)G(s)]_{s=-2} = 3
\end{aligned}$$

$$G(s) = \frac{1}{s} - \frac{3}{s+1} + \frac{3}{s+2}$$

위 식을 시간함수로 역변환하면 다음과 같다.

$$g(t) = 1 - 3\left(e^{-t} - e^{-2t}\right)$$

(2) $G(s)$가 **공액복소수근을 포함한 경우**

부분분수 전개는 단순한 공액복소수근에 대하여도 성립한다. 공액복소수근은 다루기가 번거롭지만 제어계를 취급하는데 중요하므로 숙지하여야 한다. 예를 들어, $(s+a)^2+\omega^2=0$은 다음과 같은 공액복소수근을 갖는다.

$$s_1 = -a + j\omega,\ \ s_2 = -a - j\omega$$

$n > m$이고 $G(s)$의 극점이 공액복소수근을 포함할 때 식은 다음과 같이 표현할 수 있다.

$$\begin{aligned} G(s) &= \frac{Q(s)}{P(s)} = \frac{P(s)}{[(s+a)^2+\omega^2](s+s_1)(s+s_2)\cdots(s+s_n)} \\ &= \frac{As+B}{[(s+a)^2+\omega^2]} + \frac{K_1}{(s+s_1)}\frac{K_2}{(s+s_2)}\cdots\frac{K_n}{(s+s_n)} \end{aligned}$$

여기서, 계수 $K_1,\ K_2,\ \cdots,\ K_n$ 등은 단순근의 경우와 같은 방법으로 구하고, A와 B는 다음과 같은 복소수의 방정식을 세워서 구한다.

$$[(s+a)^2+\omega^2]\,G(s)|_{s=-a+jw} = As+B\,|_{s=-a+jw}$$

예제 함수 $G(s) = \dfrac{2}{s(s^2+2s+2)}$를 부분분수로 전개하면 다음과 같다.

$$G(s) = \frac{2}{s[(s+1)^2+1]} = \frac{K_1}{s} + \frac{As+B}{(s+1)^2+1}$$

여기서, K_1, A, B를 구하면 다음과 같다.

$$K_1 = [s\,G(s)]_{s=0} = 1$$

$$[(s+1)^2+1]\frac{2}{s[(s+1)^2+1]}\,|_{s=-1+j} = As+B\,|_{s=-1+j}$$

$$\frac{2}{-1+j} = A(-1+j)+B,\ \ -1-j = (-A+B)+jA$$

이므로 $-1=-A+B$, $-j=jA$. 여기서, $A=-1$, $B=-2$이므로 위의 식을 원래 식에 대입하면 다음과 같다.

$$G(s)=\frac{1}{s}+\frac{-s-2}{(s+1)^2+1}=\frac{1}{s}-\frac{s+1+1}{(s+1)^2+1}$$
$$=\frac{1}{s}-\frac{s+1}{(s+1)^2+1}-\frac{1}{(s+1)^2+1}$$

위의 식을 시간함수로 역변환하면 다음과 같다.

$$g(t)=1-e^{-t}(\sin t+\cos t)$$

(3) $G(s)$가 중복근을 포함한 경우

만일 $G(s)$가 n개의 근 중에서 r개가 같다면, 즉 $s=-s_i$의 근이 r차의 중근이라면, $G(s)$는 다음과 같은 형태이다.

$$G(s)=\frac{Q(s)}{P(s)}=\frac{Q(s)}{(s+s_1)(s+s_2)\cdots(s+s_{n-r})(s+s_i)^r}$$

여기서, $G(s)$는 다음과 같이 전개될 수 있다.

$$G(s)=\frac{K_1}{s+s_1}+\frac{K_2}{s+s_2}+\cdots+\frac{K_{n-r}}{s+s_{n-r}} \quad : (n-r)\text{개의 단순근}$$
$$+\frac{A_1}{s+s_1}+\frac{A_2}{s+s_i}+\cdots+\frac{A_r}{(s+s_i)^r} \quad : r\text{개의 중복근}$$

단순근에 대응되는 $(n-r)$개의 계수 K_1, K_2, $\cdots$, K_{n-r}는 위와 같은 방법으로 구해진 것이다. 중복근에 대응되는 계수의 결정은 다음과 같이 하면 된다.

$$A_r=[(s+s_i)^r G(s)]\,|_{\,s=-s_i}$$
$$A_{r-1}=\frac{d}{ds}[(s+s_1)^r G(s)]\,|_{\,s=-s_i}$$
$$\vdots \qquad \vdots \qquad \vdots$$
$$A_1=\frac{1}{(r-1)!}\frac{d^{r-1}}{ds^{r-1}}[(s+s_i)^r G(s)]\,|_{\,s=-s_i}$$

예제 $G(s)=\dfrac{1}{s(s+1)^3(s+2)}$를 부분분수로 전개하면 다음과 같다.

$$G(s)=\frac{K_1}{s}+\frac{K_2}{s+2}+\frac{A_1}{s+1}+\frac{A_2}{(s+1)^2}+\frac{A_3}{(s+1)^3}$$

와 같다. 단순근에 대응되는 계수는

$$K_1=[sG(s)]|_{s=0}=\frac{1}{2},\quad K_2=[(s+2)G(s)]|_{s=-2}=\frac{1}{2}$$

이고 3차의 중복근에 대응되는 계수들은

$$A_3=[(s+1)^3G(s)]|_{s=-1}=-1$$

$$A_2=\frac{d}{ds}[(s+1)^3G(s)]|_{s=-1}=\frac{d}{ds}\left[\frac{1}{s(s+2)}\right]|_{s=-1}=0$$

$$A_1=\frac{1}{2!}\frac{d^2}{ds^2}[(s+1)^3G(s)]|_{s=-1}=\frac{1}{2}\frac{d^2}{ds^2}\left[\frac{1}{s(s+2)}\right]|_{s=-1}=-1$$

이 된다. 따라서, 최종적인 부분분수 전개는 다음과 같다.

$$G(s)=\frac{1}{2s}+\frac{1}{2(s+2)}-\frac{1}{s+1}-\frac{1}{(s+1)^3}$$

윗 식을 시간함수로 역변환하면 다음과 같다.

$$g(t)=0.5(1+e^{-2t})-e^{-t}(1+0.5t^2)$$

5) 선형 상미분방정식의 해법

선형 상미분방정식의 해는 라플라스 변환과 부분분수 전개, 라플라스 변환표를 이용해서 구할 수 있다. 그리고 미분방정식의 라플라스 변환에 의한 해법은 다음과 같은 순서로 한다.

① 주어진 미분방정식에 초기조건을 고려하면서 라플라스 변환하여 s 영역으로 변환시킨다.

② 대수연산에 의해 s 영역의 해를 구한다.

③ 부분분수 전개와 라플라스 변환표에 의하여 역라플라스 변환을 취해서 시간영역의 해를 얻는다.

예제 다음과 같은 미분방정식의 해를 구하자.

$$\frac{d^2y(t)}{dt^2}+3\frac{dy(t)}{dt}+2y(t)=4Us(t)$$

여기서, 초기값은 $y(0),\ y^{(1)}(0)=\frac{dy(t)}{dt}\mid_{t=0}=0$이다.

초기조건을 대입해서 미분방정식의 양변을 라플라스 변환하면 다음과 같다.

$$\mathcal{L}\left[\frac{d^2y(t)}{dt^2}+3\frac{dy(t)}{dt}+2y(t)\right]=\mathcal{L}\left[4Us(t)\right]$$

$$\{s^2Y(s)-sy(0)-y^{(1)}(0)\}+3\{sY(s)-y(0)\}+Y(s)=\frac{4}{s}$$

$$(s^2+3s+2)Y(s)=\frac{4}{s}+(s+3)\ \rightarrow\ Y(s)=\frac{s^2+3s+4}{s(s^2+3s+2)}$$

위의 식을 부분분수로 전개하면 다음과 같다.

$$Y(s)=\frac{K_1}{s}+\frac{K_2}{s+1}+\frac{K_3}{s+2}$$

여기서 K_1, K_2, K_3를 구하면 다음과 같다.

$$K_1=[sY(s)]\mid_{s=0}=2$$
$$K_2=[(s+1)Y(s)]\mid_{s=-1}=-2$$
$$K_3=[(s+2)Y(s)]\mid_{s=-2}=1$$

위의 식을 원래의 식에 대입하면 다음과 같다.

$$Y(s)=\frac{2}{s}-\frac{2}{s+1}+\frac{1}{s+2}$$

위의 식을 역라플라스 변환하면 미분방정식의 해는 다음과 같다.

$$y(t)=2-2e^{-t}+e^{-2t}$$

1.2 전달함수와 블록선도

제어시스템에서 플랜트나 제어기를 미분방정식이나 전달함수 등으로 나타내는 것을 "제어시스템을 모델링한다"고 말한다. 어떤 하나의 실제 시스템(physical system)에 입력이 주어졌을 때 나타나는 출력의 형태를 원하는 대로 조정하는 것을 넓은 의미의 제어라 할 수 있다. 실제 시스템을 직접 제어하기에는 위험부담이 있고 여러 가지 어려운 점들이 있다. 따라서 실제 시스템과 비슷하게 작동하도록 가상의 수학적 모델을 만드는 것이 필요하다. 모델을 만들었으면 그 모델을 가지고 출력의 형태를 분석하고, 이해하고, 실험하는 것이 필요하다. 시스템이 정확할수록 실제 시스템의 행동을 정확하게 제어할 수 있다. 한 시스템의 모델을 만들기 위해서는 우선 수학적인 이론이 뒷받침되어야 한다. 하지만 일반적으로 보통의 모든 시스템은 비선형(nonlinear)이고, 수학적 이론과 모형의 부족 때문에 비선형시스템을 모형으로 똑같이 만들기란 쉬운 일이 아니다. 비선형시스템을 선형화할 수 있다면, 시스템의 모형을 만드는 데 있어서 다소 어려운 점은 없게 된다. 다행히도 기존에 있는 많은 시스템들은 어떤 영역 안에서는 선형시스템처럼 작동한다. 이 영역 안에서는 비선형시스템을 대략적인 선형시스템으로 표현하여 모형을 만들 수 있도록 돕는다.

따라서, 본 교재에서 다루는 모든 시스템은 선형이고, 시간에 따라 변하지 않는, 즉 LTI(linear time invariant) 시스템만으로 제한한다. 여기서는 대략적인 선형시스템의 역학을 미분방정식으로 표현하고, 표현된 미분방정식은 다시 라플라스 변환을 거쳐 시스템의 입력에 대한 출력을 분석할 수 있는 함수로 바꾸어 표현한다. 라플라스 영역에서 한 시스템의 입력과 출력의 관계를 나타내는 함수를 "전달함수"라 한다. 물론 비선형시스템은 선형미분방정식으로 표현할 수 없기 때문에 전달함수를 구할 수가 없다. 아래는 일반적인 이차 미분방정식이다. 입력은 힘인 $f(t)$이고 힘에 따른 출력은 움직임을 나타내는 $x(t)$이다.

$$m\frac{d^2}{dt^2}x(t)+b\frac{d}{dt}x(t)+kx(t)=f(t)$$

라플라스 연산자 $s=\dfrac{d}{dt}$라 하고, 초기값이 "0"이라 가정한 뒤에 위의 식을 라플라스 변환하면 다음과 같다.

$$ms^2X(s)+bsX(s)+kX(s)=F(s)$$

다시 위의 식을 출력에 대한 입력의 비로 나타내면 다음과 같다.

$$\frac{X(s)}{F(s)}=\frac{1}{ms^2+bs+k}$$

즉, 입력 $F(s)$와 출력 $X(s)$와의 관계를 나타내는 위의 식을 전달함수라 한다. 그러므로 이 장에서는 실제 시스템을 미분방정식으로 설계하고, 설계한 미분방정식으로부터 라플라스 변환을 통해 시스템의 전달함수를 구하는 과정을 간단한 물리적 모델들을 통해 CEMTool 프로그램과 더불어 설명하고자 한다.

전달함수

어떤 시스템의 입력과 출력의 관계를 나타내는 전달함수(transfer function)는 시간영역에 있는 미분방정식을 라플라스 변환을 통해서 구할 수 있다. 전달함수를 알면 시스템의 행동을 분석하고, 연구하는 데 많은 도움이 된다. 어떤 특정한 입력을 한 시스템에 주었을 때 출력되어 나오는 응답을 분석함으로써 시스템의 성격을 해석할 수 있다. 전달함수는 분수로 된 다항식으로 표현한다. 스프링-댐퍼 시스템의 모형방정식을 라플라스 변환하면 다음과 같다.

$$Ms^2X(s)+BsX(s)+KX(s)=F(s)$$

입력인 힘 $F(s)$와 출력인 위치 $X(s)$의 전달함수 $G(s)$는 다음과 같다.

$$G(s)=\frac{X(s)}{F(s)}=\frac{1}{Ms^2+Bs+K}$$

이때 분자의 차수는 분모의 차수보다 같거나 작아야 시스템이 안정하다. (즉, $m \leqq n$) 위 식의 전달함수에서 분모항인

$$F(s)=Ms^2+Bs+K=0$$

을 "특성방정식(characteristic equation)"이라 한다. 이 특성방정식의 근을 폐루프 전달함수의 "극점(pole)"이라 하는데 시스템의 안정성과 성능에 밀접한 관계가 있다. 또한 $X(s)$의 근을 폐루프 전달함수의 "영점(zero)"이라 한다. 한 시스템의 전달함수의 극점과 영점이 모두 s-평면에서 왼쪽에 놓이게 되면 이를 "최소위상(minimum phase)

시스템"이라 부른다.

그러면 CEMTool상에서는 전달함수를 어떻게 표현하는지 알아보자. 스프링-댐퍼 시스템은 위 식에서 $M=1$, $B=4$, $K=3$일 경우 전달함수의 다항식은 다음과 같이 표현한다.

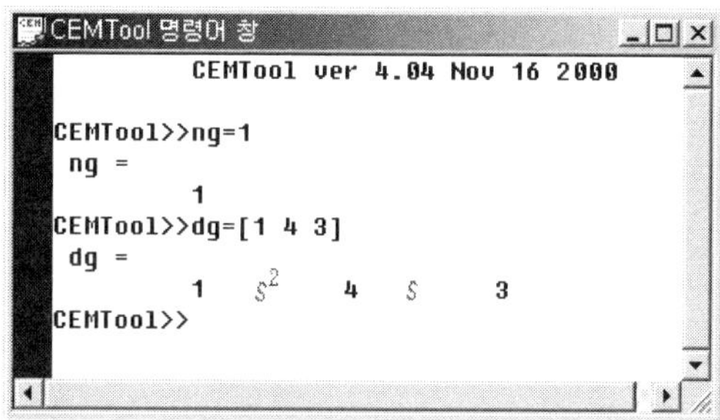

분모항 s^2+4s+3을 CEMTool에서는 [1 4 3]으로 써주면 된다. 위 그림에서 보이는 것처럼 s^2과 s가 숨어있다고 생각하면 이해하는데 편리하다. 따라서, s^3+2s^2+4s+1은 CEMTool에서 [1 2 4 1]이라고만 하면 된다. 이 경우에 특성방정식의 근을 구하고자 한다면 "roots" 명령어를 사용한다.

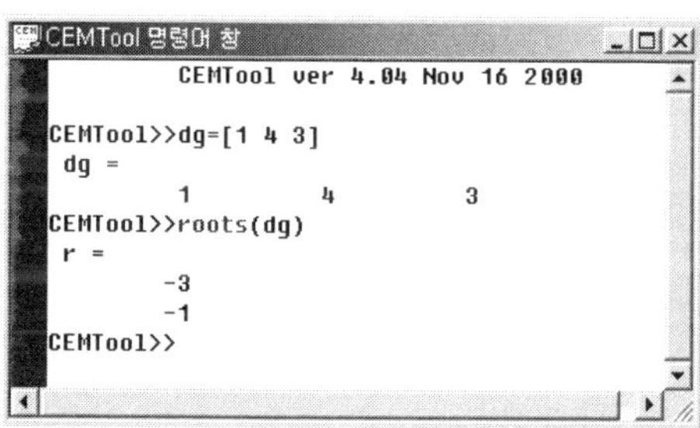

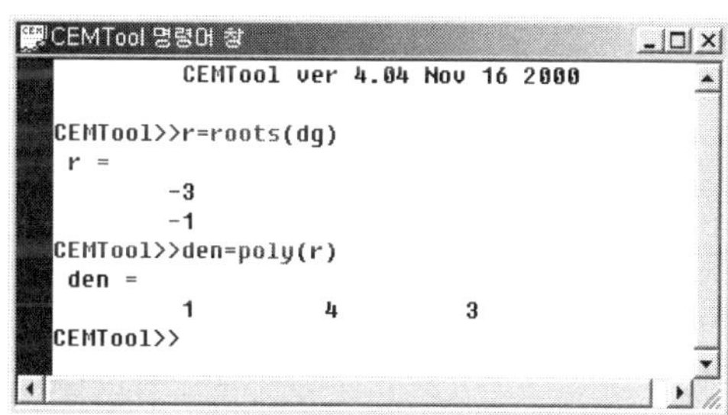

반대로 근으로부터 다항식을 구하고자 할 때는 "poly"라는 명령어를 사용한다. 위 식은 dg라는 함수의 근을 "roots"을 이용해서 구하고, 다시 구해진 근을 갖고 "poly"라는 명령어를 사용해서 원래 함수를 구하는 방법을 보여주고 있다.

전달함수가 보통 다항식으로 되어 있을 때에 시간영역에서의 출력을 구하려면 역라플라스 변환을 해야 한다. 이 라플라스 역변환을 하기 위해서는 분모가 1차로만 이루어지도록 다음처럼 인수분해를 해야 한다. 이때 나머지 값 r_i를 구해야 하는데 직접 필산을 이용해서 연립방정식으로 풀기에는 다소 복잡한 경우가 많다.

$$G(s) = k(s) + \frac{r_1}{s-p_1} + \frac{r_2}{s-p_2} + \cdots + \frac{r_n}{s-p_n}$$

CEMTool에서는 간단히 “residue” 함수를 사용하면 위 식의 형태를 구할 수 있다. 앞의 전달함수를 예로 들면,

단계 1) 먼저 적분하고자 하는 전달함수를 CEMTool에 입력한다.

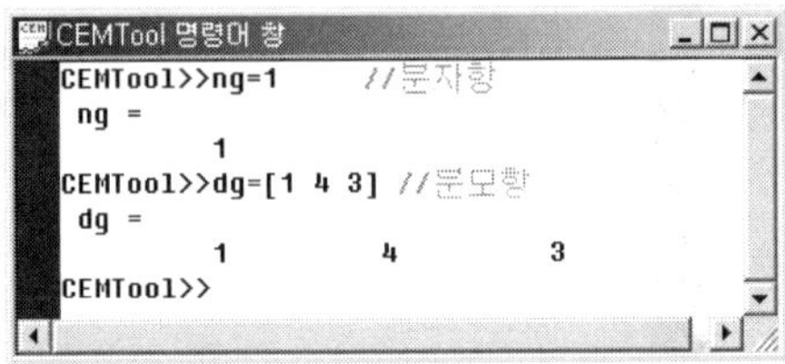

단계 2) “residue”함수를 사용해서 분자, 분모, 상수 값을 계산한다.

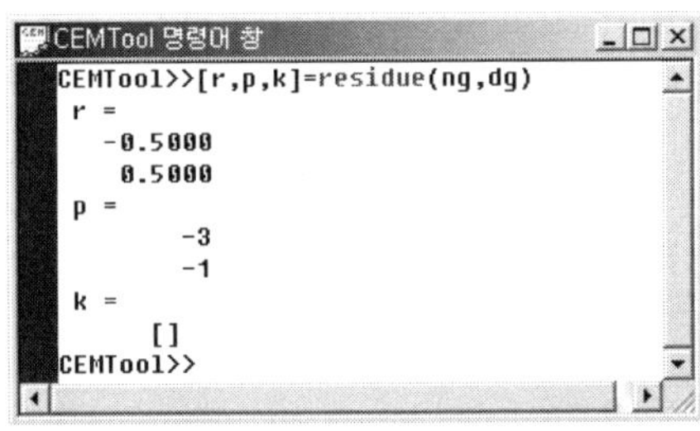

r은 나머지 상수값 −0.5, 0.5를, p에는 극점의 값 −3, −1을, k는 몫의 값 0을 각각 갖는다. 위에서는 분모의 차수가 분자의 차수보다 크므로 k의 값은 0이 된다. 따라서 위의 식은 아래와 같이 구해진다.

$$\frac{1}{s^2+4s+3} = -\frac{0.5}{s+3} + \frac{0.5}{s+1} + 0$$

분자항은 r값의 부호를 그대로 쓰지만 분모항인 p값은 반드시 부호가 반대가 되는 것에 유의해야 한다. 위 그림에서 p값이 −3, −1이지만, 식을 쓸 때는 앞에 s가 붙으므로 s+3, s+1로 해야 한다. 즉 p의 값은 s+3, s+1이 0이 되는 s값을 의미하는 것이다.

예제 인수분해

다음의 전달함수의 극점과 영점을 구해보고 인수분해 해보자.

$$G(s) = \frac{2s^3 + 5s^2 + 3s + 6}{s^3 + 6s^2 + 11s + 6}$$

단계 1) 주어진 전달함수 G를 CEMTool에서 입력한다.

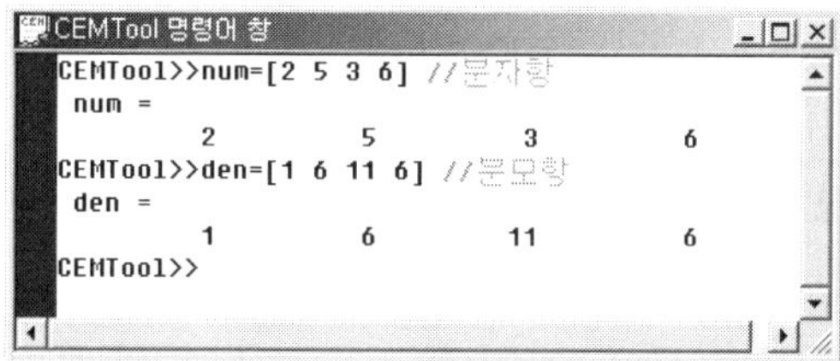

단계 2) 영점은 전달함수 분자항의 근을 의미하므로 "roots" 함수와 분자항을 사용한다. 분자항의 차수가 3차이므로 근이 3개가 존재한다는 것은 알 수 있다.

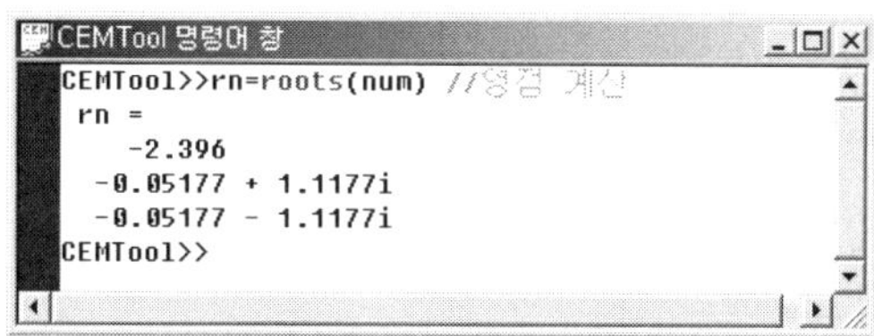

단계 3) 극점은 전달함수 분모항의 근을 의미하므로 "roots" 함수와 분모항을 사용한다.

단계 4) 인수분해를 하기 위해 "residue" 함수를 사용한다.

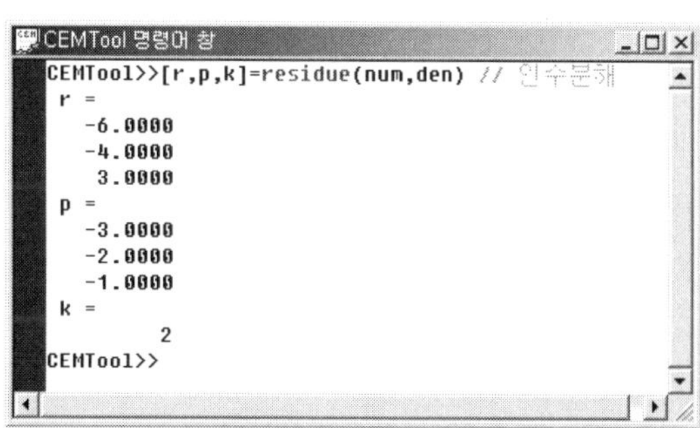

위 그림의 r, p, k값을 이용해서 수식으로 표현하면 다음과 같다.

$$G(s) = -\frac{6}{s+3} - \frac{4}{s+2} + \frac{3}{s+1} + 2$$

블록선도

대부분의 시스템은 여러 개의 작은 시스템들이 모여서 하나의 시스템을 구성하게 된다. 예를 들면, 자동차는 핸들, 엔진, 브레이크 등이 서로 결합되어 하나의 시스템을 이루게 된다. 이러한 시스템을 모델링하는 경우, 전체의 시스템을 한꺼번에 모델링하는 것보다는 각각의 작은 시스템을 모델링하고, 이 시스템의 모델들을 사용하여 전체 시스템을 표현하는 것이 체계적인 방법이다. 이러한 모델링방법에 사용되는 것이 블록선도(block diagram)이다. 블록선도는 전체 시스템을 여러 개의 작은 시스템들로 나누어 표현하는 방법으로서, 입력 및 출력신호가 연결된 시스템을 나타내는 블록과 신호들이 더해지고 나누어지는 점들로 이루어져 있다.

1) 개루프 블록선도의 합성

개루프(open loop)시스템은 시스템의 출력이 제어입력에 아무런 영향을 주지 않는 시스템을 말한다. 즉, 출력이 측정되지도 않고 피드백(feedback)되지도 않는 제어시스템을 말한다. 이러한 시스템을 블록선도로 나타낸 것을 개루프 블록선도라 한다. 입력과 출력 그리고 전달함수를 간단한 블록선도로 표현하면 다음과 같다.

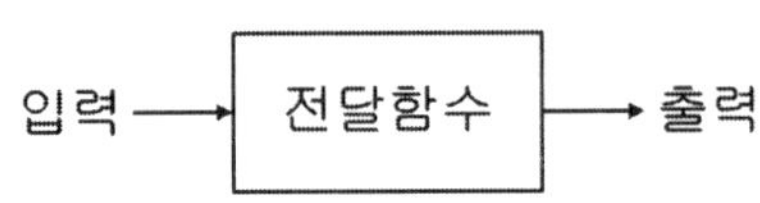

이상적인 전달함수는 1로서 입력이 그대로 출력으로 전달되어서 출력이 입력과 똑같게 되는 경우이다. 하지만 이러한 전달함수는 실제로 존재하지 않기 때문에 원하는 출력을 얻기 위해서는 제어기가 필요하고 출력신호의 피드백이 필요한 것이다. 그러면 라플라스 영역에서 제어기를 사용할 경우에 블록선도를 합성하는 방법을 알아보자.

(1) 직렬방식(series)

다음 그림의 (a)처럼 두 전달함수가 직렬로 놓여 있을 때 수식 상으로는 직접 곱해서 전개하면 된다. $C(s)$는 제어기의 전달함수이고, $G(s)$는 플랜트의 전달함수이다. 합성된 전달함수 $G(s)C(s)$를 개루프 전달함수(open loop transfer function)라 한다.

출력은 $Y(s) = G(s)C(s)$가 된다.

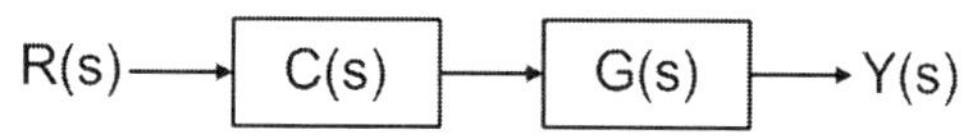

$$C(s) = \frac{n_c(s)}{d_c(s)}, \quad G(s) = \frac{n_g(s)}{d_g(s)}$$

(a)

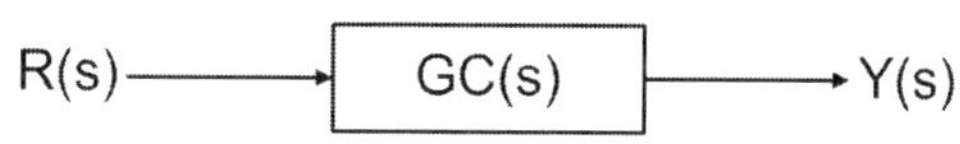

$$GC(s) = \frac{n_{gc}(s)}{d_{gc}(s)} = \frac{n_g(s) \cdot n_c(s)}{d_g(s) \cdot d_c(s)}$$

(b)

CEMTool에서 직렬로 놓인 두 전달함수를 하나로 합성하려면, "series" 명령어를 사용하거나 "convo" 명령어를 사용해서 합성하면 된다. "convo" 명령어를 사용할 경우에는 분자는 분자끼리 분모는 분모끼리 합성한다.

```
CEMTool>> ngc = convo(ng , nc) ; ☜ ngc = ng(s) + nc(s)
CEMTool>> dgc = convo(dg , dc) ; ☜ dgc = dg(s) + dc(s)
```

또는 간단히 "series" 명령어를 사용하면 위의 두 문장을 하나로 할 수 있는데 분자와 분모의 순서에 주의해야 한다. 즉 직렬방식일 경우에는 두 전달함수의 곱으로 생각하면 된다.

```
CEMTool >> [ngc, dgc] = series(nc, dc, ng, dg);
```

예제 **직렬방식의 전달함수 구하기**

위 그림에서 $G(s) = \frac{1}{s(s+3)}$이고 $C(s) = \frac{s+1}{s}$일 때, 합성된 개루프 전달함수를 구해 보자. $G(s)$와 $C(s)$의 곱이 $GC(s) = \frac{s+1}{s^2(s+3)} = \frac{s+1}{s^3+3s}$가 된다는 것은 쉽게 알 수 있다.

단계 1) 전달함수 G와 C를 CEMTool에서 입력한다.

```
ng=[1 1];                    //G의 분자항
dg=convo([1 0],[1 3])        //G의 분모항

nc=[1 1];                    //C의 분자항
dc=[1 0];                    //C의 분모항
```

전달함수 $G(s)$의 분모항은 s와 $(s+1)$과의 곱이므로 "convo"를 사용해서 표현한다.

단계 2) 직렬로 연결된 G와 C를 먼저 "convo" 명령어를 사용해서 합성한다.

```
CEMTool>>ngc=convo(ng,nc)        //1*s
 ngc =
        1        1
CEMTool>>dgc=convo(dg,dc)        //s(s+3)s
 dgc =
        1        3        0        0
CEMTool>>
```

단계 3) "series" 함수를 사용해서 구해보고 단계 2)번에서 구한 결과와 비교해 보자.

```
CEMTool>>[ngc1,dgc1]=series(nc,dc,ng,dg)
 ngc1 =
        0        0        1        1
 dgc1 =
        1        3        0        0
CEMTool>>
```

계산 결과를 보면 ngc1의 앞에 있는 0들은 모두 무시할 수 있으므로 이 두 가지 경우 모두 같은 결과가 나온다는 것을 알 수 있다. "convo"를 사용하는 것보다는 "series"를 사용하는 것이 훨씬 간편하다는 것을 알 수 있다.

(2) 병렬방식(parallel)

다음 그림의 (a)처럼 두 개의 전달함수가 병렬로 놓여 있을 때 하나로 합성하려면 "parallel" 명령어를 사용한다. 수식적으로는 병렬방식의 경우에는 두 전달함수의 합으로 생각해도 된다.

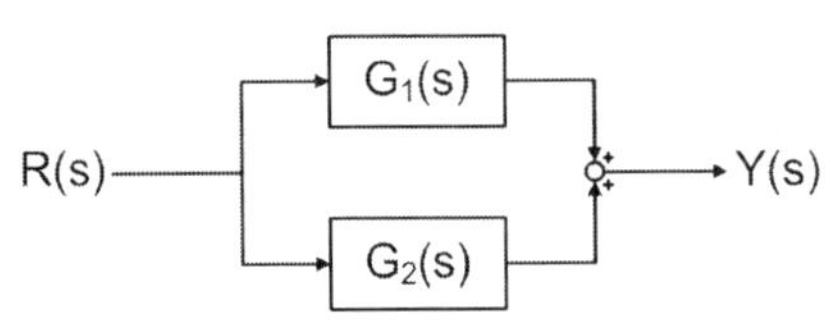

$$G_1(s) = \frac{n_{g1}(s)}{d_{g1}(s)}, \quad G_2(s) = \frac{n_{g2}(s)}{d_{g2}(s)}$$

(a)

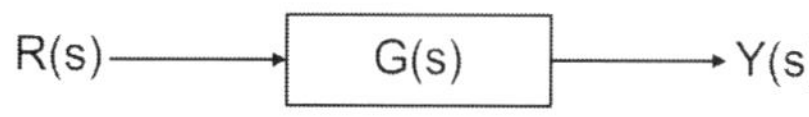

$$G(s) = \frac{n_g(s)}{d_g(s)} = \frac{n_{g1}(s)}{d_{g1}(s)} + \frac{n_{g2}(s)}{d_{g2}(s)}$$

(b)

```
CEMTool >> [ng, dg] = parallel(n1, d1, n2, d2)
```

예제 **병렬방식 전달함수 구하기**

위 그림에서 전달함수가 $G_1(s) = \dfrac{1}{s+5}$ 이고 $G_2(s) = \dfrac{s+1}{s^2+3s+3}$ 이면 합성된 전달함수 $G(s)$는 다음과 같다.

단계 1) 먼저 전달함수 G_1과 G_2를 CEMTool에서 입력한다.

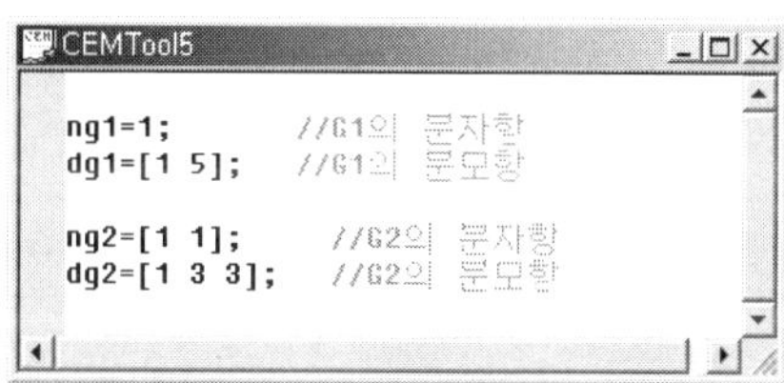

단계 2) 두 전달함수의 병렬 연결이므로 "parallel" 명령어를 사용해서 구한다.

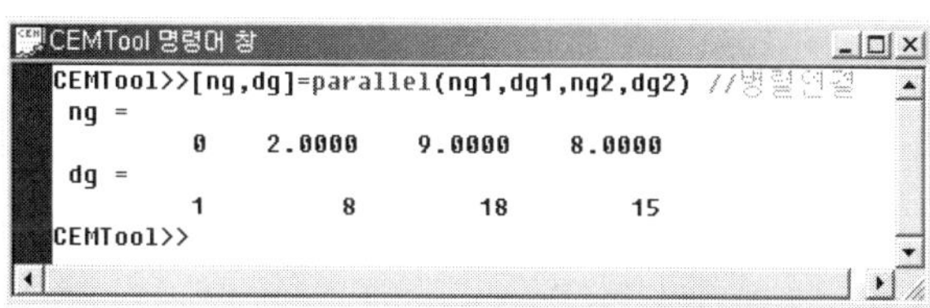

분자항 ng=[0 2 9 8]이므로 $2s^2+9s+8$을 의미하고, 분모항 dg=[1 8 18 15]이므로 $s^3+8s^2+18s+15$를 의미한다. 따라서 이 계산 결과는 다음과 같다는 것을 의미한다.

$$G(s) = \frac{2s^2 + 9s + 8}{s^3 + 8s^2 + 18s + 15}$$

2) 폐루프 블록선도의 합성

폐루프(closed loop) 시스템은 어떤 시스템을 목적에 맞도록 제어하기 위하여 시스템의 출력을 피드백하여 기준입력과 비교하여 그 차이가 없어질 때까지 계속 제어할 수 있는 시스템을 말한다. 이러한 구조의 시스템을 블록선도로 나타낸 것이 폐루프 블록선도이다.

(1) 직렬방식

두 전달함수가 직렬로 놓인 상태에서 루프가 닫혔을 경우, 즉 단일 피드백일 경우의 전달함수 $T(s)$를 "폐루프 전달함수(closed loop transfer function)"라 하는데 "cloop" 명령어를 사용해서 구할 수 있다. 명령어 "cloop"은 SISO(single input single output) 시스템의 단일 피드백 시스템에 사용된다.

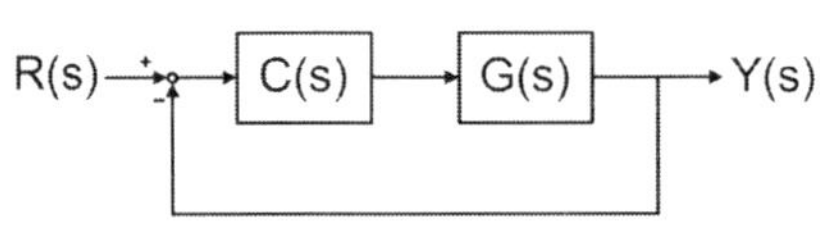

$$T(s) = \frac{Y(s)}{R(s)} = \frac{G(s)C(s)}{1 + G(s)C(s)}$$

직렬방식일 경우에는 먼저 앞에서 설명한 "series" 명령어를 사용해서 개루프 전달함수 $G(s)C(s)$를 먼저 계산한 다음, 명령어 "cloop"를 사용하면 폐루프 전달함수 $T(s)$를 얻게 된다.

```
CEMTool>> [ngc,dgc] = series(nc, dc, ng, dg)
CEMTool>> [nt, dt] = cloop(ngc, dgc, -1)
```

앞의 그림에서 피드백되어 연결되는 부분의 부호가(-)인 피드백을 부피드백 시스템이라 하며, (+)인 피드백을 정피드백 시스템이라 한다. "cloop" 함수 입력에서 "-1"은 부피드백 시스템을 나타내고, "1"은 정피드백 시스템을 나타낸다. 사용자가 지정하지 않는다면 기본값으로는 부피드백 시스템으로 된다. 일반적으로 제어시스템에서는 입력과 출력값의 차이를 나타내는 부피드백을 사용하므로 앞으로 부피드백만을 다룬다. 만약 정피드백 시스템이 사용된다면 위에서 “cloop” 명령어를 사용할 때 −1 대신에 1을 넣어서 실행하면 된다.

예제 **폐루프전달함수**

플랜트가 $G(s)=\dfrac{1}{s^2(s+1)}$ 이고, 제어기가 $C(s)=\dfrac{s^3+2s^2+2s+1}{s}$ 일 때 부피드백 구조의 $T(s)$를 구해보자.

단계 1) 전달함수 G와 C를 CEMTool에서 입력한다.

```
CEMTool4
ng=1;                         //G의 분자항
dg=convo([1 0 0],[1 1]);  //G의 분모항
nc=[1 2 2 1]; //C의 분자항
dc=[1 0];       //C의 분모항
```

시스템의 분모항은 s^2과 $(s+1)$의 곱이므로 “convo”를 사용해서 표현한다.

단계 2) 먼저 직렬로 붙어 있는 전달함수 G와 C를 합성한다.

```
CEMTool 명령어 창
CEMTool>>ngc=convo(ng,nc)
 ngc =
          1          2          2          1
CEMTool>>dgc=convo(dg,dc) //직렬로 붙어 있는 전달함수를 먼저 계산
 dgc =
          1          1          0          0          0
CEMTool>>
```

합성된 전달함수 분자는 ngc에, 분모는 dgc에 저장한다.

단계 3) 다음 피드백이 포함된 전달함수를 구하기 위해 “cloop”를 사용한다.

```
CEMTool 명령어 창
CEMTool>>[nt,dt]=cloop(ngc,dgc,-1) //되먹임 함수를 포함한 전달함수
 nt =
          1          2          2          1
 dt =
          1          2          2          2          1
CEMTool>>
```

이 계산 결과는 다음과 같다는 것을 의미한다.

$$T(s)=\frac{s^3+2s^2+2s+1}{s^4+2s^3+2s^2+2s+1}$$

(2) 병렬방식

두 전달함수가 다음 그림과 같이 병렬방식으로 놓인 상태에서 닫혔을 경우, 즉 단일피드백이 아닐 경우에는 "feedback" 명령어를 사용하면 된다.

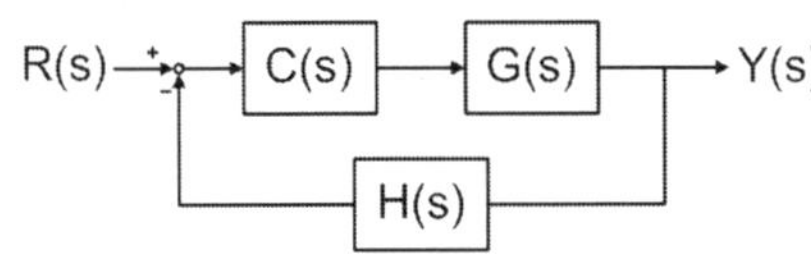

$$T(s) = \frac{Y(s)}{R(s)} = \frac{G(s)C(s)}{1 + G(s)C(s)H(s)}$$

이 경우는 그림에 번호가 붙어 있는 순서대로 계산하면 된다. 먼저 ①번이 붙어 있는 부분만 생각하면 2개의 전달함수가 직렬로 붙어 있는 것이므로 먼저 "series"나 "convo"를 사용해서 $C(s)$와 $G(s)$를 합성해야 한다는 것을 알 수 있다. ①번이 계산되면 그다음에는 병렬 형태로 2개의 전달함수가 부피드백 형태로 되어 있으므로 "feedback" 명령어를 사용해서 전달함수 $T(s)$를 구하면 된다. $H(s)$를 통해서 계산된 값이 −가 붙어서 피드백 되므로 "feedback" 함수 마지막 입력항에 −1을 넣어야 한다. 만약에 이 값이 +가 붙어서 피드백이 되면 마지막 항만 +로 바꾸어 주면 된다.

```
CEMTool>>[ngc, dgc] = series(nc, dc, ng, dg);
CEMTool>>[nt, dt] = feedback(ngc, dgc, nh, dh, -1)
```

"feedback" 함수의 입력 중에서 "−1"은 부피드백 시스템을 나타내고, "1"은 정피드백 시스템을 나타낸다. 사용자가 지정하지 않는다면 기본값으로는 부피드백 시스템으로 된다. 일반적으로 제어시스템에서는 입력과 출력값의 차이를 나타내는 부피드백을 사용하므로 앞으로 부피드백만을 다룬다. 만약 정피드백 시스템이 사용된다면 위에서 "feedback" 명령어를 사용할 때 −1 대신에 1을 넣어서 실행하면 된다.

예제 폐루프 전달함수 구하기

위의 그림에서 플랜트의 전달함수가 $G(s) = \frac{1}{s^2(s+1)}$이고, 제어기의 전달함수가 $C(s) = \frac{s^3+2s^2+2s+1}{s}$, $H(s) = \frac{1}{s+2}$일 때 전달함수 $T(s)$를

구해 보자.

단계 1) 주어진 전달함수 G, C, H를 CEMTool에서 입력한다.

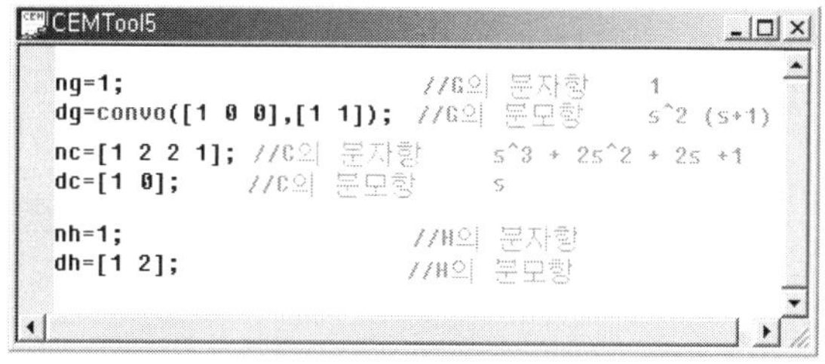

단계 2) 먼저 직렬로 연결된 G와 C를 합성한다.

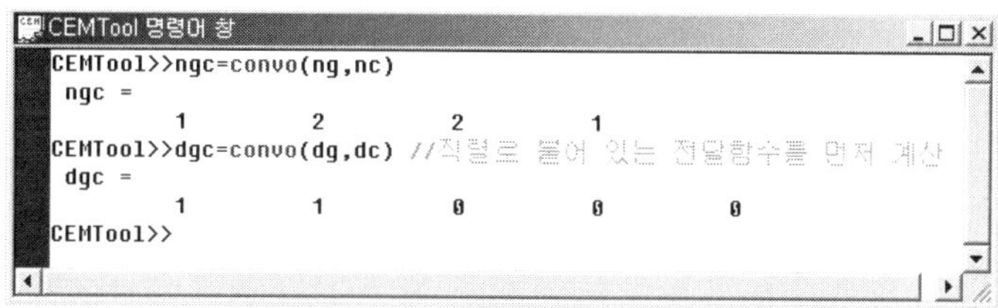

단계 3) 여기서는 피드백 부분에 H라는 함수가 붙어 있으므로 단위피드백이 아니므로 "cloop"를 사용하면 안 된다. 따라서, 단위 피드백이 아닐 때 사용할 수 있는 "feedback" 령어를 사용한다.

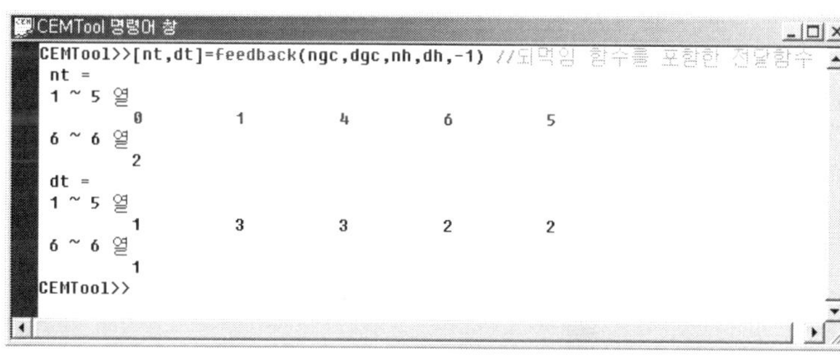

이 계산 결과는 다음과 같다는 것을 의미한다.

$$T(s) = \frac{s^4 + 4s^3 + 6s^2 + 5s + 2}{s^5 + 3s^4 + 3s^3 + 2s^2 + 2s + 1}$$

물론, 단위 피드백일 때도 "feedback" 명령어를 사용할 수는 있다. 이때는 위 그림의 feedback 명령어의 입력항 중에 nh와 dh 부분에 모두 1을 넣으면 "cloop"와 똑같은 결과를 얻게 된다. 밑의 예제를 통해서 한번 살펴보자.

예제 **폐루프 전달함수 구하기**

위의 그림에서 $C(s)$와 $G(s)$가 위의 예제와 같고 $H(s)=1$일 경우에 폐루프 전달함수 $T(s)$를 구해 보자.

단계 1) 주어진 전달함수 G, C, H 3개를 모두 CEMTool에서 입력한다.

```
CEMTool5
ng=1;                          //G의 분자항     1
dg=convo([1 0 0],[1 1]);       //G의 분모항     s^2 (s+1)

nc=[1 2 2 1]; //C의 분자항     s^3 + 2s^2 + 2s +1
dc=[1 0];     //C의 분모항     s              1)

nh=1;                          //H의 분자항     H(s)=1이므로
dh=1;                          //H의 분모항
```

여기서 $H(s)=1$이므로 전달함수의 분자와 분모가 모두 1인 것으로 생각하고 입력하면 된다.

단계 2) 먼저 직렬로 연결된 G와 C를 합성한다.

```
CEMTool 명령어 창
CEMTool>>ngc=convo(ng,nc)
 ngc =
        1         2         2         1
CEMTool>>dgc=convo(dg,dc) //직렬로 붙어 있는 전달함수를 먼저 계산
 dgc =
        1         1         0         0         0
CEMTool>>
```

단계 3) $H(s)=1$이므로 단위피드백 형태로 봐도 된다. 따라서 여기서는 “feedback”과 “cloop”를 사용해서 두 개의 결과를 비교해 보자.

```
CEMTool 명령어 창
CEMTool>>[nt,dt]=feedback(ngc,dgc,nh,dh,-1)
 nt =
        0         1         2         2         1
 dt =
        1         2         2         2         1
CEMTool>>
```

```
CEMTool 명령어 창
CEMTool>>[nt,dt]=cloop(ngc,dgc,-1)
 nt =
        1         2         2         1
 dt =
        1         2         2         2         1
CEMTool>>
```

위의 계산 결과를 보면 똑같다는 것을 알 수 있다. 사실 $H(s)=1$이라는

것은 단위피드백 시스템이라는 것과 마찬가지이다. 위와 같은 방법으로 계산된 폐루프 전달함수는 다음과 같다.

$$T(s) = \frac{s^3 + 2s^2 + 2s + 1}{s^4 + 2s^3 + 2s^2 + 2s + 1}$$

(3) 직렬과 병렬의 혼합방식

간단한 예로 닫힌 병렬의 구조에 "예비필터(prefilter)"를 더한 구조를 살펴보자. 아래 그림에서 $P(s)$를 예비필터라 한다.

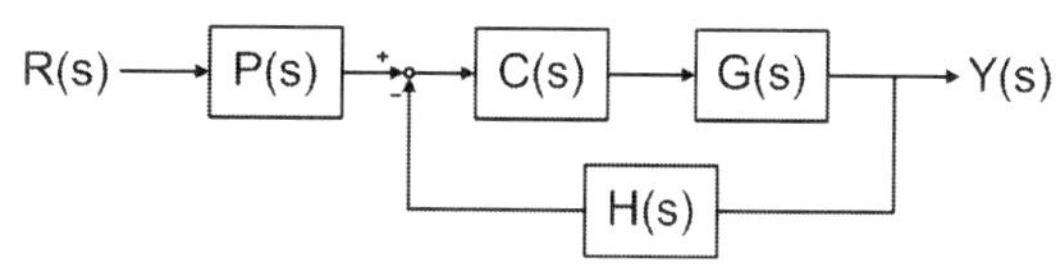

$$T(s) = \frac{Y(s)}{R(s)} = P(s)\frac{G(s)C(s)}{1 + G(s)C(s)H(s)}$$

위에서 구한 폐루프 전달함수를 구해 보면 폐루프 전달함수에 예비필터와 전달함수 $P(s)$를 곱한 것과 같다.

```
CEMTool>> [ngc, dgc]=series(nc, dc, np, dp);
CEMTool>> [nt, dt]=feedback(ngc, dgc, nh, dh, -1);
CEMTool>> [nn, dd]=series(np, dp, nt, dt);
```

예제 예비필터가 있을 때의 전달함수

위 그림에서 플랜트의 전달함수가 $G(s) = \frac{1}{(s+1)(s+3)}$이고, 제어기의 전달함수가 $C(s) = \frac{s+2}{s+10}$, $P(s) = \frac{1}{s+2}$, $H(s) = \frac{1}{s+1}$일 때, 전달함수 $T(s)$를 구하자.

단계 1) 전달함수 G, C, P, H를 CEMTool에서 입력한다.

```
CEMTool5
nc=[1 2];        // 제어기 분자항  s +2
dc=[1 10];       // 제어기 분모항 s+10

ng=1;                        //공정의 분자항 1
dg=convo([1 1],[1 3]);       //공정의 분모항 (s+1)(s+3)

np=1;                        //예비필터 분자항 1
dp=[1 2];                    //예비필터 분모항 s+2

nh=1;                        //되먹임 분자항  1
dh=[1 1];                    //되먹임 분모항  s+1
```

단계 2) 앞의 예제들과 마찬가지로 직렬 연결된 함수 G, C를 먼저 계산한다.

```
CEMTool 명령어 창
CEMTool>>ngc=convo(ng,nc)
 ngc =
        1        2        2        1
CEMTool>>dgc=convo(dg,dc) //직렬로 붙어 있는 전달함수를 먼저 계산
 dgc =
        1        1        0        0        0
CEMTool>>
```

단계 3) 단위 피드백이 아니고 H가 있으므로 "feedback"을 사용해서 피드백이 포함된 전달함수 $T(s)$를 구한다.

```
CEMTool 명령어 창
CEMTool>>[nt,dt]=feedback(ngc,dgc,nh,dh,-1) //되먹임 함수를 포함한 전달함수
 nt =
        0        1        2        2        1
 dt =
        1        2        2        2        1
CEMTool>>
```

단계 4) 이렇게 구한 $T(s)$와 $P(s)$는 서로 직렬 연결된 것이므로 "convo"를 사용하면 전체 전달함수가 구해진다.

```
CEMTool 명령어 창
CEMTool>>Tn=convo(nt,np)  //이렇게 구한 전달함수와 예비필터의 연결
 Tn =
        0        0        1        3        2
CEMTool>>Td=convo(dt,dp)
 Td =
 1 ~ 5 열
        1       17       87      188      180
 6 ~ 6 열
       64
CEMTool>>
```

따라서, 전달함수 $T(s)$는 다음과 같다.

$$T(s) = \frac{s^2 + 3s + 2}{s^5 + 17s^4 + 87s^3 + 188s^2 + 180s + 64}$$

3) 개루프와 페루프시스템의 비교

앞에서 우리는 개루프와 페루프의 전달함수를 구해 보았다. 개루프에서는 피드백 신호가 없이 직접구동기(actuator)를 사용해서 시스템의 응답을 제어한다. 페루프에서는 피드백 신호를 입력과 비교해서 그 오차로 구동기를 사용하기 때문에 시스템의 출력을 측정하는 감지장치나 비교장치, 추가의 회로장치 등 비용이 개루프에 비해서 많이 든다. 이처럼 비용이 많이 듦에도 불구하고 페루프를 사용함은 그에 상응하는 다음과 같은 중요한 이점들이 있기 때문이다.

첫째, 외부로부터의 외란을 차단할 수 있다.
둘째, 시스템의 변화에 따른 시스템의 감도(sensitivity)를 줄일 수 있다.
셋째, 시스템의 과도응답(transient response)을 조절할 수 있게 한다.
넷째, 정상상태오차(steady state error)를 줄일 수 있다.

각종 블록선도의 배열 형태에서 가합점과 인출점에 대한 등가배열 및 연산을 정리하였다.

변환 사항	배열	등기배열	연산
가합점의 교환	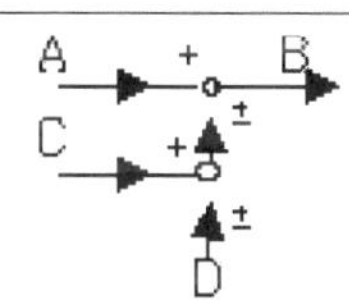	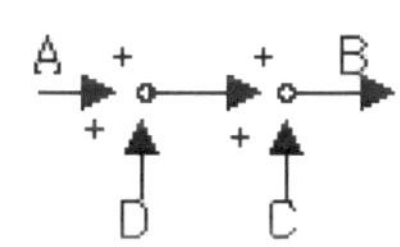	$B = A \pm C \pm D$ $= A \pm D \pm C$
가합점의 이동	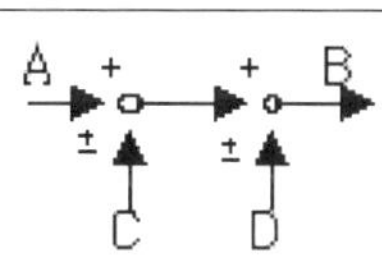	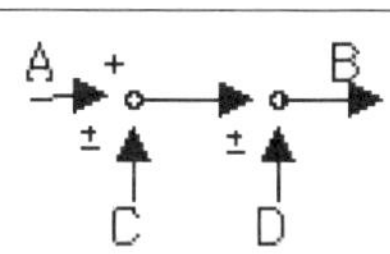	$B = A \pm (C \pm D)$ $= (A \pm C) \pm D$
전달함수 앞의 가합점	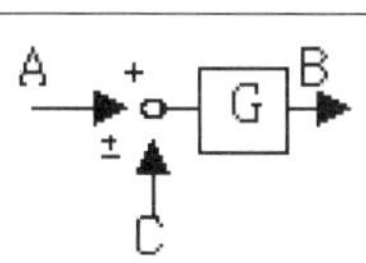	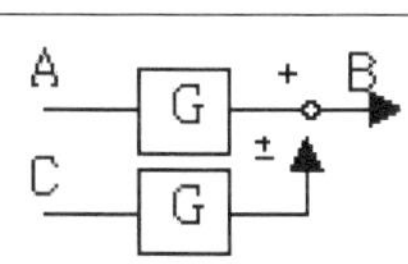	$B = AG \pm CG$
전달함수 뒤의 가합점	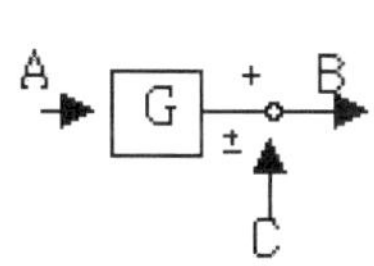	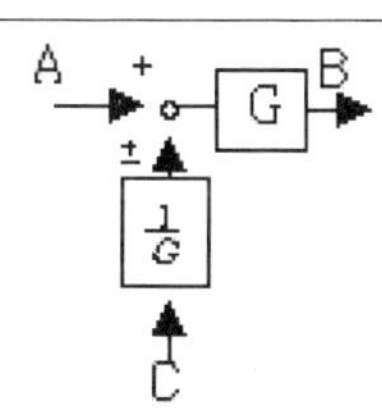	$B = \left(A \pm \frac{C}{G}\right)G$ $= AG \pm C$

전달함수 앞의 인출점	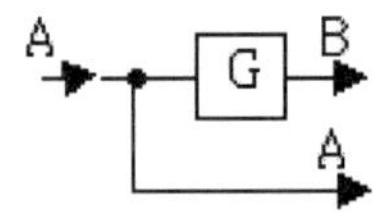	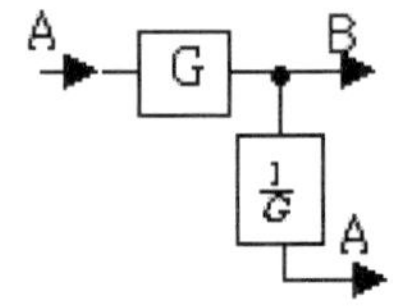	$B=AG$ $A=AG\cdot\frac{1}{G}=A$
전달함수 뒤의 인출점	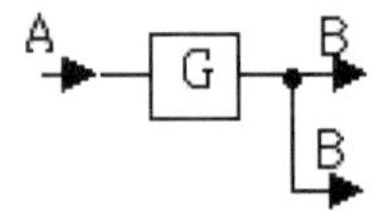	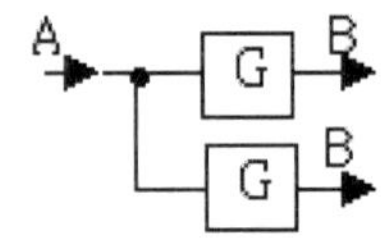	$B=AG$

이제 복잡한 블록선도를 간략화하여 단일 전달함수를 구하는 과정을 연습하기로 한다.

신호흐름선도

제어시스템에서 신호가 흐르는 형태를 표현하는 데는 앞서 배운 블록선도 이외에 신호흐름선도(Signal How Graph)를 이용할 수 있다. 신호흐름선도는 선형시스템의 인과관계의 표현을 위해 메이슨(S.J. Mason)에 의해 소개되었으며 복잡한 시스템의 해석을 보다 알기 쉽게 하고 전달함수의 계산을 간편하게 할 수 있다.

1) 신호흐름선도의 구성

신호흐름선도는 기본적으로 마디(node)와 가지(branch)로 구성된다. 마디는 변수를 표현하며 각 마디들은 인과관계에 따라 가지라는 선으로 연결된다. 가지는 신호가 전해지는 전달특성을 표시하며 이득과 방향을 갖는다. 예를 들어, 그림과 같은 신호흐름선도를 가정하자.

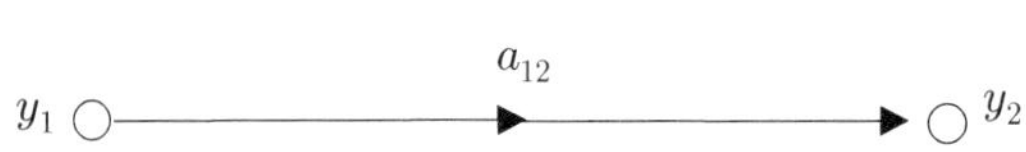

여기서, $y_2=a_{12}y_1$이며 y_1은 입력, y_2는 출력, a_{12}는 두 변수 사이의 이득을 나타낸다.

2) 신호흐름선도의 용어

신호흐름선도를 이용한 시스템의 표현은 시스템의 복잡성에 따라 여러 가지 형태를 가질 수 있으며 이에 따라 신호흐름선도의 작성 및 연산에 필요한 각종 용어를 이해해야 한다. 그림은 신호흐름선도의 한 예이다.

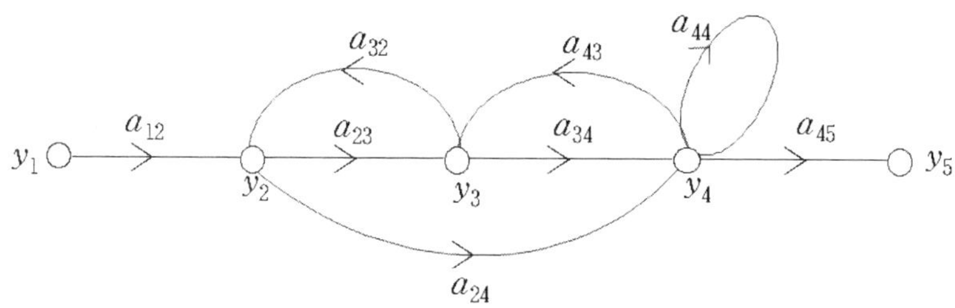

① 입력마디(source 혹은 input node)

신호가 외부로 나가기만 하는 가지를 갖는 마디

② 출력마디(sink 혹은 output node)

신호가 내부로 들어오기만 하는 가지를 갖는 마디

③ 루프(loop)

특정 마디에서 출발하여 여러 경로를 거쳐 다시 동일 마디로 돌아오는 경로를 뜻하며 같은 마디에서 출발하고 끝나는 경로로서 다른 마디는 한 번 이상 거치지 않는다. 앞 그림에서는 네 개의 루프가 있으며 각각 아래에 나타내었다.

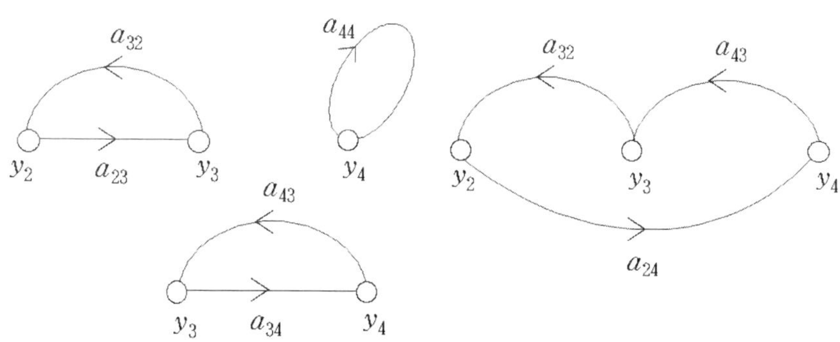

④ 루프이득(loop gain)

루프를 구성하는 각 가지의 이득을 모두 곱한 값이며 그림에서 첫 번째 루프의 이득은 $a_{23}a_{32}$, 두 번째 루프의 이득은 $a_{34}a_{43}$, 세 번째 루프의 이득은 a_{44}이고 네 번째 루프의 이득은 $a_{24}a_{43}a_{32}$이다.

⑤ 경로(path)

같은 방향의 연속적인 가지들의 집합을 뜻하며 같은 마디를 여러 번 거쳐도 상관없다. 간단한 신호흐름선도에서도 무수히 많은 경로가 존재할 수 있다.

⑥ 경로이득(path gain)

어떤 경로를 통과할 때 그 경로에 포함된 가지의 이득을 모두 곱한 값이며 예를 들어, 그림에서 $y_1 \rightarrow y_2 \rightarrow y_3 \rightarrow y_4 \rightarrow y_5$ 경로의 이득은 $a_{12}a_{23}a_{34}a_{45}$이다.

⑦ 전향경로(forward path)

입력마디에서 시작하여 출력마디에서 끝나는 경로를 뜻하며 동일한 마디를 두 번 이상 거쳐서는 안된다. 그림에서는 두 개의 전향경로 $y_1 \rightarrow y_2 \rightarrow y_3 \rightarrow y_4 \rightarrow y_5$와 $y_1 \rightarrow y_2 \rightarrow y_4 \rightarrow y_5$가 존재한다.

⑧ 전향경로이득(forward path gain)

전향경로에서 이득값을 뜻하며 그림의 전향경로이득은 각각 $a_{12}a_{23}a_{34}a_{45}$과 $a_{12}a_{24}a_{45}$이다.

⑨ 비접촉루프(nontouching loop)

두 개 이상의 루프가 서로 마디를 공유하지 않으면 비접촉루프라고 하며, 그림에서 $y_2 \rightarrow y_3 \rightarrow y_2$와 $y_4 \rightarrow y_4$ 루프는 서로 비접촉루프이다.

3) 블록선도와 신호흐름선도의 대응

블록선도와 신호흐름선도는 유사성이 있으므로 이득을 계산하는 방식은 거의 동일하다. 일반적으로 블록선도를 갖고 직접이득을 계산하는 방식도 가능하지만 복잡한 시스템에서는 루프, 전향경로 및 비접촉부분을 분명하게 확인해야 하므로 주어진 블록선도를 신호흐름선도로 작성하면 보다 쉽게 이득을 계산할 수 있다. 다음 표에서는 블록선도와 신호흐름선도의 대응관계를 표시해주고 있다.

<table>
<tr><th>구분</th><th>블록선도</th><th>신호흐름선도</th></tr>
<tr><td>신호</td><td>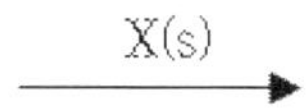</td><td></td></tr>
<tr><td>전달요소
$Y(s)$
$=X(s)\pm B(s)$</td><td>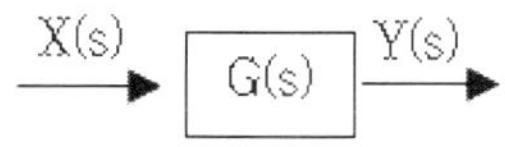</td><td>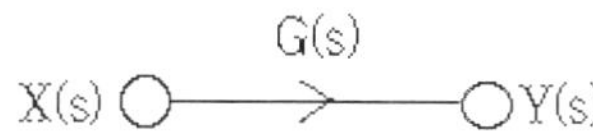</td></tr>
<tr><td>가합점
$Y(s)$
$=X(s)\pm B(s)$</td><td>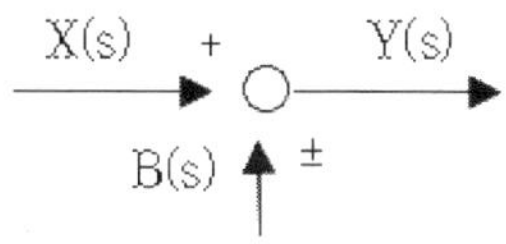</td><td>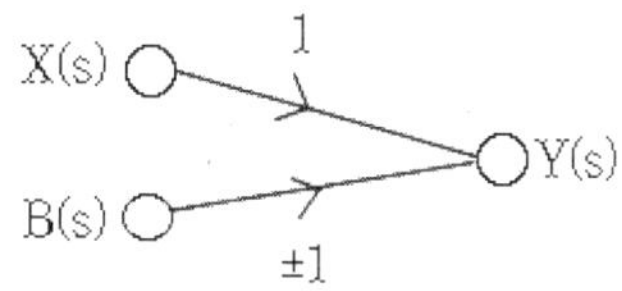</td></tr>
<tr><td>인출점
$X(s)=Y(s)$
$=B(s)$</td><td>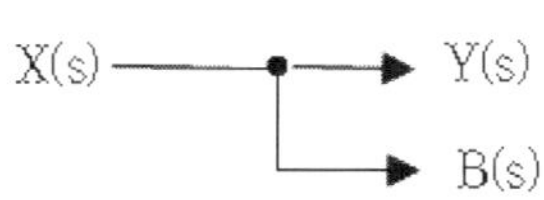</td><td>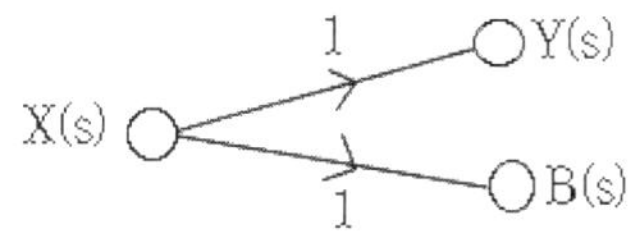</td></tr>
<tr><td>직렬접속</td><td>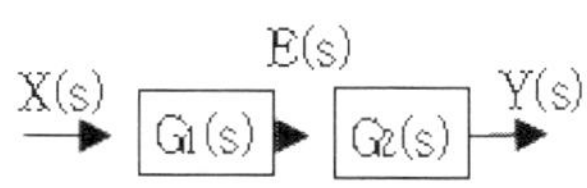</td><td>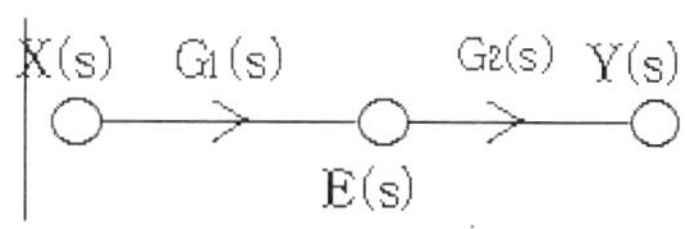</td></tr>
<tr><td>병렬접속</td><td>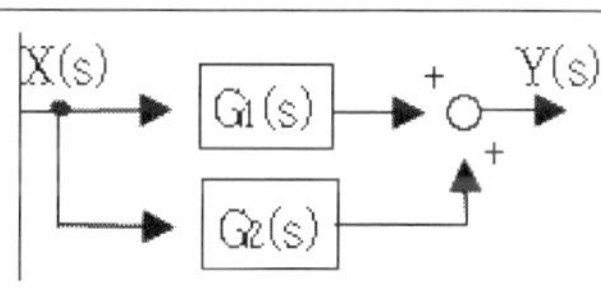</td><td>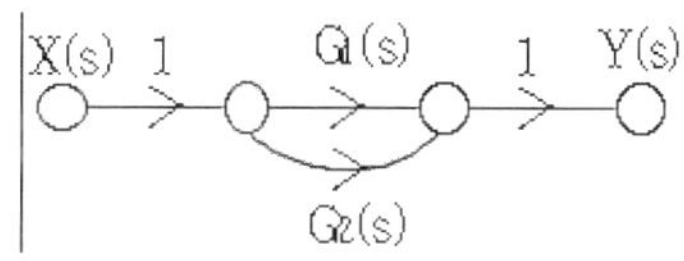</td></tr>
<tr><td>궤환접속</td><td>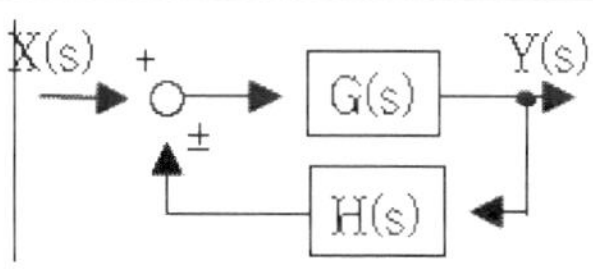</td><td>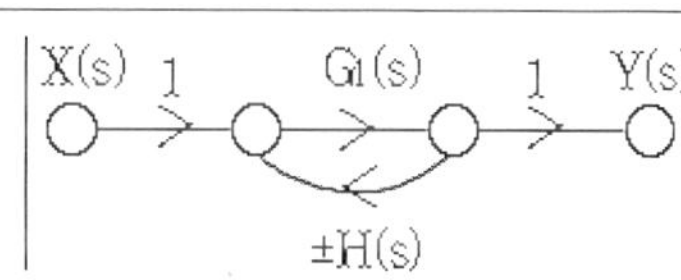</td></tr>
</table>

4) 신호흐름선도의 이득공식

블록선도나 신호흐름선도가 주어졌을 때 대수적인 연산으로 입출력 관계나 전달함수를 구하는 작업은 쉬운 일이 아니다. 일반적으로 입력마다 y_{in}과 출력마디 y_{out} 사이의 관계는 다음과 같은 메이슨 공식으로 구할 수 있다.

$$M=\frac{y_{\text{out}}}{y_{\text{in}}}=\sum_{k=1}^{N}\frac{M_k\Delta_k}{\Delta}$$

여기서, M : y_{in}과 y_{out} 사이의 이득

y_{in} : 입력마디 변수

y_{out} : 출력마디 변수

N : 전향경로의 개수

M_k : 입력마디에서 출력마디 사이의 k번째 전향경로이득

$\triangle_k$: k번째 전향경로와 비접촉한 경로 혹은 루프의 △값

$$\triangle = 1 - \sum L_i + \sum L_{ij} - \sum L_{ijk} + \cdots$$

$\sum L_i$: 각각의 루프이득의 합

$\sum L_{ij}$: 두 개의 비접촉루프이득의 합

$\sum L_{ijk}$: 세 개의 비접촉루프이득의 합

예제 2.22 다음과 같이 블록선도로 주어진 제어시스템을 신호흐름선도로 변환하고 메이슨 공식에 의해 폐루프 전달함수 $\dfrac{C}{R}$를 구해보자.

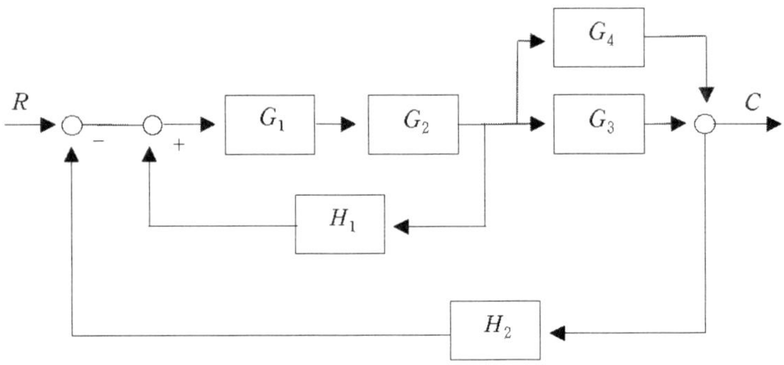

위 블록선도를 신호흐름선도로 변화하면 다음과 같다.

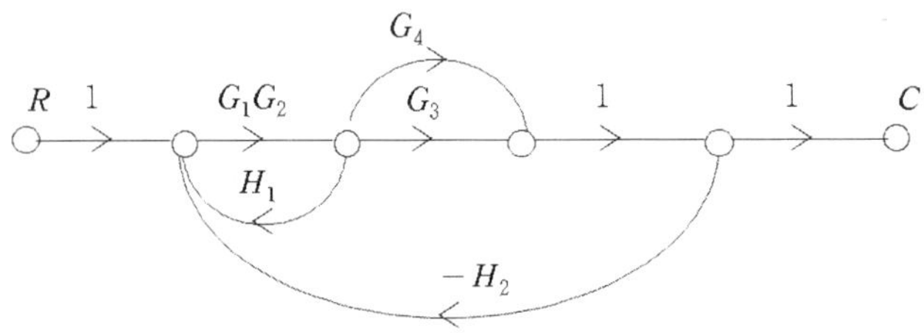

메이슨 공식을 적용하기 위해서 전향경로와 루프를 구하면

전향경로(이득) : $M_1 = G_1 G_2 G_3,\ M_2 = G_1 G_2 G_4$

루프(이득) : $G_1 G_2 H_1,\ - G_1 G_2 G_3 H_2,\ - G_1 G_2 G_4 H_2$

서로 접촉하지 않는 루프는 없고 모든 루프는 두 개의 전향경로와 모두 접속한다. 즉, $\Delta_1 = \Delta_2 = 1$이다. 따라서, 수식에 대입하면

$$\begin{aligned}\frac{C}{R} &= \frac{M_1\Delta_1 + M_2\Delta_2}{\Delta} \\ &= \frac{G_1G_2G_3 + G_1G_2G_4}{1 - G_1G_2H_1 + G_1G_2G_3H_2 + G_1G_2G_4H_2} \\ &= \frac{G_1G_2(G_3 + G_4)}{1 - G_1G_2H_1 + G_1G_2G_3H_2 + G_1G_2G_4H_2}\end{aligned}$$

예제 다음과 같이 신호흐름선도로 주어진 제어시스템의 전체이득을 구해보자.

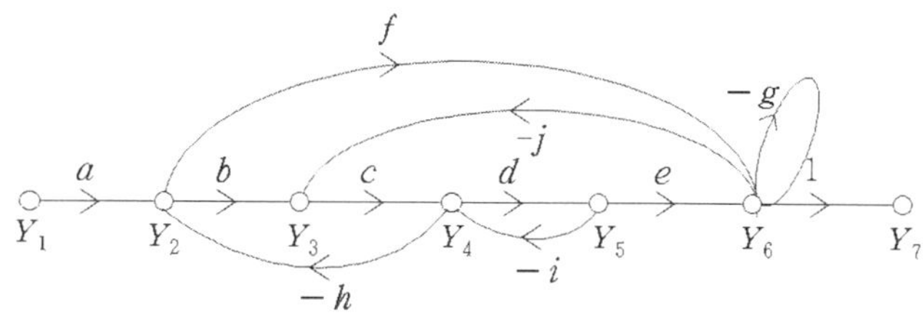

전향경로(이득) : $M_1 = abcde$, $M_2 = af$

루프(이득) : $-bch, -di, -g, -cdej$

$$\Delta_1 = 1, \ \Delta_2 = 1 - (-di) = 1 + di$$

$$\begin{aligned}\Delta &= 1 - (-bch - di - g - cdej) + ((-bch)(-g) + (-di)(-g)) \\ &= 1 + bch + di + g + cdej + bchg + dig\end{aligned}$$

따라시, 전체이득은 다음과 같다.

$$\frac{Y_7}{Y_1} = \frac{M_1\Delta_1 + M_2\Delta_2}{\Delta} = \frac{abcde + (1 + di)af}{1 + bch + di + g + cdej + bchg + dig}$$

1.3 물리시스템의 수학적 표현

스프링-댐퍼의 수학적 모델 (시간영역 모델)

간단한 기계적 시스템을 그림에서 보여지는 스프링-댐퍼를 들 수 있다. 입력되는 힘의 크기(F)에 따라 출력되는 스프링과 댐퍼의 움직임(x)이 달라진다. 일정한 힘의 입력이 주어졌을 때에 스프링상수(K)와 댐퍼상수(B)의 값에 따라 질량이 M인 물체의 진동폭과 진동시간을 조절할 수도 있다.

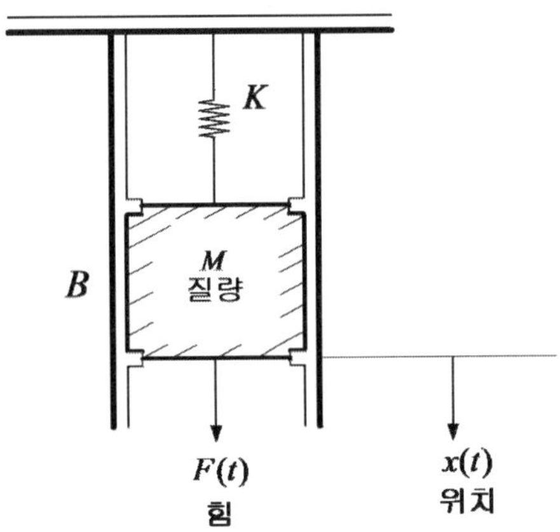

이러한 스프링-댐퍼 시스템의 움직임은 다음과 같은 2차 미분방정식으로 표현할 수 있다.

$$M\ddot{x}(t) + B\dot{x}(t) + Kx(t) = F(t)$$

대부분의 시스템은 2차 미분방정식으로 표현되지만, 3차 미분방정식으로 표현이 되더라도 2차식으로 근사시킬 수 있다. $F(t)=0$일 때, 식의 미분방정식을 풀어서, 시간에 따른 움직임 x의 출력방정식을 구할 수 있다.

$$x(t) = \frac{x(0)}{\sqrt{1-\zeta^2}} e^{-\zeta w_n t} \sin(w_n \sqrt{1-\zeta^2}\, t + \cos^{-1}\zeta)$$

여기서, $x(0)$는 초기위치이고, $\zeta = \frac{B}{2\sqrt{K}}$, $w_n = \sqrt{K/M}$이다. ζ와 w_n은 물체의 진동폭과 진동주기 그리고 운동의 감쇠율 등과 관계가 있으며, 계수 B와 K를 적당히 선택하므로 출력인 x의 움직임을 조절할 수 있다.

예제 스프링-댐퍼의 움직임

CEMTool을 사용하여 스프링-댐퍼 시스템의 움직임을 나타내 보자. 스프링-댐퍼 시스템 동적 방정식의 계수 M, B, K들을 function문을 사용해서 키보드로부터 입력으로 받은 뒤 초기위치 $x=1$에서 시작하는 시스템의 움직임 x를 시간함수로 구해보자. 먼저 에디터창에서 다음과 같이 프로그램을 구성한다.

단계 1) 먼저 function문이므로 다음과 같은 문법을 사용해야 하며 무엇을 출력으로 할 것인지, 또 무엇을 입력으로 할 것인지를 정해야 한다. 이 예제에서는 입력으로 M, B, K를 받고 x와 t를 출력으로 하므로 다음과 같이 설정한다.

```
CEMTool3

function
x,t<>M,B,K,x0              //입력으로 M,B,K,X0
                           //출력으로 x,t를 설정
```

단계 2) 시뮬레이션하고자 하는 시간을 설정한다.

```
CEMTool3

t=[0:8:0.1];       //시간 범위를 0부터 8까지 0.1씩 증가
```

단계 3) 주어진 수식을 보고 그대로 CEMTool에 입력하면 된다. 먼저 ζ와 w_n을 입력한다.

```
CEMTool3

zeta=B/(2*sqrt(K/M));   //zeta=B/2sqrt(K)
wn=sqrt(K/M);           //wn=sqrt(K/M)
```

단계 4) 움직임 x의 출력방정식을 보고 그대로 CEMTool에 입력한다. 제곱근 계산은 "sqrt"라는 함수를 사용한다. $e^{-\zeta w_n t}$은 "exp" 함수를 사용한다. sin함수의 입력항은 theta라는 변수에 미리 계산해서 저장한다.

```
theta=wn*sqrt(1-zeta^2)*t+acos(zeta);
x=x0/(sqrt(1-zeta^2))*exp(-zeta*wn*t).*sin(theta);
```

단계 5) 응답을 그래프로 그리기 위한 부분을 추가한다.

```
//응답을 그래프로 확인
plot(t,x)

title("스프링-댐퍼 응답");
xtitle("time(sec)");
ytitle("x 위치(m)");

return
```

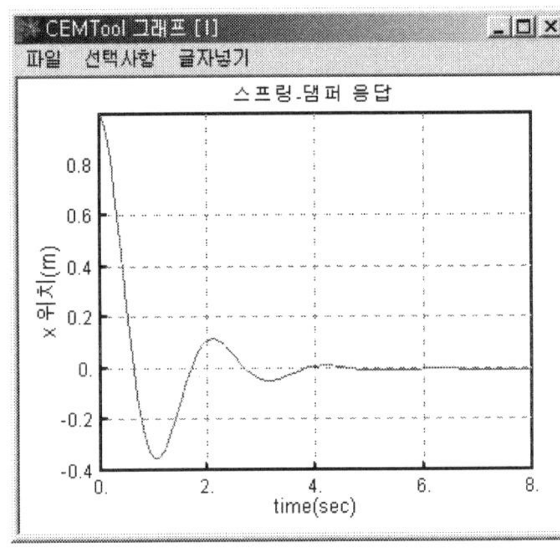

단계 5)번까지 모두 완성하였으면 작업 중인 파일을 저장한다. 파일 이름을 "chap46"으로 저장하고, CEMTool상에서 저장한 파일인 "chap46.cem"을 실행해보자. M=1, B=2, K=10, x0=1일 때 응답을 보려면 다음과 같이 사용해야 한다. 아래와 같이 CEMTool 명령어창에서 실행하면 그림의 그래프가 나타난다.

```
CEMTool>> chap46(1, 2, 10, 1); Enter
```

function문이므로 반드시 입력을 넣어서 사용해야 하며, "control+enter"나 "shift+enter"는 동작하지 않는다. 시스템 응답그래프는 그림에 보여지는 것처럼 물체의 움직임은 초기위치 1에서 시작하여 시간이 지남에 따라 점점 상쇄되어 간다.

만약 한 그래프에 변수의 값들을 바꾸어 가면서 여러 형태의 응답을 그리고자 한다면, 다음과 같이 매번 같은 파일 "chap46.cem"에 입력을 바꿔가며 실행한 뒤에 각각의 데이터를 다른 변수로 저장한 다음 "plot" 명령어를 사용해서 함께 그리면 된다.

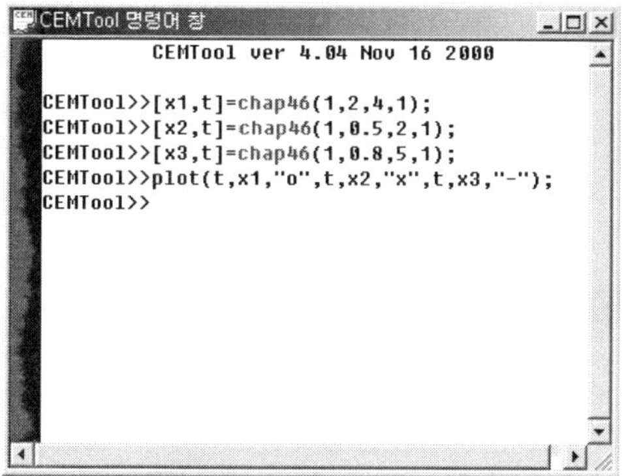

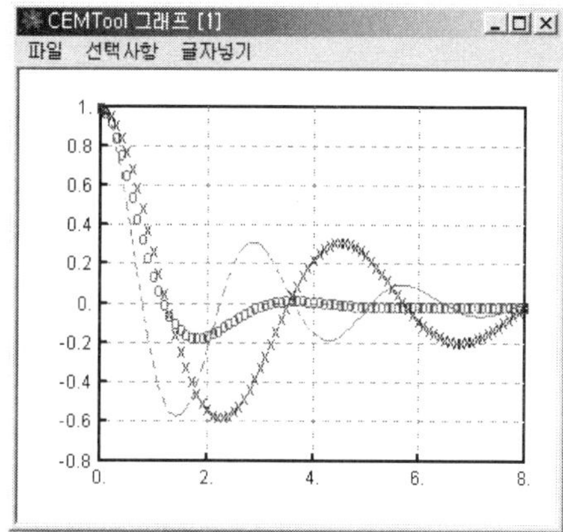

DC모터의 수학적 모델(전달함수 모델)

위의 내용을 정리하기 위한 한 예로서 DC모터의 모델을 구해 보자. 모터는 제어 시스템에서 많이 쓰이고, 일상생활과 밀접한 관계가 있으므로 관심을 가지고 공부할 필요가 있다. 여기서는 간단한 DC모터를 소개하고자 한다.

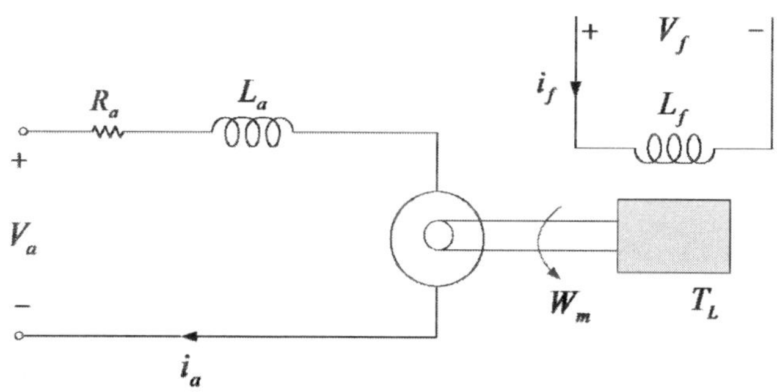

DC모터의 전달함수를 구해 보면 다음과 같다.

$$\frac{W(s)}{V_a(s)} = \frac{K_m}{L_a J_m s^2 + (L_a f_m + R_a J_m)s + (R_a f_m + K_m K_b)}$$

모터요소들의 값이 다음과 같이 주어지고 프로그램상에서 단위계단입력이 주어질 때 모터출력을 구해 보자. 이 각 요소의 값은 다음과 같다.

$$K_m = 0.5,\ K_b = 0.5[N \cdot m/A],\ J_m = 0.1[Nm \cdot s^2/rad],$$

$$f_m = 0.5[Nm],\ \ L_a = 1[H],\ \ R_a = 1[\Omega]$$

단계 1) 먼저 주어진 모터 요소들의 값을 CEMTool에서 입력한다. 주어진 모터 요소들의 값을 먼저 설정한 후 수식을 그대로 입력하면 전달함수의 분자, 분모항이 자동으로 계산된다.

```
Km=0.5;
Kb=0.5;
Jm=0.1;
fm=0.5;
La=1;
Ra=1;

msgprint("모터 전달함수 모델") //화면에 설명 추가

num=Km                              //전달함수의 분자
den=[La*Jm La*fm+Ra*Jm Ra*fm+Km*Kb]  //전달함수의 분모
```

단계 2) 입력으로 단위계단입력을 사용하므로 명령어 "step"을 사용한다. 먼저 시뮬레이션 간격을 t 변수를 선언해서 설정한다. 따로 특별히 정해주지 않으면 자동으로 범위를 정해서 출력된다.

```
t=[0:5:0.1]; //시간 범위 설정

y=step(num,den,t); // 입력으로 단위계단 입력을 준다.
```

단계 3) 위에서 구한 시간 t와 출력 y를 그래프로 도시한다.

```
plot(t,y); //계산된 출력 y와 시간 축 t

title("DC 모터 속도 응답"); //그래프 제목 달기

xtitle("t(sec)");          //x축 제목

ytitle("Output y(t)");     //y축 제목
```

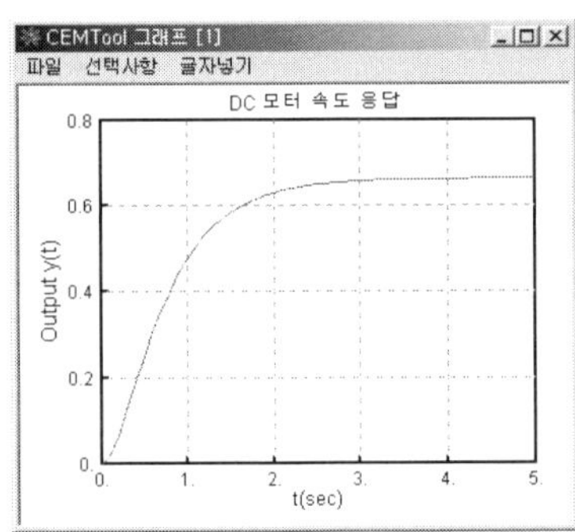

위의 모터속도응답은 원하는 속도에 미치지 못하고 큰 정상상태오차를 주고 있다. 이 경우에 간단히 이득값을 증폭하면 정상상태오차를 제로로 할 수 있다. 증폭이득 K_p를 첨가해서 출력의 응답을 다시 구해 보자. 이때는 위의 프로그램을 function문으로 바꾸

어서 사용해 보자. function문의 입력으로는 K_p를 받는 함수를 만들어서 명령어창에서 실행해 보자. 전달함수는 다음과 같고 $K_p = 1.5$를 사용한다.

$$\frac{W(s)}{V_a(s)} = \frac{K_m * K_p}{L_a J_m s^2 + (L_a f_m + R_a J_m)s + (R_a f_m + K_m K_b)}$$

단계 1) 위에서 작성한 프로그램 파일을 function문으로 바꾸기 위해서는 먼저 입력으로 받아야 항이 무엇인지 알아야 하고, 출력으로 설정해야 하는 것이 무엇인지 먼저 조사해야 한다. 이 문제에서는 증폭이득 K_p를 입력으로 받아야 한다. 왜냐면 증폭이득을 바꿔가면서 출력이 어떻게 변하는지 조사해야 하므로 출력은 "step"으로 계산된 출력 y값을 설정해야 한다. function문은 반드시 파일의 첫 문장에 function이라고 선언하고 "<>"를 기준으로 왼쪽에는 출력값을, 오른쪽에는 입력값을 설정한다.

```
CEMTool3
function
y<>Kp          //출력으로 y, 입력으로 Kp
```

단계 2) 그리고 나머지는 모두 똑같고 식에서 전달함수의 분자항에 K_p를 곱한 것만 바뀌므로 전달함수의 분자항에 K_p를 곱하면 된다.

```
CEMTool3
Km=0.5;
Kb=0.5;
Jm=0.1;
fm=0.5;
La-1;
Ra=1;
msgprint("모터 전달함수 모델")

num=Km*Kp                //전달함수의 분자에 증폭이득을 곱함
den=[La*Jm La*fm+Ra*Jm Ra*fm+Km*Kb]  //전달함수의 분모
```

단계 3) 입력으로 단위계단입력을 사용하므로 명령어 "step"을 사용한다. 먼저 시뮬레이션 간격을 t 변수를 선언해서 설정한다.

```
CEMTool3
t=[0:5:0.1]; //시간 범위 설정
y=step(num,den,t); // 입력으로 단위계단 입력을 준다.
```

단계 4) 위에서 구한 시간 t와 출력 y를 그래프로 도시한다.

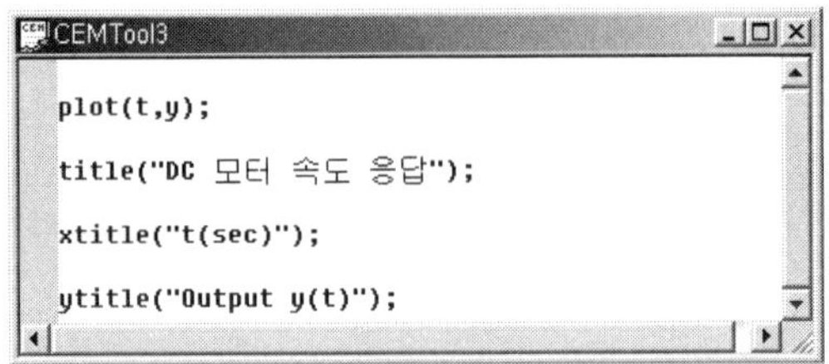

단계 5) 이렇게 구성된 파일은 "chap48"이라고 저장한다. function문이므로 명령어 창에서 입력변수 값을 넣어주면서 실행해야 하므로 파일로 저장해야 한다. 원하는 결과는 증폭이득 K_p의 값을 바꿔가며 출력의 변화를 보는 것이므로 chap48의 입력으로 K_p의 값을 넣어서 실행한다.

```
CEMTool>>y = chap48( Kp의 값 ); [Enter]
```

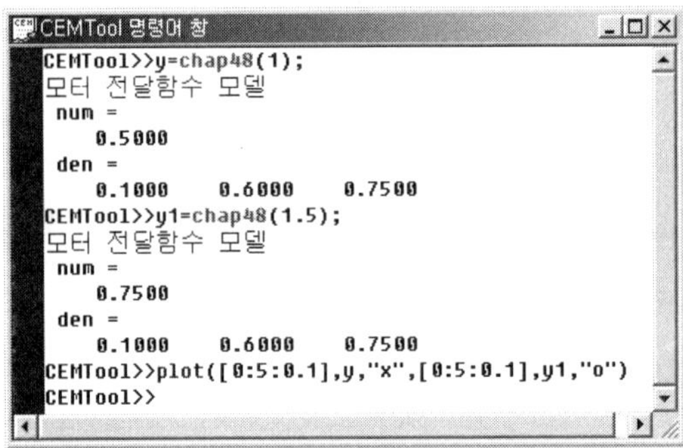

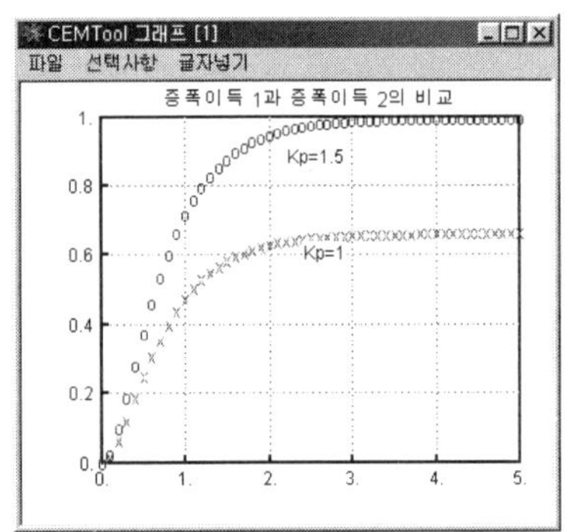

위 그림은 변수 y에는 증폭이득이 1일 경우, 변수 y2에는 증폭이득이 1.5일 경우의 출력 그래프를 보여 준다. 앞에서도 언급했듯이 function문 안의 t 변수는 명령어창에서 사용할 수 없으므로 plot 명령어를 사용할 때 x축의 값으로 [0:5:0.1]이라고 선언하였다.

위의 그림을 보면 K_p의 값을 변화시키며 실행한 결과 기준값 1로 수렴하는 것을 볼 수 있다. 이처럼 기준값에 수렴하도록 만들 수 있었으나 만약 위의 그래프에서 좀 더 빠르게 기준값에 수렴하도록 하기 위해서는 모터 요소들의 값들을 바꾸어야 한다. 이 요소들의 값들은 보통 고정되어 있고, 실제적으로 매번 바꾸기가 어렵기 때문에 이를 위해서는 제어기가 필요하다. 제어기를 모터시스템에 도입함으로써 원하는 출력응답을 얻을 수가 있다. 원하는 시스템의 응답을 얻기 위해 제어기를 설계하는 것이 이 책의 주요내용이고, 제어 엔지니어들이 해야 하는 일이다.

여기서 쓰인 간단한 제어기, K_p를 "비례(proportional)제어기"라 한다. 오차는 비례제어기를 통해서 비례하게 증폭된다. 위의 경우 비례제어기를 사용함으로써 기준값에 수렴하도록 만들었지만, 좀 더 빠르게 수렴하도록 하지는 못했다. 왜냐하면 비례제어기만으로는 폐루프극을 원하는 위치에 놓이도록 할 수 없기 때문이다. 일반적으로 기본적인 제어기의 종류에는 "비례제어기", 오차의 미분값과 비례하는 "미분제어기", 오차의 적분값과 비례하는 "적분제어기"가 있고, 일반적으로 이들 제어기를 합성해서 사용한다. 예를 들면, PD, PI 또는 PID 제어기들이 그 예이다.

제2장 시스템 성능 평가지표

본 장에서는 제어대상과 제어기를 포함한 임의의 시스템에 대하여 그 성능을 확인할 수 있는 평가지표를 설명하고 차후 제어기 설계에서 고려해야 할 사항들을 정리하고자 한다. 평가지표는 개략 다음과 같이 구분된다.

- **시간응답**: 과도응답, 정상상태오차
- **안정도**: 절대안정도, 근궤적
- **주파수응답**: 보드선도, 나이키스트 선도

2.1 시간영역에서의 시스템 해석

지금까지는 실제 시스템을 수학적으로 모델링하여 전달함수를 구하는 방법을 설명했다. 이 장에서는 전달함수를 통해서 시스템의 특성을 살펴보기로 하자. 한 시스템의 특성은 일정한 입력이 시스템의 전달함수에 주어질 경우, 시스템이 어떻게 응답하는가를 통해서 알 수 있다.

1) 시간응답을 살펴보기 위해 사용하는 기준입력에는 단위계단입력, 임펄스입력과 시간과 비례하는 램프입력 등이 있는데, 대부분의 경우에 단위계단신호를 사용한다. 그 이유는 단위계단신호가 대상 시스템에 대한 설정값이 바뀌는 상황을 묘사해 주는 신호로서 실제의 제어시스템에서 기준입력으로 많이 쓰이며, 또한 단위계단응답을 알면 나머지 임펄스응답과 램프응답은 쉽게 구할 수 있기 때문이다.
2) 시간응답(time response)은 대상시스템의 성능을 분석하거나 평가하기 위해서 사용된다. 시간응답은 크게 과도응답(transient response)과 정상상태응답(steady-state response)의 두 가지로 구별된다. 과도응답은 기준입력이 걸린 직후의 시간응답이며, 정상상태응답은 기준입력이 걸린 다음에 충분한 시간이 지난 후의 시간응답을 말한다.

3) 시스템의 시간영역 해석은 과도응답과 정상상태응답을 분석하는 것이다. 이 응답특성을 해석하는 데에는 주로 단위계단응답에서 수치로 나타낼 수 있는 몇 가지 지표를 정의하고 이 지표를 계산하거나 측정에 의해 구하는 방법을 사용한다. 이 시간응답 특성가운데 과도응답은 폐루프시스템의 극점, 영점의 위치와 관련이 있으며, 정상상태응답은 루프전달함수의 성질과 관련이 있다.

시간응답의 성능지표

단위계단응답은 시스템출력의 가장 기본적인 종류의 하나로서 입력이 0에서 1의 계단모양으로 갑자기 바뀔 때 나타나는 시스템의 출력이다. 이때의 출력은 입력과는 달리 시스템이 응답하는 데에 시간이 걸리며 반응도 다양하게 나타난다. 우리 주의에서 흔히 경험하거나 볼 수 있는 단위계단응답의 예로서는 정지상태에 있던 기차의 출발, 자동차 출발시 변속, 선풍기의 속도조절, 로봇팔의 움직임 등 많은 예들을 찾아볼 수 있다.

시스템의 과도응답은 출력이 반응한 그 순간부터 안정상태에 도달하기 전까지의 순간적인 출력을 말하고, 정상상태응답은 그 이후의 안정한 상태를 말한다. 과도응답의 그래프를 분석하기 위해서는 시스템의 출력이 얼마나 일찍 수렴하고, 수렴했을 때의 오차는 얼마이며, 오버슈트(overshoot)의 크기는 어느 정도 되는지 등 여러 가지 분석적인 요소들이 있다. 시스템에 따라서 요구되는 기준이 다르기 때문에 이 요소들의 값들도 다르게 된다. 예를 들면, 모터처럼 빠른 응답을 요구할 경우에는 빠른 정착시간이 요구되고, 로봇처럼 다소 위험성이 있는 시스템은 오버슈트가 없는 출력을 선호한다.

일반적인 이차시스템의 전달함수를 고려해 보자. 입력 $R(s)$가 시스템 $G(s)$에 주어졌을 때 출력 $Y(s)$가 나타난 시스템은 다음과 같다.

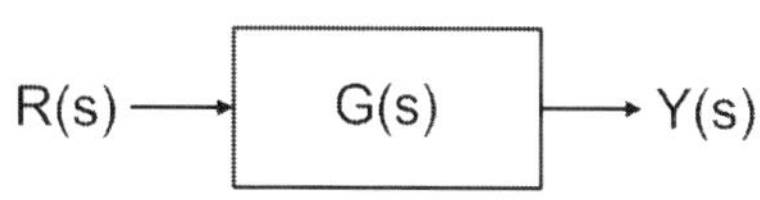

$$G(s) = \frac{\omega_n^2}{s^2 + 2\zeta\omega_n s + \omega_n^2}$$

여기서 ζ는 감쇠률이고 ω_n은 고유진동수이다. ζ와 ω_n의 값은 폐루프 특성방정식근의 값을 좌우하기 때문에 ζ와 ω_n의 값에 따라서 시스템의 응답이 달라지게 된다. 따라서, ζ와 ω_n은 시스템의 특성을 나타내는 매우 중요한 변수들인데, 다음의 CEMTool 프로그램을 통해서 한 특정한 ζ와 ω_n의 값이 주어졌을 경우, "step" 명령어를 사용해서 시스템의 단위계단응답을 조사해 보자.

예제 **이차시스템의 응답**

감쇠율(ζ)이 0.5이고, 고유진동수(ω_n)가 2일 경우에 입력으로 단위계단입력 $R(s)=\dfrac{1}{s}$이 주어졌을 때 이차시스템 $G(s)=\dfrac{Y(s)}{R(s)}=\dfrac{w_n^2}{s^2+2\zeta w_n s+w_n^2}$의 출력 $Y(s)$를 조사해 보자.

단계 1) 먼저 주어진 감쇠율과 고유진동수를 CEMTool에서 입력한다. 주어진 이차시스템 $G(s)$는 이 감쇠율과 고유진동수로 이루어졌으므로 이 변수를 이용해 주어진 이차시스템 $G(s)$를 입력한다.

```
zeta=0.5;          //감쇠율 = 0.5
wn=2;              //고유진동수 = 2

//이차시스템

ng=wn^2;                    //G의 분자항
dg=[1 2*zeta*wn wn^2]       //G의 분모항
```

단계 2) 입력으로 단위계단입력이 주어지므로 "step" 함수를 사용한다.

```
t=[0:6:0.1]; //시간영역설정

y=step(ng,dg,t); //단위계단응답
```

단계 3) 단위계단응답을 "plot" 명령어를 사용하여 그래프로 나타내 보자.

```
plot(t,y);

title("단위계단응답");

xtitle("t(sec)");
ytitle("Output y(t)");
```

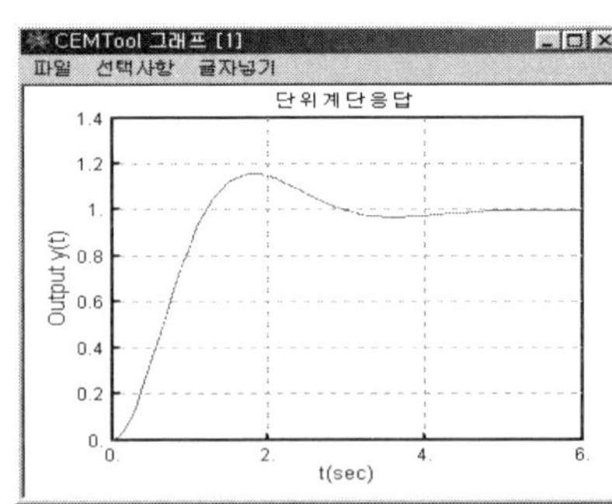

그림은 감쇠율 $\zeta = 0.5$이고, 고유진동수 $\omega_n = 2$일 경우의 단위계단입력에 대한 출력을 나타낸다. 시스템의 출력 $y(t)$가 $t=0$에서 응답하기 시작해서 기준입력을 초과한 뒤에 $t=1.8$초경에 최고점에 달한 뒤, $t=3$초 이후에 점차 입력과 같아짐을 알 수 있다. 이 파일은 뒤에서 또 쓰이므로 "chap51"이란 파일로 저장해 두자.

이와 같은 응답의 형태는 시스템의 특성을 나타낸다. 감쇠율과 고유진동수를 바꿔가면서 시스템 응답이 어떻게 달라지는지 조사해보자. 계속 바꿔가면서 출력을 살펴봐야 하므로 그림을 function문으로 바꾼 다음에 실행해 보자.

단계 1) 감쇠율과 고유진동수를 바꿔가면서 시스템 응답을 살펴볼 것이므로 function의 입력은 감쇠율과 고유진동수가 되며, 출력은 단위계단응답이 된다. 밑에 그림처럼 위에서 만든 파일에서 감쇠율과 고유진동수 값을 직접 설정하는 부분을 지우고, 입력으로 받도록 하면 된다.

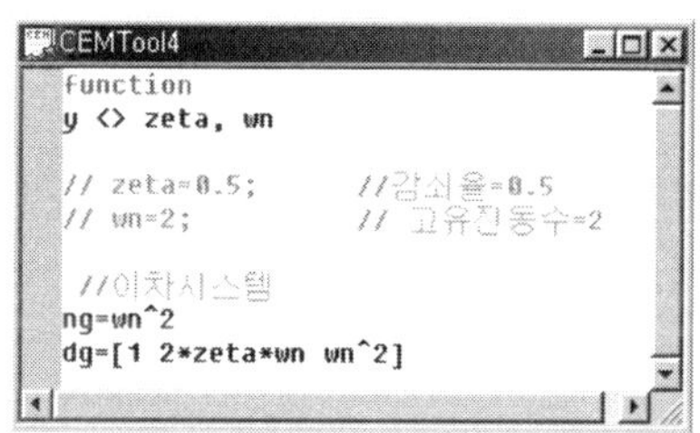

단계 2) 첫 부분만 위와 같이 바꾸면 나머지는 똑같다. 그러면 이 파일을 "chap52"라는 이름으로 저장하자. 그다음 명령어창에서 감쇠율과 고유진동수를 바꿔가며 실행시켜 보자.

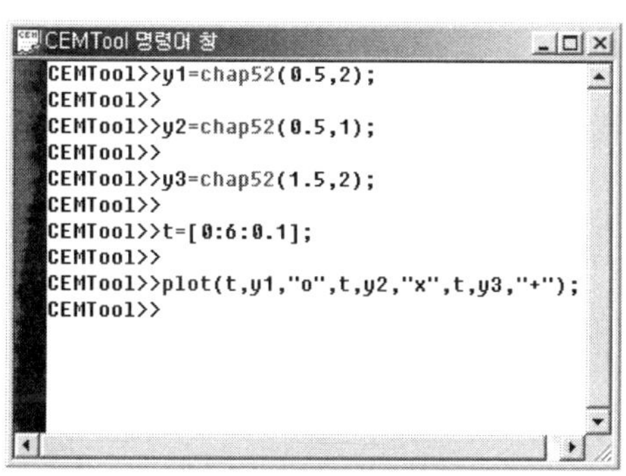

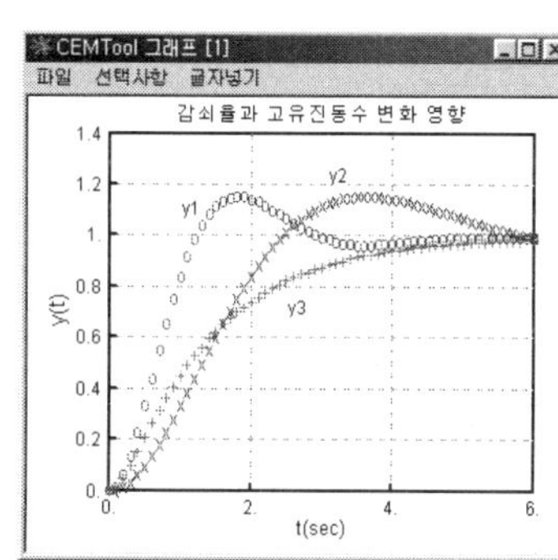

위의 그래프를 보면 plot을 그리기 위해 t라는 변수를 설정하고 있다. 위에서 저장한

파일 안에 t 범위가 설정되어 있지만 이 변수는 function문 안에서만 사용되는 것이다. 따라서 명령어창에서 t라는 변수를 사용할 수 없기 때문에 명령어창에서 다시 plot을 그릴 때는 시간 t의 범위를 설정해 줘야 한다.

위의 이차시스템 응답의 예제에서처럼 한 시스템의 단위계단 응답의 특성을 나타내는 여러 가지 요소들이 있는데 이 요소들은 다음과 같다.

(1) 오버슈트(Overshoot)

오버슈트는 단위계단입력을 주었을 경우에 순간출력과 정상상태출력 사이의 최대차이를 나타낸다. 퍼센트 오버슈트(percent overshoot)는 출력이 기준입력에 비해서 얼마만큼 과도하게 나타났는가를 나타내는 비율이다. 출력의 파형이 그림과 같을 경우에 최대의 출력값은 다음과 같이 표현된다.

$$M_p = 1 + e^{-\zeta\pi\sqrt{1-\zeta^2}}$$

이 경우에 "오버슈트의 크기 = 최대의 출력값 − 마지막 출력값"이고

$$\text{퍼센트 오버슈트} = \frac{\text{최대의출력값} - \text{마지막출력값}}{\text{마지막출력값}} \times 100\%$$

로 나타난다. 감쇠율로 직접 계산하면 다음과 같다.

$$P.O = 100e^{-\zeta\pi\sqrt{1-\zeta^2}}, \quad 0 < \zeta < 1$$

감쇠율이 0.707일 때는 5%의 오버슈트를 나타냄을 알 수 있다.

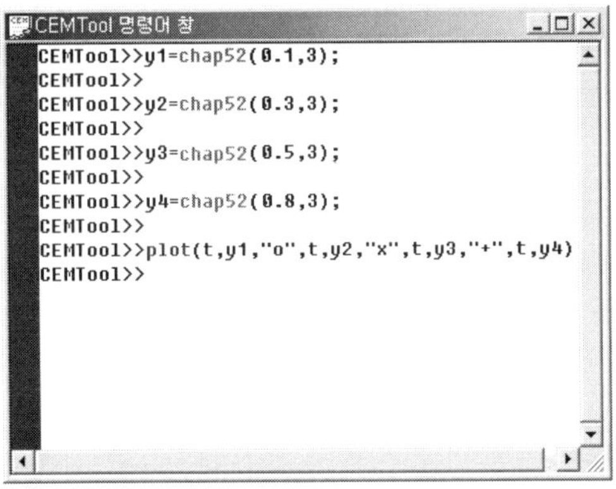

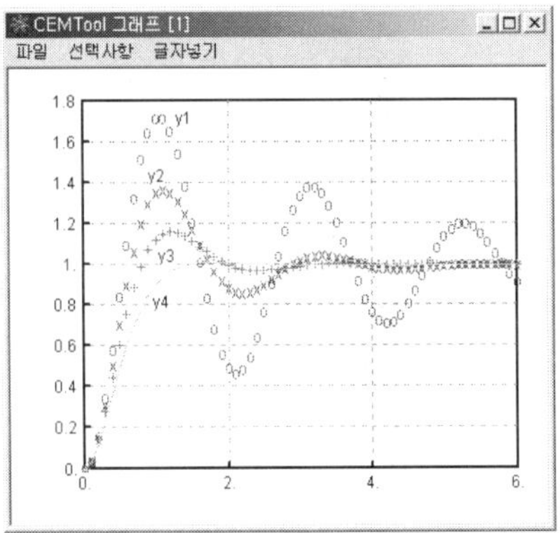

위에서 작성한 “chap52”를 사용해서 결과를 확인해 보자. 이 함수는 ζ와 ω_n을 입력으로 받는다. 감쇠율의 영향을 조사해야 하므로 ω_n의 값은 고정으로 나두고 ζ의 값을 크게 하면서 효과를 비교해 보자. 그림에서 감쇠율이 0.1에서 0.8까지 점점 커지면서 오버슈트가 줄어드는 것을 확인 할 수 있다.

(2) 정착시간(Settling time)

정착시간 T_s는 시스템의 응답이 얼마만큼 빠른 시간 안에 안정되게 주어진 기준입력을 따라가느냐를 나타낸다. 정착시간은 단위계단입력을 주었을 경우에 출력이 보통 출력의 마지막 값의 ± 0.02, 즉 2% 또는 5% 안으로 되었을 때의 시간을 나타낸다. 만약 2%의 정착시간을 고려하면 다음과 같이 얻을 수 있다.

$$T_s = \frac{4}{\zeta w_n}$$

ζ와 ω_n의 값이 크면 클수록 정착시간은 빨라지며 다음 예를 통해서 확인하자.

단계 1) 위에서 작성한 “chap52”를 사용해서 결과를 확인해 보자. 이 함수는 ζ와 ω_n을 입력으로 받으므로 이 값을 점점 크게 하면서 정착시간의 변화를 알아보자. 먼저 ζ값은 고정이고 ω_n의 값을 크게 하면서 효과를 살펴보자. “chap52” 함수의 첫 번째 입력값이 ζ이므로 이 값을 0.5로 고정하고 두 번째 입력값을 다르게 넣어서 실행한다.

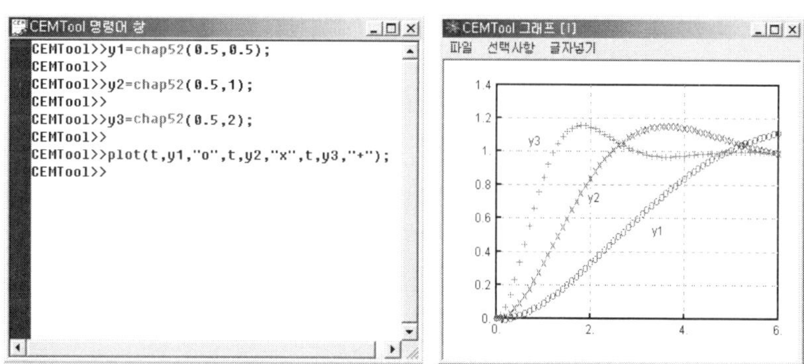

ζ값이 점점 커짐에 따라 오버슈트는 커지지만 정착시간이 빨라지는 것을 볼 수 있다.

단계 2) ω_n의 값은 2로 고정하고 ζ의 값을 점점 크게 변화시켜 보면서, 그때의 정착시간의 변화를 살펴보자. chap62의 두 번째 입력값을 2로 고정하고 첫 번째 입력값을 바꿔가면서 실행시켜 본다.

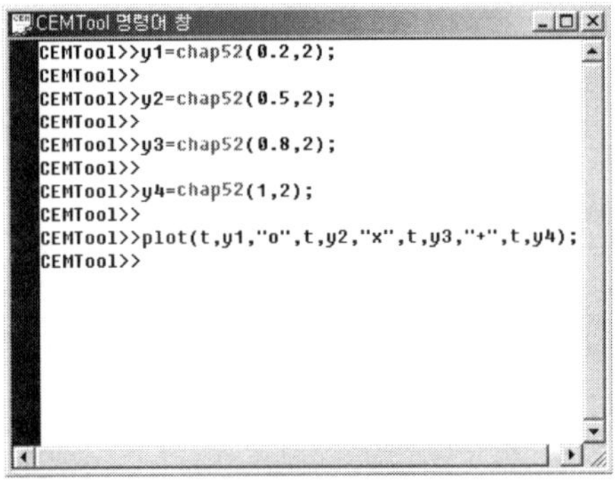

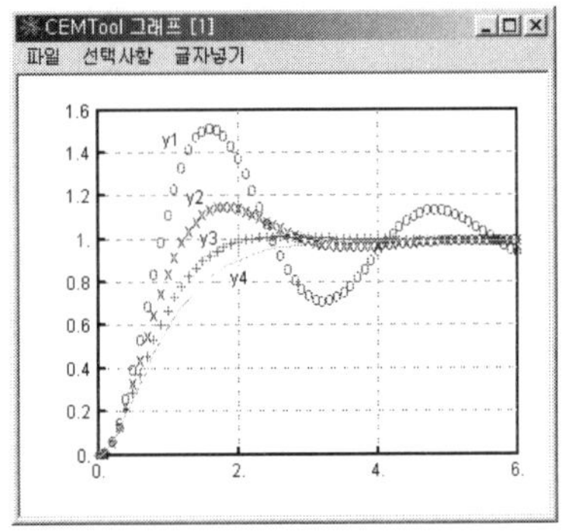

ω_n이 커지면서 정착시간이 빨라지는 것을 볼 수 있다.

(3) 첨두치시간(Peak time)

이 밖에 얼마나 시스템이 빠르게 응답하느냐를 나타내는 것으로 오버슈트가 최고일 때의 시간을 나타내는 첨두치시간이 있다.

$$t_{peak} = \frac{\pi}{\omega_n \sqrt{1-\zeta^2}} \ , \quad 0 < \zeta < 1$$

감쇠율 ζ값이 0과 1의 범위 안에서 작을수록 t_{peak}의 값이 작아짐을 알 수 있다. 즉, 그림에서 처럼 ζ의 값이 작을수록 진동은 크지만, 그 만큼 t_{peak}값이 훨씬 작아 진 것을 볼 수 있다.

(4) 오름시간(Rise time)

시스템이 응답한 뒤에 응답이 출력 마지막 값의 10%에서 90%까지 걸리는 시간을 오름시간이라 한다.

(5) 정상상태오차(Steady state error)

정상상태오차는 안정한 상태에서 시스템의 응답을 나타내는 척도이다. 기준입력과 시스템이 안정되었을 때의 출력의 차이를 정상상태오차라 한다.

위의 응답요소들은 계산을 통해 얻을 수 있지만, 주어진 단위계단출력의 데이터 y를 통해 오버슈트와 첨두치시간을 구해 보자. 오버슈트와 첨두치시간은 CEMTool 명령어 중에서 주어진 데이터에서 가장 큰 값을 찾는 “max” 명령어를 사용해서 출력 y의 최고값 그 값에서의 시간, 즉 첨두치시간을 구하면 쉽게 구할 수 있다. 그림의 그래프를 고려해서 구해 보자.

단계 1) 먼저 위에서 작성한 “chap51”을 실행시킨다.

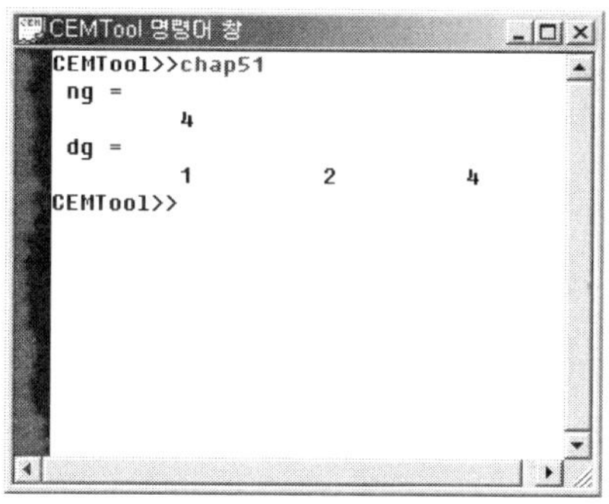

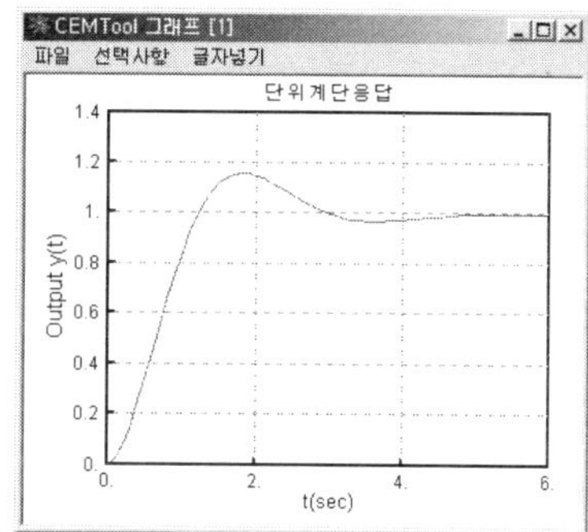

단계 2) 오른쪽 그림에서 가장 큰 값인 오버슈트는 “max” 명령어를 사용해서 구할 수 있다. y라는 변수에 출력값이 모두 저장되어 있으므로 그 y값중에서 가장 큰 값을 찾으면 된다.

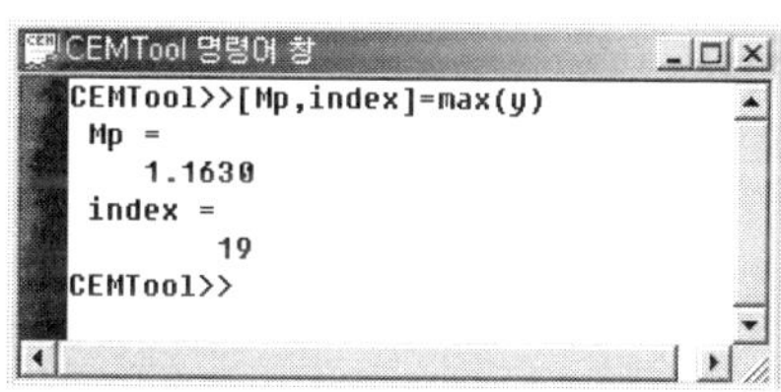

앞에 index라는 항은 y의 최대값에 해당하는 순서를 나타낸다. max를 해서 y의 최대값을 찾고 이 최대값이 y라는 변수 중에 몇 번째에 해당하는지를 알아야 첨두치 시간을 구할 수 있다.

단계 3) 위에서 구한 최대값을 가지고 오버슈트를 구해보자. 식에 그대로 대입하면 된다.

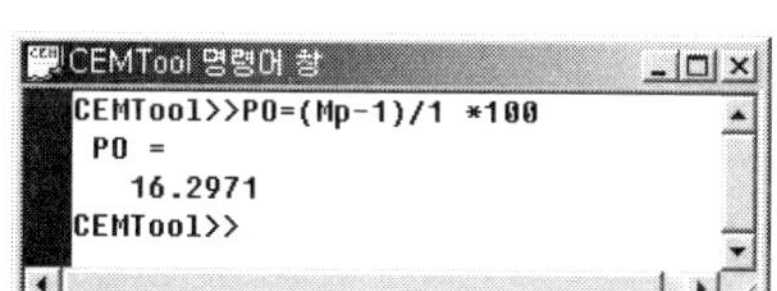

단위계단 응답은 마지막 출력값이 1이므로 최대값과 마지막 출력값 1과의 차이를 마지막 출력값 1로 나누어 준 다음 100을 곱하면 퍼센트 오버슈트가 계산된다.

단계 4) 첨두치 시간을 계산해 보자.

앞에서 index는 y의 값 중에서 최대값을 갖는 순서를 말한다. t 변수도 순서대로 저장이 되어 있으므로 t 변수 내에서 해당하는 index를 찾으면 그 값이 첨두치 시간이 되는 것이다. 위에서 계산된 결과를 보면 19번째 값이 최대치이고 이 19번째 값에 해당하는 시간이 첨두치 시간이 된다. 따라서, t(19)를 해서 나오는 값이 첨두치 시간이 되는 것이며 위 예제는 1.8초가 첨두치 시간이 된다.

단위계단응답의 그래프상에서 정착시간을 나타내는 선을 표시할 수 있으면 그래프로부터 쉽게 정착시간을 구할 수 있다. 위에서는 이 기준을 표시하지 않고 대충 확인해 보았지만 여기서는 다음처럼 단위계단응답의 출력 크기와 같은 크기의 벡터를 만든 후에 ±2%의 기준선을 함께 그리면 된다.

단계 1) 먼저 "chap51"을 실행시킨다.

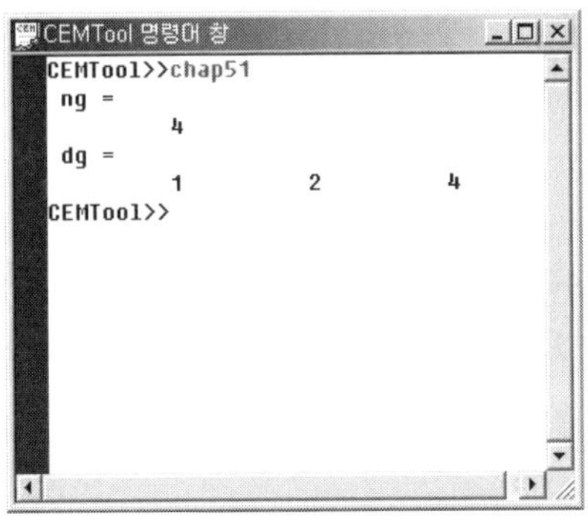

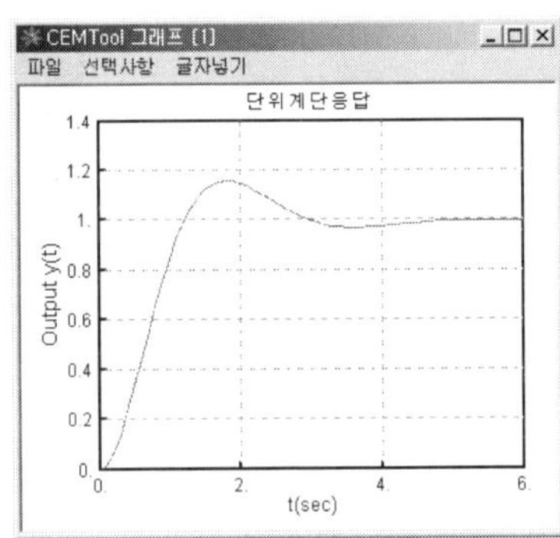

단계 2) 먼저 기본 값의 상향 2% 선을 그린다. 주의할 점은 2%값을 위에서 그려진 크기만큼 똑같은 크기의 값을 가져야 한다는 점이다. 따라서 현재 그려진 그래프의 t값의 크기를 알아야 한다. 이것은 "length" 명령어를 쓰면 쉽게 알 수 있다.

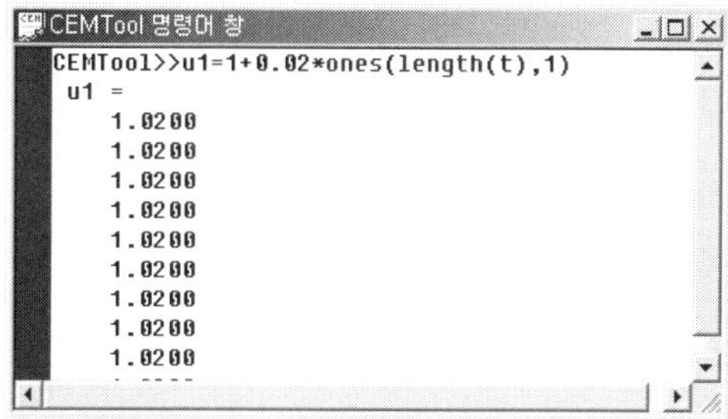

단위계단 응답은 기준값이 1이므로 이 값에다 2% 값을 더해주면 된다. 1+0.02*1만 하면 그래프가 그려지지 않는다. t값의 크기와 똑같은 크기의 값을 만들어야 하므로 length(t)을 이용해서 벡터로 만들었다. "ones"는 1인 벡터를 만드는 명령어이다. 위 결과를 보면 기준값 1의 +2%의 값인 1.02의 값을 갖는 벡터가 만들어진 것을 볼 수 있다.

단계 3) 이젠 기본 값의 하향 2% 선을 그린다. 즉, 1의 −2% 값인 0.98을 갖는 벡터를 만든다.

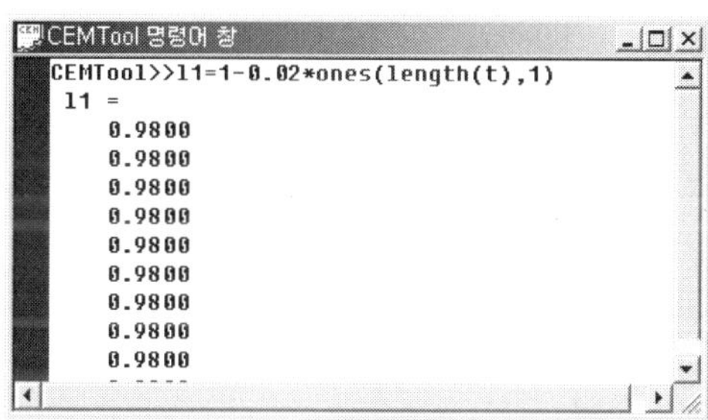

단계 4) 위에서 구한 기준선과 단계 1)에서 나타난 그래프를 같이 그리기 위해 "holdon" 명령어를 실행시킨 다음에 이 기준선을 그린다.

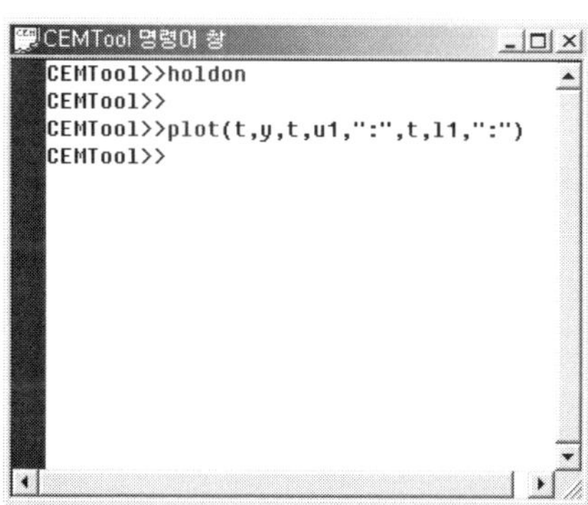

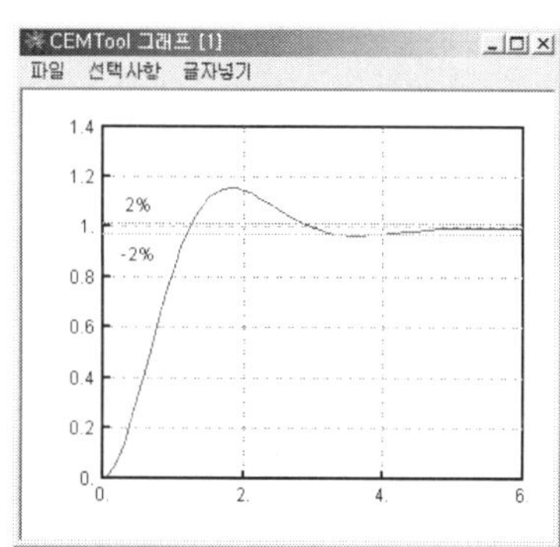

위의 그림에서 u1은 "최종값+2%"을 의미하고 l1은 "최종값−2%"을 의미한

다. 단위계단응답에서 정착시간을 나타내므로 최종값이 1이기 때문에 1-0.02, 1+0.02를 한 것이다. 만약 다른 기준 입력을 갖고 실행한다면 1의 값을 그 해당 기준값으로 바꿔서 사용해야 한다.

단위계단응답의 종류

단위계단입력에 대한 시스템출력은 응답모양에 따라 세 가지로 구분한다.

(1) 과소감쇠(under-damped response)

첫 번째 응답은 그림에서 보여진 것과 같은 과소감쇠(under-damped)의 경우인데, 이 경우는 출력의 응답이 빠른 대신 불필요한 오버슈트가 생긴다. 감쇠율은 $0 < \zeta < 1$이다.

위에서 작성한 "chap52"를 사용하자. 감쇠율의 변화에 따른 그래프를 보는 것이므로 두 번째 입력항인 ω_n의 값은 2로 고정시키고 감쇠율을 $0 < \zeta < 1$ 범위에서 변화시키면서 그래프를 보자.

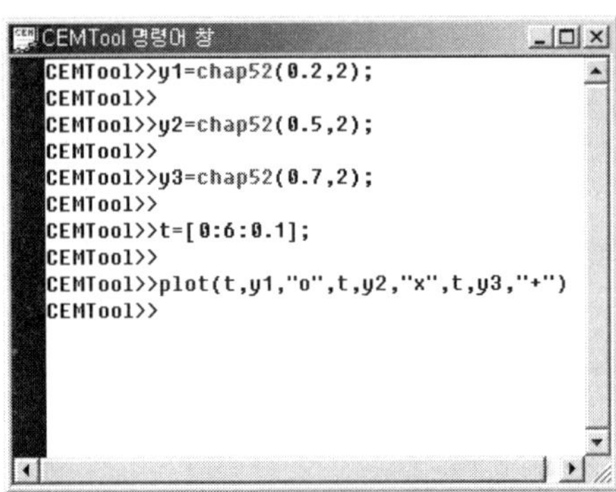

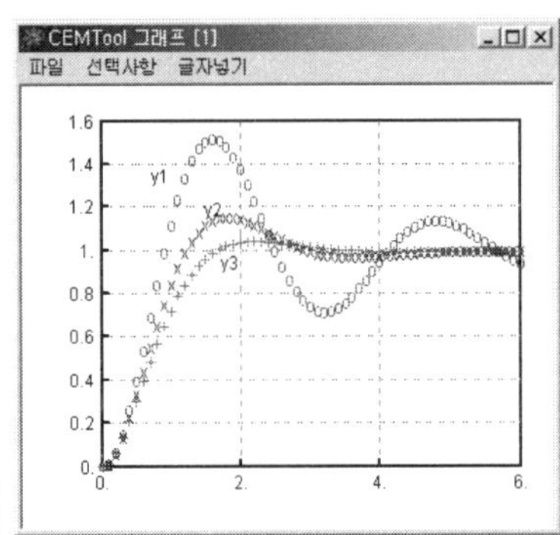

즉, $0 < \zeta < 1$ 범위 내에서는 ζ의 값이 커짐에 따라 오버슈트가 줄어들기는 하지만 오버슈트가 없어지진 않는다는 것을 알 수 있다.

(2) 임계감쇠(critically-damped response)

두 번째 경우는 임계감쇠(critically-damped)의 경우로서 오버슈트가 없고, $\zeta = 1$인 경우이다.

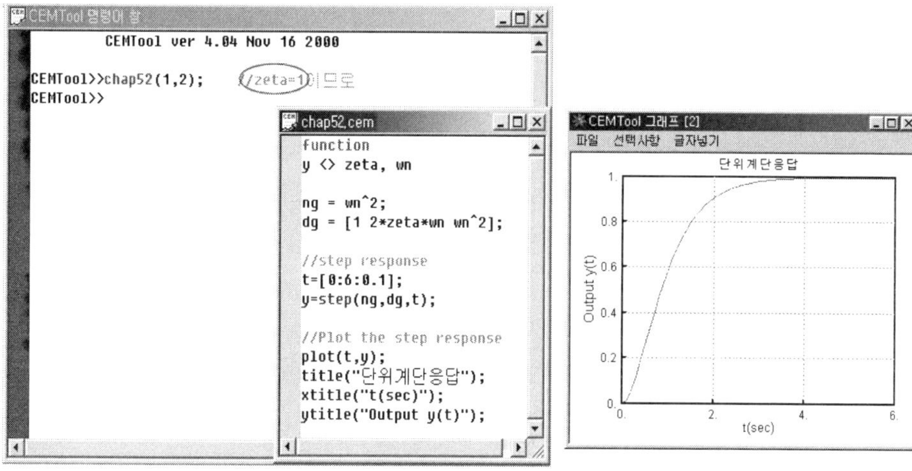

그림을 보면 기준치 1을 넘는 값이 존재하지 않는 것을 볼 수 있다.

(3) 과다감쇠(over-damped response)

마지막 응답모형으로는 과다감쇠(over-damped)인데, 오버슈트가 없는 대신 응답시간이 다소 느리다. ($\zeta > 1$).

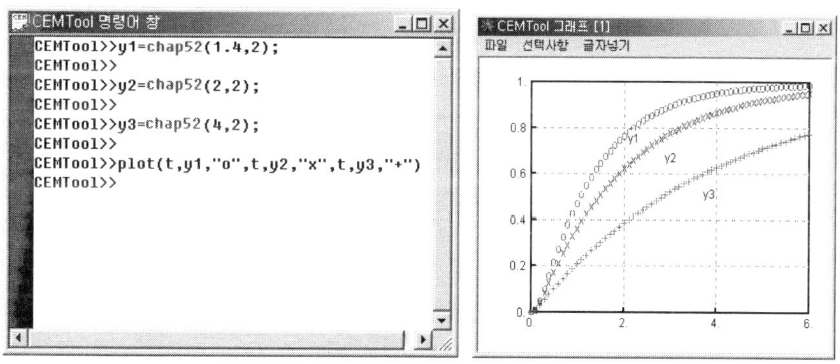

$\zeta > 1$의 범위 내에서 ζ의 값이 점점 커짐에 따라 오버슈트는 현저히 줄어들지만 응답시간이 느려지는 것을 볼 수 있다. $\zeta = 0$이면 시스템은 불안정한 상태가 되고, 이때의 출력은 사인함수 곡선과 같다. $\zeta < 0$인 경우는 시스템이 불안정하게 된다. 일반적으로 로봇제어에서는 충돌 힘의 영향을 줄이기 위해 임계나 과다감쇠응답이 많이 쓰인다. 아래의 예제에서 보여주는 그림은 이 세 가지 응답모형을 보여준다.

예제 단위계단응답의 세 가지 종류

시스템이 2차로 $G(s)=\dfrac{\omega_n^2}{s^2+2\zeta\omega_n s+\omega_n^2}$과 같을 때, 고유진동수 $\omega_n=4$로 같고, 감쇠율이 각각 다른 세 종류의 응답, 즉 과소($\zeta=0.6$), 임계($\zeta=1$), 과다($\zeta=1.6$)응답을 함께 그려 보자.

단계 1) 다음과 같이 각 경우에 해당하는 감쇠율을 설정한다. 고유진동수는 $\omega_n=4$로 고정되었으므로 한 번만 설정하고 감쇠율은 3가지 경우에 대하여 변수 이름을 다르게 해서 설정한다.

```
wn=4;
zeta1=0.6;    //과소감쇠
zeta2=1;      //임계감쇠
zeta3=1.6;    //과다감쇠
```

단계 2) 감쇠율이 바뀌면 주어진 시스템 전달함수의 분모항이 바뀌므로 분모항을 각 경우에 대해서 계산하고 dg1, dg2, dg3에 각각 저장한다.

```
ng=wn^2;                         //전달함수 분자항
dg1=[1 2*zeta1*wn wn^2];  //과소감쇠 경우의 분모
dg2=[1 2*zeta2*wn wn^2];  //임계감쇠 경우의 분모
dg3=[1 2*zeta3*wn wn^2];  //과다감쇠 경우의 분모
```

분자항은 고정되었으므로 하나만 설정하고 분모항은 각 경우에 대해서 설정했다. 즉 3종의 시스템에 대한 전달함수를 표현한 것이다.

단계 3) 3가지로 선언된 전달함수를 가지고 단위계단 응답을 계산해야 하므로 다음과 같이 입력한다.

```
t=[0:6:0.1];              //시간 범위 설정
y1=step(ng,dg1,t);  //과소감쇠 경우의 분모
y2=step(ng,dg2,t);  //임계감쇠 경우의 분모
y3=step(ng,dg3,t);  //과다감쇠 경우의 분모
```

3가지 경우의 단위계단 응답을 계산해서 y1, y2, y3라는 변수에 저장한다.

단계 4) 3가지 경우를 동시에 하나의 그래프 창에 그려보면서 비교해 보자.

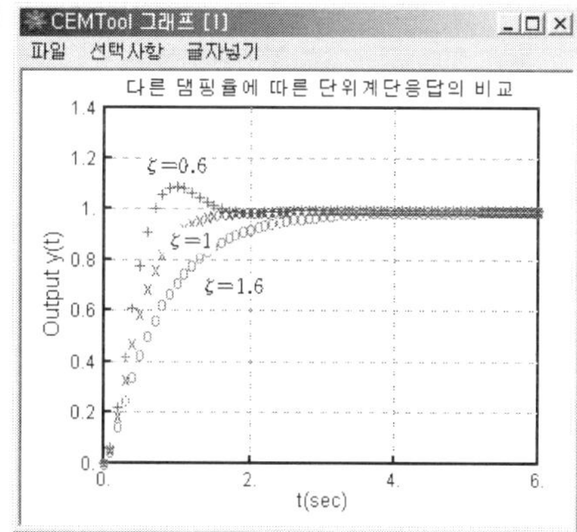

임펄스와 램프응답

단위계단입력이 아닐 경우에 쓰이는 입력으로 임펄스나 램프입력이 있다. 임펄스입력은 단위계단입력을 미분한 형태로서 실제로는 존재하지 않으나 시스템을 분석하는데 편리하기 때문에 사용된다. 램프입력은 단위계단입력의 적분형태로 시간과 비례한다. CEMTool에서는 이러한 입력에 대한 출력을 다음의 명령어를 사용하면 쉽게 구할 수 있다. n_t와 d_t는 폐루프 전달함수의 분자와 분모이다.

```
t=[초기시간 : 최종시간 : 시간간격];    ☞ 응답시간
yi = impulse(nt, dt, t);            ☞ 임펄스응답
ys = step(nt, dt, t);               ☞ 단위계단응답
r = t;                              ☞ 램프응답의 입력
yr = lsim(nt, dt, r, t);            ☞ 램프응답
```

변수들 y_i, y_s, y_r은 t와 같은 크기의 벡터를 가진 출력을 나타낸다. 단위계단입력이나 임펄스입력에 대한 출력을 나타내는 명령어가 있지만 램프입력에 대한 출력을 나타내는 명령어는 따로 없다. 하지만 명령어 "lsim"을 사용하면 램프응답뿐만 아니라 다른 입력에 대한 응답들도 계산할 수 있다. "lsim" 명령어를 사용하면 램프응답 외의 응답도 구할 수 있다. 예를 들어, 코사인함수의 입력에 대한 시스템의 출력을 구하려면 위에서

r=t의 램프입력 대신에 코사인 입력으로 바꾸고, 명령어 "lsim"을 사용한다.

```
CEMTool>> r = cos(t);
CEMTool>> yc = lsim(nt, dt, r, t);
```

즉, 입력 r를 원하는 입력으로 바꾸고 바꾼 입력을 출력하는 데 사용하면 된다. 만약 입력으로 포물선함수(parabola)를 사용하고 싶으면 다음과 같이 한다.

```
CEMTool>> r = t.^2;
CEMTool>> y = lsim(nt, dt, r, t);
```

예제 **임펄스와 램프응답 구하기**

임펄스와 램프응답의 예로서 감쇠율(ζ)이 0.5이고, 고유진동수(ω_n)가 2일 경우에 플랜트 $G(s)=\dfrac{\omega_n^2}{s^2+2\zeta\omega_n s+\omega_n^2}$의 임펄스와 램프응답을 출력해 보자.

단계 1) 주어진 감쇠율과 고유진동수의 값을 설정하고 주어진 플랜트 G를 CEMTool에서 입력한다.

```
wn=2; zeta=0.5;

ng=wn^2;                //전달함수 분자
dg=[1 2*zeta*wn wn^2];  //전달함수 분모
```

단계 2) 임펄스 응답을 구하기 위해 "impulse" 함수를 사용하고 임펄스 응답을 계산해서 yi라는 변수에 저장한다.

```
//임펄스 응답

t=[0:5:0.1];            //시간범위 설정

yi = impulse(ng,dg,t);  //임펄스 응답
```

단계 3) 저장된 응답 값 yi와 설정한 시간을 이용해서 그래프로 도시한다.

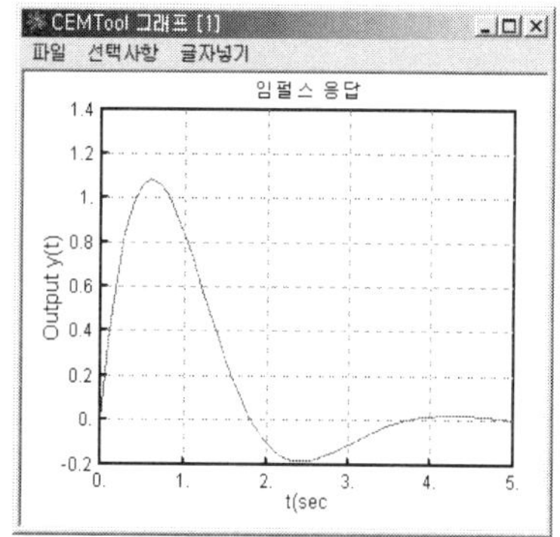

단계 4) 이번엔 램프응답을 살펴보기로 하자. 램프응답은 시간이 증가함에 따라 같이 증가하는 입력이다. CEMTool에서는 특별히 임펄스 응답처럼 램프응답을 구하는 함수는 제공하지 않는다. 따라서 램프응답을 구하기 위해서는 시간에 따라 증가하는 램프입력을 만든다. 주어진 입력과 "lsim"을 사용해서 램프응답을 구한다.

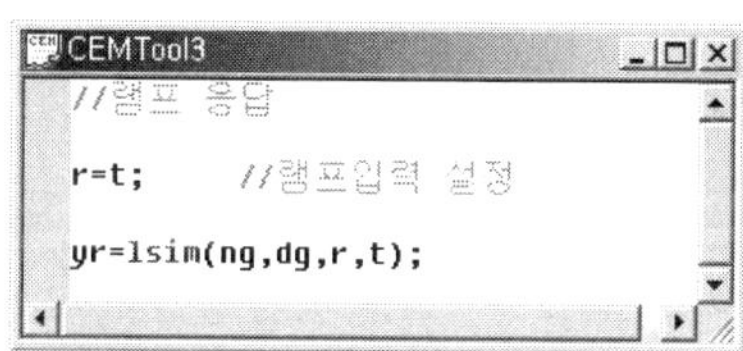

단계 5) 구해진 램프응답을 yr이라는 변수에 저장했다. 그다음 이 저장된 변수를 그래프로 나타내보자. 앞에서 구한 임펄스응답 그래프가 지워지지 않도록 먼저 "figure" 명령어를 실행한다. 그런 다음 "plot" 명령어를 이용해서 램프응답에 대한 그래프를 그린다.

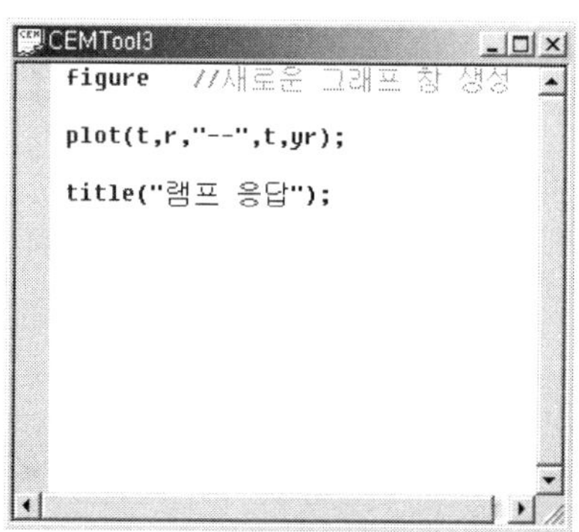

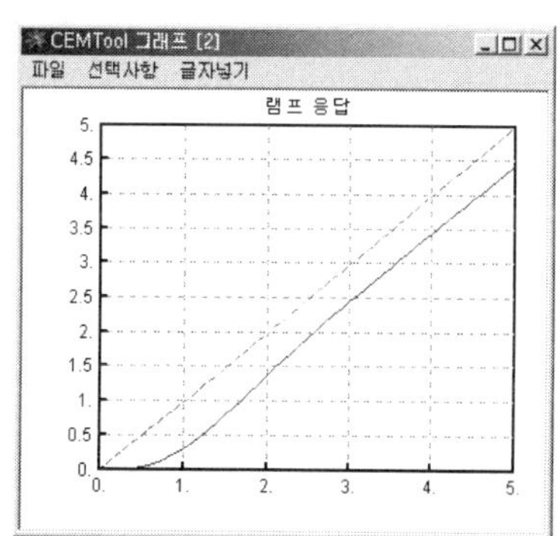

극점과 과도응답

시스템의 과도응답은 극점의 위치 및 극점과 영점의 상대적인 위치에 따라서 그 형태가 달라진다. 극점이 우반평면에 있으면 시스템은 불안하고, 시간응답은 발산한다. 극점이 좌반평면에 있으면 시스템이 안정하고 시간응답은 일정한 값으로 수렴한다. 좌반평면의 극점이 원점 및 허수축과 멀수록 정상상태에 도달하는 시간이 빨라진다. 영점이 우반평면에 존재하는 경우 하향 오버슈트가 발생하며, 영점과 원점과의 거리가 극점과 원점과의 거리보다 클수록 최대 오버슈트 및 하향 오버슈트의 값이 작아진다.

일반적으로 주어진 시스템에 영점이 있는 경우, 폐루프극점을 원점 및 허수축에서 멀어지게 할수록 정착시간이 짧아지지만 최대 오버슈트 및 하향 오버슈트의 값이 커지며, 폐루프극점을 원점 근처로 이동하면 정착시간은 길어지지만 최대 오버슈트 및 하향 오버슈트의 값은 작아지는 특징을 가진다. 이 절에서는 극점의 위치와 시스템 성능 간의 관계를 보다 구체적으로 분석하여 정량적인 관계로 유도하기로 한다. 먼저 영점이 없는 2차 시스템의 경우를 다루어 보자.

시간영역 특성 가운데 특기할 사항은 ω_n이 일정한 경우에, 감쇠비 ζ가 커질수록 오버슈트는 줄어들지만, 오름시간은 커지기 때문에 오버슈트와 오름시간 가운데 어느 한 쪽을 좋게 하려면 다른 쪽이 나빠지는 상충관계를 갖는 다는 점이다. 따라서, 2차시스템을 제어할 때는 이러한 상충관계를 적절히 절충시키면서 시스템의 특성을 개선하는 방식으로 제어기를 설계해야 한다. 2차 표준형 시스템의 오름시간, 최대 오버슈트, 정착시간은 위에서 알아본 것과 같이 극점의 위치에 의존한다.

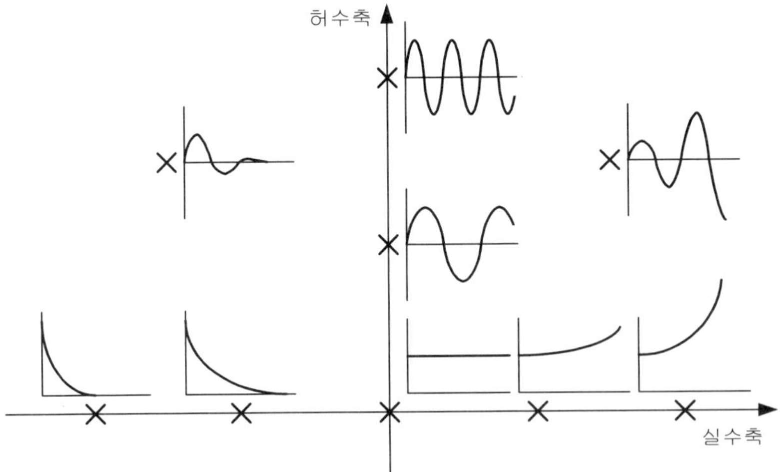

영점이 없는 경우 극점의 위치에 따른 임펄스 응답파형의 변화는 그림과 같이 요약할 수 있다. 이 그림을 보면 극점이 좌(우)반평면에 있으면서 허수축으로부터 멀어질수록 수렴(발산)속도가 빨라지며, 실수축으로부터 멀어질수록 진동주파수가 높아지는 것을 알 수 있다.

예제 계단응답특성

다음과 같은 전달함수로 표시되는 시스템의 근을 구하고 단위계단 응답 특성을 비교해 보자.

$$G_1(s) = \frac{9}{s^2 + 3s + 9}, \quad G_2(s) = \frac{9}{s^2 + 4s + 9}$$

단계 1) 먼저 위에서 주어진 G_1, G_2의 전달함수를 CEMTool에서 입력한다.

```
CEMTool4
num=9; //분자는 두 개 모두 같음

den1=[1 3 9]; //G1의 분모항

den2=[1 4 9]; //G2의 분모항
```

단계 2) 두 개의 전달함수의 근을 구한다. 근을 구하는 명령어는 “roots” 명령어를 사용한다.

```
CEMTool 명령어 창
CEMTool>>roots(den1)
 r =
       -1.5 + 2.5981i
       -1.5 - 2.5981i
CEMTool>>
CEMTool>>roots(den2)
 r =
         -2 + 2.2361i
         -2 - 2.2361i
CEMTool>>
```

두 개의 극점을 비교해 보면 G_2의 극점이 허수축으로부터 더 멀리 있다는 것을 알 수 있다. 반대로 G_1의 극점은 실수축으로부터 멀리 떨어져 있다.

단계 3) 두 개의 단위계단 응답 특성을 비교해 보자.

```
CEMTool4
t=[0:5:0.1]; //시간 범위 설정

y1=step(num,den1,t); //G1의 단위계단 응답

y2=step(num,den2,t); //G2의 단위계단 응답
```

단계 4) 두 전달함수의 특성을 비교하기 위해 하나의 그래프에 2개를 동시에 그려본다.

```
plot(t,y1,":",t,y2);  //2 개를 동시에 그림

title("단위계단 응답 특성")

xtitle("time(sec)");
ytitle("Amplitude");
```

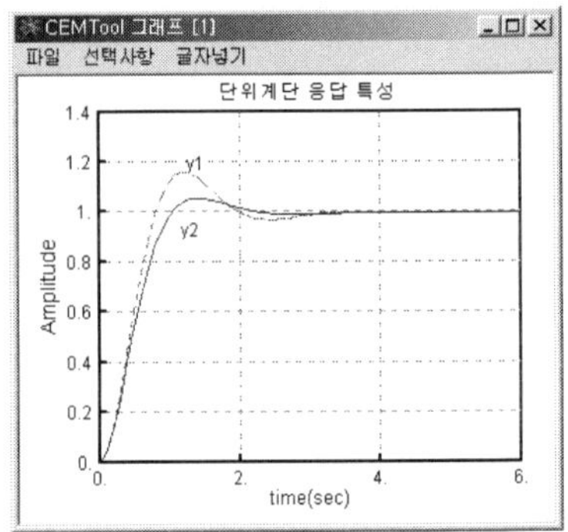

앞에서 설명한 것처럼 허수축에서 멀리 있는 G_2의 응답이 좀 더 빨리 수렴하는 것을 볼 수 있고 실수축으로부터 멀리 있는 G_1의 응답에서 진동이 더 큰 것을 볼 수 있다.

일차시스템의 응답

유압식 조속기, 온도프로세스, RC회로망 및 전동장치 등 많은 시스템 모델은 다음과 같은 1계 선형 상미분방정식, 즉 1차 시스템으로 간략화되어 표현된다.

$$\tau y'(t) + y(t) = u(t)$$

여기서, $y(t)$, $u(t)$는 각각 시스템의 출력과 입력을 나타내고, $y'(t)$는 $y(t)$의 도함수 $\dfrac{dy(t)}{dt}$이다. 따라서, 이 시스템의 전달함수는 다음과 같다.

$$G(s) = \frac{Y(s)}{U(s)} = \frac{1}{1+\tau s}$$

이다. 여기서 $Y(s) = \mathcal{L}[y(t)]$, $U(s) = \mathcal{L}[u(t)]$이다. 이 시스템에 입력 $u(t)$로 계단함수, 램프함수 및 임펄스함수를 각각 가하면 그 응답은 다음과 같다.

입 력	프로그램	응답모양
계 단	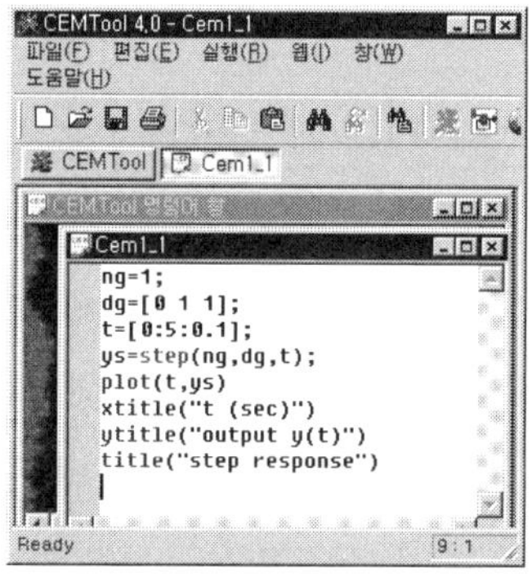	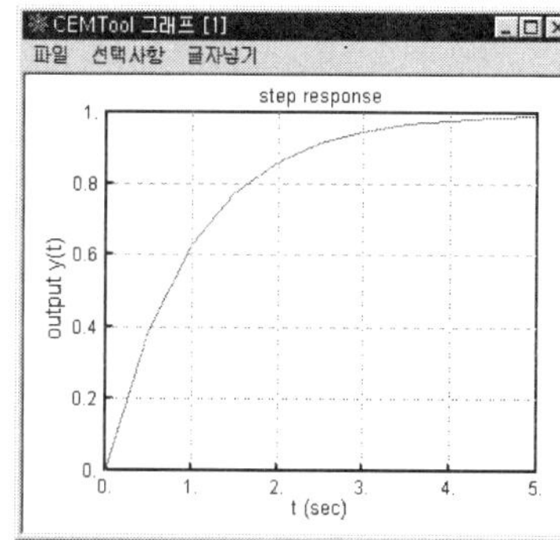
램 프	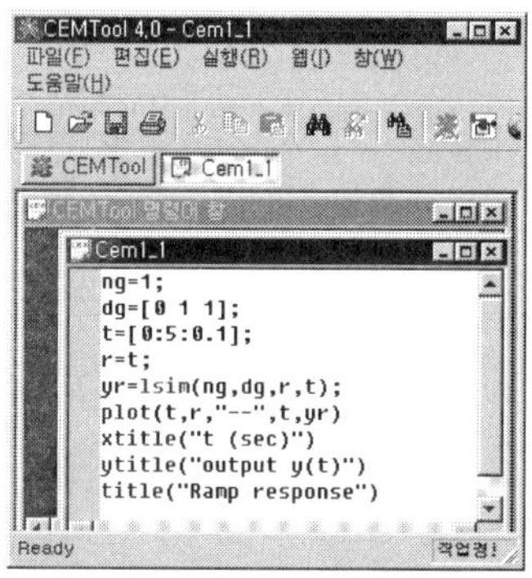	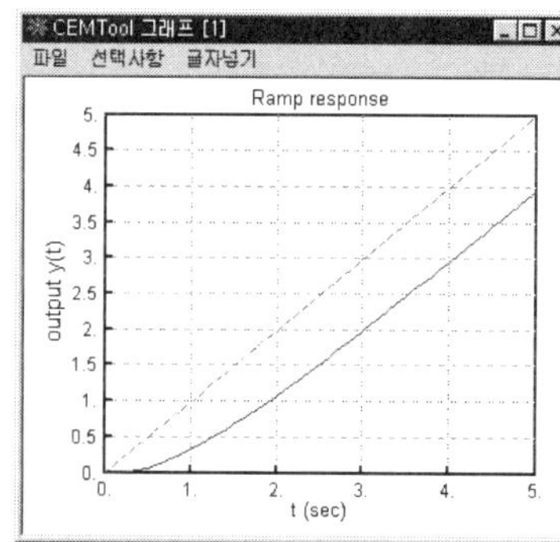
임펄스	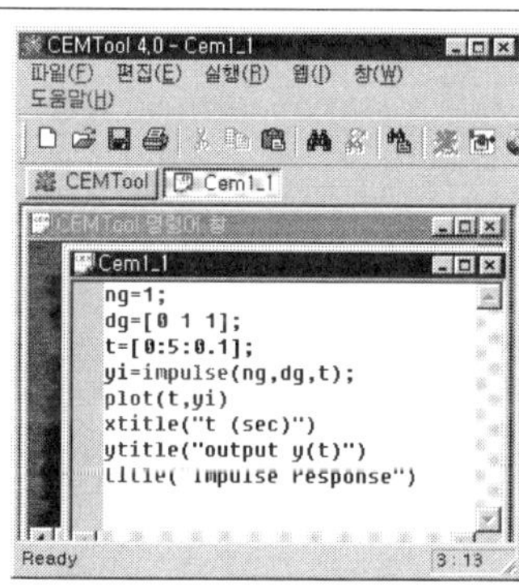	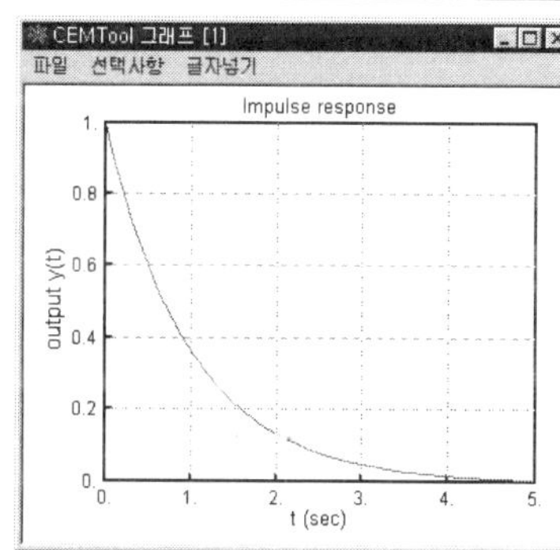

정상상태오차

제어 시스템의 궁극적인 목적은 시스템의 출력이 우리가 원하는 신호가 되도록 하는 것이다. 따라서 시스템의 입력으로 우리가 원하는 신호, 즉 기준입력을 선정한 뒤에 시스템의 출력과 얼마나 차이가 있는지를 알아볼 필요가 있다. 이 장의 앞 절에서는 과도응답에 초점을 맞추어 시스템의 응답을 구하였으며, 그 과정에서 정상상태 응답에 대해서는 대략적으로만 언급되었다. 따라서, 여기서는 정상상태 오차(steady state error)

라 불리는 파리미터를 이용하여, 정상상태 응답에 대해서 체계적으로 다루려 한다. 다음과 같은 개루프(open loop) 전달함수 $G(s)$를 가진 피드백 시스템을 고려하자.

$$G(s) = \frac{K(T_a s+1)(T_b s+1)\dots(T_m s+1)}{s^n(T_1 s+1)(T_2 s+1)\dots(T_p s+1)}$$

여기서, $n=0, n=1, n=2,$ ...에 따라 시스템을 각각 0형(type), 1형, 2형, 등으로 분류한다. 이러한 형의 수가 증가함에 따라 정확도는 개선되지만 안정도가 악화된다. 그림에 표시한 피드백 시스템을 고려해보자.

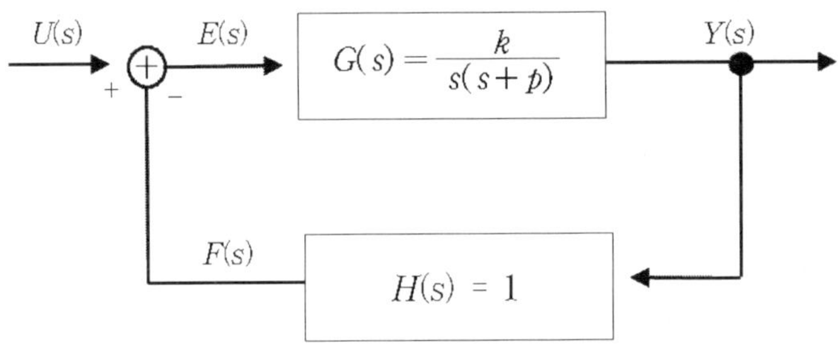

이 시스템의 폐루프 전달함수는 $\frac{C(s)}{R(s)} = \frac{G(s)}{1+G(s)}$이고, 따라서 작동오차신호 $e(t)$와 입력신호 $r(t)$ 사이의 전달함수는 다음과 같다.

$$\frac{E(s)}{R(s)} = 1 - \frac{C(s)}{R(s)} = \frac{1}{1+G(s)}$$

여기서, 작동오차신호 $e(t)$는 입력신호와 피드백신호의 차이다. 라플라스 변환에서 최종값 정리를 사용하면 시스템의 정상상태오차를 편리하게 구할 수 있다. 즉, 위의 식에서 $E(s) = \frac{1}{1+G(s)}R(s)$이므로, 정상상태오차는 다음과 같다.

$$e_{ss} = \lim_{t\to x} e(t) = \lim_{s\to 0} sE(s) = \lim_{s\to 0}\frac{sR(s)}{1+G(s)}$$

제어대상 $G(s)$ 앞단에 이득제어기(K)를 포함한 단위 부피드백 시스템으로써 계단입력, 램프입력, 가속도입력에 대하여 0형, 1형, 2형의 일차시스템의 정상상태오차를 정리하면 다음과 같다.

시스템 \ 입력	계단입력 $u(t) \Rightarrow \frac{1}{s}$	램프입력 $t \Rightarrow \frac{1}{s^2}$	가속도입력 $\frac{1}{2}t^2 \Rightarrow \frac{1}{s^3}$
0형 시스템: $\frac{1}{s+1}$	$\frac{1}{1+K}$	∞	∞
1형 시스템: $\frac{1}{s(s+1)}$	0	$\frac{1}{K}$	∞
2형 시스템: $\frac{1}{s^2(s+1)}$	0	0	$\frac{1}{K}$

유한한 크기의 정상상태 오차는 대각선상에 나타난다. 즉, 대각선 위쪽의 정상상태 오차는 무한대이고 아래쪽은 0이다. 따라서, 정상상태 오차를 줄이기 위해서는 다음의 세 가지에 유의해야 한다.

- 주어진 제어대상 시스템의 형태가 분모에 s항이 많아야 한다. (다형 시스템)
- 램프, 가속도, 포물선 등 급격히 값이 커지는 입력은 가능한 한 피한다.
- 제어기의 이득값(K)이 가능한 한 커야 한다.

2.2 안정도와 근궤적

시스템제어에서 가장 중요한 것이 시스템의 안정도이다. 왜냐하면 시스템이 안정해야 입력에 대한 출력을 분석할 수 있기 때문이다. 시스템이 불안정하면 실제로 입력에 대한 출력을 분석하지도 못할 뿐만 아니라 시스템 그 자체의 가치를 잃게 된다. 간단한 예로 냉장고의 온도를 정하는 시스템을 보자. 냉장고의 온도를 제어하는 냉각시스템이 불안정해서 만약에 기준온도로 설정한 온도를 유지하지 못하면, 온도가 높아지므로 냉장고로서의 가치를 잃게 된다. 이처럼 시스템의 안정도는 제어시스템에 있어서 제일 먼저 만족되어야 할 가장 중요한 요소이다.

일반적으로 LTI(Linear time invariant), SISO(single-input single-output) 시스템에서는 모든 한정된 크기의 입력값에 대하여 한 시스템의 출력값이 한정된 크기가 되면 그 시스템은 안정되고, 그렇지 못하면 안정되지 않다고 한다. 입력과 출력의 관계에 따른 시스템의 안정도는 특성방정식의 근 또는 시스템의 고유값들을 가지고 쉽게 조사할 수 있다. 일반적으로 제어기를 사용하는 이유는 시스템의 수행을 증진시키기 위함이지만, 불안정한 시스템을 안정하게 하는 보다 중요한 역할이 있다는 것을 염두해 두어야 한다. 선형시불변 시스템의 입출력 전달특성은 전달함수로 나타낼 수 있으며 이 전달함수는 복소변수 s를 독립변수로 갖는 복소함수로서 대부분의 경우 분자, 분모부가 각각 다항식의 형태로 표시되는 분수함수의 형태를 갖는다. 이 중에서 전달함수 분모부와 분자부를 0이 되게 만드는 s값을 각각 극점과 영점이라 하는데, 이 극점과 영점은 시스템의 시간영역에서의 과도상태 및 정상상태 특성과 밀접한 관련을 갖고 있다.

먼저 안정도의 정의를 살펴보고 안정도와 극점·영점의 관계를 정리한다. 그리고 극점과 영점의 위치에 따라 시간영역에서 과도상태와 정상상태 특성이 어떻게 달라지는지 보기로 한다.

안정도와 극점/영점

시스템의 안정도를 점검하는 가장 기본적인 방법으로 유한 입출력 안정도 혹은 BIBO(Bounded-input bounded-output) 안정도라는 방법이 있다. 이 방법은 말 그대로 모든 한정된 크기의 입력들이 한 시스템에 주어졌을 경우에 각각 한정된 크기의 출력이 나오는가를 점검한다. "한 실수함수가 한정되다."라는 정의는 그 함수의 절대값이 0보다 큰 어떤 상수보다 작을 경우를 말한다.

$$|f(x)| < k, \quad k > 0 \text{일 때} \Rightarrow \text{상수 } k\text{에 의해 한정된 } f(x)$$

시스템의 BIBO 안정도는 폐루프 전달함수를 조사함으로써 쉽게 알아볼 수 있다. 전달함수의 분모, 분자의 차수를 조사하거나 특성방정식의 근을 조사함으로써 시스템이 안정한가를 판단할 수 있다. 전달함수가 $G(s)$인 어떤 시스템이 유한입출력 안정(BIBO)하려면 전달함수의 극점들이 모두 s평면 좌반평면에 있어야 한다.

물론, 여기에서 제시하는 안정도 영역은 원점과 허수축을 제외한다. 만일 원점이나 허수축에 극점이 있는 경우에는 임펄스응답에 상수항이나 삼각함수항이 나타나면서 시스템은 불안정하다. 그러나 극점이 s평면 좌반평면에 있기만 하면 다중극점이라 하더라도 시스템은 안정하다. 다음의 각 경우를 통해서 시스템의 안정도를 자세히 알아보자.

1) 극점과 시간영역 특성

극점은 시스템의 정상상태와 과도상태 특성 모두에서 거의 결정적인 영향을 미친다.

극점의 위치에 따라 과도상태는 물론이고 정상상태에서의 시스템 출력신호의 변화가 크게 달라지게 된다. 이미 다룬 바 있는 극점과 시스템 특성 사이의 관계를 요약하면 다음과 같다

- 극점이 좌반평면에 있으면 시스템은 안정하고, 우반평면에 있으면 불안정
- 극점이 좌(우)반평면에 있으면서 허수축으로부터 멀어질수록 출력신호의 수렴(발산) 속도가 빨라진다.
- 극점이 실수축으로부터 멀어질수록 출력신호의 진동주파수가 높아진다.

전달함수의 분모부는 실수범위에서 인수분해를 할 경우에 항상 1차나 2차인수로 분해되며 대응하는 극점은 각각 실극점과 복소극점이 된다. 따라서 전달함수의 실극점과 복소극점 각각에 대응하는 시간영역 특성을 알면 이로부터 이 전달함수로 표시되는 시스템에 대한 시간영역 특성을 미루어 알 수 있다. 여기서는 실극점과 복소극점 각각의 경우에 대해서 극점의 위치에 따라 시간영역 특성과 시스템 성능이 어떻게 달라지는가를 요약하기로 한다.

예제 **극점 하나가 원점에 있는 경우**

또 다른 경우의 BIBO 안정도를 조사해 보자. 페루프 전달함수의 극점 하나가 다음과 같이 원점에 있는 경우이다.

$$T(s) = \frac{1}{s(s+1)}$$

단위계단입력을 가한 경우에는 $R(s) = \dfrac{1}{s}$ 이므로 출력은 아래와 같다.

$$Y(s) = T(s)R(s) = \frac{1}{s(s+1)} \cdot \frac{1}{s} = -\frac{1}{s} + \frac{1}{s^2} + \frac{1}{s+1}$$

이 식을 라플라스 역변환하면 다음과 같다.

$$y(t) = -1 + t + e^{-t}, \quad t \geq 0$$

결과적으로 시간 t가 커짐에 따라서 출력 y는 무한으로 커지므로 BIBO 안정하지 않다. 따라서, 페루프 전달함수의 극점이 원점에 있으면 시스템은 안정하지 않다. CEMTool을 사용해서 출력을 계산하고 출력이 무한으로 크게 됨을 확인해 보자.

단계 1) 우선 t값의 범위를 설정하고 주어진 위의 식을 CEMTool에서 입력한다.

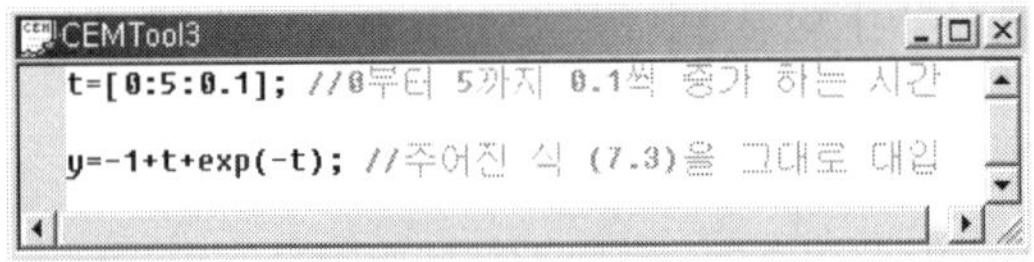

단계 2) 계산된 출력 y값과 시간 t를 사용해서 그래프로 나타낸다.

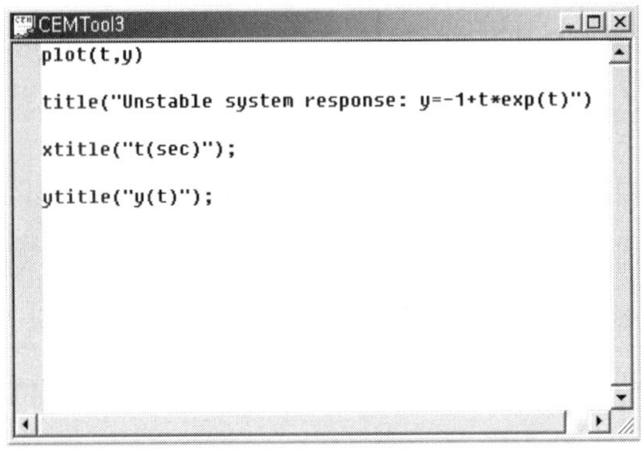

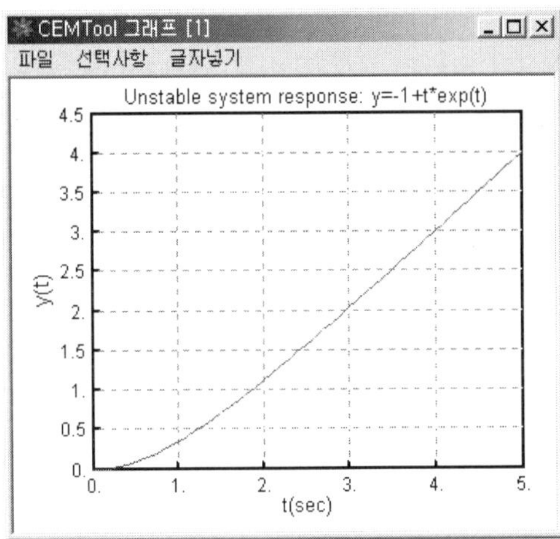

그림에서 확인할 수 있듯이 시간이 지남에 따라 출력이 커져서 한정된 범위 안에 들어오지 않음을 알 수 있다. 따라서 이 시스템은 안정한 시스템이 아니다.

예제 극점이 허수축에 놓여 있을 경우

이번에는 폐루프 전달함수의 극점이 허수축에 놓여 있을 경우를 알아보자.

$$T(s) = \frac{1}{s^2+9}$$

두 극점이 $\pm 3j$로 허수축 선상에 놓여 있음을 알 수 있다. 한정된 입력으로 코사인함수 $r(t) = \cos 3t$를 사용할 때의 출력을 계산해 보면 다음과 같다.

$$Y(s) = T(s)R(s) = \frac{1}{s^2+9} \cdot \frac{s}{s^2+9} = \frac{s}{(s^2+9)^2}$$

이 식을 라플라스 역변환을 해서 시간영역에서의 응답은 다음과 같다.

$$y(t) = \frac{1}{6} t \sin 3t \, , \; t > 0$$

즉, $t \rightarrow \infty$일 때, $y(y) \rightarrow \infty$임을 알 수 있으므로 이 경우에도 시스템은 불안정하다. 따라서, 두 근이 허수축에 있으면 시스템은 불안정하다. CEMTool을 사용해서 시스템의 응답을 도시화해보면, 그림에 보여진 것처럼 시간이 지남에 따라 출력이 점점 크게 됨을 알 수 있다.

단계 1) 먼저 시간영역을 설정하고 주어진 식을 CEMTool에서 입력한다.

```
t=[0:5:0.1] // 0부터 5까지 0.1씩 증가하는 시간

y=1/6 *t.*sin(3*t);
```

단계 2) 설정한 시간 동안 계산된 출력 y를 그래프로 그려 보자.

```
plot(t,y)

title("Unstable system response: y=1/6 t sin(3t)")

xtitle("t(sec)");

ytitle("y(t)");
```

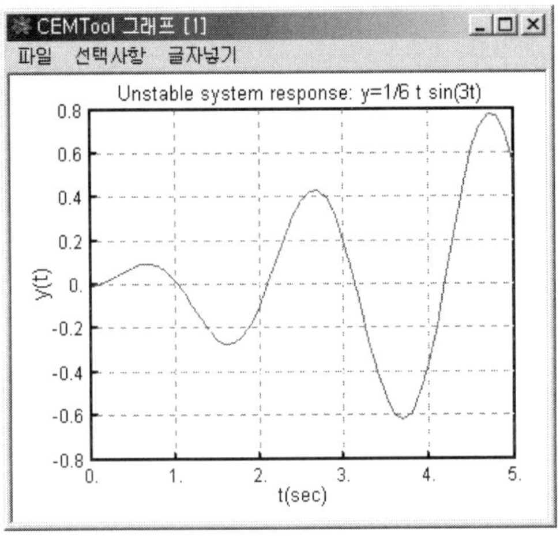

지금까지 간단하게 특성방정식의 근을 가지고 안정도를 점검해 보았는데, 한 시스템이 안정하기 위한 조건들을 결론적으로 정리하면 다음과 같다.

"폐루프의 전달함수 $T(s)$의 분모의 차수가 분자의 차수보다 크고, s-평면상에서 특성방정식의 모든 근들이 허수축을 제외한 왼쪽 평면에 놓이게 되면 시스템은 안정하다."

2) 영점과 시간영역 특성

극점은 시스템의 안정도에 직결되어 있으며, 정상상태와 과도상태 모두에서 시스템의 출력응답에 큰 영향을 미친다. 영점은 이러한 극점처럼 시스템의 특성에 결정적인 영향을 주지는 않는다. 그러나 영점도 위치에 따라서 과도상태에서의 시스템 출력에 적잖은 영향을 준다. 영점과 시스템 특성 사이의 정성적인 관계에 대해서는 이미 다루었는데 그 내용을 요약하면 다음과 같다.

- 영점이 허수축으로부터 멀리 떨어져 있으면 영점은 시스템 출력에 거의 영향을 안준다.
- 영점이 좌반평면에 있으면서 허수축에 가까워질수록 출력신호의 오버슈트가 커진다.
- 영점이 우반평면에 있으면 하향 오버슈트가 생기며, 하향 오버슈트의 크기는 영점이 허수축에 가까워질수록 커진다.

이와 같이 영점의 위치에 따라 시스템의 과도상태 특성이 상당히 달라질 수 있지만, 시간영역 특성에는 극점의 영향도 크게 나타나기 때문에 영점과 시간영역 특성계수 사이의 관계를 극점과 시간영역 특성계수 사이의 간단한 공식으로 나타내기는 어렵다.

Routh-Hurwitz 안정도 판별법

BIBO 안정도를 점검하는 방법으로 특성방정식의 근을 구하지 않고, 특성방정식의 각 항의 부호를 통해서 안정도를 점검하는 방법이 있는데 이러한 방법을 Routh-Hurwitz(루쓰-허위츠) 안정도 판별법이라 한다. Routh-Hurwitz 안정도 판별법은 시스템의 안정도뿐만 아니라 몇 개의 근이 불안정한 근인가, 즉 몇 개의 근들이 s-평면 상의 오른쪽에 위치하는가를 알려준다. 예를 들어서 다음 특성방정식(전달함수의 분모항)을 고려해 보자.

$$d(s) = s^4 + 3s^3 + 2s^2 + 5s + k$$

특성방정식은 k값에 따라 안정도가 좌우됨을 알 수 있다. 우선, k가 양수이어야함은 필요조건으로 알 수 있지만 충분조건을 만족하기 위해서 무슨 값이어야 하는가는 조사를 해야 한다. Routh-Hurwitz 분석방법으로 안정도를 점검하려면 아래와 같은 표(Routh-array)를 만들고, 첫 번째 열의 부호를 조사하면 된다. 첫 번째 열의 모든 부호가 같아야 시스템은 안정하다. 만약 부호가 바뀌면 바뀐 수에 따라 불안정한 근의 수가 정해진다.

s^4	1	2	k
s^3	3	5	
s^2	$\frac{2*3-1*5}{3} = \frac{1}{3}$	k	
s^1	$\frac{5*\frac{1}{3}-3*k}{\frac{1}{3}} = 5-9k$		
s^0	k		

위의 표에서 시스템의 안정도를 만족하기 위해 첫 번째 열의 값이 모두 양수로 같게 되려면 다음 두 식이 동시에 성립되어야 한다.

$$k > 0 \text{이고, } 5 - 9k > 0$$

그러므로 $0 < k < \frac{5}{9}$일 때 시스템은 안정하게 된다.

만약 $k=1$이라면, 식의 범위를 벗어나게 되어 위의 array에서 부호가 2번 바뀌게 되는데 이는 s-평면의 오른쪽에 두 근이 존재함을 나타낸다. 따라서 BIBO 안정도에 위배되므로 불안정하다. 그러면 $k=1$일 경우에 CEMTool을 통해서 근이 s-평면의 오른쪽에 위치하는가를 확인해 보자. 함수 "roots"를 사용하면 쉽게 근의 위치를 알아낼 수 있다. "roots" 명령어 안에 쓰이는 변수는 특성방정식의 계수들을 내림차순으로 나열하여 이루어지는 벡터이다.

단계 1) $k=1$일 경우의 근을 구하는 것이므로 CEMTool에서 $k=1$이라고 설정한 다음 식을 입력한다.

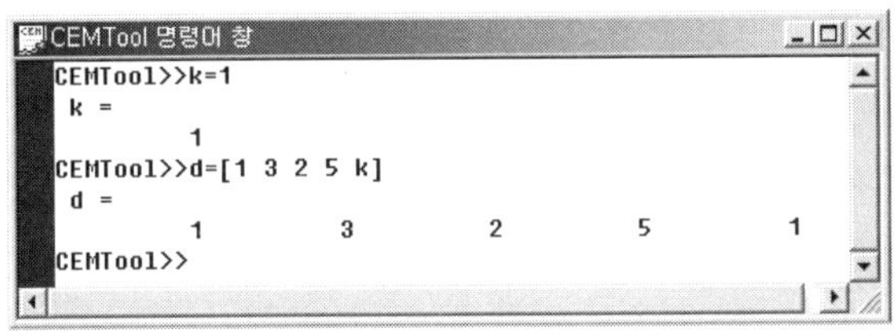

단계 2) 근의 위치를 구하기 위해 "roots" 명령어를 사용한다.

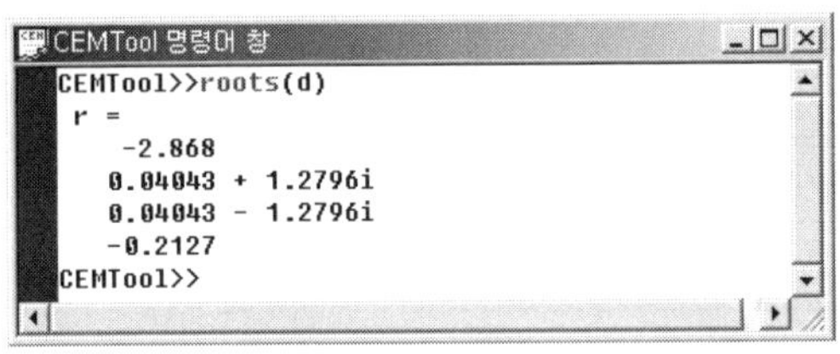

두 복소수 근들이 허수축의 오른쪽에 있음을 알 수 있다. 그러면 k가 안정한 범위 안에 있을 때의 근들을 알아보자.

예제 **이득값에 따른 근의 위치**

특성방정식에서 이득값 k를 달리 했을 때, 폐루프 방정식의 근들을 구해서 그 근들의 움직임을 그림으로 보자.

단계 1) 이득값 k의 범위를 먼저 설정한다. 여기서는 0부터 2까지 0.5씩 증가한다고 설정한다.

```
CEMTool>>k=[0:2:0.5]
 k =
         0    0.5000    1.0000    1.5000    2.0000
CEMTool>>
```

단계 2) 위에서 만들어진 k의 개수만큼 근을 구해야 하므로 for문으로 k의 개수만큼 반복한다. 그리고 페루프 방정식의 분모항의 방정식도 k가 바뀌면서 같이 바뀌므로 다음과 같이 설정 한다.

```
for(i=1;i<length(k)+1;i=i+1)
{
  d=[1 3 2 5 k(i)] ; // 전달함수의 분모항
```

i가 1일 때는 $k(i)$=0이 되고 i=2일 때 $k(i)$=0.5가 된다. 즉 위의 프로그램은 for문을 돌면서 k값을 순서대로 하나씩 바꾸는 프로그램이다. k가 바뀌면서 동시에 분모항인 $d(s)$도 바뀌게 되므로 d=[1 3 2 5 $k(i)$]라고 설정해야 한다.

단계 3) k값이 바뀌면서 동시에 그때의 근을 구해야 하므로 단계 2)의 프로그램에 근을 구하는 항을 추가한다.

```
for(i=1;i<length(k)+1;i=i+1)
{
  d=[1 3 2 5 k(i)] ; // 전달함수의 분모항
  root=roots(d);
```

k값에 해당하는 분모항 d가 구해지고 그다음 구해진 d에 대한 근을 구하는 항이 추가되었다. 현재 분모항에 해당하는 근이 root라는 변수에 저장된다. 하지만 이대로는 for문을 돌면서 k값이 바뀔 때마다 "roots" 이용해서 구한 근도 같이 바뀌므로 나중에 그래프를 그리기 위해서는 현재 계산된 이 근을 저장해야 한다. 따라서 저장하는 과정을 또 추가해야 된다.

단계 4) 위에서 구한 근을 저장하는 루틴을 추가한다. 역시 근도 하나가 아니라 여러 개가 나오므로 이 루틴에도 for문이 필요하다.

CEMTool3

```
index=1;
for(i=1;i<length(k)+1;i=i+1)
{
  d=[1 3 2 5 k(i)] ; // 전달함수의 분모항
  root=roots(d);
  for(j=1;j<length(root)+1;j=j+1) //근의 갯수만큼 반복
  {
    r(index;1)=root(j); //위에서 구한 근을 r 변수에 저장
    index++;
  }
}
```

위 과정에서 구한 근들은 root라는 변수에 저장되어 있다. 따라서 근의 개수만큼 for문을 통해 반복하면서 root(j)를 사용해서 근을 하나씩 지정한다. 그다음 r이라는 변수에 이 근들을 따로 저장해야지만, i=2가 되면서 다시 for문을 반복할 때 전에 구한 근들이 지워지지 않고 r이라는 변수에 순서대로 저장되는 것이다. 여기서 index는 r이라는 변수에 해당하는 index이다. 이것을 한번 저장할 때마다 하나씩 증가시켜야만 위에서 구한 모든 근들이 순서대로 저장한다. 따라서 for문을 실행하기 전에 index=1로 초기화를 시켜줘야 한다. 근을 저장할 때마다 index가 하나씩 증가해서 r이라는 변수에 저장된다. 여기서 index++는 index=index+1와 같은 의미이다. 루틴을 1번 실행했을 때와 2번 반복 실행했을 때 중간 결과를 살펴보자.

CEMTool 명령어 창

```
CEMTool>>r
         0
   -2.904
  -0.04792 + 1.3112i
  -0.04792 - 1.3112i
CEMTool>>
```

CEMTool 명령어 창

```
CEMTool>>r
         0
   -2.904
  -0.04792 + 1.3112i
  -0.04792 - 1.3112i
   -2.886
 -0.004952 + 1.2927i
 -0.004952 - 1.2927i
   -0.1037
CEMTool>>
```

위의 그림을 보면 i가 1일 경우 즉 for문을 1번만 돌았을 경우에는 r이라는 변수에 4개의 근이 저장되어 있다. 하지만 i가 2일 경우, 즉 for문을 2번 돌았을 경우에는 r이라는 변수에 8개의 근이 저장되어 있는 것을 볼 수 있다. 한 번에 4개의 근이 나오므로 for문을 반복할 때마다 4개씩 증가하는 것이다.

단계 5) 이렇게 저장된 근들을 그래프로 그려보자. 반드시 실수부분과 허수부분을 따로 그려야 한다. 주어진 근에 복소수가 포함되어 있으므로 실수부분만을 구할 때는 "real"이라는 명령어를, 허수부분만을 구할 때는 "imag"라는 명령어를 사용하면 된다. 그래프의 x축을 real부분으로 하고, y축 부분을 imag 부분

으로 설정하고 그래프를 그리면 다음과 같다.

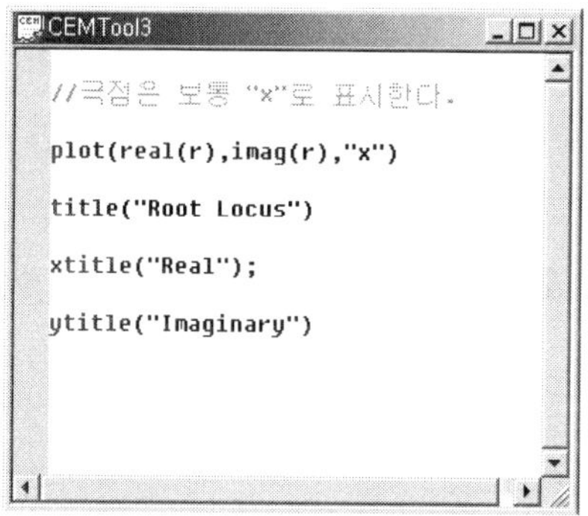

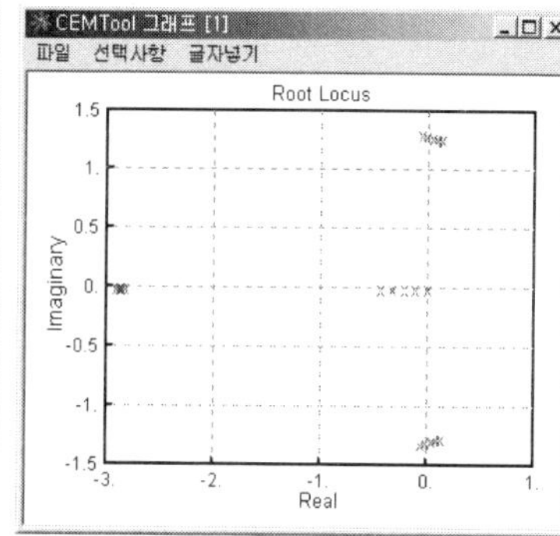

근궤적

폐루프 특성방정식의 근이 s-평면에 거주하는 위치에 따라 시스템의 안정도와 깊은 관계가 있음을 앞에서 공부해 보았다. 또한 이 근들이 위치하는 것에 따라 시스템 수행에도 밀접한 관계가 있음을 이득값을 조절하므로 알아보았다. 이처럼 특성방정식의 근의 값에 따라 시스템의 출력에 미치는 영향이 크게 달라지게 된다. 앞에서 그린 그래프는 이러한 근들의 값들을 s-평면상에서 제어기의 이득값 K의 값이 변함에 따라 계속적인 위치로 나타난다. 이처럼 이득값에 따른 근들의 움직임을 한 눈에 알아볼 수 있도록 그린 그림을 "근궤적(root locus)그림"이라 한다. 근궤적 그림을 사용하여 LTI시스템의 제어기를 설계하는 방법은 가장 자주 사용되는 고전적이고, 간단하면서 효과적인 방법 중의 하나이다.

s-평면상에서 원하는 시스템의 수행, 오버슈트의 크기, 정착시간 등의 규격들을 가지고 근들이 놓여지기 원하는 영역을 구할 수 있다. 이러한 영역 안에서 요구되는 우세근들의 위치를 구하고, 그 위치에서의 이득값을 구하면 시스템은 성능규격을 만족하게 된다. 이러한 근궤적 그래프에서의 제어기 설계과정을 CEMTool을 사용한 방법으로 공부하기로 한다.

1) 근궤적의 기본 성질

시스템이 $G(s)$이고 입력 $R(s)$가 주어졌을 때 피드백 $H(s)$에 의한 출력 $Y(s)$가 나타난 시스템은 다음과 같다.

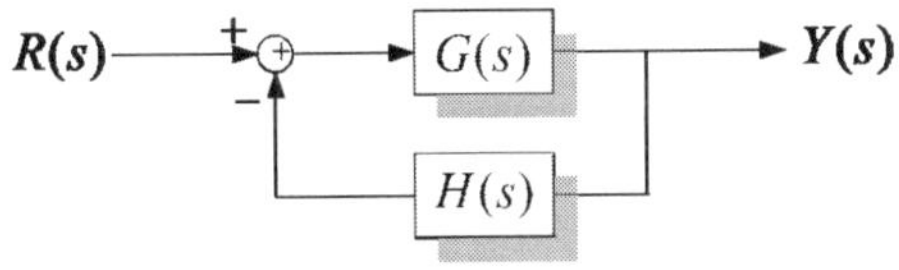

다음의 폐루프 전달함수를 통해서 근궤적기법의 특성을 살펴보자. 그림에서 폐루프 전달함수는 다음과 같이 구해진다.

$$T(s) = \frac{G(s)}{1 + G(s)H(s)}$$

특성방정식에서 전달함수 $G(s)H(s)$는 다음과 같이 표현된다.

$$G(s)H(s) = K\frac{N(s)}{D(s)}$$

여기서, K는 상수이다. 그림에서 제어기 $C(s)$까지 고려하면 위의 식은 다음과 같다.

$$G(s)C(s)H(s) = K\frac{N(s)}{D(s)}$$

따라서, $1 + GCH = 0$는 특성방정식을 나타내는데 위의 수식을 특성방정식에 대입하면 다음과 같다.

$$1 + K\frac{N(s)}{D(s)} = 0 \text{ 또는 풀어쓰면 } D(s) + KN(s) = 0$$

위 식의 근은 폐루프 특성방정식의 근, 즉 폐루프 전달함수의 극점이 된다. K가 영일 때는 폐루프극점은 $D(s)$의 근, 즉 전달함수 $GCH(s)$의 극점이 되고, K가 무한으로 커짐에 따라 $N(s)$의 근, 전달함수 $GCH(s)$의 영점이 됨을 알 수 있다. 다시 말하면, 근궤적은 폐루프 특성방정식의 근의 위치를 나타내는데 이 궤적은 이득값 K가 점점 증가함에 따라 개루프 전달함수 $GCH(s)$의 극점의 위치에서 출발하여 전달함수 $GCH(s)$의 영점의 위치에 도달하게 된다.

일반적으로 단일피드백 시스템에서는 $H(s) = 1$이므로 근궤적 그래프는 개루프전달함수 $GC(s)$의 극점과 영점으로부터 직접 그릴 수 있다. 근궤적의 주요 특징은 다음과 같다.

① 근궤적의 출발점은 극점이며 종착점은 영점이다.

② 근궤적의 전체 수는 극점의 차수와 같다.

③ 근궤적은 실수축에 대하여 대칭이다.

근궤적을 직접 작도하려면 다음의 순서대로 수행해야 한다.

[Step 1]
극점(pole)과 영점(zero)을 s-plane에 위치시킨다.

[Step 2]
실수축 $s=0$에 있는 극점과 영점 중 오른쪽 평면에서 보았을 때 첫 번째 극점이나 영점을 선택해서 그다음 극점이나 영점에 근궤적을 그린다. 그다음에도 극점이나 영점이 있으면 하나 건너 근궤적을 그린다.

[Step 3]
근궤적의 점근선의 각도는 $\alpha = -\dfrac{(2m+1)\pi}{n-m}$ 과 같다. 여기서, n은 극점의 수, m은 영점 수를 의미한다. 점근선의 형태는 아래와 같은 관계로 쉽게 구할 수 있다. 이때, $|n-m|=1$일 때는 점근선은 존재하지 않는다.

if $|n-m|=2$ 점근선은 | → (90°, 270°)
if $|n-m|=3$ 점근선은 ─< → (60°, 180°, 300°)
if $|n-m|=4$ 점근선은 × → (45°, 135°, 225°, 315°)

[Step 4]
점근선의 축점을 구하라. $\sigma = \dfrac{\sum poles - \sum zeroes}{n-m}$

[Step 5]
분기점(breakaway points)을 구하라.
$\dfrac{dK}{ds}=0$이 되는 s의 점들 중 근궤적 위에 있는 점을 의미한다.

[Step 6]
출발각을 구하라.

$$\angle G(s)H(s) = \sum_{i=1}^{m}(s+z_i) - \sum_{j=1}^{n}(s+p_j) = (2m+1)\pi = \pm 180°,\ \ \text{for}\ 0 \le K < \infty$$

$m = \cdots,\ -2,\ -1,\ 0,\ 1,\ 2,\ \cdots$ 중 골라서 사용하며, 보통 $\angle G(S)H(S) = \pm 180°$를 사용하면 무방하다.

근궤적의 여러 결과에서 알 수 있듯이 시스템의 안정성을 보다 더 확고히 하기 위해서는 제어대상의 전달함수에서 분모, 분자 다항식의 차이가 최소가 되도록 하는 것이 중요하며 차후 제어기 설계 시 이러한 점을 감안해야 한다.

2) CEMTool을 사용한 근궤적 그리기

근궤적 그래프는 전달함수를 수식과 같이 표현한 다음 CEMTool을 사용해서 간단히 그릴 수 있다.

예제 근궤적 그리기

예를 들어 $N(s)=1$이고, $D(s)=s^2+2s$일 때 근궤적을 그리면 CEMTool이 자동적으로 모든 범위를 설정하므로 근이 움직이는 전체적인 윤곽을 볼 수 있다.

단계 1) 주어진 $N(s)$와 $D(s)$ 다항식을 CEMTool에서 입력한다.

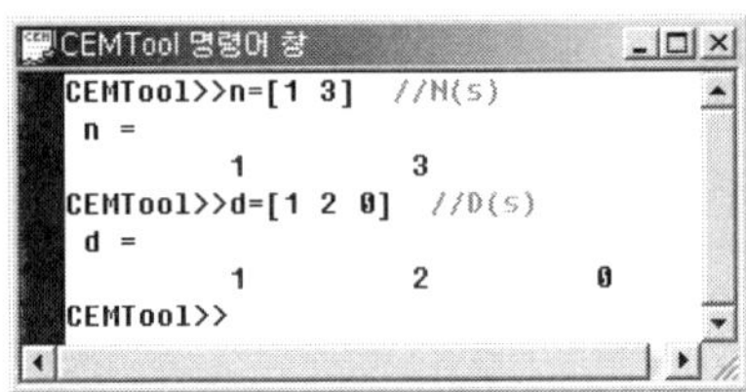

단계 2) 근궤적은 “rlocus” 함수를 사용해서 쉽게 그릴 수 있다.

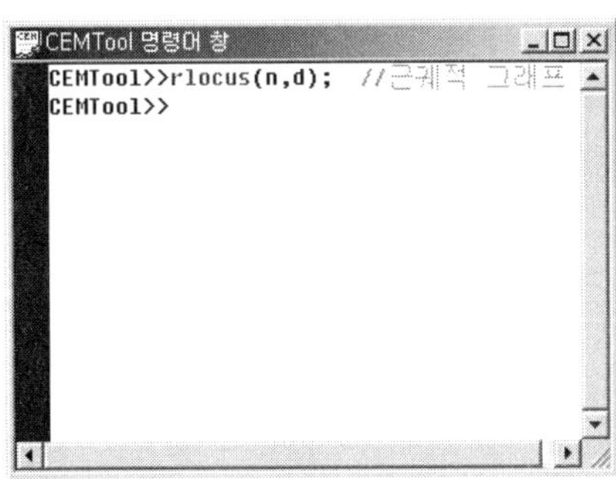

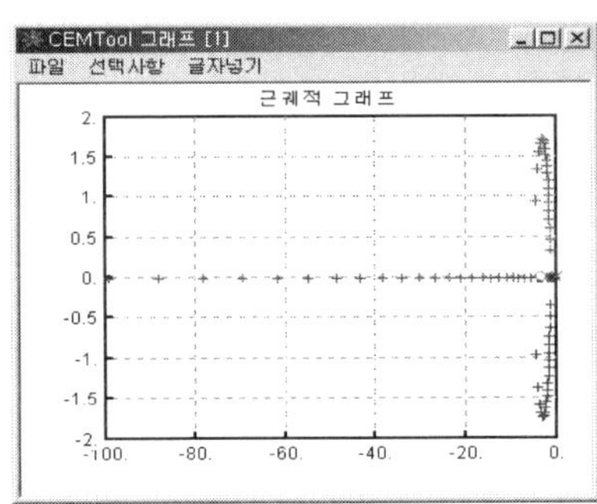

위의 근궤적 그래프는 근의 영역이 자동적으로 정해지기 때문에 자세하게 근궤적을 알 수 없다. 만약 K의 값을 특정한 범위에서 정하고 싶으면, 사용자가 범위를 설정해서 원하는 부분에서 근의 움직임의 윤곽을 자세하게 볼 수 있다. 근궤적 그래프에서 실수축과 허수축을 같은 크기로 보는 것이 효과적일 때가 있다. 이 경우에는 축의 크기와 간격을 조절하는 명령어를 사용하면, x축과 y축의 크기가 같은 사각형의 s-평면으로 나타난다. 만약 x축과 y축의 크기가 너무 차이가 나면 근궤적 그래프가 작게 보이므로 우선 축을 같은 크기로 만든다. 이처럼 그래프의 크기를 임의로 조절하기 위해서는 그래프창에서 마우스 오른쪽버튼을 클릭하면 그림과 같은 다이얼로그창이 나오고 여기서 x축과 y축의 범위를 바꾸면 다음의 그림이 나타난다.

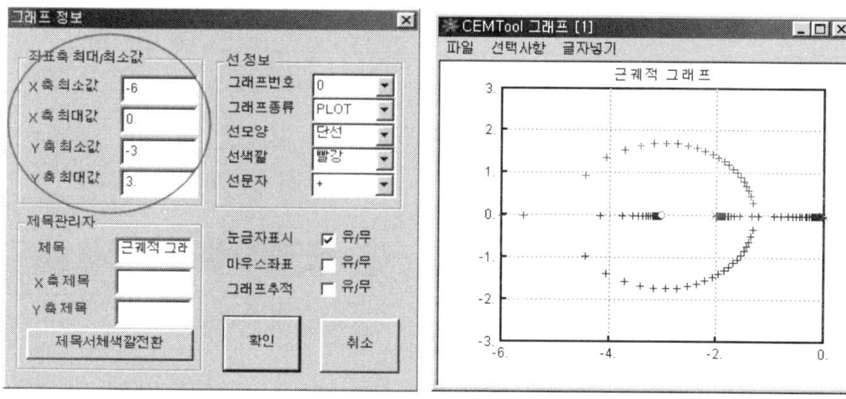

예제 근궤적 그리기

$N(s)=1$이고, $D(s)=s^2+2s$일 때 정해진 K의 범위$(0<K<10)$에서 근궤적을 구해보자. 여기서 주의할 것은 이득값을 지정할 경우에 "logspace" 함수로 지정해야 된다는 것이다.

단계 1) 주어진 $N(s)$와 $D(s)$ 다항식을 CEMTool에서 입력한다.

```
n = [1 3];      //N(S)

d = [1 2 0];    //D(s)
```

단계 2) K의 범위를 "logspace"를 사용해서 지정하고 "rlocus" 함수를 사용해서 근궤적을 그린다.

```
k=logspace(-2,1,40); //K 값의 범위 설정

r=rlocus(n,d,k);     //K값의 범위에 따른 근 계산
```

"rlocus"를 사용할 때 앞에 r 변수를 지정하지 않으면 근궤적이 나타난다. 하지만 여기서는 주어진 $N(s)$, $D(s)$의 영점과 극점을 뒤에서 같이 그리기 위해 r이라는 변수에다 모든 근을 저장한다.

단계 3) $N(s)$와 $D(s)$의 근을 구한다.

```
zr=real(roots(n)); //N(s)의 근 실수부분(영점)

zi = imag(roots(n)); //N(s)의 근 허수부분(영점)
```

단계 4) "plot" 명령어를 사용해서 위에서 구한 $N(s)$와 $D(s)$의 근을 하나의 그래프에 그려보자.

```
// o모양은 원점, x모양은 극점
plot(real(r),imag(r),"x", zr,zi,"o") ;

title("근궤적 그래프");
```

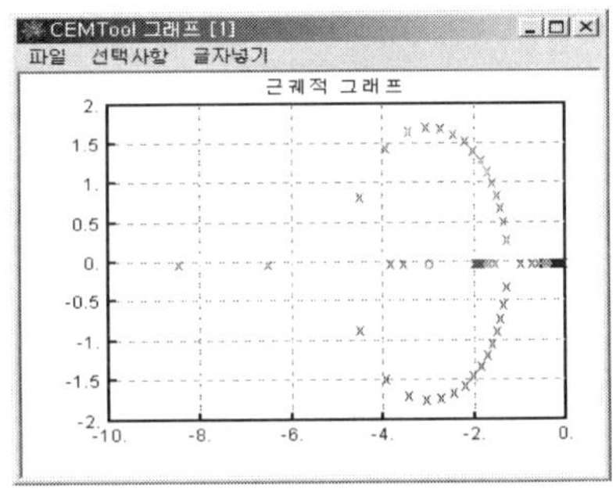

근궤적 그래프는 반드시 허수부분과 실수부분을 나누어서 그려야 한다는 점을 명심하자. 보통 x축으로는 실수부분, y축으로는 허수부분을 사용한다. 근궤적 그래프상에서 어떤 한 점의 근의 값이나 K의 값을 알면 제어기 설계를 하는데 많은 도움이 된다. 이때 사용하는 명령어가 "rlocval"이다.

```
CEMTool>> k = rlocval(ng, dg, s);
```

위의 명령어에서 변수 s는 그려진 근궤적상에 있는 폐루프근이다. 폐루프근은 CEMTool의 그래프 정보창에 있는 "그래프추적" 기능을 사용하여 얻을 수 있다. 만약에 그려진 그래프로부터 그래프추적을 통해 얻은 근의 값이 그림처럼 s=-2.015+1.4j라면 그 점에서의 이득값을 얻을 수 있다.

단계 1) 먼저 위에서 그린 근궤적 그래프에서 선택사항 메뉴에 있는 그래프좌표추적을 선택한 다음 임의의 근의 값을 구한다.

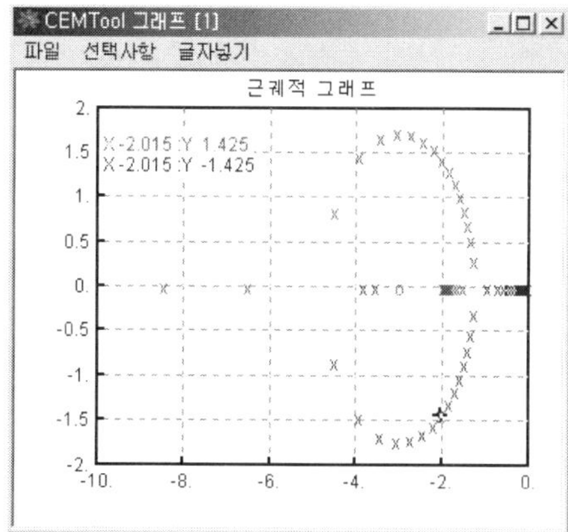

위에서 나타난 것처럼 왼쪽 상단에 근에 해당하는 값이 나타난다. 근이 −2.015+1.425j라고 하자.

단계 2) 위에서 구한 근을 가지고 그 점에서의 이득값을 구해보자. 먼저 위에서 구한 근의 값을 CEMTool에서 입력한다. 허수의 입력은 뒤에 i나 j를 붙이면 허수로 인식한다.

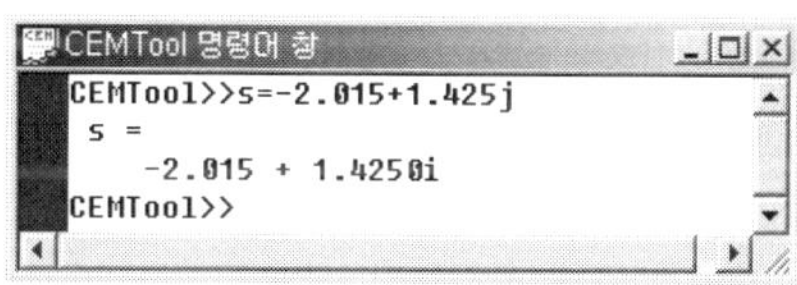

단계 3) "rlocval" 함수를 이용해서 위에서 구한 점에서의 이득값을 구한다.

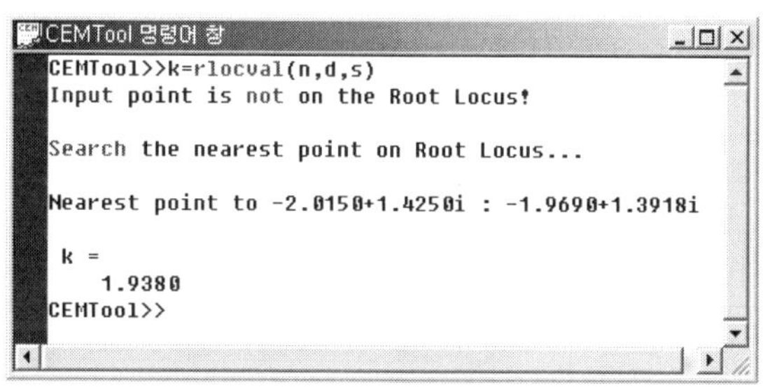

근의 값으로 사용자가 −2.015+1.4251j를 넣어서 실행시켜보면 이 값은 어디까지나 그래프상에서 좌표추적 기능을 사용한 것인 만큼 정확하지 않을 수 있다. 따라서 그에 대한 설명이 나오고 사용자가 입력한 근의 값에서 가장 가까운 근을 표시해 주고 그 근에서의 이득값 k를 구해준다.

2) 근궤적을 이용한 제어기 설계법

어떤 시스템을 제어하는 제어기를 설계할 때에 가장 중요한 것은 그 시스템에 맞는 제어기를 선택하는 것이다. 주어진 수행기준에 맞는 적당한 제어기를 선정함은 90%의 설계작업을 완수하는 것과 다름이 없다. 가장 간단하게 생각되는 제어기 설계방법으로 시스템의 나쁜 극점 또는 영점을 제어기를 사용해서 상쇄시키는 것인데 이 방법은 실제로 불가능하다. 왜냐하면, 실제 시스템으로부터 얻은 전달함수의 극점과 영점은 정확한 값이 아닌 대략적인 값이고, 실제 시스템의 차수가 실제로는 더 높을 수도 있기 때문이다. 또한 실제 시스템의 변수들이 바뀜에 따라 그에 따른 극점이나 영점의 위치도 바뀌기 때문이다. 그러므로 시스템의 극점과 영점을 직접 상쇄시키는 대신에 근을 원하는 위치로 움직이도록 제어기를 설계하는 것이 바람직하다. 이와 같이 폐루프극점의 위치를 원하는 자리에 배치시키는 방식으로 제어기를 설계하는 기법을 "극배치법"이라고 한다. 그러면 근궤적을 이용한 제어기 설계에 대해 몇 가지 간단한 예를 보기로 한다.

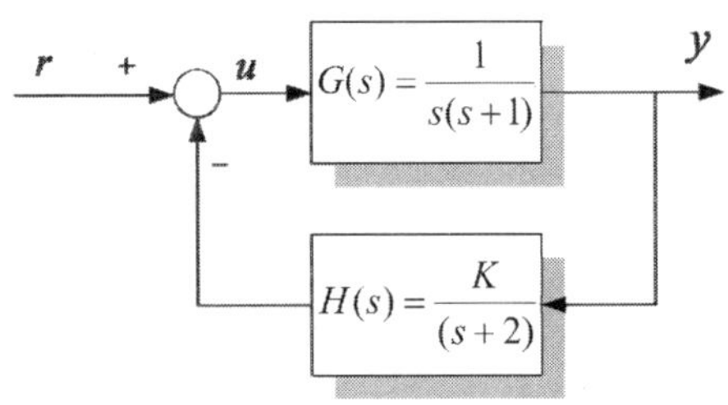

예제 **제어기 미정계수 K값 결정**

그림의 시스템에서 다음과 같이 $G(s)$, $H(s)$가 주어질 때, 1) 폐루프시스템을 안정화하는 보상기 미정계수 K값의 범위를 구해보자. 2) 주극점의 감쇠비가 $\zeta = 0.5$가 되도록 만드는 미정계수 K의 값을 구해보자.

단계 1) 근궤적을 그리기 위해 주어진 G, H의 곱을 CEMTool에서 입력한다.

단계 2) “rlocus”를 사용해서 근궤적을 그린다.

```
CEMTool>>rlocus(num,den);  //근궤적 선도
CEMTool>>
```

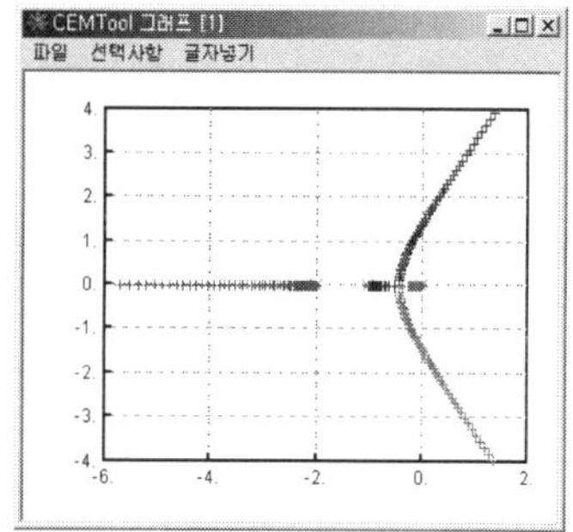

주어진 근궤적에서 허수축과 만나는 점의 좌표를 그래프좌표추적 기능을 이용하여 구해보면 대략 X:0, Y:1.44가 나오므로 “rlocval” 함수를 사용해서 K값을 구할 수 있다.

단계 3) X:0, Y:1.44라는 얘기는 근이 0+1.44j가 된다는 의미이다. 구한 근을 가지고 “rlocval”을 사용해서 K값을 구한다.

```
CEMTool>>k=rlocval(num,den,0+1.44i)
Input point is not on the Root Locus!

Search the nearest point on Root Locus...

Nearest point to 0.0000+1.4400i : -0.0028+1.4082i

 k =
     5.9381
CEMTool>>
```

즉, 폐루프시스템을 안정화하는 보상기 미정계수 범위는 $0 < K < 5.9381$이다.

단계 4) 위의 근궤적을 보면 두 개의 극점들이 나머지 하나에 비해 허수축(j축)에 훨씬 가까우므로 이 두 개의 극점들이 주극점을 이루게 된다. 문제에서 요구하는 감쇠비가 0.5인 주극점은 원점과 극점을 이어 주는 직선과 허수축의 각도가 30°를 이루는 경우에 이 직선과 근궤적이 만나는 점이므로, 이 점에 해당하는 점의 근궤적상 좌표를 위 그림에서 그래프좌표추적 기능을 사용해 구하면 대략 −0.27+0.75j이며, 이때 대응하는 K값을 “rlocval” 명령을 써서 구한다.

```
CEMTool>>k=rlocval(num,den,-0.27+0.75i)
Input point is not on the Root Locus!

Search the nearest point on Root Locus...

Nearest point to -0.2700+0.7500i : -0.2843+0.7326i

 k =
     1.5014
CEMTool>>
```

K=1.5014의 값이 구해졌으므로 이때의 계단응답을 구해보자.

단계 5) 계단응답을 구하기 위해 위에서 구한 K값을 적용해서 G, H를 CEMTool에서 입력한다.

```
K=1.5014;       // 위에서 구한 K값
numG=1;          //G의 분자항
denG=[1 1 0]     //G의 분모항

numH=K;          //H의 분자항
denH=[1 2];      //H의 분모항
```

단계 6) 폐루프 전달함수를 구하기 위해서 "feedback" 함수를 사용한다.

```
CEMTool>>[fnum,fden]=feedback(numG,denG,numH,denH)
 fnum =
        0         0         1         2
 fden =
    1.0000    3.0000    2.0000    1.5014
CEMTool>>
```

단계 7) 계단 응답을 보기 위해 "step" 함수를 사용한다.

```
CEMTool>>
CEMTool>>step(fnum,fden);
CEMTool>>
```

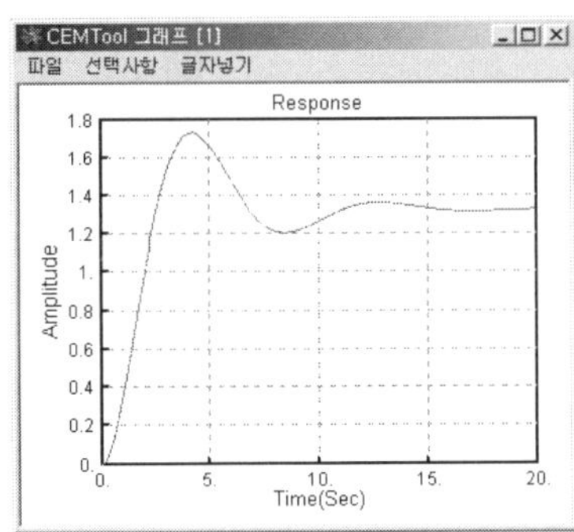

예제 제어이득 K값 정하기

그림의 폐루프시스템에서 다음과 같이 $G(s)$, $H(s)$가 주어졌을 때 감쇠비가 $\zeta = 0.7$이 되도록 제어이득 K의 값을 정하라.

$$G(s) = \frac{s+2}{s^2+2s+3}, \quad H(s) = 1$$

단계 1) G와 H를 CEMTool에서 입력 후 "rlocus"로 근궤적을 그린다.

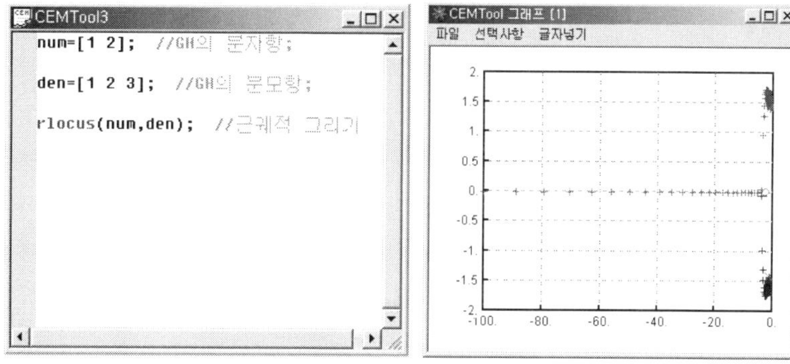

감쇠비가 0.7이 되는 K값을 얻으려면 $\sin^{-1}\zeta = \sin^{-1}(0.7) \approx 45°$이므로 좌반평면에서 허수축과 45°를 이루는 직선이 근궤적과 만나는 점의 K값을 구해야 한다. 위 그림에서는 눈대중으로 그 점을 찾기는 어려우므로 이 부분의 근궤적만을 자세히 보기 위해 그래프창 선택사항의 선택상자에서 좌표축 최대 최소값을 각각 x:[-4 0], y: [-2 2]로 선택하면 근궤적이 다음과 같이 그려진다.

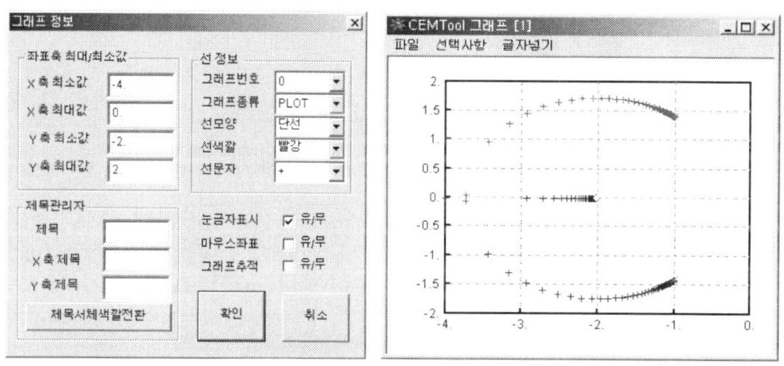

그래프 좌표축 최대 최소값 x:[-4 0], y=[-2 2]로 설정한 경우

단계 2) 이 그림에서 그래프좌표추적을 사용해서 대략 근궤적상에서 감쇠비가 0.7이 되는 근을 구한다. 즉, 좌반평면에서 허수축과 45°를 이루는 직선이 만나는 점을 구해야 하며 대략 s=-1.76+1.715i이다.

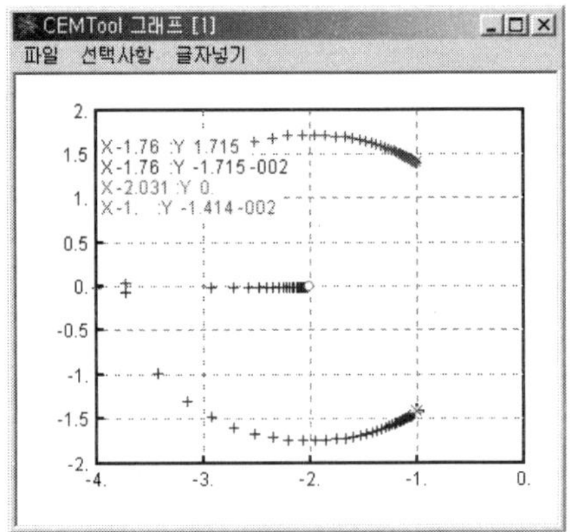

단계 3) 위에서 구한 근을 가지고 “rlocus”를 사용해서 K값을 구한다.

```
CEMTool>>s=-1.76+1.715i
 s =
     -1.76 + 1.7150i
CEMTool>>K=rlocval(num,den,s)
Input point is not on the Root Locus!

Search the nearest point on Root Locus...

Nearest point to -1.7600+1.7150i : -1.7254+1.7101i

 K =
    1.4508
CEMTool>>
```

단계 4) K값을 이용해서 계단 응답을 살펴보자. 먼저 주어진 G, H를 CEMTool에 입력한다. 단, G의 분자항은 위에서 구한 K값이 곱해져야 한다.

```
K=1.4508;

numG=K*[1 2] ;  //G의 분자항
denG=[1 2 3];   //G의 분모항

numH=1;         //H의 분자항
denH=1;        //H의 분모항
```

단계 5) 폐루프 전달함수를 구하기 위해서 “feedback” 함수를 사용한다.

```
CEMTool>>[fnum,fden]=feedback(numG,denG,numH,denH)
 fnum =
         0    1.4508    2.9016
 fden =
    1.0000    3.4508    5.9016
CEMTool>>
```

단계 6) 계단 응답을 보기 위해 "step" 함수를 사용한다.

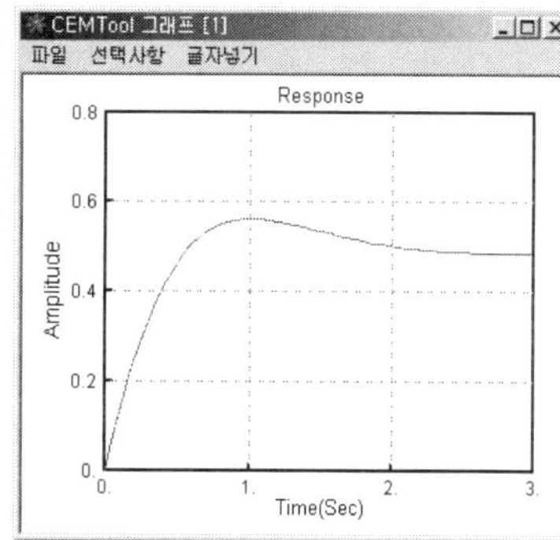

미정계수가 하나인 제어기를 써서 제어하면서 제어목표로서 안정도와 감쇠비만을 고려하였다. 따라서 설계한 제어시스템의 계단응답인 그림들을 보면 감쇠비 조건을 만족하지만 정상상태 오차는 매우 크게 나타나고 있다. 이러한 결과가 나타나는 까닭은 제어목표로서 성능 가운데 감쇠비나 오버슈트만을 고려했기 때문이다. 정상상태 오차까지 고려할 경우에는 위 예제로는 제어목표를 달성하기 어렵기 때문에 다른 제어기를 사용해야 한다.

2.3 주파수영역 해석 및 설계법

지금까지는 s-평면상 시간영역에서의 시스템의 응답과 시스템의 입력으로 단위계단, 램프, 임펄스 등이 주어졌을 때의 시스템의 출력응답을 알아보았다. 요즘 각광을 받고 있는 신호처리 분야나 통신시스템 분야에서는 많은 처리과정을 주파수영역에서 분석하고, 설계하기 때문에 점점 더 주파수영역에 대한 중요도가 더해지고 있다. 따라서 이 장에서는 제어분야에서의 시스템응답을 주파수영역에서 공부해 보기로 하자. 어떤 시스템의 주파수응답이란 입력이 사인(sinusoidal)함수, 즉 정현파일 경우에 나타나는 출력신호의 형태가 입력신호의 크기와 위상만이 바뀐 안정된 시스템의 정현파로 나타나는 것을 말한다.

LTI 시스템에서는 입력의 정현파가 바뀔 경우에 출력은 크기와 위상만이 바뀌게 된다. 이처럼 정현파입력에 대한 시스템 전달함수 또는 필터의 크기와 위상을 주파수영역에서 나타낸 그래프로는 나이키스트 선도와 보드선도가 있다. 주파수영역에서의 전달함수는 입력신호를 원하는 신호만 필터링해서 출력하는 필터의 개념으로 해석될 수 있다.

나이키스트 선도 및 보드선도는 앞에서 시간영역에서의 단위계단입력처럼 주파수영역에서 시스템의 응답을 통해 시스템의 특성을 나타낸다.

주파수 응답

라플라스 변환은 시간영역에서의 전달함수를 주파수영역으로 쉽게 변환할 수 있게 한다. 라플라스 변환된 전달함수가 $G(s)$로 표현될 경우 s를 jw로 치환하면 주파수영역에서의 복소수 전달함수 $G(jw)$로 바뀌게 된다. 2차 시스템의 경우 전달함수는 다음과 같은 복소수 전달함수가 된다.

$$G(jw) = \frac{\omega_n^2}{(j\omega)^2 + 2\zeta\omega_n\ (j\omega) + \omega_n^2} = \frac{\omega_n^2}{(\omega_n^2 - \omega^2) + j2\zeta\omega_n\omega}$$

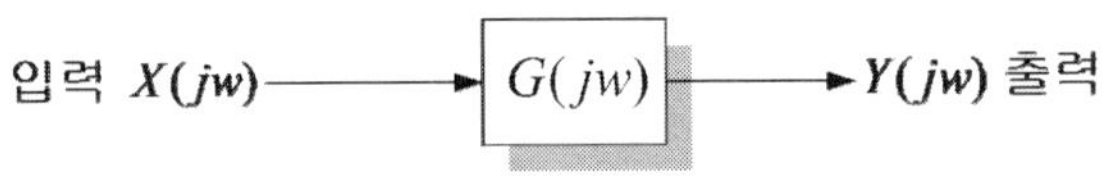

$$Y(jw) = G(jw)X(jw)$$

필터 $G(jw)$는 다음과 같이 실수와 허수로 표현되도록 정리한다.

$$G(j\omega) = R(\omega) + jX(\omega)$$

식을 위상값으로 나타내면 다음과 같다.

$$G(j\omega) = |G(j\omega)|e^{j\phi} = |G(j\omega)|\angle\phi$$

여기서, $|G(j\omega)| = \sqrt{R(\omega)^2 + X(\omega)^2}$, $\phi = \tan^{-1}\frac{X(\omega)}{R(\omega)}$ 이다.

예제 아래의 간단한 RC회로를 고려해 보자.

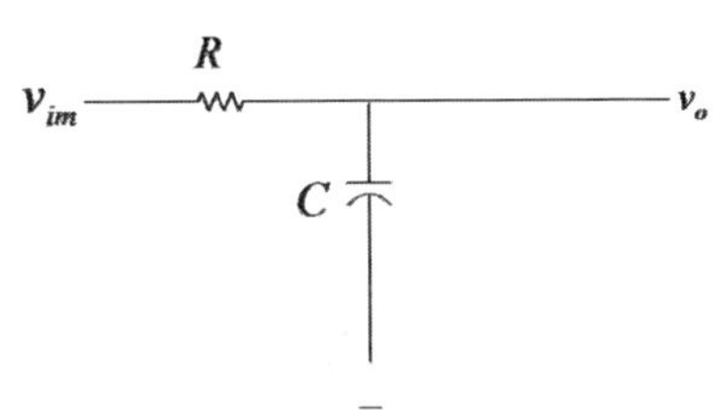

간단한 RC필터의 전달함수는 다음과 같다.

$$\frac{\mathrm{V_o}}{V_{\mathrm{in}}} = G(s) = \frac{1}{RCs+1}$$

주파수응답을 나타내기 위해 $G(j\omega)$의 크기와 위상을 구해보자.

$$|G(j\omega)| = \frac{1}{\sqrt{1+(\omega RC)^2}}, \quad \phi = -\tan^{-1}(\omega RC)$$

$RC=1$일 때 주파수가 ω = 0.1에서 10까지 주파수에 대한 $G(j\omega)$ 의 크기와 위상값을 나타내보자. 크기가 $0.707=\frac{1}{\sqrt{2}}$의 값, 즉 −3dB의 값을 갖는 주파수를 ω_c, 차단주파수라 하는데, 그림에서는 $\omega_c = 1[rad/\sec]$이 된다. 또한 이 주파수에서의 위상값은 −45도가 됨을 알 수 있다. 이 주파수 이후는 −20dB이 기울기를 갖는다.

단계 1) 주파수 응답을 구하기 위해 먼저 주파수 범위를 지정한다.

```
CEMTool3
w=[0.1:10:0.5];          //주파수 지정
```

단계 2) 위 수식들을 CEMTool에서 입력한다. 제곱근은 "sqrt"를 사용하고 tan 함수의 역함수는 "atan"을 사용한다.

```
CEMTool3
Gmag=1./sqrt(1+w.^2);  //이득을 계산 식 (8.6)

phi=-real(atan(w));    // 위상을 계산 식 (8.7)
```

단계 3) 위상값은 단위가 라디안값이므로 식을 통해서 구한 값에 "180/pi"를 곱해서 라디안값으로 변환한다.

```
CEMTool3
phase=phi*180/pi;  //단위를 라디안으로 변환
```

단계 4) 주파수 응답을 그릴 때는 $G(jw)$의 크기와 위상값을 같이 나타내야 하므로

"subplot" 명령어를 사용한다. 그리고 "plot"을 사용하는 것이 아니라 "semilogx"를 사용한다.

```
subplot(2,1,1);          //그래프창의 위쪽부분
semilogx(w,Gmag);        //G의 크기 그래프

ytitle("Magnitude");

subplot(2,1,2);          //그래프창의 아랫부분
semilogx(w,phase);       //G의 위상 그래프

ytitle("위상(degree)");
xtitle("주파수 w (rad/sec)");
```

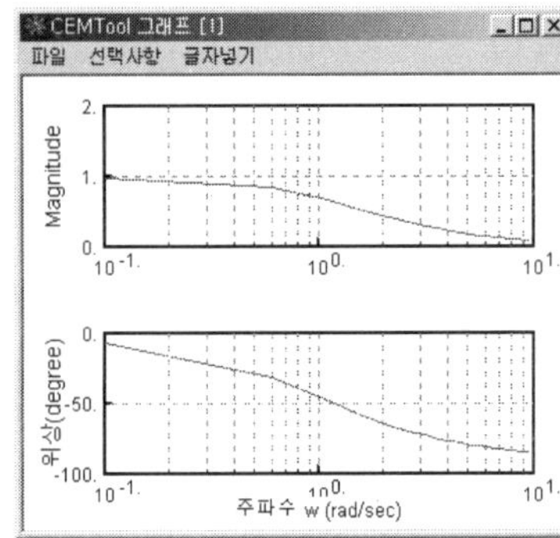

예제 간단한 영점은 다음과 같다.

$$G(iw) = jw + 1$$

$$|G(jw)| = \sqrt{1+w^2}, \ \phi = \tan^{-1}(w)\text{rad/sec}$$

RC=1일 때 w=0.1에서 10까지 범위의 주파수에 대한 G(jw)의 크기와 위상값을 구해 보자.

단계 1) 주파수 응답을 구하기 위해 먼저 주파수 범위를 지정한다.

```
w=[0.1:10:0.5];          //주파수 지정
```

단계 2) 위 식을 CEMTool에서 그대로 입력한다. 제곱근은 "sqrt"를 사용하고 tan 함수의 역함수는 "atan"을 사용한다.

```
Gmag=sqrt(1+w.^2);  //이득을 계산  G

phi=-real(atan(w));    // 위상을 계산 phi
```

단계 3) 위상값은 단위가 라디안값이므로 식을 통해서 구한 값을 "180/pi"를 곱해서 라디안값으로 변환한다.

```
phase=phi*180/pi; //단위를 라이안으로 변환
```

단계 4) 주파수 응답을 그릴 때는 $G(jw)$의 크기와 위상값을 같이 나타내야 하므로 "subplot" 명령어를 사용한다. 그리고 "plot" 명령어를 사용하는 것이 아니라 "semilogx"를 사용한다.

```
subplot(2,1,1);          //그래프창의 위쪽부분
semilogx(w,Gmag);        //G의 크기 그래프

ytitle("Magnitude");

subplot(2,1,2);          //그래프창의 아랫부분
semilogx(w,phase);       //G의 위상 그래프

ytitle("위상(degree)");
xtitle("주파수 w (rad/sec)");
```

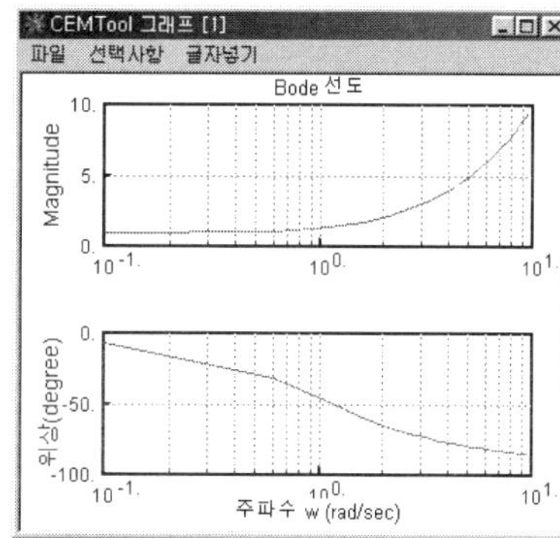

그림에 나타난 것처럼 영점은 break(cutoff) frequency가 1에서 생기므로 이 점에서부터 기울기가 20dB인 증가함수로 바뀐다.

2.4 나이키스트 안정도 판별법

나이키스트 안정도 판별법은 나이키스트 선도를 이용하여 시스템의 안정도를 판별하는 유용한 방법이다. 이 판별법에서는 극좌표상에서의 개루프시스템의 주파수 특성을 이용하여 폐루프시스템의 안정도를 판별하게 된다. 이 방법은 시스템의 절대안정도를 판별할 수 있을 뿐만 아니라 상대안정도의 지표를 표시할 수 있다는 점에서 중요한 의미를 지닌다. 나이키스트 판별법의 유도에는 복소함수에서의 경로사상(contour mapping)과 코시(cauchy)의 편각원리(principle of argument)등이 사용되는데, 여기서는 이러한 이론적 배경에 관한 설명은 생략하고 나이키스트 판별법의 내용과 그 의미에 대해서 살펴보기로 한다.

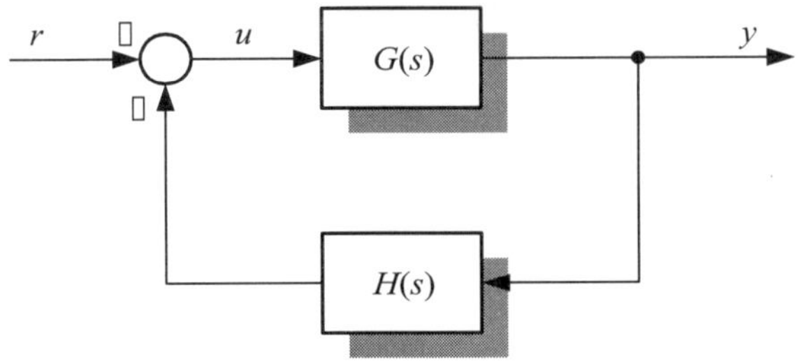

나이키스트 판별법에서는 그림과 같은 폐루프시스템의 기본형을 대상으로 시스템의 안정도를 판별하는 문제를 다룬다. 이 폐루프시스템의 전달함수는 다음과 같으므로 폐루프시스템의 특성방정식은 다음과 같다.

$$\frac{Y(s)}{R(s)} = \frac{G(s)}{1+G(s)H(s)} \quad 1+G(s)H(s)=0$$

나이키스트 판별법은 개루프전달함수 $G(s)H(s)$에 대한 정보를 이용하여, 폐루프 특성방정식이 s-평면의 우반평면에서 갖는 불안정한 근의 수를 구함으로써 폐루프시스템의 안정도를 판별하는 방법이다. 이 방법을 증명하려면 비교적 복잡한 복소함수 이론들이 필요하므로 유도과정은 생략하고, 이 판별법을 요약하기로 한다.

> $G(s)H(s)$의 나이키스트 선도는 다음과 같은 성질을 만족한다.
>
> $$Z = N + P$$
>
> Z: 우반평면에 있는 특성방정식의 근의 수(불안정 폐루프극점의 수)
> N: $G(s)H(s)$의 궤적이 점(-1,0)을 시계방향으로 감싸는 횟수
> P: 우반평면에 있는 $G(s)H(s)$의 극점의 수(불안정 개루프극점의 수)

폐루프시스템이 안정하기 위해서는 특성방정식의 근이 모두 s평면의 좌반평면에 위치하는 것이다. 위의 내용에 근거하여 안정도를 판별하는 방법을 나이키스트 안정도 판별법이라고 하는데, 이 방법에서 폐루프시스템 안정도에 대한 조건은 $Z=N+P=0$이며, 따라서 $N=-P$가 만족되어야 한다. 만일 개루프시스템 $G(s)H(s)$가 갖고 있는 불안정한 극점의 수가 세 개일 경우에는 $P=3$이므로 폐루프시스템이 안정하려면 $N=-P=-3$이어야 한다. 여기서 N은 s가 $-j\infty$부터 $j\infty$까지 변할 때 $G(s)H(s)$의 나이키스트 선도가 복소평면에서 점 $(-1,0)$을 시계방향으로 둘러싸는 횟수인데 $N=-3$은 반시계방향으로 세 번 감싸야 한다는 뜻이다. 만일 개루프시스템이 안정한 시스템이라면

$P=0$이므로 $N=-P=0$이 되어야 폐루프시스템의 안정도를 보장할 수 있으며, 따라서 $G(s)H(s)$의 나이키스트 선도가 점 $(-1,0)$을 감싸지 않아야 한다.

예제 **나이키스트 선도를 이용한 안정도 판별**

그림에서 개루프전달함수가 다음과 같은 경우에 나이키스트 선도를 구하고 폐루프시스템의 안정도를 판별하라.

$$H(s)=K,\quad G(s)=\frac{1}{(T_1 s+1)(T_2 s+1)},\ T_1, T_2>0$$

여기서, $T_1=1$, $T_2=1$, $K=1$이다.

주어진 개루프전달함수에서는 T_1, T_2가 모두 0보다 클 경우에는 우반평면에 극점을 갖지 않는다. 따라서 $T_1=1$, $T_2=1$일 때 개루프전달함수는 안정하므로 $P=0$이라는 것을 알 수 있다. 안정도를 판별하기 위해 다음과 같은 방법으로 나이키스트 선도를 그려보자.

단계 1) 먼저 주어진 변수들 T_1, T_2, K값을 입력하고 주어진 전달함수 H, G를 입력한다.

```
CEMTool3

K=1; T1=1; T2=1;

nh=K;                          //H의 분자항
dh=1;                          //H의 분모항

num=1;                         //G의 분자항
den=convo([T1 1],[T2 1]);      //G의 분모항
```

단계 2) 나이키스트 선도를 그리는 함수 "nyquist" 함수를 사용한다.

```
CEMTool3

nyquist(num,den); //나이키스트선도 그리기
```

단계 3) 그려진 그래프에 타이틀을 달아보자.

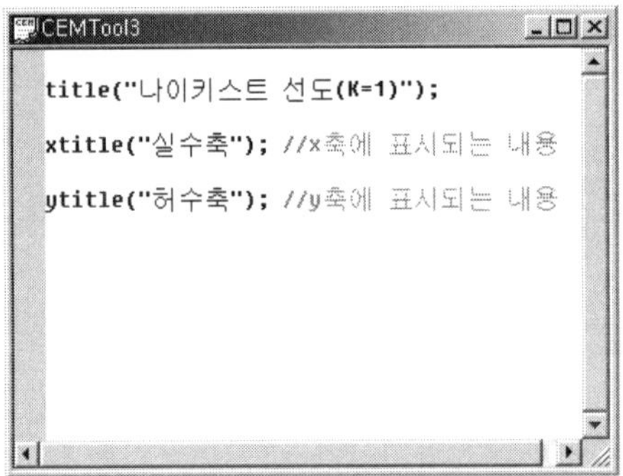

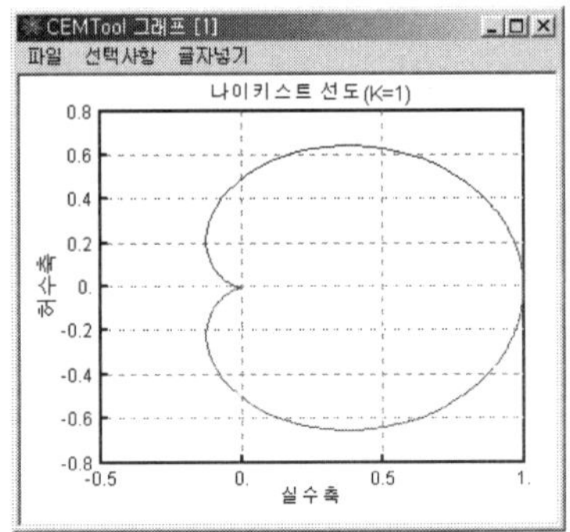

☞ 나이키스트 선도에서 좌표 (−1,0)을 감싸고 있지 않으므로 이 시스템은 안정하다.

예제 **나이키스트 선도를 이용한 안정도 판별**

폐루프 제어 시스템의 개루프전달함수 $G(s)H(s)$가 다음과 같다.

$$G(s)H(s)=\frac{20}{s(1+0.1s)(1+0.5s)}$$

CEMTool을 이용하여 $G(jw)H(jw)$의 나이키스트 선도를 그리고 폐루프시스템의 안정도를 판별하라. 만일 시스템이 불안정한 경우에는 폐루프전달함수의 우반평면에 있는 극점수를 구하라. 또한 나이키스트 선도가 음의 실수축과 만나는 점을 구하라.

풀이 이 문제의 대상시스템은 안정한 시스템이므로 폐루프시스템이 안정하기 위해서는 나이키스트 선도가 (−1,)점을 둘러싸지 않는 것이다. 이 문제를 CEMTool을 써서 나이키스트 선도를 그려보고 확인해 보자.

단계 1) 전달함수를 CEMTool에서 입력한다. 분모항은 $s(1+0.1s)(1+0.5s)$의 곱으로 이루어져 있으므로 “convo” 명령어를 사용해야 한다.

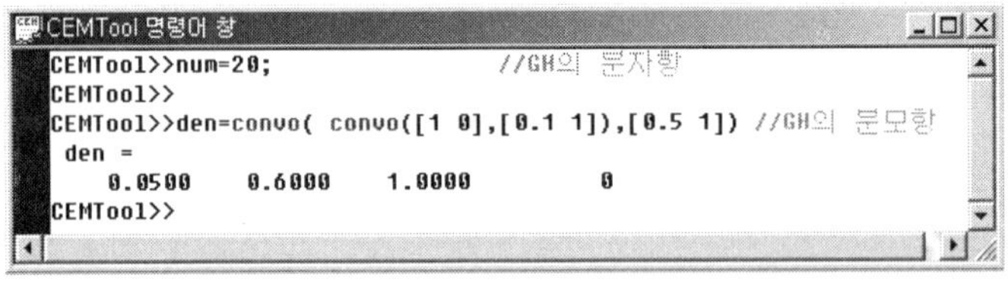

☞ 위 그림에서 보듯이 분모항은 두 개의 “convo” 명령어를 사용해서 먼저

s와 $(1+0.1s)$의 곱을 실행하고 , 이 계산 결과하고 다시 "convo" 명령어를 이용하여 $(1+0.5s)$와의 곱을 하여 표현한다.

단계 2) 사용자가 특정 범위를 지정하고자 할 때는 "logspace"를 사용해서 범위를 설정해야 한다. "logspace"의 사용법은 다음과 같다.

```
CEMTool>>w = logspace(-1, 2, 10)
 w =
 1 ~ 5 열
    0.1000     0.2154     0.4642     1.0000     2.1544
 6 ~ 10 열
    4.6416    10.0000    21.5443    46.4159   100.0000
CEMTool>>
```

☞ 이 의미는 w의 범위로 10^{-1}부터 10^{2}까지 범위를 10등분한다는 것을 의미한다.

단계 3) 나이키스트 선도의 범위를 "logspace"를 사용해서 설정하고 그 범위 내에서 "nyquist" 함수를 이용해서 나이키스트 선도를 그리자.

```
w=logspace(0.5,3,100); // 범위 설정

nyquist(num,den,w)  //나이키스트 선도
```

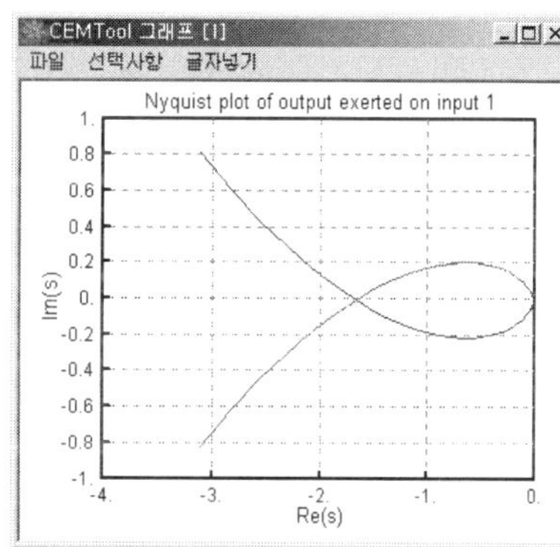

☞ 이 그림을 보면 나이키스트 선도가 점 (−1, 0)을 감싸고 있다. 따라서 폐루프시스템은 불안정하다는 것을 알 수 있다.

단계 4) 불안정한 폐루프극점의 수는 다음의 파일을 써서 구한다. 먼저 주어진 개루프 전달함수와 "cloop" 함수를 사용해서 폐루프 전달함수를 구한다. 이렇게 구한 폐루프 전달함수의 분모항의 근이 폐루프극점이므로 근을 구하는 함수 "roots"를 사용한다.

```
CEMTool 명령어 창
CEMTool>>[cnum,cden]=cloop(num,den)    //폐로 전달함수
 cnum =
       20
 cden =
    0.0500    0.6000    1.0000    20.0000
CEMTool>>roots(cden)                    //극점계산
 r =
    -12.86
    0.4314 + 5.5598i
    0.4314 - 5.5598i
CEMTool>>
```

☞ 위와 같이 실행시키면 폐루프전달함수 분모의 근을 직접 구할 수 있다. 이것이 곧 폐루프극점인데 결과를 살펴보면 우반평면에 있는 폐루프극점의 수는 2개임을 알 수 있다. 그리고 나이키스트 선도가 음의 실수축과 만나는 점을 구해보면 약 -1.7 정도가 된다.

지금까지 위의 예제에서 다루었던 시스템들은 개루프전달함수의 영점들이 모두 좌반평면에 있는 최소위상시스템이었다. 최소위상시스템에 대해서는 나이키스트 선도를 주파수 전구간이 아니라 적절한 부분에 대해 그린 다음 나이키스트 안정도 판별법을 써서 폐루프시스템의 안정도를 판별할 수 있다.

예제 **나이키스트 안정도 판별법(영점이 우반평면에 있는 경우)**

폐루프 제어 시스템의 개루프전달함수 $G(s)H(s)$가 다음과 같을 때 CEMTool을 써서 나이키스트 선도를 그리고, 폐루프시스템의 안정도를 판별하라. 시스템이 불안정한 경우 우반평면에 있는 폐루프극점의 수를 구하라.

$$G(s)H(s) = \frac{s-2}{s(s+1)}$$

단계 1) 주어진 개루프전달함수 GH를 CEMTool에서 입력한다.

```
CEMTool3
num=[1 -2];                    //GH의 분자항

den=convo([1 0],[1 1]) //GH의 분모항
```

단계 2) 주파수 범위를 설정하고 나이키스트 선도를 그린다.

```
w=logspace(-0.5, 3,100);//주파수 범위 설정

nyquist(num,den,w); //나이키스트 선도
```

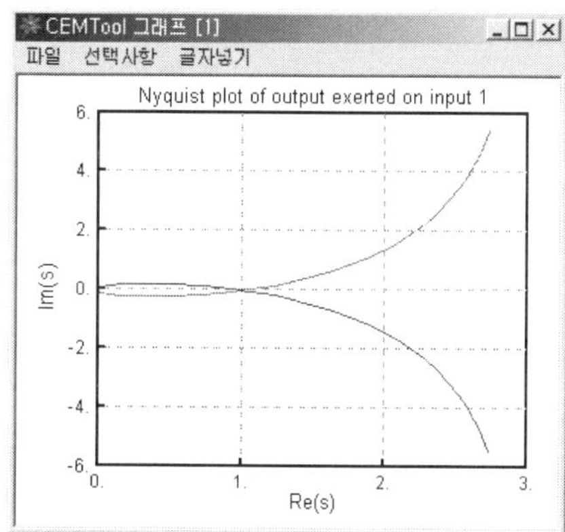

☞ 위 그림을 보면 나이키스트 선도가 (-1, 0)점을 둘러싸지 않는데, 개루프 전달함수가 안정하므로 나이키스트 안정도 판별법에 따라 폐루프시스템도 안정한 것으로 잘못 판단할 수 있다. 그러나 위의 시스템은 영점이 우반평면에 있고 원점에 극점이 있으므로 나이키스트 전체 경로에 대한 선도를 필요로 한다. 이 경우에는 나이키스트 선도 대신에 우반평면에 폐루프극점이 존재하는가를 직접 찾아서 안정도를 결정해야 한다.

단계 3) 이 시스템의 폐루프극점을 구하기 위해 "cloop"와 "roots" 함수를 사용한다. 이 실행결과를 보면 우반평면에 폐루프극점이 하나 존재하는 것을 알 수 있으며 따라서 폐루프시스템은 불안정하다.

```
CEMTool>>[cnum,cden]=cloop(num,den)  //폐루프전달함수
 cnum =
        1        -2
 cden =
        1         2         -2
CEMTool>>roots(cden)   //폐루프극점
 r =
   -2.7321
    0.7321
CEMTool>>
```

2.5 보드선도법

보드선도의 기본

보드선도는 주파수 w에 대한 전달함수(필터)의 크기(dB)와 위상(degree)으로 나타낸다. 로그이득값은 다음과 같이 얻어진다.

$$로그이득 = 20\ \log|G(jw)|\ [dB]$$

다음과 같은 경우를 고려해 보자.

$$G(s) = \frac{K(s+z_1)(s+z_2)}{(s+p_1)(s+p_2)(s+p_3)}$$

보드선도는 $G(jw)$의 크기 $|G(jw)|$와 위상 $\angle G(jw)$를 주파수 w가 달라짐에 따라 나타낸 그림이다. $|G(jw)|$는 로그단위(dB)로 나타내고, $\angle G(jw)$는 각도(∘)로 나타낸다. 앞의 예제에서 살펴본 것처럼 보드선도에서 $G(jw)$의 기울기는 전달함수의 각 극점의 주파수마다 $-20dB$씩 바뀌고, 각 영점의 주파수마다 $20dB$씩 바뀐다. 한 예로 위의 전달함수를 살펴보자. 주파수 p_1, p_2, p_3에서 각각 기울기가 $-20dB$씩 바뀌고, 주파수 z_1, z_2에서는 $20dB$씩 바뀐다. 극점이 셋이고 영점이 둘이므로 이득그래프는 저주파에서 기울기가 서로 상쇄되어 고주파에서 기울기가 $-20dB$가 됨을 알 수 있다. 이득값 K는 로그 이득 그래프의 기울기와는 관계가 없지만, K의 값에 따라 로그 이득그래프가 위치하는 높낮이가 달라진다.

위상그래프도 마찬가지로 극점과 영점의 위치에서 각도가 바뀐다. 예제에서처럼 극점의 위상은 극점의 주파수(w)보다 0.1배 작은 주파수($0.1*w$)에서 0도부터 시작하여 극점의 주파수(w)에서는 대략 −45°이고, 그 극점 주파수의 10배수의 주파수($10*w$)에서는 −90°까지의 대략적인 위상 그래프로 나타난다. 예제에서처럼 나타난 영점일 경우에는 그와 반대로 0°에서 시작하여 영점에서는 45°였다가 90°로 끝난다. 그러므로 극점과 영점을 조작하면 어떤 주어진 주파수에서 원하는 위상각도를 얻을 수 있는데, 이는 간접적으로 시스템의 수행과 안정성에 관계되므로 제어기를 주파수영역에서 설계하는데 있어서 중요한 방법이다.

CEMTool에서의 보드선도

CEMTool에서는 전달함수 수식을 전개한 다항식과 같은 형태 그대로 입력해서 사용해도 된다. “bode”라는 명령어가 이러한 보드선도를 그리는데 필요한 이득의 크기나 위상의 값들을 계산한다. “bode” 명령어를 사용하기 위해서는 먼저 명령어 “logspace”를 사용해서 원하는 주파수영역의 벡터를 지정해야 한다. 만약 원하는 주파수영역이 $0.1 = 10^{-1}$(rad/sec)로부터 $1000 = 10^3$(rad/sec)까지라면, 주파수w는 다음과 같이 십진법의 지수만으로 표시한다.

```
CEMTool>> w = logspace(-1, 3, 400); ☜ 주파수영역 지정
```

400은 0.1부터 1000(rad/sec)까지를 400칸으로 나눔을 말한다. 그다음에 개루프 전달함수의 분모와 분자를 “bode” 함수와 함께 다음과 같이 하면 그래프가 그려진다.

```
CEMTool>> bode(ng, dg); ☜ Bode 함수
```

이 경우에 크기는 |G(jw)|로 나타난다.

```
CEMTool>>[mag, phase] = bode(ng, dg, w); ☜ Bode 함수
```

“bode” 함수는 각 주파수에서 로그이득의 크기(mag)인 대수크기와 위상(phase)을 계산한다. 위상값은 단위가 각도로 나타난다. x축을 로그로 나타내는 그래프를 그리기 위해서는 앞서 공부한 “semilogx”를 사용한다. “semilogx”를 사용하기 전에 y축의 이득값을 로그이득 데시벨(dB)로 바꾸려면 다음과 같이 한다.

```
CEMTool>>lmag=20*log10(mag);  ☜ dB로 환산
CEMTool>>semilogx(w,lmag);     ☜ x축을 log로 그림
CEMTool>>semilogx(w,phase);    ☜ 위상 그래프
```

그래프의 x축은 log 단위가 되고, y축은 dB단위가 된다.

보통 대수 크기그래프와 위상그래프를 같은 영역의 주파수에서 함께 볼 수 있도록 그리면 제어기를 설계하는데 편리하다. 앞에서 배운 "subplot"을 사용하여 그래프를 가로로 이등분한 다음, 대수 크기 그래프는 위쪽에 위상 그래프는 아래쪽에 그려보자.

```
CEMTool>>subplot(2,1,1)          ☜ 위쪽을 지정한다.
CEMTool>>semilogx(w,lmag);       ☜ 이득크기를 그린다.
CEMTool>>ytitle("Magnitude (dB)");
CEMTool>>subplot(2,1,2)          ☜ 아래쪽을 지정한다.
CEMTool>>semilogx(w,phase);      ☜ 위상크기를 그린다.
CEMTool>>ytitle("Phase (degree)")
CEMTool>>xtitle("Frequency w (rad/sec)")
```

같은 주파수에서 이득크기와 위상을 한 눈에 볼 수 있으므로 설계하고 이해하기가 편리하다.

보드선도 작성법

보드선도의 성질에 의하면, 어떤 인수들의 곱의 꼴로 이루어지는 전달함수에 대한 보드선도는 각 인수들의 보드선도들의 합으로 구할 수 있다. 따라서 기본적인 인수들의 보드선도를 알면 이로부터 일반적인 전달함수의 보드선도를 작성할 수 있다. 전달함수의 기본적인 인수로는 "상수항", "1차인수", "2차인수" 등이 있으므로 이 인수들에 대한 보드선도를 구해 보기로 한다.

예제 **상수항 $G(jw)=K$인 경우와 $G(jw)=-K$인 경우**

크기는 $20\log|K|[dB]$, 위상은 $K>0$일 때 $0°$, $K<0$일 때 $180°$이므로 보드선도는 그림과 같은 결과가 나올 것이다. CEMTool을 통해서 확인해 보자.

단계 1) 주어진 전달함수 G가 K이므로 다음과 같은 방법으로 전달함수를 입력한다. K는 임의상수로 여기서는 10이라고 가정한다.

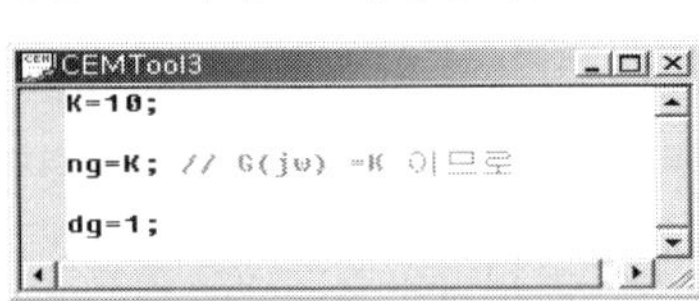

단계 2) 주파수영역을 “logspace”를 사용해서 설정한다.

```
w=logspace(-1,1,100);//10^-1부터 10^1까지 영역
```

단계 3) “bode” 함수를 사용해서 G의 크기와 위상값을 계산한다.

```
[mag,phase]=bode(ng,dg,w); //G의 크기와 위상값 계산
```

☞ 위와 같이 “bode”를 사용하면 mag에는 크기값이, phase에는 위상값이 저장된다.

단계 4) 이번에는 $G(jw)=-K$일 경우를 위와 같은 방법으로 CEMTool에 입력한다.

```
ng1=-K; // G(jw)=-K

dg1=1;
```

☞ $G(jw)=-K$ 일 경우에는 앞에서 입력한 전달함수와 구분하기 위해 분자는 ng1에 분모는 dg1으로 저장을 한다.

단계 5) 주파수 범위는 위에서 w로 설정을 했기 때문에 여기서 다시 설정할 필요는 없다. 따라서 “bode” 함수를 사용해서 위에서 주어진 주파수 범위에서 G의 크기와 위상값을 계산한다.

```
[mag1,phase1]=bode(ng1,dg1,w); // G의 크기와 위상 계산
```

☞ 여기서 계산된 G의 크기와 위상값도 위에서 구한 결과와 구별하기 위해 크기는 mag1에 저장하고 위상값은 phase1에 저장한다.

단계 6) 앞에서 언급했듯이 크기는 로그(dB)단위이어야 하므로 “log10” 함수를 사용해서 위에서 구한 크기값을 모두 로그단위로 바꿔줘야 한다.

```
CEMTool3
for(i=1;i<length(wT)+1;i=i+1)
{
    ng=1;                                    //G의 분자항
    dg=[wT(i) 0];                            //G의 분모항
    [mag,phase]=bode(ng,dg,wT(i));           //G의 크기와 위상값 계산

    imag=20*log10(mag);                  //로그(dB)단위로 변환

}
```

☞ 위에서 구한 mag와 mag1을 로그 단위로 환산해서 imag, imag1에 각각 저장한다.

단계 7) 보드선도는 위에는 크기 그래프로 밑에는 위상그래프로 표시하므로 “subplot”을 사용해서 크기 그래프와 위상그래프를 각각 따로 그린다. 그래프를 그릴 때는 “semilogx”를 사용한다.

```
CEMTool3
subplot(2,1,1)                      //그래프창의 상단 부분
semilogx(w,imag,w,imag1);           //2개의 경우 크기 비교

title("상수인수의 bode선도"); //제목달기
xtitle("Frequency(rad/sec)");
ytitle("Magnitude[dB]");


subplot(2,1,2)                      //그래프창의 하단 부분
semilogx(w,phase,w,phase1); //2개의 경우 위상 비교

xtitle("Frequency(rad/sec");
ytitle("Phase(degrees)");
```

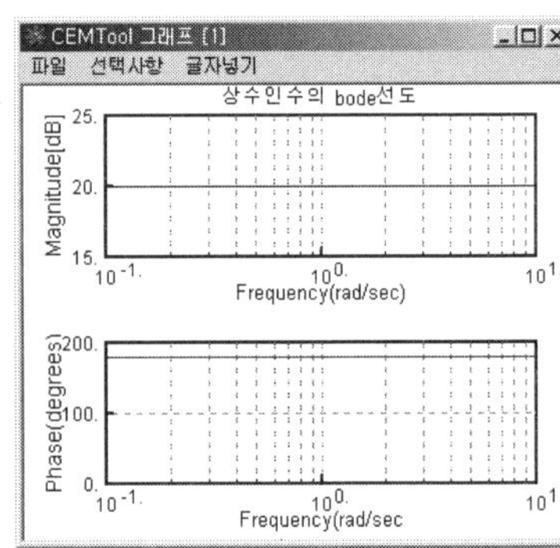

예제 1차인수 $G(jw)=1/(jwT)$의 경우

크기는 $G_{dB}=-20\log wT[dB]$이므로, 주파수 w가 10배씩 증가할 때 −20 [dB]의 비율로 감소하며, $wT=1$일 때 $G_{dB}=0\,[dB]$을 알 수 있다. 그리고 $G(jw)=-j/(wT)$이므로 위상은 $\phi(w)=-90°$이다. 따라서, 이 경우에 보드선도는 그림과 같다. CEMTool을 사용해서 확인해 보자.

단계 1) 이 경우에는 주파수 범위 wT가 변함에 따라 전달함수도 같이 변하므로 지금 여기서 전달함수를 선언할 수 없다. 따라서 주파수 범위 wT를 먼저 설정하자.

```
CEMTool3
wT=logspace(-1,1,100);// 주파수 범위 설정
```

단계 2) 위에서 정한 wT의 값이 변하면서 전달함수의 분모항도 변하므로 for문을 사용해서 wT 각각의 값에 따라 전달함수 분모항도 각각 결정되므로 for문안에 전달함수를 표현하는 부분이 들어가야 한다. 즉 for문의 반복횟수는 wT의 크기만큼 반복해야 한다.

```
CEMTool3
for(i=1;i<length(wT)+1;i=i+1)
{
    ng=1;                            //G의 분자항
    dg=[wT(i) 0];                    //G의 분모항
    [mag,phase]=bode(ng,dg,wT(i)); //G의 크기와 위상값 계산

}
```

☞ G의 분모항은 $wT(i)$를 사용해서 for문을 반복할 때마다 바뀌게 된다. 따라서 해당 전달함수에서의 크기와 위상값을 구해야 하므로 "bode" 함수도 for문안에서 사용해야 한다.

단계 3) 위에서 구한 크기값을 로그값으로 변환해야 하므로 for문 안에 다음 항을 추가한다.

```
CEMTool3
for(i=1;i<length(wT)+1;i=i+1)
{
    ng=1;                            //G의 분자항
    dg=[wT(i) 0];                    //G의 분모항
    [mag,phase]=bode(ng,dg,wT(i)); //G의 크기와 위상값 계산

    imag=20*log10(mag);         //로그(dB)단위로 변환


}
```

단계 4) 위 프로그램만으로는 for문을 반복할 때마다 imag와 phase값이 바뀌기 때문에 나중에 그래프로 그릴 수가 없다. 따라서 for문을 반복할 때마다 G의 크기와 위상값이 저장해 두어야 한다. 따라서 크기와 위상값을 저장하는 변수를 하나 만들어야 한다. 크기는 Mag라는 변수에, 위상값은 Pha라는 변수에 저장한다.

```
CEMTool3
for(i=1;i<length(wT)+1;i=i+1)
{
    ng=1;                            //G의 분자항
    dg=[wT(i) 0];                    //G의 분모항
    [mag,phase]=bode(ng,dg,wT(i)); //G의 크기와 위상값 계산

    imag=20*log10(mag);         //로그(dB)단위로 변환

    Mag=[Mag imag];             //크기값 저장
    Pha=[Pha phase];            //위상값 저장
}
```

단계 5) 하지만 위의 프로그램만으로도 부족하다. 먼저 Mag와 Pha라는 변수를 사용하려면 반드시 위에서 이 변수를 설정해 줘야 한다. Mag와 Pha 변수는 벡터 형태가 되기 때문에 다음과 같이 설정한다.

```
Mag=[];                              //크기값을 저장하기 위한 변수 설정
Pha=[];                              //위상값을 저장하기 위한 변수 설정

for(i=1;i<length(wT)+1;i=i+1)
{
    ng=1;                                //G의 분자항
    dg=[wT(i) 0];                        //G의 분모항
    [mag,phase]=bode(ng,dg,wT(i));       //G의 크기와 위상값 계산

    imag=20*log10(mag);          //로그(dB)단위로 변환

    Mag=[Mag imag];              //크기값 저장
    Pha=[Pha phase];             //위상값 저장
}
```

단계 6) 보드선도는 위에는 크기 그래프로, 밑에는 위상그래프로 표시하므로 "subplot"을 사용해서 크기 그래프와 위상그래프를 각각 따로 그리며 그래프를 그릴 때 "semilogx"를 사용한다.

```
subplot(2,1,1);                  //그래프 상단부문

//위에서 G의 변화에 따른 크기값을 저장한 변수를 이용
semilogx(wT,Mag);

title("1차인수의 bode 선도")    //그래프 제목 달기
xtitle("Frequency(rad/sec)");
ytitle("Magnitude[dB]");


subplot(2,1,2);                  //그래프 하단부문

//위에서 G의 변화에 따른 위상값을 저장한 변수를 이용
semilogx(wT,Pha);

xtitle("Frequency(rad/sec");
ytitle("Phase(degrees)");
```

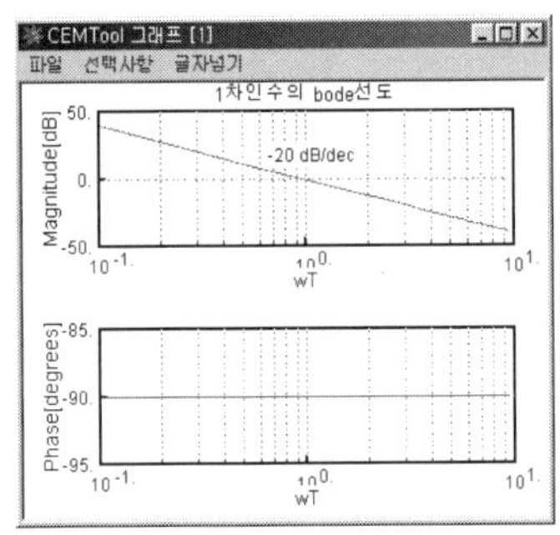

다시 말하면, 위 그림은 전의 그림과 달리 for문을 사용해서 프로그램되어 있다. 그 이유는 wT값의 변화에 따라 전달함수의 분모항이 바뀌기 때문에 전의 그림과 같이 프로그램하면 안된다. 전달함수는 그대로 있고 주파수 축만 바뀌는 것이기 때문에 "bode" 함수를 한번만 쓰면 되지만 이것은 주파수축이 바뀌면서 동시에 전달함수까지 바뀌기 때문에 "bode" 함수를 한 번만 써서는 올바른 그래프를 얻을 수 없다.

예제 1차인수 $G(jw)=1/(jwT+1)$의 경우

전달함수의 크기는 $G_{dB}=-20\log\sqrt{w^2T^2+1}=-10\log(w^2T^2+1)[dB]$이므로, $wt=1$일 때 $G_{dB}=-3[dB]$이고, $wT\leqq 0.1$일 때 $G_{dB}\approx 0[dB]$이며, 따라서 차단주차수와 대역폭은 $w_c=w_B=1/T$, 대역이득은 $G_B=0[dB]$이다. $wT\geqq 10$일 때에는 $G_{dB}\approx -20\log wT[dB]$로 근사화되어 주파수 w가 10배가 될 때마다 $-20[\mathrm{dB}]$의 비율로 감소한다. 위상은 $\phi(w)=-\tan^{-1}wT$이므로, 차단주파수에서 $\phi(w_{c)}=-45°$이고, $wT\leqq 0.1$일 때 $\phi(w)\approx 0°$, $wT>10$일 때 $\phi(w)\approx -90°$로 근사화된다. 따라서 1차인수에 대한 보드선도는 다음과 같다.

☞ $G(jw)=jwT+1$의 경우에는 $jwT+1=1/\left(\frac{1}{jwT}\right)+1$이므로 이 경우의 보드선도는 가로축에 대해 대칭 이동시키면 구해진다.

단계 1) 위 예제와 같은 구조로 구성하면 된다. 단지 위 예제와의 차이점은 G만 다르다는 차이밖에 없으므로 G의 분모항만 바꿔주면 된다.

```
CEMTool3
wT=logspace(-1,1,100);
Pha=[];
Mag=[];

for(i=1;i<length(wT)+1;i=i+1)
{
    ng=1;           //G의 분자항
    dg=[wT(i) 1];   //G의 분모항 (jwT+1)
    [mag,phase]=bode(ng,dg,wT(i));  //G의 크기와 위상값 계산

    imag=20*log10(mag);            //로그(dB)단위로 변환
    Mag=[Mag imag];                //G의 크기값 저상
    Pha=[Pha phase];               //G의 위상값 저장
}

subplot(2,1,1);                    //그래프 상단부분
semilogx(wT,Mag);                  //G의 크기값 그래프

title("1차인수의 bode 선도")
xtitle("Frequency(rad/sec)");
ytitle("Magnitude[dB]");

subplot(2,1,2);                    //그래프 하단부분
semilogx(wT,Pha);                  //G의 위상값 그래프

xtitle("Frequency(rad/sec");
ytitle("Phase(degrees)");
```

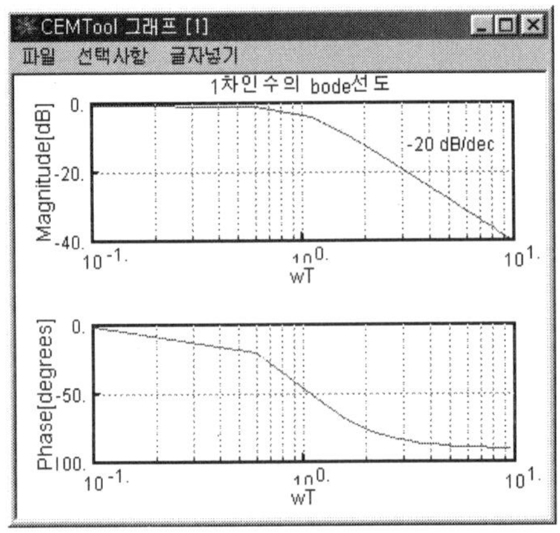

단계 2) $G(jw) = jwT+1$인 경우에는 분자항과 분모항을 바꾸면 된다. 즉, 분모항이 1이고, 분자항이 $jwT+1$인 것이므로 위 예제에서 전달함수를 표현하는 부분만 바꿔주면 된다.

```
wT=logspace(-1,1,100);
Pha=[];
Mag=[];

for(i=1;i<length(wT)+1;i=i+1)
{
    ng=[wT(i) 1]; //G의 분자항 (jwT+1)
    dg=1;         //G의 분모항
    [mag,phase]=bode(ng,dg,wT(i));  //G의 크기와 위상값 계산

    imag=20*log10(mag);             //로그(dB)단위로 변환
    Mag=[Mag imag];                 //G의 크기값 저장
    Pha=[Pha phase];                //G의 위상값 저장
}

subplot(2,1,1);                     //그래프 상단부분
semilogx(wT,Mag);                   //G의 크기값 그래프

title("1차인수의 bode 선도")
xtitle("Frequency(rad/sec)");
ytitle("Magnitude[dB]");

subplot(2,1,2);                     //그래프 하단부분
semilogx(wT,Pha);                   //G의 위상값 그래프

xtitle("Frequency(rad/sec");
ytitle("Phase(degrees)");
```

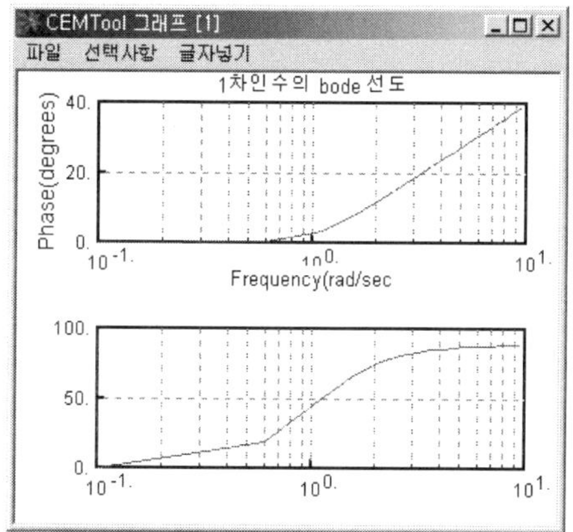

☞ 앞에서 설명했던 것처럼 가로축을 기준으로 대칭이동시킨 경우와 같다.

예제 2차인수 $G(jw) = 1/[(jw/w_n)^2 + 2\zeta(jw/w_n) + 1]$의 경우

이 경우의 크기를 구하면 $|G(jw)| = 1/\sqrt{[1-(w/w_n)^2]^2 + [2\zeta(w/w_n)]^2}$ 이고 $|G(jw)|$의 분모를 최소로 만드는 주파수에서 공진이 나타나므로 공진주파수와 공진최대값을 구하면 다음과 같다.

$$w_r = w_n\sqrt{1-2\zeta^2}\,,\ \ 0 \leqq \zeta \leqq 0.707$$

$$M_r = |G(jw_r)| = \frac{1}{2\zeta\sqrt{1-\zeta^2}}$$

따라서 2차시스템에서는 감쇠비가 $\zeta < 0.707$인 경우에 공진이 생기며 감쇠비 ζ가 작을수록 공진주파수는 고유진동수 w_n에 수렴하며 공진최대값 M_r의 크기는 더 커진다. 그리고 이득이 $1/\sqrt{2}$ 이 되는 차단주파수와 대역폭을 구하면 다음과 같다.

$$w_c = w_B = w_n(1-2\zeta^2 + \sqrt{4\zeta^4 - 4\zeta^2 + 2}\,)^{1/2}$$

위상은 $\phi(w) = -\tan^{-1}\dfrac{2\zeta w/w_n}{1-(w/w_n)^2}$ 이므로 $w = w_n$일 때 $\phi(w) = -90°$이고, $w = 0.1w_n$일 때 $\phi(w) \approx 0$, $w = 10w_n$일 때 $\phi(w) \approx -180°$가 된다. 따라서 2차인수에 대한 보드선도는 다음과 같다.

☞ $G(jw) = (jw/w_n)^2 + 2\zeta(jw/w_n) + 1$의 경우에 대한 보드선도는 가로축에 대해 대칭이동 시킨 것과 같다.

단계 1) ζ가 0.2일 때와 0.707일 때를 같이 그려서 두 그래프의 차이점을 살펴보자. 먼저 보고자 하는 주파수영역을 설정하고 ζ값을 입력한다.

```
CEMTool3
wwn=logspace(-1,1,100);

zeta=0.2;            //zeta가 0.2일 경우
zeta1=0.707;         //zeta가 0.707일 경우
```

단계 2) 이번에도 for문에 따라 전달함수가 바뀌고 전달함수가 바뀌면서 그때의 크기와 위상값도 바뀌므로 , 바뀌기 전에 크기와 위상값을 저장하기 위한 변수를 설정한다. ζ가 2가지 일 경우를 모두 저장해야 하므로 변수로 4개를 입력해야 한다.

```
CEMTool3
//bode로 계산된 크기와 위상을 벡터로 모으기 위한 변수들

Pha=[];  //zeta=0.2일 경우에 크기를 저장하기 위한 변수
Mag=[];  //zeta=0.2일 경우에 위상값을 저장하기 위한 변수

Mag1=[];  //zeta=0.707일 경우에 크기를 저장하기 위한 변수
Pha1=[];  //zeta=0.707일 경우에 위상값을 저장하기 위한 변수
```

단계 3) 위 예제에서와 마찬가지로 주파수 개수만큼 for문을 이용해서 반복해야 한다. 전달함수도 주파수에 따라 변하므로 for문 안에서 입력해야 한다. 분모항은 ζ와 상관이 없으므로 ng=1이라고 한번만 입력하고 ζ가 0.2일 때와 0.707일 때의 분모항을 각각 입력한다.

```
CEMTool3
for(i=1;i<length(wwn)+1;i=i+1)
{
    ng=1;
    //G의 분모항 (jw/wn)^2s^2 2zeta(w/wn)s+1
    dg=[(wwn(i))^2  2*zeta*wwn(i) 1];  //zeta=0.2일경우
    dg1=[(wwn(i))^2  2*zeta1*wwn(i) 1];  //zeta=0.707일 경우


}
```

단계 4) 위에서 입력한 분모항 dg와 dg1을 이용해서 각각의 크기와 위상값을 계산하고 크기는 로그(dB)값으로 변환하는 과정을 for문안에 추가한다.

```
for(i=1;i<length(wwn)+1;i=i+1)
{
  ng=1;
  //G의 분모항 (jw/wn)^2s^2 2zeta(w/wn)s+1
  dg=[(wwn(i))^2  2*zeta*wwn(i) 1];  //zeta=0.2일 경우
  dg1=[(wwn(i))^2  2*zeta1*wwn(i) 1];  //zeta=0.707일 경우

  [mag,phase]=bode(ng,dg,wwn(i));  //zeta=0.2일 경우 G의 크기와 위상값 계산
  [mag1,phase1]=bode(ng,dg1,wwn(i));//zeta=0.707 일경우 G의 크기와 위상값 계산

  imag=20*log10(mag);   //zeta=0.2일 경우 크기값을 로그(dB)단위로 변환
  imag1=20*log10(mag1); //zeta=0.707일 경우 크기값을 로그(dB)단위로 변환

}
```

단계 5) 앞의 예제와 마찬가지로 for문을 반복하기 전에 현재 계산된 크기와 위상값을 반드시 위에서 입력한 변수 Mag, Mag1, Pha, Pha1에 저장한다.

```
for(i=1;i<length(wwn)+1;i=i+1)
{
  ng=1;
  //G의 분모항 (jw/wn)^2s^2 2zeta(w/wn)s+1
  dg=[(wwn(i))^2  2*zeta*wwn(i) 1];  //zeta=0.2일 경우
  dg1=[(wwn(i))^2  2*zeta1*wwn(i) 1];  //zeta=0.707일 경우

  [mag,phase]=bode(ng,dg,wwn(i));  //zeta=0.2일 경우 G의 크기와 위상값 계산
  [mag1,phase1]=bode(ng,dg1,wwn(i));//zeta=0.707 일경우 G의 크기와 위상값 계산

  imag=20*log10(mag);   //zeta=0.2일 경우 크기값을 로그(dB)단위로 변환
  imag1=20*log10(mag1); //zeta=0.707일 경우 크기값을 로그(dB)단위로 변환

  Mag=[Mag imag];       //zeta=0.2일 경우 크기값을 저장
  Pha=[Pha phase];      //zeta=0.2일 경우 위상값을 저장
  Mag1=[Mag1 imag1];    //zeta=0.707일 경우 크기값을 저장
  Pha1=[Pha1 phase1];   //zeta=0.707일 경우 위상값을 저장
}
```

단계 6) 보드선도는 위에는 크기 그래프로, 밑에는 위상그래프로 표시하므로 "subplot"을 사용해서 크기 그래프와 위상그래프를 각각 따로 그리며 그래프를 그릴 때 "semilogx"를 사용한다.

```
subplot(2,1,1)                      //그래프 상단부문
semilogx(wwn,Mag,wwn,Mag1);         //G의 크기값 그래프

title("2차인수의 bode 선도")
xtitle("Frequency(rad/sec)");
ytitle("Magnitude[dB]");


subplot(2,1,2)                      //그래프 하단부문
semilogx(wwn,Pha,wwn,Pha1);         // G의 위상값 그래프

xtitle("Frequency(rad/sec");
ytitle("Phase(degrees)");
```

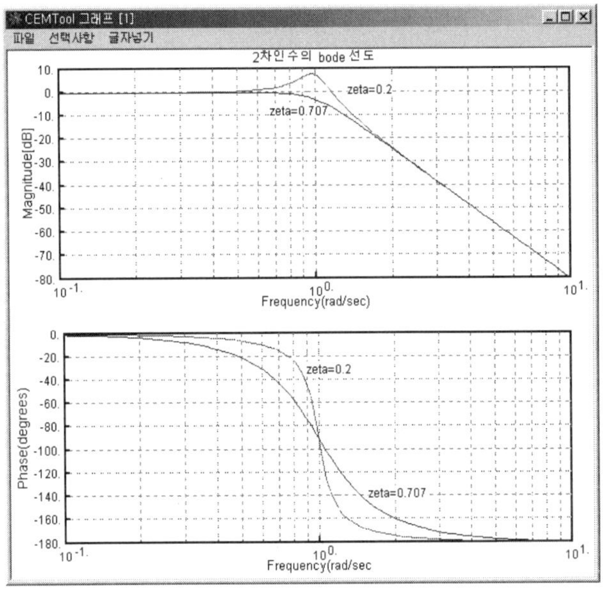

모든 전달함수는 위에서 살펴본 기본인수들의 곱의 꼴로 분해할 수 있으므로 일반 전달함수의 보드선도는 기본인수들의 보드선도를 이용하면 쉽게 구할 수 있다.

예제 보드선도

"bode" 함수를 사용해서 $G(s)=\dfrac{300(s+100)}{s(s+10)(s+40)}$의 주파수응답의 크기와 위상을 그려보자. 화면을 가로로 이등분한 뒤에 주파수크기 응답 lmag는 위에 그리고 주파수 위상응답 phase는 밑에 그린다.

단계 1) 원하는 주파수영역을 설정하고, 전달함수 G의 분자, 분모를 입력한다.

```
w=logspace(-1,3,400); // 주파수 범위

// 전달함수 G(s)
ng=300*[1 100];        // G의 분자항

dg=convo([1 0], convo([1 10],[1 40]));  //G의 분모항
```

단계 2) "bode" 함수를 이용해서 크기와 위상을 구하고, 크기는 단위를 로그(dB)로 변환한다.

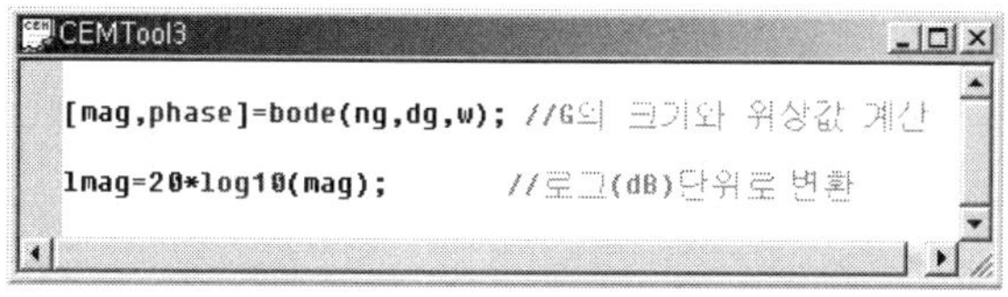

단계 3) 위에는 크기 그래프로, 밑에는 위상그래프로 표시하므로 "subplot"을 사용해서 크기 그래프와 위상그래프를 각각 따로 그린다. 그래프를 그릴 때는 "semilogx"를 사용한다.

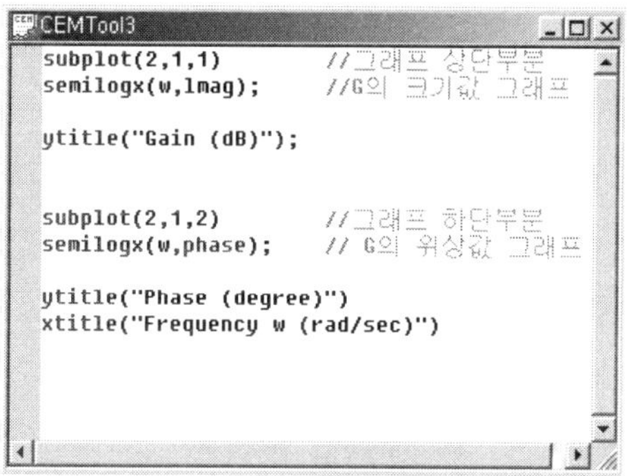

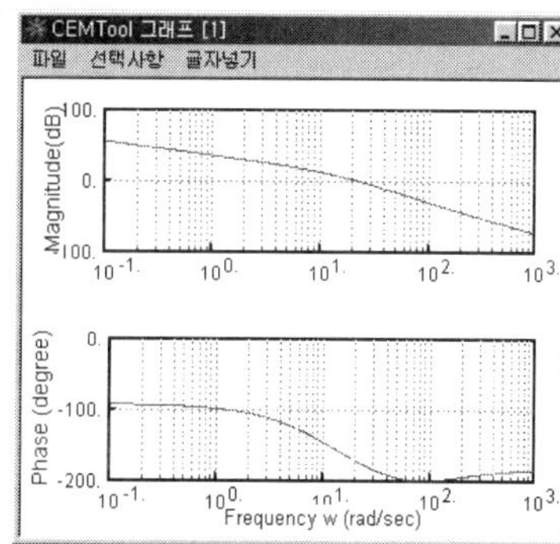

시간지연이 있을 경우의 주파수응답

s-평면에서 시스템을 분석하는 것보다 주파수영역에서 시스템을 분석하는 것의 큰 장점은 시간지연(time delay)이 있는 시스템을 분석할 수가 있다는 것이다. 일반적으로 시간영역에서의 시간지연은 라플라스 영역에서 다음과 같은 관계가 있다.

$$f(t-T) \Leftrightarrow F(s)e^{sT}$$

$F(s)$는 시간함수 $f(t)$의 라플라스 변환이다. e^{-sT}는 라플라스 영역에서 시간지연을 나타내는 것으로 크기는 1이고 위상은 $-wT(rad)$이다. 그러므로 주파수영역에서는 각주파수 w에서 시간차만큼의 위상($-wT\frac{180°}{\pi}$)을 더하면 된다.

.

```
lphase = phase - w*T*180/pi
```

CEMTool에는 "pade"란 명령어가 있는데, 이 명령어는 시간지연모델을 대략적인 다항식으로 바꾸어 준다. 입력으로 시간지연상수 T와 원하는 식의 차수 n이 주어지면, 출력으로 그에 상응하는 분자와 분모의 다항식으로 표현한다.

```
[ne, de] = pade(T, n);
```

만약 $T = 0.1$이고 $n = 2$일 때, $e^{-0.1s}$는 대략 다음처럼 나타난다.

```
CEMTool ver 4.04 Nov 16 2000

CEMTool>>[ne,de]=pade(0.1,2)
 ne =
    0.0008    -0.0499     0.9988
 de =
    0.0008     0.0499     0.9988
CEMTool>>
```

예제 **시스템에 시간지연이 있을 때의 주파수응답 분석**

시스템이 $G(s) = \dfrac{Ke^{-s}}{s(s+10)(s+3)}$이고, $K = 100$일 때 이차식의 "pade" 함수를 사용해서 보드선도를 그려보자.

단계 1) $K = 100$으로 입력하고, 원하는 주파수 범위를 설정한다. "pade" 함수를 사용해서 지연 모델을 계산한다.

```
k= 100;
w=logspace(-1,2,400);  // 주파수를 지정한다.

[ne,de]=pade(1,2);     //지연 모델 계산
```

단계 2) 위에서 구한 지연모델이 포함된 시스템 G의 분자항과 분모항을 입력한다.

```
ng=k*ne;  //지연모델이 포함된 G의 분자

//지연모델이 포함된 G의 분모
dg=convo(convo([1 0],convo([1 10],[1 30])),de);
```

단계 3) "bode" 함수를 이용해서 크기와 위상값을 계산한 후, 크기값을 로그값으로 변환한다.

```
[mag,phase]=bode(ng,dg,w);    // G의 크기와 위상값을 계산한다.
lmag=20*log(mag);             // 크기를 로그(dB)단위로 변환
```

단계 4) 위에는 크기 그래프로, 밑에는 위상그래프로 표시하므로 "subplot"을 사용해서 크기 그래프와 위상그래프를 각각 따로 그린다. 그래프를 그릴 때는 "semilogx"를 사용한다.

```
subplot(2,1,1);           //그래프 상단부분
semilogx(w,lmag)          //G의 크기값 그래프

ytitle("Magnitude (dB)");

subplot(2,1,2);           //그래프 하단부분
semilogx(w,phase);        // G의 위상값 그래프

ytitle("Phase (degree)");
xtitle("Frequency");
```

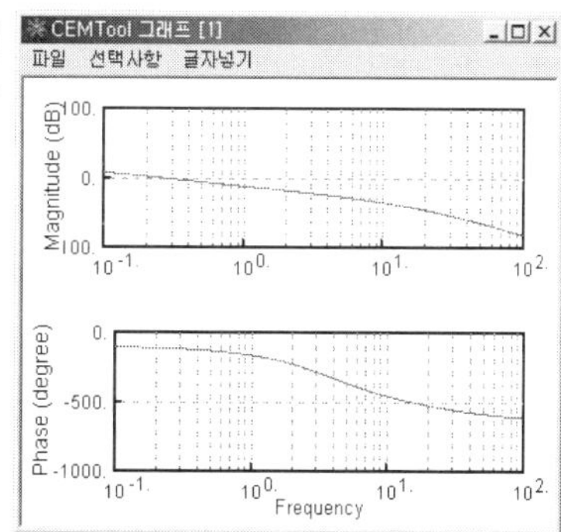

그림에 나타난 것처럼 위상의 값이 매우 크게 차이가 남을 볼 수 있다. 특히 $w_c = 1$ 이후로 위상이 크게 변하는 것을 볼 수 있다.

2.6 주파수응답특성 해석법

폐루프 주파수 응답

비록 제어기의 설계는 주파수영역에서 하지만, 시스템의 응답은 시간영역에서 나타난다. 주파수영역에서의 분석요소들과 시간영역에서의 요소들 사이에는 어떤 상호관계가 있는지 알아보자. 시간영역에서 단위계단응답처럼 주파수영역에서는 폐루프 주파수응답이 그림과 같이 나타난다. w_b는 대수크기가 $-3dB$인 곳의 주파수인 대역폭(bandwidth)이다.

예제 폐루프의 주파수 응답

$$T(s)=\frac{\omega_n^2}{s^2+2\zeta\omega_n^2 s+\omega_n^2}$$

$w_n = 2$이고 $0 < \zeta < 1$일 때, 감쇠율 ζ값에 대한 주파수응답을 그래프를 통해서 알아보자. 감쇠율을 바꾸어 가며 나타나는 주파수 응답을 함께 그리기 위해서 function문으로 작성해 보자.

단계 1) function문으로 만들기 위해 먼저 입력과 출력으로 무엇을 설정할 지를 결정해야 한다. 이 예제는 감쇠율 ζ값에 대한 주파수 응답을 보려고 하므로 입력은 감쇠율 ζ값이 된다. 출력으로는 주파수 범위, 크기 그리고 위상값을 모두 출력으로 설정한다.

```
function
lmag,phase,w <> zeta     //입력으로 zeta, 출력으로 크기와 위상 그리고 주파수 범위
```

단계 2) 주파수 범위를 설정하고 주어진 $w_n = 2$를 입력한다.

```
w=logspace(-1,1,100);    // 주파수 범위를 지정한다.

wn=2;                    // 고유 진동수
```

단계 3) 주어진 함수 T를 식에서 보이는 것처럼 분자, 분모를 입력한다.

```
nt=wn^2;                   //T의 분자항

dt=[1 2*zeta*wn wn^2];     //T의 분모항
```

단계 4) "bode" 함수를 사용해서 크기와 위상값을 계산한다.

```
[mag,aphase]=bode(nt,dt,w); // G의 크기와 위상값 계산

lmag=20*log(mag);           // 로그(dB)단위로 변환
```

단계 5) “semilogx”를 사용해서 주어질 ζ값에 따른 크기 그래프를 그린다.

```
semilogx(w,lmag);          // 크기 그래프를 그린다.

xtitle("frequency w (rad/sec)")
ytitle("|T(jw)|")
```

☞ 지금까지 작성한 파일은 function문이므로 파일로 저장한 다음 명령어창에서 실행시켜야 한다. 예를 들어 “chap710”이라고 저장한다.

단계 6) function문이므로 명령어창에서 위에서 저장한 파일 이름을 사용한다. 입력으로 ζ값을 바꿔가면서 실행시킨 후 각각의 크기와 위상값을 다른 변수에 저장한다

```
CEMTool>>[m1,p1,w]=chap710(0);
CEMTool>>
CEMTool>>[m2,p2,w]=chap710(0.5);
CEMTool>>
CEMTool>>[m3,p3,w]=chap710(1);
CEMTool>>
```

☞ ζ값에 따른 크기와 위상값을 m1, p1에 저장하고, w는 뒤에서 저장된 크기와 위상을 그래프로 그리기 위해서 저장하는 것이다.

단계 7) “semilogx”를 사용해서 앞에서 저장된 크기들을 하나의 그래프 창에 그려보자.

```
CEMTool>>semilogx(w,m1,w,m2,w,m3);
CEMTool>>
CEMTool>>title("폐루프 주파수 응답")
CEMTool>>
```

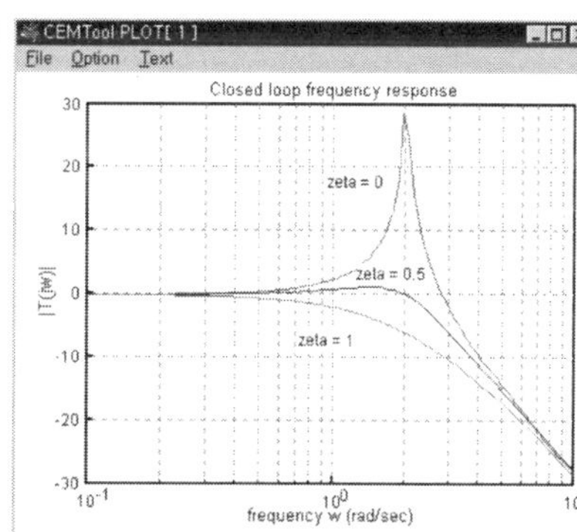

☞ 하나의 그래프창에 위에서 저장한 세 개를 동시에 그려야 서로 비교하기가 쉬우므로, “semilogx” 안에 입력으로 3개의 주파수 범위와 크기저장 변수들을 넣어서 그래프를 그린다. 그림에 나타나 있는 zeta=1과 같은 글자는 그래프 메뉴중에 글자넣기를 사용해서, 보는 사람으로 하여금 쉽게 이해하도록 하기 위해서 추가한 것이다.

폐루프 주파수응답 분석요소

(1) 공진최고점 M_p

M_p는 |T(jw)|의 최고값으로 정의된 공진최고점(resonant peak)이다. 그 크기에 따라 시간영역에서의 오버슈트의 크기, 감쇠율과 관계가 있다. M_p가 크면 오버슈트의 크기가 커진다. 불안정상태에서의 M_p는 아무런 의미를 갖지 않는다. 시간영역에서 오버슈트의 크기가 감쇠율의 함수인 것처럼 주파수영역에서 M_p도 다음과 같이 감쇠율의 함수로 표현될 수 있다.

$$M_p = \frac{1}{2\zeta\sqrt{1-\zeta^2}} \qquad 0 < \zeta < \frac{1}{\sqrt{2}}$$

$$M_p = 1 \qquad \frac{1}{\sqrt{2}} < \zeta$$

(2) 공진주파수

w_r은 공진 최고점에서의 주파수인 공진주파수(resonant frequency)이다. 고유진동수와는 다음과 같은 관계가 있다.

$$w_r = w_n\sqrt{1-2\zeta^2}$$

(3) 대역폭

w_b는 대수크기 $|T(jw)|$가 $0dB$로부터 $-3dB$로 떨어졌을 때의 주파수로서 대역폭(bandwidth)이라 한다. w_b는 시간영역의 오름시간(rise time)과 관계가 있다. 일반적으로 대역폭이 넓을수록 고주파가 잘 통하게 되므로 시스템의 응답이 빨라지고, 대역폭이 좁으면 저주파만 통하게 되므로 시스템이 느려진다.

> ☞ 그러므로 주파수영역의 제어시스템에서 M_p는 작게 하고, w_b를 크게 하여 오버슈트를 줄이고 응답을 빠르게 하는 것이 바람직하다.

여유(margin)와 안정성

주파수영역에서 제어기를 설계하기 위해 필요한 요소들로는 이득여유(gain margin)와 위상여유(phase margin)가 있다. 이 여유들은 말 그대로 시스템이 안정하기 위해서는 이득이나 위상이 얼마만큼 여유가 있는지를 나타낸다. 이러하듯이 이들 여유들은 시스템의 안정성과도 밀접한 관계가 있다. 또한 이들은 시스템 수행과도 관계가 있으므로 무조건 여유들이 크다고 좋은 것은 아니다. 대략적인 위상여유(P_m)와 감쇠율(ζ)과의 대략적인 관계는 다음과 같다.

$$P_m = 100\zeta$$

오버슈트의 크기가 5%인 응답을 원하면 감쇠율이 $\zeta = 0.707$이 되므로 대략적인 위상여유는 $P_m = 70°$가 필요하게 된다. 이들 여유들은 보드선도상에서 쉽게 구해진다. 위상이 $-180°$였을 때의 주파수(w_p)에서의 이득값과 $0dB$와의 차이를 "이득여유(gain margin)"라 한다. 이때의 주파수, 즉 위상이 $-180°$일 때의 주파수(w_p)를 "위상통과주파수"라 한다. 시스템이 안정하려면 아래의 조건을 만족해야 한다.

$$\text{이득여유}(G_m) \ = \ 0dB - G(jw_p)\text{의 값} > 0$$

$G(jw_p)$는 위상값 $\angle G(jw)$이 $-180°$인 곳의 위상통과주파수 w_p에서의 크기이다. 이때 이득 여유값이 양수이면 안정한 것이다. 즉, 위상통과주파수에서의 이득값 $G(jw_p)$가 양수일 경우이면 불안정하고, 음수이면 안정하다. 다시 말하면 안정하기 위해서는 $G(jw_p)$가 $0dB$ 보다 아래에 위치해야 한다는 것이다.(예를 들면 $G(jw_p) = -15dB$).

"위상여유(phase margin)"는 이득 $|G(jw)|$ 가 $0dB$일 때, 그 주파수(w_g)에서의 위상과 $-180°$와의 차이이다. 그리고 $|G(jw)|$가 $0dB$일 때의 주파수(w_g)를 "이득통과주파수"라 한다. 이 주파수에서의 위상값은 $-180°$ 보다 커야 시스템이 안정하다(예를 들면 $-160 > -180$ etc.).

$$\text{위상여유}(P_m) = \angle G(jw_g) - (-180) > 0$$

$\angle G(jw_g)$는 $G(jw)$가 $0dB$일 때의 이득통과주파수 w_g에서의 위상을 나타낸다.

CEMTool을 사용하면 이러한 여유들을 쉽게 구할 수 있는데, 명령어로는 "margin"이 있다. "bode" 명령어로 계산한 이득값과 위상값을 사용해서 다음과 같이 하면 된다.

```
CEMTool>>w = logspace(-1,3);
CEMTool>>[mag, phase] = bode(ng, dg, w);
CEMTool>>[Gm, Pm, wg, wp] = margin(mag, phase, w);
```

여기서 G_m은 이득여유이고, P_m은 위상여유, w_p는 위상이 $-180°$일 때의 주파수 그리고 w_g는 이득이 $0dB$일 때의 주파수가 된다. 여유값들은 항상 양수이어야 시스템은 안정하다.

예제 위상여유와 이득여유

다음의 이차시스템의 주파수응답을 통해 위상여유와 이득여유를 구해 보자.

$$GH(s) = \frac{10}{s(s+2)(s+5)}$$

단계 1) 주파수 범위를 지정하고 주어진 GH의 분자, 분모항을 입력한다.

```
w=logspace(-1,1,100);         // 주파수를 지정한다.

ngh=10;                        //G의 분자항
dgh=convo([1 0],convo([1 2],[1 5])); //G의 분모항
```

단계 2) "bode" 함수를 사용해서 크기와 위상값을 계산한 다음, 크기값을 로그(dB)단위로 변환한다.

```
[mag,phase]=bode(ngh,dgh,w); // G의 크기와 위상값을 계산

lmag=20*log(mag);            // 로그(dB)단위로 변환
```

단계 3) 위에는 크기 그래프로, 밑에는 위상그래프로 표시하므로 "subplot"을 사용해서 크기 그래프와 위상그래프를 각각 따로 그린다. 그래프를 그릴 때는 "semilogx"를 사용한다.

```
subplot(2,1,1);      //그래프 상단부분
semilogx(w,lmag);    //크기 그래프를 그린다.

ytitle("20log|GH(jw)|")


subplot(2,1,2)       //그래프 하단부분
semilogx(w,phase);   //위상 그래프를 그린다.

xtitle("frequency w (rad/sec)");
ytitle("Phase");
```

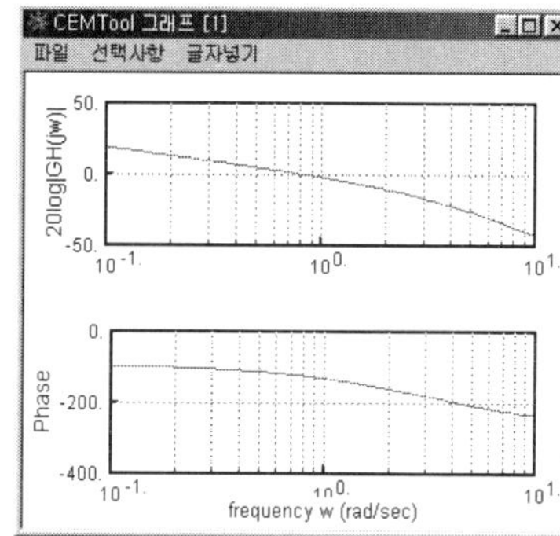

위의 CEMTool 프로그램을 실행한 후에 이득 여유와 위상 여유를 다음과 같이 조사해 보자.

```
          CEMTool ver 4.04 Nov 16 2000

CEMTool>>[Gm,Pm,wg,wp]=margin(mag,phase,w)
 Gm =
     7.0012
 Pm =
    55.6388
 wg =
     3.1623
 wp =
     0.8979
CEMTool>>
```

이득여유, 위상여유가 모두 양수이므로 시스템은 안정하다.

제3장 PID 제어기 설계법

3.1 PID제어 개요

이 장에서는 산업현장에서 가장 많이 쓰이고 있는 PID 제어기 설계법을 다룬다. PID 제어기는 앞섬·뒤짐 보상기와 같이 주로 근궤적이나 주파수응답법으로 설계하기도 하지만 주로 시행착오에 의한 계수튜닝법을 사용한다. PID제어기의 특징은 다음과 같다.

1) PID 제어기는 구조가 간단하고 제어성능이 우수하며 제어이득 조정이 비교적 쉽기 때문에 산업현장에서 약 80% 이상을 차지할 정도로 많이 사용되고 있다. PID 제어는 비례제어, 적분제어, 미분제어를 단독으로 쓰거나 혹은 두 가지 이상을 결합한 형태로 사용된다.
2) 비례(P) 제어는 PID 제어기에서 반드시 사용하는 가장 기본적인 제어이며 구현하기가 쉽다. 그러나 이 제어만으로는 시스템에 적분기가 없을 경우에 정상상태 오차가 발생할 수 있다.
3) 적분(I)제어는 정상상태 오차를 없애기 위해 사용된다. 그러나 적분이득을 잘못 조정하면 시스템이 불안해지고 반응이 느려진다.
4) 미분(D)제어는 잘 활용하면 안정성에 기여하고, 예측기능이 있어 응답속도를 빠르게 한다. 단점으로는 시스템에 잡음성분이 있을 때 미분값이 커지게 되어 제어입력에 나쁜 영향을 미친다는 점이 있다.
5) PID 제어기의 계수를 자동적으로 조정하는 것을 자동동조(auto-tuning)라고 하며, 산업계에서 많이 필요로 하고 있다. 대표적인 방법으로는 지글러-니콜스(Ziegler-Nichols)동조법, 계전기(relay)동조법 등이 있으며, 이 방법들은 제어대상 시스템의 모델을 사용하지 않고 간단한 동조과정을 거쳐 PID 계수를 결정한다.
6) PID 제어기 계수는 제어대상 시스템의 반복과정을 통해 설계할 수 있다. 근궤적법, 과도응답법 등을 사용하여 반복과정을 통해 설계할 수 있다.
7) PID 제어기에 구동기를 연결하여 사용할 때 구동기에 포화특성이 있으면 적분누적

(integrator windup) 현상이 생겨 불안정하게 되는데, 이를 막기 위하여 누적방지(antiwindup) 기법을 사용한다.

8) PID 제어기의 형태는 병렬형이 기본형이지만 실제로 구현할 때에는 필요에 따라 직렬형으로 하거나 미분기 필터를 부착하는 등 여러 가지로 변형되어 쓰인다.

PID 제어기는 제어성능이 우수하고 또한 제어이득의 조정이 비교적 쉽기 때문에 산업현장에 많이 쓰이고 있다.

3.2 앞섬/뒤짐 보상기 설계법

s-평면에서는 보상기를 사용해서 극점을 우세적인 위치에 놓음으로써 원하는 응답을 얻었으나 주파수영역에서는 이득여유와 위상여유를 만족시키므로 원하는 응답을 얻는다. 또한 주파수영역에서는 시간이 지연된 시스템에 대한 보상기 설계도 가능하다. 일반적으로 보상기 설계시 앞섬보상기는 정해진 주파수에서 위상을 더하게 되고, 뒤짐보상기는 위상을 빼게 된다.

앞섬보상기 설계법

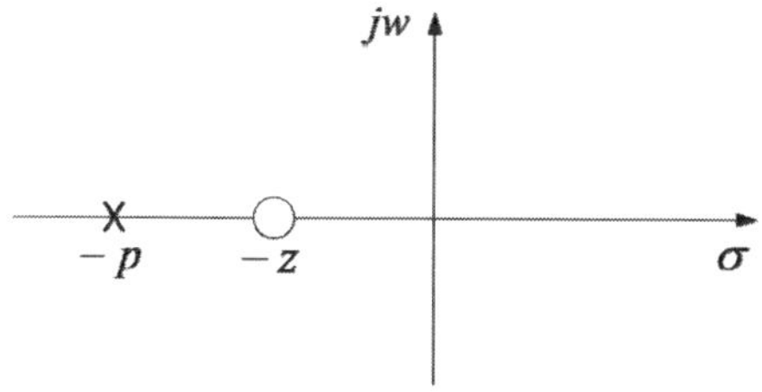

앞섬보상기의 극·영점의 위치는 그림과 같다. 이 그림에서 알 수 있듯이, 보상기의 영점이 극점보다 허수축에 더 가까이 있기 때문에 앞섬보상기의 위상은 항상 0보다 큰 값을 갖는다. 따라서 이 보상기를 사용하면 전체 시스템의 위상이 시스템의 위상보다 앞서기 때문에 앞섬보상기라고 부르는 것이다. 예를 들어, 다음과 같은 앞섬보상기를 생각해 보자.

$$H(s) = \frac{10(s+1)}{s+10}$$

이 선도를 그리기 위한 과정은 다음과 같다.

단계 1) 주어진 앞섬 보상기의 보드선도를 그려보자. H의 분자, 분모항을 입력한다.

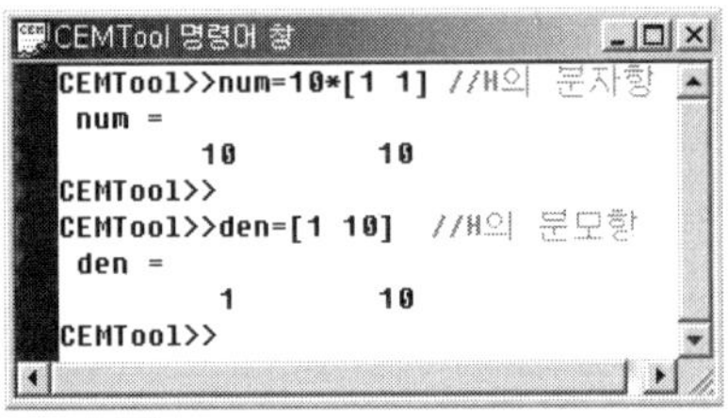

단계 2) 그리고자 하는 주파수 범위를 설정하고 "bode" 함수를 이용해서 보드선도를 그린다.

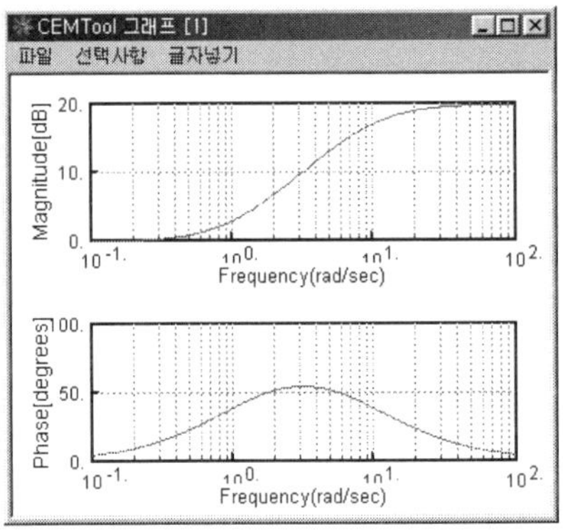

☞ "bode" 함수를 사용할 때 왼쪽에 출력 변수를 설정하지 않으면 자동으로 그래프가 나오고, 출력변수를 하나라도 설정하면 그래프는 나타나지 않는다. 여기서는 보드선도를 그리기만 하면 되므로 출력 변수를 설정하지 않고 사용한다. 이 앞섬보상기의 보드선도를 보면 보상기의 위상이 5°부터 55°까지 변화하면서 앞서는 것을 확인할 수 있다.

앞섬보상기는 HIGH-PASS 필터의 형태로서 저주파수에서는 이득이 낮았다가 고주파수에서는 이득이 커진다. 앞섬보상기는 최대한의 위상으로 45°를 원하는 주파수에 더할 수 있기 때문에 위상여유를 크게 할 수 있다. 또한 대역폭을 크게 함으로써 빠른 시스템응답을 기대할 수 있다.

위상이 45°일 때의 주파수 w_m은 일반적으로 앞섬보상기의 극점 p와 영점 z의 중간 주파수인 $w_m = \sqrt{zp} = \frac{1}{\tau\sqrt{a}}$이 된다. 또한 주파수 w_m에서 앞섬보상기가 갖는 이득값은 $10\log a$로서, a는 극점과 영점의 비, 즉 $a = \frac{p}{z}$이다. 그러므로 기본적인 앞섬보상기 설계의 원리는 주파수 w_m을 이득이 $0dB$인 곳의 주파수, 이득통과주파수로 만들기 위한 극점과 영점의 위치를 정하는 것이라 하겠다.

앞섬보상기의 기본적인 형태는 다음과 같다.

$$G_c(s) = \frac{\left(\frac{1+s}{z}\right)}{a\left(1+\frac{s}{p}\right)} = \frac{(a\tau s+1)}{a(\tau s+1)}$$

‖ 앞섬보상기의 설계과정 ‖

과정 1. 원하는 수행기준을 만족하는 위상여유를 구한다.

$$P_m = 100\zeta$$

과정 2. 먼저 시스템의 주파수응답을 보드선도로 나타낸 뒤에 여유들을 조사해 본다. 얼마만큼의 여유가 더 필요한지 계산한다.

$$\phi_m = P_m - \angle G(jw)$$

과정 3. 만약 ϕ_m만큼의 위상이 필요하다면, 다음 식으로부터 a값을 계산한다.

$$\frac{a-1}{a+1} = \sin\phi_m \quad \text{또는} \quad a = \frac{1+\sin\phi_m}{1-\sin\phi_m}$$

과정 4. a값을 가지고 $10\log_{10}a$를 계산한다.

$$20\log_{10}\left|\frac{a\tau jw_m+1}{\tau jw_m+1}\right| = 20\log_{10}\sqrt{a} = 10\log_{10}a$$

과정 2에서 얻은 시스템의 보드선도로부터 크기가 $-10\log a dB$값일 때의 주파수($w_m = \frac{1}{\sqrt{a}\tau}$rad/sec)를 구한다. 이때의 주파수는 앞섬보상기가 더해졌을 때의 통과 주파수가 된다.

과정 5. 극점의 위치와 영점의 위치를 다음과 같이 계산한다.

$$p = w_m \sqrt{a} = \frac{1}{\tau} \quad \text{그리고} \quad z = \frac{p}{a} = \frac{1}{a\tau}$$

과정 6. 앞섬보상기를 포함한 시스템의 보드선도를 다시 그린다.

$$G_c(s) = \frac{\left(1 + \frac{s}{z}\right)}{a\left(1 + \frac{s}{p}\right)}$$

과정 7. 보상기 설계시에 작아진 $\frac{1}{a}$만큼의 크기를 보상하기 위해 수식에 a를 곱한다. 즉 $G_c(s) = \frac{a(s+z)}{(s+p)}$가 되도록 한다.

예제 앞섬보상기의 설계

쌍적분 시스템(Double integrator) $G(s) = \frac{K}{s^2}$를 앞섬보상기로 설계해 보자. 오버슈트가 P.O〈20%이고, $K = 10$일 때에 앞섬보상기를 설계해 보자.

단계 1) 오버슈트가 P.O〈20%일 때 ζ값을 구해보자.

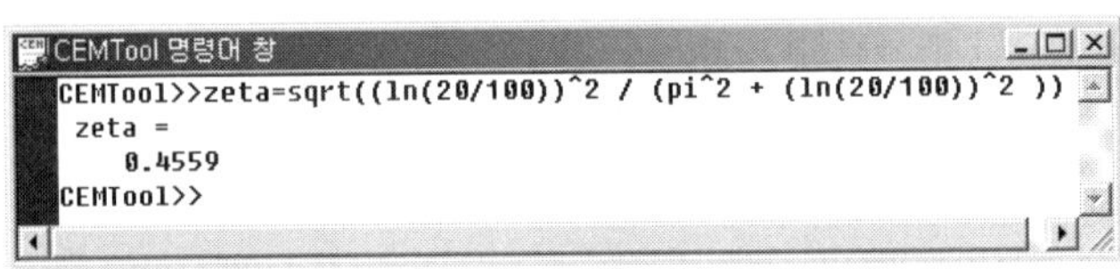

☞ 위 계산 결과를 보면 $\zeta > 0.45$값이 구해진다. 따라서, 만족해야 할 위상 여유는 $\phi_m = 100 * 0.45 = 45°$이다.

단계 2) 보드선도를 그려보자. 전달함수 G의 분자항과 분모항을 입력한다.

```
CEMTool>>k=10
 k =
        10
CEMTool>>num=k
 num =
        10
CEMTool>>den=[1 0 0]
 den =
        1        0        0
CEMTool>>w=logspace(-1,2,200);
CEMTool>>bode(num,den,w);
CEMTool>>
```

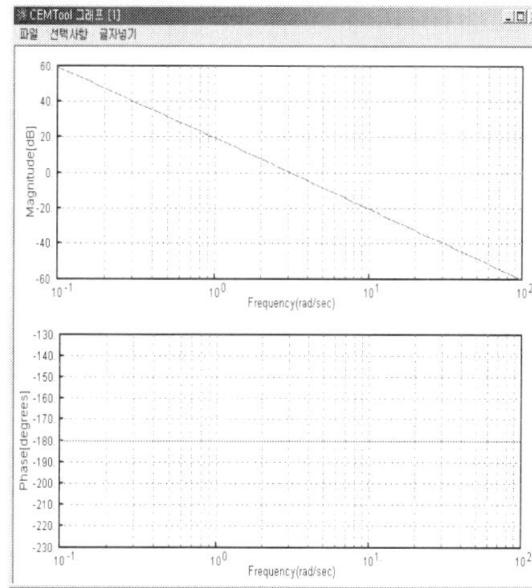

단계 3) 위의 보드선도에서 보면 시스템의 위상은 $-180°$ 이므로 새로운 통과주파수에서 필요한 위상여유는 $45°$ 이다. $\frac{a-1}{a+1} = \sin 45$. $a = 5.8$ 이지만 6으로 사용한다.

```
CEMTool>>a=(1+sin(45*pi/180))/(1-sin(45*pi/180))
 a =
    5.8284
CEMTool>>
```

☞ 주의해야 할 점은 "sin" 함수에 각도를 적을 때에는 라디안값을 입력해야 한다. 따라서 위의 그림에서처럼 45°에 pi/180을 곱해서 라디안으로 변환된 값을 사용해야 한다.

단계 4) $-10\log a = -7.78dB$ 이므로, $G(s)$의 보드선도로부터 $-7.78dB$가 되는 곳의 주파수를 구한다. $w_m = 5(\text{rad/sec})$ 정도 된다.

단계 5) 극점 p와 영점 z는 수식에 의해 $p = w_m\sqrt{a} = 12.0$ 그리고 $z = \frac{p}{a} = 2.0$ 로 구해진다.

```
CEMTool>>wm=5
 wm =
        5
CEMTool>>p=wm*sqrt(a)   //극점
 p =
    12.2474
CEMTool>>z=p/a //영점
 z =
    2.0412
CEMTool>>
```

단계 6) 위에서 구한 영점과 극점을 이용한 보상기는 수식에 의해 다음과 같다.

$$G_c(s) = \frac{\left(1+\dfrac{s}{z}\right)}{a\left(1+\dfrac{s}{p}\right)} = \frac{\left(1+\dfrac{s}{2}\right)}{6\left(1+\dfrac{s}{12}\right)}$$

단계 7) a를 곱한 보상기는 다음과 같다.

$$G_c(s) = \frac{6(s+2)}{(s+12)}$$

단계 8) 보상기가 없을 경우의 보드선도와 보상기를 부착했을 경우에 보드선도를 함께 그려서 두 가지 경우를 살펴보자. 먼저 주파수 범위를 설정하고 주어진 쌍적분 시스템의 전달함수를 입력한다.

```
CEMTool3
w=logspace(-1,2,400); //주파수 영역 설정

ng=10;              //G의 분자
dg=[1 0 0];         //G의 분모
```

단계 9) 주어진 전달함수의 크기와 위상을 계산한다.

```
CEMTool3
[umag,uph]=bode(ng,dg,w); //크기와 위상값계산

umag=20*log(umag);        //로그(dB)단위로 변환
```

단계 10) 단계 7)에서 구한 앞섬보상기 전달함수를 입력한다.

```
CEMTool3
nc=6*[1 2];     //앞섬 보상기 전달함수의 분자항

dc=[1 12];      //분모항
```

단계 11) 앞섬 보상기와 시스템 전달함수를 합성한다. 여기서는 보상기가 전달함수에 직렬로 연결되어 있으므로 "convo" 함수를 사용한다.

```
CEMTool3
//앞섬 보상기와 플랜트 전달함수 합성

ngc=convo(ng,nc);    //분자항

dgc=convo(dg,dc);    //분모항
```

☞ 직렬연결이므로 단순히 두 개 전달함수의 곱으로 표현된다. 따라서 "convo" 함수를 이용해서 분자항과 분모항을 따로 계산한다.

단계 12) 합성한 전달함수에 대한 크기와 위상값을 계산한다.

```
//합성한 전달함수의 크기와 위상계산

[cmag,cph]=bode(ngc,dgc,w); //크기와 위상 계산

cmag=20*log(cmag);       //로그(dB)단위로 변환
```

단계 13) 위에서 구한 각각의 크기와 위상값을 하나의 그래프창에 그린다.

```
subplot(2,1,1) ;      //Bode선도의 magnitude부분
semilogx(w,umag,w,cmag);
ytitle("Magnitude (dB)");

subplot(2,1,2);       //Bode선도의 phase부분
semilogx(w,uph,w,cph);
ytitle("Phase (deg)");
xtitle("Frequency (rad/sec)");
```

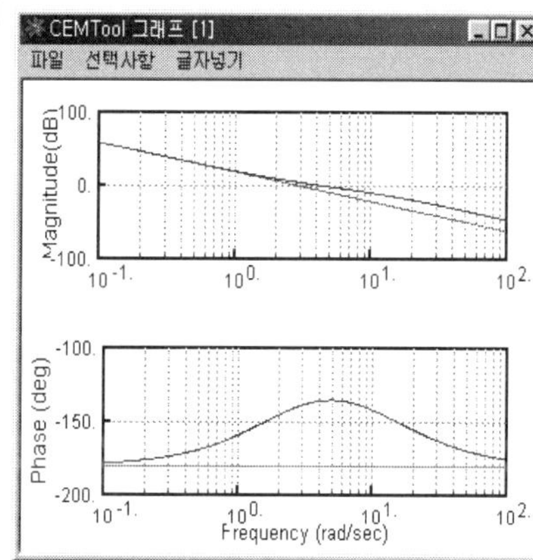

단계 14) 앞섬보상기를 포함하는 폐루프 전달함수를 구해보자.

```
//앞섬보상기가 있는 폐루프 전달함수

[nclose,dclose]=cloop(ngc,dgc,-1);
```

단계 15) 보고자 하는 시간영역을 설정하고 위에서 구한 폐루프 전달함수와 쌍적분 시스템 전달함수에 대한 단위계단응답을 계산한다.

```
t=[0:3:0.1];

y1=step(ng,dg,t); //쌍적분시스템 계단응답
y2=step(nclose,dclose,t); //앞섬보상기를 포함한 계단응답
```

단계 16) 위에서 구한 계단응답을 그래프 창에 "plot" 함수를 이용하여 그래프로 나타내보자.

```
subplot(2,1,1)
plot(t,y1)      //주어진 쌍적분 시스템 계단응답

title("쌍적분 시스템 계단응답")
ytitle("Output y(t) ");

subplot(2,1,2)
plot(t,y2)      //앞섬보상기를 포함한 경우 계단응답

xtitle("t(sec)");
ytitle("Output y(t) ");
title("앞섬보상기를 포함한 계단응답");
```

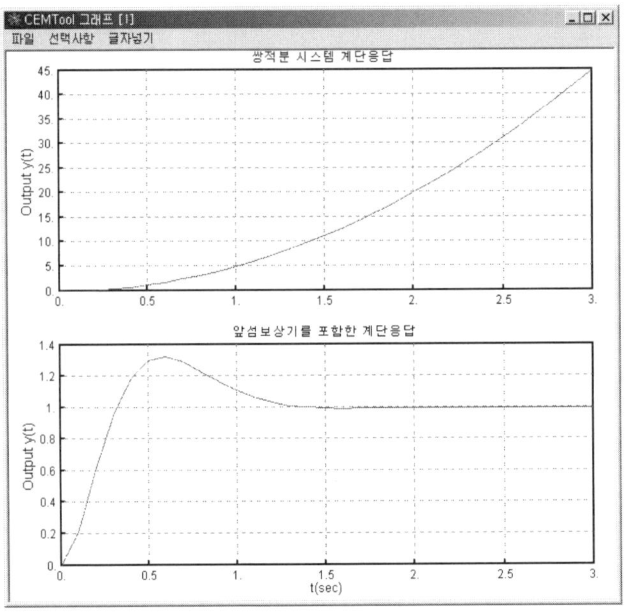

지금까지 살펴본 것과 같은 특성 때문에 앞섬보상기는 전체 시스템의 위상여유를 커지게 하여 안정성여유를 증가시키며, 또한 대역폭을 증가시켜서 응답속도를 빠르게 해주는 효과를 나타낸다 그러나 앞섬보상기를 사용하면 제어입력의 크기가 대체로 커지기 때문에 입력의 제한범위를 벗어날 우려가 있으며, 또한 제어입력은 대부분 연료나 에너지와 관련된 신호이기 때문에 제어신호가 클수록 비용이 더 들게 되어 전체 시스템의 비용을 증가시키는 약점이 있다. 그리고 대역폭이 넓어질수록 출력에 나타나는 잡음의 영향이 커질 수 있다는 것에도 유의해야 한다.

7.5.2 뒤짐보상기 설계법

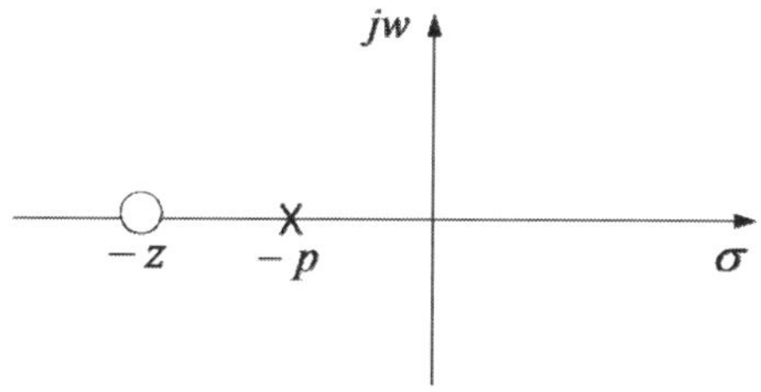

뒤짐보상기의 극영점도는 위의 그림과 같으며, 이 그림에서 알 수 있듯이, 이 보상기에서는 극점이 영점보다 허수축에 더 가까이 있기 때문에 위상이 항상 0보다 작게 된다. 이러한 까닭에 이 보상기를 뒤짐보상기라 부른다. 뒤짐보상기의 주파수응답 특성을 살펴보기 위해 다음과 같은 예를 들어보자.

$$H(s) = \frac{0.1(s+10)}{s+1}$$

단계 1) 주어진 H의 분자, 분모를 입력하고 주파수 범위를 설정한다.

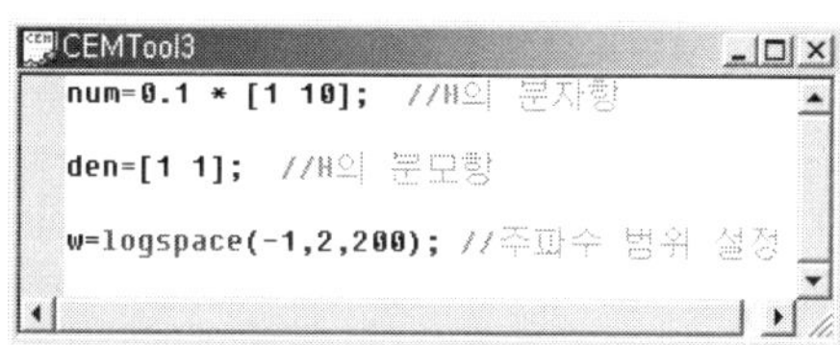

단계 2) "bode" 함수를 사용해서 크기와 위상그래프를 살펴보자. 왼쪽에 출력변수를 설정하지 않으면 자동으로 보드선도가 나타난다.

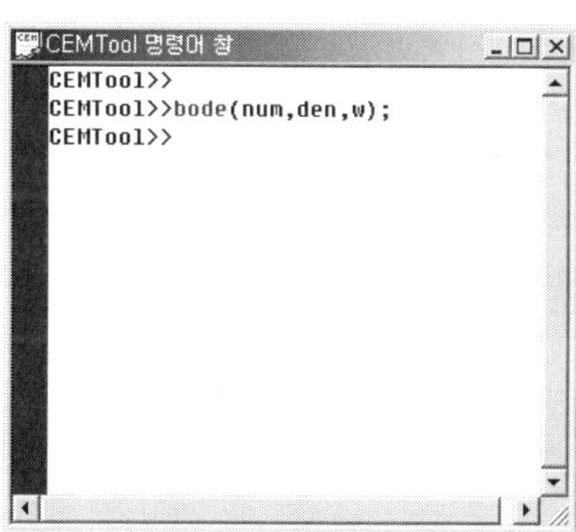

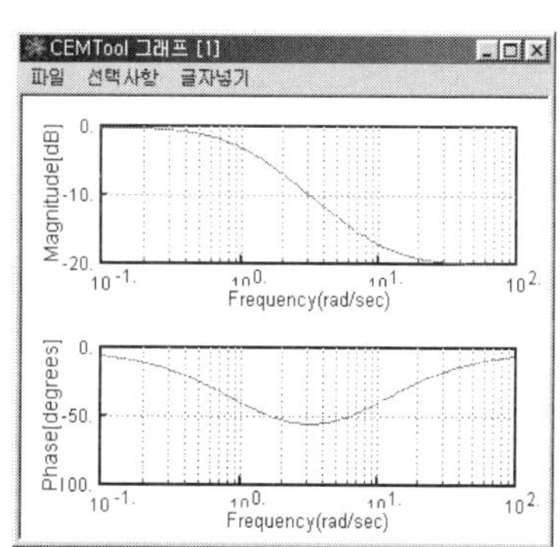

☞ 이 그림에서 보상기 위상이 $-5°$부터 $-55°$까지 변화하면서 뒤짐을 확인할 수 있다.

뒤짐보상기는 LOW-PASS 필터의 형태로서 저주파에서는 이득이 높았다가 고주파에서는 이득이 낮아진다. 대역폭이 줄어들게 되므로 느린 응답의 결과를 초래한다. 뒤짐보상기의 기본적인 형태는 다음과 같다.

$$G_c(s) = \frac{1+\frac{s}{z}}{1+\frac{s}{p}}$$

뒤짐보상기의 설계과정

과정 1. 원하는 성능규격을 만족하는 위상여유를 구한다($P_m = 100\zeta$).
과정 2. 먼저 시스템의 주파수응답을 보드선도로 나타낸 뒤에 여유들을 조사해 본다. 통과 주파수 w_c에서 얼마만큼의 여유가 더 필요한지 계산한다.
과정 3. 필요한 여유를 만족시키기 위한 새로운 통과주파수 w_c'를 결정한다.
과정 4. 주파수 w_c'를 통과하기 위해 필요한 이득값 G_M을 구한다.
과정 5. 주파수 w_c'보다 10배수 작은 곳에 영점 z를 놓는다($z = w_c'/10$).
과정 6. $G_M = 20\log a$로 놓고 a값을 계산한다.
과정 7. 관계식 $p = \frac{z}{a}$를 통해서 극점의 위치를 구한다.
과정 8. 뒤짐보상기를 포함한 시스템의 보드선도를 다시 그린다.

예제 뒤짐보상기의 설계

이차시스템 $G(s) = \frac{K}{s(s+2)}$를 뒤짐보상기로 설계해 보자. 오버슈트 P.O 〈20%이고, $K = 40$일 때에 보상기를 설계해 보자.

단계 1) 오버슈트가 P.O〈20%일 때 관련 수식을 이용해서 ζ값을 구해보자.

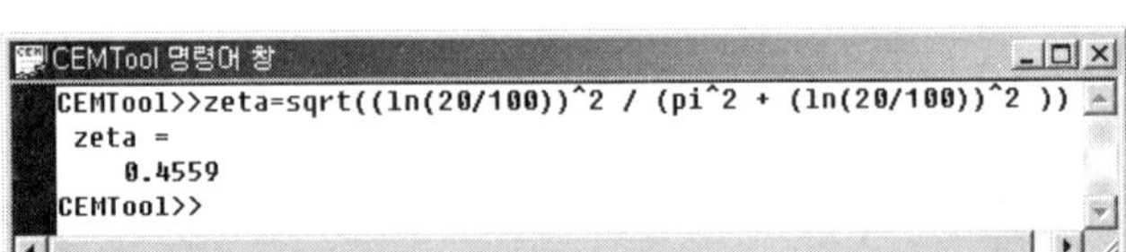

☞ 위 계산 결과를 보면 $\zeta > 0.45$값이 구해진다. 따라서, 만족해야 할 위상

여유는 $\phi_m = 100*0.45 = 45°$이다.

단계 2) 보드선도 작성. 주어진 전달함수 G의 분자항과 분모항을 입력한다.

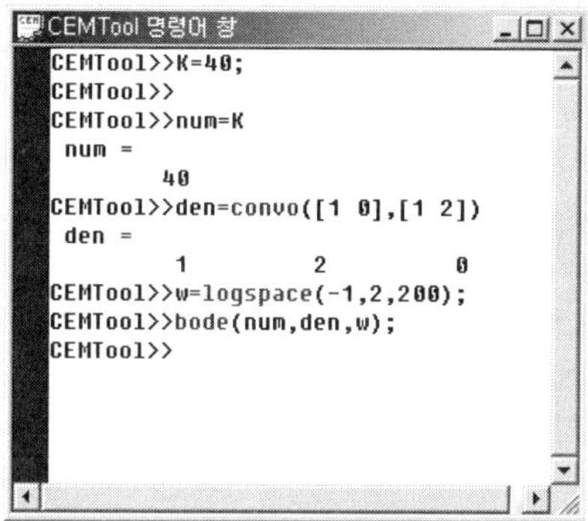

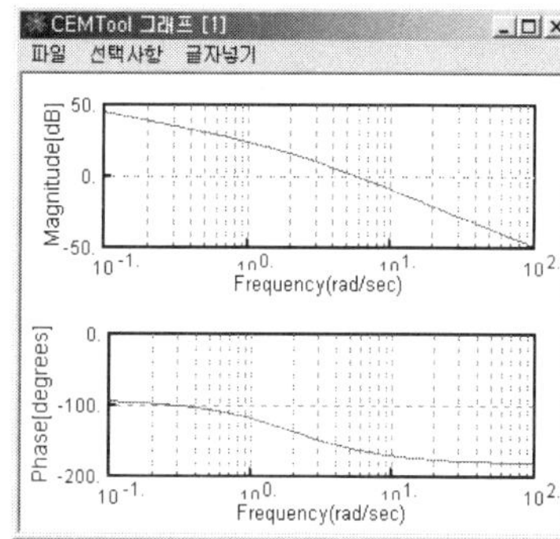

☞ 위상여유는 20°이므로 25°가 더 필요하다. 5°의 여유를 포함한 위상여유는 50°로 위상이 −130일 때의 주파수를 구하면 $w_c' = 1.5$이다.

단계 3) 주파수 $w_c' = 1.5$에서 $|G(jw)|$이 $0dB$를 만족시키는데 필요한 이득은 $G_M = 20dB$임을 보드선도를 통해 알 수 있다.

단계 4) 영점 $z = w_c'/10 = 1.5/10 = 0.15$

단계 5) $G_M = 20dB$이므로 $20 = 20\log a$로부터 $a = 10$임을 알 수 있다.

단계 7) 극점 p는 관계식 $p = \frac{z}{a} = 0.15/10 = 0.015$

단계 8) 위에서 구한 영점과 극점을 이용한 뒤짐보상기의 전달함수는 다음과 같다.

$$G_c(s) = \frac{1+\frac{s}{z}}{1+\frac{s}{p}} = \frac{0.015}{0.15} = \frac{s+0.15}{s+0.015}$$

단계 9) 보상기가 없을 경우의 보드선도와 보상기를 부착했을 경우에 보드선도를 함께 그려서 두 가지 경우를 살펴보자. 먼저 주파수 범위를 설정하고 주어진 시스템의 전달함수를 입력한다.

```
w=logspace(-1,2,400); //주파수 영역 설정
ng=40;           //K=40이므로 G의 분자항은 40
dg=convo([1 0],[1 2]); //G의 분모항
```

단계 10) 위에서 주어진 전달함수의 크기와 위상을 계산한다.

```
//주어진 시스템의 크기와 위상값 계산
[umag,uph]=bode(ng,dg,w); //크기와 위상값 계산
umag1=20*log(umag);       //로그(dB)단위로 변환
```

단계 11) 단계 8)에서 구한 뒤짐보상기 전달함수를 입력한다.

```
nc=0.015/0.15*[1 0.15]; //뒤짐 보상기의 분자항
dc=[1 0.015];           //뒤짐 보상기의 분모항
```

단계 12) 뒤짐보상기와 시스템 전달함수를 합성한다. 여기서는 보상기가 전달함수에 직렬로 연결되어 있으므로 "convo" 함수를 사용한다.

```
ngc=convo(ng,nc); //뒤짐 보상기와 시스템 전달함수 합성, 분자항
dgc=convo(dg,dc); //뒤짐 보상기와 시스템 전달함수 합성, 분모항
```

☞ 직렬연결이므로 주어진 시스템과 뒤짐 보상기의 곱으로 표현된다. 따라서 "convo" 함수를 이용해서 분자항과 분모항을 따로 계산한다.

단계 13) 합성한 전달함수에 대한 크기와 위상값을 계산한다.

```
//합성한 전달함수의 크기와 위상값 계산
[cmag,cph]=bode(ngc,dgc,w); //크기와 위상값 계산
cmag1=20*log(cmag);         //로그(dB)단위로 변환
```

단계 14) 위에서 구한 크기와 위상값을 하나의 그래프창에 같이 그린다.

```
subplot(2,1,1);          //Bode선도의 Magnitude부분
semilogx(w,umag1,w,cmag1);

ytitle("Magnitude(dB)");


subplot(2,1,2)           //Bode선도의 Phase부분
semilogx(w,uph,w,cph);

ytitle("Phase (deg)");
xtitle("Frequency (rad/sec)");
```

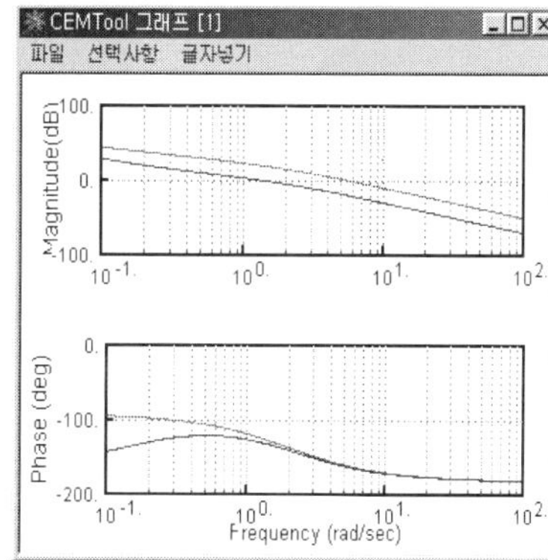

단계 15) 폐루프 전달함수의 단위계단 응답을 조사해 보자. 먼저 뒤짐 보상기를 포함하는 폐루프 전달함수를 구한다.

```
//폐루프 전달함수

[nclose,dclose]=cloop(ngc,dgc,-1);
```

단계 16) 원하는 시간영역을 설정하고 위에서 구한 폐루프 전달함수와 주어진 2차 시스템 전달함수에 대한 단위계단응답을 계산한다.

```
//폐루프 전달함수의 단위계단 응답 특성

t=[0:6:0.1];    //0초에서 6초까지의 범위

y1=step(ng,dg,t); //주어진 2차시스템의 단위계단응답 특성

y2=step(nclose,dclose,t);  //뒤짐 보상기를 포함하는 시스템의 단위계단응답 특성
```

단계 17) 위에서 구한 계단응답을 하나의 그래프 창에 그려보자.

```
subplot(2,1,1)
plot(t,y1);
ytitle("Output y(t)");
title("주어진 2차시스템 전달함수의 계단 응답");

subplot(2,1,2)
plot(t,y2);

xtitle("t (sec)");
ytitle("Output y(t)");
title("뒤짐보상기를 포함한 폐루프 전달함수의 계단 응답");
```

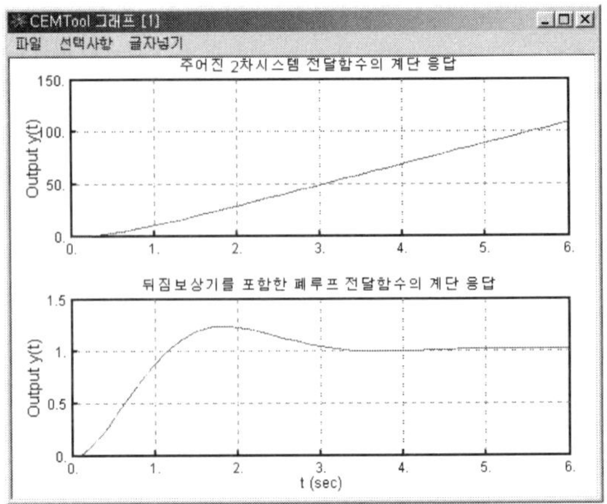

☞ 그림을 비교하면 위상여유가 18°에서 47°로 증가한 것을 알 수 있다.

단계 18) "margin" 함수를 사용해서 여유값들이 어떻게 변했는지 확인해 보자.

```
CEMTool 명령어 창
            CEMTool ver 4.04 Nov 16 2000

CEMTool>>[Gm,Pm,wg,wp]=margin(umag,uph,w)
 Gm =
 1816.2648
 Pm =
   17.9644
 wg =
  269.5652
 wp =
    6.1685
CEMTool>>[Gm,Pm,wg,wp]=margin(cmag,cph,w)
 Gm =
   1.8163e+004
 Pm =
   46.8501
 wg =
  269.5704
 wp =
    1.5774
CEMTool>>
```

뒤짐보상기는 위에서 살펴본 것과 같은 위상 뒤짐 특성에 의해 폐루프시스템의 대역폭을 줄이는 효과를 갖고 있기 때문에 시스템 출력에서 고주파 잡음의 영향이 줄어들며, 또한 저주파영역에서 시스템의 이득을 증가시키기 때문에 출력의 정상상태 오차를 아주 작게 만드는 특성을 갖고 있다. 따라서 이 보상기는 정상상태에서 추적오차가 거의 0이 될 정도로 높은 정밀도가 요구될 때 적용할 수 있다. 그러나 뒤짐보상기를 사용하면 과도응답속도가 느려지고 심한 경우에는 과도응답이 불안정해지는 경우가 종종 생기므로 뒤짐보상기를 설계할 때에는 이러한 문제점에 유의해야 한다.

3.2 비례(P) 제어기

비례제어란 기준신호와 되먹임신호 사이의 오차신호에 적당한 비례상수 이득을 곱해서 제어신호를 만들어 내는 제어기법을 말하며, 오차신호에 비례하는(proportional) 제어신호를 만든다는 뜻에서 이 기법에 의한 제어기를 "비례제어기(Proportional controller)", 또는 영문약자를 써서 "P 제어기"라고 부른다. 그림의 블록선도는 시스템에 비례제어기를 연결해서 구성한 되먹임 제어시스템의 일반적인 형태를 보여 주고 있다. 이 그림에서 K는 비례제어기의 이득이다.

블록선도에서 볼 수 있듯이 비례제어기는 구성이 간단하여 구현하기가 쉽다. 그러나 이득 K의 조정만으로는 시스템의 성능을 여러 가지 면에서 함께 개선시키기는 어렵다. 앞서 기술한스프링-댐퍼 시스템의 예를 들어서 이 점에 대해 살펴보기로 한다. 이 시스템에서의 제어문제는 스프링과 댐퍼가 달려 있는 질량의 변위 y를 기준입력 r을 사용하여 조절하는 것이다. 이 시스템의 개루프전달함수는 다음과 같이 주어진다.

$$G(s) = \frac{Y(s)}{R(s)} = \frac{k}{ms^2 + bs + k}$$

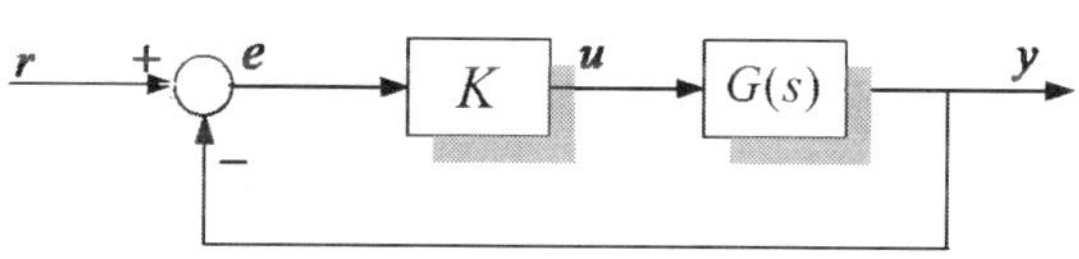

비례제어기에 의한 되먹임시스템

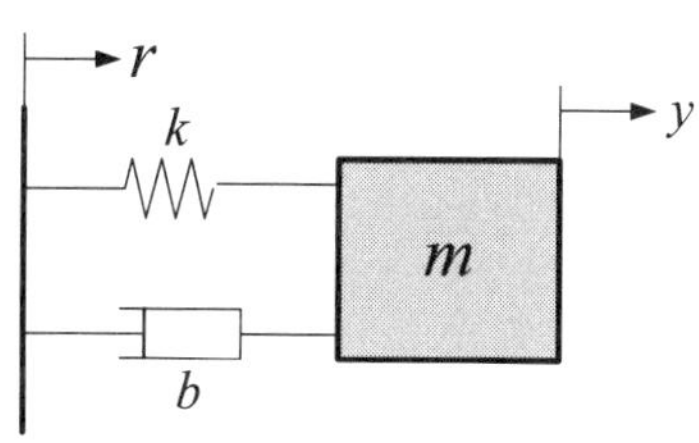

스프링-댐퍼 시스템

여기서 b는 댐퍼의 점성마찰계수, k는 스프링의 탄성계수이다. 이 시스템에 이득이 $K>0$인 비례제어기를 달아서 그림과 같은 폐루프시스템을 구성할 때, 폐루프 특성방정식은 $1+KG(s)=0$으로부터 다음과 같이 구할 수 있다.

$$ms^2 + bs + k + Kk = 0$$

이 특성방정식에서 알 수 있는 것처럼 비례제어기의 이득은 시스템의 탄성계수를 k에서 $(1+K)k$로 증가시키는 역할을 한다. 따라서 비례제어기에 의한 되먹임은 마치 탄성계수가 Kk인 스프링을 시스템에 병렬로 연결한 것과 같은 효과를 내게 된다. 이 사실은 위의 폐루프전달함수에서 $K=0$인 경우에 특성방정식이 개루프시스템의 특성방정식과 같아지는 것을 생각해 보면 쉽게 알 수 있다. 시스템 계수들이 $m=1$, $b=1$, $k=0.1$인 경우에 시스템의 개루프 계단응답을 구해보자.

단계 1) 주어진 시스템 계수를 먼저 입력하고 시스템의 전달함수를 입력한다.

단계 2) 단위계단응답은 “step” 함수를 사용한다. 왼쪽에 출력변수를 설정하지 않으면 자동으로 응답 그래프가 나타난다.

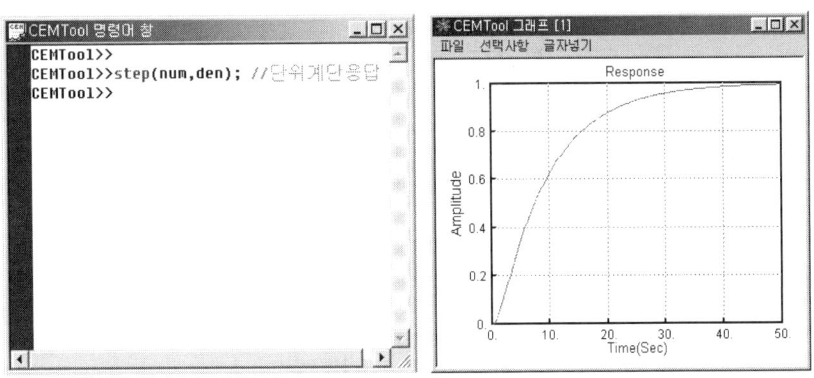

그림의 응답을 보면 개루프시스템에서 정상상태 오차는 0이지만 오름시간이 20초 정도로서 반응이 상당히 느린 특성을 보이고 있다. 이제 비례제어기를 써서 되먹임시스템을 구성할 경우에 제어이득 K를 조정해서 이 시스템의 성능을 얼마나 개선시킬 수 있는지 알아보기로 한다. 이것을 알아보기 위해서 근궤적법을 사용한다. 이 경우에 근궤적을 그리기 위한 절차는 다음과 같다.

단계 1) 먼저 위에서 주어진 전달함수에 대한 근궤적을 그린다.

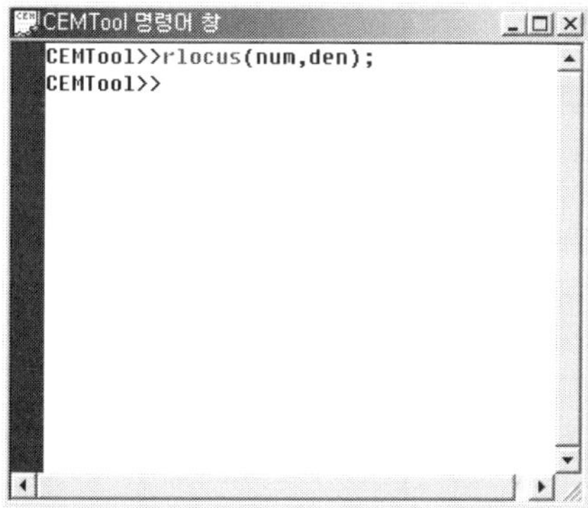

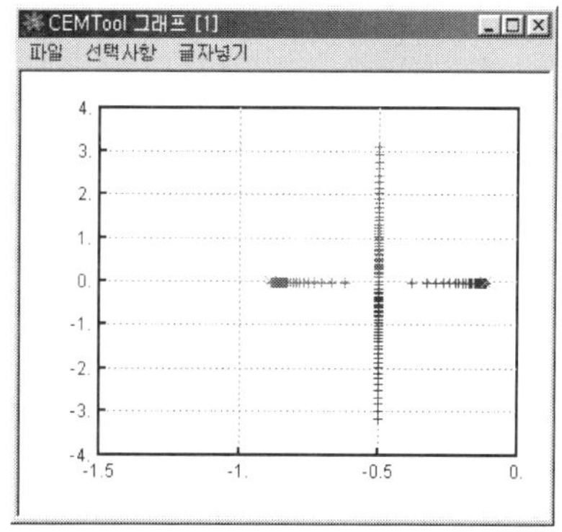

☞ 이 근궤적에서 근이 실수축을 벗어나는 경계점은 $s=-0.5$인데, 이 점에 해당하는 이득 K의 값을 구하면 밑의 그림처럼 1.5000의 값이 나온다.

단계 2) "rlocval" 함수를 이용해서 -0.5일 때의 이득 K값을 구한다.

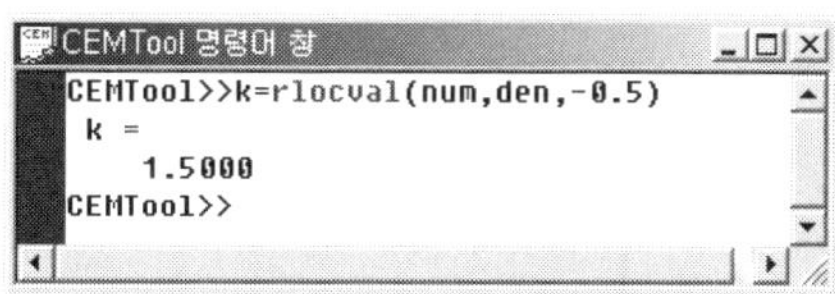

☞ 따라서 $0 < K \leq 1.5$일 때는 폐루프극점이 모두 실수축 위에 있으며 K의 값이 커짐에 따라 한 개의 근은 원점에서 멀어지고, 다른 한 개의 근은 원점 쪽으로 다가간다. 일반적으로 근이 원점에서 멀어지면 시정수가 작아져서 빠른 응답을 나타내게 되는데, 이 시스템의 경우에는 이득이 $K=1.5$일 때 근이 실수축 위에 있으면서 원점으로부터 가장 멀리 있게 된다. K값의 변화에 따른 응답특성을 보기 위해서는 function문을 작성한 후 명령어창에서 K값을 바꿔가며 실행시켜 보자.

단계 1) function문을 만들기 위해 먼저 입력으로 k를 설정하고, 출력으로 y값을 설정한다.

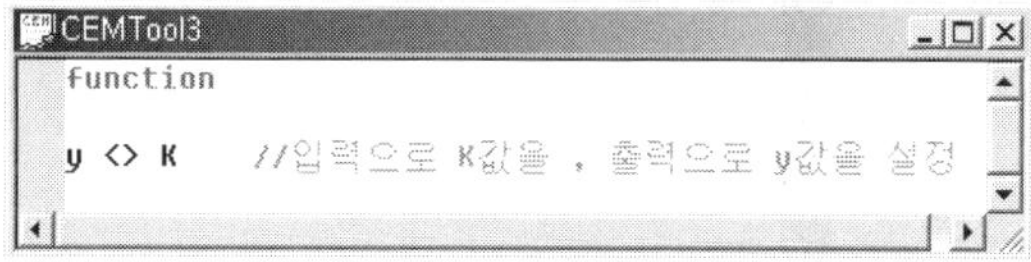

단계 2) 시간영역을 설정하고 비례이득 K와 전달함수의 곱을 입력하자. 비례이득 K 만 있으므로 분자항에만 곱해주면 된다.

```
t=[0:30:1]; //시간영역설정

// 비례이득 K와 전달함수의 곱
num=K*0.1;          //전달함수의 분자항

den=[1 1 0.1];      //전달함수의 분모항
```

단계 3) 폐루프 전달함수를 계산한다.

```
//폐루프 전달함수
[cnum,cden]=cloop(num,den,-1);
```

단계 4) "step" 함수를 이용해서 단위계단응답 특성을 계산한다.

```
step(cnum,cden,t);     //단위계단응답 계산

title("단위계단응답 특성")
```

☞ "step" 함수를 사용할 때 왼쪽에 출력 변수를 설정하지 않았으므로 자동으로 그래프는 그려진다. 명령어창에서 실행시키기 위해 이 파일을 "chap8_1" 이라는 이름으로 저장하자.

단계 5) 위에서 작성한 파일을 명령어창에서 K값을 바꿔가며 실행시켜보자.

```
          CEMTool ver 4.04 Nov 16 2000

CEMTool>>chap8_1(1.5);
CEMTool>>holdon
CEMTool>>chap8_1(5);
CEMTool>>chap8_1(10);
CEMTool>>chap8_1(50);
CEMTool>>holdoff
CEMTool>>
```

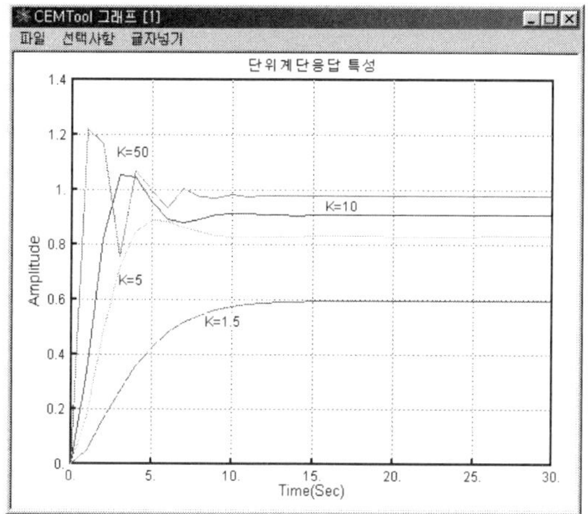

☞ 이때의 계단응답을 구해보면 그림과 같다. 이 응답을 보면, 오름시간이 8초 정도로서 개루프시스템 응답에 비해 상당히 빨라졌으나, 정상상태 오차가 40%로 크게 나타나고 있다. 이 정상상태 오차를 줄이려면 비례이득을 더 증가시켜야 하는데 이렇게 할 경우에는 폐루프근들이 실수축을 벗어나면서 근의 허수부분이 커지기 때문에 정상상태오차와 오름시간은 줄어들지만, 반면에 오버슈트가 커지는 현상이 생기게 된다. 이러한 현상은 앞 그림의 계단응답을 통해 확인할 수 있다.

(주) 일반적으로 2차 이상의 고차시스템에서 이득을 크게 하면 정상상태 오차를 줄일 수 있지만 지나치게 이득을 높이면 시스템이 불안정해질 수도 있다. 위의 예에서 살펴본 바와 같이, 비례제어기를 쓰면 시스템의 성능 가운데 한 가지를 개선할 수는 있으나 두 가지 이상을 함께 개선할 수는 없다.

3.3 비례적분(PI) 제어기

비례적분 제어란 오차신호를 적분하여 제어신호를 만들어 내는 적분제어를 앞 절에서 살펴본 비례제어에 병렬로 연결하여 사용하는 제어기법을 말한다. 비례제어 부분과 더불어 오차신호를 적분(integral)하여 제어신호를 만드는 적분제어를 함께 쓴다는 뜻에서 "비례적분 제어기(Proportional-integral controller)", 또는 영문약자를 써서 "PI 제어기"라고 부른다. 그림의 블록선도는 시스템에 비례적분 제어기를 연결해서 구성한 되먹임 제어시스템을 보여주고 있다. 오차신호와 제어신호 사이의 전달함수로 표시되는

PI 제어기의 전달함수는 다음과 같은 꼴로 나타난다.

$$C(s) = K_p + \frac{K_i}{s}$$

여기서, K_p는 비례계수, K_i는 적분계수라고 부른다. 이 제어기의 제어신호를 시간영역에서 나타내면 다음과 같다.

$$u(t)K_p e(t) + K_i \int_0^t e(\tau)d\tau$$

그림에서 제어대상 시스템의 전달함수가 다음과 같은 2차시스템으로 주어진다고 가정하자.

$$G(s) = \frac{w_n^2}{s(s+2\zeta w_n)}$$

여기서 ζ와 w_n은 상수로서 단위되먹임의 경우에, 즉 $K_P = 1$, $K_i = 0$일 때 폐루프시스템의 감쇠비와 고유진동수가 된다. 이와 같이 2차 시스템을 제어대상으로 하여 PI 제어기로 구성한 되먹임 제어시스템의 동작을 살펴보기로 한다. 이 경우에 PI 제어기를 결합한 전체 시스템의 개루프전달함수는 다음과 같이 구해진다.

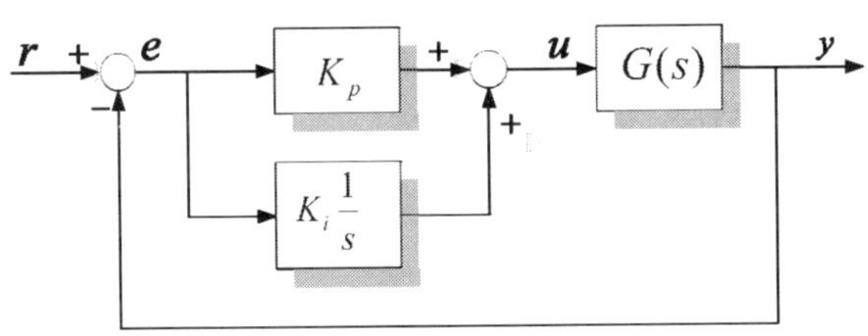

$$L(s) = G(s)C(s)\frac{w_n^2(K_p s + K_i)}{s^2(s+2\zeta w_n)}$$

위의 개루프전달함수에서 볼 수 있듯이 PI 제어기는 $s = -K_i/K_p$에 있는 영점과, 원점 $s = 0$에 있는 극점을 개루프전달함수에 첨가하는 역할을 한다. PI 제어에 적분제어가 들어감으로써 한 가지 분명한 효과는 시스템의 형식이 1차 증가하는 것이다. 그러므로 시스템의 정상상태오차가 한 차수만큼 개선된다. 즉, 어떤 입력에 대한 정상상태 오차가 0이 아닌 상수라면 적분제어는 그 오차를 0으로 만든다. 물론 이처럼 정상상태 오차를 감소시키는 것은 되먹임시스템이 안정하게 설계된 경우이다.

그림의 되먹임 제어 시스템에서 PI 제어기의 적분제어 동작에 의해 1형 시스템이 2형 시스템으로 바뀜으로써 계단입력과 램프입력에 대한 정상상태 오차는 항상 0이 된다. 이러한 정상상태 동작은 적분제어에 의해 결정되는 것이며, 여기에 비례계수 K_p는 영향을 미치지 않으므로 이 계수를 조정하여 다른 특성을 개선하는데 활용할 수 있다. 이제 남은 문제는 만족할 만한 과도응답을 얻을 수 있도록 K_p, K_i의 적절한 조합을 선택하는 일이다. 이 문제를 다음의 예를 통해 CEMTool을 써서 다루어 보자.

예제 PI 제어기 설계

항공기에서 승강타와 피치각(pitch angle) 사이의 전달함수가 다음과 같다.

$$G(s) = \frac{4500K}{s(s+361.2)}$$

여기서 K는 시스템 내부에서 정해지는 이득으로, 단위램프입력에 대한 정상상태 오차를 0.000443으로 한다. 이 항공기의 자세제어시스템을 그림과 같은 PI 제어기로 설계하라.

단계 1) 단위램프입력에 대한 정상상태 오차를 0.000443으로 하기 위한 K값을 먼저 구해보자. 램프입력에 대한 오차상수는 다음과 같다.

$$K_v = \lim_{s \to 0} s\,G(s) = \frac{4500K}{361.2} = 12.4585K$$

$$E_s = 1/K_v = 1/12.4585K = 0.000443$$

위 2번째 등식을 풀면 $K = 1/(12.4585*0.000443)$이 된다.

CEMTool 명령어 창

```
CEMTool>>K=1/(12.4585*0.000443)
 K =
  181.1885
CEMTool>>
```

☞ K값이 181.1885로 계산이 된다. 약간의 여유를 두기 위해 $K = 181.17$로 선택하자.

단계 2) 위의 항공기의 자세제어를 위하여 PI 제어기를 연결한 전체 시스템의 개루프 전달함수는 다음과 같다.

$$L(s) = G(s)C(s) = \frac{815265K_p(s + K_i/K_p)}{s^2(s + 361.2)}$$

단계 3) 이 시스템의 폐루프 특성방정식은 $1 + G(s)C(s) = 0$으로부터 다음과 같이 계산된다.

$$1 + G(s)C(s) = \frac{s^3 + 361.2s^2 + 815265K_ps + 815265K_i}{s^3 + 361.2s^2} = 0$$

$$s^3 + 361.2s^2 + 815265K_ps + 815265K_i = 0$$

단계 4) 루쓰-허위츠 안정성 판별법을 이 식에 적용해 보면, 조건 $0 < K_i < 361.2K_p$ 이 만족될 때에 이 시스템이 안정하게 된다. 이 조건은 $s = -K_i/K_p$에 있는 $L(s)$의 영점이 s평면 좌반평면에서 왼쪽으로 너무 멀리 떨어져 있으면 이 시스템이 불안정하게 됨을 뜻한다. 따라서 실제로 PI 제어기를 설계할 때에는 $s = -K_i/K_p$에 있는 영점이 $L(s)$의 주극점으로부터 될 수 있는 한 멀리 떨어져 있되 원점과 상대적으로 가깝게 있도록 선택한다.

단계 5) 이 예제의 경우에는 $L(s)$의 주극점이 $s = -361.2$에 있으므로 K_i와 K_p의 값은 다음 조건을 만족하도록 선택해야 한다.

$$\frac{K_i}{K_p} \ll 361.2$$

단계 6) 이 조건을 만족하는 한 예로서 $K_i/K_p = 10$으로 할 때, 즉 $K_p = 0.08$, $K_i = 0.8$일 때 식의 근궤적을 CEMTool에서 구해보면 다음과 같다.

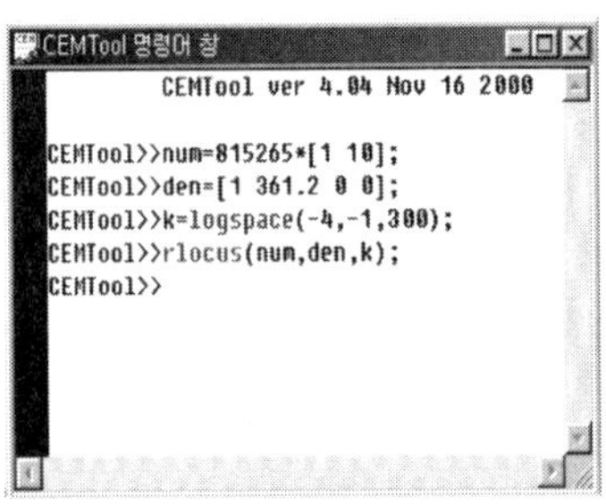

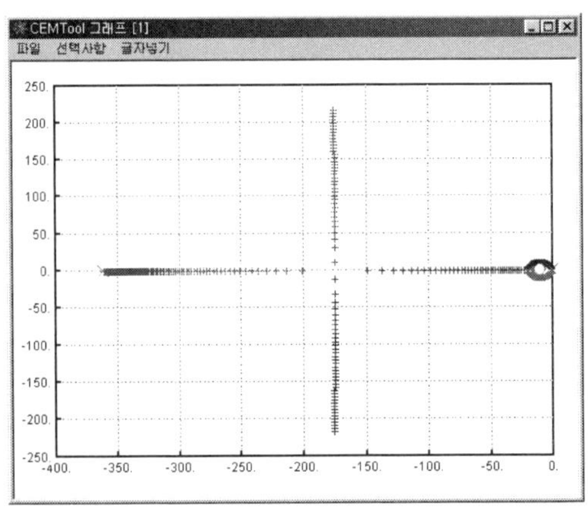

단계 7) 분자의 K_i/K_P 항이 관련 수식의 조건을 만족시키면 감쇠비, $\zeta = 0.707$을 실현시키는 점 근처에서 s의 크기에 비교하여 아주 작으므로 무시할 수 있다. 따라서 다음과 같이 근사화할 수 있다.

$$L(s) = \frac{815265\, K_p}{s^2(s+361.2)}$$

단계 8) 2차시스템의 감쇠비를 $\zeta = 0.707$로 잡을 때 $K_p = \frac{(361.2/2\zeta)^2}{815265} = 0.08$이 된다. 이 값은 K_i/K_p가 조건을 만족한다면 PI 제어기를 갖는 3차시스템에 대해서도 역시 변함이 없다. 그러므로 $K_p = 0.08$ 및 $K_i = 0.8$로 잡으면 두 복소근의 감쇠비가 약 0.707이 된다는 것을 알 수 있다. 사실 $K_p = 0.08$이고 K_i의 값을 조건이 만족되도록 취하는 한, 복소근의 상대적인 감쇠비는 0.707에 매우 접근한다. 예를 들어, $K_p = 0.08$이고 $K_i/K_p = 5$이면 3개의 특성방정식 근은 $s = -5.145, -178.03 \pm j178.03$에 있고 두 복소근의 상대적인 감쇠비는 0.707이다. 폐루프전달함수의 실수극점이 이들 각 경우에 이동된다 하더라도 실수극점은 $s = -K_i/K_p$의 영점에 가까워지기 때문에 이 실수극점에 의해 생기는 과도현상은 무시할 수 있다.

단계 9) 예를 들면, $K_i = 0.4$, $K_p = 0.08$일 때 폐루프전달함수는 다음과 같다.

$$T(s) = \frac{L(s)}{1+L(s)} = \frac{65221.2(s+5)}{(s+5.145)(s+178.03+j178.03)(s+178.03-j178.03)}$$

여기서 $s = -5.145$의 극점은 $s = -5$의 영점에 매우 접근되어 있으므로 이 극점에 의한 과도응답은 무시되고 이 시스템의 동특성은 나머지 두 복소근에 의해서 지배된다. 설계된 PI 제어기의 성능을 확인하기 위해 단위되먹임만 쓰는 경우와 $K_p = 0.08$, $K_i = 0.8$인 PI 제어기를 써서 보상된 시스템의 단위계단응답을 구하여 함께 그려보자.

단계 1) 먼저 시간영역을 설정하고 PI계수를 입력한다.

```
t=[0:0.04:0.0005]; //시간 영역 설정

K=181.17;
kp=0.08;            //PI제어기 계수(비례부분)
ki=0.8;             //PI제어기 계수(적분부분)
```

단계 2) 주어진 시스템 전달함수 G와 식(8.1)의 PI제어기 전달함수를 입력한다.

```
num=4500*K  ; //식(8.3)의 G의 분자항

den=[1 361.2 0]; //식(8.3)의 G의 분모항

numc=[kp ki];   //식 (8.1)의 PI제어기 분자항

denc=[1 0];     //식 (8.1)의 PI제어기 분모항
```

단계 3) 제어기가 없는 단위되먹임 전달함수에 대한 단위계단응답을 구한다.

```
//제어기가 없는 단위되먹임 전달함수
[gnum,gden]=cloop(num,den,-1);  //단위되먹임 전달함수 계산

y=step(gnum,gden,t); //단위계단응답 계산
```

단계 4) PI제어기를 포함하는 시스템 전달함수를 계산한다.

```
//PI제어기와 직렬연결이므로 convo를 사용
cnum=convo(num,[kp ki]);          //분자항

cden=convo(den,[1 0]);            //분모항
```

단계 5) PI제어기를 포함하는 폐루프 전달함수의 단위계단 응답을 계산한다.

```
//PI 제어기를 포함하는 폐루프전달함수 계산
[ccnum,ccden]=cloop(cnum,cden,-1);

y1=step(ccnum,ccden,t);   //단위계단응답 계산
```

단계 6) 두 개의 단위계단응답을 비교해 보자.

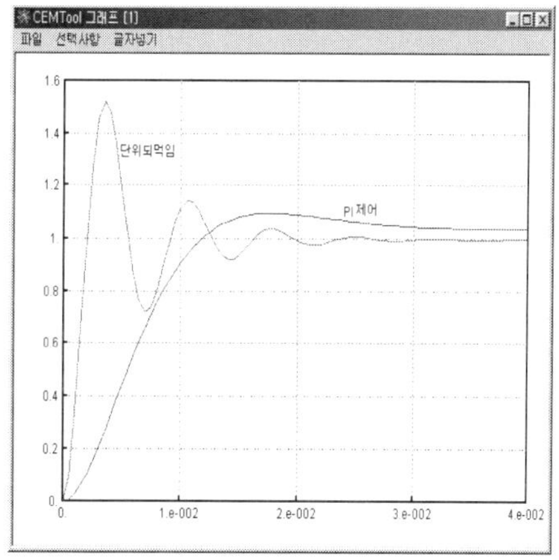

이 응답을 보면 단위되먹임만 사용하는 경우에는 오버슈트가 52% 정도로 크게 나타나지만, PI 제어기를 쓰면 적절히 감쇠가 걸리면서 오버슈트가 10% 정도로 크게 줄어듦을 알 수 있다. 그러나 PI 제어기의 적분제어항은 계단응답에서 오름시간과 정착시간을 길게 하기 때문에 응답속도가 늦어지는 문제가 있음에 주의하여야 한다.

실습문제 다음과 같은 전달함수로 표시되는 시스템에서

$$G(s) = \frac{200}{s(s+20)}$$

PI 제어기를 써서 되먹임시스템을 구성할 때

$$C(s) = K_1 + \frac{K_2}{s}$$

1) $K_2 = 1$로 고정하고 계단응답이 약 20%의 오버슈트를 갖도록 하는 K_1의 값을 구하라.
2) 이때 시스템의 정착시간은 얼마인지 구하라.

3.4 비례미분(PD) 제어기

비례미분 제어란 오차신호를 미분하여 제어신호를 만들어 내는 미분제어를 비례제어에 병렬로 연결하여 사용하는 제어기법이다. 비례제어 부분과 더불어 미분제어를 함께 쓴다는 뜻에서 "비례미분 제어기(Proportional-derivative controller)", 또는 영문약자를 써서 "PD 제어기"라고 부른다. 그림의 블록선도는 시스템에 비례미분 제어기를 연결한 되먹임 제어시스템을 보여 주고 있다. 오차신호와 제어신호 사이의 전달함수로 표시되는 PD 제어기의 전달함수는 다음과 같은 꼴로 나타난다.

$$C(s) = K_p + K_d s$$

여기서 K_p는 비례계수, K_d는 미분계수이다. 이 경우에 제어신호는 시간영역에서 다음과 같이 나타낼 수 있다.

$$u(t) = K_p e(t) + K_d \frac{d}{dt} e(t)$$

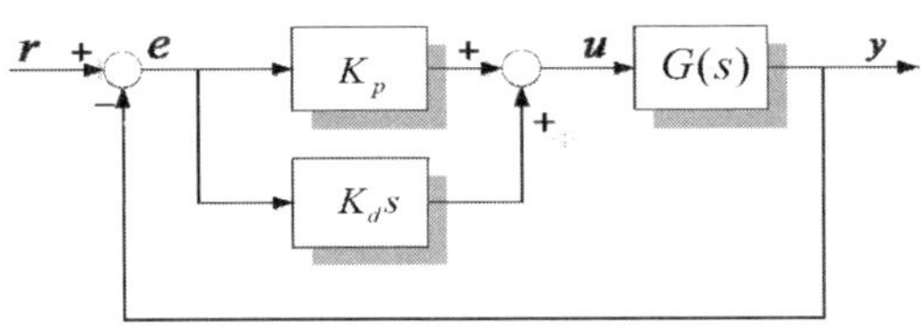

그림에서 제어대상 시스템의 전달함수가 다음과 같은 2차 시스템으로 주어진다고 가정한다.

$$G(s) = \frac{w_n^2}{s(s + 2\zeta w_n)}$$

위의 2차시스템은 앞절에서 PI 제어기의 특성을 살펴볼 때 썼던 것과 똑같은 시스템이다. 여기서도 같은 시스템을 제어대상으로 하여 비례미분(PD) 제어기로 구성된 되먹임 제어시스템의 동작을 살펴보기로 한다. 이 경우에 PD 제어기를 결합한 전체 시스템의 개루프전달함수는 다음과 같이 구해진다.

$$L(s) = G(s)C(s) = \frac{Y(s)}{E(s)} = \frac{w_n^2 (K_p + K_d s)}{s(s + 2\zeta w_n)}$$

이 식에서 알 수 있듯이, PD 제어기는 개루프전달함수에 $s=-K_p/K_d$ 인 영점을 첨가하는 역할을 한다. 미분제어는 오차신호의 미분값에 비례하는 제어신호를 되먹임시켜 오차신호의 변화를 억제하는 역할을 하기 때문에 감쇠비를 증가시키고 오버슈트를 억제하는 데에 효과적이다. 이러한 미분제어의 효과를 고려하여 PD 제어기를 사용하는 경우에는 정상상태 응답특성은 개선되지 않으므로 주의해야 한다. 그러면 예제에서 다루었던 것과 같은 항공기 자세제어에 PD 제어기를 적용하는 문제를 풀어 보기로 한다.

예제 **PD 제어기 설계**

항공기 승강타와 피치각 사이의 전달함수가 다음과 같이 주어진다.

$$G(s)=\frac{4500K}{s(s+361.2)}$$

여기서 K는 앞선 예제에서와 같이 단위경사입력에 대한 정상상태 오차를 0.000443으로 한다. 이 항공기의 자세제어 시스템을 PD 제어기로 설계해 보자. 앞의 예제에서 정상상태 오차 0.000443에 해당하는 K값을 181.17로 정했으므로 여기서도 그 값을 이용하자.

단계 1) 주어진 K값에 대하여 이 시스템의 감쇠비와 오버슈트를 구해 보자. 감쇠비는 다음과 같은 공식으로 구할 수 있다. 2차 시스템은 다음과 같은 형태로 구성되므로 등식을 풀면 된다.

$$\frac{w_n^2}{s^2+2\zeta w_n s+w_n^2}=\frac{4500K}{s^2+361.2s}$$

위 식을 등식으로 풀면 감쇠비는 다음과 같이 구해진다.

$$w_n=\sqrt{4500K},\ \zeta=\frac{361.2}{2w_n}$$

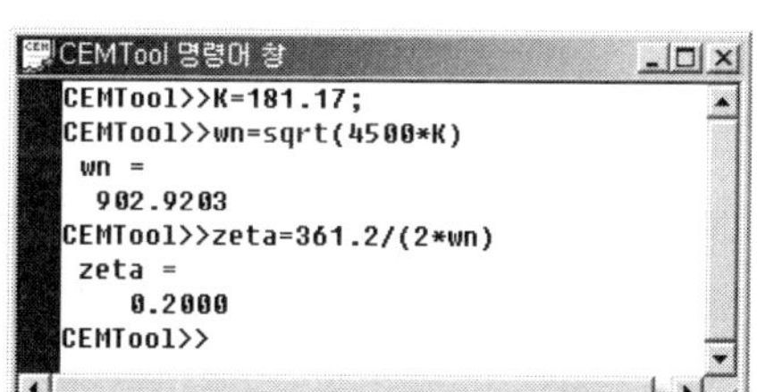

단계 2) 위에서 구한 감쇠비를 이용해서 오버슈트를 구해보자. 앞장에서 나온 오버슈트를 구하는 식을 쓰면 다음과 같다.

$$M_p = 1 + e^{-\zeta\pi\sqrt{1-\zeta^2}}$$

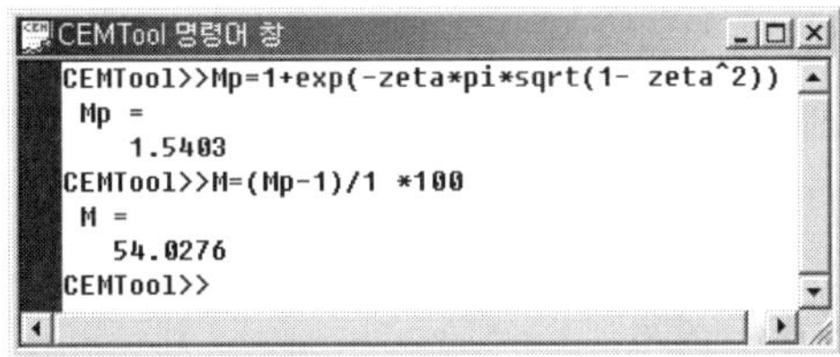

☞ $\zeta = 0.2$이고 오버슈트는 50% 정도로서 과도응답특성이 만족스럽지 못하다. (이러한 특성은 단위계단응답에서도 쉽게 확인할 수 있다.) PD 제어기를 사용하여 정상상태 오차를 0.000443으로 유지하면서 이 시스템의 감쇠비와 최대 오버슈트가 개선되도록 설계해 보자. PD 제어기가 포함된 개루프전달함수는 다음과 같다.

$$L(s) = \frac{Y(s)}{E(s)} = \frac{815265(K_p + K_d s)}{s(s+361.2)}$$

단계 3) 따라서 이 시스템의 폐루프전달함수는

$$T(s) = \frac{Y(s)}{R(s)} = \frac{L(s)}{1+L(s)} = \frac{815265(K_p + K_d s)}{s^2 + (361.2 + 815265K_d)s + 815265K_p}$$

와 같이 되고 램프오차상수는 다음과 같이 구해진다.

$$K_v = \lim_{s\to 0} sL(s) = \frac{815265K_p}{361.2} = 2257.1K_p$$

따라서 단위램프입력에 대한 정상상태 오차는 $E_s = 1/K_v = 0.000443/K_p$이 되며, 이 오차를 0.00043으로 하기 위해서 비례상수는 $K_p = 1$로 하면 된다.

단계 4) 폐루프전달함수에서 볼 수 있듯이, PD 제어기에 의해 $s = -K_p/K_d$인 영점이 첨가되고 감쇠를 나타내는 분모 1차항의 계수가 원래의 값인 361.2로부터 $361.2 + 815265K_d$로 증가되는 효과가 나타난다. 이 시스템의 폐루프 특성방정식은 다음과 같다.

$$s^2 + (361.2 + 815265K_d)s + 815265K_p = 0$$

단계 5) $K_p = 1$일 때에 감쇠비는 다음과 같다.

$$w_n = \sqrt{815265}\,,\quad 2\zeta w_n = 361.2 + 815265K_p$$

$$\zeta = \frac{361.2 + 815265K_d}{2\sqrt{815265}} = 0.2 + 451.46K_d$$

이 식은 PD 제어기에 의해 감쇠비가 처음값 0.2로부터 $451.46K_d$만큼 증가하여 미분제어계수 K_d가 감쇠비에 미치는 효과를 보여 준다. 또한 K_d가 증가하면 폐루프극점 중 하나가 $s = -K_p/K_d$에 있는 영점에 아주 가깝게 접근해서 서로 상쇄되기 때문에 오버슈트가 증가하지 않는다.

단계 6) K_p와 K_d의 효과를 알아보기 위해서 특성방정식에 근궤적법을 적용할 수 있다. 먼저 K_d를 0으로 놓으면 다음과 같이 된다.

$$s^2 + 361.2s + 815.265K_p = 0$$

단계 7) K_p가 변할 때 이 식의 근궤적은 아래와 같고, 이를 CEMTool로 작성해 보면 다음과 같다.

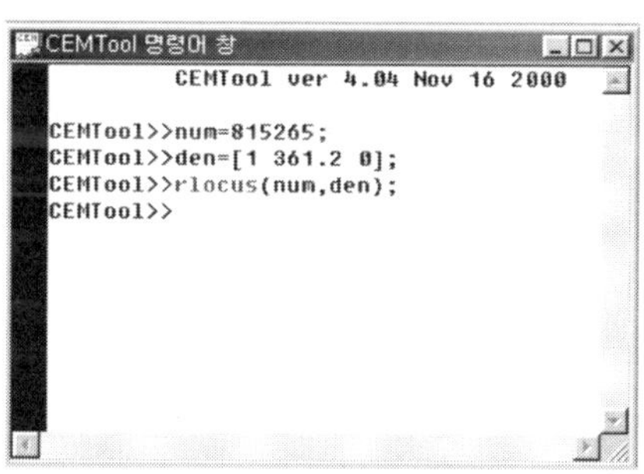

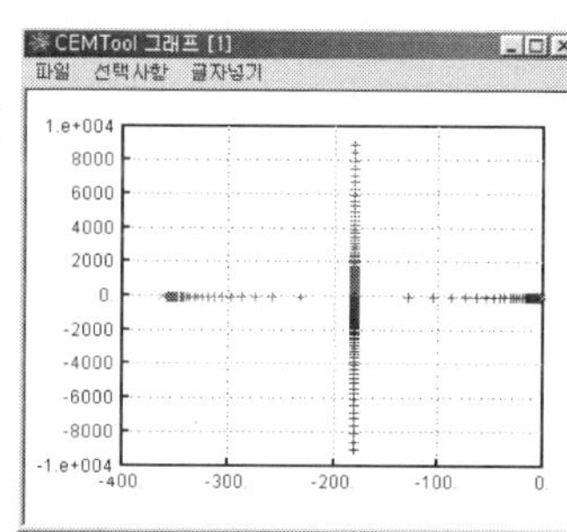

단계 8) $K_d \neq 0$일 때 근궤적을 조사하려면 특성방정식을 다음과 같이 변형시킨다.

$$1 + K_d G_{eq}(s) = 1 + K_d \frac{815265s}{s^2 + 361.2s + 815265K_p} = 0$$

여기서 $G_{eq}(s)$는 수식을 근궤적법의 표준형으로 표시할 때 대응되는 전달함수이다.

단계 9) K_p가 일정하고 K_d가 변할 때 근궤적은 $G_{eq}(s)$의 극영점 형태에 근거하여 구성되는데, $K_p = 1$과 $K_p = 0.5$인 경우에 근궤적을 구하는 방법은 다음과 같다. 먼저 K_p에 따른 전달함수를 입력한다.

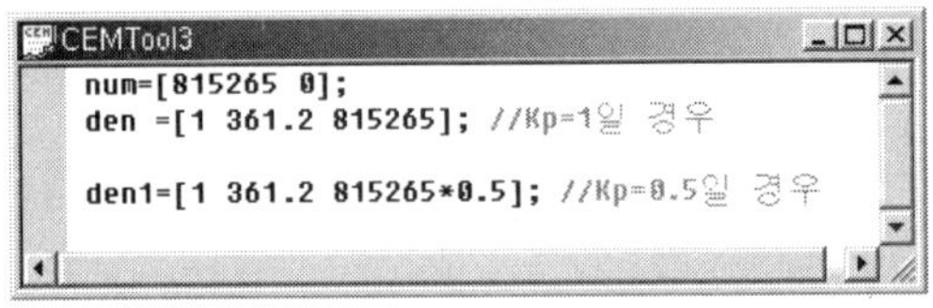

단계 10) K_d의 범위를 설정하고 “locus” 함수를 사용해서 근궤적을 그린다.

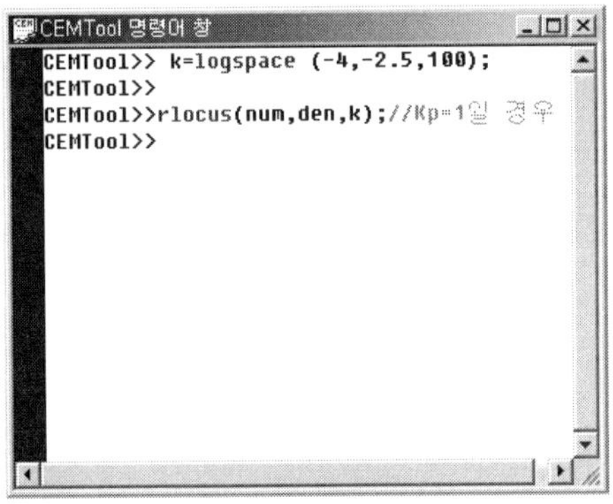

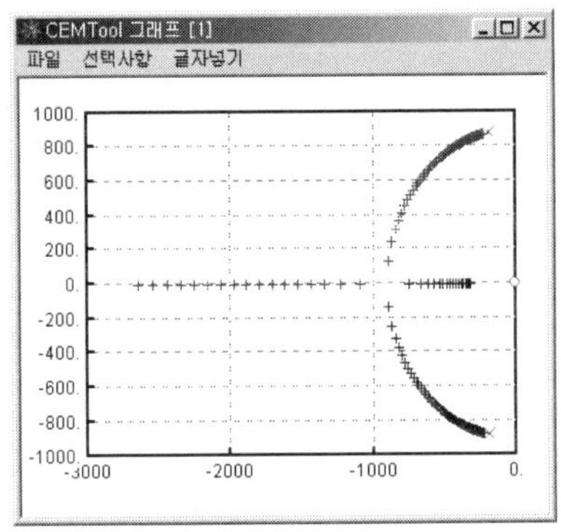

단계 11) 그다음 $K_p = 0.5$일 때의 근궤적을 그린다. 단 위에서 그린 근궤적에 같이 그리기 위해 먼저 “holdon”을 사용한다.

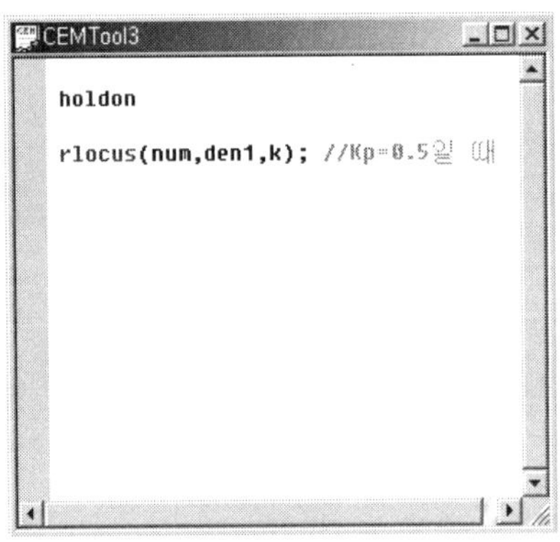

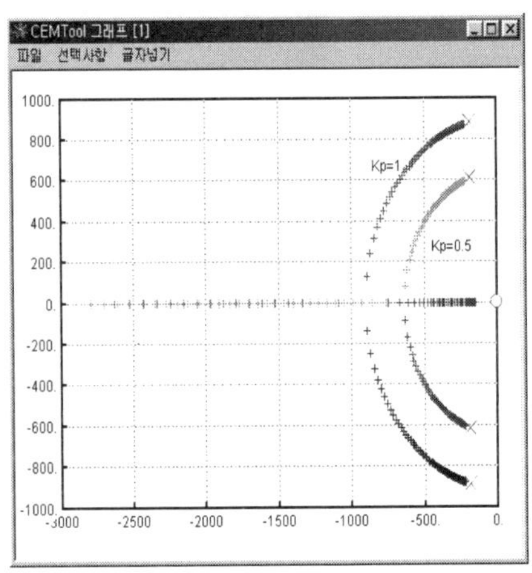

☞ 이 그림을 보면 $K_p = 1$이고 $K_d = 0$일 때 특성방정식의 근은 $-180.6 \pm j884.67$이며 감쇠비는 $180.6\sqrt{180.6^2 + 884.67^2} = 0.2$임을 알 수 있다.

단계 12) $K_p = 1$이고, K_d값이 증가할 때 두 개의 특성방정식 근은 원호를 따라 실수 축을 향하여 이동한다. 특성방정식의 근이 실수 이중근을 갖는 K_d값을 계산한다. $361.2 + 815265K_d = 2\sqrt{815265}$를 만족하면 이 특성방정식은 실수 이중근을 갖는다.

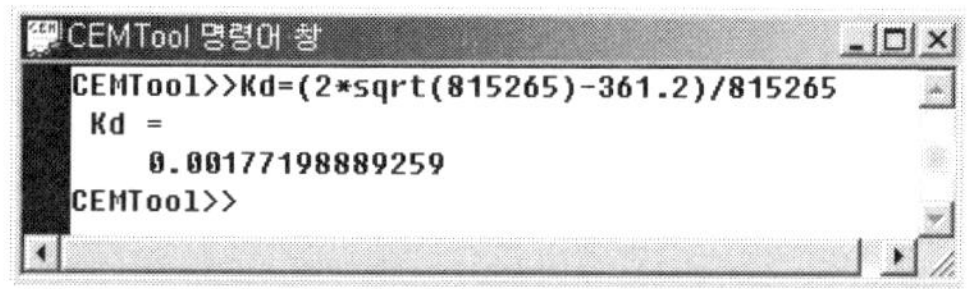

그리고 $K_d = 0.001772$일 때 근을 구해 보자.

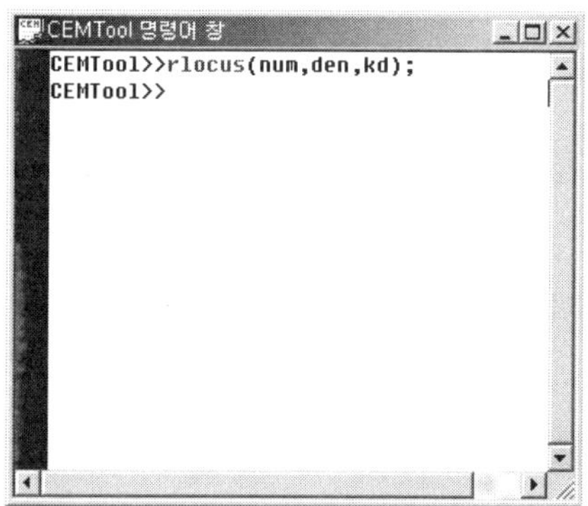

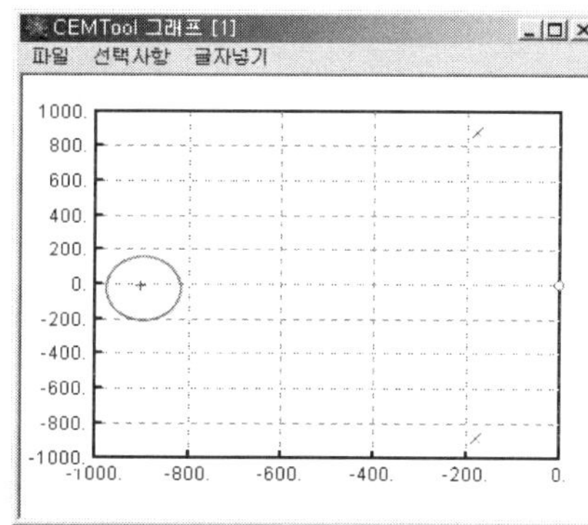

☞ $K_d = 0.001772$일 때 근들은 실수 이중근으로서 $s = -902.92$에 있으며, 따라서 "임계감쇠"를 나타낸다. $K_d > 0.001772$이면 두 근은 서로 다른 실수가 되고 시스템은 과감쇠 특성을 보인다. 이 근궤적은 K_d값이 증가함에 따라 PD 제어기의 효과에 의해 감쇠특성이 개선되는 것을 다시 보여준다.

단계 13) 설계된 PD 제어기의 성능을 확인하기 위해 CEMTool을 사용해서 PD 제어기가 없는 경우와 비교하여 폐루프시스템의 단위계단응답을 함께 나타내 보자. 먼저 주어진 PD제어기 계수와 주어진 항공기 전달함수를 입력한다.

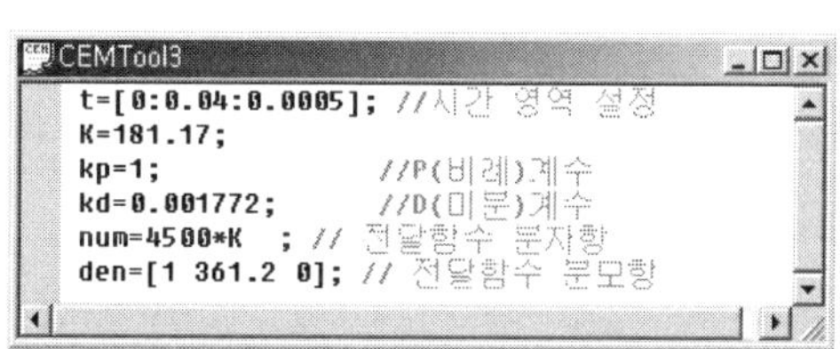

단계 14) 먼저 제어기가 없는 단위되먹임 전달함수를 구해서 단위계단응답을 계산한다.

```
//제어기가 없는 단위되먹임 전달함수
[gnum,gden]=cloop(num,den,-1);  //제어기가 없는 단위되먹임 전달함수 계산

y=step(gnum,gden,t);            //단위계단응답 계산
```

단계 15) PD제어기와 합성한 전달함수를 계산한다.

```
//PD 제어기와 직렬연결이므로 convo를 사용
cnum=convo(num,[kd kp]);      //분자항

cden=convo(den,1);            //분모항
```

단계 16) PD제어기를 포함하는 단위되먹임 전달함수를 구하고, 단위계단응답을 계산한다.

```
//PD 제어기를 포함하는 폐루프전달함수 계산

[ccnum,ccden]=cloop(cnum,cden,-1); //PD제어기를 포함하는 단위되먹임 전달함수 계산

y1=step(ccnum,ccden,t);   //단위계단응답 계산
```

단계 17) 두 개의 그래프를 하나의 창에 그려서 비교해 보자.

```
plot(t,y,t,y1); //두 개의 그래프 비교

title("계단 응답 특성");
```

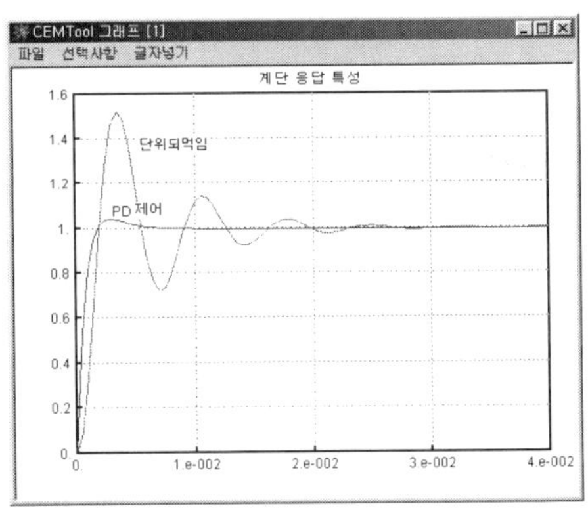

☞ 그림을 보면, PD 제어기가 없는 단위되먹임 시스템의 응답에서는 최대 오버슈트가 50% 정도로 크게 나타난다. 그러나 $K_p = 1$, $K_d = 0.001772$인 PD 제어기를 사용할 경우에는 최대 오버슈트가 4% 정도로 아주 작게 나

타난다. (이 경우에 K_d를 임계감쇠인 경우로 선정해도 오버슈트가 나타나는데 이것은 폐루프전달함수의 $s=-K_p/K_d$에 있는 영점 때문이다.) 또한 PD 제어기는 미분보상효과에 의해 오름시간이 더 짧아짐을 알 수 있다.

실습문제 다음과 같은 시스템에서

$$G(s)=\frac{10000}{s\left(\frac{s}{200}+1\right)\left(\frac{s}{100}+1\right)}$$

PD 제어기를 갖는 되먹임시스템을 구성할 때

$$C(s)=K_1+K_2 s$$

제어목표로서 오버슈트가 20%보다 작고, 정착시간이 60[ms]보다 작도록 하는 K_1과 K_2를 구해보자.

3.5 비례적분미분(PID) 제어기

앞 절에서 살펴본 바와 같이, PD 제어기는 시스템의 감쇠비를 증가시키고 오름시간은 빠르게 만들지만 정상상태응답을 개선하는 데는 효과가 없으며, PI 제어기는 감쇠비를 증가시키고 동시에 정상상태 오차도 개선시키지만 오름시간이 느려지는 등 과도응답에는 불리하다는 것을 알았다. 따라서, 정상상태응답과 과도상태응답을 모두 개선하려면 PI와 PD 제어기의 장점들을 조합하는 방법을 생각할 수 있는데, 이러한 목적으로 제안된 제어기가 바로 **PID 제어기**이다. PID 제어기는 비례(P), 적분(I), 미분(D) 제어의 세 부분을 병렬로 조합하여 구성하는 제어기로서 그림의 블록선도는 시스템에 PID 제어기를 연결한 되먹임제어 시스템을 보여 주고 있다. PID 제어기의 전달함수는 다음과 같다.

$$C(s)=\frac{U(S)}{E(s)}=K_p+K_d s+\frac{K_i}{s}$$

여기서 K_p, K_d, K_i는 **비례계수, 미분계수, 적분계수**이다. 제어신호는 시간영역에서 다음과 같이 나타낼 수 있다.

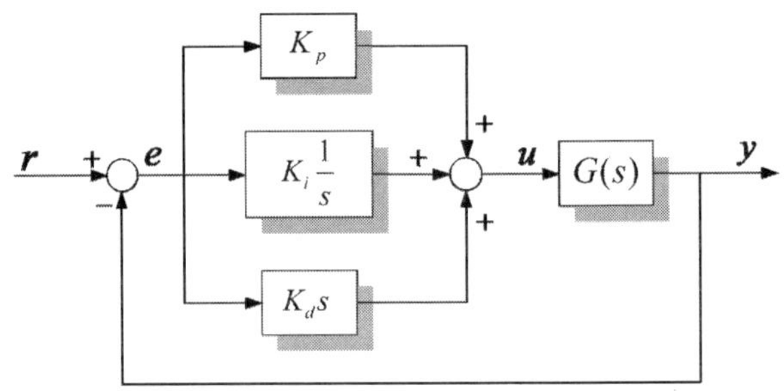

$$u(t) = K_p e(t) + K_d \frac{d}{dt} e(t) + K_i \int_0^t e(\tau) d\tau$$

이 제어기를 설계하는 방법에는 여러 가지가 있을 수 있는데, 앞에서 익혀온 PI 제어기와 PD 제어기 설계법을 활용할 수 있는 방법으로서 다음과 같은 분해식 접근방법이 있다.

단계 1) PID 제어기 전달함수는 다음과 같이 분해하여 쓸 수 있다.

$$C(s) = K_p + K_d s + \frac{K_i}{s} = (1 + K_{d1} s)\left(K_{p2} + \frac{K_{i2}}{s}\right)$$

이 식은 PID 제어기가 PI 부분과 PD 부분의 직렬접속으로 이루어질 수 있음을 보여 주고 있다. PID 제어기에서는 세 개의 계수가 필요하므로 등식에서 양변의 계수를 비교하여 대응시키면 다음과 같은 관계를 얻는다.

$$K_p = K_{p2} + K_{d1} K_{i2}$$
$$K_d = K_{d1} K_{p2}$$
$$K_i = K_{i2}$$

단계 2) 먼저 K_{i2}와 K_{p2}로 이루어지는 PI 부분을 설계한다. 적분계수에 의해 시스템의 형식이 한 차수 커져서 정상상태 오차가 개선되므로 시스템의 오름시간에 대한 요구를 만족하도록 K_{i2}와 K_{p2} 값을 택한다. 이 단계에서는 최대 오버슈트가 크더라도 다음 단계에서 설계할 미분제어에 의해 최대 오버슈트를 조절할 수 있으므로 상관하지 않는다.

단계 3) 이제 최대 오버슈트를 감소시키기 위해 D부분을 이용한다. 단계 2)에서 설계한 PI 부분을 포함하는 시스템에 대해 설계목표를 만족시킬 수 있는 감쇠비 요구조건에 맞게끔 K_{d1}값을 정한다.

단계 4) 단계 2)와 3)에 의해 K_{i2}, K_{p2}, K_{d1}값이 정해지면 관련 수식의 관계를 써서 K_p, K_d, K_i를 구한다. 그러면 직류서보모터를 제어대상으로 하여 위에서 요약한 설계절차에 따라 PID 제어기를 설계하고 이 설계된 제어기가 PD나 PI 제어기에 비해 어떤 장점이 있는가를 살펴보기로 한다. 제어대상인 직류서보모터의 전달함수는 다음과 같이 주어진다.

$$G(s) = \frac{K}{s(1+0.1s)(1+0.2s)}$$

여기서 서보전동기 이득상수 $K = 100$이다. 이 시스템에 대해 단위되먹임을 갖는 폐루프시스템을 구성한다면 개루프 전달함수는 $L(s) = G(s)$이므로 램프 오차상수는 $K_v = \lim_{s \to 0} sL(s) = 100$이 된다. K가 변할 때 시스템의 근궤적을 구하기 위해 다음과 같이 구성해 보자.

단계 1) K의 범위와 위에서 주어진 G를 입력한다.

```
CEMTool3
k=logspace(-4,2,100);
num=1;            //G의 분자항
den=convo([1 0],convo([0.1 1],[0.2 1]));  //G의 분모항
```

단계 2) "rlocus"를 사용해서 근궤적을 그린다.

```
CEMTool 명령어 창
CEMTool>>
CEMTool>>rlocus(num,den,k); //근궤적
CEMTool>>
```

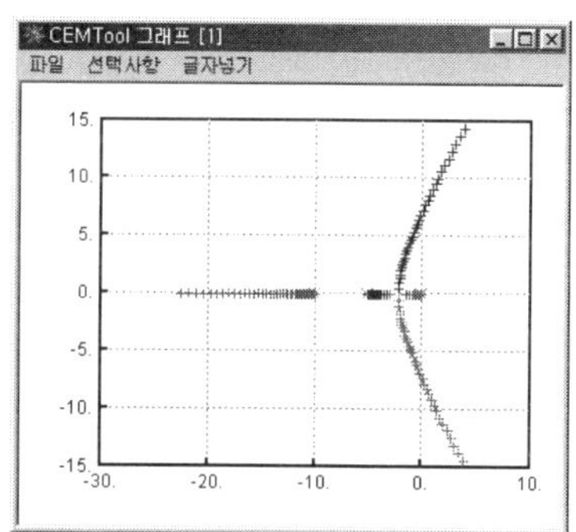

☞ 이 근궤적을 보면, 우반면에 근이 존재하는 것을 볼 수 있다.

```
CEMTool 명령어 창
CEMTool>>z=rlocus(num,den,k);
CEMTool>>z(100;:)
    -22.59            3.793 + 14.3867i      3.793 - 14.3867i
CEMTool>>
```

☞ $K = 100$일 때 특성방정식의 두 개의 근은 $3.8 \pm j14.4$로서 s평면 우반평면에 있다. 따라서, 적당한 제어기를 추가하지 않고 단위되먹임만으로 구성된 폐루프시스템은 불안정하다. 그러면 이 시스템에 대해 PD, PI, PID 제어기를 각각 적용하여 되먹임시스템을 구성하는 과정을 다루기로 하자.

제어기 설계

먼저 PD 제어기를 적용한다. PD 제어기의 전달함수는 앞의 식과 같으므로 이 제어기를 포함하는 대상시스템의 개루프전달함수는 다음과 같다.

$$L(s) = G(s)C(s) = \frac{5000K_d(s + K_p/K_d)}{s(s+5)(s+10)}$$

이 시스템에 대해 설계목표를 만족할 만한 상대안정성을 이루면서 램프오차상수를 $K_v = 100$으로 유지하는 것으로 하여 제어기를 설계하기로 한다. 램프오차상수에 대한 설계목표는 개루프전달함수에서 램프오차상수 K_v는

$$K_v = \lim_{s \to 0} sL(s) \frac{= 5000}{50} K_p = 100K_p = 100$$

이므로 $K_p = 1$로 놓아서 이룰 수 있다. 따라서 남은 문제는 만족할 만한 상대안정성을 이루도록 미분계수 K_d를 결정하는 것이다. 폐루프시스템의 극점을 결정하는 폐루프 특성방정식은 다음과 같이 미분계수 K_d를 포함하는 3차방정식으로 표시된다.

$$s^3 + 15s^2 + (50 + 5000K_d)s + 5000 = 0$$

여기서 K_d의 변화에 따라 이 특성방정식의 근이 어떻게 바뀌는가를 살펴보기 위해 수식의 양변에 K_d가 포함되지 않은 항으로 나누면 다음과 같은 식을 얻을 수 있다.

$$1 + K_d \frac{5000s}{s^3 + 15s^2 + 50s + 5000} = 0$$

이 식으로부터 K_d 변화에 대한 근궤적을 작성하는 다음과 같은 프로그램을 적용하면 특성방정식의 근궤적을 다음과 같이 구할 수 있다.

단계 1) K_d의 범위를 설정하고, 위 식의 분자항과 분모항을 입력한다.

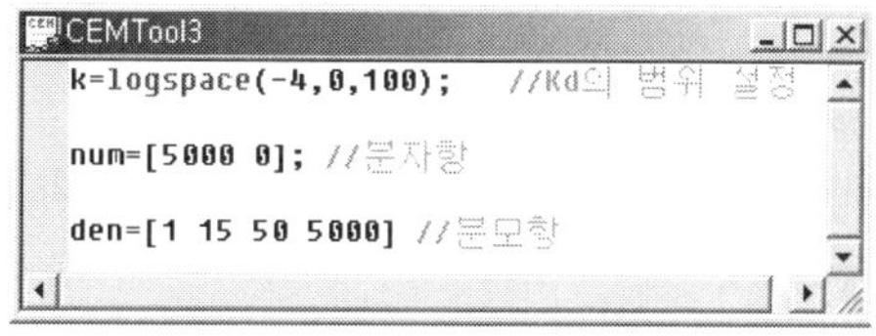

단계 2) "rlocus" 함수를 사용해서 근궤적을 그린다.

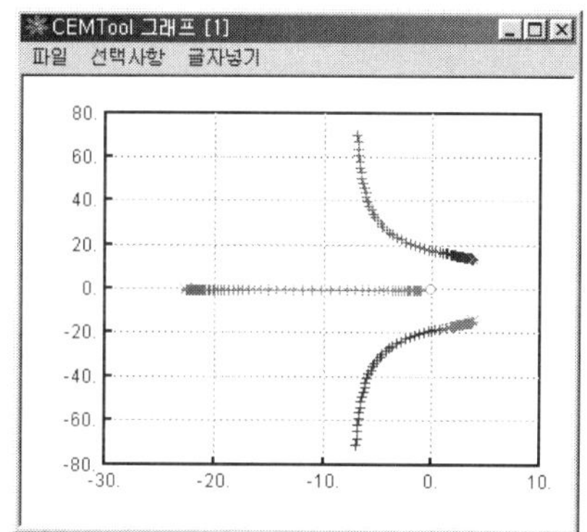

그림의 근궤적을 보면 이 시스템에 대한 PD 제어기의 한계가 분명하게 드러난다. 이 근궤적에 의하면, PD 제어기의 미분계수 K_d가 아주 작을 때에는 특성방정식 세 개의 근 가운데 두 복소근이 우반평면에 있게 되어 시스템이 불안정해지며, K_d가 증가하면 이 복소극점이 좌반평면으로 이동은 하지만 감쇠비 크기가 제한을 받는다. 감쇠비를 크게 하려면 K_d값을 아주 크게 해야 하는데 K_d가 매우 커지면 세 개의 근 가운데 실수근이 원점에 아주 가깝게 오게 되어 계단응답의 오버슈트를 증가시키는 심각한 원인이 된다. 이것을 확인하기 위해 K_d값을 변화시키면서 폐루프시스템의 계단응답을 구해 보자.

단계 1) K_d값을 변화시키면서 응답을 보려고 하므로 function문으로 작성하자. 입력으로 K_d를 설정하고 출력으로 계단응답 y를 설정한다.

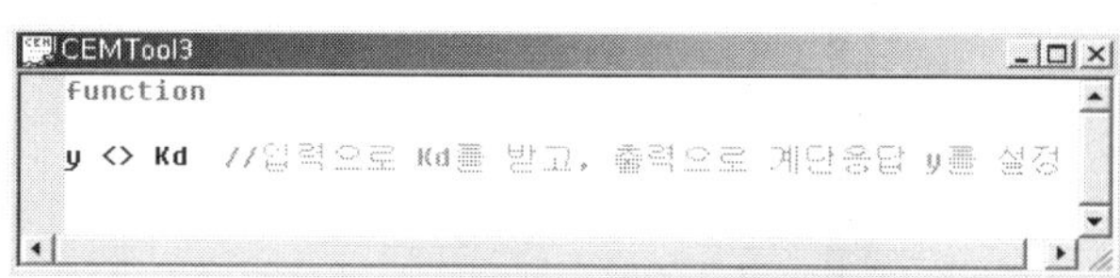

단계 2) 시간영역을 설정하고 주어진 개루프 전달함수를 입력한다.

```
t=[0:1:0.01]; //시간 영역 설정
Kp=1;              //Kp는 1로 고정

lnum=5000*[Kd Kp]; //식 (8.19)의 분자항

lden=[1 15 50 0];  //식 (8.19)의 분모항
```

단계 3) 폐루프 전달함수를 계산하고, 단위계단응답을 계산한다.

```
[cnum,cden]=cloop(lnum,lden,-1);   //폐루프 전달함수 계산

y=step(cnum,cden,t);     // 단위계단응답 계산
```

단계 4) "plot"을 사용해서 계산된 단위계단응답을 그래프로 나타내는 항을 추가한다.

```
plot(t,y);

title("단위계단 응답");
```

☞ 명령어창에서 실행시키기 위해 위에서 작성한 파일을 "chap8_6"라고 저장하자.

단계 5) 명령어창에서 K_d값을 바꿔가며 위 파일을 실행시키고 결과를 비교해 보자. 먼저 여러개의 그래프를 하나의 그래프창에 나타내려면 "holdon" 명령어를 사용해야 한다.

```
        CEMTool ver 4.04 Nov 16 2000

CEMTool>>chap8_6(1);
CEMTool>>holdon
CEMTool>>chap8_6(0.3);
CEMTool>>chap8_6(0.1);
CEMTool>>holdoff
CEMTool>>
```

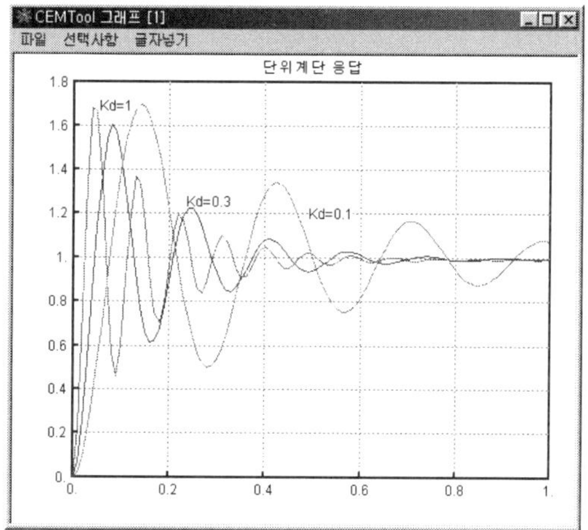

☞ 이 그림에서 볼 수 있듯이, PD 제어기를 써서 이룰 수 있는 가장 좋은 최대 오버슈트를 구해 보면 $K_d = 0.3$일 때 약 60%이며, $K_d > 0.3$이면 오버슈트가 커지고, $K_d \ll 0.1$이면 불안정해진다. 결론적으로 말하자면, 대상시스템에 PD 제어기 적용하면 시스템을 안정화시킬 수는 있지만 실현될 수 있는 감쇠비의 크기는 제한을 받기 때문에 과도응답 특성이 불만족스럽게 된다.

PI 제어기 설계

이 절에서는 같은 제어대상인 직류서보전동기 대해 PI 제어기를 적용하는 문제를 생각해 보자. PI 제어기를 적용한 되먹임시스템의 개루프전달함수는 다음과 같다.

$$L(s) = G(s)C(s) = \frac{5000K_p(s + K_i/K_p)}{s^2(s+5)(s+10)}$$

PI 제어기를 설계할 때에 K_i/K_p의 값은 $L(s)$의 주극점에서 될 수 있는 한 멀리 떨어지면서 원점에 가까운 자리에 영점이 오도록 정한다. 이 시스템의 경우 $L(s)$의 주극점은 $s = -5$에 있으므로 이 위치를 고려하여 K_i/K_p의 값을 0.1로 하면 $L(s)$의 영점이 $s = -0.1$에 놓이게 되고 이 영점은 원점 가까이에 자리하게 되어 $s = 0$에 있는 $L(s)$의 이중극점 중 하나를 상쇄하는 효과를 내게 되므로 식의 전달함수는 다음 식으로 근사화된다.

$$L(s) \approx \frac{5000K_p}{s(s+5)(s+10)}$$

이 전달함수는 비례계수 K_p 인수를 제외하고는 관련 수식과 같다. 그러므로 이 근사식에 근거하여 감쇠비에 대한 요구에 알맞은 K_p의 값을 정할 수 있다. 이에 대한 근궤적 그림에서 $K=1.63$일 때 감쇠비는 $\zeta=0.707$이다. 따라서 $K_p=1.63/100=0.0163$이고 $K=100$이면 필요한 램프오차상수를 얻을 수 있다. 일반적으로 K_p를 다음과 같이 표현할 수 있다.

$$K_p=\frac{\text{원하는 감쇠비에 대한 }K\text{의 값}}{\text{정상상태에 대한 }K\text{의 값}}$$

다음 그림은 $K_i/K_p=0.1$이고 K_p가 변할 때 시스템의 근궤적을 다음과 같이 CEMTool에서 확인해 본 것이다.

단계 1) K_p 범위와 위 수식의 전달함수를 입력한다.

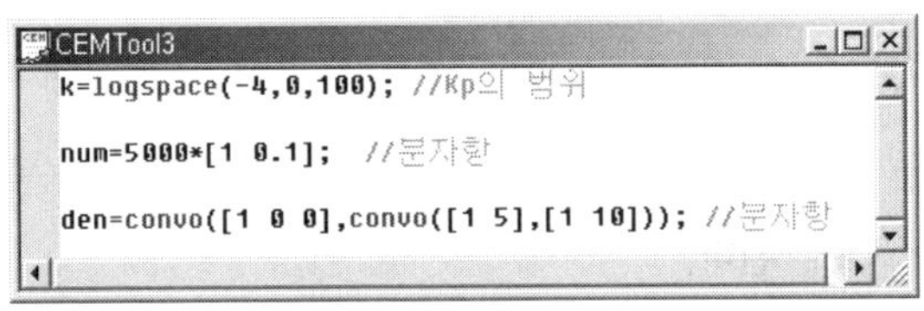

단계 2) "rlocus" 함수를 사용해서 근궤적을 그린다.

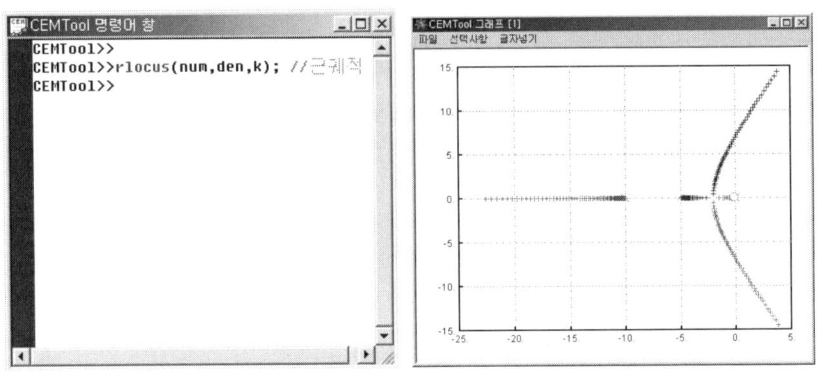

☞ 이 그림에서 볼 수 있듯이, $s=-0.1$에 있는 영점은 $s=-5$에 가장 접근한 극점과 비교하면 원점에 매우 가까우므로 원점에 있는 이중극점 가운데 하나와 상쇄되는 효과가 일어나서 실제로 그림의 $K_p=0.0163$인 영역 근처의 근궤적은 그림의 $K=1.63$인 영역근처의 근궤적과 매우 비슷함을 확인할 수 있다. 이번에는 K_i의 값을 변화시키면서 구한 폐루프시스템의 계단응답을 살펴보자.

단계 1) K_i의 값을 변화시킬 것이므로 function문의 입력으로 K_i를 설정하고 출력으로는 단위계단응답을 설정하자.

```
function
y <> Ki       //입력으로 Ki를 받고 , 출력으로 단위계단응답 y를 설정
```

단계 2) 시간영역을 설정하고 K_p의 값을 0.0163으로 고정한다..

```
t=[0:10:0.1]; //시간 영역 설정
Kp=0.0163;       //Kp의 값을 고정
```

단계 3) $L(s)$를 입력한다.

```
lnum=5000*[Kp Ki]; //식 (8.21)의 분자항
lden=convo([1 0 0],convo([1 5],[1 10])); //식 (8.21)의 분모항
```

단계 4) "cloop" 함수를 사용해서 페루프 전달함수를 구하고 단위계단응답을 계산한다.

```
[cnum,cden]=cloop(lnum,lden,-1);   //페루프 전달함수
y=step(cnum,cden,t);        //페루프 전달함수의 단위계단 응답
```

단계 5) "plot"을 사용해서 계산된 단위계단응답을 그래프로 나타내는 부분을 추가한다.

```
plot(t,y);
title("단위계단 응답");
```

☞ 명령어창에서 실행시키기 위해 위에서 작성한 파일을 "chap8_7"라고 저장하자.

단계 6) 명령어창에서 K_i값을 바꿔가며 위 파일을 실행시키고 결과를 비교해 보자. 먼저 여러 개의 그래프를 하나의 그래프창에 나타내려면 "holdon" 명령어를 사

용해야 한다.

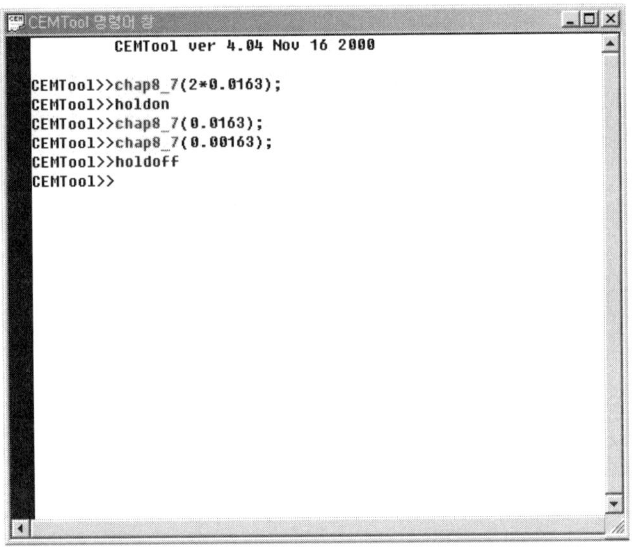

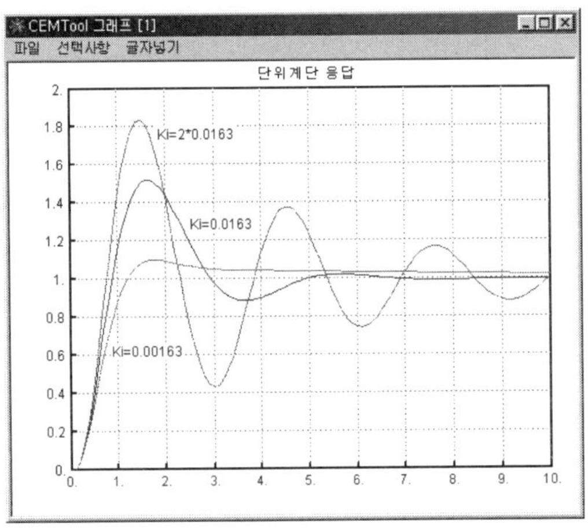

☞ 이 그림에서 볼 수 있듯이, 계수 K_i가 커질수록 오버슈트는 줄어들지만 응답속도와 정착시간이 느려지며, 이 계수가 커질수록 응답속도는 빨라지나 오버슈트가 커지게 된다. PI 제어기를 써서 이룰 수 있는 가장 좋은 최대 오버슈트를 구해 보면 $K_i = 0.00163$일 때 약 10%이지만 정착시간이 $t_s = 12$[sec]로서 응답이 너무 느리며, $K_i \gg 0.0163$이면 시스템이 불안정해진다. 결론적으로 말하면, 3차시스템에 대해 PI 제어기를 적용하면 시스템은 안정화시킬 수는 있지만 시스템의 응답속도와 오버슈트 사이의 제어성능을 절충하는 것이 어렵다는 것이다.

PID 제어기 설계

이 절에서는 안정성 확보와 함께 오름시간과 정착시간을 줄이기 위해 PID 제어기를 직류서보전동기에 적용하기로 한다. PID 제어기는 설계변수로서 비례계수 K_p, 적분계수 K_i, 미분계수 K_d 등 세 개를 갖고 있기 때문에 설계변수가 두 개 뿐인 PD나 PI 제어기와는 달리 3차시스템의 제어문제에서도 좋은 성능을 보일 것으로 예상할 수 있다. PID 제어기를 사용하는 경우에 개루프시스템의 전달함수는 다음과 같다.

$$L(s) = G(s)C(s) = \frac{5000(1+K_{d1}s)(K_{p2}s+K_{i2})}{s^2(s+5)(s+10)}$$

단계 1) 먼저 $K_{d1}=0$로 놓고 제어기의 PI 부분을 설계하자. $K_{i2}/K_{p2}=0.1$로 잡으면 개루프전달함수는 다음과 같이 바뀐다.

$$L(s) = \frac{5000K_{p2}(s+0.1)}{s^2(s+5)(s+10)}$$

단계 2) $s=-0.1$에 있는 $G(s)$의 영점은 원점에 아주 가깝기 때문에 원점에 있는 이중극점 중 하나를 상쇄시키는 효과를 낸다. 따라서, $K_{p2}=1$일 때 이 시스템이 보상되지 안은 시스템의 과도응답과 아주 비슷한 과도응답을 갖도록 실현하기로 한다. PI 제어기만 이용할 때 상대적인 감쇠비가 0.707 이상이 되도록 하려면, 앞 절에서 PI 제어기를 설계할 때 선정하였듯이 $K_{p2}>0.0163$으로 해야 한다. 좀 더 빠른 오름시간을 실현하기 위해서 $K_{p2}=0.07$로 택하기로 하면 $K_{i2}=0.007$이 된다.

단계 3) 이렇게 PI 부분를 설계한 다음에는, 최대 오버슈트를 줄이고 오름시간과 정착시간을 빠르게 유지하기 위해 K_{d1}의 값을 조정한다. 여기서 $K_{d1}=0.5$로 선정하면 이들 계수에 수식을 적용하여 다음과 같이 PID 제어기 계수를 구할 수 있다.

$$K_p = 0.0735,\quad K_i = 0.007,\quad K_d = 0.035$$

단계 4) 위에서 구한 PID제어기 계수를 대입하여 폐루프시스템의 계단응답을 구해 보자. 먼저 시간 범위와 제어기 계수를 입력한다.

```
t=[0:2:0.01]; //시간범위 설정

Kp=0.0735;     //P(비례)계수
Ki=0.007;      //I(적분)계수
Kd=0.035;      //D(미분)계수
```

단계 5) PID 제어기 전달함수를 입력한다.

```
//식 (8.15)의 PID제어기 전달함수

cnum=[Kd Kp Ki];  //PID제어기 분자항
cden=[1 0];       //PID제어기 분모항
```

단계 6) 직류서보모터 전달함수를 입력한다.

```
//식 (8.18) 직류서보모터 전달함수

num=100;          //분자항
den=convo([1 0],convo([0.1 1],[0.2 1])); //분모항
```

단계 7) PID 제어기와 모터 전달함수를 합성한 전달함수를 계산한다. 직렬연결이므로 "convo" 함수를 사용한다.

```
//PID제어기와 모터전달함수의 직렬연결

lnum=convo(cnum,num);   //분자항 합성

lden=convo(cden,den);   //분모항 합성
```

단계 8) PID제어기를 포함하는 폐루프 전달함수를 구하고, 단위계단응답을 계산한다.

```
[cnum,cden]=cloop(lnum,lden,-1);//폐루프 전달함수

y=step(cnum,cden,t); //단위계단응답
```

단계 9) "plot"을 사용해서 계산된 단위계단응답을 그래프로 나타내자.

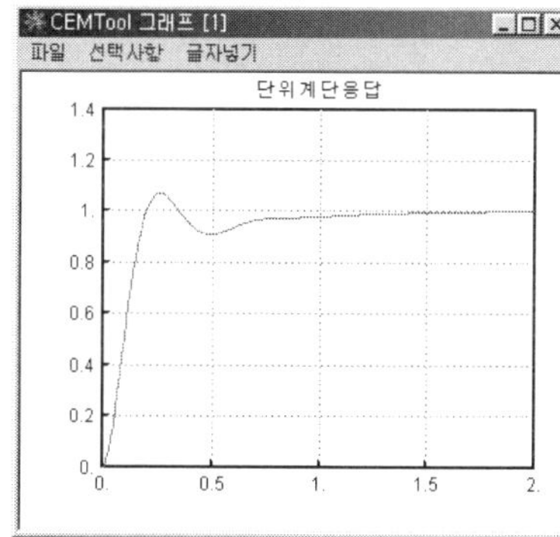

☞ 이 경우에 대응되는 폐루프시스템의 계단응답을 구해 보면 그림과 같다. 이 응답의 오버슈트는 약 7%, 오름시간은 $t_r \approx 0.17$[sec], 정착시간은 $t \approx 0.90$[sec]로서 매우 만족스러운 특성을 보이고 있다.

PID 제어기의 다른 설계방법으로서 임의로 $K_{d1} = 0.5$로 놓고 PID 제어기의 PD 부분을 먼저 결정할 수도 있다.

단계 1) PD 제어기 근궤적에서 $K_{d1} = 0.5$일 경우에 이 제어기 단독으로는 제어목표가 달성되지 않음을 알 수 있다. 그다음에 PD 제어기와 대상시스템을 포함하는 보상시스템에 대해 PI 제어기를 적용함으로써 PID 제어기를 설계할 수 있다. K_{P2}의 값은 PD 제어기를 포함하는 보상시스템에 대해 수식을 적용시켜 구한다.

단계 2) PD 제어기에 의한 보상시스템은 $s = -2$에 영점을 가지므로 제어목표인 감쇠비 $\zeta = 0.707$이 달성되지는 않는다. 실제로 이 방식으로 제어기를 설계하면 $K_{p2} = 0.707$이고 $K_{i2} = 0.007$이며 PI 부분을 포함할 때 특성방정식의 주요근 $s = -6.59 \pm j12.55$로서 이에 대응하는 감쇠비는 $\zeta = 0.46$이다. 이렇게 설계하였을 때 PID 제어기 계수는 다음과 같다.

$$K_p = 0.07105, \quad K_i = 0.007, \quad K_d = 0.03535$$

단계 3) 이 계수에 대응되는 폐루프시스템의 계단응답을 구해 보자. 앞에서 작성한 프로그램을 그대로 사용하자. 단지 여기서는 PID 제어기 계수의 값만 바뀐 것이므로, 이 바뀐 제어기 계수만 위 프로그램에서 바꿔주고 실행시키면 된다.

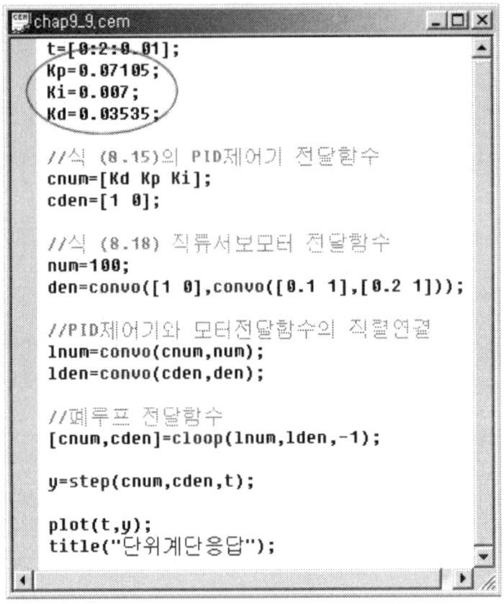

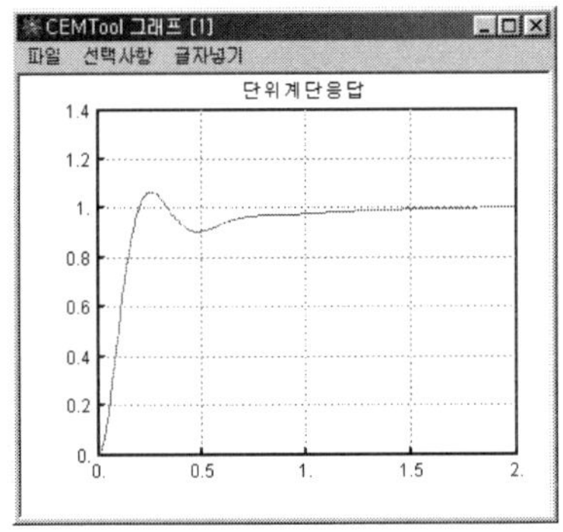

☞ 응답의 오버슈트는 약 7.2%, 오름시간은 $t_r \approx 0.17$[sec], 정착시간은 $t_s \approx 0.98$[sec]로서 그림의 결과와 같이 이 경우에도 매우 만족스러운 특성을 보이고 있다.

일반적으로 PID 제어기는 전달함수의 분자다항식이 2차로서 두 개의 영점을 갖고 있는데 이 제어기의 영점을 이용하여 제어대상 시스템에 있는 바람직하지 않은 극점의 위치를 적절히 바꿈으로써 과도응답 특성을 개선시킨다. 또한 제어기에 적분기를 포함하고 있어서 원점에 극점을 갖고 있기 때문에 이 제어기의 극점이 폐루프시스템에 첨가됨으로써 시스템의 형태를 증가시켜서 정상상태 특성을 개선시키는 효과를 얻을 수 있다. PID 제어기는 이러한 특성에 의해 2차 이하의 주극점을 갖는 대상시스템의 제어에 매우 효과적임을 알 수 있다. 이제 남은 문제는 PID 제어기의 계수를 선정하는 방법을 찾아내는 일이다.

3.6 분석적인 PID 제어기의 설계

모델이 주어진 경우에 PID 제어기를 동조하는 방법에는 여러 가지가 있는데, 여기서는 그 중에서 대표적으로 많이 이용되는 극배치를 이용한 방법을 소개한다. 보통 한 개의 극점이 무시된 PID 제어기는 다음과 같이 표현된다.

$$C(s) = K\frac{(s+a)(s+b)}{s}$$

우리가 설계해야 될 변수는 K, a, b이다.

시스템 성능규격

시스템의 성능규격에는 앞서 공부한 것처럼 오버슈트(P.O), 첨두치 시간(T_p), 정착시간(T_s), 정상상태오차(e_{ss}), 오차상수(K_p, K_v), 출력에 대한 외란의 비($\left|\frac{Y(s)}{D(s)}\right|$) 등이 있다. 각 시스템마다 요구되는 성능규격이 다르기 때문에 특별히 정해진 기준은 없지만, 일반적으로 낮은 오버슈트와 빠른 응답 그리고 정상상태오차가 없는 성능규격이 요구된다. 다음은 시스템이 만족해야 할 성능규격들을 나타낸다.

퍼센트 오버슈트: $P.O \leqq L$

정착시간: $T_s \leqq M$

오차상수: $K_v = \lim_{s\to 0} sG(s)C(s) \geqq N$ 또는 $K_p = \lim_{s\to 0} G(s)C(s) \geqq N$

외란에 대한 출력비 $\max\frac{|Y(s)|}{|D(s)|} < W$

L, M, N, W는 만족해야 할 성능규격들이다. 시스템의 응답속도와 오버슈트를 결정짓는 다음과 같은 감쇠율과 고유진동수에 관한 관계식을 얻을 수 있다.

$$\zeta = \sqrt{\frac{\left(\ln\frac{L}{100}\right)^2}{\pi^2 + \left(\ln\frac{L}{100}\right)^2}} \quad \frac{4}{M} \leq \zeta\omega_n$$

ζ와 w이 주어지면 성능규격에 맞도록 s-평면상에서 우세근이 위치할 영역을 구할 수 있다. 폐루프근이 지배적인 위치에 있도록 하는 것이 제어기의 주된 설계방법이지만, 보통 다른 근이나 설계한 제어기의 영점의 영향으로 설계한 근의 위치가 지배적이지 못한 경우가 있다. 이러한 경우에는 퍼센트 오버슈트를 한 번에 만족시키지 못한다.

이러한 제어기 설계의 문제점을 새로운 제어기 설계방법을 통하여 해결 하고자 한다. 그럼 PID 제어기를 살펴보기로 하자.

앞에서 주어진 수행기준을 만족하기 위해 분석적인 방법으로 PID 제어기를 설계하는 과정을 소개하고자 한다. 이차시스템이 PID 제어기로 제어되었을 때의 제어기와 시스템을 합한 개회로는 다음과 같다.

$$GC(s) = K\frac{(s+a)(s+b)}{s(s+p_1)(s+p_d)}$$

시스템의 세 극점은 0과 p_1, p_2이고, 제어기의 두 영점은 a, b이고, 제어기의 이득은 K이다. PID 제어기 설계의 가장 기본적인 생각은 PID 제어기의 두 영점의 위치 a, b를 잘 설정한 뒤에 이득 K를 조정해서 폐루프근이 그 두 위치에 놓이게 하는 것이다. 그러므로 이차시스템이 PID 제어기로 제어될 때에 폐루프 근은 셋이 되고 폐루프의 영점도 셋이 된다. 두 영점의 위치는 보통 지배적인 근이 위치할 곳으로 정해서 두 지배적인 근들의 위치를 정하게 되고, 다른 영점은 무한에 있으므로 한 근을 원점에서 멀리 놓아 무시하게 만든다.

이런 기본적인 설계목적을 자세하게 예를 들면서 설명해 보자. 그림에서 보여진 것처럼 PID 제어기를 사용하는 시스템은 예비필터가 필요하지 않다.

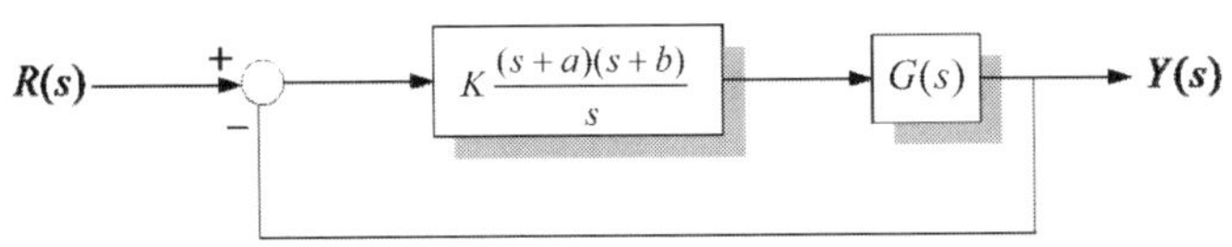

8.6.2 분석적인 PID 설계방법

PID 제어기를 분석적으로 설계하는 순서는 다음과 같다.

PID 제어기의 분석적인 설계방법

① 지배적인 근의 위치를 구한다.

$$q = -\zeta w_n + j w_n \sqrt{1-\zeta^2}, \quad q = -\zeta w_n - j w_n \sqrt{1-\zeta^2}$$

② 원점에서 멀리 떨어져 있는 한 실수근, $r \ll \zeta w_n$을 r이라 하자.

③ 요구되는 특성방정식은 $(s+q)(s+\hat{q})(s+r)=0$이 된다.

④ 위의 요구되는 특성방정식과 $1+G(s)C(s)=0$을 등식으로 놓고 푼다. 이때 이차시스템에 대해서는 모르는 변수가 셋이기 때문에 방정식이 세 개 필요하다.

⑤ 출력의 응답을 구해 본다.

⑥ 만약 응답이 기준을 만족하지 못하면 이득 K를 크게 한다.

예제 PID 제어기의 설계 예제

시스템 전달함수 $G(s) = \dfrac{1}{(s+1)(s+3)}$의 경우를 살펴보자. 원하는 수행 기준은 $P.O \leq 5\%$, $T_s \leq 2\text{sec}$, $e_{ss}=0$, $K_v \geq 20$ 그리고 $\dfrac{|Y(s)|}{D(s)} \leq 0.05$이다.

단계 1) 주어진 기준으로부터, 지배적인 근이 놓일 위치를 설정한다. 먼저 식(8.28)로부터 ζ를 계산한다.

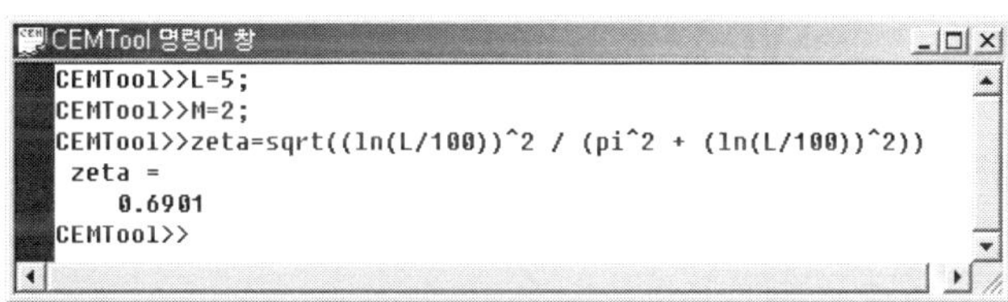

단계 2) 식으로부터 w_n을 계산한다.

☞ 따라서 우세근의 위치는 다음과 같다. $q=-2.1+2.0i$, $\hat{q}=-2.1-2.0i$

단계 3) 보통 r의 위치는 시스템의 극점의 위치보다 10배 이상 떨어진 곳으로 정한다. 그리고 원점에서 멀리 떨어진 한 근 $-r=-30$을 임의로 정한다.

단계 4) 제어기의 변수를 포함하는 특성방정식과 미리 정한 근들의 위치로부터 구한 특성방정식을 등식으로 놓고 연립방정식을 푼다. 위에서 구한 근에 해당하는 특성방정식을 구한다.

```
CEMTool 명령어 창
CEMTool>>q=-2.1+2.0i
 q =
      -2.1 + 2.0000i
CEMTool>>q1=-2.1-2.0i
 q1 =
      -2.1 - 2.0000i
CEMTool>>r=30;
CEMTool>>convo([1 -q],convo([1 -q1],[1 r]))
 c =
    1.0000    34.2000   134.4100   252.3000
CEMTool>>
```

☞ 위 그림에서 보듯이 상기 극점에 해당하는 특성방정식은 다음과 같다.

$$s^3 + 34.2s^2 + 134.41s + 252.3$$

단계 5) 제어기 변수를 포함하는 특성방정식은 다음과 같다.

$$\begin{aligned}1 + GC &= 1 + \frac{K(s^2 + (a+b)s + ab)}{s^3 + 4s^2 + 3s} \\ &= \frac{s^3 + (4+K)s^2 + (3 + K(a+b))s + Kab}{s^3 + 4s^2 + 3s} = 0\end{aligned}$$

단계 6) 두 특성방정식을 등식으로 놓고 K, a, b값을 계산한다.

$$s^3 + 34.2s^2 + 134.41s + 252.3 = s^3 + (4+K)s^2 + (3 + K(a+b))s + Kab$$

$$4 + K = 34.2$$

$$3 + K(a+b) = 134.41$$

$$Kab = 252.3$$

단계 7) 위의 세 식을 연립해서 풀면 a 또는 b의 값으로 $2.1957 \pm 1.8923i$ 그리고 $K = 30.2$를 구한다. 설계한 제어기는 다음과 같다.

$$C(s) = 30.2\frac{s^2 + 4.3914s + 8.4019}{s}$$

단계 8) 단위계단응답을 구해 보자. 시간범위를 설정하고 위에서 구한 K, a, b를 입력한다.

```
t=[0:2:0.01];
//PID 제어기 계수
K=30.2;
a=2.1957+1.8923i
b=2.1957-1.8923i
```

단계 9) 주어진 시스템 전달함수를 입력한다.

```
//시스템 전달함수 G(s)
ng=1;                              //분자항
dg = convo([1 1],[1 3]);           //분모항
```

단계 10) 위에서 구한 제어기 계수로 PID제어기 전달함수를 입력한다.

```
//PID 제어기 C(s)

nc=K*convo([1 a],[1 b]);   //제어기 C의 분자항
dc=[1 0];                  //제어기 C의 분모항
```

단계 11) 먼저 PID제어기를 포함하는 개루프 전달함수를 구한다.

```
//개루프 전달함수 GC(s)
ngc=convo(nc,ng);    //개루프 전달함수의 분자항
dgc=convo(dc,dg);    //개루프 전달함수의 분모항
```

단계 12) PID제어기를 포함하는 폐루프 전달함수를 구한다.

```
//폐루프 전달함수 T(s) = (1+GC(s))

[nclose,dclose]=cloop(ngc,dgc,-1);
```

단계 13) 단위계단응답을 계산하고 그래프로 나타내보자.

```
//단위계단응답
y=step(nclose,dclose,t);
plot(t,y);

title("PID제어기를 이용한 시스템의 단위계단응답");
xtitle("t (sec)");
ytitle("Output y(t)");
```

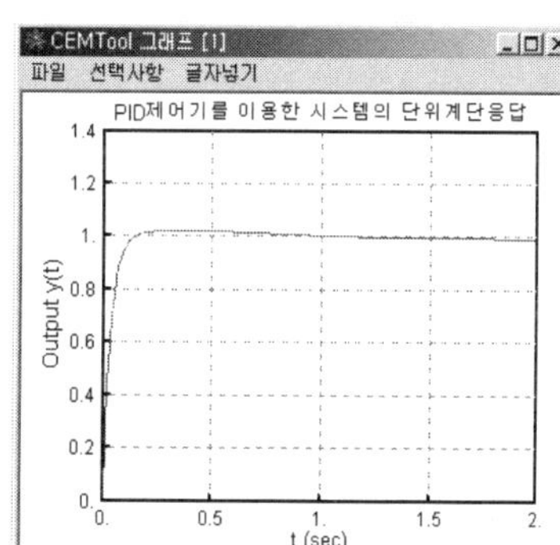

☞ $P.O = 3.6\%$, $T_s = 0.49\sec$로 기준을 만족한다. 제어기 설계과정이 매우 간단하고 수행도 매우 좋은 것을 알 수 있다.

이 절에서는 PID 제어기의 효과를 알아보기 위해 2차 시스템에 대한 제어기 설계문제를 예제로 하여 PD, PI, PID 제어기를 설계하고 각각의 성능을 비교해 보았다. 그 결과 PD와 PI제어기는 안정성은 이룰 수 있으나 과도응답이나 정상상태응답의 성능목표를 함께 달성하기가 어렵다는 것을 알았다. 그러나 PID 제어기는 계수를 적절히 조절하면 안정성과 성능목표를 함께 만족시킬 수 있음을 확인하였다. 일반적으로 PID 제어기는 전달함수의 분자다항식이 2차로서 두 개의 영점을 갖고 있는데 이 제어기의 영점을 이용하여 제어대상 시스템에 있는 바람직하지 않은 극점의 위치를 적절히 바꿈으로써 과도응답 특성을 개선시킨다. 또한 제어기에 적분기를 포함하고 있어서 원점에서 극점을 갖고 있기 때문에 이 제어기의 극점이 폐루프시스템에 첨가됨으로써 정상상태 특성을 개선시키는 효과를 얻을 수 있다. PID 제어기는 이러한 특성에 의해 2차 이하의 주극점을 갖는 대상시스템의 제어에 매우 효과적임을 알 수 있다.

제4장 제어시스템 해석

4.1 제어시스템 개요

제어기의 역할은 대상시스템의 출력이 원하는 특성을 갖도록, 즉 제어목표를 달성하도록 조절하는 것이다. 왜 이 역할을 수행하기 위해서 꼭 되먹임이 필요한 것인지 그리고 개루프 제어 방식으로 제어할 때에는 어떤 문제점이 있는지 간단한 시스템을 예로 알아본다. 입력 u와 출력 y사이의 관계는 다음과 같은 식으로 표시한다.

$$y = Gu$$

이 시스템에 대해 출력신호 y가 기준입력 r을 따라가는 명령추종을 제어목표로 하는 제어기를 설계해 보기로 한다. 먼저, 개루프제어 방식으로 제어할 때 어떠한 문제들이 생기는지 살펴보고, 되먹임 제어 방식으로 이 문제들을 어떻게 해결할 수 있는지를 다루기로 한다.

또한 앞에서 살펴보았듯이, 극점은 시스템의 안정성을 결정하고 과도응답 및 정상상태 응답 모두에 큰 영향을 미친다. 이 절에서는 영점의 위치에 따라 시스템 시간응답이 어떻게 바뀌는가를 살펴보고 영점의 성질을 정리한다.

4.2 되먹임이 없는 경우(개루프 제어)

먼저, 대상시스템에서 상수이득 G의 값을 정확히 알고 있으며 외란이나 잡음이 전혀 존재하지 않는다고 가정하기로 한다. 만일에 이러한 가정이 성립한다면, 이 시스템에 대한 명령추종 목표는 그림과 같이 상수이득 G의 역수값 G^{-1}를 이득으로 갖는 아주 간단한 개루프제어기로 달성할 수 있다. 이 개루프제어 시스템의 입출력 관계를 수식으로 나타내면 다음과 같다.

$$u = G^{-1}r$$
$$y = Gu = G(G^{-1})r = r$$

즉, 상수이득 G^{-1}를 갖는 개루프제어기에 의해 출력 y는 기준입력 r과 항상 같아지게 되므로 제어목표가 달성된 것이다. 그러나 이 결과는 대상시스템의 특성을 정확히 알 수 있으며 외란과 잡음이 전혀 없다는 비현실적인 가정을 전제로 이루어진 것이다.

만일에 이런 가정이 실제로 성립한다면 모든 제어문제는 개루프제어로 다 해결할 수 있기 때문에 제어공학이란 학문도 필요 없을 것이다. 그러나 실제로는 이러한 가정이 성립하는 시스템이 거의 없다는 것이 문제이다. 그렇다면 이 가정이 성립하지 않는 시스템에 개루프제어를 적용하면 어떠한 결과가 생기는가를 살펴보기로 한다.

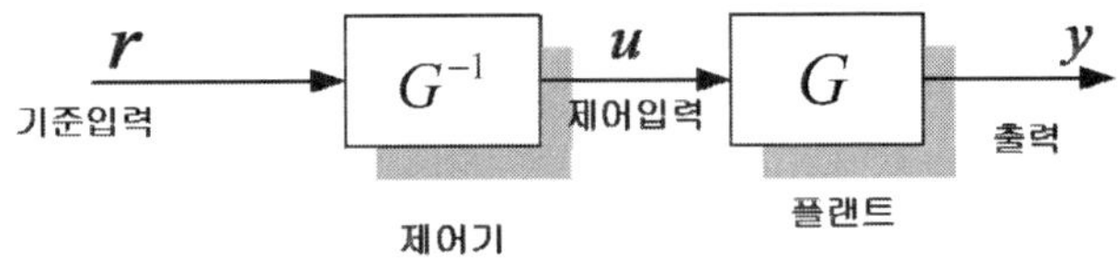

개루프(Open Loop)제어 시스템

이제 대상플랜트에 대해서 상수이득 G의 값을 정확히 모르고 있고, 또한 시스템에 외란이 존재한다고 가정한다. 이러한 가정은 실제적으로 자주 나타나는 상황으로서, 이 가정을 반영하는 대상시스템을 블록선도로 나타내면 그림과 같다. 이 그림에서 대상시스템의 실제이득은 $G+\Delta G$인데 이 가운데 G만 알 수 있고 오차 ΔG는 모른다고 가정한다. 그리고 d는 외란신호를 나타낸다. 이 플랜트의 입출력 관계를 수식으로 나타내면 다음과 같다.

$$y = (G+\Delta G)u + d$$

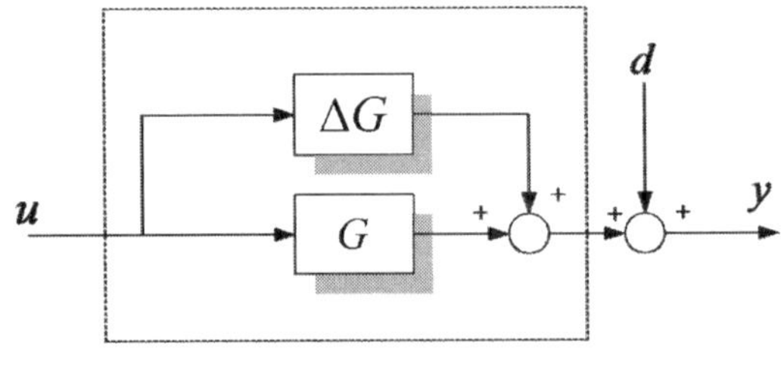

그러면 이와 같은 플랜트에 대해 위에서 사용한 상수이득 G^{-1}를 갖는 개루프제어기를 그대로 적용하면 어떻게 되는지 살펴보기로 한다. 이 경우에 출력은 플랜트의 입출력 관계식에 제어기 관계식을 대입하면 다음과 같다.

$$y = (G + \Delta G)G^{-1}r + d = r + \Delta GG^{-1}r + d$$

이 식의 우변에서 알 수 있듯이, 출력 y는 기준입력 r을 따라가지 못하고 다음과 같은 오차성분이 나타난다.

$$y - r = (\Delta GG^{-1})r + d$$

이 오차는 이득오차 ΔG와 외란 d에 의한 것인데, 개루프제어기를 쓰는 한에는 이 오차를 없애거나 줄일 수 없으며, 따라서 제어목표인 명령추종을 이룰 수 없게 된다.

이러한 문제가 생기는 근본적인 이유는 이득오차나 외란은 그 값을 미리 알 수 없어서 개루프제어기의 이득을 결정할 때에 반영할 수가 없으며, 또한 개루프제어기의 구조로는 이득오차나 외란의 영향에 의한 출력오차를 없애거나 줄일 수 있는 방법이 없다는 것이다. 이러한 문제를 해결할 수 있는 방법이 바로 되먹임을 사용하는 것이다.

4.3 되먹임이 있는 경우(피드백 제어)

되먹임(feedback)이란 출력신호를 입력단에 되먹여서 제어입력을 결정할 때에 사용하는 기법을 말한다. 그림과 같이 불확실한 상수이득 시스템을 대상으로 하여 되먹임제어 시스템을 블록선도로 나타내면 다음과 같다.

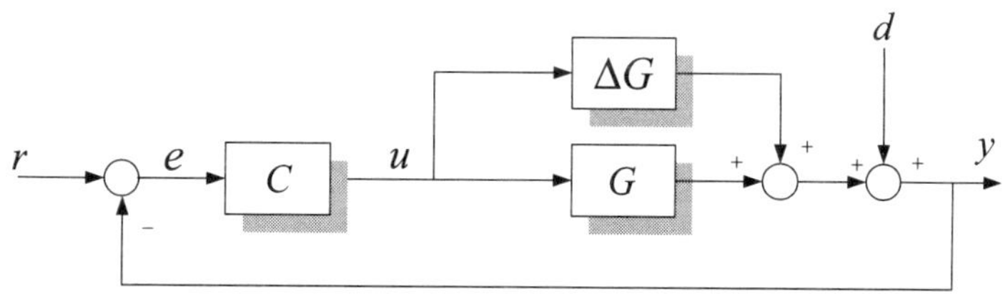

불확실한 상수이득 시스템에 대한 되먹임 제어

여기서 C는 제어기의 이득이며, e는 오차신호로서 다음과 같이 정의된다.

$$e = r - y$$
$$u = Ce = C(r - y)$$

제어기의 이득 C는 상수로 가정하며 그 값은 아직 미정이지만 이득오차와 외란의 영향을 고려하여 시스템해석을 한 뒤에 결정하기로 한다. 위의 관계식을 대입하면 되먹임 제어 시스템의 출력 y는 다음과 같이 표현된다.

$$y = (G + \Delta G)u + d = (G + \Delta G)C(r - y) + d$$

이 식의 두 번째 등식에서 y가 양변에 나타나므로 y를 좌변에 모은 다음 정리하면 다음과 같은 입출력 관계식을 얻을 수가 있다.

$$y = \frac{(G + \Delta G)C}{1 + (G + \Delta G)C} r + \frac{1}{1 + (G + \Delta G)C} d$$

위의 식은 되먹임 제어 이득 C를 결정하는 근거를 제공한다. 우리가 다루는 시스템의 제어목표는 명령추종으로서 이득오차 ΔG와 외란 d가 있더라도 출력 y가 될 수 있는 한 기준입력 r에 가까워지도록 제어이득 C를 정해야 한다. 이 제어목표는 C를 $|(G + \Delta G)C| \gg 1$이 되도록 충분히 큰 값으로 정하면 이룰 수 있다. 즉, C값이 충분히 크면 다음과 같은 근사식이 성립하므로

$$\frac{(G + \Delta G)C}{1 + (G + \Delta G)C} \approx 1, \quad \frac{1}{1 + (G + \Delta G)C} \approx 0$$

$y \approx r$이 되는 것이다. 이러한 성질은 이득오차 ΔG와 외란 d의 크기를 모르더라도 성립하며, 제어이득 C가 클수록 외란의 영향은 줄어들고 명령추종은 더욱 잘 이루어지게 된다.

4.4 되먹임의 효과

전달함수 $G(s)$로 표시되는 동특성을 갖는 시스템을 대상으로 하여 되먹임의 효과를 분석하기로 한다. 이 효과를 알게 되면 제어기를 설계할 때에 주요지침으로 활용할 수 있다.

되먹임 제어시스템의 일반적인 구조는 그림과 같다. 여기서 $G(s)$와 $C(s)$는 각각 플랜트와 제어기의 전달함수이며, $R(s)$, $E(s)$, $U(s)$, $Y(s)$, $D(s)$, $V(s)$는 각각 기준입력 r, 오차 e, 제어입력 u, 출력 y, 외란 d, 측정잡음 v의 라플라스 변환함수들이다. 이 되먹임 시스템에서 입출력 전달특성을 전달함수를 사용하여 표시하면 다음과 같다.

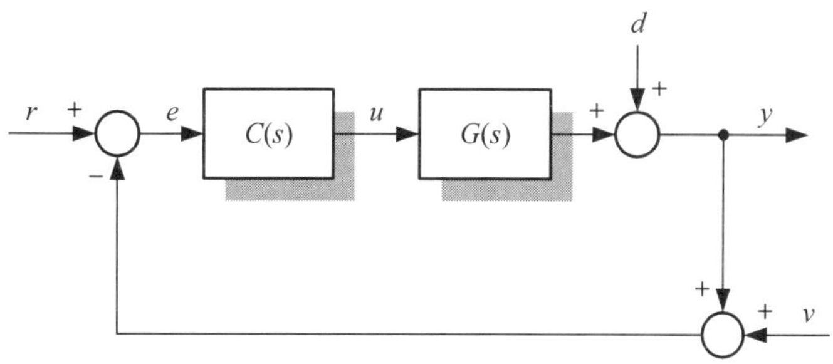

되먹임 제어시스템의 일반적인 구조

$$Y(s) = \frac{G(s)C(s)}{1+G(s)C(s)}R(S) + \frac{1}{G(s)C(s)}D(s) - \frac{G(s)C(s)}{1+G(s)C(s)}V(s)$$

여기서, 제어시스템 해석에 자주 쓰이는 전달함수 용어들을 정의하면 다음과 같다.

- $G(s)C(s)$: 개루프전달함수
- $1+G(s)C(s)$: 되돌림차(return difference) 전달함수
- $S(s) = \dfrac{1}{1+G(s)C(s)}$: 감도함수(sensitivity function)
- $T(s) = \dfrac{G(s)C(s)}{1+G(s)C(s)}$: 폐루프전달함수

위의 식으로부터 오차 $E(s)$는 다음과 같이 나타낼 수 있다.

$$E(s) = R(s) - Y(s) = \frac{1}{1+G(s)C(s)}[R(s) - D(s)] + \frac{G(s)C(s)}{1+G(s)C(s)}V(s)$$

여기서 $G(s)$는 기본모델(nominal model)이거나 불확실한 성분이 포함된 실제모델이 될 수도 있다. 위의 식에서 외란과 잡음이 없다면 출력과 오차는 다음과 같이 나타낼 수 있다.

$$Y(s) = \frac{G(s)C(s)}{1+G(s)C(s)}R(s) = T(s)R(s)$$

$$E(s) = \frac{1}{1+G(s)C(s)}R(s) = S(s)R(s)$$

제어기 설계목표는 시스템을 안정화하면서 출력 $Y(s)$가 기준입력 $R(s)$와 같아지도록 $D(s)$와 $V(s)$의 영향을 줄이는 것이다. 다시 말하면, 외란 $D(s)$나 측정잡음 $V(s)$가 있더라도 제어기 $C(s)$를 잘 설계해서 오차 $E(s) = R(s) - Y(s)$의 값이 0이 되도록 하는 것이다. 그러면 위의 관계식들로부터 되먹임의 효과에 대해 살펴보기로 한다.

안정성 개선

되먹임을 쓰면 시스템의 극점이 다음과 같은 특성방정식에 의해 결정되므로 극점의 위치를 바꿀 수 있다.

$$1 + G(s)C(s) = 0$$

따라서 플랜트 전달함수 $G(s)$의 극점이 우반평면에 있는 불안정한 경우이거나 허수축 가까이 있어서 상대안정성이 나쁜 경우에 제어기 전달함수 $C(s)$를 적절히 조절하여 개루프극점이 좌반평면 안에 원하는 위치에 오도록 설계하면 안정성을 확보하거나 상대안정성을 개선할 수 있다.

안정성을 확보하거나 상대안정성을 개선하는 것은 제어기 설계에서 제일의 목표인데 되먹임 제어기를 쓰면 되먹임의 안정성 개선효과에 의해 이러한 목표를 달성할 수 있다.

예제 안정성 개선

공정의 전달함수 극점이 우반평면에 있는 경우 되먹임이 있을 때와 없을 때의 차이를 그래프를 통해서 확인해 보자.

$$G(s) = \frac{1}{s^2 + 1.9s - 0.2}$$

단계 1) 전달함수 G를 CEMTool에서 입력하고, 극점을 계산한다.

```
num=1

den=[1 1.9 -0.2]  // 전달함수 분모
```

```
CEMTool>>roots(den)
 r =
   -2.0000
    0.1000
CEMTool>>
```

☞ 위와 같이 0.1이라는 우반평면에 존재하는 극점이 하나 있다.

단계 2) 안정성을 보기 위해 단위계단 응답을 입력해서 출력을 확인해 보자.

```
step(num,den) //개루프 계단응답

title("단위계단응답");

xtitle("시간")

ytitle("출력")
```

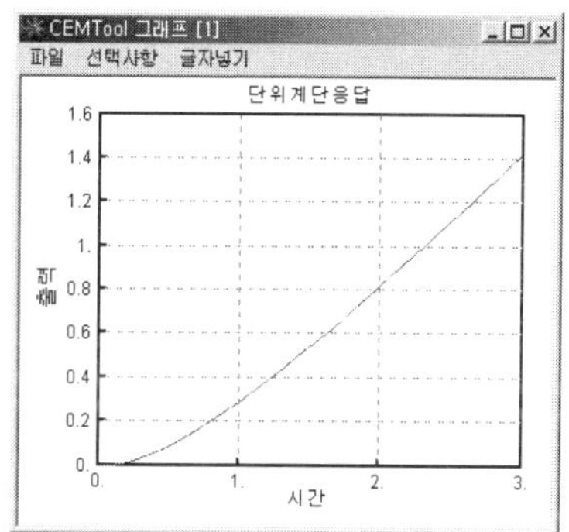

☞ 안정성 검사에서 많이 쓰이는 단위계단 응답은 CEMTool명령어인 "step" 함수를 사용하면 바로 구할 수 있다. 우반평면에 극점이 하나 존재하므로 위 그림에서 보는 것처럼 플랜트 출력이 발산하는 것을 볼 수 있다.

단계 3) 되먹임 제어기를 사용했을 때 어떤 효과가 있는지 알아보기 위해 되먹임이 포함된 전달함수를 계산한다.

```
CEMTool>>//단위 되먹임이 포함된 전달함수
CEMTool>>[numc,denc]=cloop(num,den)
 numc =
        1
 denc =
    1.0000    1.9000    0.8000
CEMTool>>
```

☞ 다른 것은 생각하지 않고 단순히 단위 되먹임이 있을 경우만 고려한 것이

다. "cloop" 함수를 사용해서 되먹임이 포함된 전달함수는 쉽게 구할 수 있다. numc와 denc는 단위되먹임이 포함된 전달함수의 분자, 분모를 의미한다.

단계 4) 되먹임이 포함된 시스템(numc, denc)의 출력을 그래프로 그려보고 위 그림과 비교해 보자.

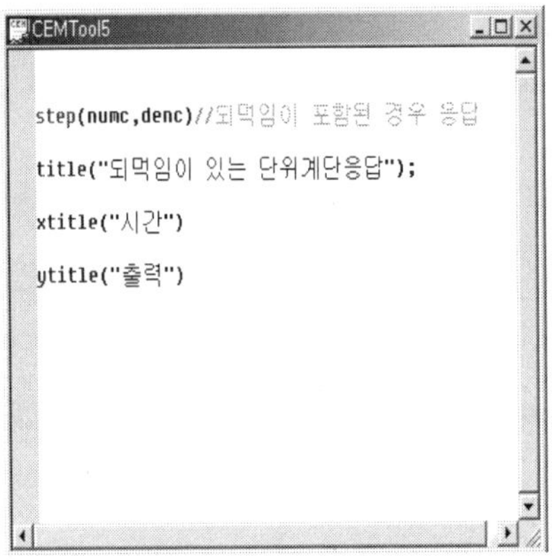

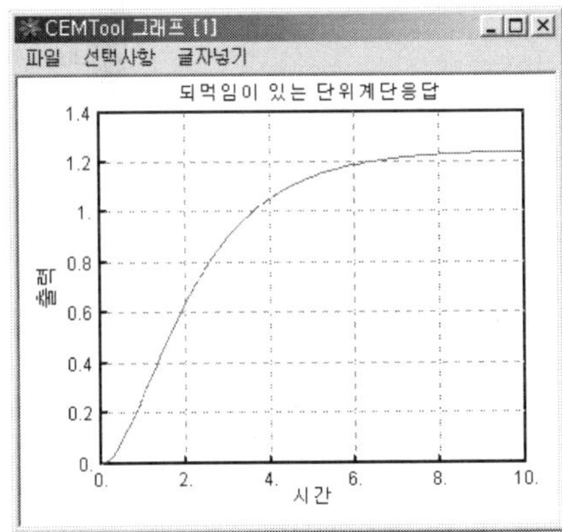

☞ 위 그림을 앞선 경우와 비교해 보면 어느 것이 안정한지는 바로 알 수 있다. 같은 전달함수를 가지고 단순히 되먹임만 추가했는 데도 많이 안정화된 것을 볼 수 있다. 되먹임이 포함된 전달함수를 구하는 방법은 "feedback"이나 "cloop" 함수를 사용하면 된다.

성능개선

되먹임 제어를 하면서 제어기를 적절히 설계하면 안정성을 개선할 수 있을 뿐만 아니라 성능개선도 함께 이룰 수 있다. 이것을 항목별로 살펴보면 다음과 같다.

(1) 명령추종 성능향상

제어기 설계목표 가운데 하나인 명령추종은 출력이 기준입력을 따라가도록 제어하는 것인데, 개루프제어 시스템의 경우에는 모델링 오차나 외란 따위에 의해 이 목표를 이룰 수가 없다. 그러나 되먹임을 사용하여 오차가 $E(s) \rightarrow 0$이 되도록 제어하면 명령추종 성능목표를 이룰 수 있다. 명령 추종 성능목표를 달성하려면 수식의 우변에서 $S(s)R(s) \rightarrow 0$이 되도록 제어기 $C(s)$를 설계해야 한다. 이러한 설계지침은 다음과 같이 요약할 수 있다.

$$\| S(s) \| \ll 1 \text{ 또는 } \| G(s)C(s) \| \gg 1$$

(2) 외란제거 효과

외란은 시스템의 외부에서 임의로 발생하여 출력에 나쁜 영향을 미치는 크기를 알 수 없는 신호이므로 이 외란의 영향을 없애는 것도 제어기 설계의 주요목표 가운데 하나가 된다. 그런데 개루프제어 시스템에서는 플랜트가 안정하더라도 외란이 들어올 경우에는 출력에 직접적인 영향을 주기 때문에 출력이 기준신호를 크게 벗어나서 명령추종 성능이 나빠지는 현상이 나타난다. 이 경우에도 되먹임을 쓰면 외란의 영향을 없애거나 크게 줄어서 명령추종 성능을 유지할 수 있다.

되먹임 시스템에서의 입출력 관계식의 우변에서 출력 $Y(s)$에 나타나는 외란성분은 $D(s)/[1+G(s)C(s)]$이므로, 외란 $D(s)$의 영향을 제거하기 위해서는 $1/[1+G(s)C(s)] \rightarrow 0$이 되도록 제어기 $C(s)$를 설계하면 외란의 영향을 크게 줄일 수 있다.

(3) 잡음축소 효과

위에서 살펴보았듯이, 안정성을 개선하고 명령추종 성능과 외란제거 목표를 달성하기 위해서는 되먹임을 사용해야 한다. 그런데 이 되먹임시스템을 실현하기 위해서는 출력신호를 측정하는 장치가 필수적이다. 그러나 측정장치에는 측정잡음으로부터 생기는 측정오차가 항상 존재하며, 이 측정잡음은 되먹임 경로를 통하여 출력에 영향을 미치게 된다. 따라서 되먹임 제어시스템에서는 측정잡음의 영향을 축소시키는 것도 제어기의 설계목표로서 고려해야 한다. 되먹임 제어기 설계에서 잡음축소(noise reduction) 목표를 달성하기 위한 설계지침은 다음과 같은 식으로 요약할 수 있다.

$$\| T(s) \| \ll 1 \text{ 또는 } \| G(s)C(s) \| \ll 1$$

명령추종 성능과 잡음축소 목표를 달성하기 위한 제어기 설계지침은 상충관계에 있기 때문에 어느 한 쪽을 달성하려면 다른 한 쪽이 이루어질 수 없게 되어 있다.

여기서는 되먹임을 이용해서 시스템의 안정성이나 명령추종 성능이 어떻게 달라지는지에 대한 내용을 살펴보았다. 명령추종 성능과 외란 제거 목표를 위해 $S(s)$를 작게 하려면 $T(s)$가 커지게 되어 잡음축소 목표를 이루기가 어려우며, 거꾸로 잡음축소를 위해 $T(s)$를 작게 하려면 $S(s)$가 커지게 되어 명령추종과 외란제거 목표달성이 어려워진다. 이러한 상충관계는 외란과 잡음의 주파수 성분을 고려하여 주파수 s의 영역을 분할하여 설계지침이 만족되도록 함으로써 절충할 수 있다. 따라서 되먹임 제어기 설계문제는 이러한 상충관계를 적절히 절충하는 제어기 $C(s)$를 결정하는 것이라 할 수 있다.

4.5 영점에 의한 과도응답 특성

영점의 성질 가운데 한 가지 분명한 점은 영점이 시스템의 안정성에는 직접적인 영향을 미치지 않는다는 것이다. 또한 영점은 정상상태응답에도 영향을 미치지 않는다. 결국 영점이 시스템의 시간응답에 영향을 줄 수 있는 부분은 과도응답 특성뿐인데, 이 점에 대해 분석하기로 한다. 2차표준형 전달함수에 영점이 하나 추가된 2차 시스템을 대상으로 영점의 영향을 살펴보기로 한다.

$$G(s) = \frac{Y(s)}{R(s)} = \frac{\omega_n^2(-s/z_o + 1)}{s^2 + 2\zeta\omega_n s + \omega_n^2},\ \zeta > 0$$

그렇다면 위의 식에서 $\zeta = 0.5$, $w_n = 1$, $z_0 = aw_n$인 경우에 a가 바뀜에 따라 계단응답이 어떻게 변하는가를 구체적으로 살펴보기로 하자.

단계 1) 먼저 a가 바뀜에 따라 계단 응답의 변화를 볼 것이므로 function문으로 작성하는 것이 좋다. 입력으로는 a를 설정하고 출력으로 계단 응답 y를 설정한다.

```
CEMTool4
function

y <> a        //입력으로 a, 출력으로 y설정
```

단계 2) 주어진 감쇠율과 고유진동수를 설정하고 CEMTool에서 입력한다.

```
CEMTool4
zeta =0.5; wn=1;

num=wn^2*[-1/(a*wn) 1]; // 전달함수의 분자항

den=[1 2*zeta*wn wn^2]; // 전달함수의 분모항
```

단계 3) 계산하고자 하는 시간 범위를 설정하고 단위계단응답을 구하기 위해 “step”

함수를 사용해서 계산된 결과를 y라는 변수에 저장한다.

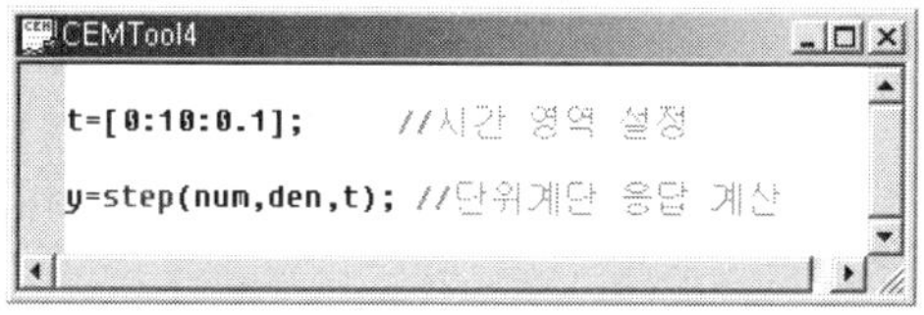

☞ 여기까지 완성했으면 이 파일을 “chap11”이란 이름으로 저장한다.

단계 4) 작성한 파일을 이용해서 a값을 0보다 작은 범위에서 변화시켜 가며 응답특성의 변화를 살펴보자.

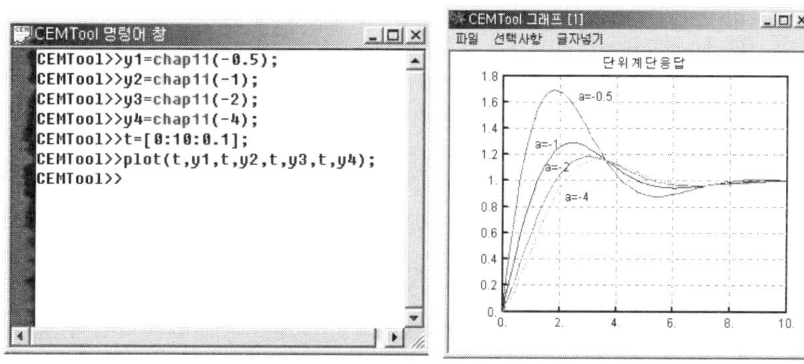

☞ a가 음수라는 의미는 영점이 복소평면 좌반평면에 있는 경우에 해당한다. a의 값이 작으면 허수축과 가까이 있는 경우이다. 위 그림에서 보면 a값이 커짐(허수축에서 멀어짐)에 따라 오버슈트가 작아지는 것을 볼 수 있다.

단계 5) 작성한 파일을 이용해서 a값을 0보다 큰 범위에서 변화시켜 가며 응답특성의 변화를 알아보자.

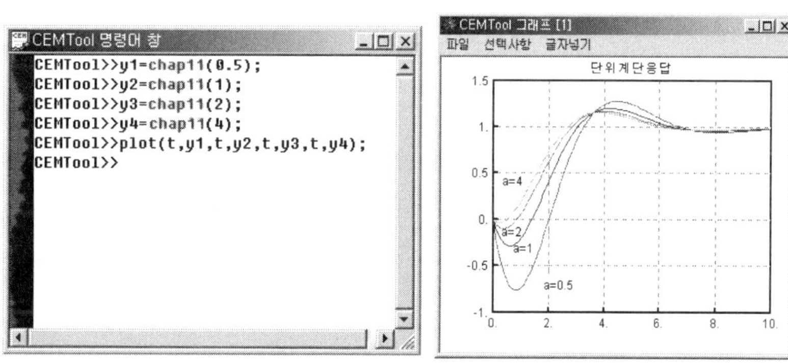

☞ a가 양수인 경우는 영점이 우반평면에 있는 경우에 해당한다. 따라서 시스템의 과도응답에 하향 오버슈트가 나타나고, a가 점점 커짐에 따라

(허수축에서 멀어짐) 하향 오버슈트가 줄어드는 것을 볼 수 있다.

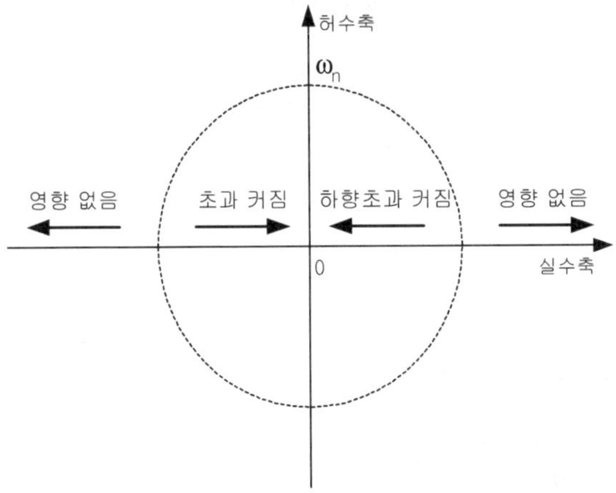

위에서 살펴본 내용을 토대로 영점의 성질에 대해서 다음과 같이 정리할 수 있다. 영점은 안정성과 정상상태응답에는 영향을 미치지 않지만 과도응답에 영향을 준다. 특히 영점이 복소평면에서 시스템 주복소극점의 고유진동수 크기를 반지름으로 하는 원 안에 있으면, 좌반평면 영점은 오버슈트를 커지게 하고, 우반평면 영점은 하향 오버슈트를 크게 일으키면서 시스템 과도응답을 매우 나쁘게 만든다. 극점이 응답특성에 나쁜 영향을 주는 경우에는 되먹임제어기를 써서 폐루프극점을 원하는 위치로 이동시켜 보상할 수 있으나, 영점은 되먹임을 쓰더라도 옮겨지지 않고 그대로 남아서 시스템의 성능에 한계로 작용하므로 유의해야 한다.

4.6 외란에 의한 시스템 응답

지금까지는 외란이 없을 경우에 입력에 대한 시스템의 출력을 알아보았다. 하지만 실제 시스템에 있어서는 항상 외란이 존재하기 때문에 외란에 대한 시스템의 출력을 조사해 보는 것이 중요하다. 그림은 외란의 입력 $D(s)$를 보여준다. 외란에 의한 응답을 구하려면 우선 입력 $R(s)$를 영으로 놓고 외란 입력 $D(s)$에서 출력, $Y(s)$로의 전달함수를 구한다.

$$\frac{Y(s)}{D(s)} = -\frac{G(s)}{1+G(s)C(s)}$$

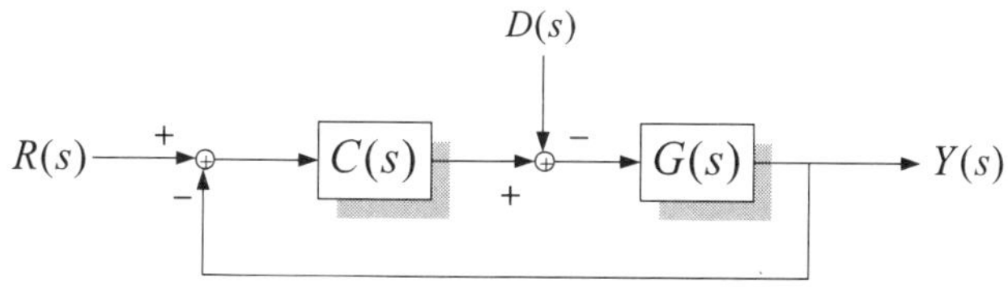

예제 외란에 대한 응답

시스템이 $G(s)C(s) = \dfrac{K}{s(s+2)}$ 이고, 제어기이득이 $C(s) = K = 2$일 경우에 외란이 없을 경우에 계단입력에 대한 출력인 y_1과 외란 입력에 대한 출력 y_2를 함께 비교해 보자.

$$Y_1(s) = \frac{K}{s^2+2s+K}R(s), \quad Y_2(s) = \frac{-1}{s^2+2s+K}D(s)$$

단계 1) 주어진 제어기 이득값 K를 설정한다.

```
k=2;
```

단계 2) 외란이 없을 경우에 계단 응답 출력인 Y_1의 분자, 분모항을 입력한다.

```
ny1=k;          //Y1의 분자항
dy1=[ 1 2 k];   //Y1의 분모항
```

단계 3) 외란 입력에 대한 출력 Y_2의 분자 분모항을 입력한다.

```
ny2=-1;         //Y2의 분자항
dy2=[ 1 2 k];   //Y2의 분모항
```

단계 4) 단위계단 응답을 구하므로 "step" 함수를 이용해서 계산한다.

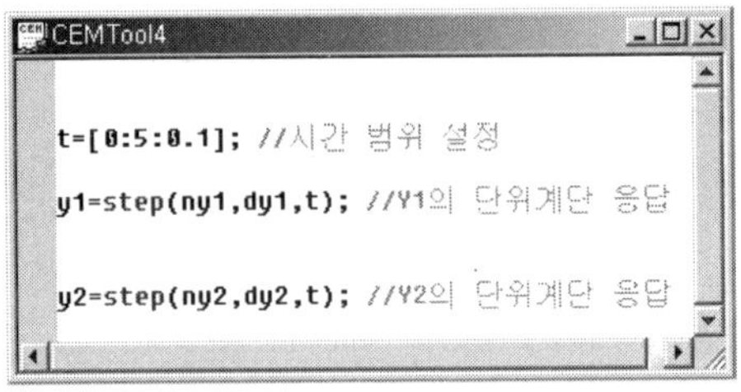

단계 5) 위 단계에서 구한 y_1과 y_2의 응답을 하나의 그래프창에 그려보자.

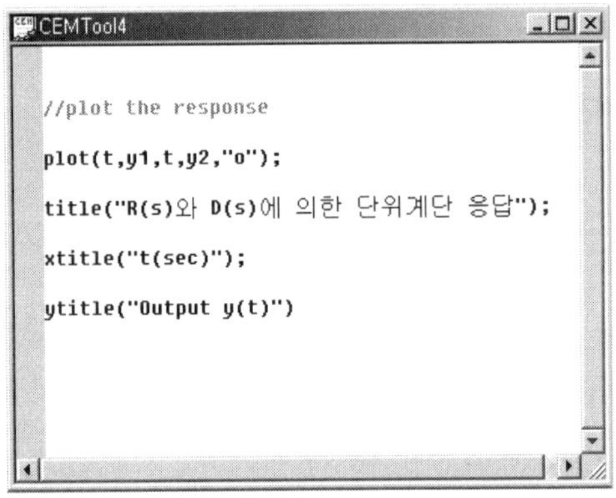

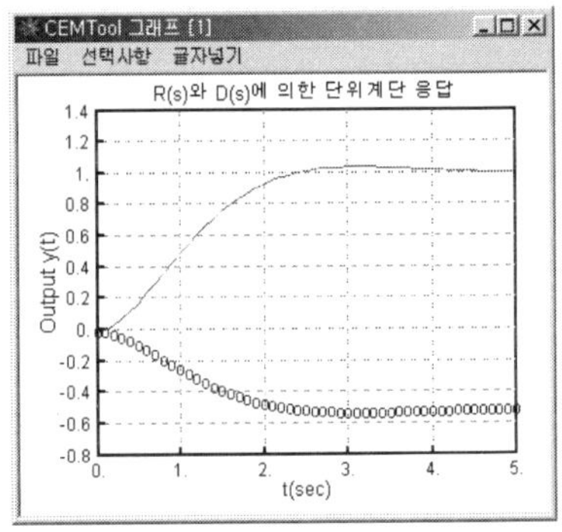

제5장 CEMTool 활용 제어장치 설계

5.1 물탱크 시스템의 구성

물탱크(TS-201) 시스템은 기계적 장치인 탱크 시스템과 전기적 장치인 액츄에이터의 두 부분으로 나누어져 있다. 각 부분에 대하여 살펴보도록 하자.

기계적 장치(탱크 시스템)

물탱크 시스템의 기계적 장치인 탱크 시스템은 다음과 같이 구성되어 있다.

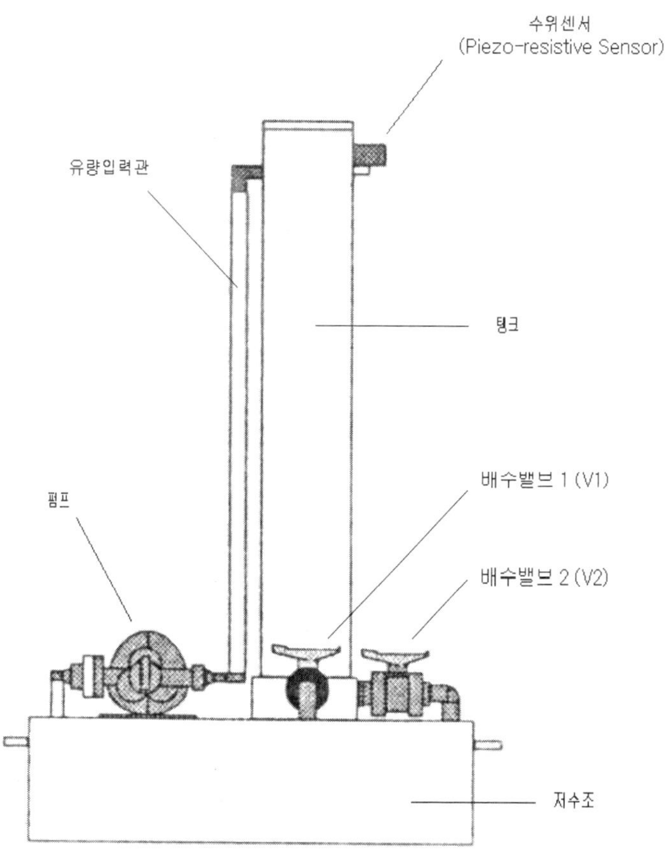

저수조에 물이 차 있으며, 이 물을 펌프로 끌어올려 유량 입력관을 통하여 탱크로 유입되고 탱크의 수위는 수위센서인 압저항 센서(Piezo-resistive sensor)에 의해 측정된다. 배수밸브1(V1)과 배수밸브2(V2)를 통하여 탱크로 유입된 물이 배수 될 수 있으며, 밸브는 수동으로 원하는 만큼 잠그고 열어, 배수의 양을 조절 할 수 있도록 되어있다. 각 부의 자세한 사양은 TS201 매뉴얼을 참고하면 알 수 있다.

‖ 저수조의 사양 ‖

항목	Value	Unit
Length	555	mm
Depth	350	mm
Height	90	mm
Capacity ca.	10	l

‖ 탱크의 사양 ‖

항목	Value	Unit
Diameter outside	110	mm
Diameter inside	100	mm
Height incl. socket and lid	630	mm
max. liquid level	630	kg
Capacity ca.	4.9	l

‖ 펌프의 사양 ‖

항목	Value	Unit
Rated voltage Rated current (open flow) Rated current (max)	12 1.4 4.5	V A A
Flow rate (open flow) Pressure	7 1.4	l/min bar
Weight	1.5	kg
Length Depth Height	210 128 115	mm mm mm

▌수위센서의 사양▐

Sensor	Min.	Typ.	Max.	Unit
Output at full pressure	5.9	6.0	6.1	V
Full-scale	4.95	5.0	5.05	V
Linearity	–	0.5	1.5	%FSO
Temperature shift	–	0.2	–	%FSO
Repeatability and hysteresis	–	0.2	–	%FSO
Response time	–	0.1	–	ms

전기적 장치(액츄에이터)

물탱크 시스템의 전기적 장치인 액츄에이터의 전면과 후면은 다음과 같다.

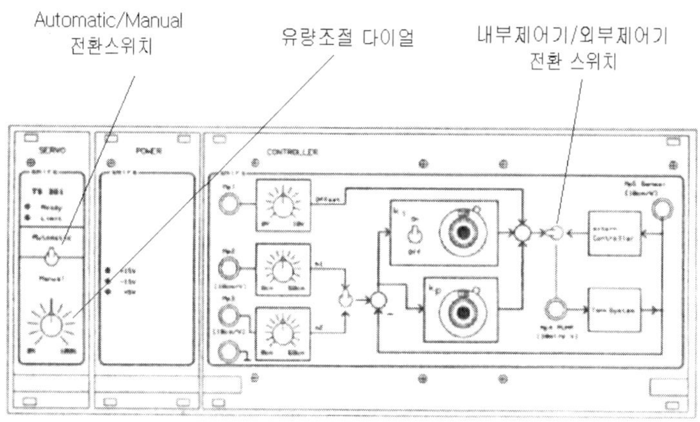

물탱크의 전기적 시스템(액츄에이터) 전면

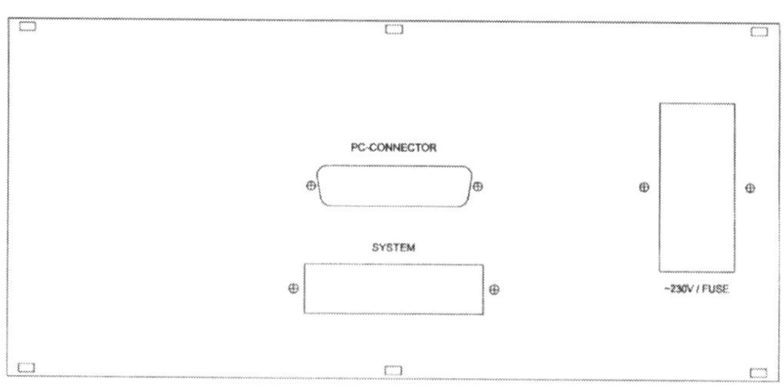

물탱크의 전기적 시스템(액츄에이터) 후면

액츄에이터는 탱크 시스템의 펌프로 전기적인 신호를 보내서 펌프를 구동하고, 수위센서로부터 신호를 받아서 외부제어기로 신호를 보내주는 기능을 수행한다. 또한 외부제어기와 신호를 차단하고 액츄에이터만으로도 제어를 가능하게하는 기능을 갖고 있다. 액츄에이터의 후면은 기계적 장치인 탱크 시스템과 연결할 수 있는 케이블 커넥터(SYSTEM)와 외부 제어기(고속설계 제어기)를 사용하기 위한 50P 커넥터(PC-CONNECTOR)로 구성되어 있다.

- **Automatic/Manual 전환스위치**: 스위치를 위로 올리면 Automatic, 아래로 내리면 Manual 모드로 전환된다. 외부제어기를 사용하기 위해서는 Automatic 모드로 스위치를 전환하여야 한다.
- **유량조절 다이얼**: Automatic/Manual 전환 스위치를 Manual 모드로 전환된 상태에서 다이얼을 오른쪽으로 돌리면 탱크로의 입력유량이 증가하며, 왼쪽으로 돌리면 감소한다. 가장 왼쪽의 0%에서 입력유량이 없으며, 가장 오른쪽의 100%에서 최대입력 유량이 된다.
- **내부 제어기/외부 제어기 전환 스위치**: 스위치를 좌측으로 위치시키면 내부 제어기를 사용할 수 있으며, 우측으로 위치시키면 외부제어기(고속설계 제어기)를 사용할 수 있게 된다. 내부제어기 모드에서는 액츄에이터 만으로 물탱크의 수위를 제어할 수 있으며, 외부제어기 모드에서는 입출력 보드 (예, RG-IO 보드)를 이용하여 고속설계 제어기로 물탱크의 수위를 제어할 수 있다.

본 실험을 수행하기 위하여 Automatic/Manual 전환 스위치는 Automatic 모드로, 내부 제어기/외부 제어기 스위치는 오른쪽으로 위치시켜 고속설계 제어기를 사용할 수 있도록 설정해야 한다. 액츄에이터의 사양은 다음과 같으며 자세한 사양은 TS201 매뉴얼을 참고하면 알 수 있다.

‖ 액츄에이터의 사양 ‖

항목	Value	Unit
Input voltage	220	V~
Frequency	50	Hz
Power	150	W
Sensor signal	−10 ~ +10	V
Control signal from RG-IO	−10 ~ +10	V

또한 고속설계 제어기의 입출력보드(RG-IO2 혹은 RG-IO3)와 연결하기 위한 50P 커넥터(PC-CONNECTOR)중에서 물탱크의 수위제어에 필요한 핀을 정리하면 다음과 같다.

액츄에이터의 PC-CONNECTOR 핀 배열

핀번호	신호 종류	신호에 대한 설명
17	수위센서 출력신호	물탱크의 수위를 나타내는 센서의 출력 (-10~10V)
48	펌프 구동신호	펌프를 구동하기 위한 입력신호 (-10~10V)
15	GND	GND
16	GND	GND
31	GND	GND
32	GND	GND
33	GND	GND
49	GND	GND
50	GND	GND

액츄에이터와 RG-IO 보드와의 연결

고속설계 제어기로 물탱크 시스템의 수위를 제어하기 위하여 액츄에이터 후면의 PC-CONNECTOR와 RG IO 보드의 커넥터를 연결해야 한다. RG-IO Series를 사용할 경우는 모두 같은 연결 핀을 사용하며, 단자대를 사용하거나 전용 케이블을 사용하면 된다.

물탱크 시스템의 PC-CONNECTOR와 고속설계 제어기 연결도

물탱크 시스템 핀 번호	물탱크 시스템 신호 종류	고속설계 제어기 신호 종류	고속설계 제어기 핀번호
17	수위센서 출력신호	아날로그 입력 0 신호	1
48	펌프 구동 신호	아날로그 출력 0 신호	18

15	GND	GND	
16	GND	GND	
31	GND	GND	
32	GND	GND	17
33	GND	GND	
49	GND	GND	
50	GND	GND	

5.2 배선확인 실험

전용 케이블을 이용하여 액츄에이터의 PC-CONNECTOR 단자와 RG-IO 보드의 커넥터를 연결하였다면, 물탱크의 펌프를 구동시켜 수위를 제어 할 수 있다. 참조파일을 이용하여 아래의 절차에 따라 물탱크 펌프를 구동시켜 입력유량을 변화시키며, 수위의 변화에 따른 신호가 출력되는지 알아보자.

물탱크 수위 신호 측정

[Step 1] 케이블 연결 확인 및 스위치 설정

먼저 물탱크 시스템의 전원이 OFF된 상태에서 물탱크 액추에이터와 탱크 시스템이 연결 케이블로 연결 되어있는지 확인한 후, Automatic/Manual 전환 스위치를 Manual 모드로 위치시키고, 내부 제어기/외부 제어기 전환 스위치를 외부 제어기 모드로 위치시킨다. 그리고 유량조절 다이얼을 100%에 위치시킨다. 또한 RG-IO 보드 커넥터와 엑츄에이터가 전용 케이블로 연결되어 있는지 확인한다.

[Step 2] 참조파일 열기 / 파라미터 설정 / 실행

SIMTool에서 참조파일인 wchap4_1.blk 파일을 열고, CEMTool에서 Analogue input 블록 설정 파일인 wtaiao.cem 파일을 실행한다. 그다음 SIMTool 메뉴의 '실행 – 실행'을 선택하거나, 툴바의 실행아이콘인 를 클릭한다.

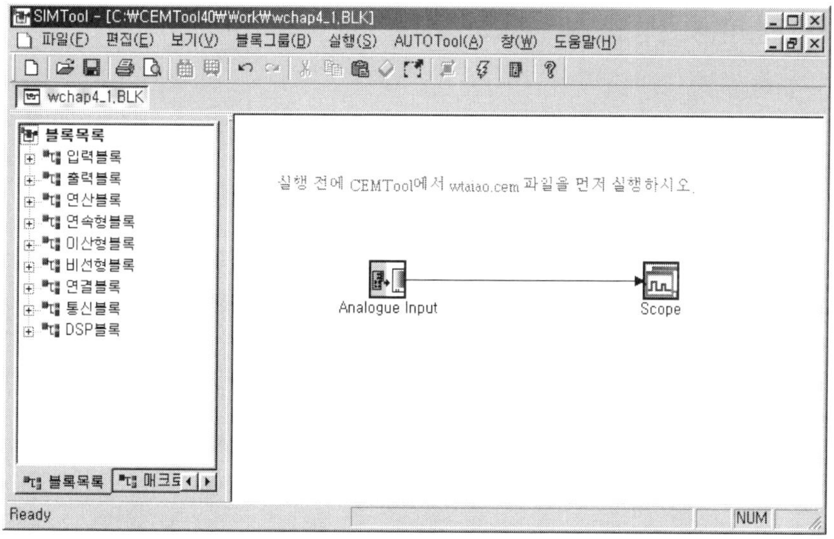

[Step 3] 물탱크 전원 ON

물탱크 시스템 액츄에이터 후면에 있는 전원 스위치를 ON 시키고, SIMTool 그래프 창을 확인한다. 그래프가 출력된다면, 물탱크 시스템과 고속설계 제어기의 연결이 정상적으로 되어 있으며, Analogue input 블록을 통하여 물탱크의 수위 신호가 입력됨을 알 수 있다.

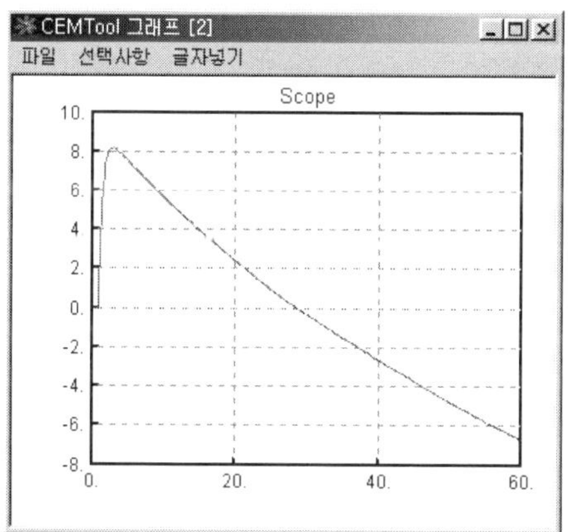

수위 센서는 수위가 낮은 곳에서 약 8V의 출력을 내며, 가장 높은 곳에서 약 -8V의 출력을 내는 것을 알 수 있다. 통상 수위가 높으면 센서 출력이 (+)방향으로 높은 전압이 될 것으로 생각하기 쉬우나, 본 실험에 사용된 물탱크 시스템은 수위가 높아짐에 따라 (−)방향으로 커지므로 주의해야 한다.

입력 유량에 따른 물탱크 수위 신호 측정

입력 유량의 변화에 따른 물탱크 수위의 변화를 측정하여 보자. 참조파일들을 이용하여 아래와 같은 실험 절차에 따라 실험한다.

[Step 1] 케이블 연결 확인 및 스위치 설정

먼저 물탱크 시스템의 전원이 OFF된 상태에서 물탱크 액츄에이터와 탱크 시스템이 연결 케이블로 연결 되어있는지 확인한 후, Automatic/Manual 전환 스위치를 Automatic 모드로 위치시키고, 내부 제어기/외부 제어기 전환 스위치를 외부 제어기 모드로 위치시킨다. 또한 RG-IO 보드 커넥터와 엑츄에이터가 전용 케이블로 연결되어 있는지 확인한다.

[Step 2] 참조파일 열기 / 파라미터 설정 / 실행

SIMTool에서 [그림 4.6]과 같은 참조파일인 wchap4_2.blk 파일을 열고, CEMTool에서 Analogue input과 Analogue output 블록 설정 파일인 wtaiao.cem 파일을 실행한다. Square wave 블록은 Frequency 1/20Hz, High magnitude 5, Low magnitude -5로 설정되어있다. 블록 설정을 모두 확인하였다면, SIMTool 메뉴의 '실행 - 실행'을 선택하거나, 툴바의 실행아이콘인 를 클릭한다.

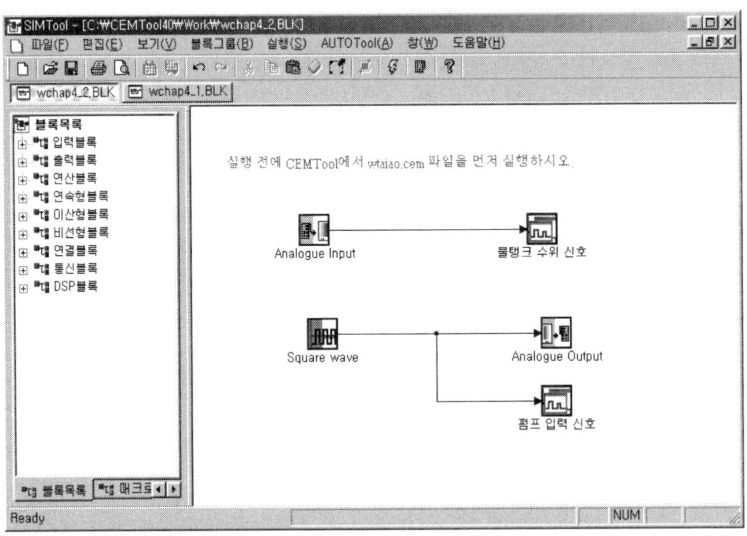

그림 4.6 물탱크 수위 측정 파일(wchap4_2.blk)

[Step 3] 물탱크 전원 ON

물탱크 시스템 액츄에이터 후면에 있는 전원 스위치를 ON 시키고, SIMTool 그래프 창을 확인한다. 그림과 같이 그래프가 출력된다면, 물탱크 시스템과 고속설계 제어기의 연결이 정상적으로 되어 있으며, Analogue output 블록을 통하여 물탱크의 펌프로 신호가 입력되어 펌프를 구동하고, Analogue input 블록을 통하여 물탱크의 수위를 측정할 수 있음을 확인할 수 있다.

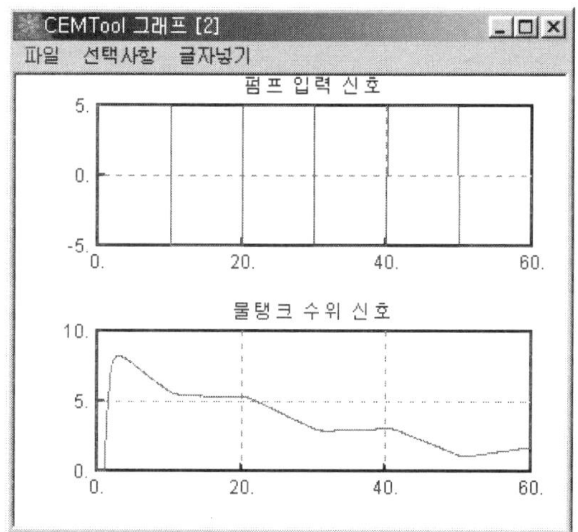

▌그림 4.7 ▌ 물탱크 입력 및 출력 신호

물탱크 시스템의 동작점(Operating point) 설정

물탱크 시스템은 펌프를 이용하여 탱크로 물을 유입 시키고, 배수 밸브를 통하여 배수되는 시스템이다. 이 시스템은 물탱크의 수위에 따라서 배수량이 선형적으로 변하는 선형 시스템이 아니므로 수학적으로 나타내기 어려운 시스템이다. 이 점 때문에 수학적 모델을 구하고, 제어기 설계를 위하여 시스템이 선형적으로 변하는 구간을 설정하여 이 점에서 실험을 해야 한다. 이 절은 본 실험을 위하여 매우 중요한 절이며, 절차대로 꼭 수행하여 물탱크가 선형적으로 변하는 구간을 설정하여야 한다. 또한 이 이후의 각 장에서 실험전에 반드시 설정할 수 있도록 숙달하여야 한다.

본 실험을 위한 동작점은 물탱크 시스템에 0V의 입력을 주고, 배수 밸브1(V1)을 모두 개방하고, 배수밸브2(V2)를 조절하여 40cm에서 50cm 사이의 일정 수위를 약 60초간 유지하는 것이다. 아래의 절차대로 설정해 보자. 50cm 이상에서 일정수위를 유지한다면 배수밸브2(V2)를 약간 열어 50cm 아래에서 유지하도록 한다.

[Step 1] 케이블 연결 확인 및 스위치 설정

먼저 물탱크 시스템의 전원이 OFF된 상태에서 물탱크 액추에이터와 탱크 시스템이 연결 케이블로 연결 되어있는지 확인한 후, Automatic/Manual 전환 스위치를 Manual 모드로 위치시키고, 내부 제어기/외부 제어기 전환 스위치를 외부 제어기 모드로 위치시킨다. 그리고 유량조절 다이얼을 100%에 위치시키고, 펌프 옆에 있는 배수밸브1(V1)을 완전히 개방시킨다. 또한 RG-IO 보드 커넥터와 액추에이터가 전용 케이블로 연결되어 있는지 확인한다.

[Step 2] 참조파일 열기 / 파라미터 설정 / 실행

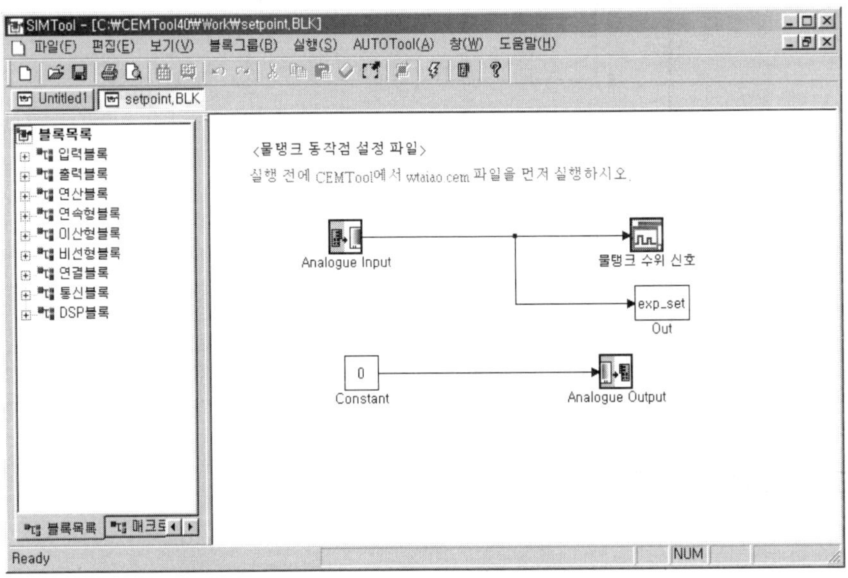

SIMTool에서 참조파일인 setpoint.blk 파일을 열고, CEMTool에서 Analogue input과 Analogue output 블록 설정 파일인 wtaiao.cem 파일을 실행한다. Constant 블록은 0V가 출력되도록 0으로 설정되어있다. 블록 설정을 모두 확인하였다면, SIMTool 메뉴의 '실행 – 실행'을 선택하거나, 툴바의 실행아이콘인 를 클릭한다.

[Step 3] 물탱크 전원 ON / 스위치 전환

물탱크 시스템 액추에이터 후면에 있는 전원 스위치를 ON 시키고, SIMTool 그래프 창을 확인한다. 그래프의 출력이 −3 가까운 점에서 Automatic/Manual 전환 스위치를 Automatic에 위치시킨다.

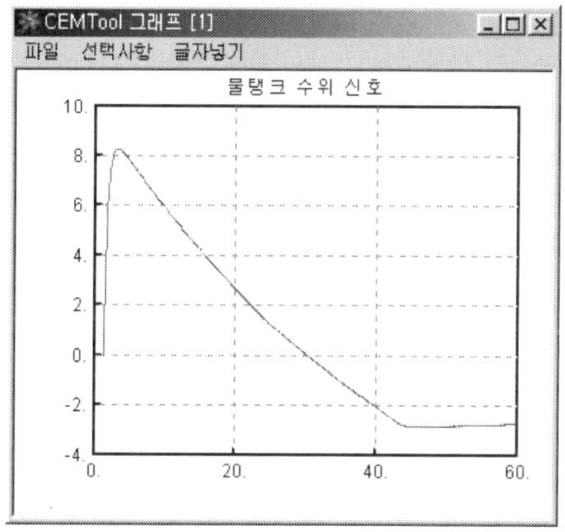

[Step 4] 물탱크 수위조절 및 동작점 설정

참조파일인 setpoint.blk 파일 다시 실행한다. 그래프상에서 일정 값이 출력되는지 확인한다. 만약 일정값이 약 60초 동안 유지된다면 동작점이 설정된 상태이다. 만약 일정 수위를 유지하지 않을 경우 [Step 4]를 반복 실행하여 동작점 설정을 한다. 이때의 수위를 눈으로 확인하여 CEMTool에서 wtaiao.cem 파일을 편집하여 'H=동작점이 설정된 수위(cm)'가 되도록 하고 CEMTool 메뉴의 '파일 – 저장'을 선택하여 wtaiao.cem 파일을 저장한다. 그림의 H=48은 60초 동안 setpoint.blk 파일을 실행시켰을 때 물탱크의 48cm에서 수위가 유지되었음을 의미한다. 물탱크 시스템의 동작점이 물탱크에 0V를 입력한 상태에서 항상 일정한 수위에 도달하는 것은 아니므로 일정 수위가 60초 이상 유지될 경우 동작점이 설정된 것이므로 동작점 설정을 마친다. 단, 수위가 50cm 이상에서 유지될 경우는 배수밸브2(V2)를 약간 개방하여 50cm 아래에서 수위가 유지되도록 한다.

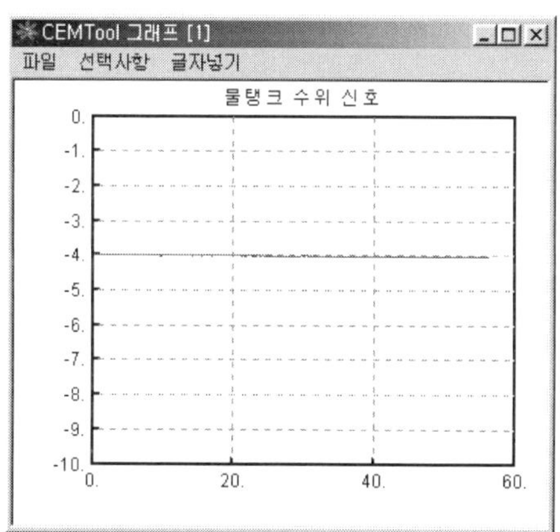

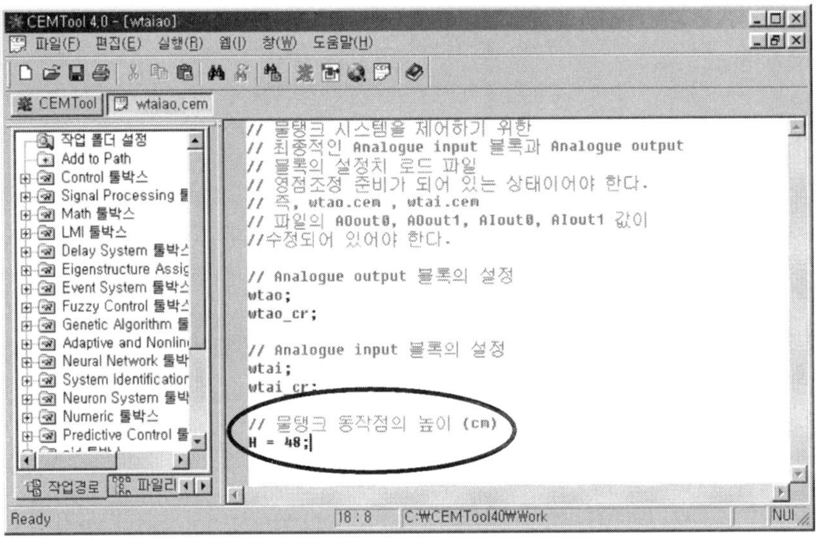

5.3 물탱크 시스템의 수학적 모델 구하기

물탱크 시스템의 수학적 모델(전달함수)을 구하기 위해서는 물리적인 모델링(Physical Modeling)과 시스템 식별(System Identification)을 하는 방법이 있는데, 이 실험에서는 CEMTool을 사용해 시스템 식별(System Identification) 방법을 사용한다. 시스템을 식별하는 이론적인 배경은 대학 수준을 벗어나기 때문에 여기에서는 CEMTool을 사용하여 시스템 모델을 얻는 절차만을 표시한다. 이 절은 물탱크 시스템의 전달함수를 구하는 절로서 System Identification Toolbox를 필요로 하며, System Identification Toolbox를 갖고 있지 않다면 수행할 수 없다.

CEMTool을 이용하여 물탱크 시스템의 전달함수를 구하려면, 물탱크 시스템으로의 입력 데이터와 출력 데이터를 필요로 한다. 물탱크 시스템에 대한 입출력 데이터가 2000개 이상씩 필요하다. 식별에 필요한 데이터를 추출하고 전달함수를 구하는 과정을 따라 실험하여, 물탱크 시스템의 전달함수를 구해보자.

시스템 모델을 구하기 위한 입출력 데이터 추출

물탱크 시스템의 입출력 데이터를 추출하기 위하여 아래와 같은 절차를 따른다.

[Step1] 동작점 설정

4절에 설명되어 있는 동작점 설정의 절차에 따라 참조파일 setpoint.blk을 이용하여 반드시 동작점을 설정한다.

[Step 2] 입출력 데이터 추출을 위한 블록 구성

입력 블록은 Square wave를 이용하고, 발생된 입력파형을 물탱크의 펌프로 출력시키기 위하여 Analogue output 블록을 사용한다. 또한 탱크로 유입된 유량에 따른 수위의 신호를 입력받기 위하여 Analogue input 블록을 이용하여 그림과 같이 구성하거나, 참조파일 wchap4_3.blk 파일을 불러온다.

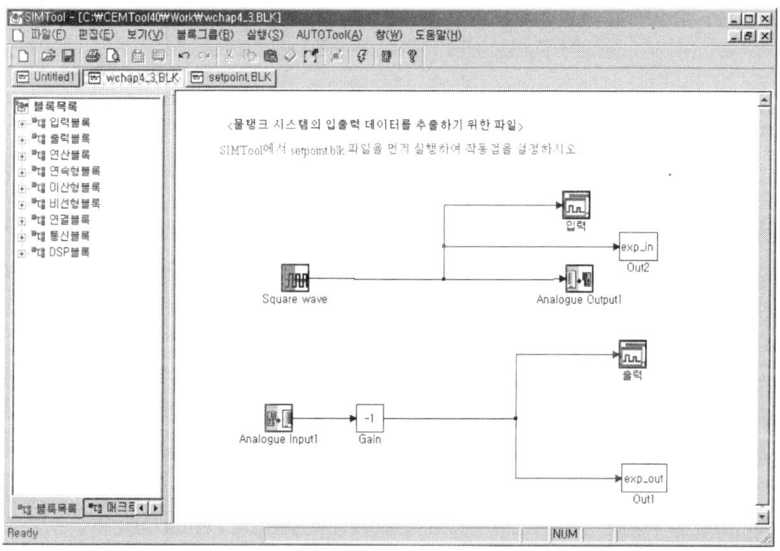

[Step 3] 블록설정

입력 블록은 Square wave를 설정하여 주기가 0.3이고 물탱크 시스템으로의 입력전압이 -5~5V의 사각파가 되도록 하며, 입력 데이터는 exp_in, 출력 데이터는 exp_out 이라는 변수에 저장되도록 out 블록을 설정한다. 물탱크의 수위 신호가 바닥에 있으면 가장 큰 전압이 출력되며, 가장 높을 때 낮은 전압이 출력되므로, 혼동을 피하기 위하여 Gain 블록에 −1을 곱하여 출력 데이터로 받는다. 또한 Analogue input 과 Analogue output 블록을 설정하기 위하여 wtaiao.cem 파일을 CEMTool 명령어창에서 실행시킨다.

[Step 4] 실행시간 설정

SIMTool 메뉴의 '실행 – 실행설정'을 선택하여 나타나는 그림과 같은 '시뮬레이션 파라미터 설정'창에서 시작시간 0초, 종료시간 200초, 시간간격 0.1초로 설정하고, 실시간 실험을 위하여 '실시간 여부'를 마우스로 클릭하여 그림과 같은 상태가 되도록 설정한다. 그리고 나서 '설정' 단추를 클릭하여 설정을 끝낸다.

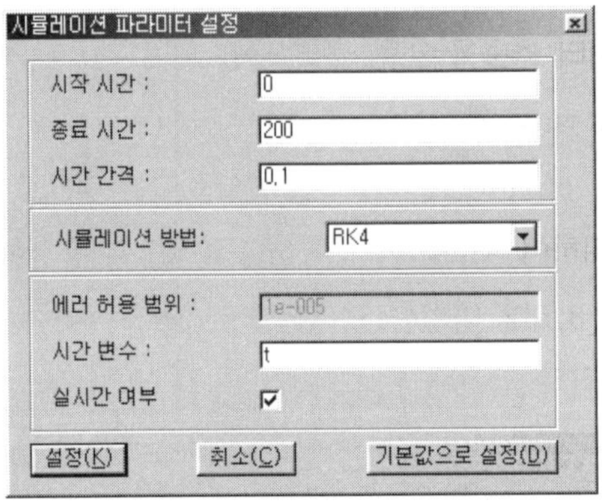

[Step 5] 실행

SIMTool 메뉴의 '실행 - 실행'을 선택하거나 툴바의 실행아이콘인 를 클릭하여 물탱크 시스템의 수학적 모델을 구하기 위한 입출력 데이터 추출을 실행한다. 그림과 같은 그래프 창이 나타나며, 물탱크로의 입력과 출력 파형을 보여준다. 동시에 입출력 데이터의 추출이 실행된다.

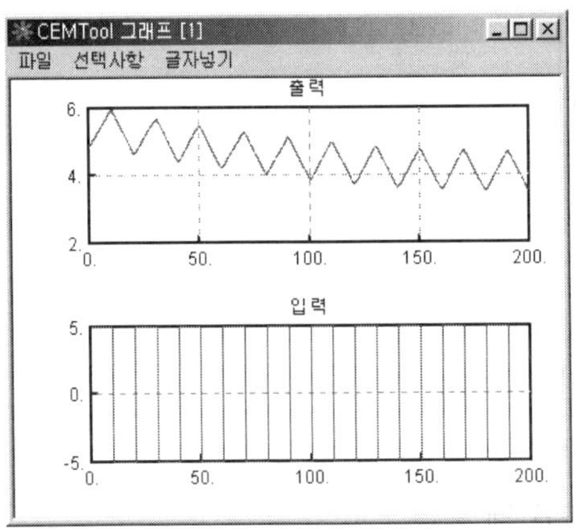

[Step 6] 결과확인 및 데이터 저장

그래프로 결과가 확인되었다면, wchap4_3.blk 파일에서 사용된 out 블록의 변수명인 exp_in과 exp_out 변수를 아래와 같이 CEMTool 명령어창에서 저장한다. 이렇게 저장하면, 변수명.var 파일로 X:CEMTool40₩work 아래에 저장되며, 다음부터는 load 명령어를 이용하여 저장된 데이터를 load시켜 사용할 수 있다.

```
CEMTool>>save waterdata exp_in exp_out
```

(주) 위와 같이 사용하면 waterdata.var이라는 변수 파일이 work폴더에 생기며 이 변수 파일에는 exp_in, exp_out에 해당하는 값이 저장되어 있다.

전달함수 구하기

입출력 데이터 추출이 끝나면, CEMTool의 시스템 식별(System Identification Toolbox)의 함수를 이용하여 물탱크 시스템의 전달함수를 구할 수 있다. 참조파일을 다음의 수행 절차를 따라서 실행시키면, 전달함수를 구할 수 있다. 참조파일 중에서 시스템 식별은 위에서 구한 입출력 데이터를 이용하여 ARX(Auto Regressive with eXternal input) 모델로 만들어, 전달함수를 구해주는 파일이다. 참조파일을 CEMTool에서 불러오면, 전달함수 구하는 과정을 알 수 있다. 이 과정은 학부 수준을 넘기 때문에 설명을 생략한다. 본 절의 절차를 따라하기 전에 앞 절의 실험이 수행되어 시스템 식별에 필요한 데이터(입력,출력 데이터)가 반드시 구해진 상태이어야 한다. 참조파일은 다음과 같다.

water_id.cem (X:₩CEMTool40₩Experiment₩Water_tank₩water_id.cem)
water_tf.cem (X:₩CEMTool40₩Experiment₩Water_tank₩water_tf.cem)

[Step 1] 참조파일 실행

참조파일을 CEMTool 명령어 창에서 아래와 같이 실행한다. 그림과 같이 물탱크 시스템의 입출력 데이터의 일부를 추출하여, 물탱크 시스템의 전달함수를 구한다.

```
CEMTool>>water_id(5, 4, 0.1)
```

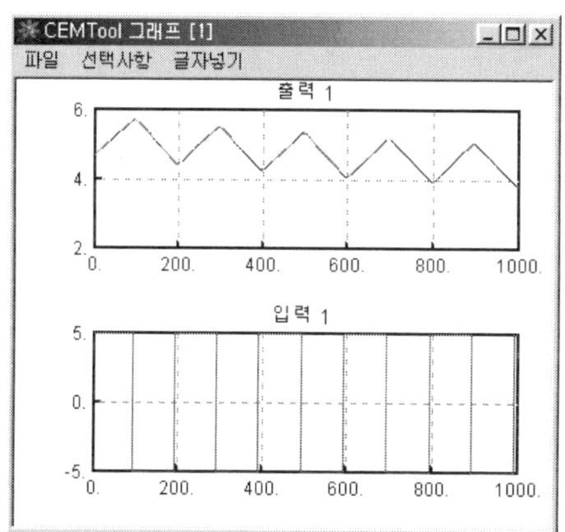

(주) 이 함수에서 water_id(5,4,0.1)에서 각 항목은 다음을 나타낸다. 5는 식별된 전달함수 모델의 분모항의 차수를 나타내며, 4은 분자항의 차수를 의미한다. 마지막 3번째 입력은 하드웨어 실험을 할 때 사용된 sampling time을 의미한다. 5.1.1에 나온 순서대로 한다면 위와 같은 입력을 사용해야 한다. 그러나 전달함수의 차수를 바꿔보며 실험을 해 보고자할 때는 이 입력항을 바꿔주면 다른 크기를 갖는 전달함수가 구해진다.

[Step 2] 결과확인

참조파일 water_id.cem 파일 내에는 물탱크 시스템의 전달함수를 저장하는 명령어가 포함되어 있다. 전달함수를 불러오는 water_tf.cem 파일을 CEMTool 명령어창에서 실행하게 되면, 아래와 같이 결과가 출력된다. 여기서 G_den은 전달함수의 분모 계수이며, G_num은 분자의 계수이다.

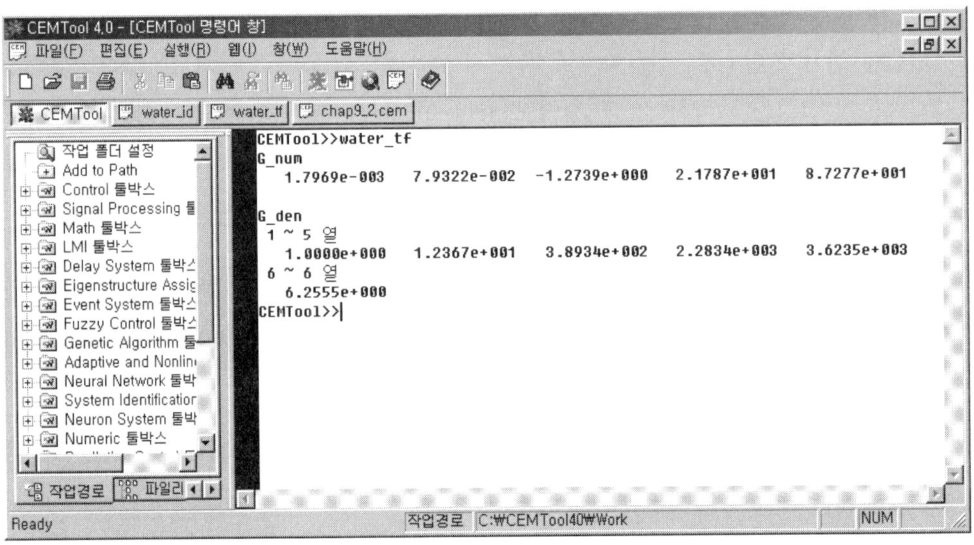

(주) 5.1절에서 수행한 실험결과에 따라 전달함수를 구하면 본 매뉴얼에서 구한 값과 같지 않다. 왜냐하면 잡음을 포함한 물리적인 상태가 항상 같을 수는 없기 때문이다. 하지만 그 상태에서 구한 전달함수 값으로 실험을 하면 값이 거의 일치한다. 이상의 실험을 통하여 얻은 전달함수를 정리하면 아래와 같다.

$$G(s) = \frac{1.8\times10^{-3}s^4 + 7.93\times10^{-2}s^3 - 1.27\times s^2 + 21.8s + 87.3}{s^5 + 12.4s^4 + 389.3s^3 + 2.28\times10^3 s^2 + 3.62\times10^3 s + 6.26}$$

즉, 물탱크 시스템을 수학적으로 모델링 하면 위의 식과 같이 표현된다는 의미를 지닌다.

5.4 PID 제어

제어기 개요

PID(Proportional-plus-Integrate-plus-Derivative)제어기는 비례 - 적분 - 미분 제어기로서, 실제 산업현장에서 가장 많이 사용되는 제어기법이다. 아래와 같은 폐루프시스템을 고려해보자.

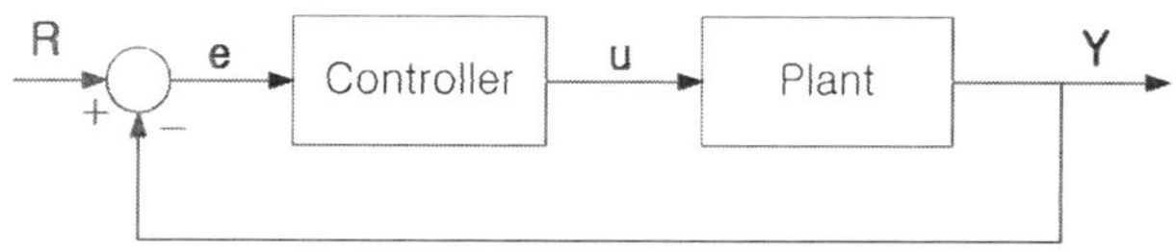

위와 같은 폐루프시스템에서 제어기부분은 PID 제어기이다. 그림에서 보듯이 제어기로 입력되는 값은 플랜트의 출력값과 플랜트가 출력해야 하는 값의 차인 오차신호(e)이다. 일반적으로 대부분의 제어기는 오차신호를 되먹임(feedback) 받아서 제어기 출력신호를 출력하도록 설계되어 진다. PID 제어기는 오차신호를 수학적으로는 다음 식과 같이 처리하여 제어신호(u)를 계산한다.

$$u = K_P e + K_I \int e dt + K_D \frac{de}{dt}$$

여기서 K_P는 오차신호에 곱해지는 비례이득이며, K_I는 오차신호를 적분한 값에 곱해지는 적분이득이며, K_D는 오차신호를 미분한 값에 곱해지는 미분이득이라고 한다. PID 제어기의 성능을 향상시키는 것은 이득들의 값을 어떻게 정하느냐에 따라 달려있으며, 다음 식과 같은 식을 Laplace 변환시켜 표현하면 다음과 같이 나타낼 수 있다.

$$U(s) = \left(K_P s + K_I \frac{1}{s} + K_D s\right) E(s)$$

전달함수 형태로 나타내면 다음 식과 같이 다시 쓸 수 있다.

$$\frac{U(s)}{E(s)} = K_P s + K_I \frac{1}{s} + K_D s = \frac{K_D s^2 + K_P s + K_I}{s}$$

PID 이득의 특성

PID 제어기는 모든 이득값이 0이 아닌 값을 가져야만 하는 것은 아니며, 만약 비례이득 K_P의 값만 0이 아닌 값을 갖게 되면 P 제어기이며, 적분이득 K_I의 값만 0이 아닌 값을 갖게 되면 I 제어기, 미분이득 K_D의 값만 0이 아닌 값을 갖게 되면 D 제어기가 된다. 또 이러한 조합으로 PI 제어기 혹은 PD 제어기가 만들어 질 수 있다. PID 제어기의 설계시에 각 이득값들의 변화에 따른 플랜트의 응답 특성을 알면 매우 편리하다.

비례이득 K_P의 값은 플랜트 응답의 상승시간(rise time)을 줄이는 효과가 있으며, 상승시간을 줄일 수 있다. 그러나 정상상태 오차 (Steady state error)를 없애지는 못한다. 적분이득 K_I의 값은 정상상태 오차를 제거하는 효과를 가지고 있지만, 과도응답 특성을 좋지 않게 만들 수 있다. 미분이득 K_D의 값은 시스템의 안정도를 향상시키는 효과를 갖고 있어서, 오버슈트를 줄이고, 과도응답 특성을 향상시킬 수 있지만 잡음에 약하다. 위와 같은 특성을 정리하면 다음과 같다.

응답특성 / 이득값	상승시간	오버슈트	정착시간	정상상태오차
K_P	감소	증가	약간 변화	감소
K_I	감소	증가	증가	제거
K_D	약간변화	감소	감소	약간변화

이러한 특성들을 이용하여, PID 이득값들을 튜닝(tuning)하면 원하는 플랜트의 응답 특성을 낼 수 있는 PID 제어기를 설계 할 수 있다. 각 계수들의 상관관계는 각 계수들끼리 서로 영향을 미치기 때문에 항상 일정하지는 않다. 실제로, 한 계수의 변화가 다른 두 계수를 변화시키는 효과를 낼 수 있다. 이러한 이유로 위의 내용은 각 계수들의 값을 결정할 때 하나의 참고로서만 활용될 수 있을 것이다.

2.3 모의실험

이 절에서는 물탱크 시스템의 모델을 이용하여 PID 제어기의 각 계수를 변화시켜 물탱크 시스템의 응답특성을 확인하고, 물탱크 시스템의 위치제어를 PID 제어기를 이용하여 수행하는 모의실험을 한다. 참조파일 중 wchap10_1.blk 파일을 열고, CEMTool에서 water_tf.cem 파일을 실행시킨 후 모의실험을 실행해 본다. 이 블록은 단순히 되먹임 한 물탱크 시스템의 응답을 보기 위한 블록이며, 실행시킨 결과는 다음과 같다.

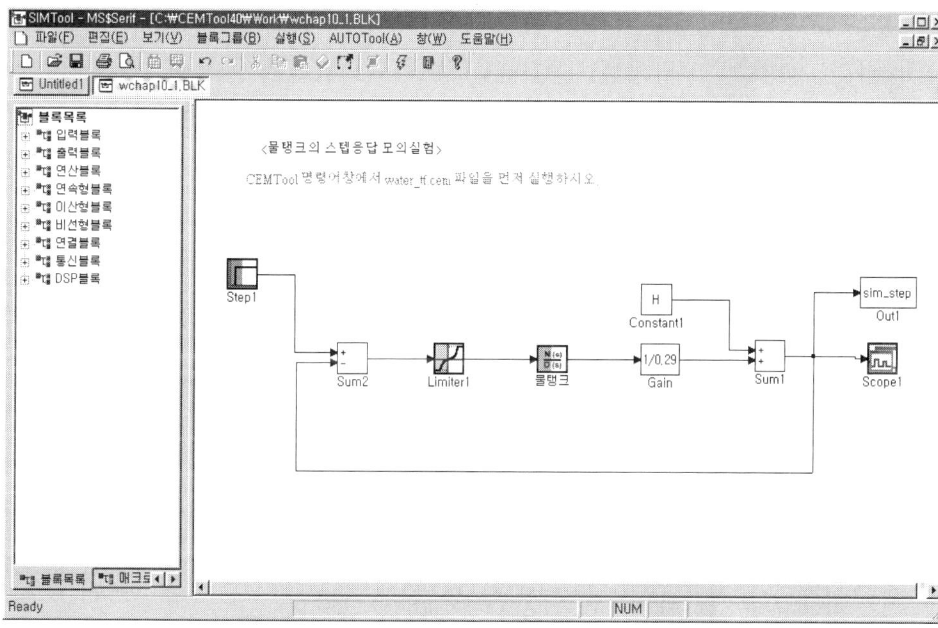

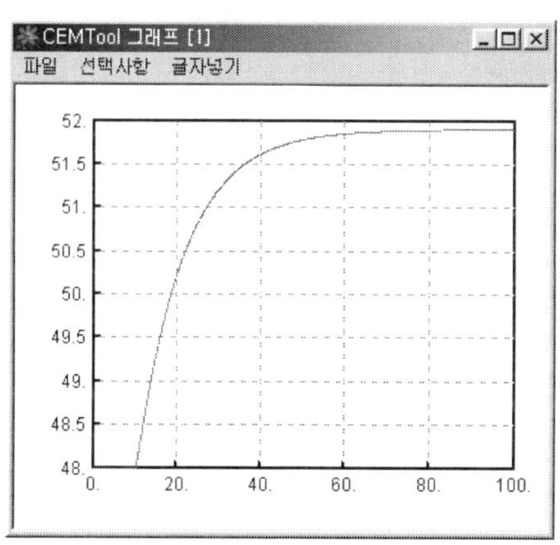

제어기를 사용하지 않을 때의 응답을 25초 이내에 오버슈트 1% 이내로 원하는 위치에 수렴하도록 PID 제어기를 설계해 보자. PID 제어기를 추가한 물탱크 시스템의 블록은 그림과 같으며, 참조파일의 wchap10_2.blk 파일이다. 그림의 원표시 내의 PID 블록은 PID 제어기이며, 위의 수식을 매크로블록으로 구성한 것이다.

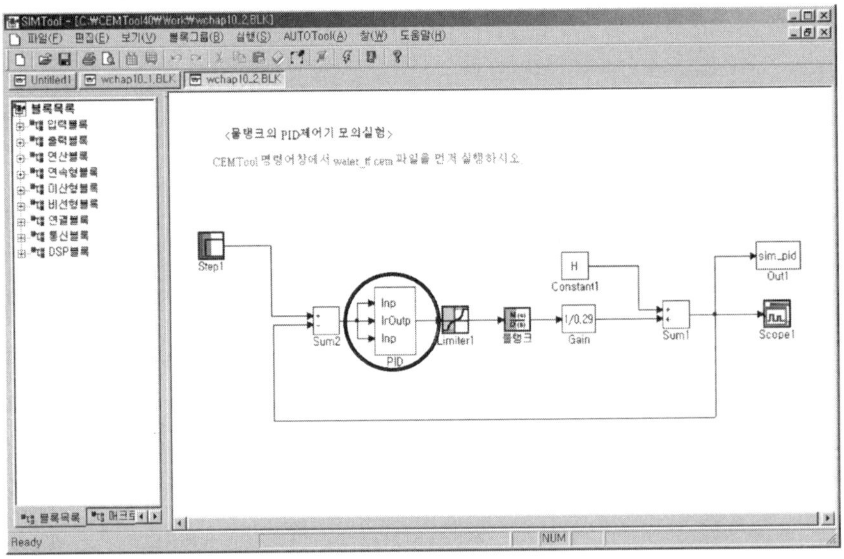

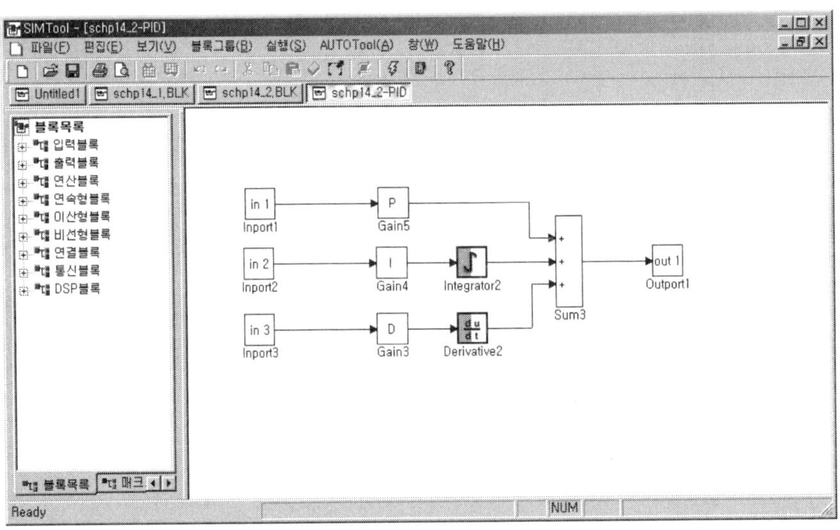

위의 그림은 PID 블록의 내부 모습이며, 이것을 보기 위하여 PID 블록을 선택한 다음 마우스 오른쪽을 눌러 나오는 메뉴중 '매크로블록 내부보기' 메뉴를 선택하면 된다. 혹은 선택한 다음 ctrl+I 키를 눌러도 볼 수 있다.

PID 이득값을 편리하게 조정하기 위하여 매크로블록을 사용하였으며, 위에서 PID 블록을 더블클릭 하게 되면 다음과 같은 블록파라미터 설정창이 나타나게 된다. 이 창에서 편리하게 각각의 이득값을 바꾸어 설정한 뒤에 모의실험 할 수 있다.

1) P제어

PID 이득값을 조정할 때 PID 매크로블록을 더블클릭하여 나오는 창에서 I 이득과 D 이득을 0 으로 설정하고 P 이득만을 0이 아닌 값으로 설정하여 물탱크 시스템의 수위제어를 수행한다. 그림과 같이 P 이득을 30으로 하고, I, D 이득은 0으로 설정하여 모의실험하면 다음과 같은 응답이 나온다. 결과로 나온 그래프를 전체화면으로 확대하여 보면, 이 응답은 설계하고자 하는 기준 내에 있기는 하지만 약간의 오버슈트가 존재하므로 I, D 이득으로 이 오버슈트를 줄여 사용자가 원하는 성능의 응답을 얻을 수 있다.

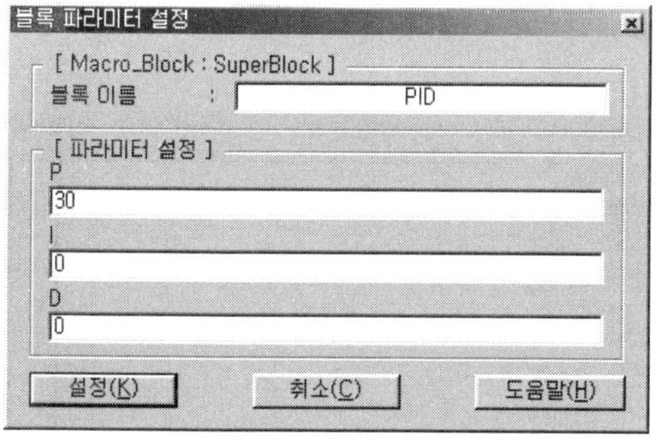

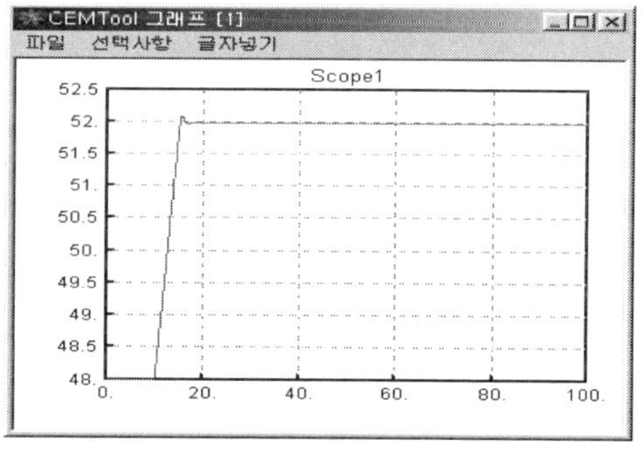

2) PD 제어

P 이득 조정 만으로 물탱크 시스템의 응답은 많은 개선이 이루어 졌다. P 이득의 추

가로 오버슈트가 거의 없는 응답을 보이지만, 그림의 결과를 전체화면으로 확대하여 보면, 약간의 오버슈트가 존재하면서 정상상태 오차가 있음을 알 수 있다. 오버슈트의 크기를 감소시켜 주는 D 이득을 사용한다.

P 이득을 앞에서 설정한 대로 두고, D 이득을 10으로 설정한다. 설정 후에 모의실험을 하게 되면 다음과 같은 응답이 나온다. 앞의 그림에서 보였던 날카로운 오버슈트는 D 이득 사용으로 감소되었음을 알 수 있다.

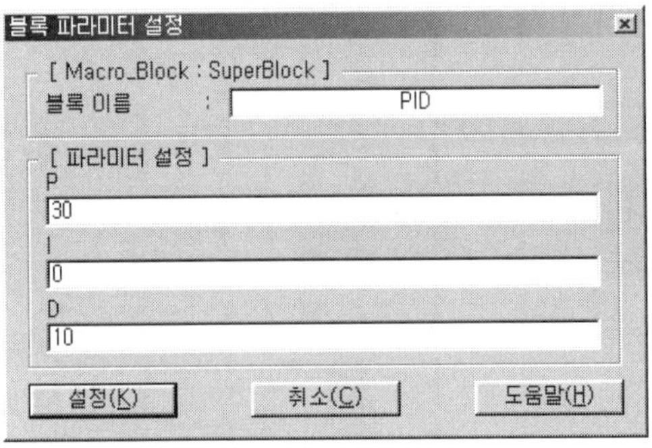

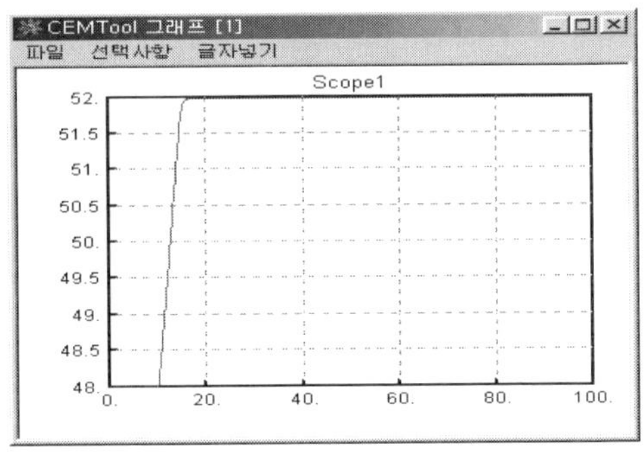

3) PID 제어

PD 제어만으로도 만족할 만한 성능의 응답을 얻을 수 있었다. I 이득을 약간 추가한다면 물탱크 시스템의 정상상태 응답에서 오차가 감소되는 특성을 갖고 있으므로 I 이득을 설정하여 제어해보자. 앞절까지 설정된 PID 블록에서 P 이득과 D 이득을 그대로 두고, I 이득을 그림과 같이 0.01로 설정한다. 설정이 되면 모의실험 실행버튼을 눌러 모의실험을 실행하여 다음과 같은 결과를 볼 수 있을 것이다.

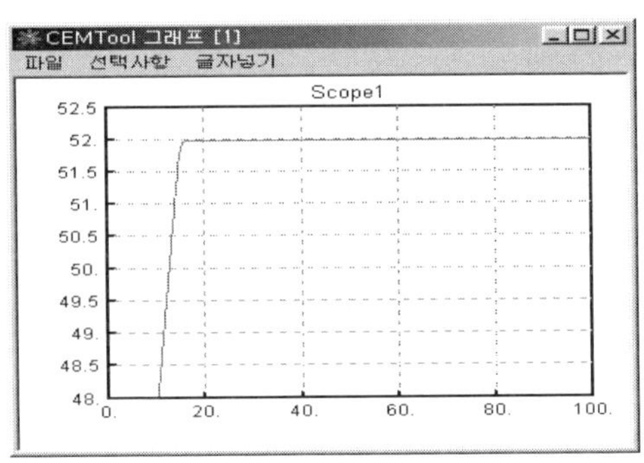

I 이득을 추가 하였지만, 뚜렷한 응답의 변화는 없을 것이다. 만약 I 이득을 훨씬 크

게 한다면, 물탱크 시스템의 응답은 더 불안정 해진다. 현재 되어 있는 PD 제어기에 I 이득을 추가할 때는 I 이득을 매우 작게 하여 추가하는 것이 더 좋은 결과를 얻을 수 있을 것이다.

PID 제어기 설계 시에 반드시 P, I, D 이득이 0이 아닌 숫자가 되어야만 하는 것은 아니며, 제어기 설계자가 가장 최적의 응답을 얻을 수 있는 이득조정이 되면, 그것으로 PID 제어기는 설계된 것이라고 할 수 있다.

지금까지 물탱크 시스템의 위치를 PID 제어기로서 제어하는 모의실험을 수행하였다. 본 실험서에서 모의실험에 사용한 이득값들이 가장 제어가 잘 되게 하는 값들은 아니며, 실험자가 얼마든지 더 좋은 제어기로 설계할 수 있다.

참고 문헌

[1] 현근호 외 1인, “무접점 시퀀스 제어를 위한 디지털 논리회로”, 경문사, 2013

[2] 현근호 외 1인, “시퀀스 제어 및 PLC 실무”, 경문사, 2014

[3] 강응석, “시퀀스 제어 이론 및 실습”, Ohm사, 2017

[4] 오선호, “전기기초 실기/실습”, 일진사, 2018

[5] 현근호 외 1인, “CEMTool을 활용한 제어공학”, 경문사, 2007

[6] 김성중, “처음 만나는 자동제어공학”, 한빛아카데미, 2016

[7] 김기우, “MELSEC-Q 시리즈 중심 PLC 실무 클래스”, 일진사, 2016

[8] 정완보, “기초부터 시작하는 PLC (지멘스 S7-1500)", 한빛아카데미, 2016

[9] 정완보, “기초부터 시작하는 PLC (멜섹Q)", 한빛아카데미, 2016

[10] 김태평, “PLC 응용 제어기술”, 도서출판 기다리, 2006

[11] 황병원, “릴레이 무접점 순서제어”, Ohm사, 1994

[12] 윤대용 외 1인, “시퀀스 제어회로”, 동일출판사, 1995

찾아보기

전기설비자동화 II

지은이 현근호 · 이주환 · 유장환
펴낸이 조경희
펴낸곳 경문사
펴낸날 2019년 12월 31일 1판 1쇄
2022년 9월 1일 1판 2쇄
등 록 1979년 11월 9일 제1979-000023호
주 소 04057, 서울특별시 마포구 와우산로 174
전 화 (02)332-2004 팩스 (02)336-5193
이메일 kyungmoon@kyungmoon.com

값 34,000원

ISBN 979-11-6073-344-0